数字信号处理

吴鹏飞　张　颖　梁静远　编著

北京理工大学出版社
BEIJING INSTITUTE OF TECHNOLOGY PRESS

内 容 简 介

本书以现代信号处理技术的应用为背景,突出数字信号分析与处理系统的基本原理和应用方法,全面系统地介绍了数字信号处理的基本概念及基础理论,包括数字信号的表示、序列的傅里叶变换与分析、快速傅里叶变换、分数傅里叶变换、全相位傅里叶变换和数字滤波器的设计与实现等,使读者掌握数字信号的分析和处理方法,并能够将信号的表示、信号的谱分析、经典滤波器设计等运用到数字信号处理领域的复杂工程问题中。书中加入了大量的例题、应用案例及相应的 MATLAB 代码,目的是培养读者对该领域的复杂工程问题进行分析、求解并获得结论的能力,让读者学会使用数字信号处理等相关学科基础知识及工具解决实际问题。

本书可作为电子信息类本科生的教材使用,同时也适合从事信号分析和处理的广大工程技术人员阅读。

图书在版编目（CIP）数据

数字信号处理 / 吴鹏飞, 张颖, 梁静远编著. -- 北
京 : 北京理工大学出版社, 2022.10
ISBN 978-7-5763-1787-9

Ⅰ. ①数… Ⅱ. ①吴… ②张… ③梁… Ⅲ. ①数字信
号处理-教材 Ⅳ. ①TN911.72

中国版本图书馆 CIP 数据核字(2022)第 195531 号

出版发行 / 北京理工大学出版社有限责任公司
社　　址 / 北京市海淀区中关村南大街 5 号
邮　　编 / 100081
电　　话 / (010)68914775(总编室)
　　　　　 (010)82562903(教材售后服务热线)
　　　　　 (010)68944723(其他图书服务热线)
网　　址 / http://www.bitpress.com.cn
经　　销 / 全国各地新华书店
印　　刷 / 河北盛世彩捷印刷有限公司
开　　本 / 787 毫米×1092 毫米　1/16
印　　张 / 24.25
字　　数 / 568 千字
版　　次 / 2022 年 10 月第 1 版　2022 年 10 月第 1 次印刷
定　　价 / 120.00 元

责任编辑 / 江　立
文案编辑 / 李　硕
责任校对 / 刘亚男
责任印制 / 李志强

前　言

党的二十大报告指出，"我们要推进新型工业化，加快建设制造强国、质量强国、航天强国、交通强国、网络强国、数字中国。"随着现代化经济体系信息化进程的推进，通信行业也在不断创新发展和转型升级，数字信号处理课程在其中扮演了非常重要的角色。

数字信号处理是研究用数字方法对信号进行分析、变换、滤波、检测、调制、解调以及快速算法的一门技术学科。它也是电子信息类专业的一门重要的专业基础课，主要是研究有关数字滤波技术、离散变换快速算法和谱分析方法。随着数字电路与系统技术以及计算机技术的发展，数字信号处理技术也相应地得到发展，其应用领域十分广泛。

目前，国内外"数字信号处理"教材较多，但大多数偏重理论分析，注重实际工程应用案例的较少。本书针对电子信息类专业的实际工程应用，提供源代码和开发案例，同时也提供大量的课程设计内容，希望读者通过对本书的学习能够有所收获。

本书内容主要分成3部分，第1部分包括第1~4章，是数字信号处理的基础理论部分。第1章介绍时域离散信号和系统的描述方法、常系数线性差分方程以及模拟信号数字处理方法；第2、3章介绍3个重要的数学变换工具：序列的傅里叶变换（FT）、z变换、离散傅里叶变换（DFT），以及用它们对时域离散信号和系统进行频域分析的方法；第4章介绍快速傅里叶变换（FFT），它是DFT的一种快速算法。第2部分包括第5~7章，主要介绍短时傅里叶变换与小波变换、分数傅里叶变换以及全相位傅里叶变换等3种特殊的傅里叶变换形式。第3部分包括第8~10章，主要介绍数字滤波器的基本理论和设计方法，包括IIR数字滤波器、FIR数字滤波器等数字滤波器，以及网络结构和状态变量分析法。

本书的特点如下。

（1）基于案例驱动的教学内容设计。以往的教材在内容上一般只有针对知识点的基础案例，缺乏应用案例，从而使学生感到高深莫测和枯燥乏味。因此，作者在该教材的编写过程中精心设计应用案例，以确保应用的完整性。

（2）应用案例由浅入深。在该教材的编写中，先针对知识点的理解给出一个基础案例，随后针对该知识点的应用给出若干应用案例，这样学生就掌握了每个知识点的应用价值，学习起来更有兴趣和信心。

（3）提供大量的源代码和开发案例。在该教材的编写中，作者全部采用 MATLAB 源代码，这些源代码都是经过作者调试并且在教学过程中已应用的，学生可以直接分析和模仿。同时在重要的章节都提供了较为深入的设计案例如 FIR 数字滤波器的设计等，极大地提高了教材的全面性、深入性和综合性。

（4）提供大量的课程设计内容。为了更好地提高学生的专业技能训练水平及学习兴趣，在该教材的编写中，作者根据多年的教学积累，整理出了适合电子信息类专业学生的课程设计题目，并提供相应的解决思路和源代码，为学生提供了很好的学习机会和训练机会。

本书第 1~7 章由吴鹏飞编写，第 8~10 章由张颖编写，二维码附带的例题、练习题及 MATLAB 程序由梁静远编写。

由于作者水平有限，书中难免有不妥之处，恳请广大读者给出宝贵意见和建议，交流教学体会和经验，以便我们不断修正错误，使本书的质量不断完善和提高。

作　者
2022 年秋于西安理工大学

目　录

第1章
离散时间信号与系统

　　时间和频率总是作为互相关联的一对变量出现,类似的变量对有很多,只是相关的变量有所不同。例如,在弦振动的分析中,变量对是距离和波数;在衍射问题中,变量对是散射元位管矢量和散射波的波矢量;在量子力学中,变量对是位置矢量和动量矢量。傅里叶变换在应用上更为普遍,在特殊情况下可以由它转化成傅里叶级数,通信领域中也可以在变换域进行信息传输。因此,我们从傅里叶级数引出傅里叶变换。

知识要点

　　本章要点是离散信号的基本运算、频域分析、时域抽样和频域抽样。离散信号的离散傅里叶级数和离散时间傅里叶变换是离散信号频域分析的基础,相比连续信号的频谱,两者相同之处在于它们表达的信号都是正弦类信号,不同之处在于离散信号的频谱是周期谱。时域抽样是通过对信号时域抽样过程的频域分析,连接连续信号与离散信号,建立连续信号频谱和抽样后离散信号频谱之间的关系。频域抽样是对离散信号 $x[k]$ 的频谱 $X(\mathrm{e}^{\mathrm{j}\omega})$ 的抽样,$X(\mathrm{e}^{\mathrm{j}\omega})$ 的离散化导致时域的周期化。

§1.1 傅里叶级数与傅里叶变换

1.1.1 傅里叶级数

　　若函数 $f(t)$ 表示一个随时间变化的量,τ 是基本的重复周期,则称 $\omega = 2\pi/\tau$ 为体系的基频,它的单位是 rad/s(弧度每秒),$f(t)$ 可以分解成无穷多个频率为基频整数倍的谐分量之和,在数学上可用相互等价的式(1-1)~式(1-5)来表示,这就是傅里叶级数的展开。

$$f(t) = a_0 + \sum_{n=1}^{\infty}(a_n\cos\omega t + b_n\sin\omega t) \tag{1-1}$$

$$= \sum_{n=0}^{\infty}(a_n\cos n\omega t + b_n\sin n\omega t) \tag{1-2}$$

$$= a_0 + \sum_{n=1}^{\infty}c_n\cos(n\omega t + \varphi_n) \tag{1-3}$$

$$= a_0 + \sum_{n=1}^{\infty}d_n\sin(n\omega t + \theta_n) \tag{1-4}$$

$$= \sum_{n=-\infty}^{+\infty} g_n \mathrm{e}^{+jn\omega t} \tag{1-5}$$

式中，系数 a_0、a_n、b_n、c_n、d_n、g_n 表示未知振幅；φ_n 和 θ_n 表示未知相位。这些系数可以从式(1-6)~式(1-12)中计算出来。

$$a_0 = \frac{1}{\tau}\oint f(t)\,\mathrm{d}t = g_0 = f(t) \tag{1-6}$$

$$a_n = \frac{2}{\tau}\oint f(t)\cos n\omega t\,\mathrm{d}t = g_n + g_{-n} = c_n \cos \varphi_n = d_n \sin \theta_n, n \geq 1 \tag{1-7}$$

$$b_n = \frac{2}{\tau}\oint f(t)\sin n\omega t\,\mathrm{d}t = \mathrm{j}(g_n - g_{-n}) = -c_n \sin \varphi_n = d_n \cos \theta_n, n \geq 1 \tag{1-8}$$

$$g_n = \frac{1}{\tau}\oint f(t)\,\mathrm{e}^{-jn\omega t}\,\mathrm{d}t\ , n = 0, \pm 1, \pm 2, \cdots \tag{1-9}$$

$$g_n = \frac{1}{2}(a_n - \mathrm{j}b_n), g_{-n} = \frac{1}{2}(a_n + \mathrm{j}b_n), n \geq 1 \tag{1-10}$$

$$c_n^2 = d_n^2 = a_n^2 + b_n^2 = 4g_n g_{-n}(\text{符号不定}), n \geq 1 \tag{1-11}$$

$$\tan \varphi_n = -b_n/a_n, \tan \theta_n = a_n/b_n(\text{相位不定}), n \geq 1 \tag{1-12}$$

上述各式中的 $\oint$ 表示在一个完整周期中对 $f(t)$ 进行积分，即从任意的 t_1 到 $t_1 + \tau$ 进行积分。

让·巴普蒂斯·约瑟夫·傅里叶(Jean Baptiste Joseph Fourier)是法国著名数学家、物理学家。傅里叶的成就主要在于他对热传导问题的研究，以及他为推进这一领域的研究所引入的数学方法。1807 年，他向科学院呈交了一篇论文，题为《热的传播》，内容是关于不连续的物体和特殊形状(矩形、环状、球形、柱形、棱柱形)的连续体中的热扩散(热传导)问题。傅里叶提出："任何连续周期信号可以由一组适当的正弦曲线组合而成"。

1.1.2 傅里叶变换的基本公式

傅里叶变换能将满足一定条件的某个函数表示成三角函数(正弦和/或余弦函数)或者其积分的线性组合。在不同的研究领域，傅里叶变换具有多种不同的形式，如连续傅里叶变换和离散傅里叶变换。一个连续的信号可以看作是一个个小信号的叠加，从时域叠加与从频域叠加都可以组成原来的信号。

我们之前都是从时间的角度去理解信号的，一个时间点对应一个信号值，叠加后形成一个信号。对信号进行傅里叶变换后，其实还是叠加问题，只不过是从频率的角度去叠加，每个小信号是一个时间域上覆盖整个区间的信号，但它却有固定的周期。

对一个信号进行傅里叶变换，可以得到其频域特性，包括幅度和相位。幅度表示频率的大小。频域上的相位，就是每个正弦波之间的相位。傅里叶变换把看似杂乱无章的信号考虑成由一定振幅、相位、频率的基本正弦(余弦)信号组合而成，傅里叶变换的目的就是找出这些基本正弦(余弦)信号中振幅较大(能量较高)信号对应的频率，从而找出杂乱无章的信号中的主要振动频率特点。例如，在减速机出现故障时，通过傅里叶变换作频谱分析，根据各级齿轮转速、齿数与杂音频谱中振幅大小的对比，可以快速判断哪级齿轮损伤。

如果 $f(t)$ 代表一个随时间变化的量，则 $f(t)$ 能被分解成整个连续的频率区间上的积分和，在数学上可用下述相互等价的式(1-13)~式(1-18)中的任何一个来表示。

$$f(t) = \int_0^\infty [A(\omega)\cos\omega t + B(\omega)\sin\omega t] d\omega \qquad (1-13)$$

$$= \int_0^\infty C(\omega)\cos[\omega t + \varphi(\omega)] d\omega \qquad (1-14)$$

$$= \int_0^\infty D(\omega)\sin[\omega t + \theta(\omega)] d\omega \qquad (1-15)$$

$$= \frac{1}{\sqrt{2\pi}} \int_{-\infty}^{+\infty} E(\omega) e^{j\omega t} d\omega \qquad (1-16)$$

$$= \frac{1}{2\pi} \int_{-\infty}^{+\infty} F(\omega) e^{j\omega t} d\omega \qquad (1-17)$$

$$= \int_{-\infty}^{+\infty} G(\nu) e^{j2\pi\nu t} d\nu \qquad (1-18)$$

确定函数 $A(\omega), B(\omega), \cdots, F(\omega), G(\nu)$ 是傅里叶分析中的核心问题，$E(\omega), F(\omega), G(\nu)$ 都称作 $f(t)$ 的傅里叶变换，究竟是哪个并没有公认的约定。在上述各式中，ω 表示角频率，单位是 rad/s(弧度每秒)；ν 表示频率，单位是 Hz(赫兹)。函数 $A(\omega), B(\omega), \cdots, F(\omega), G(\nu)$ 可通过下述公式求出，下述公式中还包括了这几个函数间的相互关系：

$$A(\omega) = \frac{1}{\pi} \int_{-\infty}^{+\infty} f(t)\cos\omega t dt = \frac{1}{2\pi}[F(\omega) + F(-\omega)]$$
$$= C(\omega)\cos[\varphi(\omega)] = D(\omega)\sin[\theta(\omega)] \qquad (1-19)$$

$$B(\omega) = \frac{1}{\pi} \int_{-\infty}^{+\infty} f(t)\sin\omega t dt = \frac{j}{2\pi}[F(\omega) - F(-\omega)]$$
$$= -C(\omega)\sin[\varphi(\omega)] = D(\omega)\cos[\theta(\omega)] \qquad (1-20)$$

$$E(\omega) = \frac{1}{\sqrt{2\pi}} \int_{-\infty}^{+\infty} f(t) e^{-j\omega t} dt = \frac{1}{\sqrt{2\pi}} G(\omega/2\pi) \qquad (1-21)$$

$$F(\omega) = \int_{-\infty}^{+\infty} f(t) e^{-j\omega t} dt$$
$$= \pi[A(\omega) - jB(\omega)], \omega > 0$$
$$= \pi[A(|\omega|) + jB(|\omega|)], \omega < 0 \qquad (1-22)$$

$$G(\nu) = \int_{-\infty}^{+\infty} f(t) e^{-j2\pi\nu t} dt = F(2\pi\nu) \qquad (1-23)$$

把这几个函数联系在一起时，还会用到以下公式：

$$C^2(\omega) = D^2(\omega) = A^2(\omega) + B^2(\omega) = \frac{1}{\pi^2}[F(\omega) \times F(-\omega)] \qquad (1-24)$$

$$\tan[\varphi(\omega)] = -B(\omega)/A(\omega) \qquad (1-25)$$

$$\tan[\theta(\omega)] = A(\omega)/B(\omega) \qquad (1-26)$$

1.1.3 关于傅里叶积分的若干说明

1. $f(x)$ 的允许形式

为使反演定理成立，$f(x)$ 必须是单值的但可以是复数。若 $F(y)$ 是不含阶跃之类奇异函数的函数,则其可以进行傅里叶积分的充分条件是:①$f(x)$只含有限多个极大值和极小值;②$f(x)$不含无穷型的间断点;③$f(x)$只含有限多个有限型间断点,并且绝对可积。$f(x)$可以包含有限多个δ函数。若$F(y)$包含δ函数以及有限型或无穷型的间断点,则反演定理成立的充分条件是$f(x)$能化为两部分之和。其中,一部分满足前面所述的条件;而另一部分满足下述至少一个条件:①一个常数项;②有限多个周期函数;③有限多个阶跃函数。其中周期函数可以含间断点,但须满足狄里赫利条件。阶跃函数是指$f(x)$在x的某个特定值两边有不同的常数值。

2. 负频率

在声学实例中,压强变化$f(t)$的傅里叶变换$F(\omega)$中的ω可取负值,但在具体应用中只有正的ω值才有物理意义。事实上$F(\omega)$总是只在计算的中间过程才出现,直接可测的量都是正ω的函数。只要注意到这一点而不企图对负频率作出物理解释,问题就比较简单。例如,如果信号$f(t)$是由不同频率的一系列振荡合成的,则频率为ω的振荡的振幅和相位分别为

$$\left(\frac{1}{\pi}\right)\sqrt{F(\omega)F(-\omega)} \text{ 和 } \tan^{-1}\frac{-\mathrm{j}[F(\omega)-F(-\omega)]}{F(\omega)+F(-\omega)} \tag{1-27}$$

在这两种情况下我们都认为ω是正值。

对于其他一些情况,如波衍射问题,涉及的两个变量的负值是有物理意义的。傅里叶变换能将满足一定条件的某个函数表示成三角函数(正弦和/或余弦函数)或者它们的积分的线性组合。

如果频率简单定义为一个在单位时间内周期性振动的量度,那么还有另外一个量描述频率,即角频率。一个圆周上运动的质点,速度矢量不断发生变化,其中涉及角频率ω,角频率是矢量。矢量不仅有大小,还有方向。如果方向有了正负,那么对应的物理量也就有了正负。这个方向对应了另一个矢量——位移。位移不但有大小,而且有方向,这个方向包含正与负。角频率和频率的数量关系是$\omega=2\pi\nu$。例如,齿轮的旋转就有正反两个方向。这样,如果定义了一个旋转方向为正方向,那么另一个反向的旋转方向便为负方向。由此,"频率"便有了正负。

在无线电信号调幅调制中,载波经单一频率信号的调制后,其频谱包含 3 个频率分量,均匀分布在载波中心频率附近。那么,可以把低频处的频率理解为负频率,而高于中心处的频率就为正频率。

3. 吉布斯现象

含有一个有限跃变化的函数可以用一个傅里叶级数去综合,但如果展开式只有有限项,那么综合成的函数在跃变点附近会产生误差,可能会发生振荡。随着级数项数趋于无限,误差并不趋近于 0,尽管这时振荡周期趋近于 0。在多数应用领域中,这种现象是无关紧要的,因为t在一个有限区间内总可以通过足够多的项使综合函数的平均值能以任意想要的精度趋近于实际函数。吉布斯现象示意如图 1-1 所示。

傅里叶指出:"任何连续周期信号可以由一组适当的正弦曲线组合而成"。但正弦曲线无法组合成一个带有棱角的信号,我们可以用正弦曲线非常逼近地表示它。

1.1.4　傅里叶变换的性质

函数及其变换之间的关系以及各种作用在函数上的算子对变换的效应如下。

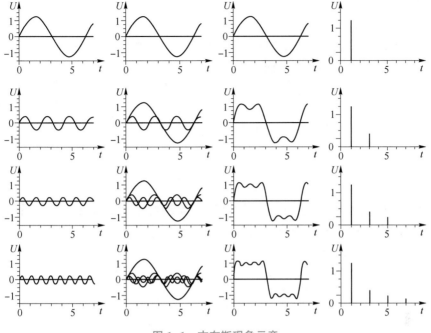

图 1-1　吉布斯现象示意

1. 加减

加减变换为

$$F[f(t) \pm g(t)] = F[f(x)] \pm F[g(x)] \tag{1-28}$$

2. 数乘

数乘变换为

$$F[af(t)] = aF[f(x)] \tag{1-29}$$

3. (比例)伸缩

若 $f(x) \leftrightarrow F(y)$，则有

$$f(ax) \leftrightarrow \frac{1}{|a|}F(y/a) \quad (a \text{ 为实值常数}) \tag{1-30}$$

$$\frac{1}{|a|}f(x/a) \leftrightarrow F(ay) \tag{1-31}$$

若有 δ 函数出现，则 $\delta(y/a-y_0)$ 等于 $a\delta(y-ay_0)$，而不是 $\delta(y-ay_0)$。

4. 平移

若将 x 沿正方向平移 x_0，则其傅里叶变换要乘以 $\mathrm{e}^{\pm \mathrm{j}x_0 y}$；反过来，若将 x 的函数乘以 $\mathrm{e}^{\pm \mathrm{j}y_0 x}$，则其傅里叶变换要乘以 $\mp y_0$，表述如下。

若

$$f(x) \leftrightarrow F(y)$$

则有

$$f(x \pm x_0) \leftrightarrow \mathrm{e}^{\pm \mathrm{j}x_0 y} F(y) \tag{1-32}$$

和

$$e^{\pm jy_0 x} f(x) \leftrightarrow F(y \mp y_0) \tag{1-33}$$

5. 函数曲线下的面积

函数曲线下的面积等于它的傅里叶变换在原点处的数值；反过来，函数在原点处的值等于$1/2\pi$乘以它的傅里叶变换曲线下的面积，即

$$\int_{-\infty}^{+\infty} f(x)\,dx = F(0) \text{ 和 } f(0) = \frac{1}{2\pi}\int_{-\infty}^{+\infty} F(y)\,dy \tag{1-34}$$

这两个面积是不相等的，但模的平方下的面积的直接联系为

$$\int_{-\infty}^{+\infty} |f(x)|^2 dx = \frac{1}{2\pi}\int_{-\infty}^{+\infty} |F(y)|^2 dy \tag{1-35}$$

6. 宽度

若函数和它的变换都以原点为中心呈"峰"状，则两峰宽度成反比。用不同高度、同面积的矩形宽度定义的峰宽 w 和 W，如图 1-2 所示。

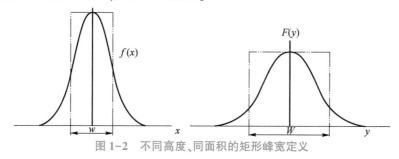

图 1-2　不同高度、同面积的矩形峰宽定义

如果将宽度定义为 $|f(x)|^2$ 和 $|F(y)|^2$ 相对于任意选定的 x_0 和 y_0 的二次矩，则相应的关系式应用更广，结论是

$$\begin{aligned}
(\Delta x)^2 &= \int_{-\infty}^{+\infty} (x - x_0)^2 |f(x)|^2 dx \Big/ \int_{-\infty}^{+\infty} |f(x)|^2 dx \\
(\Delta y)^2 &= \int_{-\infty}^{+\infty} (y - y_0)^2 |f(y)|^2 dy \Big/ \int_{-\infty}^{+\infty} |f(y)|^2 dy
\end{aligned} \tag{1-36}$$

式中的 x_0、y_0 是任意的。

7. 对称

若 $f(x)$ 是偶函数，则 $F(y)$ 也是偶函数；若 $f(x)$ 是奇函数，则 $F(y)$ 也是奇函数。

8. 微商

若有一个 x 的函数作了 n 次微商，则其傅里叶变换要乘以 $(\mp jy)^n$；反过来，如果对 x 的函数乘以 $(\mp jx)^n$，则其傅里叶变换应作 n 次微商，表述如下。

若

$$f(x) \leftrightarrow F(y)$$

则有

$$\frac{d^n[f(x)]}{dx^n} \leftrightarrow (jy)^n F(y) \tag{1-37}$$

$$(-jx)^n f(x) \leftrightarrow \frac{d^n[F(y)]}{dy^n} \tag{1-38}$$

9. 矩

函数的 n 次微商在原点的数值等于 $j^n/2\pi$ 乘以其傅里叶变换的 n 次矩;反过来,函数的 n 次矩等于 j^n 乘以它的傅里叶变换的 n 次微商在原点的值。由于函数 $f(x)$ 的 n 次矩的定义是 $\int_{-\infty}^{+\infty} x^n f(x)\,\mathrm{d}x$,因此上述结论可表示为

$$\frac{\mathrm{d}^n[f(x)]}{\mathrm{d}x^n}\bigg|_{x=0} = \frac{j^n}{2\pi}\int_{-\infty}^{+\infty} y^n F(y)\,\mathrm{d}y \tag{1-39}$$

和

$$\int_{-\infty}^{+\infty} x^n f(x)\,\mathrm{d}x = j^n \frac{\mathrm{d}^n[F(y)]}{\mathrm{d}y^n}\bigg|_{y=0} \tag{1-40}$$

实函数 $f(x)$ 的零阶矩就是曲线下的面积,一阶矩就是面积乘上 $f(x)$ 的"重心"到原点的距离,二阶矩就是 $f(x)$ 相对于原点的转动惯量。二阶矩是以原点为中心的"峰"状实函数,其均方宽度是由它的傅里叶变换的二次微商在原点的值决定的。

10. 乘积和卷积

两个函数之积的傅里叶变换正比于它们的傅里叶变换的卷积;反过来,两个函数的卷积的傅里叶变换等于两个函数的傅里叶变换的乘积。表述如下。

若

$$f(x) \leftrightarrow F(y), g(x) \leftrightarrow G(y)$$

则

$$f(x)g(x) \leftrightarrow \frac{1}{2\pi}[F(y) * G(y)] \tag{1-41}$$

$$f(x) * g(x) \leftrightarrow F(x) \cdot G(y) \tag{1-42}$$

两函数中间的符号就是卷积符号,即符号" $*$ ",其定义为

$$f(x) * g(x) = \int_{-\infty}^{+\infty} f(x_1)g(x-x_1)\,\mathrm{d}x_1 \tag{1-43}$$

卷积是指将一种信号搬移到另一频率中,如调制,这是频率卷积。从数学的角度看,卷积是一种反映两个序列或函数之间关系的运算方法;从物理的角度看,卷积可代表某种系统对某个物理量或输入的调制或污染;从信号的角度看,卷积代表线性系统对输入信号的响应方式,其输出就等于系统冲激函数和信号输入的卷积。只有符合叠加原理的系统,才有系统冲激函数的概念,从而卷积成为系统对输入在数学上运算的必然形式,冲激函数实际上是该问题的格林函数解。激励源作为强加激励,求解某个线性问题的解,得到的格林函数就是系统冲激响应。在线性系统中,系统冲激响应与卷积存在着必然的联系。但是卷积本身是一种数学运算方法,其实质上是对信号进行滤波。

11. 重复和取样

每隔 x_0 使 $f(x)$ 重复一次,结果就使整个变换只保留在 $y = 2\pi n/x_0$ 处 δ 函数的值($n = 0$, $\pm 1, \pm 2, \cdots$),其余均为 0。

若

$$f(x) \leftrightarrow F(y)$$

则

$$\sum_{n=-\infty}^{+\infty} f(x-nx_0) \leftrightarrow \frac{2\pi}{x_0} \sum_{n=-\infty}^{+\infty} \delta\left(y-n\frac{2\pi}{x_0}\right)F(y) \tag{1-44}$$

若函数 $f(x)$ 本身的分布宽度比 x_0 大,则重叠处要相加。式(1-44)右端实际上是对 $F(y)$ 进行了梳取。对函数 $f(x)$ 进行梳取的结果是其傅里叶变换每隔 $2\pi/x_0$ 就重复一次(重叠处相加)。

若

$$f(x) \leftrightarrow F(y)$$

则

$$\sum_{n=-\infty}^{+\infty} \delta(x-nx_0)f(x) \leftrightarrow \frac{1}{x_0}\sum_{n=-\infty}^{+\infty} F\left(y-n\frac{2\pi}{x_0}\right) \tag{1-45}$$

若对 $f(x)$ 的梳取进行得足够精细,则其傅里叶变换除了可使互相分开的复制品不断出现外,没有任何变化。

12. 截断和平滑滤波

截断是指函数 $f(x)$ 在 $|x|>x_0$ 时都等于 0,其效应相当于抹平(滤掉)它的傅里叶变换中比 $\Delta y \sim 1/x_0$ 更精细的结构。类似地,对函数中比 Δx 更精细的结构进行平滑滤波,其作用就是使变换在 $|y|>1/\Delta x$ 的部分趋近于 0。这是因为截断可表示为给定函数和某个截断函数(如方波函数)的乘积,结果就使傅里叶变换和截断函数的变换作卷积,这种卷积就具有滤波或宽化的作用。

【例 1-1】和【例 1-2】

§1.2 离散时间信号——序列

1.2.1 序列

一般用 $x(n)$ 表示离散时间信号(序列), $x(n)$ 可以看成是对模拟信号 $x_a(t)$ 的等间隔抽样,即

$$x(n) = x_a(t)\big|_{t=nT} = x_a(nT) \tag{1-46}$$

也可以将其视为一组序列值,当 n 变化时,用 $x(n)$ 表示整个序列;在某一个 n 值下, $x(n)$ 表示第 n 个离散时间点上的序列值, n 必须是整数。只有 n 是整数, $x(n)$ 才有定义,当 n 不是整数时, $x(n)$ 没有定义。没有定义并不能说它等于 0,这可用对模拟信号的抽样来理解,即 $x(n) = x_a(nT)$ 表示: n 为整数,即 $t=nT$ 时,对 $x_a(t)$ 抽样; n 不是整数时,在相邻两个抽样之间的时刻并未抽样,而信号并不一定等于 0。只要满足抽样定理要求,抽样点之间的信号就可以通过低通平滑滤波器的插值作用来恢复。

例如,设 $x(n)$ 为某一序列,若 $y(n)=x(n/m)$,则在 $y(n)$ 中,只取 n 为整数是错误的,因为 $x(n/m)$ 只在其变量 n/m 为整数时才有定义,所以这里 n/m 必须为整数, $y(n)$ 才有定义。模拟信号也可采用非等间隔时间抽样,但不在本书讨论范围之内。

序列可以有以下 3 种表示法。

(1)函数表示法。

例如, $x(n)=a^n u(n)$ 。

（2）数列的表示法。

例如，$x(n) = \{\cdots, -5, -3, \underline{-1}, 0, 2, 7, 9, \cdots\}$。本书中凡用数列表示序列时，都将 $n = 0$ 时 $x(0)$ 的值用下划线"___"标注，这个例子中有 $x(-1) = -3, x(0) = -1, x(1) = 0, \cdots$。

（3）用图形表示，如图 1-3 所示。

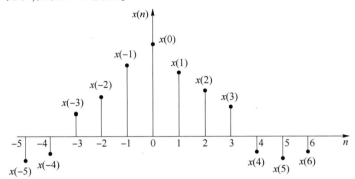

图 1-3　离散时间信号的图形表示

1.2.2　序列的运算

信号处理是通过各种运算来完成的，将一些运算组合起来，能够增强系统处理信号的能力。在数字信号处理中，序列的运算都是通过 3 个基本运算单元——加法器、乘法器和延时单元来实现的。

序列运算可以有 3 类：一是基于序列幅度 $x(n)$ 的运算；二是基于序列变量 n 的运算；三是基于序列幅度 $x(n)$ 和变量 n 的运算。

1. 基于序列幅度的运算

（1）加法。两序列之和是指同序号（n）的序列值逐项对应相加而构成一个新序列，即

$$z(n) = x(n) + y(n) \tag{1-47}$$

（2）乘法。两序列之积是指同序号（n）的序列值逐项对应相乘而构成一个新序列，即

$$u(n) = x(n)y(n) \tag{1-48}$$

当 $x(n)$ 或 $y(n)$ 是常数 c 时，称为标度运算，即

$$w(n) = cx(n) \tag{1-49}$$

（3）累加。累加表示 $y(n)$ 在某一个 n 上的值等于在这一个 n 上的 $x(n)$ 值以及在这一个 n 以前的所有 n 上的 $x(n)$ 值之和，即

$$y(n) = \sum_{k=-\infty}^{n} x(k) \tag{1-50}$$

序列 $x(n)$ 及其累加序列 $y(n)$ 如图 1-4 所示。

（4）序列的绝对和定义为

$$S = \sum_{n=-\infty}^{\infty} |x(n)| \tag{1-51}$$

当 $S < \infty$ 时，称序列 $x(n)$ 为绝对可和序列，序列的绝对可和性对于判断序列的傅里叶变换是否存在以及判断系统是否稳定有极重要的意义。

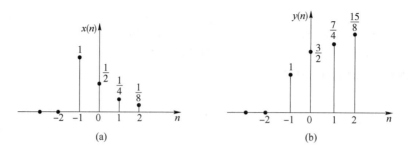

图 1-4　序列 $x(n)$ 及其累加序列 $y(n)$

(a)序列 $x(n)$；(b)序列 $y(n)$

（5）序列的能量定义为

$$E[x(n)] = \sum_{n=-\infty}^{\infty} |x(n)|^2 \tag{1-52}$$

若 $E[x(n)] < \infty$，则称 $x(n)$ 为能量有限信号(或简称能量信号)。一般来说,在有限 n 上有值(不为无穷)的有限长序列及绝对可和的无限长序列都是能量信号。

（6）序列的平均功率定义为

$$P[x(n)] = \lim_{N \to \infty} \frac{1}{2N+1} \sum_{n=-N}^{N} |x(n)|^2 \tag{1-53}$$

若此极限存在,即平均功率是有限的 $P[x(n)] < \infty$,则称 $x(n)$ 为功率有限信号(或简称功率信号)。一般来说,周期信号、随机信号的存在时间是无限的,因此它不是能量信号而是功率信号。对于周期信号,只需取一个周期 N 的平均功率,即

$$P[x(n)] = \frac{1}{N} \sum_{n=0}^{N-1} |x(n)|^2 \tag{1-54}$$

2. 基于序列变量的运算

（1）移位。某序列为 $x(n)$,则 $x(n-m)$ 就是 $x(n)$ 的移位序列。当 m 为正数时,$x(n-m)$ 表示序列 $x(n)$ 逐项依次右移(延时) m 位;当 m 为负数时,表示序列 $x(n)$ 逐项依次左移(超前) $|m|$ 位。

（2）翻褶。若序列为 $x(n)$,则 $x(-n)$ 是以 $n=0$ 的纵轴为对称轴将 $x(n)$ 序列加以翻褶,如图 1-5 所示。

$x(n-m)$ 对以 $n=0$ 为纵轴的翻褶序列为 $x[(-n+m)] = x(m-n)$。

当序列是 $x(-n-m)$ 时,如何从 $x(n)$ 求得此序列? 可以先画出翻褶序列 $x(-n)$,若 m 为正数,则将 $x(-n)$ 左移 m 位;若 m 为负数,则将 $x(-n)$ 右移 $|m|$ 位,如图 1-5 所示。

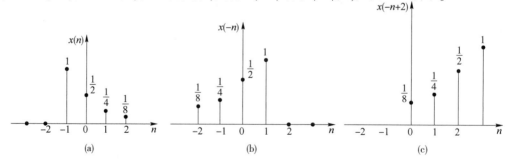

图 1-5　序列 $x(n)$、翻褶序列 $x(-n)$ 及翻褶移位序列 $x(-n+2)$

(a)序列 $x(n)$；(b)翻褶序列 $x(-n)$；(c)翻褶移位序列 $x(-n+2)$

（3）时间尺度变换。

抽取（下抽样变换）。抽取是为了减小抽样频率，可表示为

$$x_D(n) = x(Dn), D \text{ 为整数} \tag{1-55}$$

插值（上抽样变换）。插值是为了增加抽样频率。例如，插零值（它是实现插值的第一个步骤）可表示为

$$x_I'(n) = \begin{cases} x(n/I), & n=ml, I \text{ 为整数}, m=0,\pm1,\pm2,\cdots \\ 0, & \text{其他 } n \end{cases} \tag{1-56}$$

时间尺度变换如图 1-6 所示，抽取和插值运算所代表的系统（由 $x(n)$ 变换到 $x_d(n)$ 或 $x_I'(n)$ 的系统）是一个线性移变系统，因为它们在时间轴（n）上有压缩或扩展的作用。

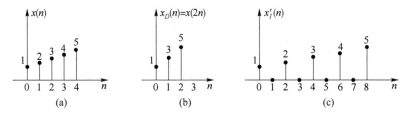

图 1-6　时间尺度变换

（a）序列 $x(n)$；（b）抽取序列 $x_D(n)$（$D=2$）；（c）插入零值序列 $x_I'(n)$（$I=2$）

3. 基于序列幅度和变量的运算

（1）差分运算。

前向差分

$$\Delta x(n) = x(n+1) - x(n) \tag{1-57a}$$

后向差分

$$\nabla x(n) = x(n) - x(n-1) \tag{1-57b}$$

由此得出

$$\nabla x(n) = \Delta x(n-1) \tag{1-57c}$$

$x(n)$、前向差分 $\Delta x(n)$ 及后向差分 $\nabla x(n)$ 如图 1-7 所示。

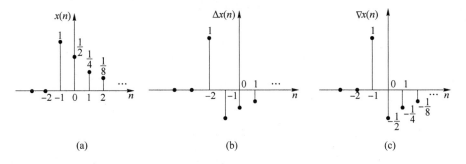

图 1-7　$x(n)$、前向差分 $\Delta x(n)$ 及后向差分 $\nabla x(n)$

（a）$x(n)$ 序列；（b）$\Delta x(n)$ 序列；（c）$\nabla x(n)$ 序列

（2）卷积运算。

卷积运算公式为

$$y(n) = x(n) * h(n) = \sum_{m=-\infty}^{\infty} x(m)h(n-m) = \sum_{m=-\infty}^{\infty} x(n-m)h(m) \tag{1-58}$$

（3）相关运算。

相关运算公式为

$$r_{xy}(m) = \sum_{n=-\infty}^{\infty} x(n)y(n-m) \tag{1-59}$$

相关运算是指求两个信号的相似程度，可以通过卷积求出来。相关分为自相关和互相关，自相关代表信号本身和延迟一段时间以后的相似程度，互相关代表两个信号的相似程度。卷积是一种运算，相关运算可通过卷积求得。相关系数大于 0，表示两个变量正相关，且相关系数越大，正相关性越高；相关系数小于 0，表示两个变量负相关，且相关系数越小，负相关性越高；相关系数等于 0，表示两个变量不相关。

【例 1-3】~【例 1-6】

（4）求复序列 $x(n)$ 的共轭对称分量 $x_e(n)$ 及共轭反对称分量 $x_o(n)$，或者求实序列 $x(n)$ 的偶对称分量 $x_e(n)$ 及奇对称分量 $x_o(n)$，即

$$\left.\begin{aligned} x_e(n) &= \frac{1}{2}\left[x(n) + x^*(-n)\right] \\ x_o(n) &= \frac{1}{2}\left[x(n) - x^*(-n)\right] \end{aligned}\right\} \text{对复序列 } x(n) \tag{1-60}$$

$$\left.\begin{aligned} x_e(n) &= \frac{1}{2}\left[x(n) + x(-n)\right] \\ x_o(n) &= \frac{1}{2}\left[x(n) - x(-n)\right] \end{aligned}\right\} \text{对实序列 } x(n) \tag{1-61}$$

且有

$$x(n) = x_e(n) + x_o(n) \tag{1-62}$$

1.2.3 序列的卷积

当模拟信号通过线性时不变系统时，输出 $y(t)$、输入 $x(t)$、系统单位冲激响应 $h(t)$ 之间有以下卷积积分关系：

$$y(t) = x(t) * h(t) = \int_{-\infty}^{\infty} x(\tau)h(t-\tau)\,d\tau \tag{1-63}$$

在序列通过离散时间线性移不变系统时，输出 $y(n)$、输入 $x(n)$、系统单位抽样响应 $h(n)$ 之间有以下卷积关系：

$$y(n) = x(n) * h(n) = \sum_{m=-\infty}^{n} x(m)h(n-m) \tag{1-64}$$

" * "表示卷积（卷积和）的运算符号，卷积运算是离散时间线性移不变系统中一种非常重要的运算，必须熟练掌握。

1. 卷积运算步骤

卷积运算步骤分为以下 4 步。

（1）翻褶：选哑变量为 m，作 $x(m)$、$h(m)$，将 $h(m)$ 以 $m=0$ 为对称轴翻褶成 $h(-m)$。

（2）移位：将 $h(-m)$ 移位 n，得 $h(n-m)$，$n>0$ 时，右移 n 位，$n<0$ 时，左移 $|n|$ 位。

（3）相乘：将 $h(n-m)$ 与 $x(m)$ 在相同 m 处的对应值相乘。

（4）相加：将以上所有 m 处的乘积值叠加，就得到该 n 值下的 $y(n)$ 值。

依上法取 $n=\cdots,-2,-1,0,1,2,\cdots$ 各值，即可得到全部 $y(n)$ 值。

2. 卷积计算方法

（1）图解加上解析的方法。求解时，有可能要分成几个时间区间来分别加以计算，参考【例 1-7】～【例 1-9】。

（2）列表方法。此法显然只适用于两个有限长序列的卷积，参考【例 1-10】和【例 1-11】。

（3）对位相乘相加法。此法也是针对有限长序列的计算卷积的方法，用此法进行线性卷积运算，可参考【例 1-12】。

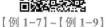

| 【例 1-7】～【例 1-9】 | 【例 1-10】 | 【例 1-11】 | 【例 1-12】 |

3. 卷积序列的长度

由【例 1-4】看出，若 $x(n)$ 有值的范围为 $N_1\le n\le N_2$，则 $x(n)$ 的长度点数为 $N=N_2-N_1+1$。也就是说，若 $h(n)$ 有值的范围为 $W_3\le n\le W_4$，则 $h(n)$ 的长度点数为 $M=N_4-N_3+1$，按【例 1-4】的讨论知，$y(n)=x(n)*h(n)$ 有值的范围为 $N_1+N_3\le n\le N_2+N_4$，则 $y(n)$ 的长度点数 L 应为

$$L=(N_2+N_4)-(N_1+N_3)+1=(N_2-N_1+1)+(N_4-N_3+1)-1$$
$$=N+M-1 \tag{1-65}$$

即 $x(n)$ 为 N 点长序列，$h(n)$ 为 M 点长序列，则 $y(n)=x(n)*h(n)$ 为 L 点长序列。

4. 卷积计算

用向量-矩阵乘法进行卷积计算（有限长序列的卷积）。则

$$y(n)=x(n)*h(n)=\sum_{m=0}^{\infty}x(m)h(n-m)$$
$$=\sum_{m=0}^{N_n-1}x(m)h(n-m),n=0,1,\cdots,L-1$$

设 $x(n)$ 长度点数为 $N_x,0\le n\le N_x-1$；$h(n)$ 长度点数为 $N_h,0\le n\le N_h-1$。则 $y(n)$ 长度点数为 $L=N_x+N_h-1,0\le n\le N_x+N_h-2$。

对任意 n，上式可写成

$$y(n)=x(0)h(n)+x(1)h(n-1)+\cdots+x(N_x-1)h(n-N_x+1),n=0,1,\cdots,L-1 \tag{1-66}$$

写成向量乘积形式为

$$y(n)=[x(0),x(1),\cdots,x(N_x-1)]\begin{bmatrix} h(n) \\ h(n-1) \\ \vdots \\ h(n-N_x+1) \end{bmatrix} \tag{1-67}$$

若将 $y(n)$ 为 n 逐次加 1 写成行向量，即 $\boldsymbol{y}=[y(0),y(1),\cdots,y(L-1)]$，则应将 $h(n)$ 按顺序沿列排列，且由于 $n<0$ 时，$h(n)=0$，因此可得

$$[y(0), y(1), \cdots, y(L-1)] = [x(0), x(1), \cdots, x(N_x-1)] \begin{bmatrix} h(0) & h(1) & h(2) & \cdots & h(L-1) \\ 0 & h(0) & h(1) & \cdots & h(L-2) \\ 0 & 0 & h(0) & \cdots & h(L-3) \\ \vdots & \vdots & \vdots & & \vdots \\ 0 & 0 & 0 & \cdots & h(L-N_x) \end{bmatrix}$$

$$(1-68)$$

由上式可将卷积运算写成矩阵乘法的形式,即 $\boldsymbol{y} = \boldsymbol{xH}$,其中,$\boldsymbol{x} = [x(0), x(1), \cdots, x(N_x-1)]$,$\boldsymbol{y} = [y(0), y(1), \cdots, y(L-1)]$,

$$\boldsymbol{H} = \begin{bmatrix} h(0) & h(1) & \cdots & h(L-2) & h(L-1) \\ 0 & h(0) & \cdots & h(L-3) & h(L-2) \\ 0 & 0 & \cdots & h(L-4) & h(L-3) \\ \vdots & \vdots & & \vdots & \vdots \\ 0 & 0 & \cdots & h(L-N_x+1) & h(L-N_x) \end{bmatrix} \qquad (1-69)$$

【例 1-13】

矩阵 $\boldsymbol{H}$ 共有 N_x 行,有 $L = N_x + N_h - 1$ 列,这一矩阵的特点是各对角线元素是相同的,其第一行为单位冲激响应(N_h 个数值)及补 N_x-1 个零值后的序列,即为 $\{h(0), h(1), \cdots, h(N_h-1), 0, 0, \cdots, 0\}$,补到长度为 L 点,以下各行依次等于前一行的循环右移一位,直到形成 N_x 行,也就是使整个 $h(n)$ 移到右端。这种依次循环右移一位后下移一行形成的各对角线元素相同的矩阵称为 Toeplitz 矩阵。

卷积运算是符合交换律、结合律、分配律的。

1.2.4 序列的相关性

在统计通信及数字信号处理中,相关(或称线性相关)是一个十分重要的概念。相关函数和信号的功率谱有着密切的关系。通常利用相关函数来分析随机信号的功率谱密度,它对确定信号的分析也有一定的作用。相关是指两个确定信号或两个随机信号之间的相互关系。对于随机信号,信号一般是不确定的,但是通过对它的规律进行统计,它们的相关函数往往是确定的。因而在随机信号的数字处理中,可以用相关函数来描述一个平稳随机信号的统计特性。

实际中需要研究经过一段时间差后,两个信号之间的相似程度,这就要用相关函数来表征。

1. 互相关函数序列

(1)互相关函数的定义。设有两个实信号 $x(n)$、$y(n)$,则定义此两序列的互相关函数为

$$r_{xy}(m) = \sum_{n=-\infty}^{\infty} x(n) y(n-m) \qquad (1-70)$$

互相关序列也可定义为 $r_{xy}(m) = \sum_{n=-\infty}^{\infty} x(n) y(n+m)$,$m>0$ 时,$y(n)$ 序列向左移 m 位;$m<0$ 时,$y(n)$ 序列向右移 $|m|$ 位。互相关运算与卷积运算有相似之处,但有两处不同。

①卷积运算有翻褶、移位、相乘、相加 4 个步骤,互相关运算则没有其中的翻褶这一步骤。

②互相关运算不满足交换律，即

$$r_{xy}(m) = \sum_{n=-\infty}^{\infty} x(n)y(n-m) \xrightarrow{n-m=n', n' \to n} \sum_{n=-\infty}^{\infty} x(n)y(n+m) = r_{xy}(-m) \neq r_{xy}(m) \quad (1-71)$$

由式（1-71）可知，互相关函数 $r_{xy}(m)$ 中的相关时间间隔 m 是由 $x(n)$ 序列的变量减去 $y(n)$ 序列的变量。

（2）互相关函数的性质。

①$r_{xy}(m)$ 与 $r_{yx}(m)$ 互为偶对称（对 $m=0$）的关系，即

$$r_{xy}(m) = r_{yx}(-m) \quad (1-72)$$

②$r_{xy}(m)$ 不是偶对称函数，即

$$r_{xy}(m) \neq r_{xy}(-m) \quad (1-73)$$

③$x(n)$、$y(n)$ 是绝对可和的能量信号时，有

$$\lim_{m \to \infty} r_{xy}(m) = 0 \quad (1-74)$$

（3）设有限长序列 $x(n)$、$y(n)$ 有值的范围分别为

$$x(n): N_{x1} \leqslant n \leqslant N_{x2}; y(n): N_{y1} \leqslant n \leqslant N_{y2}$$

由 $r_{xy}(m) = \sum\limits_{n=-\infty}^{\infty} x(n)y(n-m)$ 可知，只需将 $y(n)$ 左移或右移 m 位与 $x(n)$ 相乘相加即可求得某个 m 值下的 $r_{xy}(m)$，由图 1-8 可知，当 $m>0$ 时，$y(n)$ 右移 m 位，其 $r_{xy}(m)$ 有值的最大 m 为 $N_{x2}-N_{y1}$；当 $m<0$ 时，$y(n)$ 左移 $|m|$ 位，其 $r_{xy}(m)$ 有值的最小 m 为 $-(N_{y2}-N_{x1})$。因此，$r_{xy}(m)$ 有值的范围为

$$r_{xy}(m), -(N_{y2}-N_{x1}) \leqslant m \leqslant (N_{x2}-N_{y1}) \quad (1-75)$$

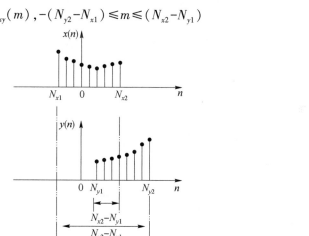

图 1-8　有序长序列互相关 $r_{xy}(m)$ 存在范围的示意

若 $N_{y2} \leqslant N_{x1}$，则 $r_{xy}(m)$ 只在 $m \geqslant 0$ 时有值。

若 $N_{y1} \geqslant N_{x2}$，则 $r_{xy}(m)$ 只在 $m \leqslant 0$ 时有值。

若 $N_{x1} = N_{y1} = 0$，即 $x(n)$、$y(n)$ 皆为从 $n=0$ 开始有值的因果有限长序列，则 $-N_{y2} \leqslant m \leqslant N_{x2}$。若用 $\text{length}(x)$ 及 $\text{length}(y)$ 分别表示 $x(n)$ 和 $y(n)$ 的长度点数，则 $r_{xy}(m)$ 有值的范围可表示为

$$r_{xy}(m), -(\text{length}(y)-1) \leqslant m \leqslant \text{length}(x)-1 \quad (1-76)$$

（4）用卷积运算来表示相关运算，即

$$r_{xy}(m) = \sum_{n=-\infty}^{\infty} x(n)y(n-m) = \sum_{n=-\infty}^{\infty} x(n)y(-(m-n))$$

$$= x(n) * y(-m) \qquad (1-77)$$

2. 自相关函数序列

（1）自相关函数的定义。当 $x(n) = y(n)$ 时，称 $r_{xy}(m)$ 为自相关函数序列，即

$$r_{xx}(m) = \sum_{n=-\infty}^{\infty} x(n)x(n-m) = x(n) * x(-m) \qquad (1-78)$$

（2）自相关函数的性质。

① $r_{xx}(m)$ 满足偶对称关系，即 $r_{xx}(m)$ 是实偶序列：

$$r_{xx}(m) = r_{xx}(-m) \qquad (1-79)$$

②当 $m=0$ 时，自相关序列取最大值，这是很显然的，序列与自己本身的相似程度最大，即

$$r_{xx}(0) = \sum_{n=-\infty}^{\infty} x^2(n) > |r_{xx}(m)| \qquad (1-80)$$

同时，$r_{xx}(0)$ 等于信号序列 $x(n)$ 的能量。

③若 $x(n)$ 是绝对可和的能量信号，则

$$\lim_{m\to\infty} r_{xx}(m) = 0 \qquad (1-81)$$

【例1-14】

（3）相关函数（包括自相关、互相关）都可用卷积运算来求出，而卷积运算必须将一个序列加以翻褶再移位，在相关序列的卷积表达式中 $x(-m)$ 已是翻褶序列，进行卷积运算时再翻褶一次，而两次翻褶等于没有翻褶，其效果正好是不需要翻褶的相关运算。

相关函数只表示两个信号之间的相关性（相似性），而卷积则表示信号通过系统的一种运算，两者是完全不同的物理含义。

对于功率信号，互相关函数及自相关函数定义为

$$r_{xy}(m) = \lim_{M\to\infty} \frac{1}{2M+1} \sum_{n=-M}^{M} x(n)y(n-m) \qquad (1-82a)$$

$$r_{xx}(m) = \lim_{M\to\infty} \frac{1}{2M+1} \sum_{n=-M}^{M} x(n)x(n-m) \qquad (1-82b)$$

如果 $x(n)$、$y(n)$ 是周期信号（当然是一种功率信号），其周期为 N，则可用一个周期内的平均值来代替以上两个公式，即

$$r_{xy}(m) = \frac{1}{N} \sum_{n=0}^{N-1} x(n)y(n-m) \qquad (1-83a)$$

$$r_{xx}(m) = \frac{1}{N} \sum_{n=0}^{N-1} x(n)x(n-m) \qquad (1-83b) \quad 【例1-15】～【例1-18】$$

可以看出，对于正弦序列及余弦序列，当 $m=0$ 时，其相关序列 $r_{xx}(0) = 1/2$，且都满足

$$r_{xx}(0) > |r_{xx}(m)|, \ |m| > 0$$

▶▶ 1.2.5　常见的典型序列

1. 单位抽样（单位冲激、单位脉冲）序列

单位抽样（单位冲激、单位脉冲）序列为

$$\delta(n) = \begin{cases} 1, & n=0 \\ 0, & n\neq 0 \end{cases} \qquad (1-84)$$

2. 单位阶跃序列

单位阶跃序列为

$$u(n) = \begin{cases} 1, & n \geq 0 \\ 0, & n < 0 \end{cases} \tag{1-85}$$

3. 矩形序列

矩形序列为

$$R_N(n) = \begin{cases} 1, & 0 \leq n \leq N-1 \\ 0, & \text{其他 } n \end{cases} \tag{1-86}$$

4. 实指数序列

实指数序列为

$$x(n) = a^n u(n), a \text{ 为实数} \tag{1-87}$$

5. 复指数序列

复指数序列为

$$x(n) = e^{(\sigma + j\omega_0)n} = e^{\sigma n} \left[\cos(\omega_0 n) + j\sin(\omega_0 n) \right] \tag{1-88}$$

当指数为纯虚数时,复指数序列为 $x(n) = e^{j\omega_0 n}$。

6. 正弦序列

正弦序列为

$$x(n) = A\sin(\omega_0 n + \varphi) \tag{1-89}$$

式中,A 为幅度;ω_0 为数字频率;φ 为起始相位。

可以利用这些典型序列作用在系统上,研究测试系统的某些时域、频域特性。例如,最基本的信号是 $\delta(n)$,当它作用在系统上时,可以得到系统的单位抽样响应 $h(n)$,从而得到系统的频率响应 $H(e^{j\omega})$。又可利用 $\delta(n)$ 表示任意序列。

上述 6 个序列的特点如下。

(1) $\delta(n)$ 在 $n=0$ 时取值为 1,这与连续时域中的 $\delta(t)$ 是不同的。$\delta(t)$ 是幅度为无穷大,宽度为无限窄,积分值为 1 的冲激函数,是一种奇异函数。

(2) $\delta(n)$ 与 $u(n)$ 的关系为

$$\delta(n) = u(n) - u(n-1)$$

也就是说,单位抽样序列可表示成单位阶跃序列的一阶后向差分,即

$$u(n) = \sum_{m=0}^{\infty} \delta(n-m) = \delta(n) + \delta(n-1) + \delta(n-2) + \cdots \tag{1-90}$$

即单位阶跃序列是由 $n=0$ 开始的一组延迟的单位抽样序列之和组成,将 $n-m=k$ 代入式(1-90),可得

$$u(n) = \sum_{k=-\infty}^{\infty} \delta(k) = \begin{cases} 1, & n \geq 0 \\ 0, & n < 0 \end{cases} \tag{1-91}$$

这里利用了累加的概念,即单位阶跃序列在 n 时刻点的值,就等于在 n 点及该点以前全部的单位抽样序列值之和(实际上单位抽样序列 $\delta(k)$ 只在 $k=0$ 处有值,为 $\delta(0)=1$,其他 k 值处为 0)。

(3) $\delta(n)$ 与 $R_N(n)$ 的关系为

$$R_N(n) = \sum_{m=0}^{N-1} \delta(n-m) = \delta(n) + \delta(n-1) + \cdots + \delta(n-N+1) \tag{1-92}$$

（4）$u(n)$ 与 $R_N(n)$ 的关系为

$$R_N(n) = u(n) - u(n-N) \tag{1-93}$$

（5）任意因果序列 $x(n)$ 与单位阶跃序列 $u(n)$ 的卷积，得到的是此因果序列的累加序列，即

$$u(n) * x(n) = \sum_{m=0}^{n} x(m) u(n-m) = \sum_{m=0}^{n} x(m) \tag{1-94}$$

（6）实指数序列 $a^n u(n)$。a 为实数，$|a| < 1$ 时序列收敛，$|a| > 1$ 时序列发散，$a = 1$ 时，序列为单位阶跃序列。

（7）复指数序列 $e^{(\sigma + j\omega_0)n}$。可将它分解为实部序列与虚部序列或分解为模序列与相角序列，即

$$x(n) = e^{(\sigma + j\omega_0)n} = e^{\sigma n} e^{j\omega_0 n} \tag{1-95}$$

式中，$e^{\sigma n}$ 为模序列；$e^{j\omega_0 n}$ 为相角序列。

当 $\sigma = 0$，即指数为纯虚数时，复指数序列的模为 1。同样地，有

$$x(n) = e^{\sigma n} \cos \omega_0 n + j e^{\sigma n} \sin \omega_0 n \tag{1-96}$$

上式右端第一项为实部序列，第二项为虚部序列乘以 j。

（8）指数为纯虚数的复指数序列，其实部及虚部都是正弦序列，所以它与正弦序列的特性是相同的。ω_0 是数字频率，由于 n 是无量纲的整数，因此 ω_0 的单位为弧度（rad），表示从 n 到 $n+1$ 两相邻点之间正弦序列的相位差，也就是正弦序列变化的快慢。

若将正弦序列 $x(n) = A\sin(\omega_0 n + \varphi)$ 看成对模拟正弦信号 $x_a(t) = A\sin(\Omega_0 t + \varphi)$ 的抽样，则

$$x(n) = A\sin(\omega_0 n + \varphi) = x_a(nT) = A\sin(\Omega_0 Tn + \varphi) \tag{1-97}$$

因而 $\omega_0 = \Omega_0 T$，数字频率 ω_0 与模拟角频率 Ω_0 成线性关系，因为 $\Omega_0 t$ 表示弧度（rad），故 Ω_0 的单位是弧度/秒（rad/s）。也就是说，ω_0 表示在一个抽样间隔 T（与上面谈到的从 $n \sim n+1$ 相对应）上正弦信号的相位差的弧度（rad）。

（9）由上面公式 $\omega = \Omega T$（将特定的 ω_0、Ω_0 换成一般意义的 ω、Ω）的关系，讨论数字频率 ω 与模拟角频率 Ω 及模拟频率 f 之间的关系，则有

$$\omega = \Omega T = \Omega / f_s = 2\pi f / f_s \tag{1-98}$$

式中，$f_s = \dfrac{1}{T}$ 表示抽样频率。

由此看出，数字频率 ω 等于模拟角频率 Ω 被抽样频率 f_s 归一化后的频率，或者说数字频率 ω 等于模拟频率 f 先被抽样频率 f_s 归一化，再乘以 2π 后的频率。

注意：当 $f = f_s$ 时，$\omega = \omega_s = 2\pi$；当 $f = f_s/2$ 时，$\omega = \omega_s/2 = \pi$。其中，$\omega_s$ 为数字抽样频率。$f = f_s/2$（$\omega = \pi$）这一频率非常重要。在模拟信号的数字信号处理中，这一频率应是模拟信号的最高频率分量，不满足这一要求就会产生频率响应的混叠失真，这在时域抽样定理中会进行讨论。

1.2.6 序列的周期性

若对所有的 n 都存在一个最小的整数 N，满足

$$x(n) = x(n+Nr), r = 0, \pm 1, \pm 2, \cdots \tag{1-99}$$

则称 $x(n)$ 为周期序列。

（1）模拟正弦信号（以下简称正弦信号）$x_a(t) = A\sin(\Omega_0 t + \varphi)$ 与正弦序列 $x(n) = A\sin(\omega_0 n + \varphi)$ 的不同点是，正弦信号中 t 是时间变量，单位是秒（s），取连续数值，而正弦序列中 n 是无量纲数，取离散整数值。因而造成 Ω_0 越大，则 $x_a(t)$ 变化越快；但由于 $x(n) = A\sin(\omega_0 n + \varphi) = A\sin[(\omega_0 + 2\pi m)n + \varphi]$，当 ω_0 变化时，$x(n)$ 是以 2π 为周期的，并不是 ω_0 越大，$x(n)$ 变化越快。这个性质对数字滤波器频率特性的理解是非常重要的。

（2）正弦信号 $x_a(t) = A\sin(\Omega_0 t + \varphi)$ 一定是周期信号，因为周期性要求满足

$$x_a(t) = x_a(t + T_0) = A\sin[\Omega_0(t + T_0) + \varphi] = A\sin(\Omega_0 t + \varphi) \tag{1-100}$$

只需

$$\Omega_0 T_0 = 2\pi$$

即

$$T_0 = 2\pi / \Omega_0$$

则 $x_a(t)$ 一定是周期信号，其周期为 $T_0 = 2\pi / \Omega_0$。

正弦序列成为周期序列的条件。正弦序列 $x(n) = A\sin(\omega_0 n + \varphi)$ 可以看成是对正弦信号的抽样，但是对序列周期性的要求中（$x(n) = x(n + rN)$），r、n 和 N 都要求是整数，因而周期性的正弦信号抽样得到的正弦序列就不一定是周期性的，必须满足一定条件，它才能成为离散时域的周期序列，这取决于 ω_0 的取值，讨论如下。

设正弦信号的频率为 f_0，周期为 $T_0 = 1/f_0$，对其抽样的频率为 f，则

$$\frac{2\pi}{\omega_0} = \frac{2\pi}{\Omega_0 T} = \frac{1}{f_0 T} = \frac{T_0}{T} = \frac{f_s}{f_0} \tag{1-101}$$

① 当 $2\pi/\omega_0$ 是整数时，如 $2\pi/\omega_0 = N$，正弦序列的周期为 N，有

$$T_0 = NT \text{ 或 } f_s = Mf_0 \tag{1-102}$$

即一个正弦信号周期（T_0）中有 N 个抽样周期（T），或者说抽样频率（f_s）是正弦信号频率 f_0 的整数（N）倍。

② 当 $2\pi/\omega_0$ 是有理数时，即 $2\pi/\omega_0 = N/M$，其中 N、M 是互为素数的正整数，正弦序列的周期为 N，考虑到式（1-102），有

$$MT_0 = NT \text{ 或 } Mf_s = Nf_0 \tag{1-103}$$

即 M 个正弦信号周期中应有 N 个抽样周期，或者说 N 倍正弦信号频率应等于 M 倍抽样频率。

在以上①②两种情况下，正弦序列都是周期为 N 的周期序列。

在图 1-9 中，有 $2\pi/\omega_0 = 14/3$，即 $14T = 3T_0$，此时抽样正弦序列的周期为 $N = 14$。

③ 当 $2\pi/\omega_0$ 为无理数时，正弦序列不是周期序列。

（3）无论正弦序列是否是时域周期序列，都把 ω_0 作为它的数字频率。由于正弦序列是以 2π 为周期的周期函数，即 $A\sin(\omega_0 n + \varphi) = A\sin[(\omega_0 + 2\pi m)n + \varphi]$，因此，其主值范围为 $-\pi \leqslant \omega_0 \leqslant \pi$ 或 $0 \leqslant \omega_0 \leqslant 2\pi$。

（4）复指数序列 $e^{j(\omega n+\varphi)}=\cos(\omega n+\varphi)+j\sin(\omega n+\varphi)$，故对其周期的讨论和正弦序列相同。

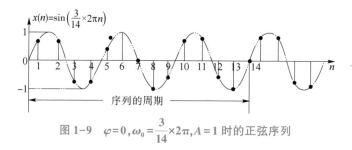

图 1-9　$\varphi=0,\omega_0=\dfrac{3}{14}\times 2\pi, A=1$ 时的正弦序列

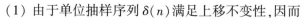

1.2.7　用单位抽样序列表示任意序列

单位抽样序列 $\delta(n)$ 对于分析下面将要讨论的线性移不变系统是很有用的。

（1）由于单位抽样序列 $\delta(n)$ 满足上移不变性，因而

$$x(m)\cdot\delta(n-m)=\begin{cases}x(n), & m=n \\ 0, & \text{其他 } m\end{cases} \tag{1-104}$$

【例 1-19】和【例 1-20】

这就是 $\delta(n)$ 的选择性。

（2）任意序列 $x(n)$ 可以表示成单位抽样序列 $\delta(n)$ 的移位加权和，即

$$x(n)=\sum_{m=-\infty}^{\infty}x(m)\delta(n-m)=x(n)*\delta(n) \tag{1-105}$$

实际上任意序列 $x(n)$ 与单位抽样序列 $\delta(n)$ 的卷积就等于该序列 $x(n)$ 本身。

（3）任意序列 $x(n)$ 与单位抽样序列的移位序列 $\delta(n-n_0)$ 的卷积就等于此序列进行相同移位的序列 $x(n-n_0)$，即

$$x(n)*\delta(n-n_0)=\sum_{m=-\infty}^{\infty}x(m)\delta(n-n_0-m)=x(n-n_0) \tag{1-106}$$

§1.3　线性移不变系统

一个离散时间系统是将输入序列按照所需要的目的变换成输出序列的一种运算。若以 $T[\cdot]$ 表示这种运算，则有 $y(n)=T[x(n)]$。

离散时间系统如图 1-10 所示。

一般来说，此变换关系所对应的离散时间系统可以是线性移不变系统，也可以是线性移变系统或是非线性移不变系统，又或是非线性移变系统。本节所讨论的是离散时间线性移不变系统。

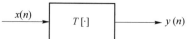

图 1-10　离散时间系统

1.3.1 离散时间线性系统

【例 1-21】

（1）满足叠加原理的离散时间系统是线性系统,叠加原理有可加性和比例性（齐次性）两层含义。

① 可加性。

若

$$y_1(n) = T[x_1(n)], y_2(n) = T[x_2(n)]$$

则

$$y_1(n) + y_2(n) = T[x_1(n)] + T[x_2(n)] = T[x_1(n) + x_2(n)] \qquad (1-107)$$

也就是说,若输入的是两个（或多个）序列之和,则输出的是每一单个序列的输出之和。注意这里输入序列应是任意序列,包括复序列。

② 比例性（齐次性）。

若 a_1、a_2 为任意常系数,则有

$$a_1 y_1(n) = a_1 T[x_1(n)] = T[a_1 x_1(n)]$$
$$a_2 y_2(n) = a_2 T[x_2(n)] = T[a_2 x_2(n)] \qquad (1-108)$$

也就是说,若输入序列乘以任意常系数,则得到的输出是原输出序列乘以同一常系数。

> **注意**:这里除了输入序列应是任意序列（包括复序列）外,常系数也要为任意数,当然也包括复数。

综合以上两个条件,线性系统应满足叠加原理,即满足

$$a_1 y_1(n) + a_2 y_2(n) = a_1 T[x_1(n)] + a_2 T[x_2(n)] = T[a_1 x_1(n) + a_2 x_2(n)] \qquad (1-109)$$

（2）证明一个系统是线性系统,需要所有常系数（包括复数）及所有输入（包括复数）都满足叠加原理,即满足两个条件（可加性和比例性）,缺一不可。

证明系统不是线性系统则要简单很多,只要找一个特定输入或一组特定输入,使其不满足可加性和比例性中任何一个条件即可。

（3）线性系统满足叠加原理的一个直接结果是,若系统是线性的,则在全部时间上,零输入一定产生零输出。这可用比例性证明,若 $y(n) = T[x(n)]$,则 $0 \cdot y(n) = T[0 \cdot x(n)] = 0$。例如,$y(n) = ax(n) + b$ 的系统就不满足这一要求,因而不是线性系统。当然,零输入产生零输出只是系统为线性系统的必要条件,而非充分条件。

（4）增量线性系统。系统 $y(n) = 4x(n) + 6$ 虽然是一个线性方程,但不代表是线性系统,这是因为它的零输入响应（输入为 0 时的输出响应）不为 0,故不是线性系统。实际上,这个系统的输出可表示成一个线性系统 $T[x(n)] = 4x(n)$ 的输出与反映该系统初始储能的零输入响应 $y_0(n) = 6$ 之和,如图 1-11 所示,其中 $y_0(n)$ 是系统的零输入响应。

图 1-11 一种增量线性系统

整个系统就是一个增量线性系统,也就是说,若

$$y_1(n)=4x_1(n)+6, y_2(n)=4x_2(n)+6 \qquad (1\text{-}110)$$

则

$$y_1(n)-y_2(n)=[4x_1(n)+6]-[4x_2(n)+6]=4[x_1(n)-x_2(n)] \qquad (1\text{-}111)$$

因此,此系统的响应与输入中的变化部分是成线性关系的。换言之,对增量线性系统,任意两个输入的响应之差与这两个输入之差成线性关系(满足可加性和比例性)。

【例1-22】

1.3.2　离散时间移不变系统

(1)离散时间系统是移不变系统的条件:移不变系统的参数是不随时间而变化的,即系统响应与激励加于系统的时刻无关。也就是说,若系统的输入、输出关系不随时间而变化,则称它为移(时)不变系统。也就是说,若

$$T[x(n)]=y(n)$$

则

$$T[x(n-n_0)]=y(n-n_0) \qquad (1\text{-}112)$$

(2)移不变系统的输出序列随输入序列的移位而作相同的移位,且保持输出序列的形状不变。

【例1-23】~【例1-26】表明:

①若系统有一个移变的增益,如 $y(n)=nx(n)$ 以及 $y(n)=$

【例1-23】~【例1-26】

$\sin\left(\dfrac{2\pi n}{9}+\dfrac{\pi}{7}\right)x(n)$,则系统一定是移变系统;

②若系统在时间轴(n)上有任何压缩或扩展,如 $y(n)=x(Mn)$,$y(n)=x(n/I)$ 等(M、I 为任意正整数),使任何输入的时移都有相应的压缩或扩展,则所得到的系统一定不是移不变系统,而是移变系统;

(3)线性和移不变性是系统的两个独立的特性。

1.3.3　离散时间线性移不变(LSI)系统

离散时间线性移不变系统指同时具有线性和移不变性的离散时间系统。

1.单位抽样响应

单位抽样响应是线性移不变(Linear Shift Invariart,LSI)系统的一种重要表示法(还有两种表示法:一种是线性差分方程表示法,另一种是频域表示法或系统函数表示法)。单位抽样响应(也称单位冲激响应或单位脉冲响应)是指输入为单位抽样序列 $\delta(n)$ 时,LSI 系统的输出序列(或称输出响应),一般用 $h(n)$ 表示,即

【例1-27】

$$h(n)=T[\delta(n)] \qquad (1\text{-}113)$$

知道 $h(n)$ 后,就可求得 LSI 系统对任意输入序列 $x(n)$ 的输出响应,这就是利用卷积关系 $y(n)=x(n)*h(n)$,见下面的讨论。

2. 卷积关系

设 LSI 系统的输入为 $x(n)$，输出为 $y(n)$。任意序列 $x(n)$ 可表示成 $\delta(n)$ 的移位加权和，即 $x(n)$ 与 $\delta(n)$ 的卷积关系：

$$x(n) = \sum_{m=-\infty}^{\infty} x(m)\delta(n-m) \tag{1-114}$$

将此序列作用到 LSI 系统中，可得输出序列 $y(n)$ 为

$$y(n) = T\left[\sum_{m=-\infty}^{\infty} x(m)\delta(n-m)\right]$$

$$= T[\cdots + x(-1)\delta(n+1) + x(0)\delta(n) + x(1)\delta(n-1) + \cdots] \tag{1-115}$$

按叠加原理（系统的线性关系），将 $x(m)$ 看成常系数，$\delta(n-m)$ 看成输入序列，则有

$$y(n) = \sum_{m=-\infty}^{\infty} x(m)T[\delta(n-m)] = \sum_{m=-\infty}^{\infty} x(m)h_m(n) \tag{1-116}$$

即系统对任何输入的响应，用系统对 $\delta(n-m)$ 的响应来表示，但是如果系统只具有线性性质，则 $h_m(n)$ 将与 m 和 n 两个变量有关，公式计算的有效性就受到限制。因而如果加上移不变性，即当 $T[\delta(n)] = h(n)$，则有

$$T[\delta(n-m)] = h(n-m) \tag{1-117}$$

这样，在线性移不变条件下，就可得到

$$y(n) = \sum_{m=-\infty}^{\infty} x(m)h(n-m) = x(n) * h(n) \tag{1-118}$$

即 LSI 系统的输出序列是输入序列与系统单位抽样（单位冲激或单位脉冲）序列的卷积。要注意：在证明过程中用了线性及移不变性两个性质，因而它只对 LSI 系统有效，对非线性系统和移变系统都是无效的。

3. LSI 系统卷积运算的性质

（1）交换律。卷积运算满足交换律，即

$$x(n) * h(n) = \sum_{m=-\infty}^{\infty} x(m)h(n-m) = \sum_{m=0}^{\infty} x(n-m)h(m) = h(n) * x(n)$$

从 LSI 系统来考虑，可以把输入序列与 LSI 系统的单位抽样响应互换位置，其输出序列不变，如图 1-12 所示。

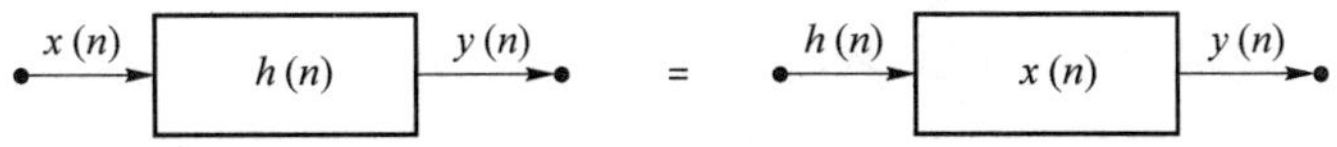

图 1-12　卷积服从交换律

（2）结合律。卷积运算满足结合律，即

$$x(n) * h_1(n) * h_2(n) = [x(n) * h_1(n)] * h_2(n) = x(n) * [h_1(n) * h_2(n)]$$

$$\underline{交换律}[x(n) * h_2(n)] * h_1(n)$$

可以看出，结合律是针对级联系统讨论的，两个（或多个）LSI 系统级联后构成一个新的 LSI 系统，其单位抽样响应等于两个（或多个）LSI 系统各自的单位抽样响应的卷积，如图 1-13 所示。

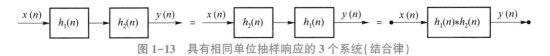

图 1-13　具有相同单位抽样响应的 3 个系统(结合律)

(3)分配律。卷积运算满足分配律,即

$$x(n) * [h_1(n)+h_2(n)] = x(n)*h_1(n)+x(n)*h_2(n)$$

分配律是说明并联系统的运算关系的,即两个(或多个)系统并联后,可等效为一个系统,此系统的单位抽样响应等于这两个(或多个)系统各自的单位抽样响应之和(等式左端),如图 1-14 所示。

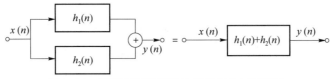

图 1-14　线性移不变系统的并联组合(分配律)

卷积的表示法和连续时间线性时不变系统的卷积积分很相像,但是不能只把卷积看成卷积积分的近似,卷积除了在理论上重要之外,还是一种明确的实现方法,而卷积积分只具有理论上的作用。

1.3.4　因果系统

因果系统是指系统的输出不发生在输入之前的系统(注意,这一定义对任何系统都适用,并不专指 LSI 系统),即 $y(n_0)$ 只取决于

$$x(n)\big|_{n<n_0} \tag{1-119}$$

(1)对于任意因果系统,若 $n<n_0$ 时输入相同,则 $n<n_0$ 时输出也一定相同,即

$$\left.\begin{array}{l} x_1(n)=x_2(n) \\ y_1(n)=y_2(n) \end{array}\right\}, n<n_0 \tag{1-120}$$

(2)因果系统是非常重要的一类系统,但是并不是所有具有实际意义的系统都是因果系统。例如,图像处理变量不是时间,则因果性不是根本性限制;又如,非实时情况下,数据可以预先存储,如气象、地球物理、语音等,也不局限于用因果系统来处理数据;再如,去噪声的数据平滑(取平均,去掉高频的变化)的系统,即

$$y(n) = \frac{1}{2N+1} \sum_{m=-N}^{N} x(n-m)$$

也不是因果系统;此外 $y(n)=x(n-2)+ax(n+2)$,$y(n)=x(n^2)$ 等,也不是因果系统。

(3)考察任意系统的因果性时,只看输入 $x(n)$ 和输出 $y(n)$ 的关系,而不讨论其他以 n 为变量的函数的影响,例如,$y(n)=(n+2)x(n)$,$y(n)=x(n)\sin(n+4)$ 是因果系统。

(4)LSI 系统是因果系统的充要条件是:其单位冲激响应 $h(n)$ 是因果序列,即

$$h(n)=0, n<0 \tag{1-121}$$

证明　充分条件:若 $n<0$ 时 $h(n)=0$,则

$$y(n) = \sum_{m=-\infty}^{n} x(m)h(n-m) \tag{1-122}$$

【例 1-28】

因而

$$y(n_0) = \sum_{m=-\infty}^{n_0} x(m)h(n_0-m) \qquad (1-123)$$

所以 $y(n_0)$ 只和 $m=n_0$ 的 $x(m)$ 有关,因而系统是因果系统。

必要条件:利用反证法来证明。已知系统为因果系统,假设 $n<0$ 时 $h(n) \neq 0$,则

$$y(n) = \sum_{m=-\infty}^{n_0} x(m)h(n-m) + \sum_{m=n+1}^{\infty} x(m)h(n-m) \qquad (1-124)$$

在所假设条件下,式(1-24)右侧第二个式子中至少有一项不为 0,将至少与 $m>n$ 时的一个 $x(m)$ 值有关。这不符合已知系统为因果系统的条件,所以假设不成立。因而 $n<0$ 时, $h(n)=0$ 。

（5）一般来说,对于一个线性系统,它的因果性就等效于初始松弛的条件,也就是输入序列作用于系统前,系统的储能(初始值)为 0。

（6）一般地,$n<0$ 时 $x(n)=0$ 的序列 $x(n)$ 称为因果序列,此名称源于因果系统的 $h(n)=0$ 的特性。

（7）非因果系统与足够长延时单元的因果系统相级联,就可以构成一个可实现的因果系统,它可以逼近原来的非因果系统。对于 $h(n)$ 为有限长的非因果系统,所构成的因果系统与它的差别,只是有一定的延时,其他完全相同。对于 $h(n)$ 为无限长的非因果系统,则只能是"逼近",即除了延时外,还有 $h(n)$ 截断后的误差。

【例 1-29】~【例 1-31】

1.3.5　稳定系统

稳定性是系统正常工作的先决条件。任何系统只要满足有界输入产生有界输出(Bounded Input Bounded Output,BIBO)条件,就是稳定系统,该条件为

$$\left. \begin{array}{l} |x(n)| \leqslant M < \infty \\ |y(n)| \leqslant P < \infty \end{array} \right\} \qquad (1-125)$$

（1）以上稳定性条件对任意系统都对普遍适用的,不是专对某一特定系统。

（2）要证明系统是稳定的,不能只用某一特定的输入来证明,而是要用所有有界输入来证明。要证明系统是不稳定的,则只要找出任意一个特定的有界输入,得到无界的输出即可。

（3）对于 LSI 系统,当然也可用上面的稳定性判据来确定其稳定性,但更方便的是用以下的判别方法。

LSI 系统稳定的充要条件是其单位抽样响应 $h(n)$ 绝对可和,即

$$\sum_{n=-\infty}^{\infty} |h(n)| = P < \infty \qquad (1-126)$$

证明　充分条件:若 $\sum_{n=-\infty}^{\infty} |h(n)| = P < \infty$,输入信号 $x(n)$ 有界,对于所有 n,皆有 $|x(n)| \leqslant M$,则

$$|y(n)| = \left| \sum_{m=-\infty}^{\infty} x(m)h(n-m) \right| \leqslant \sum_{m=-\infty}^{\infty} |x(m)| \cdot |h(n-m)|$$

$$\leqslant M \sum_{m=-\infty}^{\infty} |h(n-m)| = M \sum_{r=-\infty}^{\infty} |h(k)| = MP < \infty \tag{1-127}$$

即输出信号有界,故原条件是充分条件。

必要条件:利用反证法来证明。已知系统稳定,假设 $\sum_{n=-\infty}^{\infty} |h(n)| = \infty$,可以找到一个有界输入为

$$x(n) = \begin{cases} 1, & h(-n) \geqslant 0 \\ -1, & h(-n) < 0 \end{cases}$$

则

$$y(0) = \sum_{m=-\infty}^{\infty} x(m)h(0-m) = \sum_{m=-\infty}^{\infty} |h(-m)| = \sum_{m=-\infty}^{\infty} |h(m)| = \infty \tag{1-128}$$

即在 $n=0$ 时,输出无界,这不符合已知系统稳定的条件,因而假设不成立。因此,$\sum_{n=-\infty}^{\infty} |h(n)| < \infty$ 是 LSI 系统稳定的必要条件。

举例:

① $y(n) = x(n)$ 是不稳定系统,因为若 $x(n)$ 有界,则 $|x(n)| < A$,即 $|y(n)| = A|n|$,它是随 n 的增加而线性增长的,因而是无界的;

② $y(n) = e^{x(n)}$ 是稳定系统,因为 $|x(n)| < A$,即 $-A < x(n) < A$,有

$$e^{-A} < |y(n)| < e^A$$

即 $y(n)$ 有界。

(4) 综上,LSI 系统是因果稳定系统的充要条件是

$$\begin{cases} h(n) = h(n)u(n), \text{因果性} \\ \sum_{n=-\infty}^{\infty} |h(n)| < \infty, \text{稳定性} \end{cases}$$

【例 1-32】~【例 1-37】

§1.4 常系数线性差分方程

连续时间系统的输入、输出关系用常系数线性微分方程表示,而离散时间系统的输入、输出关系则用常系数线性差分方程表示,即

$$\sum_{k=0}^{N} a_k y(n-k) = \sum_{m=0}^{M} b_m x(n-m) \tag{1-129}$$

常系数是指 $a_1, a_2, \cdots, a_N$ 及 $b_1, b_2, \cdots, b_N$ 是常数,不含变数 n,若系数中含有变数 n,则称之为变系数,系统的特征是由这些系数决定的。差分方程的阶数等于未知序列 $y(n)$ 的变量序号 k 的最高值与最低值之差,式(1-129)即为 N 阶差分方程。所谓线性是指各输出 $y(n-k)$ 项及各输入 $x(n-m)$ 项都只有一次幂且不存在它们的相乘项,否则方程就是非线性的。

在离散时域中求解常系数线性差分方程有以下 3 种方法。

(1) 经典解法,即求齐次解与特解。将特解代入差分方程可求得它的待定系数,然后将特解与齐次解相加后代入差分方程,利用给定的边界条件求得齐次解的待定系数,从而得到完全解,即完全响应,这种解法比较烦琐,工程上很少采用。

（2）迭代法，又称递推法。这种方法只能得到数值解，不易或不能得到闭合形式（公式）解答。

（3）卷积计算法。这种方法用于起始状态为 0 的情况，即所谓松弛系统，所得到的是零状态解。这是在 LSI 系统中很重要的一种分析方法。当然，如果起始状态不为 0，那么还需要用求齐次解的方法来得到零输入响应。

若在变换域中求解，则是利用 z 变换法，这种方法在使用时既简便又有效，它与连续时间系统分析中的拉普拉斯变换法类似。z 变换法将在下一章讨论。

求解常系数线性差分方程时需要注意以下 7 点。

（1）常系数线性差分方程可有多种表示方法，可以有多种运算结构。

（2）和连续时间系统的常系数线性微分方程一样，离散时间系统的 N 阶差分方程，若不给定 N 个限制性的边界条件，则对某一输入，不能得到唯一的输出，这是因为 N 阶差分方程表达式中的 $y(n)$ 有 N 个待定的系数，因而需要有 N 个边界条件。

（3）常系数线性差分方程表示的系统，只是构成线性移不变系统的必要条件，若边界条件不合适，则它不一定能代表线性系统。若边界条件使系统是起始松弛的（起始状态为 0），则该系统就是线性移不变的因果系统。所谓起始松弛状态是：若输入满足

$$x(n)\big|_{n<n_0}=0 \tag{1-130}$$

则边界条件必须是

$$y(n)\big|_{n<n_0}=0 \tag{1-131}$$

①对于 N 阶差分方程，若在 $n_0=0$ 时输入信号，则边界条件为 $y(-1)=y(-2)=\cdots=y(-M)=0$，这时得到的系统一定是线性移不变的因果系统。

②对于 N 阶差分方程，若在 $n_0\neq0$ 时输入信号，则不能用以上的边界条件，其边界条件应改成 $y(n_0-1)=y(n_0-2)=\cdots=y(n_0-N)=0$。这时也是起始松弛状态，所得到的系统是线性移不变的因果系统。

【例 1-38】和【例 1-39】

（4）若边界条件选为 $y(0)=0$，则系统相当于线性系统，但不是移不变系统，也不是因果系统。读者可自己证明。

也就是说，不满足起始松弛状态条件的系统，不能肯定其 3 种情况（线性系统、移不变系统及因果系统）全都不满足，要进行具体分析。

（5）运用递推法求解运算时，要双向递推求解，在递推运算中，后面的值可以将差分方程排列成向前运算的递推关系求出，即

$$y(n)=ay(n-1)+x(n) \tag{1-132}$$

前面的值可以由将差分方程排列成向后运算的递推关系求出，即

$$y(n-1)=[y(n)-x(n)]/a \tag{1-133}$$

或

$$y(n)=[y(n+1)-x(n+1)]/a \tag{1-134}$$

【例 1-40】~【例 1-45】

（6）若不作特殊说明，则将常系数线性差分方程描述的系统看成是 LSI 系统，因而系统的单位抽样响应（零状态响应）可以全面地表示系统的特性。第 2 章中系统的 z 域分析，也是基于这样的考虑。

（7）由差分方程可以画出系统的运算结构，包括框图结构及更方便的流程图结构。

§1.5 连续时间信号的抽样

将模拟信号用数字信号系统来处理时,首先必须对模拟信号 $x_a(t)$ 进行抽样,使其变成离散时间信号,若抽样间隔是均匀的,即利用周期性脉冲抽样信号 $p(t)$,则从等间隔离散时间点上抽取模拟信号值,得到抽样信号 $\hat{x}_a(t)$。

抽样方法有两种,即理想抽样与实际抽样,如图 1-15 所示。利用周期性的冲激函数进行的抽样是理想抽样,它是一种数学模型,利用它可以简化研究。用具有一定宽度的周期性脉冲进行的抽样是实际抽样。

 ### 1.5.1 模拟信号的抽样

1. 理想抽样信号

设 $x_a(t)$ 为模拟信号,$\hat{x}_a(t)$ 为理想抽样信号,则有

$$\hat{x}_a(t) = x_a(t) \cdot p(t) = x_a(t) \cdot \delta_T(t) \tag{1-135}$$

式中,抽样信号 $p(t)$ 是周期性的。单位冲激信号 $\delta_T(t)$ 为

$$\delta_T(t) = \sum_{m=-\infty}^{\infty} \delta(t-mT) \tag{1-136}$$

因而有

$$\hat{x}_a(t) = x_a(t) \sum_{m=-\infty}^{\infty} \delta(t-mT) = \sum_{m=-\infty}^{\infty} x_a(t)\delta(t-mT) = \sum_{m=-\infty}^{\infty} x_a(mT)\delta(t-mT) \tag{1-137}$$

式中,T 为抽样周期;$\hat{x}_a(t)$ 表示在图 1-15(a)中。

2. 理想抽样信号的频谱

用 $F[\cdot]$ 表示连续时间信号的傅里叶变换,设

$$X_a(j\Omega) = F[x_a(t)]$$
$$\Delta_T(j\Omega) = F[\delta_T(t)] \tag{1-138}$$
$$\hat{X}_a(j\Omega) = F[\hat{x}_a(t)]$$

时域相乘,则傅里叶变换域(频域)为卷积运算,因而对式(1-137)两端取傅里叶变换,有

$$\hat{X}_a(j\Omega) = \frac{1}{2\pi}[\Delta_T(j\Omega) * X_a(j\Omega)] \tag{1-139}$$

现在要求 $\Delta_T(j\Omega)$,由于 $\delta_T(t)$ 是周期函数,故可表示成傅里叶级数,即

$$\delta_T(t) = \sum_{k=-\infty}^{\infty} A_k e^{jk\Omega_s t} \tag{1-140}$$

式中,级数的系数 A_k 可表示成

$$A_k = \frac{1}{T}\int_{-T/2}^{T/2} \delta_T(t) e^{-jk\Omega_s t} dt = \frac{1}{T}\int_{-T/2}^{T/2} \sum_{m=-\infty}^{\infty} \delta_T(t-mT) e^{-jk\Omega_s t} dt$$

$$= \frac{1}{T}\int_{-T/2}^{T/2} \delta(t) e^{-jk\Omega_s t} dt = \frac{1}{T} \tag{1-141}$$

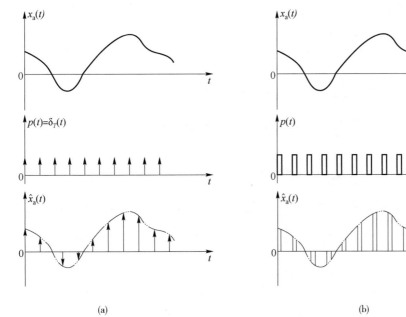

图 1-15　连续时间信号的抽样

(a)理想抽样;(b)实际抽样

这里已考虑到在 $|t|<T/2$ 区间内,只有 $m=0$ 时为冲激函数 $\delta(t)$,且利用了

$$f(0)=\sum_{t=-\infty}^{\infty}f(t)\delta(t)\,\mathrm{d}t \tag{1-142}$$

将式(1-141)代入式(1-140)可得

$$\delta_T(t)=\frac{1}{T}\sum_{k=-\infty}^{\infty}\mathrm{e}^{jk\Omega_s t} \tag{1-143}$$

式中,

$$\Omega_s=2\pi f_s=2\pi/T \tag{1-144}$$

于是有

$$\Delta_T(j\Omega)=F[\delta_T(t)]=F\left[\frac{1}{T}\sum_{k=-\infty}^{\infty}\mathrm{e}^{jk\Omega_s t}\right]=\frac{1}{T}\sum_{k=-\infty}^{\infty}F[\mathrm{e}^{jk\Omega_s t}]$$

$$=\frac{2\pi}{T}\sum_{k=-\infty}^{\infty}\delta(\Omega-k\Omega_s)=\Omega_s\sum_{k=-\infty}^{\infty}\delta(\Omega-k\Omega_s) \tag{1-145}$$

上式推导中利用了以下关系:

$$F[\mathrm{e}^{jk\Omega_s t}]=2\pi\delta(\Omega-k\Omega_s) \tag{1-146}$$

图 1-16 表示了 $\delta_T(t)$ 与 $\Delta_T(j\Omega)$ 。

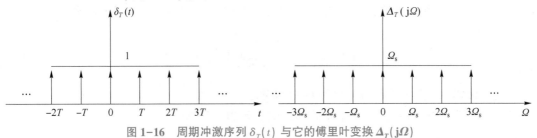

图 1-16　周期冲激序列 $\delta_T(t)$ 与它的傅里叶变换 $\Delta_T(j\Omega)$

将式(1-145)代入式(1-139)可得

$$\hat{X}_a(j\Omega) = \frac{1}{2\pi}\left[\frac{2\pi}{T}\sum_{k=-\infty}^{\infty}\delta(\Omega - k\Omega_s) * X_a(j\Omega)\right]$$

$$= \frac{1}{T}\int_{-\infty}^{\infty}X_a(j\theta) \cdot \sum_{k=-\infty}^{\infty}\delta(\Omega - k\Omega_s - \theta)\mathrm{d}\theta$$

$$= \frac{1}{T}\sum_{k=-\infty}^{\infty}\int_{-\infty}^{\infty}X_a(j\theta)\delta(\Omega - k\Omega_s - \theta)\mathrm{d}\theta$$

$$= \frac{1}{T}\sum_{k=-\infty}^{\infty}X_a[j(\Omega - k\Omega_s)] = \frac{1}{T}\sum_{k=-\infty}^{\infty}X_a\left[j\left(\Omega - k\frac{2\pi}{T}\right)\right] \tag{1-147}$$

由此可以看出,理想抽样信号的频谱$\hat{X}_a(j\Omega)$是被抽样的模拟信号的频谱$X_a(j\Omega)$的周期延拓,在角频率Ω轴上,其延拓周期为$\Omega_s = \frac{2\pi}{T} = 2\pi f_s$,即频率轴$f$上以抽样频率$f_s$、$T$为周期进行周期延拓,如图1-17所示。但是要注意:①$X_a(j\Omega)$是复数,故周期延拓时,幅度和相角(或实部与虚部)都要进行周期延拓,图1-17只画了幅度的延拓关系;②周期延拓后频谱函数的幅度是$\frac{1}{T} = \frac{\Omega_s}{2\pi} = f_s$的加权,即幅度随抽样频率而改变,因而在实际应用中(信号重建中)要消除这一影响。

1.5.2 时域抽样定理

(1)若模拟信号是带限信号(频带宽度有限的信号),则信号的最高频率分量为f_h。设抽样频率为f_s,由于抽样后信号的频谱等于模拟信号频谱按抽样频率f_s进行周期延拓,由图1-17可知,只有当$f_h \leqslant f_s/2$时,周期延拓的频谱分量才不会产生交叠;当信号的最高频率分量$f_h > f_s/2$时,产生周期延拓频谱分量的交叠,就如同以$f_s/2$作为镜子,把频谱折叠回来,折叠后造成延拓频谱的低频分量与原信号谱的高频分量相混叠,而且是以复数方式相混叠,形成混叠失真。因而称抽样频率的一半($f_s/2$)为折叠频率,即

$$\frac{f_s}{2} = \frac{1}{2T} \quad \text{或} \quad \frac{\Omega_s}{2} = \frac{\pi}{T} \tag{1-148}$$

(2)奈奎斯特抽样定理。若$x_a(t)$是带限信号,要想抽样后的信号能够不失真地还原出原信号,则必须使抽样频率f_s大于或等于信号的最高频率分量f_h的两倍,或者说信号的最高频率分量不得大于折叠频率$f_s/2$,即

$$f_s \geqslant 2f_h \tag{1-149}$$

$x_a(t)$也可能不是带限信号,因此为了避免频率响应的混叠,一般都在抽样器前加入一个保护性的前置低通预滤波器,称为防混叠滤波器,其截止频率为$f_s/2$,以便滤除$x_a(t)$中高于$f_s/2$的频率分量。

有时,也将满足抽样定理的抽样频率f_s称为奈奎斯特抽样(速)率,将$f_s/2$称为奈奎斯特频率。

(3)抽样后,频谱的变化情况如图1-17所示。

数字频率ω与模拟角频率Ω、模拟频率f的关系为

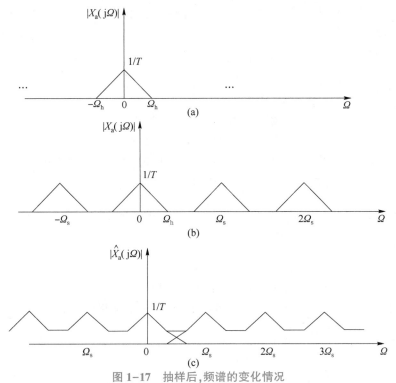

图 1-17　抽样后,频谱的变化情况

(a)原带限信号；(b)$\Omega_s-\Omega_h(\Omega_s>\Omega_h$ 时)；(c)$\Omega_s<2\Omega_h$ 时产生频谱混叠现象

$$\omega=\Omega T=\frac{\Omega}{f_s}=\frac{2\pi f}{f_s}=2\pi fT$$

①数字频率 ω 是模拟角频率 Ω 对抽样频率 f_s 的归一化频率,因而抽样频率 f_s 所对应的数字频率为

$$\omega_s=\Omega_s T=2\pi f_s/f_s=2\pi \qquad (1-150)$$

数字抽样频率 ω_s 就等于 2π,也就是 $\hat{X}_a(j\omega/T)=\hat{X}_a(j\Omega)\big|_{\Omega=\frac{\omega}{T}}$ 的延拓周期为 2π。

②折叠频率 $f_s/2$ 所对应的数字抽样频率为

$$\frac{\omega_s}{2}=\pi \qquad (1-151)$$

因而,按照抽样定理,信号最高频率 f_h 要满足 $f_h\leqslant f_s/2$,故数字最高频率应满足

$$\omega_h=2\pi f_h/f_s=\Omega_h/f_s\leqslant \frac{\omega_s}{2}=\pi \qquad (1-152)$$

因此,信号的低频分量在 $\omega=0$ 附近,信号的高频分量在 $\omega=\pi$ 附近,而信号的最高频率分量在 $\omega=\pi$ 处。

1.5.3　带通信号的抽样

【例 1-46】和【例 1-47】

(1) 由图 1-17 可知,抽样后信号的频谱为原信号频谱的周期延拓,其延拓周期为抽样频率 f_s 的整数倍,即 $kf_s(k=\cdots,-2,-1,0,1,2,\cdots)$。因此,只要各延拓分

量不互相重叠,不产生混叠失真,就能够恢复出原信号频谱。按照这一思路来研究带通信号(已调制信号)的抽样定理。

带通信号的频谱存在于某一频段范围,而不是在零频周围,如图1-18(a)所示,其最高频率为f_h,带宽为Δf_0,中心频率为$f_0 = f_h - \dfrac{\Delta f_0}{2}$。一般来说有$f_0 \gg \Delta f_0$,即中心频率远大于带宽。例如,中波广播信号的中心频率(载波)为几万赫兹到几十万赫兹,而语音信号(调制信号)则为300 Hz~20 kHz。如果按照抽样定理,其抽样频率应为已调制带通信号的最高频率f_h的两倍以上,这样抽样频率会很高,而实际有用信息只存在于Δf_0频带内,即很窄的频带内。以下讨论按照抽样后不产生频谱混叠的思路,使抽样频率减小到Δf_0的量级。

(2) 当$f_h = r\Delta f_0$,r为整数时,即$f_0 + \dfrac{\Delta f_0}{2} = r\Delta f_0$,带通信号的最高频率是其带宽的整数倍时,选择抽样频率f_s为

$$f_s = 2\Delta f_0 \tag{1-153}$$

即所抽样的频率为带通信号带宽的两倍,其抽样后的频谱是带通信号频谱以此f_s的整数倍进行周期延拓后的频谱,如图1-18(b)所示,其中$r = 5$,显然没有频谱混叠现象,因而只要通过如下的带通滤波器,就可以恢复出原带通信号,即

$$H_a(j\Omega) = \begin{cases} T, & 2\pi(f_h - \Delta f_0) < |2\pi f| < 2\pi f_h \\ 0, & \text{其他} \end{cases} \tag{1-154}$$

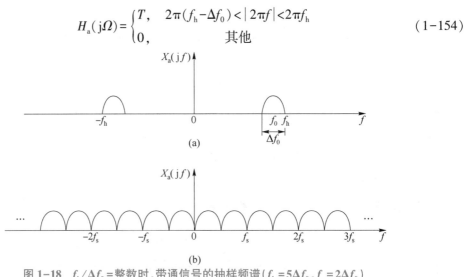

图1-18 $f_h / \Delta f_0 =$ 整数时,带通信号的抽样频谱($f_h = 5\Delta f_0$,$f_s = 2\Delta f_0$)
(a)带通信号频谱;(b)带通信号周期延拓频谱

(3) 当$f_h = r'\Delta f_0$,$r' \neq$ 整数时。这是最一般的情况,即带通信号最高频率不等于其带宽的整数倍,可保持f_h不变,将通带下端延伸到使其带宽为$\Delta f_0'$,使满足

$$f_h = r\Delta f_0',\ r = \lfloor r' \rfloor\ (\lfloor \rfloor \text{表示取整数部分})$$

即r是取r'的整数部分,显然此时有$\Delta f_0' > \Delta f_0$,这时抽样频率为

$$f_s = 2\Delta f_0' = 2f_h / \lfloor f_h / \Delta f_0 \rfloor \tag{1-155}$$

这样抽样后不会产生频谱的周期延拓分量的混叠现象,仍然可以恢复出原带通信号,如图1-19所示,其中$f_h = 9$ kHz,$\Delta f_0 = 2.5$ kHz,则$r' = f_h / \Delta f_0 = 3.6$,$r = \lfloor r' \rfloor = 3$,$\Delta f_0' = f_h / r = 3$ kHz,

$f_s = 2\Delta f'_0 = 6\ \text{kHz}$。

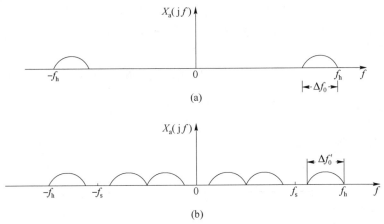

图 1-19 $f_h/\Delta f_0 \neq$ 整数时，带通信号的抽样频谱 $(f_h = 3.6\Delta f_0, f_s = 2\Delta f'_0)$

(a) 带通信号频谱；(b) 带通信号周期延拓频谱

（4）抽样频率可能的取值范围。

式（1-153）亦可写成

$$f_s = 2\Delta f_0 r'/\lfloor r' \rfloor \tag{1-156}$$

$\dfrac{r'}{\lfloor r' \rfloor}$ 的最大值为 $1.999\cdots$，最小值为 1（当 $r' = r =$ 整数时）。考虑到这一关系，可得到带通信号抽样频率 f_s 的取值范围为（其中 Δf_0 为带宽）

$$2\Delta f_0 \leqslant f_s < 4\Delta f_0 \tag{1-157}$$

式中，f_s 的下限是 $\dfrac{f_h}{\Delta f_0} =$ 整数时的情况；而其上限则对应于 $\dfrac{f_h}{\Delta f_0} \neq$ 整数，且是最不利的情况。若带通信号抽样后频谱不产生混叠现象，则其抽样频率 f_s 一定会落在式（1-157）所示的频率范围内。

由于上面讨论的带通信号的抽样频率 f_s 不满足 $f_s \geqslant 2f_h$ 的要求，因此可称其为亚奈奎斯特抽样频率。

1.5.4 连续时间信号、理想抽样信号及抽样序列的关系

上述时域、频域的关系是利用 $\hat{x}_a(t)$ 来进行研究从而得出抽样定理的，这样做更简单、方便。但是理想抽样信号 $\hat{x}_a(t)$ 在工程应用中无法实现数学模型，故工程应用中采用抽样序列 $x(n)$。

（1）$\hat{x}_a(t)$ 和 $x(n)$ 的本质差别：$\hat{x}_a(t)$ 本质上是连续时间信号，即 $t = nT$ 上的冲激串，在 $t \neq nT$ 时，$\hat{x}_a(t) = 0$，其每个冲激都是幅度为无穷大、存在时间（宽度）为无穷小，$\hat{x}_a(t)$ 的大小是以冲激的积分面积表示的；抽样序列 $x(n)$ 则是整数变量 n 的函数，这里，时间已归一化，$x(n)$ 本身已没有抽样率的信息，当 $n =$ 整数时，$x(n) = \hat{x}_n(nT)$，即抽样点上抽样序列的幅值是确定数值，当 $n \neq$ 整数时，$x(n)$ 无定义，不是零值。

（2）$x_a(t)$、$\hat{x}_a(t)$、$x(n)$ 三者的关系为

$$x(n) = \hat{x}_a(t) \big|_{t=nT} = x_a(nT), \quad -\infty < n < \infty \qquad (1-158)$$

式(1-158)的系统就是理想的连续时间到离散时间(C/D)转换器。实际的模拟到数字(A/D)转换器可以看成是对 C/D 转换器的近似,也就是要对 C/D 的输出 $x(n)$ 的幅度进行"量化"处理。

C/D 转换器可用两步来表示这一抽样过程,如图 1-20(a)所示,其第一步是得到 $\hat{x}_a(t)$,即将 $x_a(t)$ 调制(相乘)到 $\delta_T(t) = \displaystyle\sum_{n=-\infty}^{\infty} \delta(t-nT)$(冲激串)上,可得

$$\hat{x}_a(t) = x_a(t) \cdot \sum_{n=-\infty}^{\infty} \delta(t-nT) = \sum_{n=-\infty}^{\infty} x_a(nT)\delta(t-nT) = x(n)\delta_T(t) = \sum_{n=-\infty}^{\infty} x(n)\delta(t-nT)$$

$$(1-159)$$

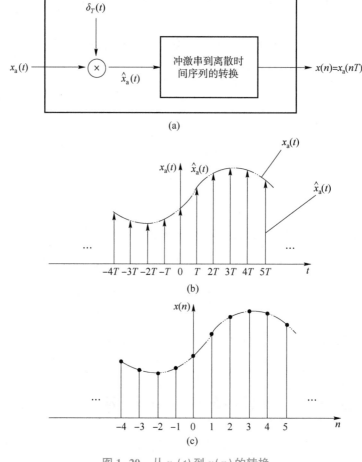

图 1-20   从 $x_a(t)$ 到 $x(n)$ 的转换

(a)C/D 转换器;(b)$x_a(t)$ 与 $\hat{x}_a(t)$;(c)$x(n)$

第二步是由冲激串到离散时间序列的转换,即式(1-159)中 $\hat{x}_a(t)$ 到 $x(n)$ 的转换。也就是说,在抽样点上抽样序列 $x(n)$ 的幅值是确定的,它和抽样信号 $\hat{x}_a(t)$ 在相应抽样点上的抽样值相等。

图 1-20(a)只是一种数学表示,不代表实际的具体系统,这种表示

【例 1-48】和【例 1-49】

的好处在于它能给出简单的推导,从而得到重要的结果,如引出了抽样定理。但在实际应用中是将 $x(n)$ 经量化后得到数字信号,然后进行数字信号处理。图 1-20(b)、(c)分别为 $x_a(t)$、$\hat{x}_a(t)$ 及 $x(n)$ 的图形。

1.5.5　时域信号的插值重构

(1)若满足奈奎斯特抽样定理,即信号谱的最高频率小于折叠频率,则抽样后不会产生频谱混叠现象,可以由信号的抽样值经插值而重构原信号 $x_a(t)$。由式(1-147)可以看出,当 $|\Omega|<\Omega_s/2$ 时,只存在 $k=0$ 项,即有 $\hat{X}_a(j\Omega)=\dfrac{1}{T}X_a(j\Omega)$,故将 $\hat{X}_a(j\Omega)$ 通过下式作为重构用的理想低通滤波器,如图 1-21 所示。

$$H(j\Omega)=\begin{cases}T, & |\Omega|<\dfrac{\Omega_s}{2}\\[3mm]0, & |\Omega|\geqslant\dfrac{\Omega_s}{2}\end{cases}\qquad(1-160)$$

于是,可得到原信号频谱,信号重构的框图如图 1-22 所示,即

$$Y_a(j\Omega)=\hat{X}_a(j\Omega)H(j\Omega)=X_a(j\Omega)\qquad(1-161)$$

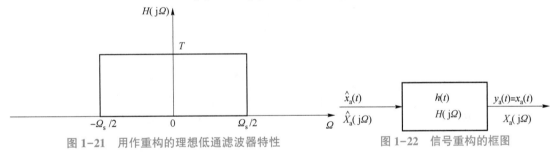

图 1-21　用作重构的理想低通滤波器特性　　　　图 1-22　信号重构的框图

因此,输出端即为原模拟信号 $y_a(t)=x_a(t)$。理想低通滤波器虽不可实现,但是在一定精度范围内,可用一个可实现的滤波器来逼近它。

(2)实际上,要想满足 $f_s>2f_h$(f_h 为信号 $x_a(t)$ 的最高频率),只需取滤波器的截止频率 Ω_c 为 $\Omega_h<\Omega_c<\Omega_s-\Omega_h$ 即可恢复出 $X_a(j\Omega)$,不一定非要取 $\Omega_c=\Omega_s/2$,可参见图 1-17。

(3)下面讨论如何由抽样值来重构原来的模拟信号(连续时间信号),即 $\hat{x}_a(t)$ 通过 $H(j\Omega)$ 系统的响应特性。理想低通滤波器的冲激响应为

$$h(t)=\frac{1}{2\pi}\int_{-\infty}^{\infty}H(j\Omega)e^{j\Omega t}d\Omega=\frac{T}{2\pi}\int_{-\Omega_s/2}^{\Omega_s/2}e^{j\Omega t}d\Omega=\frac{\sin(\Omega_s t/2)}{\Omega_s t/2}=\frac{\sin(\pi t/T)}{\pi t/T}\qquad(1-162)$$

由 $\hat{x}_a(t)$ 与 $h(t)$ 的卷积积分,即得理想低通滤波器的输出为

$$y_a(t)=x_a(t)=\int_{-\infty}^{\infty}\hat{x}_a(\tau)h(t-\tau)d\tau$$

$$=\int_{-\infty}^{\infty}\left[\sum_{m=-\infty}^{\infty}x_a(\tau)\delta(\tau-mT)\right]h(t-\tau)d\tau$$

$$= \sum_{m=-\infty}^{\infty} \int_{-\infty}^{\infty} x_a(\tau) h(t-\tau) \delta(\tau - mT) d\tau$$

$$= \sum_{m=-\infty}^{\infty} x_a(mT) h(t - mT)$$

即

$$y_a(t) = \sum_{m=-\infty}^{\infty} x_a(mT) \frac{\sin[\pi(t-mT)/T]}{\pi(t-mT)/T} \tag{1-163}$$

这就是信号重构的抽样内插公式,即由信号的抽样值 $x_a(mT)$ 经此公式而得到连续信号 $x_a(t)$,而 $\sin[\pi(t-mT)/T]/[\pi(t-mT)/T]$ 称为内插函数,如图 1-23 所示,在抽样点 mT 处,函数值为 1;在其余抽样点处,函数值为 0,不影响其他抽样点。也就是说,$x_a(t)$ 等于各 $x_a(mT)$ 乘上对应的内插函数的总和。在每一个抽样点处,只有该点所对应的内插值函数不为 0,这使各抽样点处的信号值不变,而抽样点之间的信号则由各加权抽样函数波形的延伸叠加而成,如图 1-24所示,因而内插函数 $h(t)$ 的作用是在各抽样点之间连续插值。式(1-149)说明了,只要抽样频率大于或等于两倍信号最高频率,整个连续信号就可完全用它的抽样值来表示,而不会丢掉任何信息。这就是奈奎斯特抽样定理的意义。但是,由上面讨论可看出,抽样内插公式只限于使用在带限信号上。

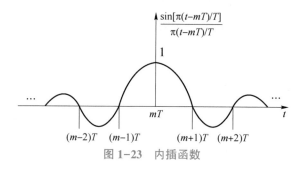

图 1-23 内插函数

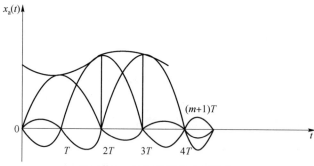

图 1-24 理想抽样的内插恢复

(4) 由于理想低通滤波器的频域特性是"突变"的,因此其时域冲激响应是无限长、非因果的,不可实现,但是它所重构的信号没有失真。为了使此滤波器可实现,一般采用"逼近"方法,即用频域缓变的可实现滤波器来逼近 $H(j\Omega)$,这时就不能完全不失真地重构出原模拟信号,只需按要求,将误差限制在一定范围内即可。

1.5.6 实际抽样

当抽样脉冲不是周期性冲激函数,而是有一定宽度 τ 的矩形周期性脉冲时,所得到的已抽样信号 $\hat{x}_a(t)$ 的频谱 $\hat{X}_a(j\Omega)$ 仍为原模拟信号频谱的周期延拓,延拓周期仍为 Ω_s,但是各延拓分量的幅度是变化的,如图 1-25 所示,$k=0$ 时的频谱分量在 $\Omega=0$ 时为 τ/T,而不是理想抽样时的 T,因而实际抽样时,插值用的低通滤波器频率响应的增益应为 T/τ。

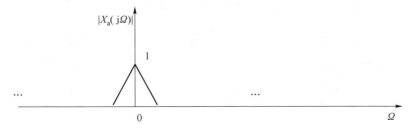

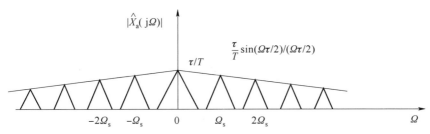

图 1-25 实际抽样时,频谱包络的变化(τ:脉冲宽度;T:脉冲周期)

因此,实际抽样时,奈奎斯特抽样定理仍然有效。

1.5.7 正弦信号的抽样

正弦信号是一种很重要的信号,例如我们常用正弦信号加白噪声作为输入信号来研究某一实际系统或某一算法的性能。正弦信号抽样后,具有一系列特点。

(1)正弦信号 $x_a(t)=A\sin(\Omega_0 t+\varphi)=A\sin(2\pi f_0 t+\varphi)$ 的频谱在 $f=f_0$ 处为 δ 函数,故其抽样就遇到一些特殊问题。一般来说,正弦信号的抽样频率必须满足 $f_s>2f_0$。

1)若 $f_s=2f_0$,则:

①当 $\varphi=0$ 时,一个周期抽取的两个点为 $x(0)=x(1)=0$,相当于 $x_a(0)$ 和 $x_a(\pi)$ 两个点,故不包含原信号的任何信息;

②当 $\varphi=\dfrac{2}{\pi}$ 时,有 $x(0)=A,x(1)=-A$,此时从 $x(n)$ 可以恢复 $x_a(t)$;

③当 φ 为已知,且 $0<\varphi<\dfrac{2}{\pi}$ 时,恢复的不是原信号,但经过变换后,可得到原信号;

④当 φ 为未知数时,抽样后不能恢复出原信号 $x_a(t)$。

2)正弦信号有 3 个未知数,只要在一个周期内均匀地抽到 3 个样值,就可准确地重

构 $x_a(t)$。

3）对抽样后的离散周期性的正弦序列作截断时（第 3 章中讨论的离散傅里叶变换，是针对有限长序列的），其截断长度必须为序列周期的整数倍，这样才不会产生频域的泄漏。

4）离散正弦序列不宜补零后作频谱分析，否则会产生频谱的泄漏。

5）考虑到作 DFT（离散傅里叶变换）时，当要求数据个数为 $N = 2^P$（P 为正整数）时，正弦信号一个周期内最好抽取 4 个点。

（2）对于两个不同频率的正弦信号，若用同一个抽样频率对其抽样，则抽样后得到的序列可能是一样的，我们无法判断它们来源于哪一个正弦信号。

| 【例 1-50】和【例 1-51】 | 第 1 章例题 | 第 1 章习题 |

第 2 章

z 变换与离散时间傅里叶变换(DTFT)

信号与系统的分析方法,有时域分析法与变换域分析法两种。在连续时间信号与系统中,其变换域就是拉普拉斯变换域与傅里叶变换域;在离散时间信号(序列)与系统中,其变换域就是 z 变换域与傅里叶变换域。

知识要点

本章要点是 z 变换。序列在单位圆上的 z 变换就是该序列的傅里叶变换,即 $X(z)\big|_{z=\mathrm{e}^{\mathrm{j}\omega}} = X(\mathrm{e}^{\mathrm{j}\omega})$。系统的单位抽样响应 $h(n)$ 在单位圆上的 z 变换就是系统的频率响应 $H(\mathrm{e}^{\mathrm{j}\omega})$。

本章主要介绍离散系统的 z 变换,具体内容包括:

(1) z 变换的基本定义;

(2) z 变换的收敛域、因果性的判断;

(3) z 反变换的 3 种求法;

(4) z 变换的性质,并用它来简化 z 或者 z 反变换求法;

(5) 系统函数 $H(z)$ 的求法和根据 $H(z)$ 分析系统特性;

(6) z 变换与拉普拉斯变换及傅里叶变换之间的相互关系。

§2.1 序列的 z 变换

2.1.1 z 变换的定义

z 变换的定义为

$$X(z) = \mathscr{Z}[x(n)] = \sum_{n=-\infty}^{\infty} x(n) z^{-n} \tag{2-1}$$

z 反变换的定义为

$$x(n) = \mathscr{Z}^{-1}[X(z)] = \frac{1}{2\pi\mathrm{j}} \oint_c X(z) z^{n-1}\mathrm{d}z \tag{2-2}$$

(1) 由于式(2-1)的 z 变换公式是幂级数的,只有当幂级数收敛时, z 变换才有意义,因而必须研究 z 变换的收敛域。

(2) 式(2-2)的 z 反变换实际上是要求式(2-1)的 z 变换式的幂级数展开的系数。式(2-2)中围线积分的 c 是在 $X(z)$ 收敛域中,并环绕原点($z=0$)的一条逆时针旋转的闭合围线,因而必须知道 $X(z)$ 的收敛域才能求解。

从以上两点可以看出 z 变换的收敛域的极端重要性。

2.1.2 z 变换的收敛域

对任意给定序列 $x(n)$,能使 $X(z)$ 收敛,即 $|X(z)|<\infty$ 的所有 z 值的集合称为 $X(z)$ 的收敛域。式(2-1)的级数收敛的充要条件是满足绝对可和,即须满足 $\sum_{n=-\infty}^{\infty}|x(n)z^{-n}|=M<\infty$,对某一具体的 $x(n)$,$|z|$必须在一定范围内才能使此不等式成立,这个$|z|$的范围就是 $X(z)$ 的收敛域,收敛域内不能有极点。

按级数理论,若级数绝对收敛,则级数也一定收敛。利用级数中的达朗贝尔判别法判别 z 变换的收敛性最为方便。对于任意求和式 $\sum_{n=-\infty}^{\infty}|a_n|$(如这里的 $\sum_{n=-\infty}^{\infty}|x(n)z^{-n}|$),有

$$\lim_{n\to\infty}\left|\frac{a_{n+1}}{a_n}\right|=l,\begin{cases}l<1, & \text{级数收敛}\\ l>1, & \text{级数发散}\\ l=1, & \text{不能确定}\end{cases}\tag{2-3}$$

(1) 对一个确定的序列 $x(n)$,只有它的 z 变换 $X(z)$ 的表达式及 $X(z)$ 的收敛域确定了,才能唯一确定这一序列。

(2) 不同形式的序列,其收敛域是不同的,可分为 4 种形式。

2.1.3 4 种典型序列的 z 变换的收敛域

【例 2-1】~【例 2-3】

1. 有限长序列

$x(n)$只在 $n_1\leqslant n\leqslant n_2$ 时有值,则式(2-1)是有限项之和,由于 $x(n)$是有界的,且在 $n_1\leqslant n\leqslant n_2$ 范围内,当$0<|z|<\infty$ 时,必有$|z^{-n}|<\infty$,因而$X(z)$一定收敛,即

$$X(z)=\sum_{n=n_1}^{n_2}x(n)z^{-n},0<|z|<\infty\tag{2-4}$$

这表明,有限长序列的收敛域至少是除 $z=0$ 及 $z=\infty$ 外的开域$(0,\infty)$,我们把它称为"有限 z 平面"。有限长序列及其收敛域如图 2-1 所示。在 n 的特殊选择下,收敛域还可以扩大。

$$0<|z|\leqslant\infty\ ,n_1\geqslant 0$$

$$0\leqslant|z|<\infty\ ,n_1<0$$

2. 右边序列

(1) 右边序列是指在 $n\geqslant n_1$ 时,序列 $x(n)$有值;在 $n<n_1$ 时,序列 $x(n)=0$。此时 $X(z)$的收敛域是以 R_{x-}为半径的圆的外部,即

$$X(z)=\sum_{n=n_1}^{\infty}x(n)z^{-n},R_{x-}<|z|<\infty\tag{2-5}$$

式中,R_{x-} 是收敛域的最小半径。右边序列及其收敛域如图 2-2 所示。

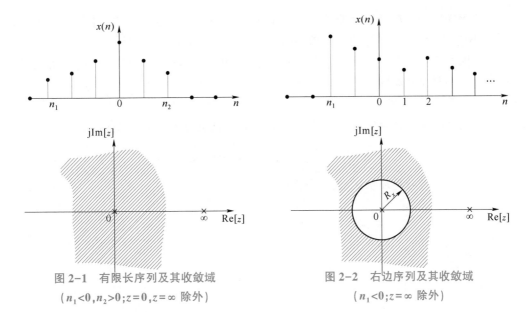

图 2-1　有限长序列及其收敛域
（$n_1<0,n_2>0;z=0,z=\infty$ 除外）

图 2-2　右边序列及其收敛域
（$n_1<0;z=\infty$ 除外）

（2）因果序列。因果是 $n_1=0$ 时的右边序列，在 $n\geqslant0$ 时有值，在 $n<0$ 时 $x(n)=0$。其只有 z 的零幂和负幂项，故 $X(z)$ 的收敛域是以 R_{x-} 为半径的圆的外部，并且包括 $|z|=\infty$，即

$$X(z)=\sum_{n=0}^{\infty}x(n)z^{-n},R_{x-}<|z|\leqslant\infty \tag{2-6}$$

收敛域包括 $|z|=\infty$ 是因果序列的重要特性，因果序列及其收敛域如图 2-3 所示。

3. 左边序列

（1）左边序列是指当 $n\leqslant n_2$ 时，序列 $x(n)$ 有值；当 $n>n_2$ 时，$x(n)=0$，此时 $X(z)$ 的收敛域是以 R_{x+} 为半径的圆的内部，即

$$X(z)=\sum_{n=-\infty}^{\infty}x(n)z^{-n},0<|z|<R_{x+} \tag{2-7}$$

式中，R_{x+} 为收敛域的最大半径。左边序列及其收敛域如图 2-4 所示。

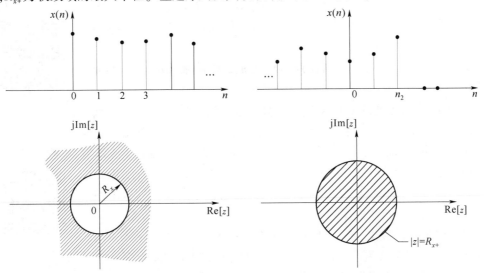

图 2-3　因果序列及其收敛域（包括 $z=\infty$）

图 2-4　左边序列及其收敛域（$n_2>0;z=0$ 除外）

（2）反因果序列。反因果序列是当 $n_2 = 0$ 时的左边序列，即 $x(n)$ 存在于 $n \leq 0$ 的全部范围，其收敛域是以 R_{x+} 为半径的圆的内部，并且包括 $|z| = 0$，即 $0 \leq |z| < R_{x+}$。

（3）非因果序列。非因果序列是当 $n_2 < 0$ 时的左边序列，即 $x(n)$ 存在于 $n < 0$ 的全部范围，其收敛域与反因果序列相同，为 $0 \leq |z| < R_{x+}$。

4. 双边序列

双边序列是指 n 为任意值时（正、负、0），$x(n)$ 皆有值的序列，其 $X(z)$ 及其收敛域为

$$X(z) = \sum_{n=-\infty}^{\infty} x(n) z^{-n}, \quad R_{x-} < |z| \leq R_{x+} \tag{2-8}$$

双边序列的收敛域是环状区域，如图 2-5 所示。

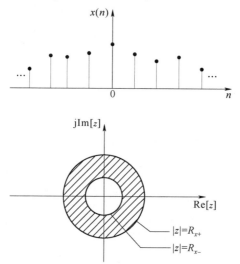

图 2-5　双边序列及其收敛域

双边序列可分解成两个序列，一个是 $n \geq 0$ 的右边序列，其收敛域为 $|z| > R_{x-}$；另一个是 $n < 0$ 的左边序列，其收敛域为 $|z| < R_{x+}$，只要满足

$$R_{x-} < R_{x+} \tag{2-9}$$

就存在公共收敛域，如式（2-8）所示。若不满足式（2-9），则 $X(z)$ 不收敛。

参考【例 2-4】~【例 2-6】对各种序列 z 变换的收敛域，用有限值的极点来作进一步讨论。

一般来说，右边序列的 z 变换的收敛域一定在模值最大的有限极点所在圆之外（不包括圆周）。但 $|z| = \infty$ 是否收敛，需视序列存在的范围另外加以讨论。由于【例 2-6】中序列又是因果序列，因此 $z = \infty$ 也属于收敛域，不能有极点。

【例 2-4】~【例 2-6】

一般来说，左边序列的 z 变换的收敛域一定在模值最小的有限极点所在圆之内（不包括圆周）。但 $|z| = 0$ 是否收敛，需视序列存在的范围另外加以讨论。【例 2-7】中的序列全在 $n < 0$ 时有值，故 $|z| = 0$ 也收敛。

由以上两例可以看出，若 $a = b$，则一个左边序列与一个右边序列的 z 变换表达式及零、极点是完全一样的。因此，只给出 z 变换的闭合表达式及零、极点是不够的，不能正确得到原序列。必须同时给出收敛域范围，

【例 2-7】

这样才能唯一地确定一个序列。这就说明了研究收敛域的重要性。

双边序列的 z 变换的收敛域是一个环状区域的内部(不包括两个圆周),此环状区域的内边界为此序列中 $n \geq 0$ 的序列的模值最大的有限极点所在的圆,而环状区域的外边界为此序列中 $n < 0$ 的序列的模值最小的有限极点所在的圆。

【例 2-8】

序列的 $X(z)$ 在其收敛域中,不包含任何极点,收敛域是以极点为边界的,且收敛域是连通的。收敛域内 $X(z)$ 及其各阶导数都是 z 的连续函数,即在收敛域中 $X(z)$ 是解析函数。

图 2-6 表示同一个 z 变换函数 $X(z)$,具有 3 个极点,由于收敛域不同,因此它可能代表着 4 个不同的序列。图 2-6(a)对应右边序列;图 2-6(b)对应左边序列;图 2-6(c)、(d)对应两个不同的双边序列。

【例 2-9】

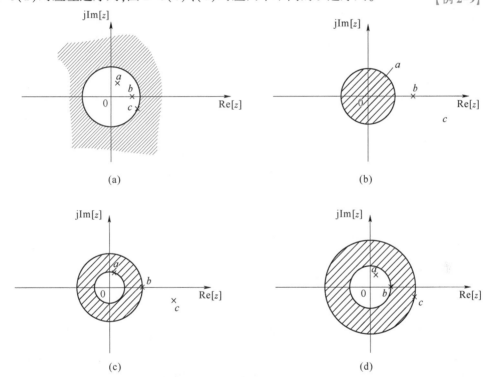

图 2-6 同一个 $X(z)$(零、极点分布相同,但收敛域不同)所对应的序列
(a)右边序列;(b)左边序列;(c)左边有限长,右边无限长相加的双边序列;
(d)左边无限长,右边有限长相加的双边序列

已知双边序列,只能确定它的收敛域是圆环形,所以对应的序列有多种可能,对每个收敛域,可确定其对应的信号序列。在表 2-1 中列出了常用序列的 z 变换及其收敛域。

表 2-1 常用序列的 z 变换及其收敛域

序列	z 变换	收敛域
$\delta(n)$	1	全部 z
$u(n)$	$\dfrac{z}{z-1} = \dfrac{1}{1-z^{-1}}$	$\lvert z \rvert > 1$

序列	z 变换	收敛域
$u(-n-1)$	$-\dfrac{z}{z-1}=\dfrac{-1}{1-z^{-1}}$	$\lvert z\rvert<1$
$a^{n}u(n)$	$\dfrac{z}{z-a}=\dfrac{1}{1-az^{-1}}$	$\lvert z\rvert>\lvert a\rvert$
$a^{n}u(-n-1)$	$\dfrac{-z}{z-a}=\dfrac{-1}{1-az^{-1}}$	$\lvert z\rvert<\lvert a\rvert$
$R_{N}(n)$	$\dfrac{z^{N}-1}{z^{N-1}(z-1)}=\dfrac{1-z^{-N}}{1-z^{-1}}$	$\lvert z\rvert>0$
$nu(n)$	$\dfrac{z}{(z-1)^{2}}=\dfrac{z^{-1}}{(1-z^{-1})^{2}}$	$\lvert z\rvert>1$
$na^{n}u(n)$	$\dfrac{az}{(z-a)^{2}}=\dfrac{az^{-1}}{(1-az^{-1})^{2}}$	$\lvert z\rvert>\lvert a\rvert$
$na^{n}u(-n-1)$	$\dfrac{-az}{(z-a)^{2}}=\dfrac{-az^{-1}}{(1-az^{-1})^{2}}$	$\lvert z\rvert<\lvert a\rvert$
$\mathrm{e}^{-jn\omega_{0}}u(n)$	$\dfrac{z}{z-\mathrm{e}^{-j\omega_{0}}}=\dfrac{1}{1-\mathrm{e}^{-j\omega_{0}}z^{-1}}$	$\lvert z\rvert>1$
$\sin(n\omega_{0})u(n)$	$\dfrac{z\sin\omega_{0}}{z^{2}-2z\cos\omega_{0}+1}=\dfrac{z^{-1}\sin\omega_{0}}{1-2z^{-1}\cos\omega_{0}+z^{-2}}$	$\lvert z\rvert>1$
$\cos(n\omega_{0})u(n)$	$\dfrac{z^{2}-z\cos\omega_{0}}{z^{2}-2z\cos\omega_{0}+1}=\dfrac{1-z^{-1}\cos\omega_{0}}{1-2z^{-1}\cos\omega_{0}+z^{-2}}$	$\lvert z\rvert>1$
$\mathrm{e}^{-an}\sin(n\omega_{0})u(n)$	$\dfrac{z^{-1}\mathrm{e}^{-a}\sin\omega_{0}}{1-2z^{-1}\mathrm{e}^{-a}\cos\omega_{0}+z^{-2}\mathrm{e}^{-2a}}$	$\lvert z\rvert>\mathrm{e}^{-a}$
$\mathrm{e}^{-an}\cos(n\omega_{0})u(n)$	$\dfrac{1-z^{-1}\mathrm{e}^{-a}\cos\omega_{0}}{1-2z^{-1}\mathrm{e}^{-a}\cos\omega_{0}+z^{-2}\mathrm{e}^{-2a}}$	$\lvert z\rvert>\mathrm{e}^{-a}$
$\sin(n\omega_{0}+\theta)u(n)$	$\dfrac{z^{2}\sin\theta+z\sin(\omega_{0}-\theta)}{z^{2}-2z\cos\omega_{0}+1}=\dfrac{\sin\theta+z^{-1}\sin(\omega_{0}-\theta)}{1-2z^{-1}\cos\omega_{0}+z^{-2}}$	$\lvert z\rvert>1$
$\cos(n\omega_{0}+\theta)u(n)$	$\dfrac{z^{2}\cos\theta-z\sin(\omega_{0}-\theta)}{z^{2}-2z\cos\omega_{0}+1}=\dfrac{\cos\theta-z^{-1}\sin(\omega_{0}-\theta)}{1-2z^{-1}\cos\omega_{0}+z^{-2}}$	$\lvert z\rvert>1$
$(n+1)a^{n}u(n)$	$\dfrac{z^{2}}{(z-a)^{2}}=\dfrac{1}{(1-az^{-1})^{2}}$	$\lvert z\rvert>\lvert a\rvert$
$\dfrac{(n+1)(n+2)}{2!}a^{n}u(n)$	$\dfrac{z^{3}}{(z-a)^{3}}=\dfrac{1}{(1-az^{-1})^{3}}$	$\lvert z\rvert>\lvert a\rvert$
$\dfrac{(n+1)(n+2)\cdots(n+m)}{m!}a^{n}u(n)$	$\dfrac{z^{m+1}}{(z-a)^{m+1}}=\dfrac{1}{(1-az^{-1})^{m+1}}$	$\lvert z\rvert>\lvert a\rvert$
$na^{n-1}u(n)$	$\dfrac{z}{(z-a)^{2}}=\dfrac{z^{-1}}{(1-az^{-1})^{2}}$	$\lvert z\rvert>\lvert a\rvert$
$\dfrac{n(n-1)\cdots(n-m+1)}{m!}a^{n-m}u(n)$	$\dfrac{z}{(z-a)^{m+1}}=\dfrac{z^{-m}}{(1-az^{-1})^{m+1}}$	$\lvert z\rvert>\lvert a\rvert$

2.1.4 z反变换——围线积分法、部分分式法及幂级数展开法

已知序列$x(n)$的z变换$X(z)$及$X(z)$的收敛域，求原序列，这称为求z反变换，表达式为

$$x(n) = \mathscr{Z}^{-1}[X(z)]$$

由式（2-1）可看出，这实质上是求$X(z)$的幂级数展开式的系数。

求z反变换的方法通常有3种：围线积分法（留数法）、部分分式法和幂级数展开法（长除法）。

设$x(n)$的z变换为幂级数

$$X(z) = \sum_{n=-\infty}^{\infty} x(n)z^{-n}, R_{x-} < |z| < R_{x+} \tag{2-10}$$

则$X(z)$的z反变换为围线积分

$$x(n) = \frac{1}{2\pi j}\oint_c X(z)z^{n-1}dz, c \in (R_{x-}, R_{x+}) \tag{2-11}$$

1. 围线积分法

（1）根据留数定理来计算式（2-11）的围线积分。式（2-11）中的围线c是在$X(z)$的收敛域中环绕原点的一条逆时针旋转的闭合围线，如图2-7所示。围线积分可用围线积分法求解。用$\text{Res}[F(z)]_{z_1}$表示$F(z)$在极点z_i处的留数。

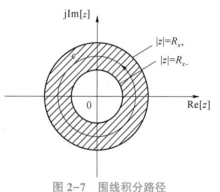

图2-7 围线积分路径

令$\{z_k\}$为围线积分式（2-11）中的被积函数$X(z)z^{n-1}$在围线c以内的极点集，$\{z_m\}$为$X(z)z^{n-1}$在围线c以外的极点集，则有

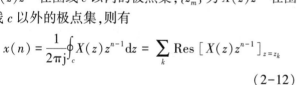

$$x(n) = \frac{1}{2\pi j}\oint_c X(z)z^{n-1}dz = \sum_k \text{Res}[X(z)z^{n-1}]_{z=z_k} \tag{2-12}$$

或

$$x(n) = \frac{1}{2\pi j}\oint_c X(z)z^{n-1}dz = -\frac{1}{2\pi j}\oint_c X(z)z^{n-1}dz = -\sum_m \text{Res}[X(z)z^{n-1}]_{z=z_m} \tag{2-13}$$

应用式（2-13）时必须满足$X(z)z^{n-1}$的分母多项式比分子多项式z的阶次高二阶或二阶以上。式（2-12）及式（2-13）分别说明$x(n)$等于$X(z)z^{n-1}$在围线c以内极点的留数之和，或者等于在围线c以外极点的留数之和并取负值。

（2）留数的计算公式分以下两种情况。

① 设z_r是$X(z)z^{n-1}$在围线以内的单阶极点，则有

$$\text{Res}[X(z)z^{n-1}]_{z=z_r} = [(z-z_r)X(z)z^{n-1}]_{z=z_r} \tag{2-14}$$

② 设z_r是$X(z)z^{n-1}$的l阶极点，则有

$$\text{Res}[X(z)z^{n-1}]_{z=z_r} = \frac{1}{(l-1)!}\frac{d^{l-1}}{dz^{l-1}}[(z-z_r)^l X(z)z^{n-1}]_{z=z_r} \tag{2-15}$$

（3）在求z反变换时，可灵活采用式（2-12）或式（2-13），以便能避开求$X(z)z^{n-1}$的高阶极点处的留数，以简化运算。

（4）围线 c 是在 $X(z)$ 的收敛域中的围线，而围线积分法所求的是式（2-11）中整个被积函数 $X(z)z^{n-1}$ 的极点的留数，因而这些极点和 n 有关，求解时，要将 n 划成不同区域来求解。

如何应用（3）（4）两条的说明，可参考【例 2-10】~【例 2-12】。

2. 部分分式法

【例 2-10】~【例 2-12】

在实际应用中，一般 $X(z)$ 是 z（或 z^{-1}）的有理分式，可表示成 $X(z)=B(z)/A(z)$，$A(z)$ 及 $B(z)$ 都是变量 z（或 z^{-1}）的实系数多项式，并且没有公因式，则可将 $X(z)$ 展开成部分分式的形式，然后求每一个部分分式的 z 反变换（可利用表 2-1 的基本 z 变换对应的公式），将各个反变换相加，就得到所求的 $x(n)$，即

$$X(z)=\frac{B(z)}{A(z)}=X_1(z)+X_2(z)+\cdots+X_k(z)$$

则

$$x(n)=\mathscr{L}^{-1}[X(z)]=\mathscr{L}^{-1}[X_1(z)]+\mathscr{L}^{-1}[X_2(z)]+\cdots+\mathscr{L}^{-1}[X_k(z)]$$

在利用部分分式求 z 反变换时，必须使部分分式各项的形式能够比较容易地从已知的 z 变换表中识别出来，并且必须注意收敛域。

（1）第一种求法。$X(z)$ 可以表示成 z^{-1} 的有理分式，即

$$X(z)=\frac{B(z)}{A(z)}=\frac{b_0+b_1z^{-1}+\cdots+b_{M-1}z^{-(M-1)}+b_Mz^{-M}}{a_0+a_1z^{-1}+\cdots+a_{N-1}z^{-(N-1)}+a_Nz^{-N}}=\frac{\sum_{k=0}^{M}b_kz^{-k}}{\sum_{k=0}^{N}a_kz^{-k}}=A\frac{\prod_{k=1}^{M}(1-e_kz^{-1})}{\prod_{k=1}^{N}(1-z_kz^{-1})} \quad (2-16)$$

$X(z)$ 可以由分母多项式的根展开成部分分式，即

$$X(z)=\sum_{n=0}^{M-N}B_nz^{-n}+\sum_{k=1}^{N-r}\frac{A_k}{1-z_kz^{-1}}+\sum_{j=1}^{r}\frac{c_j}{(1-z_iz^{-1})^j} \quad (2-17)$$

式中，z_k 是 $X(z)$ 的单阶极点（$k=1,2,\cdots,N-r$）；A_k 是这些单阶极点的留数；z_i 为 $X(z)$ 的一个 r 阶极点；B_n 为 $X(z)$ 整式部分的系数，当 $M\geqslant N$ 时才存在（若 $M=N$，则只有常数项 B_0），当 $M<N$ 时，各个 $B_n=0$。B_n 可用幂级数展开法求得。

根据留数定理，各单阶极点 z_k（$k=1,2,\cdots,N-r$）的系数可用下式求得：

$$A_k=(1-z_kz^{-1})X(z)\Big|_{z=z_k}=(z-z_k)\frac{X(z)}{z}\Big|_{z=z_k}=\text{Res}\left[\frac{X(z)}{z}\right]\Big|_{z=z_k} \quad (2-18)$$

当 $M=N$ 时，式（2-17）的常数 B_0 也可用式（2-18）求得，相当于 $\dfrac{X(z)}{z}$ 的极点为 $z_0=0$。

式（2-18）的最后一个等号后的 $\text{Res}\left[\dfrac{X(z)}{z}\right]$ 表示 $\dfrac{X(z)}{z}$ 在极点 $z_0=z_k$ 处的留数。

各高阶极点的系数 c_j 可以用以下关系式求得：

$$c_j=\frac{1}{(-z_i)^{r-j}}\cdot\frac{1}{(r-j)!}\left\{\frac{\mathrm{d}^{r-j}}{\mathrm{d}(z^{-1})^{r-j}}\left[(1-z_iz^{-1})^rX(z)\right]\right\}_{z=z_i},j=1,2,\cdots,r \quad (2-19)$$

注意：式（2-19）中是对 z^{-1} 取导数，可以看成 $z^{-1}=\omega$，求对 ω 的导数后再用 z^{-1} 代替 ω 来求解，则更加直观。

如果有多个高阶极点，如有一个 r_1 阶极点、一个 r_2 阶极点，那么余下只能有 $(N-r_1-r_2)$ 个

单阶极点,这样才能使分母式子中 z^{-1} 的阶数等于 N。

展开式诸项确定后,根据收敛域的情况,利用表 2-1 再分别求出式(2-17)各项的 z 反变换,得到各相加序列之和,就是所求的序列。

(2) 第二种求法。当 $X(z)$ 用 z 的有理分式表示时($x(n)$ 若为因果序列,则必须有 $M \le N$,才能保证 $X(z)$ 也收敛),有

$$X(z) = \frac{b_0 + b_1 z + \cdots + b_{M-1} z^{M-1} + b_M z^M}{a_0 + a_1 z + \cdots + a_{N-1} z^{N-1} + a_N z^N} \tag{2-20}$$

设 $M=N$,则可将 $X(z)/z$ 展开成部分分式,即

$$\frac{X(z)}{z} = \frac{A_0}{z} + \sum_{k=1}^{N-r} \frac{A_k}{z - z_k} + \sum_{j=1}^{r} \frac{D_j}{(z - z_i)^j} \tag{2-21}$$

根据留数定理可求得 $\dfrac{X(z)}{z}$ 的各单阶极点在 $z=z_k$ 处的留数 A,与式(2-18)相同,即

$$A_k = (z - z_k) \frac{X(k)}{z} \bigg|_{z=z_k} = \text{Res} \left[\frac{X(z)}{z} \right] \bigg|_{z=z_k}, k = 0, 1, \cdots, N-r \tag{2-22}$$

A_0 亦可用上式求得(相当于 $\dfrac{X(z)}{z}$ 的极点为 $z=0$)。

而一个 r 阶极点在 $z=z_i$ 处的各个系数 D_j 可用以下公式求得:

$$D_j = \frac{1}{(r-j)!} \left\{ \frac{\mathrm{d}^{r-j}}{\mathrm{d}z^{r-j}} \left[(z - z_i)^r \frac{X(z)}{z} \right] \right\}_{z=z_i}, j = 1, 2, \cdots, r \tag{2-23}$$

以上两种方法都可用来求解 $x(n)$。当然利用第二种方法求解可能更方便一些,但是必须将 $X(z)$ 先转换成 z 的正幂有理分式,然后利用 $\dfrac{X(z)}{z}$ 代入式(2-22)(单阶极点)或式(2-23)(r 阶极点)来求各个系数 A 及 D_j。

【例 2-13】和【例 2-14】

3. 幂级数展开法

讨论 $X(z)$ 用有理分式表示的情况。

对于单边序列,可用幂级数展开法直接展开成幂级数的形式。但首先需根据收敛域的情况来确定是按 z^{-1} 的升幂(或 z 的降幂)排列还是按 z^{-1} 的降幂(或 z 的升幂)排列,然后进行长除。若 $X(z)$ 的收敛域为 $|z| > R_{x-}$,则 $x(n)$ 为右边序列,应将 $X(z)$ 展开成 Z 的负幂级数,为此,$X(z)$ 的分子、分母应按 z 的降幂(或 z^{-1} 的升幂)排列;若 $X(z)$ 的收敛域为 $|z| < R_{x+}$,则 $X(z)$ 必然是左边序列,此时应将 $X(z)$ 展开成 $X(z)$ 的正幂级数,为此,$X(z)$ 的分子、分母应按 z 的升幂(或 z^{-1} 的降幂)排列。

2.1.5 z 变换性质与定理

z 变换及离散时间傅里叶变换(Discrete-time Fourier Transform, DT-FT)有很多重要的性质和定理,它们在数字信号处理中,尤其是在信号通过系统的响应的研究中,是极有用的数学工具。

【例 2-15】~【例 2-19】

在以下讨论中,假定 $X(z) = \mathscr{Z}[x(n)]$,收敛域为 $R_{x-} < |z| < R_{x+}$,这好像是针对双边序列的,实际上,当 $R_{x-} = 0$ 时,相当于左边序列;当 $R_{x+} = \infty$ 时,相当于右边序列。

1. 线性

线性就是指满足比例性和可加性，z 变换的线性也是如此，若

$$\mathscr{L}[x(n)] = X(z), R_{x-} < |z| < R_{x+}$$

$$\mathscr{L}[y(n)] = Y(z), R_{y-} < |z| < R_{y+}$$

则

$$\mathscr{L}[ax(n) + by(n)] = aX(z) + bY(z), R_- < |z| < R_+ \tag{2-24}$$

式中，a、b 为任意常数。

相加后 z 变换的收敛域一般为两个相加序列的收敛域的重叠部分，即

$$R_- = \max(R_{x-}, R_{y-}), R_+ = \min(R_{x+}, R_{y+})$$

所以相加后收敛域记为

$$R_- < |z| < R_+$$

若这些线性组合中某些零点与极点互相抵消，则收敛域可能扩大。

2. 序列的移位

为了求得差分方程的零输入响应和零状态响应（或者稳态响应和瞬态响应），必须涉及单边 z 变换及序列移位后的单边 z 变换。

【例 2-20】和【例 2-21】

单边 z 变换的定义为

$$\mathscr{L}^+[x(n)] = \mathscr{L}[x(n)u(n)] = X^+(z) = \sum_{n=0}^{\infty} x(n)z^{-n} \tag{2-25}$$

以下讨论在两种 z 变换情况下的序列移位情况。

（1）在双边 z 变换情况下，若

$$\mathscr{L}[x(n)] = X(z) = \sum_{n=-\infty}^{\infty} x(n)z^{-n}, R_{x-} < |z| < R_{x+}$$

将 $x(n)$ 右移 m 位后，有

$$\mathscr{L}[x(n-m)] = \sum_{n=-\infty}^{\infty} x(n-m)z^{-n} \xrightarrow{n-m=i} \sum_{i=-\infty}^{\infty} x(i)z^{-m-i} = z^{-m}X(z) \tag{2-26a}$$

同样将 $x(n)$ 左移 m 位后，有

$$\mathscr{L}[x(n+m)] = \sum_{n=-\infty}^{\infty} x(n+m)z^{-n} \xrightarrow{n+m=i} \sum_{i=-\infty}^{\infty} x(i)z^{m-i} = z^{m}X(z) \tag{2-26b}$$

式中，m 为任意正整数。

由式（2-26a）、式（2-26b）可以看出，序列移 m 位后，只在 $X(z)$ 上乘了一个 z^{-m} 或 z^{m} 因子，因而只会使 $X(z)$ 在 $z=0$ 或 $z=\infty$ 处的零、极点发生变化。

对于双边序列，由于收敛域为环状区域，不包括 $z=0$、$z=\infty$ 两点，故序列移位后的收敛域不会变化。

对于单边序列或有限长序列，移位后在 $z=0$ 或 $z=\infty$ 处的收敛域可能会有变化。移位后序列若在 $n>0$ 时有值，则在 $z=0$ 处不收敛；若在 $n<0$ 有值，则在 $z=\infty$ 处不收敛。

（2）在单边 z 变换情况下，即采用式（2-25），同样设 m 为任意正整数，将 $x(n)$ 右移 m 位后，有

$$\mathscr{L}^+[x(n-m)] = \sum_{n=0}^{\infty} x(n-m)z^{-n} \xrightarrow{n-m=i} \sum_{i=-m}^{\infty} x(i)z^{-i}z^{-m}$$

$$= z^{-m}\left[X^+(z) + \sum_{i=-m}^{-1} x(i)z^{-i}\right]$$

$$= x(-1)z^{1-m} + x(-2)z^{2-m} + \cdots + x(-m) + z^{-m}X^+(z) \qquad (2-27a)$$

将 $x(n)$ 左移 m 位后,有

$$\mathscr{L}^+[x(n+m)] = \sum_{n=0}^{\infty} x(n+m)z^{-n} \xlongequal{n+m=i} \sum_{i=m}^{\infty} x(i)z^{-i}z^m$$

$$= z^m \left[X^+(z) - \sum_{i=0}^{m-1} x(i)z^{-i} \right]$$

$$= -x(0)z^m - x(1)z^{m-1} - \cdots - x(m-1)z + z^m X^+(z) \qquad (2-27b)$$

若序列 $x(n)$ 是因果序列,即 $x(n)=0,n<0$,则 $X(z)=X^+(z)$,此时在因果序列 $x(n)$ 右移 m 位后的式(2-27a)中,由于 $x(-m) \sim x(-1)$ 全为 0,因此

$$\mathscr{L}^+[x(n-m)] = z^{-m}X^+(z) = z^{-m}X(z) \qquad (2-28a)$$

可见,因果序列右移后的单边 z 变换与右移后的双边 z 变换是相同的,见式(2-28a)与式(2-26a)。

在因果序列 $x(n)$ 左移 m 位后的式(2-27b)中,有

$$\mathscr{L}^+[x(n+m)] = z^m \left[X^+(z) - \sum_{i=0}^{m-1} x(i)z^{-i} \right]$$

$$= z^m \left[X(z) - \sum_{i=0}^{m-1} x(i)z^{-i} \right] \qquad (2-28b)$$

可见,因果序列左移后的单边 z 变换并不等于左移后的双边 z 变换,即式(2-28b)不同于式(2-26b)。

3. 乘指数序列(z 域尺度变换)

若序列乘以指数序列 a^n,a 可以是常数,也可以是复数,看其 z 变换将如何变化。若

$$X(z) = \mathscr{L}[x(n)], R_{x-} < |z| < R_{x+}$$

则

$$\mathscr{L}[a^n x(n)] = X\left(\frac{z}{a}\right), |a|R_{x-} < |z| < |a|R_{x+} \qquad (2-29)$$

证明　按定义,有

$$\mathscr{L}[a^n x(n)] = \sum_{n=-\infty}^{\infty} a^n x(n)z^{-n} = \sum_{n=-\infty}^{\infty} x(n) \left(\frac{z}{a}\right)^{-n} = X\left(\frac{z}{a}\right), R_{x-} < \frac{|z|}{|a|} < R_{x+}$$

从式(2-29)可以看出,非零的 a 是 z 平面的尺度变换因子或称为压缩扩张因子。

> **讨论:**
>
> (1)若 a 为非零实数,则表示 z 平面的缩扩。如果 $z=z_1=|z_1|e^{j\arg[z_1]}$ 是 $X(z)$ 的极点(或零点),则 $X\left(\frac{z}{a}\right)$ 的极点(或零点)为 $z=az_1=a|z_1|e^{j\arg[z_1]}$,实数 a 为只令极点(或零点)在 z 平面径向移动。
>
> (2)若 a 为复数,且 $|a|=1$,则 $X\left(\frac{z}{a}\right)$ 表示 z 平面上的旋转。例如,若 $a=e^{j\omega_0}$,则 $X\left(\frac{z}{a}\right)$ 的极点(或零点)变成 $z=|z_1|e^{j[\arg[z_1]+\omega_0]}$,即极点(或零点)在 z 平面上旋转,模是不变的。

（3）如果 a 为一般的复数，即 $a=r\mathrm{e}^{\mathrm{j}\omega_0}$，$X\left(\dfrac{z}{a}\right)$ 表明 z 平面上既有幅度伸缩，又有角度旋转，则 $X\left(\dfrac{z}{a}\right)$ 的极点（或零点）变成 $z=r\,|z_1|\,\mathrm{e}^{\mathrm{j}[\arg[z_1]+\omega_0]}$。

4. 序列的线性加权（z 域取导数）

【例 2-22】

若

$$X(z)=\mathscr{L}[x(n)],R_{x-}<|z|<R_{x+}$$

则

$$\mathscr{L}[nx(n)]=-z\cdot\frac{\mathrm{d}}{\mathrm{d}z}X(z),R_{x-}<|z|<R_{x+} \qquad (2\text{-}30)$$

证明 由于

$$X(z)=\sum_{n=-\infty}^{\infty}x(n)z^{-n}$$

等式两端对 z 取导数,得

$$\frac{\mathrm{d}[X(z)]}{\mathrm{d}z}=\frac{\mathrm{d}}{\mathrm{d}z}\sum_{n=-\infty}^{\infty}x(n)z^{-n}$$

交换求和求导的次序,则

$$\frac{\mathrm{d}[X(z)]}{\mathrm{d}z}=\sum_{n=-\infty}^{\infty}x(n)\frac{\mathrm{d}}{\mathrm{d}z}(z^{-n})=-z^{-1}\sum_{n=-\infty}^{\infty}nx(n)z^{-n}=-z^{-1}\mathscr{L}[nx(n)]$$

所以

$$\mathscr{L}[nx(n)]=-z\cdot\frac{\mathrm{d}[X(z)]}{\mathrm{d}z},R_{x-}<|z|<R_{x+}$$

因而序列的线性加权（乘 n）等效于其 z 变换取导数再乘以 $(-z)$,同样可得

$$\mathscr{L}[n^2x(n)]=\mathscr{L}[n\cdot nx(n)]=-z\frac{\mathrm{d}}{\mathrm{d}z}\mathscr{L}[nx(n)]=-z\frac{\mathrm{d}}{\mathrm{d}z}\left[-z\frac{\mathrm{d}}{\mathrm{d}z}X(z)\right]$$

$$=z^2\frac{\mathrm{d}^2}{\mathrm{d}z^2}X(z)+z\frac{\mathrm{d}}{\mathrm{d}z}X(z)$$

递推可得

$$\mathscr{L}[n^mx(n)]=\left(-z\frac{\mathrm{d}}{\mathrm{d}z}\right)^mX(z)$$

式中,符号 $\left(-z\dfrac{\mathrm{d}}{\mathrm{d}z}\right)^m$ 是一个算子,表示对 z 取 m 次导数再乘以 $(-z)^m$,即

$$\left(-z\frac{\mathrm{d}}{\mathrm{d}z}\right)^m=-z\frac{\mathrm{d}}{\mathrm{d}z}\left\{-z\frac{\mathrm{d}}{\mathrm{d}z}\left[-z\frac{\mathrm{d}}{\mathrm{d}z}\cdots\left(-z\frac{\mathrm{d}}{\mathrm{d}z}X(z)\right)\right]\cdots\right\}$$

共有 m 阶导数。

5. 序列的共轭（序列取共轭）

一个复序列 $x(n)$ 的共轭序列为 $x^*(n)$,若

$$\mathscr{L}[x(n)]=X(z),R_{x-}<|z|<R_{x+}$$

则

$$\mathscr{L}[x^*(n)] = X^*(z^*),\ R_{x-} < |z| < R_{x+} \tag{2-31}$$

证明 按定义,有

$$\mathscr{L}[x^*(n)] = \sum_{n=-\infty}^{\infty} x^*(n)z^{-n} = \sum_{n=-\infty}^{\infty} [x(n)(z^*)^{-n}]^* = \left[\sum_{n=-\infty}^{\infty} x(n)(z^*)^{-n}\right]^*$$

$$= X^*(z^*),\ R_{x-} < |z| < R_{x+}$$

由此可得出,若 $x(n)$ 为实序列,且 $x(n)=x^*(n)$,则有

$$X(z)=X^*(z^*)$$

若 $z=z_1$ 是 $X(z)$ 的极点(或零点),则 $z^*=z_1$,即 $z=z_1^*$ 也是 $X(z)$ 的极点,如图 2-8(a)所示。因此,实序列的 z 变换的非零的复数极点(或零点)一定是以共轭对的形式存在的。

6. 序列的翻褶

若

$$\mathscr{L}[x(n)] = X(z),\ R_{x-} < |z| < R_{x+}$$

则

$$\mathscr{L}[x(-n)] = X\left(\frac{1}{z}\right),\ \frac{1}{R_{x+}} < |z| < \frac{1}{R_{x-}} \tag{2-32}$$

证明 按定义,有

$$\mathscr{L}[x(-n)] = \sum_{n=-\infty}^{\infty} x(-n)z^{-n} = \sum_{n=-\infty}^{\infty} x(n)z^{n} = \sum_{n=-\infty}^{\infty} x(n) \cdot (z^{-1})^{-n}$$

$$= X\left(\frac{1}{z}\right),\ R_{x-} < |z^{-1}| < R_{x+}$$

因为变量成倒数关系,所以极点亦成倒数关系,从而也可得到以上的收敛域关系。

利用序列翻褶性可知,若 $x(n)$ 为偶对称序列,即 $x(n)=x(-n)$,或者 $x(n)$ 为奇对称序列,即 $x(n)=-x(-n)$,则分别有 $X(z)=X(1/z)$,$X(z)=-X(1/z)$。这两种情况下,若 $x(n)$ 不是实序列,则 $X(z)$ 的极点(或零点)一定是成倒数对的关系。也就是说,若 $z=z_1$ 是 $X(z)$ 的极点(或零点),则 $z=1/z_1$ 也一定是 $X(z)$ 的极点(或零点),如图 2-8(b)所示。利用序列的共轭性及翻褶性可以得出,若序列是实偶对称序列,即 $x(n)=x^*(n)=x(-n)$,或序列是实奇对称序列,即 $x(n)=x^*(n)=-x(-n)$,则分别有 $X(z)=X^*(z^*)=X(1/z)$,$X(z)=X^*(z^*)=-X(1/z)$。在这两种情况下,$X(z)$ 的非零的极点(或零点)一定是呈共轭倒数对存在的。也就是说,既呈共轭又呈倒数而存在,是"4点组"的,即若 $z=z_1$ 是 $X(z)$ 的极点(或零点),则 $z=z_1^*$,$z=1/z_1$ 及 $z=1/z_1^*$ 一定是 $X(z)$ 的极点(或零点),如图 2-8(c)所示。

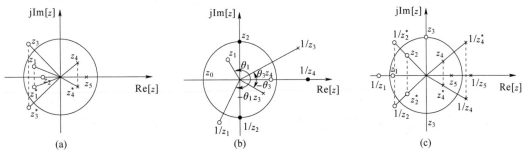

图 2-8　3种序列可能有的零点、极点分布

(a)实序列;(b)偶(或奇)对称序列;(c)实偶(或实奇)对称序列

7. 初值定理

对于因果序列 $x(n)$，即 $x(n)=0,n<0$，有

$$\lim_{z\to\infty}X(z)=x(0) \tag{2-33}$$

证明 因为 $x(n)$ 是因果序列，则有

$$X(z)=\sum_{n=-\infty}^{\infty}x(n)u(n)z^{-n}=\sum_{n=0}^{\infty}x(n)z^{-n}=x(0)+x(1)z^{-1}+x(2)z^{-2}+\cdots$$

故

$$\lim_{z\to\infty}X(z)=x(0)$$

根据初值定理，可直接用 $X(z)$ 来求因果序列的初值 $x(0)$，或者利用它来检验所得到的 $X(z)$ 的正确性。

8. 终值定理

设 $x(n)$ 为因果序列，且 $X(z)=\mathscr{Z}[x(n)]$ 的极点处于单位圆 $|z|=1$ 以内（单位圆上最多在 $z=1$ 处可有一阶极点），则

$$\lim_{n\to\infty}x(n)=\lim_{z\to1}[(z-1)X(z)] \tag{2-34}$$

证明 利用序列的移位性质可得

$$\mathscr{Z}[x(n+1)-x(n)]=(z-1)X(z)=\sum_{n=-\infty}^{\infty}[x(n+1)-x(n)]z^{-n}$$

因为 $x(n)$ 为因果序列，则有

$$(z-1)X(z)=\sum_{n=-1}^{\infty}[x(n+1)-x(n)]z^{-n}=\lim_{n\to\infty}\sum_{m=-1}^{n}[x(m+1)-x(m)]z^{-m}$$

由于已假设 $x(n)$ 为因果序列，且 $X(z)$ 极点在单位圆以内（单位圆上最多在 $z=1$ 处可有一阶极点），在 $(z-1)X(z)$ 中，乘因子 $(z-1)$ 将抵消 $z=1$ 处可能的极点，$(z-1)X(z)$ 在 $1\leqslant|z|\leqslant 0$ 上都收敛，所以可以取 $z\to1$ 的极限，即

$$\begin{aligned}
\lim_{z\to1}[(z-1)X(z)]&=\lim_{n\to\infty}\sum_{m=-1}^{n}[x(m+1)-x(m)]\\
&=\lim_{n\to\infty}\{[x(0)-0]+[x(1)-x(0)]+[x(2)-x(1)]+\cdots+\\
&\quad[x(n+1)-x(n)]\}\\
&=\lim_{n\to\infty}[x(n+1)]=\lim_{n\to\infty}[x(n)]
\end{aligned}$$

因为等式最左端为 $X(z)$ 在 $z=1$ 处的留数，即

$$\lim_{z\to1}[(z-1)X(z)]=\mathrm{Res}[X(z)]\big|_{z=1}$$

所以也可将式（2-34）写成

$$x(\infty)=\mathrm{Res}[X(z)]\big|_{z=1}$$

讨论：

终值定理是对因果序列适用的，且必须是 $X(z)=\mathscr{Z}[x(n)]$ 的极点处于单位圆以内，最多在 $z=1$ 处只能有一阶极点。但是在推导过程中可以看出，若只看序列，则只有当 $\lim_{n\to\infty}x(n)$ 存在时才能应用终值定理。例如，$x(n)=u(n)+a^nu(n)$，$|a|>1$ 时，$\lim_{n\to\infty}x(n)$ 是不存在的，但是由于 $X(z)=\dfrac{z}{z-1}+\dfrac{z}{z-a}$，故有 $\lim_{z\to1}[(z-1)X(z)]=1\neq\lim_{n\to\infty}x(n)$。

因此,不能用终值定理,这是因为此处的 $X(z)$ 在单位圆以外,$z=a(|z| = |a| > 1)$ 处有极点,不符合定理的要求。

9. 因果序列的累加性

设 $x(n)$ 为因果序列,即

$$x(n) = 0, n < 0$$
$$X(z) = \mathscr{L}[x(n)], |z| > R_{x-}$$

则

$$\mathscr{L}\left[\sum_{m=0}^{n} x(m)\right] = \frac{z}{z-1} X(z), |z| > \max[R_{x-}, 1]$$

$$(2-35)$$

证明　令 $y(n) = \sum_{m=0}^{n} x(m)$,则

$$\mathscr{L}[y(n)] = \mathscr{L}\left[\sum_{m=0}^{n} x(m)\right] = \sum_{n=0}^{\infty}\left[\sum_{m=0}^{n} x(m)\right] z^{-n}$$

因为上式是因果序列的累加,故有 $n \geq 0$,由图 2-9 可知,此求和范围为阴影区,改变求和次序,可得

图 2-9　m、n 关系及求和范围

$$\mathscr{L}\left[\sum_{m=0}^{n} x(m)\right] = \sum_{m=0}^{n} x(m) \sum_{n=m}^{\infty} z^{-n} = \sum_{m=0}^{\infty} x(m) \frac{z^{-m}}{1 - z^{-1}}$$

$$= \frac{1}{1 - z^{-1}} \sum_{m=0}^{\infty} x(m) z^{-m}$$

$$= \frac{1}{1 - z^{-1}} \mathscr{L}[x(n)] = \frac{z}{z-1} X(z), |z| > \max[R_{x-}, 1]$$

由于第一次求和,$\sum_{n=m}^{\infty} z^{-n}$ 的收敛域为 $|z^{-1}| < 1$,即 $|z| > 1$,而 $\sum_{m=0}^{\infty} x(m) z^{-m}$ 的收敛域为 $|z| > R_{x-}$,故收敛域 $|z| > 1$ 及 $|z| > R_{x-}$ 重叠的部分为 $|z| > \max[R_{x-}, 1]$。

10. 序列的卷积定理(时域卷积定理)

设 $y(n)$ 为 $x(n)$ 与 $h(n)$ 的卷积,即

$$y(n) = x(n) * h(n) = \sum_{m=-\infty}^{\infty} x(m) h(n-m)$$
$$X(z) = \mathscr{L}[x(n)], R_{x-} < |z| < R_{x+}$$
$$H(z) = \mathscr{L}[h(n)], R_{h-} < |z| < R_{h+}$$

【例 2-23】

则

$$Y(z) = \mathscr{L}[y(n)] = X(z) H(z), \max[R_{x-}, R_{h-}] < |z| < \min[R_{x+}, R_{h+}] \qquad (2-36)$$

若时域为卷积,则 z 变换域是相乘,如上所示,乘积的收敛域是 $X(z)$ 收敛域和 $H(z)$ 收敛域的重叠部分。若收敛域边界上一个 z 变换的零点与另一个 z 变换的极点可互相抵消,则收敛域还可扩大。

证明

$$\mathscr{L}[x(n) * h(n)] = \sum_{n=-\infty}^{\infty} [x(n) * h(n)] z^{-n} = \sum_{n=-\infty}^{\infty} \sum_{m=-\infty}^{\infty} x(m) h(n-m) z^{-n}$$

$$= \sum_{m=-\infty}^{\infty} x(m) \left[\sum_{n=-\infty}^{\infty} h(n-m) z^{-n} \right]$$

$$= \sum_{n=-\infty}^{\infty} x(m) z^{-m} H(z)$$

$$= X(z) H(z), \max[R_{x-}, R_{h-}] < |z| < \min[R_{x+}, R_{h+}]$$

在线性移不变系统中，若输入为 $x(n)$，系统冲激响应为 $h(n)$，则输出 $y(n)$ 是 $x(n)$ 与 $h(n)$ 的卷积，这是我们前面讨论过的。利用卷积定理，可以通过求 $X(z)H(z)$ 的 z 反变换来求出 $y(n)$，后面会看到，尤其是对于有限长序列，这样求解会更方便，因而这个定理是很重要的。

11. 序列相乘(z 域复卷积定理)

若 $y(n) = x(n) \cdot h(n)$，且

$$X(z) = \mathscr{L}[x(n)], R_{x-} < |z| < R_{x+}$$

$$H(z) = \mathscr{L}[h(n)], R_{h-} < |z| < R_{h+}$$

【例2-24】

则

$$Y(z) = \mathscr{L}[y(n)] = \mathscr{L}[x(n)h(n)]$$

$$= \frac{1}{2\pi j} \oint_c X\left(\frac{z}{v}\right) H(v) v^{-1} dv, R_{x-} R_{h-} < |z| < R_{x+} R_{h+} \tag{2-37}$$

若时域相乘，则 z 变换域是复卷积关系，这里 c 是在哑变量 v 平面上，$X\left(\dfrac{z}{v}\right)$ 与 $H(v)$ 的公共收敛域内环绕原点的一条逆时针旋转的单封闭围线，即满足

$$\begin{cases} R_{h-} < |v| < R_{h+} \\ R_{x-} < \left|\dfrac{z}{v}\right| < R_{x+} \left(\dfrac{|z|}{R_{x+}} < |v| < \dfrac{|z|}{R_{x-}}\right) \end{cases} \tag{2-38}$$

将上式中的两不等式相乘即得

$$R_{x-} R_{h-} < |z| < R_{x+} R_{h+} \tag{2-39}$$

v 平面收敛域为

$$\max\left[R_{h-}, \frac{|z|}{R_{x+}}\right] < |v| < \min\left[R_{h+}, \frac{|z|}{R_{x-}}\right]$$

证明

$$Y(z) = \mathscr{L}[y(n)] = \mathscr{L}[x(n) \cdot h(n)] = \sum_{n=-\infty}^{\infty} x(n)h(n) z^{-n}$$

$$= \sum_{n=-\infty}^{\infty} x(n) \left[\frac{1}{2\pi j} \oint_c H(v) v^{n-1} dv \right] z^{-n}$$

$$= \frac{1}{2\pi j} \sum_{n=-\infty}^{\infty} x(n) \left[\oint_c H(v) v^n \frac{dv}{v} \right] z^{-n}$$

$$= \frac{1}{2\pi j} \oint_c \left[H(v) \sum_{n=-\infty}^{\infty} x(n) \left(\frac{z}{v}\right)^{-n} \right] \frac{dv}{v}$$

$$= \frac{1}{2\pi j} \oint_c H(v) X\left(\frac{z}{v}\right) v^{-1} dv, R_{x-} R_{h-} < |z| < R_{x+} R_{h+} \tag{2-40a}$$

由推导可知，$H(v)$ 的收敛域就是 $H(z)$ 的收敛域，$X\left(\dfrac{z}{v}\right)$ 的收敛域($\dfrac{z}{v}$ 的区域)就是 $X(z)$ 的

收敛域(z 的区域),即式(2-38)成立,从而式(2-39)成立。收敛域亦得到证明。

不难证明,由于乘积 $x(n)\cdot h(n)$ 的先后次序可以互调,即 X、H 的位置可以互换,因此下式同样成立:

$$Y(z)=\mathscr{L}[x(n)\cdot h(n)]=\frac{1}{2\pi\mathrm{j}}\oint_c X(v)H\left(\frac{z}{v}\right)v^{-1}\mathrm{d}v,R_{x-}R_{h-}<|z|<R_{x+}R_{h+} \tag{2-40b}$$

而此时围线 c 所在的收敛域为

$$\max\left[R_{x-},\frac{|z|}{R_{h+}}\right]<|v|<\min\left[R_{x+},\frac{|z|}{R_{h-}}\right] \tag{2-41}$$

复卷积公式可用留数定理求解,但关键在于正确决定围线所在的收敛域。

式(2-40)及式(2-41)类似于卷积积分,为了说明这一点,令围线是一个以原点为圆心的圆,即令

$$v=\rho\mathrm{e}^{\mathrm{j}\theta},z=r\mathrm{e}^{\mathrm{j}\omega}$$

则式(2-40a)变为

$$Y(r\mathrm{e}^{\mathrm{j}\omega})=\frac{1}{2\pi\mathrm{j}}\oint_c H(\rho\mathrm{e}^{\mathrm{j}\theta})X\left(\frac{r}{\rho}\mathrm{e}^{\mathrm{j}(\omega-\theta)}\right)\frac{\mathrm{d}(\rho\mathrm{e}^{\mathrm{j}\theta})}{(\rho\mathrm{e}^{\mathrm{j}\theta})} \tag{2-42}$$

由于围线是圆,故 θ 的积分限为 $-\pi\sim\pi$,所以上式变成

$$Y(r\mathrm{e}^{\mathrm{j}\omega})=\frac{1}{2\pi}\int_{-\pi}^{\pi}H(\rho\mathrm{e}^{\mathrm{j}\theta})X\left(\frac{r}{\rho}\mathrm{e}^{\mathrm{j}(\omega-\theta)}\right)\mathrm{d}\theta \tag{2-43}$$

这可看成卷积积分,积分是在 $-\pi\sim\pi$ 的一个周期上进行的,故称它为周期卷积。

12. 帕塞瓦尔(Parseval)定理

利用复卷积定理可以得到重要的帕塞瓦尔定理。若

$$X(z)=\mathscr{L}[x(n)],R_{x-}<|z|<R_{x+}$$
$$H(z)=\mathscr{L}[h(n)],R_{h-}<|z|<R_{h+}$$

且

【例 2-25】和【例 2-26】

$$R_{x-}R_{h-}<1<R_{x+}R_{h+} \tag{2-44}$$

则

$$\sum_{n=\infty}^{\infty}x(n)h^*(n)=\frac{1}{2\pi\mathrm{j}}\oint_c X(v)H^*\left(\frac{1}{v^*}\right)v^{-1}\mathrm{d}v \tag{2-45}$$

式中,$*$ 表示取复共轭。积分闭合围线 c 应在 $X(v)$ 和 $H^*\left(\dfrac{1}{v^*}\right)$ 的公共收敛域内,有

$$\max\left[R_{x-},\frac{1}{R_{h+}}\right]<|v|<\min\left[R_{x+},\frac{1}{R_{h-}}\right] \tag{2-46}$$

证明　令 $y(n)=x(n)h^*(n)$

由于

$$\mathscr{L}[h^*(n)]=H^*(z^*)$$

利用复卷积公式可得

$$Y(z)=\mathscr{L}[y(n)]=\sum_{n=-\infty}^{\infty}x(n)h^*(n)z^{-n}$$

$$=\frac{1}{2\pi\mathrm{j}}\oint_c X(v)H^*\left(\frac{z^*}{v^*}\right)v^{-1}\mathrm{d}v,R_{x-}R_{h-}<|z|<R_{x+}R_{h+}$$

因为式(2-44)的假设成立,故 $|z|=1$ 在 $Y(z)$ 的收敛域内,也就是 $Y(z)$ 在单位圆上收敛,则有

$$Y(z)\mid_{z=1} = \sum_{n=-\infty}^{\infty} x(n)h^*(n) = \frac{1}{2\pi j}\oint_c X(v)H^*\left(\frac{1}{v^*}\right)v^{-1}dv$$

说明:

(1) 若将式(2-45)中的 $h^*(n)$ 换成 $h(n)$($h(n)$ 仍为任意序列,即复序列或实序列),则等式两端取共轭($*$)可取消,即有

$$\sum_{n=-\infty}^{\infty} x(n)h(n) = \frac{1}{2\pi j}\oint_c X(v)H(v^{-1})v^{-1}dv \tag{2-47}$$

(2) 若 $X(z)$、$H(z)$ 的收敛域也包含单位圆,则 c 可取为单位圆,即 $v=e^{j\omega}$,式(2-45)及式(2-47)分别变成

$$\sum_{n=-\infty}^{\infty} x(n)h^*(n) = \frac{1}{2\pi}\int_{-\pi}^{\pi} X(e^{j\omega})H^*(e^{j\omega})d\omega \tag{2-48}$$

$$\sum_{n=-\infty}^{\infty} x(n)h(n) = \frac{1}{2\pi}\int_{-\pi}^{\pi} X(e^{j\omega})H(e^{j\omega})d\omega \tag{2-49}$$

(3) 当 $h(n)=x(n)$ 是复序列时,式(2-48)及式(2-49)分别为

$$\sum_{n=-\infty}^{\infty} |x(n)|^2 = \frac{1}{2\pi}\int_{-\pi}^{\pi} |X(e^{j\omega})|^2 d\omega \tag{2-50}$$

$$\sum_{n=-\infty}^{\infty} x^2(n) = \frac{1}{2\pi}\int_{-x}^{x} X(e^{j\omega})X(e^{-j\omega})d\omega \tag{2-51}$$

(4) 当 $h(n)=x(n)$ 为实序列时,$X(e^{j\omega})$ 满足以下共轭对称关系(下一节讨论):

$$X(e^{-j\omega}) = X^*(e^{j\omega})$$

则式(2-50)与式(2-51)将是同一个关系式,即

$$\sum_{n=-\infty}^{\infty} x^2(n) = \frac{1}{2\pi}\int_{-\pi}^{\pi} |X(e^{j\omega})|^2 d\omega \tag{2-52}$$

式(2-50)及式(2-51)说明序列在时域的能量等于其在频域的能量(因为 $\dfrac{|X(e^{j\omega})|^2}{2\pi}$ 是能量谱密度)。

注意:式(2-48)~式(2-52)都必须满足 $X(z)$ 和 $H(z)$ 在单位圆上($z=e^{j\omega}$)收敛这一条件。

表 2-2 列出了 z 变换的主要性质(或定理)。

表 2-2　z 变换的主要性质(或定理)

性质(或定理)	序列	z 变换	收敛域
—	$x(n)$	$X(z)$	$R_{x-}<|z|<R_{x+}$
—	$h(n)$	$H(z)$	$R_{h-}<|z|<R_{h+}$
线性	$ax(n)+bh(n)$	$aX(z)+bH(z)$	$\max[R_{x-},R_{h-}]<|z|<\min[R_{x+},R_{h+}]$
序列的移位	$x(n-m)$	$z^{-m}X(z)$	$R_{x-}<|z|<R_{x+}$
乘指数序列	$a^n x(n)$	$X\left(\dfrac{z}{a}\right)$	$|a|R_{x-}<|z|<|a|R_{x+}$
z 域取导数	$n^m x(n)$	$\left(-z\dfrac{d}{dz}\right)^m X(z)$	$R_{x-}<|z|<R_{x+}$
序列取共轭	$x^*(n)$	$X^*(z^*)$	$R_{x-}<|z|<R_{x+}$

续表

性质(或定理)	序列	z 变换	收敛域
序列的翻褶	$x(-n)$	$X\left(\dfrac{1}{z}\right)$	$\dfrac{1}{R_{x+}}<\mid z\mid<\dfrac{1}{R_{x-}}$
序列共轭翻褶	$x^*(-n)$	$X^*\left(\dfrac{1}{z^*}\right)$	$\dfrac{1}{R_{x+}}<\mid z\mid<\dfrac{1}{R_{x-}}$
z 域翻褶	$(-1)^n x(n)$	$X(-z)$	$R_{x-}<\mid z\mid<R_{x+}$
序列取实部	$\mathrm{Re}[x(n)]$	$\dfrac{1}{2}[X(z)+X^*(z^*)]$	$R_{x-}<\mid z\mid<R_{x+}$
序列取虚部再乘 j	$j\mathrm{Im}[x(n)]$	$\dfrac{1}{2}[X(z)-X^*(z^*)]$	$R_{x-}<\mid z\mid<R_{x+}$
因果序列的累加性	$\displaystyle\sum_{m=0}^{n}x(m)$	$\dfrac{z}{z-1}X(z)$	$\mid z\mid>\max[R_{x-},1]$, $x(n)$是因果序列
时域卷积定理	$x(n)*h(n)$	$X(z)H(z)$	$\max[R_{x-},R_{h-}]<\mid z\mid<\min[R_{x+},R_{h+}]$
z 域复卷积定理	$x(n)h(n)$	$\dfrac{1}{2\pi j}\oint_c X(v)H\left(\dfrac{z}{v}\right)v^{-1}\mathrm{d}v$	$R_{x-}R_{h-}<\mid z\mid<R_{x+}R_{h+}$ $\max[R_{x-},\mid z\mid/R_{h+}]<\mid v\mid<\min[R_{x+},\mid z\mid/R_{h-}]$
初值定理	$\displaystyle\lim_{z\to\infty}X(z)=x(0)$		$x(n)$是因果序列,$\mid z\mid>R_{x-}$
终值定理	$\displaystyle\lim_{n\to\infty}x(n)=\lim_{z\to1}[(z-1)X(z)]$		$x(n)$是因果序列,$X(z)$的极点落于单位圆内部,最多在$z=1$处有一阶极点
帕塞瓦尔定理	$\displaystyle\sum_{n=-\infty}^{\infty}x(n)h^*(n)=\dfrac{1}{2\pi j}\oint_c X(v)H^*\left(\dfrac{1}{v^*}\right)v^{-1}\mathrm{d}v$		$R_{x-}R_{h-}<1<R_{x+}R_{h+}$ $\max[R_{x-},1/R_{h+}]<\mid v\mid<\min[R_{x+},1/R_{h-}]$

2.1.6　利用 z 变换求解差分方程

【例 2-27】~【例 2-30】

利用 z 变换求解差分方程是利用 z 变换的移位性及线性把差分方程转换成代数方程,以便简化求解过程。

系统的输入为 $x(n)$,输出为 $y(n)$,其常系数线性差分方程的一般形式为

$$\sum_{i=0}^{N}a_i y(n-i)=\sum_{m=0}^{M}b_m x(n-m) \tag{2-53}$$

最一般的情况是考虑起始状态 $y(r)\neq0(-N\leq r\leq-1)$,激励(输入)为双边序列。这时需利用式(2-25)定义的单边 z 变换,将式(2-53)取单边 z 变换:

$$\sum_{n=0}^{\infty}\sum_{i=0}^{N}a_i y(n-i)z^{-n}=\sum_{n=0}^{\infty}\sum_{m=0}^{M}b_m x(n-m)z^{-n}$$

利用单边 z 变换的移位公式(2-27a),可得到

$$\sum_{i=0}^{N}a_i z^{-i}\left[Y^+(z)+\sum_{r=-i}^{-1}y(r)z^{-r}\right]=\sum_{m=0}^{M}b_m z^{-m}\left[X^+(z)+\sum_{l=-m}^{-1}x(l)z^{-l}\right] \tag{2-54}$$

讨论：

（1）若输入 $x(n)=0$，系统只有初始状态不为 0，则式（2-54）的右端为 0，这时的输出称为零输入响应（或初始条件响应）$y_{zi}(n)$。此时式（2-54）变为

$$\sum_{i=0}^{N} a_i z^{-i} \left[Y^+(z) + \sum_{r=-i}^{-1} y(r) z^{-r} \right] = 0 \tag{2-55}$$

则有

$$Y^+(z) = \frac{- \sum_{i=0}^{N} \left[a_i z^{-i} \cdot \sum_{r=-i}^{-1} y(r) z^{-r} \right]}{\sum_{i=0}^{N} a_i z^{-i}} \tag{2-56}$$

于是零输入响应 $y_{zi}(n)$ 为式（2-56）的单边 z 反变换，即

$$y_{zi}(n) = (\mathscr{L}^+)^{-1} \left[Y^+(z) \right] \tag{2-57}$$

$y_{zi}(n)$ 是只由初始状态决定的系统输出。

（2）若初始状态 $y(r)=0(-N \leqslant r \leqslant -1)$，只有输入序列 $x(n)$ 作用下所得到的输出序列称为零状态响应 $y_{zs}(n)$，这时式（2-54）可化成

$$\sum_{i=0}^{N} a_i z^{-i} Y^+(z) = \sum_{m=0}^{M} b_m z^{-m} \left[X^+(z) + \sum_{l=-m}^{-1} x(l) z^{-l} \right] \tag{2-58}$$

则有

$$Y^+(z) = \frac{\sum_{m=0}^{M} b_m z^{-m} \left[X^+(z) + \sum_{l=-m}^{-1} x(l) z^{-l} \right]}{\sum_{i=0}^{N} a_i z^{-i}} \tag{2-59}$$

取式（2-59）的单边 z 反变换，即可求得零状态响应 $y_{zs}(n)$ 为

$$y_{zs}(n) = (\mathscr{L}^+)^{-1} \left[Y^+(z) \right] \tag{2-60}$$

若输入 $x(n)$ 是因果序列，即 $x(n)=0,n<0$，则式（2-59）变成

$$Y^+(z) = \frac{X^+(z) \sum_{m=0}^{M} b_m z^{-m}}{\sum_{i=0}^{N} a_i z^{-i}} = X(z) \frac{\sum_{m=0}^{M} b_m z^{-m}}{\sum_{i=0}^{N} a_i z^{-i}} = X(z) H(z) \tag{2-61}$$

因为 $x(n)$ 是因果序列，故 $X(z)=X^+(z)$，于是 $Y(z)=Y^+(z)$，$H(z)$ 是初始状态下的单位冲激响应的 z 变换，它完全由系统特性所决定，称为系统函数，将在 2.4 节加以讨论。$H(z)$ 可表示为

$$H(z) = \frac{\sum_{m=0}^{M} b_m z^{-m}}{\sum_{i=0}^{N} a_i z^{-i}} \tag{2-62}$$

于是，当输入为因果序列时，零状态响应 $y_{zs}(n)$ 为式（2-62）的 z 反变换，即

$$y_{zs}(n) = \mathscr{L}^{-1}[Y(z)] = \mathscr{L}^{-1}[X(z)H(z)] \tag{2-63}$$

若系统初始状态不等于 0,则对任意输入 $x(n)$,系统的总输出应该是式(2-57)(由式(2-56)得出)的零输入响应 $y_{zi}(n)$ 与式(2-60)(由式(2-59)得出)的零状态响应 $y_{zs}(n)$ 之和,即

$$y(n) = y_{zi}(n) + y_{zs}(n) \tag{2-64}$$ 【例 2-31】和【例 2-32】

当输入为因果序列时,式(2-64)中的零状态响应 $y_{zs}(n)$ 由式(2-63)(由式(2-61)得出)确定。

§2.2　离散时间傅里叶变换(DTFT)——序列的傅里叶变换

离散时间傅里叶变换即序列的傅里叶变换,在分析信号的频谱,研究离散时间系统的频域特性以及信号通过系统后的频域时,都是主要的工具。序列的傅里叶变换就是以 $e^{j\omega}$ 的完备正交函数集对序列作正交展开。

2.2.1　序列傅里叶变换定义

$$X(e^{j\omega}) = \text{DTFT}[x(n)] = \sum_{n=-\infty}^{\infty} x(n)e^{-j\omega n} \tag{2-65}$$

$$x(n) = \text{IDTFT}[X(e^{j\omega})] = \frac{1}{2\pi}\int_{-\pi}^{s} X(e^{j\omega})e^{j\omega n}\,d\omega \tag{2-66}$$

式(2-65)表示序列 $x(n)$ 的傅里叶正变换(离散时间傅里叶变换——DTFT),式(2-66)表示 $X(e^{j\omega})$ 的傅里叶反变换(离散时间傅里叶反变换——IDTFT)。

(1) 若时域 $x(n)$ 是离散的,则频域 $X(e^{j\omega})$ 一定是周期的,这可从

$$e^{j\omega n} = e^{j(a+2\pi)n}$$

看出,$e^{j\omega n}$ 是 a 的以 2π 为周期的正交周期函数,所以 $X(e^{j\omega})$ 也是 ω 的以 2π 为周期的周期函数,故式(2-65)可看成 $X(e^{j\omega})$ 的傅里叶级数展开,其傅里叶级数的系数是 $x(n)$。

(2) 由于时域 $x(n)$ 是非周期的,故频域 $X(e^{j\omega})$ 是变量 ω 的连续函数。

(3) $X(e^{j\omega})$ 是 $x(n)$ 的频谱密度,简称频谱,它是 ω 的复函数,可分解为模(幅度谱 $|\cdot|$)、相角(相位谱 $\arg[1]$)或分解为实部 $\text{Re}[\cdot]$、虚部 $\text{Im}[\cdot]$,它们都是 ω 的连续、周期(周期为 2π)函数,即

$$X(e^{j\omega}) = |X(e^{j\omega})|e^{j\arg[X(e^{j\omega})]} = \text{Re}[X(e^{j\omega})] + j\text{Im}[X(e^{j\omega})] \tag{2-67}$$

2.2.2　序列傅里叶变换的收敛性——DTFT 的存在条件

1. 一致收敛

序列的傅里叶变换可以看成序列的 z 变换在单位圆上的值,即

$$X(e^{j\omega}) = X(z)\Big|_{z=e^{j\omega}} = \sum_{n=-\infty}^{\infty} x(n)e^{-j\omega n} \tag{2-68}$$

因此,如果要使式(2-65)成立,即要使级数收敛,就要使$|X(e^{j\omega})| < \infty$（对全部$\omega$），也就是要求$X(z)$的收敛域必须包含$z$平面单位圆,也就是说,要求$x(n)$的傅里叶变换存在,即

$$|X(e^{j\omega})| = \left| \sum_{n=-\infty}^{\infty} x(n)e^{-j\omega} \right| \leqslant \sum_{n=-\infty}^{\infty} |x(n)| |e^{-j\omega n}| \leqslant \sum_{n=-\infty}^{\infty} |x(n)| < \infty \qquad (2-69)$$

式(2-69)表明,若$x(n)$绝对可和,则$x(n)$的傅里叶变换一定存在,即序列$x(n)$绝对可和是其傅里叶变换存在的充分条件。在满足此条件下,式(2-65)右端的级数一致收敛于ω的连续函数$X(e^{j\omega})$,也就是说,对所有ω,级数都满足以下一致收敛条件：

$$\lim_{N\to\infty} \left| X(e^{j\omega}) - \sum_{n=-N}^{N} x(n)e^{-j\omega n} \right| = 0 \qquad (2-70)$$

图2-10所示为当$N=5$时矩形序列$R_5(N)$及其频谱$|X(e^{j\omega})|$、$\arg[X(e^{j\omega})]$的图形。

【例2-33】

可以看出,由于$R_5(N)$是有限长序列,因此其一定满足绝对可和的条件,其傅里叶变换一定存在,且一定是一致收敛的。

$x(n)=a^n u(n)(|a|<1)$既是无限长序列又是绝对可和的,故其频谱也是一致收敛的。

2. 均方收敛

因为$x(n)$绝对可和只是傅里叶变换存在的充分条件,若式(2-65)的$X(e^{j\omega})$的展开式中表示系数$x(n)$的式(2-66)存在,则$X(e^{j\omega})$总可以用傅里叶级数表示,但不一定是一致收敛的。例如,当序列$x(n)$不满足绝对可和条件,而是满足以下的平方可和条件时：

$$\sum_{n=\infty}^{\infty} |x(n)|^2 < \infty \qquad (2-71)$$

也就是序列$x(n)$是能量有限的,此时式(2-65)右端的展开式均方收敛于$X(e^{j\omega})$,即满足以下均方收敛条件

$$\lim_{M\to\infty} \frac{1}{2\pi} \int_{-\pi}^{\pi} \left| X(e^{j\omega}) - \sum_{n=-M}^{M} x(n)e^{-j\omega n} \right|^2 d\omega = 0 \qquad (2-72)$$

序列$x(n)$能量有限(平方可和)也是傅里叶变换存在的充分条件。

理想低通滤波器、理想线性微分器、理想90°移相器三者的单位冲激响应都是和$\dfrac{1}{n}$成比例的,因而都不是绝对可和,而是均方可和的,它们的傅里叶变换也都是在均方误差为0的意义上均方收敛于$H(e^{j\omega})$。

【例2-34】

这三者并列为有价值的理论概念,都相当于非因果系统。

由于

$$\left[\sum_{n=-\infty}^{\infty} |x(n)| \right]^2 \geqslant \sum_{n=-\infty}^{\infty} |x(n)|^2 \qquad (2-73)$$

因此,若$x(n)$是绝对可和的,则它一定是平方可和的,但反过来不一定成立。也就是说,一致收敛一定满足均方收敛,而均方收敛不一定满足一致收敛。

由于上面两个条件(绝对可和及平方可和)是傅里叶变换存在的充分条件,因此不满足这两个条件的某些序列(如周期序列、单位阶跃序列),只要引入冲激函数(奇异函数)δ,就可得到它们的傅里叶变换。

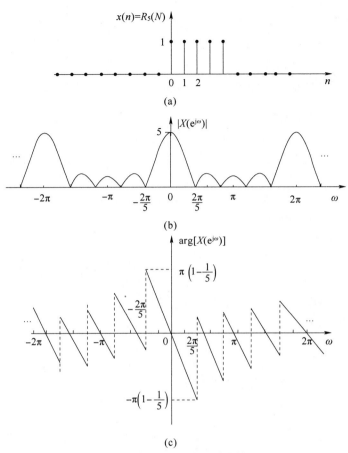

图 2-10　矩形序列及其傅里叶变换($N=5$)

(a)$R_5(N)$序列;(b)幅度响应$|X(\mathrm{e}^{\mathrm{j}\omega})|$;(c)相位响应$\arg[X(\mathrm{e}^{\mathrm{j}\omega})]$

2.2.3　序列傅里叶变换的主要性质

由于序列傅里叶变换是序列在单位圆上的 z 变换(当序列的 z 变换在单位圆上收敛时),因此可表示成

$$X(\mathrm{e}^{\mathrm{j}\omega})=X(z)\big|_{z=\mathrm{e}^{\mathrm{j}\omega}}=\sum_{n=-\infty}^{\infty}x(n)\mathrm{e}^{-\mathrm{j}\omega n} \tag{2-74}$$

$$x(n)=\frac{1}{2\pi\mathrm{j}}\oint_{|z|=1}X(z)z^{n-1}\mathrm{d}z=\frac{1}{2\pi}\int_{-\pi}^{\pi}X(\mathrm{e}^{\mathrm{j}\omega})\mathrm{e}^{\mathrm{j}\omega}\mathrm{d}\omega \tag{2-75}$$

故序列傅里叶变换的主要性质皆可由 z 变换的主要性质得出,可归纳如下。

设 $X(\mathrm{e}^{\mathrm{j}\omega})=\mathrm{DTFT}[x(n)]$,$H(\mathrm{e}^{\mathrm{j}\omega})=\mathrm{DTFT}[h(n)]$,$Y(\mathrm{e}^{\mathrm{j}\omega})=\mathrm{DTFT}[y(n)]$,$X_1(\mathrm{e}^{\mathrm{j}\omega})=\mathrm{DTFT}[x_1(n)]$,$X_2(\mathrm{e}^{\mathrm{j}\omega})=\mathrm{DTFT}[x_2(n)]$,则有(以下 a、b 皆为任意常数)以下性质。

(1)线性:

$$\mathrm{DTFT}[ax_1(n)+bx_2(n)]=aX_1(\mathrm{e}^{\mathrm{j}\omega})+bX_2(\mathrm{e}^{\mathrm{j}\omega}) \tag{2-76}$$

(2)序列的移位:

$$\mathrm{DTFT}[x(n-m)]=\mathrm{e}^{-\mathrm{j}\omega n}X(\mathrm{e}^{\mathrm{j}\omega}) \tag{2-77}$$

时域的移位对应于频域有一个相位移。

（3）乘指数序列：

$$\mathrm{DTFT}\big[a^n x(n)\big] = X\left(\frac{1}{a}\mathrm{e}^{\mathrm{j}\omega}\right) \tag{2-78}$$

时域乘以 a^n ，对应于频域用 $\dfrac{1}{a}\mathrm{e}^{\mathrm{j}\omega}$ 代替 $\mathrm{e}^{\mathrm{j}\omega}$ 。

（4）乘复指数序列（调制性）：

$$\mathrm{DTFT}\big[\mathrm{e}^{\mathrm{j}\omega_0 n} x(n)\big] = X(\mathrm{e}^{\mathrm{j}(\omega-\omega_0)}) \tag{2-79}$$

时域的调制对应于频域位移。

（5）时域卷积定理：

$$\mathrm{DTFT}\big[x(n)*h(n)\big] = X(\mathrm{e}^{\mathrm{j}\omega})H(\mathrm{e}^{\mathrm{j}\omega}) \tag{2-80}$$

时域的线性卷积对应于频域的相乘。

（6）频域卷积定理：

$$\mathrm{DTFT}\big[x(n)y(n)\big] = \frac{1}{2\pi}\big[X(\mathrm{e}^{\mathrm{j}\omega})Y(\mathrm{e}^{\mathrm{j}\omega})\big] = \frac{1}{2\pi}\int_{-\pi}^{\pi} X(\mathrm{e}^{\mathrm{j}\theta})*Y(\mathrm{e}^{\mathrm{j}(\omega-\theta)})\mathrm{d}\theta \tag{2-81}$$

时域的加窗（即相乘）对应于频域的周期性卷积并除以 2π 。

（7）序列的线性加权：

$$\mathrm{DTFT}\big[nx(n)\big] = \mathrm{j}\frac{\mathrm{d}}{\mathrm{d}\omega}\big[X(\mathrm{e}^{\mathrm{j}\omega})\big] \tag{2-82}$$

时域的线性加权对应于频域的一阶导数乘以 j。

（8）帕塞瓦尔定理：

$$\sum_{n=-\infty}^{\infty} x(n)y(n) = \frac{1}{2\pi}\int_{-\pi}^{\pi} X(\mathrm{e}^{\mathrm{j}\omega})Y(\mathrm{e}^{-\mathrm{j}\omega})\mathrm{d}\omega \tag{2-83}$$

$$\sum_{n=-\infty}^{\infty} |x(n)|^2 = \frac{1}{2\pi}\int_{-\pi}^{\pi} |X(\mathrm{e}^{\mathrm{j}\omega})|^2 \mathrm{d}\omega \tag{2-84}$$

时域的总能量等于频域的总能量（ $|X(\mathrm{e}^{\mathrm{j}\omega})|^2/2\pi$ 称为能量谱密度）。

（9）序列的翻褶：

$$\mathrm{DTFT}\big[x(-n)\big] = X(\mathrm{e}^{-\mathrm{j}\omega}) \tag{2-85}$$

时域的翻褶对应于频域的翻褶。

（10）序列的共轭：

$$\mathrm{DTFT}\big[x^*(n)\big] = X^*(\mathrm{e}^{-\mathrm{j}\omega}) \tag{2-86}$$

时域取共轭对应于频域的共轭且翻褶。

此外，还有一些与对称性有关的性质将在下一节讨论。利用对称性质可以简化求解运算。

我们把以上傅里叶变换的主要性质，还有傅里叶变换的一些对称性质列在表 2-3 中，供大家参考，更好地掌握这些性质，从而可以在实际应用中简化运算。

表 2-3　序列傅里叶变换的主要性质

序列	傅里叶变换
$x(n)$	$X(\mathrm{e}^{\mathrm{j}\omega})$
$h(n)$	$H(\mathrm{e}^{\mathrm{j}\omega})$

续表

序列	傅里叶变换
$y(n)$	$Y(e^{j\omega})$
$ax(n) + by(n)$	$aX(e^{j\omega}) + bY(e^{j\omega})$
$x(n - m)$	$e^{-j\omega n}X(e^{j\omega})$
$a^n x(n)$	$X\left(\dfrac{1}{a}e^{j\omega}\right)$
$e^{jn\omega_0}x(n)$	$X(e^{j(\omega-\omega_0)})$
$x(n) * h(n)$	$X(e^{j\omega})H(e^{j\omega})$
$\displaystyle\sum_{n=-\infty}^{\infty} x(n)y^*(n+m)$	$X(e^{-j\omega})Y^*(e^{-j\omega})$
$x(n)y(n)$	$\dfrac{1}{2\pi}\displaystyle\int_{-\pi}^{\pi} X(e^{j\theta})Y(e^{j(\omega-\theta)})d\theta$
$nx(n)$	$j\dfrac{d[X(e^{j\omega})]}{d\omega}$
$x^*(n)$	$X^*(e^{-j\omega})$
$x(-n)$	$X(e^{-j\omega})$
$x^*(-n)$	$X^*(e^{j\omega})$
$Re[x(n)]$	$X_e(e^{j\omega}) = \dfrac{X(e^{j\omega}) + X^*(e^{-j\omega})}{2}$
$jIm[x(n)]$	$X_o(e^{j\omega}) = \dfrac{X(e^{j\omega}) - X^*(e^{-j\omega})}{2}$
$x_e(n) = \dfrac{x(n) + x^*(-n)}{2}$	$Re[X(e^{j\omega})]$
$x_o(n) = \dfrac{x(n) - x^*(-n)}{2}$	$jIm[X(e^{j\omega})]$
$x(n)$ 为实序列	$\begin{cases} X(e^{j\omega}) = X^*(e^{-j\omega}) \\ Re[X(e^{j\omega})] = Re[X(e^{-j\omega})] \\ Im[X(e^{j\omega})] = -Im[X(e^{-j\omega})] \\ |X(e^{j\omega})| = |X(e^{-j\omega})| \\ \arg[X(e^{j\omega})] = -\arg[X(e^{-j\omega})] \end{cases}$
$x_e(n) = \dfrac{x(n) + x(-n)}{2}$　$(x(n)$ 为实序列$)$	$Re[X(e^{j\omega})]$
$x_o(n) = \dfrac{x(n) - x(-n)}{2}$　$(x(n)$ 为实序列$)$	$jIm[X(e^{j\omega})]$
$\displaystyle\sum_{n=-\infty}^{\infty} x(n)y^*(n) = \dfrac{1}{2\pi}\int_{-\pi}^{\pi} X(e^{j\omega})Y^*(e^{j\omega})d\omega$ (帕塞瓦尔定理)	
$\displaystyle\sum_{n=-\infty}^{\infty} |x(n)|^2 = \dfrac{1}{2\pi}\int_{-\pi}^{\pi} |X(e^{j\omega})|^2 d\omega$ (帕塞瓦尔定理)	

2.2.4　序列及其傅里叶变换的一些对称性质

（1）任一复序列 $x(n)$ 可分解为共轭对称分量 $x_e(n)$ 与共轭反对称分量 $x_o(n)$ 之和（$x_e(n)$ 与 $x_o(n)$ 也是复序列），即

$$x(n) = x_e(n) + x_o(n) \tag{2-87}$$

①共轭对称序列（分量）$x_e(n)$ 满足

$$x_e(n) = x_e^*(-n) \tag{2-88}$$

若

$$x_e(n) = \text{Re}[x_e(n)] + j\text{Im}[x_e(n)] \tag{2-89}$$

则有

$$\text{Re}[x_e(n)] = \text{Re}[x_e(-n)] \tag{2-90}$$
$$\text{Im}[x_e(n)] = -\text{Im}[x_e(-n)] \tag{2-91}$$

即共轭对称序列的实部是偶对称的,虚部是奇对称的。

②共轭反对称序列（分量）$x_o(n)$ 满足

$$x_o(n) = -x_o^*(-n) \tag{2-92}$$

若

$$x_o(n) = \text{Re}[x_o(n)] + j\text{Im}[x_o(n)] \tag{2-93}$$

则有

$$\text{Re}[x_o(n)] = -\text{Re}[x_o(-n)] \tag{2-94}$$
$$\text{Im}[x_o(n)] = \text{Im}[x_o(-n)] \tag{2-95}$$

即共轭反对称序列的实部是奇对称的,虚部是偶对称的。因而有 $\text{Re}[x_o(0)] = 0$,即 $x_o(0)$ 为纯虚数。

（2）若 $x(n)$ 是实序列,则 $x_e(n)$ 称为偶对称分量,$x_o(n)$ 称为奇对称分量,两者均为实序列:

$$x_e(n) = x_e(-n) \tag{2-96}$$
$$x_o(n) = -x_o(-n) \tag{2-97}$$

即实序列可分解为偶对称分量与奇对称分量之和。

（3）若 $x(n)$ 是复序列,只要能找到 $x_e(n)$ 和 $x_o(n)$,就可证明式（2-87）的正确性。若令

$$x_e(n) = \frac{1}{2}[x(n) + x^*(-n)] \tag{2-98}$$

$$x_o(n) = \frac{1}{2}[x(n) - x^*(-n)] \tag{2-99}$$

则由此组成的 $x_e(n)$ 一定满足共轭对称的关系式（2-88）,$x_o(n)$ 一定满足共轭反对称的关系式（2-92）。

（4）若 $x(n)$ 是实序列,则其偶对称分量 $x_e(n)$ 及奇对称分量 $x_o(n)$ 分别为

$$x_e(n) = \frac{1}{2}[x(n) + x(-n)] \tag{2-100}$$

$$x_o(n) = \frac{1}{2}[x(n) - x(-n)] \tag{2-101}$$

这两个式子各自满足式(2-96)和式(2-97),即分别是偶对称序列和奇对称序列。

同样,一个序列 $x(n)$ 的傅里叶变换 $X(e^{j\omega})$ 也可分解为共轭对称分量 $X_e(e^{j\omega})$ 与共轭反对称分量 $X_o(e^{j\omega})$ 之和,即

$$X(e^{j\omega}) = X_e(e^{j\omega}) + X_o(e^{j\omega}) \tag{2-102}$$

$X_e(e^{j\omega})$、$X_o(e^{j\omega})$ 的共轭对称、共轭反对称关系以及由 $X(e^{j\omega})$ 构成它们的方法,都与上述时域序列完全相似。

(5)序列及其傅里叶变换的共轭对称分量、共轭反对称分量及实部、虚部关系可归纳为

$$x(n) = \mathrm{Re}[x(n)] + j\mathrm{Im}[x(n)] \tag{2-103}$$

$$\updownarrow \qquad\qquad \updownarrow \qquad\qquad \updownarrow$$

$$X(e^{j\omega}) = X_e(e^{j\omega}) + X_o(e^{j\omega}) \tag{2-104}$$

注意:$j\mathrm{Im}[x(n)] \leftrightarrow X_o(e^{j\omega})$。

$$x(n) = x_e(n) + x_o(n) \tag{2-105}$$

$$\updownarrow \qquad\qquad \updownarrow \qquad\qquad \updownarrow$$

$$X(e^{j\omega}) = \mathrm{Re}[X(e^{j\omega})] + j\mathrm{Im}[X(e^{j\omega})] \tag{2-106}$$

注意:$x_o(n) \leftrightarrow j\mathrm{Im}[X(e^{j\omega})]$。

以上4个式子表示了时域与频域间的对偶关系,符号"$\updownarrow$"及"$\leftrightarrow$"表示互为 DTFT、IDTFT 变换对关系。式(2-103)与式(2-104)说明,时域 $x(n)$ 的实部及 j 乘以虚部的傅里叶变换分别等于频域 $X(e^{j\omega})$ 的共轭对称分量与共轭反对称分量;式(2-105)与式(2-106)说明,时域 $x(n)$ 的共轭对称分量及共轭反对称分量的傅里叶变换分别为频域 $X(e^{j\omega})$ 的实部与 j 乘以其虚部。

由式(2-103)与式(2-104)的关系可得出,当 $x(n)$ 是实序列时,其傅里叶变换 $X(e^{j\omega})$ 只存在共轭对称分量 $X_e(e^{j\omega})$,因而实序列的傅里叶变换 $X(e^{j\omega})$ 满足共轭对称性 $X(e^{j\omega}) = X^*(e^{-j\omega})$,即 $X(e^{j\omega})$ 的实部满足偶对称关系,虚部满足奇对称关系,或者说模满足偶对称关系,相角满足奇对称关系。也就是说,若 $x(n)$ 为实序列,则其离散时间傅里叶变换可表示为

$$X(e^{j\omega}) = \mathrm{DTFT}[x(n)] = \mathrm{Re}[X(e^{j\omega})] + j\mathrm{Im}[X(e^{j\omega})] = |X(e^{j\omega})| e^{j\arg[X(e^{j\omega})]} \tag{2-107}$$

则有以下关系:

$$\mathrm{Re}[X(e^{j\omega})] = \mathrm{Re}[X(e^{-j\omega})]$$

$$\mathrm{Im}[X(e^{j\omega})] = -\mathrm{Im}[X(e^{-j\omega})]$$

$$|X(e^{j\omega})| = |X(e^{-j\omega})|$$

$$\arg[X(e^{j\omega})] = \arg[X(e^{-j\omega})]$$

若 $x(n)$ 是实偶序列,则 $X(e^{j\omega})$ 是实偶函数,即有

$$\overbrace{\underbrace{x(n) = x(-n)}_{\text{偶}} = x^*(n)}^{\text{实}}$$

$$\updownarrow \qquad\qquad \updownarrow \qquad\qquad \updownarrow$$

$$\underbrace{X(e^{j\omega}) = X(e^{-j\omega})}_{\text{偶}} \underbrace{= X^*(e^{-j\omega})}_{\text{实}}$$

若 $x(n)$ 是实奇序列，则 $X(\mathrm{e}^{\mathrm{j}\omega})$ 是虚奇函数，即有

$$
\begin{array}{c}
\overbrace{\underbrace{x(n) = -x(-n) = x^*(n)}_{}}^{\text{实}} \\
\text{奇} \\
\updownarrow \qquad \updownarrow \qquad \updownarrow \\
X(\mathrm{e}^{\mathrm{j}\omega}) = -X(\mathrm{e}^{-\mathrm{j}\omega}) = X^*(\mathrm{e}^{-\mathrm{j}\omega}) \\
\underbrace{\qquad}_{\text{奇}} \quad \underbrace{\qquad}_{\text{虚}}
\end{array}
$$

若 $x(n)$ 是虚偶序列，则 $X(\mathrm{e}^{\mathrm{j}\omega})$ 是虚偶函数，即有

$$
\begin{array}{c}
\overbrace{\underbrace{x(n) = x(-n) = -x^*(n)}_{}}^{\text{虚}} \\
\text{偶} \\
\updownarrow \qquad \updownarrow \qquad \updownarrow \\
X(\mathrm{e}^{\mathrm{j}\omega}) = X(\mathrm{e}^{-\mathrm{j}\omega}) = -X^*(\mathrm{e}^{-\mathrm{j}\omega}) \\
\underbrace{\qquad}_{\text{偶}} \quad \underbrace{\qquad}_{\text{虚}}
\end{array}
$$

若 $x(n)$ 是虚奇序列，则 $X(\mathrm{e}^{\mathrm{j}\omega})$ 是实奇函数，即有

$$
\begin{array}{c}
\overbrace{\underbrace{x(n) = -x(-n) = -x^*(n)}_{}}^{\text{虚}} \\
\text{奇} \\
\updownarrow \qquad \updownarrow \qquad \updownarrow \\
X(\mathrm{e}^{\mathrm{j}\omega}) = -X(\mathrm{e}^{-\mathrm{j}\omega}) = -X^*(\mathrm{e}^{-\mathrm{j}\omega}) \\
\underbrace{\qquad}_{\text{奇}} \quad \underbrace{\qquad}_{\text{实}}
\end{array}
$$

于是，可将 $x(n)$ 与 $X(\mathrm{e}^{\mathrm{j}\omega})$ 的实、虚、偶、奇关系表示为

$x(n)$	实、偶	实、奇	虚、偶	虚、奇
$X(\mathrm{e}^{\mathrm{j}\omega})$	实、偶	虚、奇	虚、偶	实、奇

同前面讨论相似，任何一个序列也可表示成偶序列与奇序列之和（前面讨论的是任一序列可表示成共轭对称序列与共轭反对称序列之和），即

$$x(n) = x_{\mathrm{e}}(n) + x_{\mathrm{o}}(n) \tag{2-108}$$

式中，

$$
\begin{aligned}
x_{\mathrm{e}}(n) &= \frac{1}{2}\left[x(n) + x(-n) \right] \\
x_{\mathrm{o}}(n) &= \frac{1}{2}\left[x(n) - x(-n) \right]
\end{aligned}
\tag{2-109}
$$

注意：式(2-109)与式(2-98)、式(2-99)的不同之处是其使用的是 $x(-n)$，而不是 $x^*(-n)$。

式(2-108)、式(2-109)适合于任何序列 $x(n)$，无论它是复序列还是实序列，也无论它是否是因果序列。

然而,当 $x(n)$ 是因果序列时(可以是实序列,也可以是复序列),可以由偶序列 $x_e(n)$ 恢复出 $x(n)$,或由奇序列 $x_o(n)$ 加上 $x(0)$ 恢复出 $x(n)$,即

$$x(n) = \begin{cases} 2x_e(n), & n>0 \\ x_e(n), & n=0 \\ 0, & n<0 \end{cases} \qquad (2\text{-}110)$$

$$x(n) \leqslant \begin{cases} 2x_o(n), & n>0 \\ x(0), & n=0 \\ 0, & n<0 \end{cases} \qquad (2\text{-}111)$$

以实因果序列 $x(n)$ 为例,由图 2-11 所示即可得到这样的结果,同样复因果序列 $x(n)$ 也可得到式(2-110)及式(2-111)同样的结果。

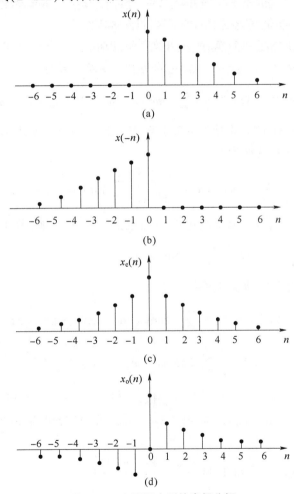

图 2-11　实因果序列的奇偶分解

(a) $x(n)$ 序列;(b) $x(-n)$ 序列;(c) $x_e(n)$ 序列;(d) $x_o(n)$ 序列

若 $x(n)$ 是实因果序列,则又可得到以下的结果:只要知道 $\mathrm{Re}[X(\mathrm{e}^{\mathrm{j}\omega})]$,就可求得 $x(n)$ 及 $X(\mathrm{e}^{\mathrm{j}\omega}) = \mathrm{DTFT}[x(n)]$,即

$$\mathrm{Re}[X(\mathrm{e}^{\mathrm{j}\omega})] \xrightarrow{\mathrm{IDTFT}} x_e(n) \xrightarrow{\text{式}(2\text{-}110)} x(n) \xrightarrow{\mathrm{DTFT}} X(\mathrm{e}^{\mathrm{j}\omega})$$

所以当 $x(n)$ 是实因果序列时，$\text{Re}[X(e^{j\omega})]$ 包含了 $x(n)$（或 $X(e^{j\omega})$）的全部信息。

同样，对实因果序列 $x(n)$，只要知道 $\text{Im}[X(e^{j\omega})]$ 加上 $x(0)$，就可求得 $x(n)$（或 $X(e^{j\omega})$），即

$$j\text{Im}[X(e^{j\omega})] \xrightarrow{\text{IDTFT}} x_o(n) \xrightarrow{+x(0)，式(2-111)} x(n) \xrightarrow{\text{DTFT}} X(e^{j\omega})$$

因而，对于实因果序列，$X(e^{j\omega})$ 中包含了冗余信息。

2.2.5　周期序列的傅里叶变换

由于 $n \to \infty$ 时，周期序列不趋于 0，因此它既不是绝对可和的，也不是平方可和的，即它的傅里叶变换既不是一致收敛也不是均方收敛的。然而，当引入冲激函数 $\delta(\omega)$ 后，它的傅里叶变换就存在了，这样就能很好地描述周期序列的频谱特性了。

（1）复指数序列的傅里叶变换对（复指数序列只有在一定条件下才是时域周期序列）。

（2）设复指数序列为 $x(n) = e^{j\omega_0 n}$，则它的傅里叶变换一定为

$$\text{DTFT}[e^{j\omega_0 n}] = X(e^{j\omega}) = \sum_{i=-\infty}^{\infty} 2\pi\delta(\omega - \omega_0 - 2\pi i)，\quad -\pi < \omega_0 < \pi$$

这是因为，我们可以对 $X(e^{j\omega})$ 求傅里叶反变换，若得到的序列正好为 $x(n) = e^{j\omega_0 n}$，则上式一定成立。$X(e^{j\omega})$ 的傅里叶反变换为

$$x(n) = \frac{1}{2\pi}\int_{-\pi}^{\pi} X(e^{j\omega})e^{j\omega n}d\omega = \frac{1}{2\pi}\int_{-\pi}^{\pi}\left[\sum_{i=-\infty}^{\infty} 2\pi\delta(\omega - \omega_0 - 2\pi i)\right]e^{j\omega n}d\omega$$

因为积分区间为 $[-\pi, \pi]$，所以上式积分中，只需包括 $i = 0$ 这一项，则可写成

$$x(n) = \frac{1}{2\pi}\int_{-\pi}^{\pi} 2\pi\delta(\omega - \omega_0)e^{j\omega n}d\omega = e^{j\omega_0 n}$$

由此可归纳出复指数序列的傅里叶变换对为

$$\text{DTFT}[e^{j\omega_0 n}] = \sum_{i=-\infty}^{\infty} 2\pi\delta(\omega - \omega_0 - 2\pi i)，\quad -\pi < \omega_0 < \pi \tag{2-112}$$

$$\text{IDTFT}\left[\sum_{i=-\infty}^{\infty} 2\pi\delta(\omega - \omega_0 - 2\pi i)\right] = e^{j\omega_0 n} \tag{2-113}$$

即复指数序列（复正弦序列）$e^{j\omega_0 n}$ 的傅里叶变换，是以 ω_0 为中心，以 2π 的整数倍为间距的一系列冲激函数，每个冲激函数的积分面积为 2π。由式（2-112）可推导出正弦序列的傅里叶变换为

$$\text{DTFT}[\cos(\omega_0 n + \varphi)] = \text{DTFT}\left[\frac{e^{j\varphi}e^{j\omega_0 n} + e^{-j\varphi}e^{-j\omega_0 n}}{2}\right]$$

$$= \pi\sum_{i=-\infty}^{\infty}\left[e^{j\varphi}\delta(\omega - \omega_0 - 2\pi i) + e^{-j\varphi}\delta(\omega + \omega_0 - 2\pi i)\right] \tag{2-114}$$

$$\text{DTFT}[\sin(\omega_0 n + \varphi)] = \text{DTFT}\left[\frac{e^{j\varphi}e^{j\omega_0 n} - e^{-j\varphi}e^{-j\omega_0 n}}{2j}\right]$$

$$= -j\pi\sum_{i=-\infty}^{\infty}\left[e^{j\varphi}\delta(\omega - \omega_0 - 2\pi i) - e^{-j\varphi}\delta(\omega + \omega_0 - 2\pi i)\right] \tag{2-115}$$

（3）常数序列的傅里叶变换对的常数序列可表示成

$$x(n) = 1, -\infty < n < \infty \tag{2-116}$$

或

$$x(n) = \sum_{i=-\infty}^{\infty} \delta(n-i) \tag{2-117}$$

利用式(2-112)，令 $\omega_0 = 0$，考虑到式(2-116)及式(2-117)，则有

$$\mathrm{DTFT}\left[\sum_{i=-\infty}^{\infty} \delta(n-i)\right] = \sum_{n=-\infty}^{\infty} 1 \cdot e^{-j\omega n} = \sum_{n=-\infty}^{\infty} e^{-j\omega n} = \sum_{i=-\infty}^{\infty} 2\pi\delta(\omega - 2\pi i) \tag{2-118}$$

$$\mathrm{IDTFT}\left[\sum_{i=-\infty}^{\infty} 2\pi\delta(\omega - 2\pi i)\right] = \mathrm{IDTFT}\left[\sum_{n=-\infty}^{\infty} e^{-j\omega n}\right] = \sum_{i=-\infty}^{\infty} \delta(n-i) \tag{2-119}$$

即常数序列的傅里叶变换是以 $\omega = 0$ 为中心，以 2π 的整数倍为间距的一系列冲激函数，每个冲激函数的积分面积为 2π。

式(2-118)及式(2-119)在一些运算中也有重要的作用，其变换可用图 2-12 来表示。

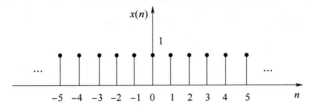

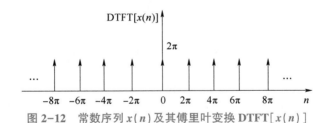

图 2-12　常数序列 $x(n)$ 及其傅里叶变换 $\mathrm{DTFT}[x(n)]$

（4）周期为 N 的单位抽样序列为

$$x(n) = \sum_{i=-\infty}^{\infty} \delta(n-iN)$$

则有

$$\mathrm{DTFT}\left[\sum_{i=-\infty}^{\infty} \delta(n-iN)\right] = \sum_{n=-\infty}^{\infty}\left[\sum_{i=-\infty}^{\infty} \delta(n-iN)\right] e^{-j\omega n} = \sum_{i=-\infty}^{\infty}\sum_{n=-\infty}^{\infty} \delta(n-iN) e^{-j\omega n} = \sum_{i=-\infty}^{\infty} e^{-j\omega Ni}$$

利用式(2-118)，将其 ω 用 $N\omega$ 代替，则上式可写成

$$\mathrm{DTFT}\left[\sum_{i=-\infty}^{\infty} \delta(n-iN)\right] = \sum_{i=-\infty}^{\infty} e^{-j\omega Ni} = \sum_{k=-\infty}^{\infty} 2\pi\delta(N\omega - 2\pi k) = \sum_{k=-\infty}^{\infty} 2\pi\delta[N(\omega - 2\pi k/N)]$$

利用冲激函数的以下性质：

$$\delta(at) = \frac{1}{|a|}\delta(t)$$

则上式可写成

$$\text{DTFT}\left[\sum_{i=-\infty}^{\infty}\delta(n-iN)\right]=\frac{2\pi}{N}\sum_{k=-\infty}^{\infty}\delta\left(\omega-\frac{2\pi}{N}k\right) \tag{2-120}$$

$$\text{IDTFT}\left[\frac{2\pi}{N}\sum_{k=-\infty}^{\infty}\delta\left(\omega-\frac{2\pi}{N}k\right)\right]=\sum_{i=-\infty}^{\infty}\delta(n-iN) \tag{2-121}$$

即周期为 N 的单位抽样序列,其傅里叶变换是频率为 $2\pi/N$ 的整数倍的一系列冲激函数之和,每个冲激函数的积分面积为 $2\pi/N$。

周期为 N 的周期序列的傅里叶变换仍是以 2π 为周期的,只不过是一个周期中有 N 个用冲激函数表示的频谱。式(2-120)及式(2-121)的变换对($N=10$ 时)分别参见二维码的【例2-36】中的图12(d)、(c)。

(5) 一般周期为 N 的周期序列 $\tilde{x}(n)$ 为

$$\tilde{x}(n)=\sum_{i=-\infty}^{\infty}x(n-iN)=x(n)*\sum_{i=-\infty}^{\infty}\delta(n-iN) \tag{2-122}$$

也就是把周期序列 $\tilde{x}(n)$ 看成 $\tilde{x}(n)$ 的一个周期中的有限长序列 $x(n)$ 与周期为 N 的单位抽样序列的卷积。时域是卷积,则频域是相乘。若 $x(n)$ 的傅里叶变换为 $X(e^{j\omega})$,则 $\tilde{x}(n)$ 的傅里叶变换为 $\tilde{X}(e^{j\omega})$,再利用式(2-120),可得

$$\begin{aligned}\tilde{X}(e^{j\omega})&=\text{DTFT}[\tilde{x}(n)]=\text{DTFT}[x(n)]\cdot\text{DTFT}\left[\sum_{i=-\infty}^{\infty}\delta(n-iN)\right]\\&=X(e^{j\omega})\left[\frac{2\pi}{N}\sum_{k=-\infty}^{\infty}\delta\left(\omega-\frac{2\pi}{N}k\right)\right]\\&=\frac{2\pi}{N}\sum_{k=-\infty}^{\infty}X(e^{j\frac{2\pi}{N}k})\delta\left(\omega-\frac{2\pi}{N}k\right)\\&=\frac{2\pi}{N}\sum_{k=-\infty}^{\infty}\tilde{X}(k)\delta\left(\omega-\frac{2\pi}{N}k\right)\end{aligned} \tag{2-123}$$

式(2-123)表明,周期序列 $\tilde{x}(n)$(周期为 N)的傅里叶变换 $\tilde{X}(e^{j\omega})$ 是频率为 $2\pi/N$ 的整数倍的一系列冲激函数之和,其每个冲激函数的积分面积等于 $\tilde{X}(k)$ 与 $2\pi/N$ 的乘积,而 $\tilde{X}(k)$ 是 $x(n)$($\tilde{x}(n)$ 的一个周期)的傅里叶变换 $X(e^{j\omega})$ 在频域中相应于 $\omega=2\pi k/N$ 上的抽样值($k=0,1,\cdots,N-1$),即

$$\begin{aligned}\tilde{X}(k)&=X(e^{j\omega})\Big|_{\omega=2\pi k/N}=\sum_{n=0}^{N-1}\tilde{x}(n)e^{-j\omega n}\Big|_{\omega=2\pi k/N}\\&=\sum_{n=0}^{N-1}\tilde{x}(n)e^{-j\frac{2\pi}{N}nk}=\sum_{n=0}^{N-1}x(n)e^{-j\frac{2\pi}{N}nk}\end{aligned} \tag{2-124}$$

式(2-124)对应于在 $\omega=0$ 到 $\omega=2\pi$ 之间的 N 个等间隔上,以 $2\pi/N$ 为间隔,对 $x(n)$ 的傅里叶变换进行抽样。

注意:周期序列的傅里叶变换仍是以 2π 为周期,在每个周期中有 N 个冲激函数表示的谱线。

对式(2-123)求傅里叶反变换,可得 $\tilde{x}(n)$ 的表达式为

$$\tilde{x}(n) = \frac{1}{2\pi} \int_{0-\varepsilon}^{2\pi-\varepsilon} \left[\frac{2\pi}{N} \sum_{k=-\infty}^{\infty} \tilde{X}(k) \delta\left(\omega - \frac{2\pi}{N}k\right) \right] e^{j\omega n} d\omega$$

式中,ε 满足 $0<\varepsilon<\dfrac{2\pi}{N}$。因为被积函数是周期性的,周期为 2π,所以可以在长度为 2π 的任意区间积分。现在积分限取成 $(0-\varepsilon) \sim (2\pi-\varepsilon)$,表示是从 $\omega=0$ 之前开始,在 $\omega=2\pi$ 之前结束,因而它包括了 $\omega=0$ 处的抽样,而不包括 $\omega=2\pi$ 处的抽样。因此,在此区间内共有 N 个抽样值,即 k 值范围应为 $0 \leqslant k < N-1$,因而上式可写成

$$\begin{aligned}
\tilde{x}(n) &= \frac{1}{N} \int_{0-\varepsilon}^{2\pi-\varepsilon} \left[\sum_{k=0}^{N-1} \tilde{X}(k) \delta\left(\omega - \frac{2\pi}{N}k\right) \right] e^{j\omega n} d\omega \\
&= \frac{1}{N} \sum_{k=0}^{N-1} \tilde{X}(k) \int_{0-\varepsilon}^{2\pi-\varepsilon} \delta\left(\omega - \frac{2\pi}{N}k\right) e^{j\omega n} d\omega \\
&= \frac{1}{N} \sum_{k=0}^{N-1} \tilde{X}(k) e^{j\frac{2\pi}{N}kn}
\end{aligned} \tag{2-125}$$

式(2-125)是周期序列 $\tilde{x}(n)$ 的傅里叶级数展开式,它表示周期序列 $\tilde{x}(n)$ 可由其 N 个谐波分量 $\tilde{X}(k)$ 组成,谐波分量的数字频率为 $2\pi k/N(k=0,1,\cdots,N-1)$,幅度为 $|\tilde{X}(k)|/N$。$\tilde{X}(k)$ 由式(2-124)决定,$\tilde{X}(k)$ 是 $\tilde{x}(n)$ 的傅里叶级数展开式(即式(2-125))中的系数。

实际上式(2-124)与式(2-125)构成了周期序列的离散傅里叶级数对,重写如下:

$$\tilde{X}(k) = \mathrm{DFS}[\tilde{x}(n)] = \sum_{n=0}^{N-1} \tilde{x}(n) e^{-j\frac{2\pi}{N}nk} \tag{2-126}$$

$$\tilde{x}(n) = \mathrm{IDFS}[\tilde{X}(k)] = \frac{1}{N} \sum_{k=0}^{N-1} \tilde{X}(k) e^{j\frac{2\pi}{N}nk} \tag{2-127}$$

离散傅里叶级数(Discrete Fourier Series,DFS)和离散傅里叶变换(Discrete Fourier Transform,DFT)将在第 3 章中讨论。表 2-4 是常用的傅里叶变换对。

表 2-4　常用的傅里叶变换对

序列	傅里叶变换
$\delta(n)$	1
$\delta(n-n_0)$	$e^{-j\omega n_0}$
$u(n)$	$\dfrac{1}{1-e^{-j\omega}} + \sum_{i=-\infty}^{\infty} \pi\delta(\omega-2\pi i)$
$x(n)=1,-\infty<n<+\infty$	$2\pi \sum_{i=-\infty}^{\infty} \delta(\omega-2\pi i)$
$\sum_{i=-\infty}^{\infty} \delta(n-iN)$	$\dfrac{2\pi}{N} \sum_{k=-\infty}^{\infty} \delta\left(\omega-\dfrac{2\pi}{N}k\right)$
$a^n u(n),|a|<1$	$\dfrac{1}{1-ae^{-j\omega}}$
$(n+1)a^n u(n),|a|<1$	$\dfrac{1}{(1-ae^{-j\omega})^2}$
$e^{j\omega_0 n}$	$2\pi \sum_{i=-\infty}^{\infty} \delta(\omega-\omega_0-2\pi i)$

续表

序列	傅里叶变换
$x(n)=\dfrac{\sin(\omega_c n)}{\pi n}$	$X(\mathrm{e}^{\mathrm{j}\omega})=\begin{cases}1, & \lvert\omega\rvert\leqslant\omega_c\\0, & \omega_c<\lvert\omega\rvert\leqslant\pi\end{cases}$
$R_N(n)$	$\dfrac{\sin(N\omega/2)}{\sin(\omega/2)}\mathrm{e}^{-\mathrm{j}\left(\frac{N-1}{2}\right)\omega}$
$\cos(\omega_0 n+\varphi)$	$-\mathrm{j}\pi\displaystyle\sum_{i=-\infty}^{\infty}\left[\mathrm{e}^{\mathrm{j}\varphi}\delta(\omega-\omega_0-2\pi i)+\mathrm{e}^{-\mathrm{j}\varphi}\delta(\omega+\omega_0-2\pi i)\right]$
$\sin(\omega_0 n+\varphi)$	$-\mathrm{j}\pi\displaystyle\sum_{i=-\infty}^{\infty}\left[\mathrm{e}^{\mathrm{j}\varphi}\delta(\omega-\omega_0-2\pi i)-\mathrm{e}^{-\mathrm{j}\varphi}\delta(\omega+\omega_0-2\pi i)\right]$

§2.3 拉普拉斯变换、z 变换、傅里叶变换之间的关系, s 平面到 z 平面的映射

设模拟信号为 $x_a(t)$，$x_a(t)$ 的理想抽样信号为 $\hat{x}_a(t)$，$x_a(t)$ 的抽样序列为 $x(n)$，且设

$$X_a(s)=\mathscr{L}[x_a(t)],\quad X_a(\mathrm{j}\Omega)=X_a(s)\big|_{s=\mathrm{j}\Omega}$$

$$\hat{X}_a(s)=\mathscr{L}[\hat{x}_a(t)],\quad \hat{X}_a(\mathrm{j}\Omega)=\hat{X}_a(s)\big|_{s=\mathrm{j}\Omega}$$

$$X(z)=\mathscr{L}[x(n)],\quad X(\mathrm{e}^{\mathrm{j}\omega})=X(z)\big|_{z=\mathrm{e}^{\mathrm{j}\omega}}$$

图 2-13 中用①②等标注所对应的它们在时域、复频域（s 域、z 【例 2-35】~【例 2-37】
域）、频域（Ω、ω）之间的关系式，可分别见以下讨论中同一标号①②…
中的公式。

1. 时域间的关系

时域间的关系如图 2-13 中的①②③所示。

$$\text{①}\qquad \hat{x}_a(t)=\sum_{n=-\infty}^{\infty}x_a(t)\delta(t-nT)=\sum_{n=-\infty}^{\infty}x_a(nT)\delta(t-nT)\qquad(2\text{-}128)$$

式中，$\hat{x}_a(t)$ 代表连续时间信号，是用周期性的冲激函数串表示（其强度则是用积分面积来表

示）的；抽样间距 $T=\dfrac{1}{f_s}$，f_s 为抽样频率。

$$\text{②}\qquad x(n)=x_a(t)\big|_{t=nT}=x_a(nT)\qquad(2\text{-}129)$$

$x(n)$ 是离散时间序列，它只在离散时间点上有定义值。

$$\text{③}\qquad \hat{x}_a(t)=\sum_{n=-\infty}^{\infty}x(n)\delta(t-nT)\qquad(2\text{-}130)$$

在 $t=nT$ 上，$\hat{x}_a(t)$ 的积分面积（强度）等于抽样序列 $x(n)$ 在该时间点上的数值。

2. 复频域（s 域、z 域）的关系

复频域（s 域、z 域）的关系如图 2-13 所示的④⑤⑥。

$$\text{④}\qquad \hat{X}_a(s)=\frac{1}{T}\sum_{k=-\infty}^{\infty}X_a(s-\mathrm{j}k\Omega_s)\qquad(2\text{-}131)$$

式中，$\Omega_s=2\pi f_s$ 为抽样角频率。上式说明，理想抽样信号的拉普拉斯变换等于原模拟信号的

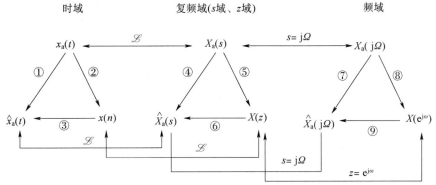

图 2-13　信号序列的时域、复频域（s 域、z 域）及频域之间的关系

拉普拉斯变换沿 s 平面、虚轴以 $\Omega=\Omega_s$ 为周期的周期延拓序列，且幅度上有 $\dfrac{1}{T}$ 的加权。

$$⑤ \qquad X(z)\,|_{z=e^{sT}}=\hat{X}_a(s)=\frac{1}{T}\sum_{k=-\infty}^{\infty}X_a(s-jk\Omega_s)=\frac{1}{T}\sum_{k=-\infty}^{\infty}X_a\left(s-j\frac{2\pi}{T}k\right) \qquad (2\text{-}132)$$

$$⑥ \qquad X(z)\,|_{z=e^{sT}}=X(e^{sT})=\hat{X}_a(s) \qquad (2\text{-}133)$$

上面两式说明序列的 z 变换和原模拟信号的理想抽样信号的拉普拉斯变换有一对一的变换关系，而和原模拟信号的拉普拉斯变换则是多值映射关系。

3. 频域间的关系

频域间的关系如图 2-13 中的⑦⑧⑨所示。

$$⑦ \qquad \hat{X}_a(j\Omega)=\hat{X}_a(s)\,|_{s=j\Omega}=\frac{1}{T}\sum_{k=-\infty}^{\infty}X_a\left[j(\Omega-k\Omega_s)\right]=\frac{1}{T}\sum_{k=-\infty}^{\infty}X_a\left[j\left(\Omega-\frac{2\pi}{7}k\right)\right] \qquad (2\text{-}134)$$

$$⑧ \qquad X(e^{j\Omega T})=X(z)\,|_{z=e^{j\Omega T}}=\frac{1}{T}\sum_{k=-\infty}^{\infty}X_a\left[j\left(\Omega-\frac{2\pi}{7}k\right)\right] \qquad (2\text{-}135)$$

当 $\omega=\Omega T=\Omega/f$ 时，有

$$X(e^{j\omega})=X(z)\,|_{z=e^{j\omega}}=\frac{1}{T}\sum_{k=-\infty}^{\infty}X_a\left[j\frac{\omega-2\pi}{T}k\right] \qquad (2\text{-}136)$$

$$⑨ \qquad X(e^{j\omega})\,|_{\omega=\Omega T}=X(e^{j\Omega T})=\hat{X}_a(j\Omega) \qquad (2\text{-}137)$$

由⑦和⑧的关系可以看出，$X(e^{j\omega})=\text{DTFT}[x(n)]$ 等于其原模拟信号 $X_a(t)$ 的频谱 $X_a(j\Omega)=F[x_a(t)]$ 的周期延拓序列（且有 $\dfrac{1}{T}$ 的加权），所以 $X(e^{j\omega})$ 与 $X_a(j\Omega)$ 之间是多值映射关系。

4. s 平面到 z 平面的映射关系

抽样序列的 z 变换就等于理想抽样信号的拉普拉斯变换。而 $z=e^{sT}$ 就是复变量 s 平面到 z 平面的映射，它是一种超越函数的映射关系，即

$$z=e^{sT},\ s=\frac{1}{T}\ln z \qquad (2\text{-}138)$$

若令 $z=\rho e^{j\omega},\ s=\sigma+j\omega$，则有

$$\rho=e^{\sigma T} \qquad (2\text{-}139)$$

$$\theta=\omega T \qquad (2\text{-}140)$$

也就是说，z 的模 ρ 只与 s 的实部 σ 相对应，z 的相角只与 s 的虚部 ω 相对应，以下讨论以图 2-14 为例。

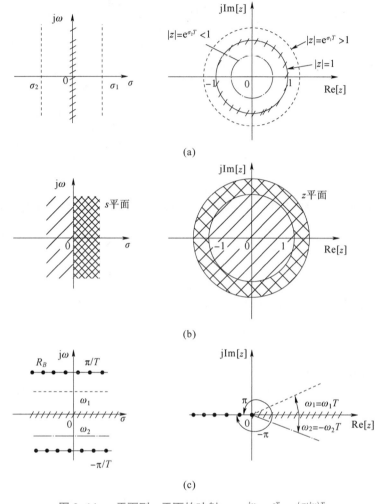

图 2-14　s 平面到 z 平面的映射 $z=re^{j\omega}=e^{sT}=e^{(\sigma+j\omega)T}$

(a) $|z|=\rho=e^{\sigma T}(\sigma=$ 常数$)$，$\sigma=$ 常数映射成 z 平面 $|z|=\rho=e^{\sigma T}$ 的圆；

(b) $\sigma>0$ 映射成 $r>1$，$\sigma=0$ 映射成 $\rho=1$，$\sigma<0$ 映射成 $\rho<1$；

(c) $\theta=\omega T$，$\theta=$ 常数映射成 $\theta=\omega T$ 的辐射线

(1) 讨论 ρ 与 σ 的关系，利用 $\rho=e^{\sigma T}$：

①s 平面虚轴($\sigma=0$，$s=j\omega$)对应于 z 平面单位圆($z=e^{j\omega}$，$|z|=1$)；

②s 平面的左半平面($\sigma<0$)对应于 z 平面单位圆内($|z|=e^{\sigma T}<1$)；

③s 平面的右半平面($\sigma>0$)对应于 z 平面单位圆外 $|z|=\rho=e^{\sigma T}>1$)；

④s 平面平行于虚轴的直线($\sigma=\sigma_0$)对应于 z 平面 $|z|=\rho=e^{\sigma_0 T}$ 的圆上。当 $\sigma_0<0$ 时，$\rho=e^{\sigma_0 T}<1$，即对应于 z 平面一个半径小于 1 的圆；当 $\sigma_0>0$ 时，$\rho=e^{\sigma_0 T}>1$，即对应于 z 平面一个半径大于 1 的圆。

(2) s 平面的原点 $s=0$ 对应于 z 平面单位圆 $z=1$ 这一点。

(3) 讨论 θ 与 ω 的关系，利用 $\theta=\omega T$：

①s 平面实轴($\omega=0$)对应于 z 平面正实轴($\theta=0$),也就是始于原点($z=0$)辐角为 0 的辐射线;

②s 平面平行于实轴的直线($\omega=\omega_0$)对应于 z 平面始于原点($z=0$)辐角为 $\theta=\omega_0 T$ 的辐射线;

③由于 $z=re^{j\omega}$ 是 θ 的周期函数,因此当 s 平面平行于实轴的直线 $\omega=-\dfrac{\pi}{T}$ 变化到 $\omega=\dfrac{\pi}{T}$ 时,对应于 z 平面辐角从 $\theta=-\pi$ 变化到 $\theta=\pi$,即旋转了一周,包含了整个 z 平面,在此基础上,若 s 平面每增加 $\dfrac{2\pi}{T}$ 的水平横带,则又一次映射到整个 z 平面,由此可见,从 s 平面到 z 平面的映射,是多值映射关系,如图 2-15 所示;

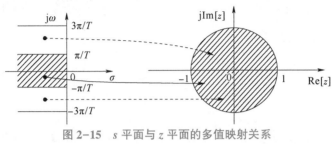

图 2-15　s 平面与 z 平面的多值映射关系

④$x_a(t)$ 的频谱 $X_a(j\omega)$ 就是 $x_a(t)$ 的连续时间傅里叶变换,也就是 $x_a(t)$ 的拉普拉斯变换 $X_a(s)$ 在 s 平面虚轴上的值;$x(n)$ 的频谱 $X(e^{j\omega})$($X(e^{j\omega T})$)就是 $x(n)$ 的离散时间傅里叶变换,也就是 $x(n)$ 的 z 变换在平面单位圆($z=e^{j\omega}$ 或 $z=e^{j\Omega T}$)上的值。我们最感兴趣的是 $X(e^{j\omega})$($X(e^{j\omega T})$)与 $X_a(j\omega)$ 的关系,也就是式(2-135)与式(2-136),它说明 $X(e^{j\omega})$($X(e^{j\Omega T})$)等于 $X_a(j\omega)$ 以 $\omega_s=2\pi/T$ 为周期的周期延拓后的序列,当然还有 $\dfrac{1}{T}$ 的幅度加权因子。这也正好印证了图 2-15 中 $s\to z$ 的多值映射关系。

§2.4　s 平面与 z 平面之间特殊点的映射关系

s 平面中不同的特殊点对应的是 z 平面所对应的部分,具体映射关系如下。

(1) s 平面的原点 $\sigma=0$,$\omega=0$,将 $\sigma=0$,$\omega=0$ 代入式(2-139)和式(2-140)中可得

$$\rho=e^{\sigma T}=e^0=1,\theta=\omega T=0$$

此时 $\rho=1$,$\theta=0$,在 z 平面中为正实轴与单位圆的交点,如图 2-16 所示。

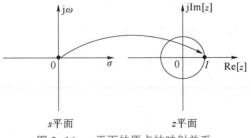

图 2-16　s 平面的原点的映射关系

（2）当 $\sigma<0,\omega$ 为任意值时,在 s 平面中位于左半平面,将 $\sigma<0,\omega$ 为任意值代入式(2-139)和式(2-140)中可得

$$\rho=\mathrm{e}^{\sigma T}<\mathrm{e}^0=1,\theta=\omega T=[-\infty,+\infty]$$

此时 $\rho<1,\theta$ 为任意值,即在 z 平面单位圆内,如图 2-17 所示。

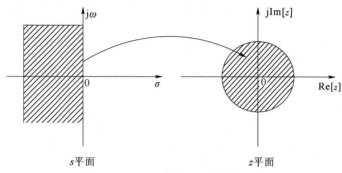

图 2-17　s 平面虚轴左侧的映射关系

当 $\sigma=-1/T,\omega=0$ 时,在 s 平面中为负实轴上一点,将 $\sigma=-1/T,\omega=0$ 代入式(2-139)和式(2-140)中可得

$$\rho=\mathrm{e}^{\sigma T}=\mathrm{e}^{-\frac{1}{T}T}=\mathrm{e}^{-1},\theta=\omega T=0$$

此时 $\rho=\mathrm{e}^{-1}<1,\theta=0$,位于单位圆内,其他 s 平面虚轴左侧的点的映射关系也类似。

（3）当 $\sigma>0,\omega$ 为任意值时,在 s 平面中位于右半平面,将 $\sigma>0,\omega$ 为任意值代入式(2-139)和式(2-140)中可得

$$\rho=\mathrm{e}^{\sigma T}>\mathrm{e}^0=1,\theta=\omega T=[-\infty,+\infty]$$

此时 $\rho>1,\theta$ 为任意值,在 z 平面中为单位圆外,如图 2-18 所示。

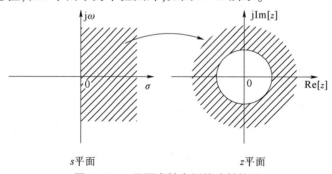

图 2-18　s 平面虚轴右侧的映射关系

根据上述的对应关系,在表 2-5 中列出了虚轴右侧一些特征点的对应关系。

表 2-5　虚轴右侧一些特征点的对应关系

s 平面	σ	$1/T$	$1/T$	$1/T$	$+\infty$	$+\infty$	$+\infty$
	ω	0	$-\pi/T$	π/T	0	π/T	$-\pi/T$
z 平面	ρ	e	e	e	$+\infty$	$+\infty$	$+\infty$
	θ	0	$-\pi$	π	0	π	$-\pi$

表 2-5 描述的是 s 平面虚轴右侧区域的一些特征点，即 σ、ω 取不同值时，相应的 z 平面 θ、ρ 取不同值时对应的点。

（4）当 $\sigma \to -\infty$，ω 为任意值时，位于 s 左半平面无穷远处垂直实轴的直线，将 $\sigma \to -\infty$，ω 为任意值代入式（2-139）和式（2-140）中，得

$$\rho = \mathrm{e}^{\sigma T} = \mathrm{e}^{-\infty T} = \mathrm{e}^{-\infty} \to 0, \theta = \omega T = [-\infty, +\infty]$$

此时 $\rho \to 0$，θ 为任意值，在 z 平面中为单位原点，如图 2-19 所示。

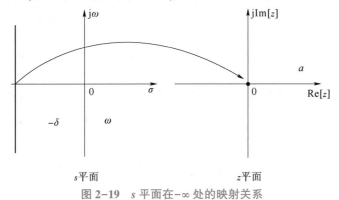

图 2-19　s 平面在 -∞ 处的映射关系

（5）当 $\sigma \to +\infty$，ω 为任意值时，位于 s 右半平面无穷远处垂直实轴的直线，将 $\sigma \to \infty$，ω 为任意值代入式（2-139）和式（2-140）中可得

$$\rho = \mathrm{e}^{\sigma T} = \mathrm{e}^{\infty T} = \mathrm{e}^{\infty} \to \infty, \theta = \omega T = [-\infty, +\infty]$$

此时 $\rho \to +\infty$，θ 为任意值，在 z 平面中为半径无穷大的圆的圆周上，如图 2-20 所示。

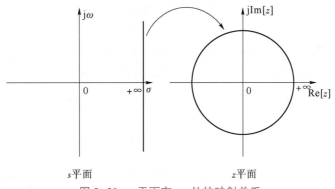

图 2-20　s 平面在 +∞ 处的映射关系

（6）当 $\omega = 0$，σ 为任意值时，s 平面在实轴上，将 $\omega = 0$，σ 为任意值代入式（2-139）和式（2-140）中可得

$$\rho = \mathrm{e}^{\sigma T} = [\mathrm{e}^{-\infty T}, \mathrm{e}^{+\infty T}] = [0, +\infty], \theta = \omega T = 0$$

此时 $\theta = 0$，在 z 平面中以原点为起点的正实轴上，如图 2-21 所示。

z 平面负实轴在 s 平面中为通过 $\pm jk\omega_s/2$（$\omega_s = 2\pi/T, k = 1, 3, 5, \cdots$）平行于实轴的直线，即 σ 为任意值，ω 为 $\pm k\omega_s/2$（$\omega_s = 2\pi/T, k = 1, 3, 5, \cdots$）时，代入式（2-139）和式（2-140）中可得

$$\rho = \mathrm{e}^{\sigma T} = [\mathrm{e}^{-\infty T}, \mathrm{e}^{+\infty T}] = [0, +\infty], \theta = \omega T = \pm k \frac{\omega_s}{2} T = \pm k\pi$$

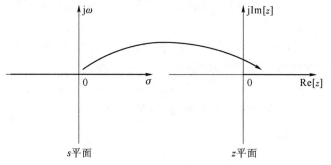

图 2-21　s 平面实轴的映射关系

s 平面平行于实轴的直线的映射关系如图 2-22 所示。

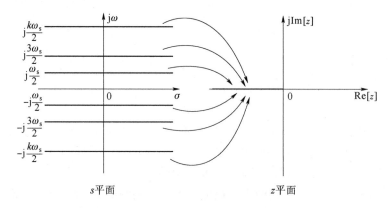

图 2-22　s 平面平行于实轴的直线的映射关系

（7）当 $\sigma=0,\omega=0$ 时，$\rho=1,\theta=0$，在 z 平面中位于正实轴与单位圆的交点处，其他 s 平面实轴上的点的映射关系也类似，特征点之间的关系如图 2-23 所示。

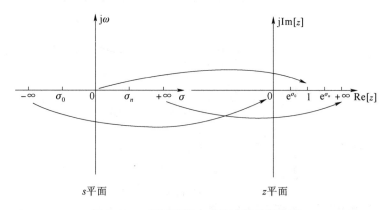

图 2-23　s 平面实轴上特征点的映射关系

当 s 平面上的 σ 从 $-\infty$ 向右变化到 0 时，模 ρ 从 0 变化到 1；当 s 平面上的 σ 从 0 变化到 $+\infty$ 时，模 ρ 从 1 变化到 $+\infty$。其中当 s 平面上的 σ 从 0_- 趋于 0 时，模 ρ 无限趋近于 1；当 s 平面中的 σ 从 0 趋近于 0_+ 时，模 ρ 从 1 向右远离，具体关系如表 2-6 所示。

表 2-6　s 平面实轴上特征点的映射关系

σ	$-\infty$	$\cdots$	0_-	0	0_+	$\cdots$	$+\infty$
ρ	0	$\cdots$	1_-	1	1_+	$\cdots$	$+\infty$

由表 2-6 中的数据可知,当 s 平面上的 ω 从 0_- 变化到 0,σ 为 0 时,映射到 z 平面上为单位圆第四象限接近于点 $(1,0)$ 处逐渐趋近于点 $(1,0)$;当 s 平面 ω 从 0_+ 变化到 0 时,映射到 z 平面上为单位圆第一象限接近点 $(1,0)$ 处逐渐趋近于点 $(1,0)$。

(8) 在 s 平面中平行于实轴的直线,也就是 ω 为某一值,σ 为任意值时,取 ω 为 ω_1 和 $-\omega_2$,σ 为任意值,代入式(2-139)和式(2-140)中可得

$$\rho = \mathrm{e}^{\sigma T} = [\mathrm{e}^{-\infty T}, \mathrm{e}^{+\infty T}] = [0, +\infty], \theta = \omega T = (\omega_1 T, -\omega_2 T)$$

在 z 平面中为以起点为原点,角度为 θ 的射线,如图 2-24 所示。

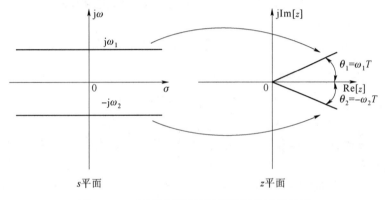

图 2-24　s 平面平行于实轴的直线的映射关系

(9) 在 s 平面中平行于虚轴的直线,也就是 ω 为任意值,σ 为某一值时,取 σ 为 σ_1,ω 为任意值代入式(2-139)和式(2-140)中可得

$$\rho = \mathrm{e}^{\sigma T} = \mathrm{e}^{\sigma_1 T} = \rho_1, \theta = \omega T = [-\infty, +\infty]$$

在 z 平面中为半径不同的单位圆,如图 2-25 所示。

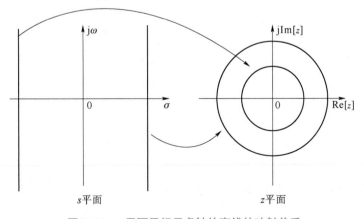

图 2-25　s 平面平行于虚轴的直线的映射关系

（10）在 s 平面虚轴左侧平行于虚轴的直线,在 z 平面中为半径小于 1 的圆;在 s 平面虚轴右侧平行于虚轴的直线,在 z 平面中为半径大于 1 的圆。

当 $\sigma=0$, ω 为任意值时,在 s 平面中位于虚轴上,将 $\sigma=0$, ω 为任意值代入式（2-139）和式（2-140）中可得

$$\rho=\mathrm{e}^{\sigma T}=\mathrm{e}^{0 \cdot T}=1, \theta=\omega T=\lceil -\infty , +\infty \rceil$$

此时 $\rho=1$, θ 为任意值,即在 z 平面单位圆上,如图 2-26 所示。

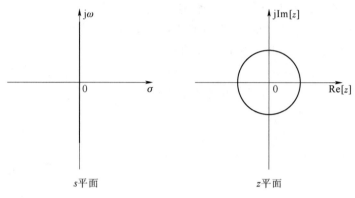

图 2-26　s 平面虚轴的映射关系

当 $\sigma=0$, $\omega=\pi$ 时, $\rho=1$, $\theta=\pi$,在 z 平面中位于单位圆与负实轴的交点处;其他 s 平面虚轴上的点的映射关系也类似。

（11）s 平面虚轴上 $\mathrm{j}\omega$ 从 $-\infty$ 变换到 $+\infty$, $\mathrm{j}\omega$ 取整数倍的 ω_s 时,即取 $\sigma=0$, $\omega=k\omega_\mathrm{s}$（$k$ 取整数）,代入式（2-139）和式（2-140）中可得

$$\rho=\mathrm{e}^{\sigma T}=\mathrm{e}^{0 \cdot T}=1, \quad \theta=\omega T=k\omega_\mathrm{s}T=2k\pi$$

在 z 平面中均为正实轴的 $(1,0)$ 点,如图 2-27 所示。

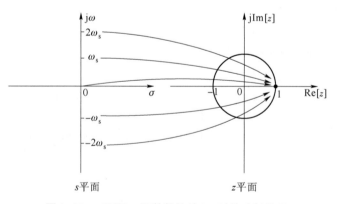

图 2-27　s 平面 ω 取整数倍的 ω_s 时的映射关系

因为角频率 ω 与 z 平面相角 θ 的关系为

$$\theta=\omega T+2k\pi=\left(\omega+k\frac{2\pi}{T}\right)T=(\omega+k\omega_\mathrm{s})T \tag{2-141}$$

由式（2-141）可知,每当 ω 变化一个 ω_s 时, z 平面相角 θ 就变化 2π,也就是在 z 平面上转

了一周。当ω从虚轴的$-\infty$变化到虚轴的$+\infty$时,映射到z平面中相角θ会周期性变化,也就是在不断旋转,以上情形如表2-7和图2-28~图2-30所示。

表2-7 s平面ω取不同ω_s时的映射关系

ω	$-\infty$	$\cdots$	$-\omega_s$	$-\omega_s/2$	$-\omega_s/4$	0	$\omega_s/4$	$\omega_s/2$	ω_s	$\cdots$	$+\infty$
θ	$-\infty$	$\cdots$	-2π	$-\pi$	$3\pi/2$	0	$\pi/2$	π	2π	$\cdots$	$+\infty$

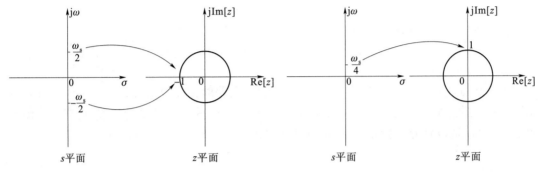

图2-28 s平面ω取$\pm\omega_s/2$时的映射关系   图2-29 s平面ω取$\omega_s/4$时的映射关系

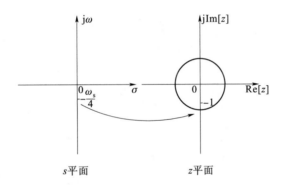

图2-30 s平面ω取$-\omega_s/4$时的映射关系

（12）s平面上的主带与旁带的映射关系。s平面被分成许多平行子带,其宽带为ω_s,主带为$-\dfrac{\omega_s}{2}\leqslant\omega\leqslant\dfrac{\omega_s}{2}$,$\sigma$任意变化。

s平面主带的映射关系如图2-31所示。

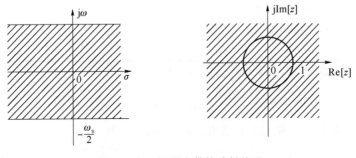

图2-31 s平面主带的映射关系

s 平面主带左平面轨迹的映射关系如图 2-32 所示。

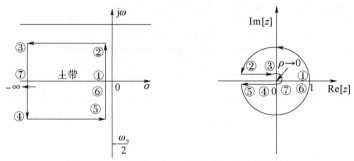

图 2-32 s 平面主带左平面轨迹的映射关系

当 $\sigma<0,\omega$ 为任意值时,在 s 平面中位于左半平面,此时 $\rho<1,\theta$ 为任意值,即在 z 平面单位圆内。如图 2-33 所示,在 s 平面中分别分了 7 个点对应 z 平面中的 7 个位置,均在单位圆内,同时也可以清晰地看见 s 平面在 z 平面的变化轨迹。

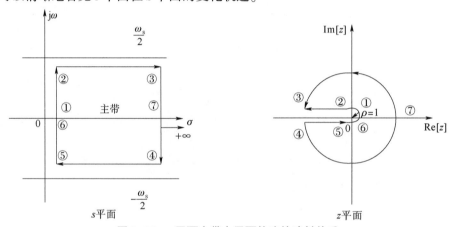

图 2-33 s 平面主带右平面轨迹的映射关系

§2.5 离散线性稳不变(LSI)系统的频域表征

2.5.1 LSI 系统的描述

(1) LSI 系统在时域中的描述,可以有以下两种方法。

①用单位抽样响应 $h(n)$ 来表征,即

$$h(n)=T[\delta(n)] \tag{2-142}$$

此时若输入为 $x(n)$,输出为 $y(n)$,则它们之间的关系为

$$y(n)=x(n)*h(n)=\sum_{n=-\infty}^{\infty}x(m)h(n-m)=\sum_{m=-\infty}^{\infty}h(m)x(n-m) \tag{2-143}$$

②用常系数线性差分方程来表征输出与输入的关系,即

$$y(n) = \sum_{m=0}^{M} b_m x(n-m) - \sum_{k=1}^{N} a_k y(n-k) \tag{2-144}$$

式中,系数 a_k、b_m 必须是常数,系统的特性由这些常数决定,同时又受起始状态的约束,这在第1章中已讨论过。

(2) LSI 系统在变换域中的描述,也有两种:z 域及频域。

① 用系统函数 $H(z)$ 来表征,即

$$H(z) = \mathscr{L}[h(n)] = \sum_{n=-\infty}^{\infty} h(n) z^{-n} \tag{2-145}$$

此时,在 z 域的输入、输出关系为

$$Y(z) = X(z) H(z) \tag{2-146}$$

同样,当系统起始状态为 0 时,将式(2-143)的差分方程等式两端取 z 变换,则可用差分方程的系数来表征系统函数 $H(z)$,即

$$H(z) = \frac{Y(z)}{X(z)} = \frac{\sum\limits_{m=0}^{M} b_m z^{-m}}{1 + \sum\limits_{k=1}^{N} a_k z^{-k}} \tag{2-147}$$

但是仍要注意,除了由各个 a_k、b_m 决定系统特性外,还必须给定收敛域范围,这样才能唯一地确定一个 LSI 系统。

② 用频率响应 $H(e^{j\omega})$ 来表征系统。

若系统函数在 z 平面单位圆上收敛,则当 $z = e^{j\omega}$ 时存在时,称系统函数为系统的频率响应,它可以用 $H(e^{j\omega})$ 来表征,也可用差分方程的各系数 a_k、b_m 来表征。

将 $z = e^{j\omega}$ 代入式(2-146),且考虑式(2-145),有

$$H(e^{j\omega}) = \frac{Y(e^{j\omega})}{X(e^{j\omega})} = \sum_{n=-\infty}^{\infty} h(n) e^{-j\omega n} \tag{2-148}$$

将 $z = e^{j\omega}$ 代入式(2-146),且考虑式(2-147),有

$$H(e^{j\omega}) = \frac{Y(e^{j\omega})}{X(e^{j\omega})} = \frac{\sum\limits_{m=0}^{M} b_m e^{-j\omega m}}{1 + \sum\limits_{k=1}^{N} a_k e^{-j\omega k}} \tag{2-149}$$

由式(2-148)及式(2-149)可以看出,当起始状态为 0 时,LSI 系统的频率响应是由系统本身的 $h(n)$ 或由各系数 b_m、a_k 决定的,与输入、输出信号无关。

2.5.2 LSI 系统的因果、稳定条件

1. 时域条件

时域条件在第1章已讨论过了。

因果性:

$$h(n) = 0, n < 0, h(n) \text{ 是因果序列} \tag{2-150}$$

稳定性:

$$\sum_{n=-\infty}^{\infty} |h(n)| < 0, h(n) \text{ 是绝对可和的} \tag{2-151}$$

式(2-150)与式(2-151)分别是 LSI 系统满足因果性、稳定性的充要条件。

2. z 域条件

z 域条件是对 $H(z)$ 来说的。

因果性。$H(z)$ 收敛且要满足

$$R_h < |z| \leqslant \infty \tag{2-152}$$

式中,R_{h-} 是 $H(z)$ 的模值最大的极点所在圆的半径。因为 $h(n)$ 是因果序列,故 $H(z)$ 的收敛域半径为 R_{h-} 的圆的外部,并且必须包括 $z = \infty$。

稳定性。$H(z)$ 的收敛域必须包括 z 平面的单位圆,即包括 $|z| = 1$。这是由于 $h(n)$ 绝对可和是稳定性的充要条件,即式(2-151)存在,而 z 变换的收敛域由满足 $\sum\limits_{n=-\infty}^{\infty} |h(n)z^{-n}| < \infty$ 的那些 z 值确定。因此,若 $H(z)$ 的收敛域包括单位圆 $|z| = 1$,即满足式(2-151),则系统一定是稳定的。

因果稳定性。一个 LSI 系统是因果稳定系统的充要条件是系统函数 $H(z)$ 必须在从单位圆 $|z| = 1$ 到 $|z| = \infty$ 的整个 z 平面内($1 \leqslant |z| \leqslant \infty$)收敛。也就是说,系统函数 $H(z)$ 的全部极点必须在 z 平面单位圆之内,即收敛域为

$$R_{h-} < |z| \leqslant \infty, \quad R_{h-} < 1 \tag{2-153}$$

 ### 2.5.3 LSI 系统的频率响应 $H(\mathrm{e}^{\mathrm{j}\omega})$ 的特点

【例 2-38】~【例 2-41】

1. LSI 系统

若输入为复指数序列,即

$$x(n) = \mathrm{e}^{\mathrm{j}\omega n}, \quad -\infty < n < \infty$$

利用卷积关系,若系统的单位抽样响应为 $x(n)$,则有

$$y(n) = \sum_{m=-\infty}^{\infty} h(m)x(n-m) = \sum_{n=-\infty}^{\infty} h(m)\mathrm{e}^{\mathrm{j}\omega(n-m)} = \mathrm{e}^{\mathrm{j}\omega n} \sum_{m=-\infty}^{\infty} h(m)\mathrm{e}^{-\mathrm{j}\omega m} = \mathrm{e}^{\mathrm{j}\omega n} H(\mathrm{e}^{\mathrm{j}\omega})$$

$$\tag{2-154}$$

输入为 $\mathrm{e}^{\mathrm{j}\omega n}$,输出也含有 $\mathrm{e}^{\mathrm{j}\omega n}$,且它被一个复值函数 $H(\mathrm{e}^{\mathrm{j}\omega})$ 所加权。称这种输入信号为系统的特征函数,即 $\mathrm{e}^{\mathrm{j}\omega n}$ 称为 LSI 系统的特征函数,而把 $H(\mathrm{e}^{\mathrm{j}\omega})$ 称为特征值。其中,

$$H(\mathrm{e}^{\mathrm{j}\omega}) = \sum_{n=-\infty}^{\infty} h(n)\mathrm{e}^{-\mathrm{j}\omega n}$$

$H(\mathrm{e}^{\mathrm{j}\omega})$ 是 $h(n)$ 的离散时间傅里叶变换,称为 LSI 系统的频率响应。它描述复指数序列通过 LSI 系统后,复振幅(包括幅度与相位)的变化。

2. $H(\mathrm{e}^{\mathrm{j}\omega})$ 的特性

由于 $H(\mathrm{e}^{\mathrm{j}\omega})$ 是 $h(n)$ 序列的傅里叶变换,因此它具有前几节中讨论过的傅里叶变换的一切特性,特别要强调以下一些特征。

(1)若 $h(n)$ 绝对可和,则 LSI 系统稳定,这时 $H(\mathrm{e}^{\mathrm{j}\omega})$ 一定存在且连续。

(2)$H(\mathrm{e}^{\mathrm{j}\omega}) = |H(\mathrm{e}^{\mathrm{j}\omega})| \mathrm{e}^{\mathrm{j}\arg[H(\mathrm{e}^{\mathrm{j}\omega})]} = \mathrm{Re}[H(\mathrm{e}^{\mathrm{j}\omega})] + \mathrm{jIm}[H(\mathrm{e}^{\mathrm{j}\omega})]$ $\tag{2-155}$

式中,$|H(\mathrm{e}^{\mathrm{j}\omega})|$ 表示幅度特性(或称幅频特性),它是系统对输入序列 $\mathrm{e}^{\mathrm{j}\omega n}$ 的增益;$\arg[H(\mathrm{e}^{\mathrm{j}\omega})]$ 表示相位特性(或称相频特性),它是系统对输入序列 $\mathrm{e}^{\mathrm{j}\omega n}$ 的相角的改变量;$\mathrm{Re}[H(\mathrm{e}^{\mathrm{j}\omega})]$ 与 $\mathrm{Im}[H(\mathrm{e}^{\mathrm{j}\omega})]$ 分别表示频率响应 $H(\mathrm{e}^{\mathrm{j}\omega})$ 的实部与虚部。

（3）一般情况下，若 $h(n)$ 是实序列，则频率响应的幅度响应 $|H(\mathrm{e}^{\mathrm{j}\omega})|$ 是偶函数，相位响应 $\arg[H(\mathrm{e}^{\mathrm{j}\omega})]$ 是奇函数，即

$$|H(\mathrm{e}^{\mathrm{j}\omega})| = |H(\mathrm{e}^{-\mathrm{j}\omega})| \tag{2-156}$$

$$\arg[H(\mathrm{e}^{\mathrm{j}\omega})] = -\arg[H(\mathrm{e}^{-\mathrm{j}\omega})] \tag{2-157}$$

同样地，有

$$\mathrm{Re}[H(\mathrm{e}^{\mathrm{j}\omega})] = |H(\mathrm{e}^{-\mathrm{j}\omega})|\cos\{\arg[H(\mathrm{e}^{\mathrm{j}\omega})]\} = \mathrm{Re}[H(\mathrm{e}^{-\mathrm{j}\omega})] \tag{2-158}$$

$$\mathrm{Im}[H(\mathrm{e}^{\mathrm{j}\omega})] = |H(\mathrm{e}^{-\mathrm{j}\omega})|\sin\{\arg[H(\mathrm{e}^{\mathrm{j}\omega})]\} = -\mathrm{Im}[H(\mathrm{e}^{-\mathrm{j}\omega})] \tag{2-159}$$

即频率响应的实部是偶函数，虚部是奇函数。

（4）$H(\mathrm{e}^{\mathrm{j}\omega n}) = H(\mathrm{e}^{\mathrm{j}(\omega+2\pi)n})$，即 $H(\mathrm{e}^{\mathrm{j}\omega})$ 是以 2π 的整数倍（$i=0,\pm1,\pm2,\cdots$）为周期的，这与模拟滤波器的频率响应完全不同。

（5）前面说过在一个周期中，$\omega=0$、2π 表示最低频率，$\omega=\pi$ 表示最高频率。也就是说，$\omega=0$、2π 是低通滤波器的带通中心频率，$\omega=\pi$ 是高通滤波器的带通中心频率。

（6）$H(\mathrm{e}^{\mathrm{j}\omega})$ 是 ω 的连续函数。

（7）若系统输入为正弦序列，则稳态输出为同频的正弦序列，其幅度受频率响应幅度 $|H(\mathrm{e}^{\mathrm{j}\omega})|$ 的加权，而输出相位则为输入相位与系统相位响应之和。也就是说，若系统输入为

$$x(n) = A\cos(\omega_0 n + \varphi) \tag{2-160}$$

则稳态输出为

$$y(n) = A|H(\mathrm{e}^{\mathrm{j}\omega_0})|\cos\{\omega_0 n + \varphi + \arg[H(\mathrm{e}^{\mathrm{j}\omega_0})]\} \tag{2-161}$$

（8）LSI 系统，其输出序列的傅里叶变换等于输入序列与系统的频率响应的乘积的傅里叶变换，即

$$\mathrm{DTFT}[y(n)] = \mathrm{DTFT}[x(n)*h(n)]$$

$$Y(\mathrm{e}^{\mathrm{j}\omega}) = X(\mathrm{e}^{\mathrm{j}\omega})H(\mathrm{e}^{\mathrm{j}\omega}) \tag{2-162}$$

2.5.4 频率响应的几何确定法

1. $H(z)$ 系统函数用极点、零点的表示法

可将式（2-147）的 $H(z)$ 进行因式分解，即用极点、零点表示为

$$H(z) = K\frac{\displaystyle\prod_{m=1}^{M}(1-c_m z^{-1})}{\displaystyle\prod_{k=1}^{N}(1-d_k z^{-1})} = Kz^{(N-M)}\frac{\displaystyle\prod_{m=1}^{M}(z-c_m)}{\displaystyle\prod_{k=1}^{N}(z-d_k)} \tag{2-163}$$

式中，K 为实数；$z=c_m(m=1,2,\cdots,M)$ 为 $H(z)$ 的 M 个零点；$z=d_k(k=1,2,\cdots,N)$ 为 $H(z)$ 的 N 个极点。当 $N>M$ 时，$H(z)$ 在 $z=0$ 处有 $(N-M)$ 阶零点；当 $N<M$ 时，$H(z)$ 在 $z=0$ 处有 $(M-N)$ 阶极点。

2. 系统频率响应的几何解释

系统的频率响应为

$$H(\mathrm{e}^{\mathrm{j}\omega}) = K\mathrm{e}^{\mathrm{j}(N-M)\omega}\frac{\displaystyle\prod_{m=1}^{M}(\mathrm{e}^{\mathrm{j}\omega}-c_m)}{\displaystyle\prod_{k=1}^{N}(\mathrm{e}^{\mathrm{j}\omega}-d_k)} = |H(\mathrm{e}^{\mathrm{j}\omega})|\mathrm{e}^{\mathrm{j}\arg[H(\mathrm{e}^{\mathrm{j}\omega})]} \tag{2-164}$$

因而 $H(e^{j\omega})$ 的模(幅度特性)为

$$|H(e^{j\omega})| = |K| \frac{\prod_{m=1}^{M}(e^{j\omega} - c_m)}{\prod_{k=1}^{N}(e^{j\omega} - d_k)} \tag{2-165}$$

$H(e^{j\omega})$ 的相角(相位特性)为

$$\arg[H(e^{j\omega})] = \arg[K] + \sum_{m=1}^{M}\arg[e^{j\omega} - c_m] - \sum_{k=1}^{N}\arg[e^{j\omega} - d_k] + (N-M)\omega \tag{2-166}$$

由图 2-34 可以看出,在 z 平面上,$z = c_m(m=1,2,\cdots,M)$ 表示 $H(z)$ 的零点(图上以"○"表示);$z = d_k(k=1,2,\cdots,N)$ 表示 $H(z)$ 的极点(图上以"×"表示);而复变量 c_m(或 d_k)是由原点($z=0$)指向 c_m 点(或 d_k 点)的矢量,即以原点为起点,角度为 ω 且长度为 1 的矢量,因此 $e^{j\omega} - c_m$ 表示一个由零点 c_m 指向单位圆上角度为 ω 的点的矢量,称为零矢。同样地,$e^{j\omega} - d_k$ 则表示一个由极点 d_k 指向单位圆上角度为 ω 的点的矢量,称为极矢。

零矢的定义为

$$C_m = e^{j\omega} - c_m = \rho_m e^{j\theta_m} \tag{2-167}$$

极矢的定义为

$$D_k = e^{j\omega} - d_k = l_k e^{j\phi_k} \tag{2-168}$$

由于 $e^{j\omega}$ 是随数字频率 ω 的变化而沿单位圆上旋转的矢量,故各极矢与各零矢也是随 ω 变化而变化的矢量。

将上述两个表达式代入式(2-165)及式(2-166)可得

$$|H(e^{j\omega})| = |K| \frac{\prod_{m=1}^{M}\rho_m}{\prod_{k=1}^{N}l_k} \tag{2-169}$$

$$\arg[H(e^{j\omega})] = \arg[K] + \sum_{m=1}^{M}\theta_m - \sum_{k=1}^{N}\phi_k + (N-M)\omega \tag{2-170}$$

也就是说,频率响应的模等于各零矢长度之积除以各极矢长度之积再乘以常数 $|K|$。频率响应的相角等于各零矢的相角之和减去各极矢的相角之和,加上常数 K 的相角(由于 K 是实数,故其相角是 0 或 π),再加上线性相移分量 $(N-M)\omega$。

利用式(2-169)及式(2-170),结合图 2-34 可得到以下结论。

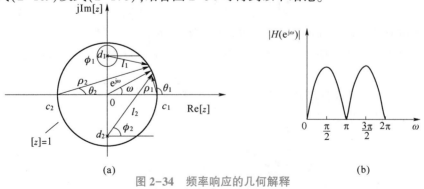

图 2-34 频率响应的几何解释

(a)几何解释;(b)频率响应的模

（1）位于原点 ($z=0$) 处的极点、零点，其极矢与零矢的模(长度)永远等于1(无论 ω 如何变化)，故对 $|H(e^{j\omega})|$ 没有影响，但对 $\arg|H(e^{j\omega})|$ 则贡献一个线性相移分量，即 $(N-M)\omega$。

（2）单位圆附近的零点对 $|H(e^{j\omega})|$ 的凹谷的位置和其凹陷的深度有明显的影响。例如，若 $c_m=|c_m|e^{j\arg[c_m]}$，当频率为 $\omega_m=\arg[c_m]$(单位圆上角度为 ω_m 处)时，零矢 $C_m=e^{j\omega_m}-c_m$ 的模 $|\rho_m|$ 最短，则由式(2-165)可知，$|H(e^{j\omega})|$ 在此 $\omega_m=\arg[c_m]$ 处，形成极小值，即形成凹陷最大的波谷，c_m 越靠近单位圆，这一波谷就越低，若零点在单位圆上，则在此频率点上 $|H(e^{j\omega})|$ 值为 0。

（3）同理，单位圆附近的极点 $d_k=|d_k|e^{j\arg[d_k]}$ 使 $H(e^{j\omega})$ 在频率 $\omega=\arg[d_k]$ 处，形成 $|H(e^{j\omega})|$ 的凸起波峰，极点越靠近单位圆，波峰就越尖锐。但极点不能在单位圆上，否则系统处于临界稳定状态。

【例 2-42】和【例 2-43】

根据这些讨论，对低阶 $H(z)$，可通过 $H(z)$ 的极点、零点位置，定性讨论 $|H(e^{j\omega})|$ 的形状，也可通过设置零点、极点位置，来设计简单的一、二阶数字滤波器。

2.5.5　无限长单位冲激响应(IIR)系统与有限长单位冲激响应(FIR)系统

（1）从系统的单位冲激响应 $h(n)$ 来看，因为设计方法不同，故被划分为以下两种系统：
①无限长单位冲激响应(Infinite Impulse Response, IIR)系统；
②有限长单位冲激响应(Finite Impulse Response, FIR)系统。
（2）从系统函数 $H(z)$ 的零点、极点来看，将系统函数的表达式(2-147)重写如下：

$$H(z)=\frac{\sum\limits_{m=0}^{M}b_m z^{-m}}{1+\sum\limits_{k=1}^{N}a_k z^{-k}} \tag{2-171}$$

由上式可以区分出：
①全零点系统(滑动平均系统)。在式(2-171)中，当全部 $a_k=0(k=1,2,\cdots,N)$ 时，系统是 FIR 系统，此时 $H(z)=\sum\limits_{m=0}^{M}b_m z^{-m}=\sum\limits_{m=0}^{M}h(m)z^{-m}$，$H(z)$ 在 z 平面中($0<|z|<\infty$ 的有限 z 平面中)是收敛的。也就是说，此时 $H(z)$ 在有限 z 平面中没有极点，只有零点(全部极点在 $z=0$ 处)，称为全零点系统，或滑动平均系统。

②全极点系统与零极点系统。在式(2-171)中，只要有任意一个 $a_k\neq0$，则在 $0<|z|<\infty$ 的有限 z 平面中，$H(z)$ 一定有极点，这时系统就是 IIR 系统。

IIR 系统又分为两种情况，一种是分子多项式中，只有常数项 b_0，此时在有限 z 平面中，$H(z)$ 只有极点(没有零点)，称为全极点系统，或自回归系统；另一种是 $H(z)$ 是有理函数，即在有限 z 平面中既有极点，又有零点，称为零极点系统，或自回归滑动平均系统。

（3）从结构类型来看，两种系统的差分方程表达式为

$$y(n)=\sum_{m=0}^{M}b_m x(n-m)-\sum_{k=1}^{N}a_k y(n-k)$$

①递归型结构。对于 IIR 系统，至少有一个 $a_k\neq0$，则求 $y(n)$ 时，总会有(至少一个)$y(n-k)$ 反馈回来，用 a_k 加权后和各 $b_m x(n-m)$ 之和相加，因而有反馈环路，这种结构称为"递归型"结

构。也就是说,IIR 系统的输出,不但和输入有关,而且和输出有关。

②非递归型结构。对于 FIR 系统,全部 $a_k = 0(k = 1, 2, \cdots, N)$,则没有反馈结构,称为"非递归型"结构。也就是说,FIR 系统的输出只和输入有关。

FIR 系统用零点、极点互相抵消的办法时,也可以采用含有递归型结构的系统。

由于 IIR 系统和 FIR 系统的特性和设计方法都不相同,因此其成为数字滤波器的两大分支,所以我们要分别对其加以讨论。

【例 2-44】~【例 2-48】　第 2 章例题　第 2 章习题

第 3 章

离散傅里叶变换(DFT)

离散傅里叶变换(Discrete Fourier Transform,DFT)是在时域和频域上都呈现离散形式的一种傅里叶变换。因为其在时域和频域上都离散化了,所以使计算机在时、频两个域都能对信号进行计算。DFT 作为有限长序列的一种傅里叶表示法,在理论上占据重要的地位。DFT 有很多快速算法,使信号处理速度有很大的提高,这些快速算法既可用于快速计算信号通过系统的卷积运算中——快速卷积,也可用于快速对信号进行频谱分析以及用于随机信号的功率谱估计等应用中。

知识要点

本章要点是离散傅里叶变换(DFT)及其应用。DFT 是信号傅里叶变换(Fourier Transform,FT)的离散化处理,实现了利用数字方法对信号进行分析,是数字信号处理的理论基础。

本章主要介绍 DFT 的定义、性质和循环卷积,具体内容包括:

(1) 4 种信号傅里叶变换的数学概念和特点;

(2) 有限长序列 DFT 的定义及性质;

(3) 序列 DFS、DFT 和 z 变换的关系;

(4) 用 DFT 实现线性卷积和循环卷积;

(5) 利用 DFT 计算长线性卷积的重叠相加法和重叠保留法。

§ 3.1　傅里叶变换的 3 种可能形式

本章主要讨论由离散傅里叶级数(Discrete Fourier Series,DFS)引申出来的 DFT,因其时域、频域都是离散的,因而它们的时域、频域又必然是周期的。DFT 是针对有限长序列的,取周期序列 DFS 的一个周期的对应关系进行研究,因而它是隐含周期的。

3.1.1　周期序列的傅里叶级数——离散傅里叶级数(DFS)

3.1.1.1　DFS 的定义

$\tilde{x}(n)$ 表示一个周期为 N 的周期序列,即

$$\tilde{x}(n) = \tilde{x}(n + rN) \tag{3-1}$$

式中,N 为正整数;r 为任意整数。

4 种傅里叶变换形成的时域、频域表示及图形如表 3-1 所示。

表 3-1　4 种傅里叶变换形式的时域、频域表示及图形

傅里叶变换对	连续时间非周期信号的傅里叶变换（FT）对	连续时间周期信号的傅里叶级数（FS）对	非周期序列的傅里叶变换（DTFT）对	周期序列的傅里叶级数（DTFT）对——离散傅里叶级数（DFS）对
傅里叶变换对	$X(\mathrm{j}\Omega) = \int_{-\infty}^{+\infty} x(t)\mathrm{e}^{-\mathrm{j}\Omega t}\mathrm{d}t$ $x(t) = \dfrac{1}{2\pi}\int_{-\infty}^{+\infty} X(\mathrm{j}\Omega)\mathrm{e}^{\mathrm{j}\Omega t}\mathrm{d}\Omega$	$X(\mathrm{j}k\Omega_0) = \dfrac{1}{T_0}\int_{-T_0/2}^{T_0/2} x(t)\mathrm{e}^{-\mathrm{j}k\Omega_0 t}\mathrm{d}t$ $x(t) = \sum_{k=-\infty}^{+\infty} X(\mathrm{j}k\Omega_0)\mathrm{e}^{\mathrm{j}k\Omega_0 t}$	$X(\mathrm{e}^{\mathrm{j}\omega}) = \sum_{n=-\infty}^{+\infty} x(n)\mathrm{e}^{-\mathrm{j}\omega n}$ $x(n) = \dfrac{1}{2\pi}\int_{-\pi}^{\pi} X(\mathrm{e}^{\mathrm{j}\omega})\mathrm{e}^{\mathrm{j}\omega n}\mathrm{d}\omega$	$\bar{X}(k) = \sum_{n=0}^{N-1} \bar{x}(n)\mathrm{e}^{-\mathrm{j}\frac{2\pi}{N}nk}$ $\bar{x}(n) = \sum_{k=0}^{N-1} \bar{X}(k)\mathrm{e}^{\mathrm{j}\frac{2\pi}{N}nk}$
时域波形	$x(t)$ 连续、非周期	$\tilde{x}(t)$，T_0 连续、周期（T_0）	$x(n)=x_a(nT)$ $0\ 1\ 2$; $0\ 1\ 2T$ 离散（T）、非周期	$\tilde{x}(n)=\tilde{x}_a(nT)$，$T=1/f_s$，$T_0=1/F_0$ $0\ 1\ 2\ \cdots\ N-1$; $0\ T\ 2T\ \cdots\ (N-1)T$ 离散（T）、非周期（T_0）
频域幅度特性	$\lvert X(\mathrm{j}\Omega)\rvert$ 非周期、连续	$\lvert X(k\mathrm{j}\Omega_0)\rvert$，$\Omega_0=2\pi/T_0$ 非周期、离散（$\Omega_0=2\pi/T_0$）	$\lvert X(\mathrm{e}^{\mathrm{j}\omega})\rvert$ $0\quad \pi/T\quad 2\pi/T$ (ω) $0\quad \pi\quad 2\pi$ (Ω) 周期（$\Omega_s=2\pi/T$）、连续	$\lvert\tilde{X}(k)\rvert=\lvert\tilde{X}(\mathrm{e}^{\mathrm{j}k\Omega_0 T})\rvert$，$T_0=1/F_0$ $\Omega_0=2\pi/T_0$，$\Delta\omega_0=2\pi/N$ $0\ 1\ 2\ \cdots\ N-1\ N$ (k) $0\ \Omega_0\ 2\Omega_0\ \cdots\ (N-1)\Omega_0\ N\Omega_0$ (Ω) $0\quad \pi\quad 2\pi$，$\omega=\Omega T$ 周期（$\Omega_0=2\pi/T$）、离散（$\Omega_0=2\pi/T_0$）

由于周期序列 $\tilde{x}(n)$ 不是绝对可和的，因而其 z 变换是不存在的。也就是说，找不到任何一个衰减因子 $|z|$ 使周期序列绝对可和。即有

$$\sum_{n=\infty}^{\infty} |\tilde{x}(n)| |z^{-n}| = \infty$$

因此，周期序列不能作 z 变换。但是与连续时间周期信号一样，也可以用离散傅里叶级数来表示周期序列，即用周期为 N 的复指数序列 $e^{j\frac{2\pi}{N}nk}$ 来表示周期序列。连续周期信号与离散周期信号的对比如表 3-2 所示。

表 3-2　连续周期信号与离散周期信号的对比

项目	基频序列（信号）	周期	基频	k 次谐波序列（信号）
连续周期	$e^{j\Omega_0 t} = e^{j\left(\frac{2\pi}{T_0}\right)t}$	T_0	$\Omega_0 = 2\pi/T_0$	$e^{jk\frac{2\pi}{T_0}t}$
离散周期	$e^{j\Omega_0 n} = e^{j\left(\frac{2\pi}{N}\right)n}$	N	$\Omega_0 = 2\pi/N$	$e^{jk\frac{2\pi}{N}n}$

可以将连续周期信号的复指数序列与离散周期信号的复指数序列引用表 3-2 来加以对比。因此，周期为 N 的复指数序列的基频序列为

$$e_0(n) = e^{j\left(\frac{2\pi}{N}\right)n}$$

其 k 次谐波序列为

$$e_k(n) = e^{j\left(\frac{2\pi}{N}\right)kn}$$

虽然其表现形式上和连续周期函数是相同的，但是离散傅里叶级数的谐波成分只有 N 个独立成分，这是和连续傅里叶级数的不同之处（后者有无穷多个谐波成分）。原因是

$$e^{j\frac{2\pi}{N}(k+rN)n} = e^{j\frac{2\pi}{N}kn}$$

也就是

$$e_{k+rN}(n) = e_k(n)$$

因而对于离散傅里叶级数，只能取 $k=0$ 到 $k=N-1$ 的 N 个独立谐波分量，否则就会产生二义性。因而 $\tilde{x}(n)$ 可展开成如下形式的离散傅里叶级数，即

$$\tilde{x}(n) = \frac{1}{N}\sum_{k=0}^{N-1}\tilde{X}(k)e^{j\frac{2\pi}{N}kn} \tag{3-2}$$

这里的 $1/N$ 是一个常用的常数，选取它是为了下面的 $\tilde{X}(k)$ 表达式成立，$\tilde{X}(k)$ 是 k 次谐波的系数。下面我们来求解系数 $\tilde{X}(k)$，利用以下性质，即

$$\frac{1}{N}\sum_{n=0}^{N-1}e^{j\frac{2\pi}{N}rn} = \frac{1}{N}\frac{1-e^{j\frac{2\pi}{N}rN}}{1-e^{j\frac{2\pi}{N}r}}$$

$$= \begin{cases} 1, r = mN, m \text{ 为任意整数} \\ 0, \text{其他 } r \end{cases} \tag{3-3}$$

将式（3-2）两端同时乘以 $e^{-j\frac{2\pi}{N}rn}$，然后在 $n=0$ 到 $n=N-1$ 的一个周期内求和，考虑到式（3-3），可得到

$$\sum_{n=0}^{N-1}\tilde{x}(n)e^{-j\frac{2\pi}{N}rn} = \frac{1}{N}\sum_{n=0}^{N-1}\sum_{k=0}^{N-1}\tilde{X}(k)e^{j\frac{2\pi}{N}(k-r)n}$$

$$= \sum_{k=0}^{N-1}\tilde{X}(k)\left[\frac{1}{N}\sum_{n=0}^{N-1}e^{j\frac{2\pi}{N}(k-r)n}\right]$$

$$= \tilde{X}(r)$$

把 r 换成 k 可得

$$\tilde{X}(k) = \sum_{n=0}^{N-1} \tilde{x}(n) e^{-j\frac{2\pi}{N}kn} \tag{3-4}$$

这就是求 $k=0$ 到 $k=N-1$ 的 N 个谐波系数 $\tilde{X}(k)$ 的公式。同时看出 $\tilde{X}(k)$ 也是一个以 N 为周期的周期序列,即

$$\tilde{X}(k+mN) = \sum_{m=0}^{N-1} \tilde{x}(n) e^{-j\frac{2\pi}{N}(k+mN)n} = \sum_{n=0}^{N-1} \tilde{x}(n) e^{-j\frac{2\pi}{N}kn} = \tilde{X}(k) \tag{3-5}$$

这和式(3-2)的复指数只在 $k=0,1,\cdots,N-1$ 时才各不相同(即离散傅里叶级数只有 N 个不同的系数 $\tilde{X}(k)$)的说法是一致的。因此,可看出,时域周期序列的离散傅里叶级数在频域(即其系数)也是一个周期序列。因而我们把式(3-2)与式(3-4)一起看作是周期序列的离散傅里叶级数(DFS)对。$\tilde{x}(n)$、$\tilde{X}(k)$ 都是离散的且是周期的序列,因而只要研究它们的一个周期的 N 个序列值就足够了,所以和有限长序列有本质的联系。

一般书上常采用以下符号:

$$W_N = e^{-j\frac{2\pi}{N}}$$

则式(3-4)及式(3-2)的离散傅里叶级数对可表示为

正变换:

$$\tilde{X}(k) = \mathrm{DFS}[\tilde{x}(n)] = \sum_{n=0}^{N-1} \tilde{x}(n) e^{-j\frac{2\pi}{N}kn} = \sum_{n=0}^{N-1} \tilde{x}(n) W_N^{nk} \tag{3-6}$$

反变换:

$$\tilde{x}(n) = \mathrm{IDFS}[\tilde{X}(k)] = \frac{1}{N}\sum_{k=0}^{N-1} \tilde{X}(k) e^{j\frac{2\pi}{N}kn} = \frac{1}{N}\sum_{k=0}^{N-1} \tilde{X}(k) W_N^{-nk} \tag{3-7}$$

式中,$\mathrm{DFS}[\cdot]$ 表示离散傅里叶级数正变换;$\mathrm{IDFS}[\cdot]$ 表示离散傅里叶级数反变换。

函数 W_N 具有以下性质。

(1) 共轭对称性:

$$W_N^n = (W_N^{-n})^* \tag{3-8}$$

(2) 周期性:

$$W_N^n = W_N^{n+iN}, i \text{ 为整数} \tag{3-9}$$

(3) 可约性:

$$W_N^{in} = W_{N/i}^n, W_{Ni}^{in} = W_N^n \tag{3-10}$$

(4) 正交性:

$$\frac{1}{N}\sum_{k=0}^{N-1} W_N^{nk}(W_N^{mk})^* = \frac{1}{N}\sum_{k=0}^{N-1} W_N^{(n-m)k} = \begin{cases} 1, n-m=iN \\ 0, n-m \neq iN \end{cases} \tag{3-11}$$

① 其中 i 为整数。

② 一个周期中的 $\tilde{X}(k)$ 与 $\tilde{x}(n)$ 的关系为

$$X(k) = \sum_{n=0}^{N-1} x(n) e^{-j\frac{2\pi}{N}nk} = \sum_{n=0}^{N-1} x(n) W_N^{nk}, k=0,1,\cdots,N-1 \tag{3-12}$$

$$x(n) = \sum_{k=0}^{N-1} X(k) e^{j\frac{2\pi}{N}nk} = \sum_{k=0}^{N-1} X(k) W_N^{-nk}, n=0,1,\cdots,N-1 \tag{3-13}$$

3.1.1.2　DFS 的性质

由于可以用 z 变换来解释 DFS，因此它的许多性质与 z 变换的性质非常相似。但是，由于 $\tilde{x}(n)$ 和 $\tilde{X}(k)$ 两者都具有周期性，这就使它与 z 变换的性质还有一些重要差别。此外，DFS 在时域和频域之间具有严格的对偶关系，这是序列的 z 变换表示所不具有的。研究 DFS 的性质，是为了引申出有限长序列的 DFT 的各有关性质。

【例 3-1】~【例 3-6】

设 $\tilde{x}_1(n)$ 和 $\tilde{x}_2(n)$ 皆是周期为 N 的周期序列，它们各自的 DFS 为

$$\tilde{X}_1(k) = \mathrm{DFS}[\tilde{x}_1(n)]，\tilde{X}_2(k) = \mathrm{DFS}[\tilde{x}_2(n)]$$

1. 线性

线性表达式为

$$\mathrm{DFS}[a\tilde{x}_1(n) + b\tilde{x}_2(n)] = a\tilde{X}_1(k) + b\tilde{X}_2(k) \tag{3-14}$$

式中，a、b 为任意常数。即所得到的频域序列也是周期序列，周期为 N。这一性质可由 DFS 定义直接证明，留给读者自己去做。

2. 周期序列的移位

周期序列的移位表达式为

$$\mathrm{DFS}[\tilde{x}(n+m)] = W_N^{-mk}\tilde{X}(k) = \mathrm{e}^{\mathrm{j}\frac{2\pi}{N}mk}\tilde{X}(k) \tag{3-15}$$

证明

$$\mathrm{DFS}[\tilde{x}(n+m)] = \sum_{n=0}^{N-1}\tilde{X}(n+m)W_N^{nk}$$

$$= \sum_{i=m}^{N-1+m}\tilde{x}(i)W_N^{ki}W_N^{-mk}，i = m+n$$

由于 $\tilde{x}(i)$ 及 W_N^{ki} 都是以 N 为周期的周期函数，因此

$$\mathrm{DFS}[\tilde{x}(n+m)] = W_N^{-mk}\sum_{i=0}^{N-1}\tilde{x}(i)W_N^{ki} = W_N^{-mk}\tilde{X}(k) = \mathrm{e}^{\mathrm{j}\frac{2\pi}{N}mk}\tilde{X}(k)$$

3. 调制特性

调制特性表达式为

$$\mathrm{DFS}[W_N^{ln}\tilde{x}(n)] = \tilde{X}(k+l) \tag{3-16}$$

证明

$$\mathrm{DFS}[W_N^{ln}\tilde{x}(n)] = \sum_{n=0}^{N-1}W_N^{ln}\tilde{x}(n)W_N^{nk} = \sum_{n=0}^{N-1}\tilde{x}(n)W_N^{n(k+l)} = \tilde{X}(k+l)$$

4. 对偶性

在"信号与系统"课程学习中，连续时间傅里叶变换在时域、频域之间存在对偶性，即若 $F[f(t)] = F(\mathrm{j}\Omega)$，则有 $F[F(t)] = 2\pi f(-\mathrm{j}\Omega)$。但是，非周期序列和它的离散时间傅里叶变换是两类不同的函数，时域是离散的序列，频域则是连续周期的函数，因而不存在对偶性。而从 DFS 和 IDFS 公式看出，它们只差 $1/N$ 因子和 W_N 的指数的正负号，故周期序列 $\tilde{x}(n)$ 和它的 DFS 的系数 $\tilde{X}(k)$ 是同一类函数，即都是离散周期的，因而也一定存在时域与频域的对偶关系。

从式(3-7)的反变换关系中可得到

$$N\tilde{x}(-n) = \sum_{k=0}^{N-1} \tilde{X}(k) W_N^{nk} \qquad (3-17)$$

由于等式右边是与式(3-6)相同的正变换表达式,故将式(3-17)中的 n 和 k 互换,可得

$$N\tilde{x}(-k) = \sum_{n=0}^{N-1} \tilde{X}(n) W_N^{nk} \qquad (3-18)$$

式(3-18)与式(3-6)相似,即周期序列 $\tilde{X}(k)$ 的 DFS 系数是 $N\tilde{x}(-k)$,因而有以下的对偶关系:

$$\text{DFS}[\tilde{x}(n)] = \tilde{X}(k) \qquad (3-19)$$

$$\text{IDFS}[\tilde{X}(n)] = N\tilde{x}(-k) \qquad (3-20)$$

5. 对称性

周期序列的离散傅里叶级数在离散时域及离散频域之间也有同样的对称关系。在这里我们不去一一列出这些对称性质,将在 3.1.3 小节中着重讨论这些对称性,从而把讨论的结果加以周期延拓,就可得到周期序列的离散傅里叶级数的对称性。

6. 周期卷积

若

$$\tilde{Y}(k) = \tilde{X}_1(k) \cdot \tilde{X}_2(k)$$

则

$$\tilde{y}(n) = \text{IDFS}[\tilde{Y}(k)] = \sum_{m=0}^{N-1} \tilde{x}_1(m) \tilde{x}_2(n-m)$$

$$= \sum_{m=0}^{N-1} \tilde{x}_2(m) \tilde{x}_1(n-m) \qquad (3-21)$$

证明

$$\tilde{y}(n) = \text{IDFS}[\tilde{X}_1(k) \cdot \tilde{X}_2(k)] = \frac{1}{N} \sum_{k=0}^{N-1} \tilde{X}_1(k) \tilde{X}_2(k) W_N^{-kn}$$

代入

$$\tilde{X}_1(k) = \sum_{m=0}^{N-1} \tilde{x}_1(m) W_N^{mk}$$

则

$$\tilde{y}(n) = \frac{1}{N} \sum_{k=0}^{N-1} \sum_{m=0}^{N-1} \tilde{x}_1(m) \tilde{X}_2(k) W_N^{(m-n)k}$$

$$= \sum_{m=0}^{N-1} \tilde{x}_1(m) \left[\frac{1}{N} \sum_{k=0}^{N-1} \tilde{X}_2(k) W_N^{-(n-m)k} \right]$$

$$= \sum_{m=0}^{N-1} \tilde{x}_1(m) \tilde{x}_2(n-m)$$

将变量进行简单换元,即可得等价的表达式:

$$\tilde{y}(n) = \sum_{m=0}^{N-1} \tilde{x}_2(m) \tilde{x}_1(n-m)$$

式(3-21)是一个卷积公式,但是它与非周期序列的线性卷积不同。首先,$\tilde{x}_1(m)$ 和 $\tilde{x}_2(n-m)$($或 \tilde{x}_2(m)$ 与 $\tilde{x}_1(n-m)$)都是变量 m 的周期序列,周期为 N,故乘积也是周期为 N 的周期序列;其次,求和只在一个周期上进行,即 $m=0$ 到 $m=N-1$,所以称为周期卷积。

图3-1 说明了两个周期序列(周期为 $N=6$)的周期卷积的形成过程。在此过程中,当一个周期的某一序列值移出计算区间时,相邻的一个周期的同一位置的序列值就移入计算区间。

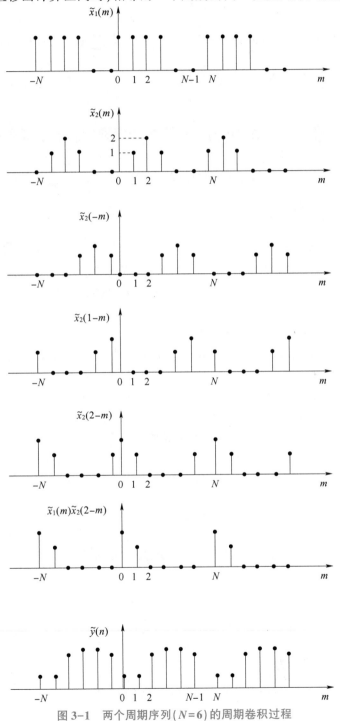

图 3-1　两个周期序列($N=6$)的周期卷积过程

运算在 $m=0$ 到 $m=N-1$ 区间内进行,先计算出 $n=0,1,\cdots,N-1$ 的结果,然后将所得结果进行周期延拓,就得到所求的整个周期序列 $\tilde{y}(n)$。

同样,由于 DFS 和 IDFS 的对称性,可以证明(请读者自己证明)时域周期序列的乘积对应频域周期序列的周期卷积结果除以 N。即,若

$$\tilde{y}(n) = \tilde{x}_1(n)\tilde{x}_2(n)$$

则

$$\tilde{Y}(k) = \text{DFS}[\tilde{y}(n)] = \sum_{n=0}^{N-1} \tilde{y}(n) W_N^{nk} = \frac{1}{N}\sum_{l=0}^{N-1} \tilde{X}_1(l)\tilde{X}_2(k-l)$$

$$= \frac{1}{N}\sum_{l=0}^{N-1} \tilde{X}_2(l)\tilde{X}_1(k-l) \tag{3-22}$$

3.1.2 离散傅里叶变换(DFT)——有限长序列的离散频域表示

3.1.2.1 DFT 的定义及其与 DFS、DTFT 及 z 变换的关系

1. 主值区间、主值序列

设 $x(n)$ 为有限长序列,只在 $0 \leqslant n \leqslant N-1$ 处有值,我们可以把它看成是以 N 为周期的周期序列 $\tilde{x}(n)$ 的第一个周期($0 \leqslant n \leqslant N-1$),该周期 $[0,N-1]$ 就称为主值区间,主值区间的序列 $x(n)$ 称为主值序列,则有

【例 3-7】~【例 3-11】

$$x(n) = \tilde{x}(n)R_N(n) = x((n))_N R_N(n) \tag{3-23}$$

$$\tilde{x}(n) = x((n))_N \tag{3-24}$$

式中,$x((n))_N$ 表示模运算关系,有

$$x((n))_N = x(n \text{ 模 } N) = x(n \text{ 对 } N \text{ 取余数}) = x(n_1)$$

即

$$n = n_1 + mN, 0 \leqslant n_1 \leqslant N-1, m \text{ 为整数}$$

也就是说,余数 n_1 是主值区间中的值,若 $N=8$,则

$$n = 27 = 3 \times 8 + 3$$

故

$$((27))_8 = 3$$

即

$$n_1 = 3$$

又有

$$n = -6 = -1 \times 8 + 2$$

故

$$((-6))_8 = 2$$

即

$$n_1 = 2$$

同样,对频域序列也可表示为

$$X(k) = \tilde{X}(k)R_N(k) = X((k))_N R_N(k)$$

$$\tilde{X}(k) = X((k))_N$$

2. DFT 的定义

设 $x(n)$ 为 M 点有限长序列，即在 $0 \leq n \leq M-1$ 内有值，则可定义 $x(n)$ 的 N 点（$N \geq M$，当 $N > M$ 时，补 $N-M$ 个零点值），N 点离散傅里叶变换定义为

$$X(k) = \text{DFT}[x(n)] = \sum_{n=0}^{N-1} x(n) e^{-j\frac{2\pi}{N}nk} = \sum_{n=0}^{N-1} x(n) W_N^{nk}, k = 0, 1, \cdots, N-1 \quad (3-25)$$

而 $X(k)$ 的 N 点离散傅里叶反变换定义为

$$x(n) = \text{IDFT}[X(k)] = \frac{1}{N} \sum_{k=0}^{N-1} X(k) e^{j\frac{2\pi}{N}nk} = \frac{1}{N} \sum_{k=0}^{N-1} X(k) W_N^{-nk}, n = 0, 1, \cdots, N-1 \quad (3-26)$$

3. DFT 用矩阵表示

由式(3-25)定义的 DFT 也可用矩阵表示为

$$X = W_N x \quad (3-27)$$

式中，X 是 N 点 DFT 频域的列向量，即

$$X = [X(0), X(1), \cdots, X(N-2), X(N-1)]^{\text{T}} \quad (3-28)$$

【例 3-12】~【例 3-17】

x 是时域序列的列向量，即

$$x = [x(0), x(1), \cdots, x(N-2), x(N-1)]^{\text{T}} \quad (3-29)$$

W_N 称为 N 点 DFT 矩阵，定义为

$$W_N = \begin{bmatrix} 1 & 1 & 1 & \cdots & 1 \\ 1 & W_N^1 & W_N^2 & \cdots & W_N^{N-1} \\ 1 & W_N^2 & W_N^4 & \cdots & W_N^{2(N-1)} \\ \vdots & \vdots & \vdots & & \vdots \\ 1 & W_N^{N-1} & W_N^{2(N-1)} & \cdots & W_N^{(N-1)(N-1)} \end{bmatrix} \quad (3-30)$$

因而式(3-26)定义的 IDFT 也可用矩阵表示为

$$x = W_N^{-1} X \quad (3-31)$$

式中，W_N^{-1} 称为 N 点 IDFT 矩阵，定义为

$$W_N^{-1} = \frac{1}{N} \begin{bmatrix} 1 & 1 & 1 & \cdots & 1 \\ 1 & W_N^{-1} & W_N^{-2} & \cdots & W_N^{-(N-1)} \\ 1 & W_N^{-2} & W_N^{-4} & \cdots & W_N^{-2(N-1)} \\ \vdots & \vdots & \vdots & & \vdots \\ 1 & W_N^{-(N-1)} & W_N^{-2(N-1)} & \cdots & W_N^{-(N-1)(N-1)} \end{bmatrix} \quad (3-32)$$

将 W_N 与 W_N^{-1} 的表达式进行比较，可得

$$W_N^{-1} = \frac{1}{N} W_N^* \quad (3-33)$$

将式(3-28)、式(3-29)及式(3-30)代入式(3-27)，可得 DFT 具体矩阵的表达式为

$$\begin{bmatrix} X(0) \\ X(1) \\ X(2) \\ \vdots \\ X(N-1) \end{bmatrix} = \begin{bmatrix} 1 & 1 & 1 & \cdots & 1 \\ 1 & W_N^1 & W_N^2 & \cdots & W_N^{N-1} \\ 1 & W_N^2 & W_N^4 & \cdots & W_N^{2(N-1)} \\ \vdots & \vdots & \vdots & & \vdots \\ 1 & W_N^{N-1} & W_N^{2(N-1)} & \cdots & W_N^{(N-1)(N-1)} \end{bmatrix} \begin{bmatrix} x(0) \\ x(1) \\ x(2) \\ \vdots \\ x(N-1) \end{bmatrix} = W_N x \quad (3-34)$$

同样将式(3-28)、式(3-29)及式(3-32)代入式(3-31)，可得 IDFT 具体矩阵的表达式为

$$
\begin{bmatrix} x(0) \\ x(1) \\ x(2) \\ \vdots \\ x(N-1) \end{bmatrix} = \frac{1}{N} \begin{bmatrix} 1 & 1 & 1 & \cdots & 1 \\ 1 & W_N^{-1} & W_N^{-2} & \cdots & W_N^{-(N-1)} \\ 1 & W_N^{-2} & W_N^{-4} & \cdots & W_N^{-2(N-1)} \\ \vdots & \vdots & \vdots & & \vdots \\ 1 & W_N^{-(N-1)} & W_N^{-2(N-1)} & \cdots & W_N^{-(N-1)(N-1)} \end{bmatrix} \begin{bmatrix} X(0) \\ X(1) \\ X(2) \\ \vdots \\ X(N-1) \end{bmatrix} = \frac{1}{N} \boldsymbol{W}_N^* \boldsymbol{X} \quad (3-35)
$$

4. DFT 与 DFS 的关系

由于在研究 DFT 和 DFS 时,时域和频域都是离散的,因而时域和频域应都是周期性的,本质上都是离散周期序列。

定义于第一个周期($0 \leqslant n \leqslant N-1$)中的 DFS 对,就得到 DFT 对。也就是说,对 DFT 来说,人们感兴趣的定义范围,对 $x(n)$ 为 $0 \leqslant n \leqslant N-1$,对 $X(k)$ 则为 $0 \leqslant k \leqslant N-1$。但是,从上面我们提到的本质上的周期性可知,它们都隐含有周期性,即在 DFT 讨论中,有限长序列都是作为周期序列的一个周期来表示的。也就是说,对 DFT 的任何处理,都是先把序列值作周期延拓后,再作相应的处理,然后取主值序列,就是处理的结果:

$$
x(n) = \tilde{x}(n) R_N(n) = \frac{1}{N} \sum_{k=0}^{N-1} X(k) W_N^{-nk}, 0 \leqslant n \leqslant N-1 \quad (3-36a)
$$

$$
\tilde{x}(n) = x((n))_N = \sum_{m=-\infty}^{\infty} x(n+mN) = \frac{1}{N} \sum_{k=0}^{N-1} \tilde{X}(k) W_N^{-nk} \quad (3-36b)
$$

即 $x(n)$ 是 $\tilde{x}(n)$ 的主值序列,$\tilde{x}(n)$ 是 $x(n)$ 以 N 为周期的周期延拓序列,同样地,有

$$
X(k) = \tilde{X}(k) R_N(k) = \sum_{n=0}^{N-1} x(n) W_N^{nk}, 0 \leqslant n \leqslant N-1 \quad (3-37a)
$$

$$
\tilde{X}(k) = X((k))_N = \sum_{m=-\infty}^{\infty} X(k+mN) = \sum_{n=0}^{N-1} \tilde{x}(n) W_N^{nk} \quad (3-37b)
$$

即 $X(k)$ 是 $\tilde{X}(k)$ 的主值序列,$\tilde{X}(k)$ 是 $X(k)$ 以 N 为周期的周期延拓序列。

5. DFT 和 DTFT、z 变换的关系——频域抽样

$X(k)$ 与 $X(z)$ 及 $X(e^{j\omega})$ 的关系为

$$
X(k) = X(z) \big|_{z=e^{j2\pi k/N}}, k = 0, 1, \cdots, N-1 \quad (3-38a)
$$

$$
X(k) = X(e^{j\omega}) \big|_{\omega=2\pi k/N}, k = 0, 1, \cdots, N-1 \quad (3-38b)
$$

从式(3-38a)及式(3-38b)可以看出,$x(n)$ 的 N 点 DFT 的含义是 $x(n)$ 的 z 变换在单位圆上的抽样值,即 $x(n)$ 的傅里叶变换 $X(e^{j\omega})$ 在 $0 \leqslant \omega \leqslant 2\pi$ 上的 N 个等间隔点 $\omega_k = 2\pi k/N(k = 0, 1, \cdots, N-1)$ 上的抽样值,其抽样间隔为 $2\pi/N$。

对某一特定 N,$X(k)$ 与 $x(n)$ 是一一对应的,当频域抽样点数 N 变化时,$X(k)$ 也将变化;当 N 足够大时,$X(k)$ 的幅度谱 $|X(k)|$ 的包络可更逼近 $X(e^{j\omega})$ 曲线。在用 DFT 作谱分析时,这一概念起很重要的作用。

6. 离散傅里叶变换对 $x(n)$ 与 $X(k)$ 中各参量间的关系

表 3-1 的最后一列给出了离散傅里叶级数对的离散时域、离散频域两个图形。若在两个图形中各取一个周期(主值区间)来研究,即为离散傅里叶变换时,那么其中各参量如下。

T_0:时域长度。

T:时域相邻两抽样点的时间间距。

f_s:时域抽样频率。

F_0：频域相邻两抽样点的频率间距（$F_0 = \Omega_0/2\pi$）。

N：在 T_0 时间段内的抽样点数。

可以看出这些参量间的关系为

$$T_0 = NT = \frac{N}{f_s} = \frac{1}{F_0}$$

或写成

$$F_0 = \frac{f_s}{N} = \frac{1}{NT} = \frac{1}{T_0}$$

由上面两式可得出以下结论：

（1）时域相邻两抽样点的时间间距 T 等于抽样频率 f_s 的倒数（$T = 1/f_s$）；

（2）频域相邻两抽样点的频率间距 F_0 等于时域序列的时间长度 T_0 的倒数（$F_0 = 1/T_0$）；

（3）F_0 等于抽样频率 f_s 与抽样点数 N 的比值（$F_0 = f_s/N$）。

后面将会讨论到，在时域长度 T_0 不变的情况下，F_0（称为频率分辨率）是不会改变的。

【例 3-18】和【例 3-19】

3.1.2.2　时域、频域抽样后，f_k、f_s、N 的关系

如果 $x(n)$ 表示对模拟信号的抽样，抽样频率为 f_s，则时域相邻两抽样点的时间间距为 $T = 1/f_s$，频域一个周期 N 点抽样后为 $H(k) = X(\mathrm{e}^{j\omega})\big|_{\omega_k = 2\pi k/N}$，离散变量为 k，要导出 k 和与之相对应的模拟频率 f_k 以及 N 的关系，由于

$$\omega_k = \frac{2\pi}{N}k = \Omega_k T = 2\pi f_k T = 2\pi \frac{f_k}{f_s} \tag{3-39}$$

因而第 k 个抽样点的频率为

$$f_k = \frac{k}{NT} = \frac{kf_s}{N} \tag{3-40}$$

可以这样来理解上述公式，时域抽样频率 f_s 就是频域的一个周期，若频域抽样点数（当然是指一个周期的抽样点数）为 N，则频域相邻两个抽样点的间隔频率为 f_s/N，因而频域第 k 个抽样点所对应的频率就是 $f_k = kf_s/N$，这与式（3-40）是一样的。这说明，N 点 DFT 所对应的模拟频域的抽样间隔为 $\dfrac{1}{NT} = \dfrac{f_s}{N}$。由于 NT 表示时域抽样的区间长度，即记录（观察）时间（但是要求是有效的记录时间），因而称 $\dfrac{1}{NT} = F_0$ 为频率分辨率。由此可见，增加记录时间，就能减小 F_0，即提高频率分辨率。

3.1.2.3　DFT 隐含的周期性

由于 $\tilde{X}(k)$ 是对 $\tilde{x}(n)$ 的一个周期 $x(n)$ 的频谱 $X(\mathrm{e}^{j\omega})$ 的抽样，$X(\mathrm{e}^{j\omega})$ 是周期性的频谱，周期为 2π。$X(k)$ 是 $\tilde{X}(k)$ 的主值区间上的值，即 $X(\mathrm{e}^{j\omega})$ 在 $[0, 2\pi]$ 这一主值区间上 N 点等间隔的抽样值，因而当 k 超出主值区间（$k = 0, 1, \cdots, N-1$）时，就相当于在 ω 位于 $[0, 2\pi)$ 以外区间的条件下对 $X(\mathrm{e}^{j\omega})$ 进行抽样，它以 N 为周期，即有 $\tilde{X}(k) = X((k))_N$，因而 DFT 是隐含周期性的。

由 W_N^{kn} 的周期性 $W_N^{(k+mN)n} = W_N^{kn}$ 也可证明 $X(k)$ 隐含周期性，其周期为 N。即

$$X(k + mN) = \sum_{n=0}^{N-1} x(n) W_N^{(k+mN)n} = \sum_{n=0}^{N-1} x(n) W_N^{kn} = X(k) \qquad (3-41)$$

由于 $\tilde{x}(n)$ 和 $\tilde{X}(k)$ 是一对变换关系，$\tilde{X}(k)$ 是 $\tilde{x}(n)$ 的频谱，因此取 $\tilde{x}(n)$ 及 $\tilde{X}(k)$ 的主值序列 $x(n) = \tilde{x}(n)R_N(n)$，$X(k) = \tilde{X}(k)R_N(k)$ 作为一对变换显然是合理的，因为它们符合一对一的唯一变换关系。

因而，对离散傅里叶变换而言，有限长序列都是作为周期序列的一个周期来表示的，都隐含有周期性意义。

3.1.3 DFT 的主要性质

由于 DFT 是有限长序列定义的一种变换，其序列及其 DFT 的变换区间分别是 $0 \leqslant n \leqslant N-1$ 和 $0 \leqslant k \leqslant N-1$（主值区间），而 $n<0$（或 $k<0$）及 $n \geqslant N$（或 $k \geqslant N$）都在 DFT 变换区间之外，所以它的移位以及其对称性和任意长序列的傅里叶变换并不相同，这一点是非常重要的。

3.1.3.1 线性

DFT 的线性定义为

$$\mathrm{DFT}[ax_1(n) + bx_2(n)] = a\mathrm{DFT}[x_1(n)] + b\mathrm{DFT}[x_2(n)] \qquad (3-42)$$

①a、b 为任意常数，包括复常数。

②$x_1(n)$、$x_2(n)$ 必须同为 N 点序列，如果两序列长度不等，分别为 N_1 点与 N_2 点，那么必须补零值，补到 $N \geqslant \max[N_1, N_2]$，这是由隐含周期性决定的，即只有讨论相同周期的序列的线性才有意义。

3.1.3.2 圆周移位性质

1. 圆周移位序列

由于有限长序列在作 DFT 运算时，n（或 k）的存在范围为 $[0, N-1]$ 区间，因而，若作线性移位，有的序列值就有可能移出这一计算范围，显然就会产生错误（不能包含原来的所有序列值）。

在作 DFT 运算时，N 点有限长序列的 m 点移位，可以看成 $x(n)$ 以 N 为周期，延拓成周期序列 $\tilde{x}(n) = x((n))_N$，将 $x((n))_N$ 作 m 点线性移位后，再取主值区间中的序列，即得到 $x(n)$ 的 m 点圆周移位序列 $x_m(n)$，即

$$x_m(n) = x((n + m))_N R_N(n) \qquad (3-43)$$

从上式可以看出，在 $0 \leqslant n \leqslant N-1$ 区间内，若序列 $x(n)$ 从左边（或右边）移出 m 位，则从右边（或左边）就移入 m 位相同的序列值，如图 3-2 所示。

之所以称为圆周移位，是因为可以把有限长序列看成排列在 $0 \leqslant n \leqslant N-1$ 点的一个圆周上做圆周移位，如图 3-2 右边所示，序列值永远在一个圆周上移动。

2. 圆周移位性质

设 $x(n)$ 为 N 点有限长序列（$0 \leqslant n \leqslant N-1$），且 $X(k) = \mathrm{DFT}[x(n)]$ 为 N 点 DFT。若 $x_m(n) = x((n+m))_N R_N(n)$ 为 N 点有限长序列 $x(n)$ 的 m 点圆周移位序列，则有

$$X_m(k) = \mathrm{DFT}[x_m(n)] = \mathrm{DFT}[x((n + m))_N]R_N(n)$$

$$= W_N^{-mk} X(k) = \mathrm{e}^{\mathrm{j}\frac{2\pi}{N}km} X(k) \qquad (3-44)$$

即有限长序列的 m 点圆周移位，在离散频域的频率响应中只引入一个和频率 $\left(\omega_k = \dfrac{2\pi}{N}k\right)$ 成正

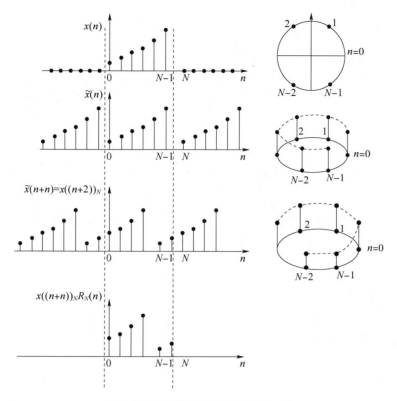

图 3-2　序列的圆周移位过程（$N=6$）

比的线性相移 $W_N^{km}=\mathrm{e}^{-\mathrm{j}\left(\frac{2\pi}{N}k\right)m}$，对频率响应的幅度没有影响。

同样，对于有限长 N 点 $X(k)$ 序列，若其圆周移位 l 点的序列为 $X((k+l))_N R_N(k)$，则有

$$\mathrm{IDFT}\big[X((k+l))_N R_N(k)\big]=W_N^{lm}x(n)=\mathrm{e}^{-\mathrm{j}\left(\frac{2\pi}{N}ln\right)}x(n) \tag{3-45}$$

这就是调制特性，它说明离散时域的调制（相乘）等效于离散频域的圆周移位。

由式（3-44），利用 $\cos x=\dfrac{\mathrm{e}^{\mathrm{j}x}+\mathrm{e}^{-\mathrm{j}x}}{2}$，$\sin x=\dfrac{\mathrm{e}^{\mathrm{j}x}-\mathrm{e}^{-\mathrm{j}x}}{2\mathrm{j}}$ 关系，可得

$$\mathrm{DFT}\bigg[x(n)\cos\bigg(\frac{2\pi nl}{N}\bigg)\bigg]=\frac{1}{2}\big[X((k-l))_N+X((k+l))_N\big]R_N \tag{3-46}$$

$$\mathrm{DFT}\bigg[x(n)\sin\bigg(\frac{2\pi nl}{N}\bigg)\bigg]=\frac{1}{2\mathrm{j}}\big[X((k-l))_N-X((k+l))_N\big]R_N \tag{3-47}$$

3.1.3.3　圆周共轭对称性质

在讨论 DTFT 时，无论序列是有限长还是无限长，讨论其对称性质时都是以 $n=0$ 或 $\omega=0$ 来作为对称轴的，若以此为标准，由于 $x(n)$ 和 $X(k)$ 都是定义于主值区间（$0\leqslant n\leqslant N-1,0\leqslant k\leqslant N-1$）的序列，则不会有对称性。而由于它们隐含有周期性，因而可以将序列排列在 $0\leqslant n\leqslant N-1$（或 $0\leqslant k\leqslant N-1$）的圆周上，其圆周对称中心（或圆周反对称中心）为 $n=0$（或 $k=0$）。

如图 3-3 所示，从图中同样可看出，$n=N/2$（或 $k=N/2$）是圆周对称中心（或圆周反对称中心），而且这一对称中心更为直观。如图 3-4 所示，只要在 $n=N(k=N)$ 处补上与 $n=0$（或 $k=0$）处相同的序列值，再以 $n=N/2$（或 $k=N/2$）为对称中心，观察序列的对称性，就非常直观了。

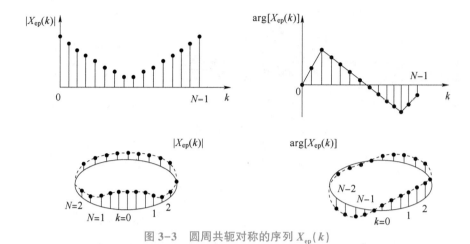

图 3-3　圆周共轭对称的序列 $X_{ep}(k)$

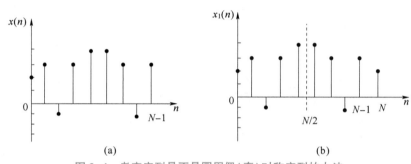

(a)　　　　　　　　　　　　　(b)

图 3-4　考查序列是否是圆周偶(奇)对称序列的办法

(a)原序列；(b)在 $n=N$ 处补上与 $n=0$ 处相同的序列值后的序列

在 DFT 应用下,定义有限长的圆周共轭对称序列 $x_{ep}(n)$ 及圆周共轭反对称序列 $x_{op}(n)$(离散频域 $X_{ep}(k)$,$X_{ep}(k)$ 可同样定义),是为了减少 DFT 的运算量。

(1) 在讨论 DTFT 时,所定义的 $x_e(n)$ 及 $x_o(n)$ 不能应用到 DFT 运算中来,因为当 $x(n)$ 为 N 点长序列时,共轭对称序列 $x_e(n)$ 与共轭反对称序列 $x_o(n)$ 都是长度为 $2N-1$ 点的序列。而在讨论 DFT 时,序列长度必须是 N 点。

(2) 同样,由于在 DFT 运算中,隐含有周期性,因而从周期性的共轭对称序列 $\tilde{x}_e(n)$ 与共轭反对称序列 $\tilde{x}_o(n)$ 出发,来研究有限长序列的 $x_{ep}(n)$ 及 $x_{op}(n)$ 更为直观。

周期性共轭对称序列 $\tilde{x}_e(n)$ 应满足:

$$\tilde{x}_e(n) = \tilde{x}_e^*(-n) \tag{3-48}$$

周期性共轭反对称序列 $\tilde{x}_o(n)$ 应满足:

$$\tilde{x}_o(n) = -\tilde{x}_o^*(-n) \tag{3-49}$$

任一周期性序列 $\tilde{x}(n)$ 都可表示成周期性共轭对称分量 $\tilde{x}_e(n)$ 及周期性共轭反对称分量 $\tilde{x}_o(n)$ 之和,即

$$\tilde{x}(n) = \tilde{x}_e(n) + \tilde{x}_o(n) \tag{3-50}$$

由 $\tilde{x}(n)$ 导出 $\tilde{x}_e(n)$ 及 $\tilde{x}_o(n)$ 的公式与式(2-98)及式(2-99)的表达式相似,即

$$\tilde{x}_e(n) = \frac{1}{2}[\tilde{x}(n) + \tilde{x}^*(-n)] \tag{3-51}$$

$$\tilde{x}_{\text{o}}(n) = \frac{1}{2}\left[\tilde{x}(n) - \tilde{x}^*(-n)\right] \tag{3-52}$$

（3）由于有限长序列被看成是周期性序列的主值序列,因此有限长序列的圆周共轭对称序列 $x_{\text{ep}}(n)$、圆周共轭反对称序列 $x_{\text{op}}(n)$ 分别被看成 $\tilde{x}_{\text{e}}(n)$ 及 $\tilde{x}_{\text{o}}(n)$ 的主值序列,即

$$x_{\text{ep}}(n) = \tilde{x}_{\text{e}}(n)R_N \tag{3-53}$$

$$x_{\text{op}}(n) = \tilde{x}_{\text{o}}(n)R_N \tag{3-54}$$

圆周共轭对称序列 $x_{\text{ep}}(n)$ 满足以下圆周共轭对称关系:

$$x_{\text{ep}}(n) = x_{\text{ep}}^*((-n))_N R_N(n) = x_{\text{ep}}^*(N-n), n = 0,1,\cdots,N-1 \tag{3-55}$$

圆周共轭反对称序列 $x_{op}(n)$ 满足以下圆周共轭反对称关系:

$$x_{\text{op}}(n) = -x_{\text{op}}^*((-n))_N R_N(n) = -x_{\text{op}}^*(N-n), n = 0,1,\cdots,N-1 \tag{3-56}$$

任一有限长序列 $x(n)$ 一定可以表示成圆周共轭对称分量 $x_{\text{ep}}(n)$ 和圆周共轭反对称分量 $x_{\text{op}}(n)$ 之和,即

$$x(n) = x_{\text{ep}}(n) + x_{\text{op}}(n) \tag{3-57}$$

将式(3-51)、式(3-52)代入式(3-53)和式(3-54)可得以下两个重要关系式:

$$x_{\text{ep}}(n) = \tilde{x}_{\text{e}}(n)R_N(n) = \frac{1}{2}\left[\tilde{x}(n) + \tilde{x}^*(-n)\right]R_N(n)$$

$$= \frac{1}{2}\left[x((n))_N + x^*((-n))_N\right]R_N(n)$$

$$= \frac{1}{2}\left[x(n) + x^*(N-n)\right], n = 0,1,\cdots,N-1 \tag{3-58}$$

$$x_{\text{op}}(n) = \tilde{x}_{\text{o}}(n)R_N(n) = \frac{1}{2}\left[\tilde{x}(n) - \tilde{x}^*(-n)\right]R_N(n)$$

$$= \frac{1}{2}\left[x((n))_N - x^*((-n))_N\right]R_N(n)$$

$$= \frac{1}{2}\left[x(n) - x^*(N-n)\right], n = 0,1,\cdots,N-1 \tag{3-59}$$

注意:以上各式,包括以后的表示中,表达式 $x^*(N-n)$ 当 $n=0$ 时为 $x^*(N)=x^*(0)$,同样有 $x(N)=x(0)$。显然这里的 $x_{\text{ep}}(n)$ 与 $x_{\text{op}}(n)$ 都是长度与 $x(n)$ 相同的 N 点有限长序列,与第2章中的 $x_{\text{e}}(n)$ 与 $x_{\text{o}}(n)$ 完全不同,后两个序列都是 $(2N-1)$ 点长序列。

3.1.3.4　圆周翻褶序列及其 DFT

1. 圆周翻褶序列

由圆周对称中心 $n=0$ 或 $n=\dfrac{N}{2}$ 出发,N 点有限长序列 $x(n)$ 的翻褶序列不能写成 $x(-n)$,因为当 $n=0,1,\cdots,N-1$ 时,$x(-n)$ 表示成 $x(-1),x(-2),\cdots,x[-(N-1)]$,这完全不在主值范围内,因此应由周期性序列的翻褶序列的主值序列来定义,$x(n)$ 的圆周翻褶序列为 $x((-n))_N R_N(n) = x((N-n))_N R_N(n) = x(N-n)$,仍有 $x(N)=x(0)$。在实际运算中,只要按图3-4所示,把 $n=0$ 处补上 $x(0)$ 的值,然后将序列以 $n=N/2$ 为对称轴翻褶即可,可用表3-3来表示。

表 3-3　圆周翻褶序列

n	0	1	2	$\cdots$	$N-2$	$N-1$
$x(n)$	$x(0)$	$x(1)$	$x(2)$	$\cdots$	$x(N-2)$	$x(N-1)$
$x((-n))_N R_N(n)$ 或 $x(N-n)$	$x(0)$	$x(N-1)$	$x(N-2)$	$\cdots$	$x(2)$	$x(1)$

因此,相当于将 $x(n)$ 第一个序列值 $x(0)$ 不变,将后面的序列翻褶 180° 后,放到 $x(0)$ 的后面,这样就形成 $x((-n))_N R_N(n) = x(N-n)$ 序列,即 $x(n)$ 的圆周翻褶序列。

2. 圆周翻褶序列的 DFT

若 $\text{DFT}[x(n)] = X(k)$,则 $\text{DFT}[x((-n))_N R_N(n)] = X(-k)_N R_N(k)$,即

$$\text{DFT}[x(N-n)] = X(N-k) \tag{3-60}$$

3.1.3.5　对偶性

序列 $x(n)$ 的离散傅里叶变换为 $X(k)$,即

$$\text{DFT}[x(n)] = X(k) \tag{3-61}$$

若将 $X(k)$ 中的 k 换成 n,即我们来讨论 $X(n)$ 的离散傅里叶反变换,则有

$$\text{IDFT}[X(n)] = Nx((-k))_N R_N(k) = Nx((N-k))_N R_N(k) = Nx(N-k) \tag{3-62}$$

可以看出式(3-61)与式(3-62)的关系与连续时间傅里叶变换中的对偶关系 $F[f(t)] = F(j\Omega)$, $F[F(t)] = 2\pi f(-j\Omega)$ 是相似的。

但是要注意,非周期序列 $x(n)$ 和它的离散时间傅里叶变换 $X(e^{j\omega}) = \text{DTFT}[x(n)]$ 是两类不同的函数,$x(n)$ 的变量是离散的,序列是非周期的;$X(e^{j\omega})$ 的变量是连续的,函数是周期的,因而时域序列 $x(n)$ 与频域函数 $X(e^{j\omega})$ 之间不存在对偶性。

3.1.3.6　DFT 运算中的圆周共轭对称性

设 $\text{DFT}[x(n)] = \text{DFT}\{\text{Re}[x(n)] + j\text{Im}[x(n)]\}$。

(1) 共轭序列的表达式为

$$\text{DFT}[x^*(n)] = X^*((-k))_N R_N(k) = X^*((N-k))_N R_N(k) = X^*(N-k) \tag{3-63}$$

(2) 圆周共轭翻褶序列的 DFT 表达式为

$$\text{DFT}[x^*((-n))_N R_N(n)] = \text{DFT}[X(N-n)] = X^*(k) \tag{3-64}$$

(3) 如果序列 $x(n)$ 分成实部和虚部,将相应的 $X(k) = \text{DFT}[x(n)]$ 分成圆周共轭对称分量与圆周共轭反对称分量,则有以下关系:

$$x(n) = \text{Re}[x(n)] + j\text{Im}[x(n)] \tag{3-65}$$

$$\updownarrow \qquad\quad \updownarrow \qquad\quad \updownarrow$$

$$X(k) = X_{\text{ep}}(k) + X_{\text{op}}(k) \tag{3-66}$$

式中,"$\updownarrow$" 表示互为 DFT(IDFT),即有

$$X_{\text{ep}}(k) = \text{DFT}[\text{Re}[x(n)]] \tag{3-67}$$

$$X_{\text{op}}(k) = \text{DFT}[j\text{Im}[x(n)]] \tag{3-68}$$

即序列 $x(n)$ 的实部的 DFT 等于频域 $X(k)$ 的圆周共轭对称分量,$x(n)$ 的虚部乘以 j 的 DFT 等于频域 $X(k)$ 的圆周共轭反对称分量。

证明　由于

$$\text{Re}[x(n)] = \frac{1}{2}[x(n) + x^*(n)]$$

则

$$\mathrm{DFT}[\,\mathrm{Re}[\,x(n)\,]\,] = \frac{1}{2}\mathrm{DFT}[\,x(n) + x^*(n)\,] = \frac{1}{2}[\,X(k) + X^*(N - k)\,] = X_{\mathrm{ep}}(k)$$

同样,由于

$$j\mathrm{Im}[\,x(n)\,] = \frac{1}{2}[\,x(n) - x^*(n)\,]$$

则有

$$\mathrm{DFT}[\,j\mathrm{Im}[\,x(n)\,]\,] = \frac{1}{2}\mathrm{DFT}[\,x(n) - x^*(n)\,] = \frac{1}{2}[\,X(k) - X^*(N - k)\,] = X_{\mathrm{op}}(k)$$

(4) 如果将序列 $x(n)$ 分成圆周共轭对称分量与圆周共轭反对称分量,将相应的 DFT 分成实部和虚部,则有以下关系:

$$x(n) = x_{\mathrm{ep}}(n) \qquad + x_{\mathrm{op}}(n) \tag{3-69}$$
$$\updownarrow \qquad\qquad \updownarrow \qquad\qquad \updownarrow$$
$$X(k) = \mathrm{Re}[\,X(k)\,] \qquad + j\mathrm{Im}[\,X(k)\,] \tag{3-70}$$

式中,"$\updownarrow$"表示互为 DFT(IDFT)。则有

$$\mathrm{Re}[\,X(k)\,] = \mathrm{DFT}[\,x_{\mathrm{ep}}(n)\,] \tag{3-71}$$
$$j\mathrm{Im}[\,X(k)\,] = \mathrm{DFT}[\,x_{\mathrm{op}}(n)\,] \tag{3-72}$$

即序列 $x(n)$ 的圆周共轭对称分量的 DFT 等于频域 $X(k)$ 的实部,$x(n)$ 的圆周共轭反对称分量的 DFT 等于频域 $X(k)$ 的虚部乘以 j。

证明　由于

$$x_{\mathrm{ep}}(n) = \frac{1}{2}[\,x(n) + x^*(N - n)\,]$$

则

$$\mathrm{DFT}[\,x_{\mathrm{ep}}(n)\,] = \frac{1}{2}\mathrm{DFT}[\,x(n) + x^*(N - n)\,] = \frac{1}{2}[\,X(k) + X^*(k)\,] = \mathrm{Re}[\,X(k)\,]$$

同样,由于

$$x_{\mathrm{op}}(n) = \frac{1}{2}[\,x(n) - x^*(N - n)\,]$$

则

$$\mathrm{DFT}[\,x_{\mathrm{op}}(n)\,] = \frac{1}{2}\mathrm{DFT}[\,x(n) - x^*(N - n)\,] = \frac{1}{2}[\,X(k) - X^*(k)\,] = j\mathrm{Im}[\,X(k)\,]$$

(5) 若序列 $x(n)$ 是 N 点长实序列,则可分解为圆周偶对称分量 $x_{\mathrm{ep}}(n)$ 及圆周奇对称分量 $x_{\mathrm{op}}(n)$,有以下关系:

$$x_{\mathrm{ep}}(n) = \frac{1}{2}[\,x(n) + x^*(N - n)\,] \tag{3-73}$$

$$x_{\mathrm{op}}(n) = \frac{1}{2}[\,x(n) - x^*(N - n)\,] \tag{3-74}$$

式中,$x_{\mathrm{ep}}(n)$ 满足圆周偶对称关系;$x_{\mathrm{op}}(n)$ 满足圆周奇对称关系。则有

$$x_{\mathrm{ep}}(n) = x_{\mathrm{ep}}(N - n) \tag{3-75}$$
$$x_{\mathrm{op}}(n) = - x_{\mathrm{op}}(N - n) \tag{3-76}$$

(6) 若 $x(n)$ 是 N 点长实序列,$X(k) = \mathrm{DFT}[\,x(n)\,]$ 为 N 点 DFT。由于 $x(n) = x^*(n)$,则有

$$X(k) = X^*(N-k), k = 0, 1, 2, \cdots, N-1 \tag{3-77}$$

即若 $x(n)$ 是实序列,则 $X(k)$ 满足式(3-77)的圆周共轭对称关系,再进一步分析有:

① 从 $X(k)$ 的幅度 $|X(k)|$ 及相角 $\arg[X(k)]$ 的角度看,当 $X(k) = |X(k)| e^{j\arg[X(k)]}$ 时,若 $x(n)$ 是实序列,则有

$$|X(k)| = |X(N-k)| \tag{3-78}$$

$$\arg[X(k)] = -\arg[X(N-k)] \tag{3-79}$$

即若 $x(n)$ 是实序列,则 $X(k)$ 的幅度 $|X(k)|$ 满足圆周偶对称关系,也就是对于 $k=N/2$ 成镜像对称(偶对称),而 $X(k)$ 的相角 $\arg[X(k)]$ 满足圆周奇对称关系,$k=N/2$ 相当于频率 $f=f_s/2$,即为折叠频率。

② 从 $X(k)$ 的实部 $\mathrm{Re}[X(k)]$ 及虚部 $\mathrm{Im}[X(k)]$ 的角度看,当

$$X(k) = \mathrm{Re}[X(k)] + j\mathrm{Im}[X(k)]$$

若 $x(n)$ 为实序列,则有

$$\mathrm{Re}[X(k)] = \mathrm{Re}[X(N-k)] \tag{3-80}$$

$$\mathrm{Im}[X(k)] = -\mathrm{Im}[X(N-k)] \tag{3-81}$$

即若 $x(n)$ 为实序列,则 $X(k)$ 的实部 $\mathrm{Re}[X(k)]$ 满足圆周偶对称关系,$X(k)$ 的虚部 $\mathrm{Im}[X(k)]$ 满足圆周奇对称关系。

所谓圆周偶对称及圆周奇对称,同样是把序列排在一个圆周上,以 $k=0$ 这一对称中心观察序列的偶对称、奇对称关系;或者直接在 $k=N$ 处补上与 $k=0$ 处相同的序列值,观察序列在 $k=N/2$(对称中心)处的对称情况,这和上面的讨论是一样的。

(7) 圆周共轭反对称关系,用于 $X(k)$ 上,则为

$$X(k) = -X^*(N-k)$$

这一表达式的含义为 $X(k)$ 的实部为圆周奇对称,虚部为圆周偶对称,即

$$\mathrm{Re}[X(k)] = -\mathrm{Re}[X(N-k)] \tag{3-82}$$

$$\mathrm{Im}[X(k)] = \mathrm{Im}[X(N-k)] \tag{3-83}$$

(8) 利用 DFT 的共轭对称性,可以减少实序列的 DFT 的计算量,一般只要知道一半数目的 $X(k)$ 就可以了,另一半可用圆周共轭对称性求得;此外,利用一个复序列的 N 点 DFT,可以求得两个实序列的 N 点 DFT,或者利用一个复序列的 DFT,求得一个 $2N$ 点长实序列的 DFT。

【例 3-20】~【例 3-23】

表 3-4 中给出了各种特定序列及其 DFT 的实数、虚数、偶对称、奇对称的关系,当然,这里提到的偶对称、奇对称关系都是圆周偶对称、圆周奇对称关系。在实际应用中,熟练掌握表中的对应关系,常作为简化运算、检验运算结果之用,可起到事半功倍的作用。

表 3-4　序列及其 DFT 的实数、虚数、偶对称、奇对称关系

$x(n)$ 或 $X(k)$	$X(k)$ 或 $x(n)$	$x(n)$ 或 $X(k)$	$X(k)$ 或 $x(n)$
偶对称	偶对称	实数、偶对称	实数、偶对称
奇对称	奇对称	实数、奇对称	虚数、奇对称
实数	实部为偶对称,虚部为奇对称	虚数、偶对称	虚数、偶对称
虚数	实部为奇对称,虚部为偶对称	虚数、奇对称	实数、奇对称

3.1.3.7　DFT 形式下的帕塞瓦尔定理

若长度为 N 点的序列 $x(n)$ 的 N 点 DFT 为 $X(k)$，则有

$$\sum_{n=0}^{N-1} x(n) y^*(n) = \frac{1}{N} \sum_{k=0}^{N-1} X(k) Y^*(k) \tag{3-84}$$

当 $x(n) = y(n)$ 时，有

$$\sum_{n=0}^{N-1} |x(n)|^2 = \frac{1}{N} \sum_{k=0}^{N-1} |X(k)|^2 \tag{3-85}$$

若 $x(n) = y(n)$ 都是实序列，则有

$$\sum_{n=0}^{N-1} x^2(n) = \frac{1}{N} \sum_{k=0}^{N-1} |X(k)|^2 \tag{3-86}$$

式(3-85)表明，一个序列在时域计算的能量与在频域计算的能量是相等的。

3.1.3.8　圆周卷积与圆周卷积定理

在第 2 章中讨论的时域卷积定理中的卷积指的是离散时域的线性卷积，其频域是连续的。本章讨论的是与 DFT 相关联的有限长序列的圆周卷积定理。其频域是离散的，但是其所涉及的圆周卷积运算与线性卷积是有区别的。

【例 3-24】~【例 3-26】

1. 两个有限长序列的圆周卷积

设两个有限长序列 $x_1(n)$、$x_2(n)$ 的长度分别为 N_1 点和 N_2 点，将以下表达式称为 $x_1(n)$、$x_2(n)$ 的 L 点圆周卷积：

$$
\begin{aligned}
y(n) &= \left[\sum_{m=0}^{L-1} x_1(m) x_2((n-m))_L \right] R_L(n) \\
&= \left[\sum_{m=0}^{L-1} x_2(m) x_1((n-m))_L \right] R_L(n), \quad L \geq \max[N_1, N_2] \\
&= x_1(n) \,\mathbb{L}\, x_2(n) = x_2(n) \,\mathbb{L}\, x_1(n)
\end{aligned}
\tag{3-87}
$$

式中，ⓛ 表示 L 点圆周卷积用符号。

可以用矩阵来表示圆周卷积关系。式(3-87)中，是以 m 为哑变量，故 $x_2((n-m))_L$ 表示对圆周翻褶序列 $x_2((-m))_L$ 的圆周移位序列，移位数为 n，即当 $n=0$ 时，以 m 为变量（$m=0$，$1,2,\cdots,L-1$）的 $x_2((-m))_L R_L(n)$ 序列为 $\{x_2(0), x_2(L-1), x_2(L-2), \cdots, x_2(2), x_2(1)\}$，这就是前面讨论过的圆周翻褶序列。当 $n=0,1,2,\cdots,L-1$ 时，表示分别将这一翻褶序列圆周右移 $1,2,\cdots,L-1$ 位。

由此可得出 $x_2((n-m))_L R_L(n)$ 的矩阵表示：

$$
\begin{bmatrix}
x_2(0) & x_2(L-1) & x_2(L-2) & \cdots & x_2(1) \\
x_2(1) & x_2(0) & x_2(L-1) & \cdots & x_2(2) \\
x_2(2) & x_2(1) & x_2(0) & \cdots & x_2(3) \\
\vdots & \vdots & \vdots & & \vdots \\
x_2(L-1) & x_2(L-2) & x_2(L-3) & \cdots & x_2(0)
\end{bmatrix}
\tag{3-88}
$$

此矩阵称为 $x_2(n)$ 的 L 点圆周卷积矩阵，其第一行是 $x_2(n)$ 的 L 点长圆周翻褶序列，其他

各行是第一行的圆周右移序列,每向下一行,圆周右移 1 位。这里若 $x_2(n)$ 的长度 $N_2 > L$,则需在 $x_2(n)$ 的尾部补零值,补到 L 点长再进行圆周翻褶、圆周移位。有了这一矩阵,可将式(3-87)表示成圆周卷积的矩阵形式,即

$$
\begin{bmatrix}
y(0) \\
y(1) \\
y(2) \\
\vdots \\
y(L-1)
\end{bmatrix}
=
\begin{bmatrix}
x_2(0) & x_2(L-1) & x_2(L-2) & \cdots & x_2(1) \\
x_2(1) & x_2(0) & x_2(L-1) & \cdots & x_2(2) \\
x_2(2) & x_2(1) & x_2(0) & \cdots & x_2(3) \\
\vdots & \vdots & \vdots & & \vdots \\
x_2(L-1) & x_2(L-2) & x_2(L-3) & \cdots & x_2(0)
\end{bmatrix}
\begin{bmatrix}
x_1(0) \\
x_1(1) \\
x_1(2) \\
\vdots \\
x_1(L-1)
\end{bmatrix}
\tag{3-89}
$$

同样,若 $x_1(n)$ 的长度 $N_1 < L$,则也要在尾部先补充零值,补到 L 点长后,再写出圆周卷积矩阵。若 $x_1(n) = \{1,2,3,4\}$,$x_2(n) = \{2,6,3\}$,则 $x_1(n)$ 的长度为 $N_1 = 4$,$x_2(n)$ 的长度为 $N_2 = 3$。若需作 $L = 6$ 点圆周卷积,则两序列应分别表示成 $x_1(n) = \{1,2,3,4,0,0\}$,$x_2(n) = \{2,6,3,0,0,0\}$,圆周卷积可表示成

$$
\begin{bmatrix}
y(0) \\
y(1) \\
y(2) \\
y(3) \\
y(4) \\
y(5)
\end{bmatrix}
=
\begin{bmatrix}
2 & 0 & 0 & 0 & 3 & 6 \\
6 & 2 & 0 & 0 & 0 & 3 \\
3 & 6 & 2 & 0 & 0 & 0 \\
0 & 3 & 6 & 2 & 0 & 0 \\
0 & 0 & 3 & 6 & 2 & 0 \\
0 & 0 & 0 & 3 & 6 & 2
\end{bmatrix}
\begin{bmatrix}
1 \\
2 \\
3 \\
4 \\
0 \\
0
\end{bmatrix}
\tag{3-90}
$$

以下将会讨论到,因为这一例子中 $L = N_1 + N_2 - 1 = 6$,故此圆周卷积结果正好等于线性卷积值 $x_1(n) * x_2(n)$。

L 点线性卷积可以看成是先将 $x_1(n)$、$x_2(n)$ 补零值补到都是 L 点长序列,然后作 L 点周期延拓,成为以 L 为周期的周期序列 $\tilde{x}_1(n)$、$\tilde{x}_2(n)$,再作 $\tilde{x}_1(n)$、$\tilde{x}_2(n)$ 的周期卷积得到 $\tilde{y}(n)$,最后取 $\tilde{y}(n)$ 的主值序列($0 \leqslant n \leqslant L-1$),得到 $y(n)$,即

$$
y(n) = \tilde{y}(n) R_L(n) = \left[\sum_{m=0}^{L-1} \tilde{x}_1(m) \tilde{x}_2((n-m))_L \right] R_L(n)
$$

$$
= \left[\sum_{m=0}^{L-1} \tilde{x}_2(m) \tilde{x}_1((n-m))_L \right] R_L(n)
$$

$$
= \left[\sum_{m=0}^{L-1} x_1(m) x_2((n-m))_L \right] R_L(n)
$$

$$
= \left[\sum_{m=0}^{L-1} x_2(m) x_1((n-m))_L \right] R_L(n)
$$

可以看出,上式中 $x_2((n-m))_L$ 或 $x_1((n-m))_L$ 只在 $m = 0$ 到 $m = L-1$ 范围内取值,因而它就是圆周移位,所以该卷积称为圆周卷积。

(1) L 点圆周卷积是以 L 为周期的周期卷积的主值序列。

(2) L 的取值为 $L \geqslant \max[N_1, N_2]$,$N_1$、$N_2$ 分别为参与圆周卷积运算的两个序列的长度点数,取值 L 不同,周期延拓就不同,因而所得结果也不同。

2. 圆周卷积与线性卷积的不同

①参与圆周卷积运算的两个序列的长度必须相同(为 L),若长度不同,则可采用补零值的办法,使其长度相同,线性卷积则无此要求;②圆周卷积得到的序列长度为 L 点,和参与卷积运算的两序列长度相同,线性卷积中若参与卷积运算的两序列长度分别为 N_1 及 N_2,则卷积得到的序列长度为 (N_1+N_2-1),与参与卷积运算的两序列的长度不相同;③线性卷积的运算中是作线性移位,圆周卷积的运算中是作圆周移位。

图 3-5 表示了 $x_1(n)$ 与 $x_2(n)$ 的 $N=7$ 点的圆周卷积,其中

$$x_1(n) = R_3(n) = \begin{cases} 1, & 0 \leqslant n \leqslant 2 \\ 0, & 3 \leqslant n \leqslant 6 \end{cases}$$

$$x_2(n) = \begin{cases} 1, & 0 \leqslant n \leqslant 2 \\ 0, & 3 \leqslant n \leqslant 5 \\ 1, & n = 6 \end{cases}$$

这里,$x_1(n)$ 为 $N_1=3$ 点长序列,将它补零值补到 $L=7$ 点长序列,$x_2(n)$ 为 $N_2=7$ 点长序列。

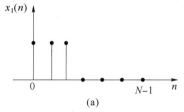

(a)

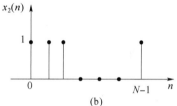

(b)

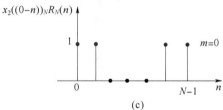

(c)

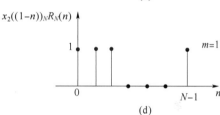

(d)

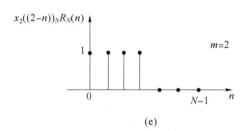

(e)

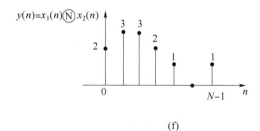

(f)

图 3-5　两个有限长序列($N=7$)的圆周卷积

(a)$x_1(n)$序列;(b)$x_2(n)$序列;(c)$x_2((0-n))_N R_N(n)$序列;

(d)$x_2((1-n))_N R_N(n)$序列;(e)$x_2((2-n))_N R_N(n)$序列;(f)$y(n)=x_1(n)\textcircled{N}x_2(n)$序列

3. 圆周卷积定理

设有限长序列 $x_1(n)$ 为 N_1 点长序列($0 \leqslant n \leqslant N_1-1$),有限长序列 $x_2(n)$ 为 N_2 点长序列($0 \leqslant n \leqslant N_2$),取 $L \geqslant \max[N_1,N_2]$,将 $x_1(n)$ 与 $x_2(n)$ 都补零值补到为 L 点长序列,它们的 L 点 DFT 分别为 $X_1(k)=$ DFT$[x_1(n)]$,

【例 3-27】

$X_2(k) = \text{DFT}[x_2(n)]$，若

$$y(n) = x_1(n) \ \textcircled{L} \ x_2(n) \tag{3-91}$$

则

$$Y(k) = \text{DFT}[y(n)] = X_1(k)X_2(k), L \text{点长} \tag{3-92}$$

$$Y(k) = \text{DFT}[y(n)] = \sum_{n=0}^{L-1}\left[\sum_{m=0}^{L-1} x_1(m)x_2((n-m))_L R_L(n)\right]W_L^{kn}$$

$$= \sum_{m=0}^{L-1} x_1(m) \sum_{n=0}^{L-1} x_2((n-m))_L W_L^{kn}$$

$$= \sum_{m=0}^{L-1} x_1(m) W_L^{km} X_2(k)$$

$$= X_1(k)X_2(k)$$

此定理说明，时域序列作圆周卷积，则在离散频域中是作相乘运算。

4. 时域相乘

设 $x_1(n)$ 为 N_1 点长序列（$0 \le n \le N_1-1$），$x_2(n)$ 为 N_2 点长序列（$0 \le n \le N_2-1$），取 $L \ge \max[N_1, N_2]$，将 $x_1(n)$ 与 $x_2(n)$ 都补零值补到为 L 点长序列，则有

$$X_1(k) = \text{DFT}[x_1(n)], L \text{点长}$$
$$X_2(k) = \text{DFT}[x_2(n)], L \text{点长}$$

【例 3-28】

若

$$y(n) = x_1(n)x_2(n), L \text{点长} \tag{3-93}$$

则

$$Y(k) = \text{DFT}[y(n)] = \frac{1}{L}X_1(k) \ \textcircled{L} \ X_2(k)$$

$$= \frac{1}{L}\left[\sum_{l=0}^{L-1} X_1(l)X_2((k-l))_L\right]R_L(k)$$

$$= \frac{1}{L}\left[\sum_{l=0}^{L-1} X_2(l)X_1((k-l))_L\right]R_L(k) \tag{3-94}$$

此定理说明，若时域序列作 L 点相乘运算，则在离散频域中是作 L 点圆周卷积运算，但要将圆周卷积结果除以 L。

5. 利用 DFT 来计算两个序列的圆周卷积及线性卷积

采用上面的圆周卷积定理，可以得到计算圆周卷积的框图，如图 3-6 所示。

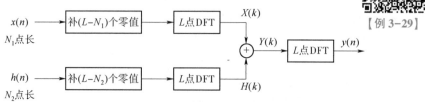

图 3-6　利用 DFT 计算两个 L 点长序列的圆周卷积的框图

当 $L \geq N_1+N_2-1$ 时，此框图就代表用 DFT 计算出的 $x_1(n)$、$x_2(n)$ 的线性卷积和。

实际实现时，是采用快速傅里叶变换（FFT）算法来计算 DFT 的。

3.1.3.9　线性卷积与圆周卷积的关系

【例 3-30】和【例 3-31】

1. 线性卷积

若 $x_1(n)$ 为 N_1 点长序列（$0 \leq n \leq N_1-1$），$x_2(n)$ 为 N_2 点长序列（$0 \leq n \leq N_2-1$），则两序列的线性卷积为

$$y_1(n) = x_1(n) * x_2(n) = \sum_{m=-\infty}^{+\infty} x_1(m) x_2(n-m)$$

$$= \sum_{m=0}^{N_1-1} x_1(m) x_2(n-m) \tag{3-95}$$

线性卷积 $y_l(n)$ 是 $N=N_1+N_2-1$ 点长序列（$0 \leq n \leq N_1+N_2-2$）。

2. 圆周卷积

设 $x_1(n)$、$x_2(n)$ 与线性卷积和中的序列相同，求此两序列的 L 点圆周卷积，其中 $L \geq \max[N_1, N_2]$，则 $x_1(n)$ 要补上 $L-N_1$ 个零值，$x_2(n)$ 要补上 $L-N_2$ 个零值，补到两个序列皆为 L 点长序列，即

$$x_1(n) = \begin{cases} x_1(n), & 0 \leq n \leq N_1-1 \\ 0, & N_1 \leq n \leq L-1 \end{cases}$$

$$x_2(n) = \begin{cases} x_2(n), & 0 \leq n \leq N_2-1 \\ 0, & N_2 \leq n \leq L-1 \end{cases}$$

则 L 点圆周卷积 $y(n)$ 为

$$y(n) = \left[\sum_{m=0}^{L-1} x_1(m) x_2((n-m))_L \right] R_L(n) \tag{3-96}$$

3. 线性卷积与圆周卷积的关系。

在式（3-96）中，必须将 $x_2(n)$ 变成以 L 为周期的周期延拓序列，即

$$\tilde{x}_2(n) = x_2((n))_L = \sum_{r=-\infty}^{\infty} x_2(n+rL)$$

把上式代入式（3-96）可得

$$y(n) = \left[\sum_{m=0}^{L-1} x_1(m) \sum_{r=-\infty}^{\infty} x_2(n+rL-m) \right] R_L(n)$$

$$= \left[\sum_{r=-\infty}^{\infty} \sum_{m=0}^{L-1} x_1(m) x_2(n+rL-m) \right] R_L(n)$$

将上式与式（3-95）比较，可得（$x_1(m)$ 有值区间为 $0 \leq m \leq N_1-1$）

$$y(n) = \left[\sum_{r=-\infty}^{+\infty} y_1(n+rL) \right] R_L(n) \tag{3-97}$$

由此看出，由线性卷积求圆周卷积：两序列的线性卷积 $y_1(n)$ 以 L 为周期进行周期延拓后，混叠相加序列的主值序列，可得到两序列的 L 点圆周卷积 $y(n)$。

下面讨论由 $y(n)$ 求 $y_1(n)$ 的具体方法。

$y_1(n)$的长度为N_1+N_2-1点,即有N_1+N_2-1个非零值点,要想用圆周卷积$y(n)$代替线性卷积,延拓周期L必须满足

$$L \geq N_1 + N_2 - 1 \tag{3-98}$$

这时各延拓周期才不会交叠,式(3-97)代表的在主值区间的$y(n)$才能等于$y_1(n)$。也就是说,$y(n)$的前(N_1+N_2-1)个值就代表$y_1(n)$,而主值区间内剩下的$y(n)$值,即$[L-(N_1+N_2-1)]$个剩下的$y(n)$值是补充的零值。

因而式(3-98)正是L点圆周卷积等于线性卷积的先决条件,满足此条件后就有

$$y(n) = y_1(n)$$

即

$$x_1(n) \ \textcircled{L} \ x_2(n) = x_1(n) * x_2(n) \begin{cases} L \geq N_1 + N_2 - 1 \\ 0 \leq n \leq N_1 + N_2 - 2 \end{cases} \tag{3-99}$$

由圆周卷积求线性卷积:若两序列的L点圆周卷积为$y(n)$,当$L \geq N_1+N_2-1$时,$y(n)$就能代表此两序列的线性卷积$y_1(n)$。

一般取$L \geq N_1+N_2-1$且$L=2^r$(r为整数),以便利用快速傅里叶变换(FFT)算法来计算。

> **说明**:由L点圆周卷积求线性卷积的条件($L \geq N_1+N_2-1$)及结果;由线性卷积结果作L点周期延拓后混叠相加序列的主值序列即为L点圆周卷积。

当$L < M = N_1+N_2-1$时,也就是圆周卷积$y(n)$的长度(L点)小于线性卷积$y_1(n)$所需的长度(M点)时,圆周卷积$y(n)$只在部分区间中代表线性卷积。下面用线性卷积$y_1(n)$以L为周期的周期延拓序列混叠相加序列的主值序列,即以L点圆周卷积序列$y(n)$为依据来进行讨论,如图3-7所示,$y_1(n)$为线性卷积结果,是M点长序列,$y_1(n+L)$及$y_1(n-L)$分别为$y_1(n)$的左、右延拓一个L点周期(L为圆周卷积的长度点数)的序列。

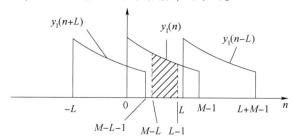

图3-7 当$L < M = N_1+N_1-1$时,线性卷积与L点圆周卷积的示意
(阴影区间内,圆周卷积才能代表线性卷积)

可以看出,当$L < M$时,以上3个序列有混叠部分,在主值区间$0 \leq n \leq L-1$的这部分混叠后的序列显然不能代表线性卷积。

由此可以看出,在圆周卷积的主值区间内,只有$M-L \leq n \leq L-1$范围内(阴影区)没有周期延拓序列的混叠,因而这一范围内的圆周卷积能代表线性卷积。

按上面的讨论,由线性卷积与圆周卷积的关系可知,只需将$y_1(n)$作$L=4$点周期延拓,然后取$0 \leq n \leq 3$(主值区间)的主值序列即为4点圆周卷积$y(n)$。这里实际上只需将$y_1(n)$向左延拓$N=4$位即可,即只需将$y_1(n)$和$y_1(n+L)$混叠相加后,取主值序列(因为$y_1(n)$向右延拓L位得到

【例3-32】

的序列 $y_1(n-L)$ 已超出主值范围)。因而,按此思路,可有更为简便的方法求 $y(n)$,就是将线性卷积结果 $y_1(n)$ 的前 L 位之后加以截断,将截断处以后的部分移至下一行与 $y_1(n)$ 的最前部对齐,然后对位相加(不进位),其相加得到的序列即为两序列的 L 点圆周卷积 $y(n)$。

$y_1(n)$	2	7	10	19	⋯	10	12
	10	12					
$y(n)$	12	19	10	19			

因而 4 点圆周卷积 $y(n)=\{12,19,10,19\}$。

在图 3-6 所示的框图中,当 $L \geqslant N_1+N_2-1$ 时,若将 $x(n)$ 看成输入信号序列,将 $h(n)$ 看成系统的单位抽样响应,则输出 $y(n)$ (圆周卷积)就能代表 $x(n)$ 通过线性时不变系统(线性卷积)的响应 $y_1(n)$。

图 3-8 代表了有限长序列的线性卷积与圆周卷积的关系。

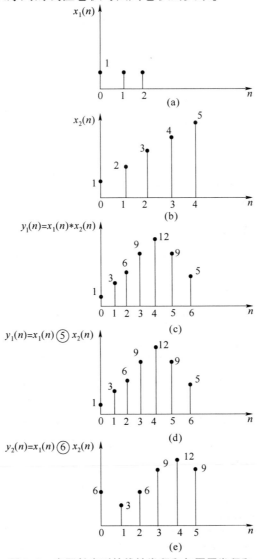

图 3-8　有限长序列的线性卷积和与圆周卷积和

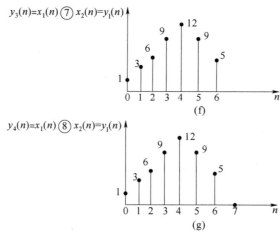

图 3-8 有限长序列的线性卷积和与圆周卷积和(续)

(a)$x_1(n)$序列;(b)$x_2(n)$序列;(c)$y_1(n)$序列;(d)$y_1(n)$序列;

(e)$y_2(n)$序列;(f)$y_3(n)$序列;(g)$y_4(n)$序列

表 3-5 列出了 DFT 的主要性质(序列长皆为 N 点) ,可供参考。

表 3-5　DFT 的主要性质(序列长皆为 N 点)

序列	离散傅里叶变换(DFT)
$x(n)$	$X(k)$
$ax_1(n)+bx_2(n)$	$aX_1(k)+bX_2(k)$
$x((n+m))_N R_N(n)$	$W_N^{-mk}X(k)$
$X(n)$	$Nx(N-k)$
$W_N^{nl}x(n)$	$X((k+l))_N R_N(k)$
$x_1(n)\textcircled{N}x_2(n) = \displaystyle\sum_{m=0}^{N-1} x_1(m)x_2((n-m))_N R_N(n)$	$X_1(k)X_2(k)$
$r_{x_1x_2}(m) = \displaystyle\sum_{n=0}^{N-1} x_1(n)x_2((n-m))_N R_N(m)$ (实序列)	$X_1(k)X_2^*(k)$
$x_1(n)x_2(n)$	$\dfrac{1}{N}\displaystyle\sum_{l=0}^{N-1} X_1(k)X_2((k-l))_N R_N(k)$
$x^*(n)$	$X^*(N-k)$
$x(N-n)$	$X(N-k)$
$x^*(N-n)$	$X^*(k)$
$\mathrm{Re}[x(n)]$	$X_{ep}(k)=\dfrac{1}{2}[X(k)+X^*(N-k)]$
$j\mathrm{Im}[x(n)]$	$X_{op}(k)=\dfrac{1}{2}[X(k)-X^*(N-k)]$
$x_{ep}(n)=\dfrac{1}{2}[x(n)+x^*(N-n)]$	$\mathrm{Re}[X(k)]$

序列	离散傅里叶变换(DFT)
$x_{op}(n) = \dfrac{1}{2}[x(n) - x^*(N-n)]$	$j\,\text{Im}[X(k)]$
$x(n)$ 为任意实序列	$\begin{cases} X(k) = X^*(N-k) \\ \text{Re}[X(k)] = \text{Re}[X(N-k)] \\ \text{Im}[X(k)] = -\text{Im}[X(N-k)] \\ \mid X(k)\mid = \mid X(N-k)\mid \\ \arg[X(k)] = -\arg[X(N-k)] \end{cases}$
$x(n)$ 为任意实序列 $x_{ep}(n) = \dfrac{1}{2}[x(n) + x(N-n)]$　($x(n)$ 为实序列)	$\text{Re}[X(k)]$
$x_{op}(n) = \dfrac{1}{2}[x(n) - x(N-n)]$　($x(n)$ 为实序列)	$j\,\text{Im}[X(k)]$
$\displaystyle\sum_{n=0}^{N-1} x(n)y^*(n) = \dfrac{1}{N}\sum_{k=0}^{N-1} X(k)Y^*(k)$	
$\displaystyle\sum_{n=0}^{N-1} \mid x(n)\mid^2 = \dfrac{1}{N}\sum_{k=0}^{N-1} \mid X(k)\mid^2$	

§3.2 频域抽样理论

前面已经讨论过,模拟信号在时域抽样(抽样频率为 $f_s = 1/T$, T 为抽样间隔)所得离散序列的连续频谱是原模拟信号频谱的周期延拓函数,其延拓周期为 $\Omega_s = 2\pi f_s$ 的整数倍,在数字频域,延拓周期为 $\omega = 2\pi i (i = 0, \pm 1, \pm 2, \cdots)$。

同样,频域抽样也会产生周期延拓,和时域抽样情况是对偶的。

3.2.1 频域抽样与频域抽样定理

1. 频域抽样

任意一个绝对可和的非周期序列 $x(n)$,其 z 变换为

$$X(z) = \sum_{n=-\infty}^{+\infty} x(n) z^{-n}$$

由于序列绝对可和,其傅里叶变换存在且连续,因此 z 变换收敛域包括单位圆($z = e^{j\omega}$),可对 $X(z)$ 在单位圆上,从 $\omega = 0$ 到 $\omega = 2\pi$ 之间的 N 个均分频率点(以 $2\pi/N$ 为间隔,但不包括 $\omega = 2\pi$)进行抽样,即可得到周期序列 $\tilde{X}(k)$:

$$\tilde{X}(k) = X(z)\Big|_{z=e^{j\frac{2\pi}{N}k}} = \sum_{n=-\infty}^{+\infty} x(n) e^{-j\frac{2\pi}{N}kn} = \sum_{n=-\infty}^{\infty} x(n) W_N^{kn} \tag{3-100}$$

问题在于,这样抽样以后是否仍能恢复原序列 $x(n)$,为此我们求 $\tilde{X}(k)$ 的 IDFS,令其为 $\tilde{x}_N(n)$,则有

$$\tilde{x}_N(n) = \text{IDFS}[\tilde{X}(k)] = \frac{1}{N}\sum_{k=0}^{N-1} \tilde{X}(k) W_N^{-kn} \tag{3-101}$$

将式(3-100)代入式(3-101),可得

$$\tilde{x}_N(n) = \frac{1}{N} \sum_{k=0}^{N-1} \left[\sum_{m=-\infty}^{+\infty} x(m) W_N^{km} \right] W_N^{-kn} = \sum_{m=-\infty}^{+\infty} x(m) \left[\frac{1}{N} \sum_{k=0}^{N-1} W_N^{(m-n)k} \right]$$

由于

$$\frac{1}{N} \sum_{k=0}^{N-1} W_N^{(m-n)k} = \begin{cases} 1, & m = n + rN, r \text{ 为任意整数} \\ 0, & \text{其他} \end{cases}$$

因此

$$\tilde{x}_N(n) = \sum_{r=-\infty}^{+\infty} x(n + rN)$$
$$= \cdots + x(n+N) + x(n) + x(n-N) + \cdots \qquad (3-102)$$

根据 DFT 和 DFS 的关系,取 $\tilde{x}_N(n)$ 的主值序列及 $\tilde{X}(k)$ 的主值序列,即得

$$X(k) = \text{DFT}[\tilde{x}_N(n) R_N(n)] = \text{DFT}[x_N(n)] = \tilde{X}(k) R_N(k)$$
$$x(n) = \text{IDFT}[\tilde{X}(k) R_N(k)] = \text{IDFT}[X(k)] = \tilde{x}_N(n) R_N(n)$$

由式(3-102)可以看出,频域抽样后,由 $\tilde{X}(k)$ 得到的周期序列是原非周期序列的 $\tilde{x}_N(n)$ 周期延拓序列,其延拓周期为 N 的整数倍,N 是频域一个周期的抽样点数。这里得到了"频域抽样就造成时域的周期延拓"结构。

(1)如果时域不是有限长序列,而是无限长序列,那么时域的周期延拓(周期为 N)必然造成混叠现象,如式(3-102)所示。n 越大,则序列 $x(n)$ 的值衰减越快,或者频域抽样点数 N 越多(或频域抽样越密),时域混叠失真越小。

(2)如果 $x(n)$ 是有限长序列,长度为 M 点($0 \le n \le M-1$),那么当频域抽样点数 N 为 $N<M$ 时,仍会产生时域混叠失真。只有在 $M-N \le n \le N-1$ 范围内是没有混叠失真的,即在此范围内才有 $x_N(n) = x(n)$。

(3)如果 $x(n)$ 是 M 点长序列($0 \le n \le M-1$),且满足 $N \ge M$,则有

$$x_N(n) = \tilde{x}_N(n) R_N(n) = \sum_{r=-\infty}^{\infty} x(n + rN) R_N(n) = x(n), N \ge M \qquad (3-103)$$

即可由 $\tilde{x}_N(n)$ 不失真地恢复 $x(n)$。

2. 频域抽样定理

序列的长度为 M 点,若对 $X(e^{j\omega})$ 在 $0 \le \omega \le 2\pi$ 上进行等间隔抽样,共有 N 点(抽样点不包括 $\omega = 2\pi$),得到 $\tilde{X}(k)$,那么,只有当抽样点数 N 满足 $N \ge M$ 时,才能由 $\tilde{X}(k)$ 恢复 $x(n)$,即 $x(n) = \text{IDFT}[\tilde{X}(k) R_N(k)]$,否 【例3-33】~【例3-37】 则将产生时域混叠失真,即不能由 $\tilde{X}(k)$ 不失真地恢复原序列 $x(n)$。

3.2.2 频域的插值重构

频域插值重构就是由频域抽样 $X(k)$ 经过插值来重构 $X(z)$ 或 $X(e^{j\omega})$。频域插值公式是 FIR 数字滤波器频率抽样结构和频率抽样设计方法的理论依据。

设 $x(n), n = 0, 1, \cdots, N-1$,则 $X(z) = \sum_{n=0}^{N-1} x(n) z^{-n}, X(k) = \tilde{X}(k) = X(z) \big|_{z=e^{j2\pi kn/N}}$。

1. 由 $X(k)$ 插值重构 $X(z)$

由 $X(k)$ 插值重构 $X(z)$ 的表达式为

$$X(z) = \sum_{n=0}^{N-1} x(n) z^{-n} = \sum_{n=0}^{N-1} \left[\frac{1}{N} \sum_{k=0}^{N-1} X(k) W_N^{-kn} \right] z^{-n} = \frac{1}{N} \sum_{k=0}^{N-1} X(k) \left[\sum_{n=0}^{N-1} W_N^{-kn} z^{-n} \right]$$

$$= \frac{1}{N} \sum_{k=0}^{N-1} X(k) \frac{1 - W_N^{-Nk} z^{-N}}{1 - W_N^{-k} z^{-1}} = \frac{1 - z^{-N}}{N} \sum_{k=0}^{N-1} \frac{X(k)}{1 - W_N^{-k} z^{-1}} \tag{3-104}$$

上式就是用 N 个频率抽样来重构 $X(z)$ 的插值公式,它可以表示为

$$X(z) = \sum_{k=0}^{N-1} X(k) \Phi_k(z) \tag{3-105}$$

式中,

$$\Phi_k(z) = \frac{1}{N} \frac{1 - z^{-N}}{1 - W_N^{-k} z^{-1}} = \frac{z^N - 1}{N z^{N-1} (z - W_N^{-k})} \tag{3-106}$$

称为插值函数,可以看出:

(1) $\Phi_k(z)$ 在 $z_r = W_N^{-r} = e^{j \frac{2\pi}{N} r}$ $(r = 0, 1, \cdots, k, \cdots, N-1)$ 处为零点,有 N 个零点(在 z 平面单位圆上),但 $\Phi_k(z)$ 在 $z = e^{j \frac{2\pi}{N} k}$ $(r = k)$ 处有一个极点,它和 $r = k$ 处的一个零点相抵消,使 $\Phi_k(z)$ 只在本抽样点处不为零值,而在其他 $(N-1)$ 个抽样点 $(r = 0, 1, 2, \cdots, k-1, k+1, \cdots, N-1)$ 处都是零点,可表示为

$$\Phi_k(z) \big|_{z = W_N^{-r}} = \Phi_k(W_N^{-r}) = \delta(r - k)$$

$$= \begin{cases} 1, & r = k \\ 0, & r \neq k \end{cases}, \quad r = 0, 1, \cdots, N-1 \tag{3-107}$$

(2) $\Phi_k(z)$ 在 $z = 0$ 处有 $(N-1)$ 阶极点。

图 3-9 表示了插值函数 $\Phi_k(z)$ 的零点、极点。

2. 由 $X(k)$ 插值重构 $X(e^{j\omega})$

在式(3-105)及式(3-106)中,代入 $z = e^{j\omega}$,即可得到由 $X(k)$ 插值求得 $X(e^{j\omega})$ 的公式及内插函数 $\Phi_k(e^{j\omega})$:

$$X(e^{j\omega}) = \sum_{k=0}^{N-1} X(k) \Phi_k(e^{j\omega}) \tag{3-108}$$

$$\Phi_k(e^{j\omega}) = \frac{1 - e^{-j\omega N}}{N(1 - W_N^{-k} e^{-j\omega})} = \frac{1 - e^{-j\omega N}}{N(1 - e^{-j(\omega - 2\pi k/N)})}$$

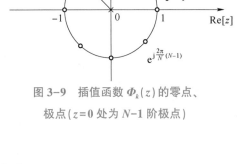

图 3-9　插值函数 $\Phi_k(z)$ 的零点、极点($z = 0$ 处为 $N-1$ 阶极点)

$$= \frac{1}{N} \frac{\sin(N\omega/2)}{\sin[(\omega - 2\pi k/N)/2]} e^{-j[\omega(N-1)/2 + k\pi/N]}$$

$$= \frac{1}{N} \frac{\sin[N(\omega/2 - \pi k/N)]}{\sin(\omega/2 - \pi k/N)} e^{jk\pi(N-1)/N} e^{-j(N-1)\omega/2} \tag{3-109}$$

可以将 $\Phi_k(e^{j\omega})$ 写成更方便的形式,即

$$\Phi_k(e^{j\omega}) = \Phi(\omega - 2\pi k/N) \tag{3-110}$$

式中,

$$\Phi(\omega) = \frac{1}{N} \frac{\sin(\omega N/2)}{\sin(\omega/2)} e^{-j(N-1)\omega/2} \tag{3-111}$$

这里的 $\Phi(\omega)$ 就是矩形序列 $R_N(n)$ 的傅里叶变换除以 N，用 $R_N(e^{j\omega})$ 表示矩形序列的傅里叶变换，故

$$\Phi(\omega) = \frac{1}{N} R_N(e^{j\omega}) \tag{3-112}$$

从而

$$\Phi_k(e^{j\omega}) = \Phi(\omega - 2\pi k/N) = \frac{1}{N} R_N\left(e^{j(\omega - 2\pi k/N)}\right) \tag{3-113}$$

因而式（3-108）可写成

$$X(e^{j\omega}) = \sum_{k=0}^{N-1} X(k)\Phi(\omega - 2\pi k/N) \tag{3-114}$$

这就是由 $X(k)$ 插值重构 $X(e^{j\omega})$ 的公式。

由式（3-113）求 $\Phi_k(e^{j\omega})$ 的时域序列，即 $\mathrm{IDTFT}[\Phi_k(e^{j\omega})]$，按照傅里叶变换的频移特性（调制特性）可知

$$\mathrm{IDTFT}[\Phi_k(e^{j\omega})] = \frac{1}{N} R_N(n) e^{j\left(\frac{2\pi}{N}k\right)n} = \frac{1}{N} R_N(n) W_N^{-nk} \tag{3-115}$$

即插值函数 $\Phi_k(e^{j\omega})$ 所对应的序列是矩形序列 $R_N(n)$ 与复指数序列 $W_N^{-nk} = e^{j2\pi kn/N}$ 相乘（调制）后的序列再乘以 $1/N$。插值函数 $\Phi(\omega)$ 的模（幅度特性）$|\Phi(\omega)|$ 及相角（相位特性）$\arg[\Phi(\omega)]$ 如图 3-10 所示。

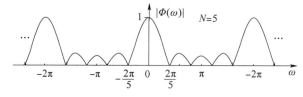

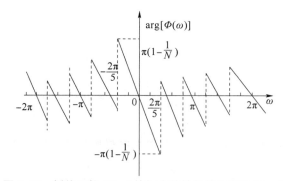

图 3-10 插值函数 $\Phi(\omega)$ 的幅度特性与相位特性（$N=5$）

从式（3-114）可以看出，$X(e^{j\omega})$ 是由 N 个加权系数为 $X(k)$ 的 $\Phi(\omega-2\pi k/N)$ 函数（$k=0$，$1,\cdots,N-1$）组成，在每个样点上，有 $X(e^{j\omega})\big|_{\omega=2\pi k/N} = X(k)$，而在抽样点之间的 $X(e^{j\omega})$ 则由各加权的插值函数延伸至所求 ω 点上的值的叠加而得到。

由插值函数 $\Phi(\omega)$ 求 $X(e^{j\omega})$ 的示意如图 3-11 所示。

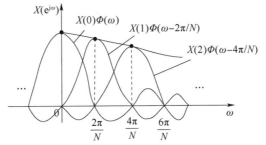

图 3-11　由插值函数求 $X(\mathrm{e}^{\mathrm{j}\omega})$ 的示意

3. 将 $X(z)$ 及 $X(\mathrm{e}^{\mathrm{j}\omega})$ 用 $x(n)$ 和 $X(k)$ 表达

将 $X(z)$ 及 $X(\mathrm{e}^{\mathrm{j}\omega})$ 同 $X(h)$ 和 $X(k)$ 表达时,展开式重写如下:

$$X(z) = \sum_{n=0}^{N-1} x(n)z^{-n} = \sum_{n=0}^{N-1} X(k)\varPhi_k(z) \tag{3-116}$$

$$X(\mathrm{e}^{\mathrm{j}\omega}) = \sum_{n=0}^{N-1} x(n)\mathrm{e}^{-\mathrm{j}\omega n} = \sum_{n=0}^{N-1} X(k)\varPhi\left(\omega - \frac{2\pi}{N}k\right) \tag{3-117}$$

先看 $X(z)$,由式(3-116)可以看出,对时域序列 $x(n)$,$X(z)$ 是按 z 的负幂级数展开的, $x(n)$ 是其级数的系数;对频域序列 $X(k)$,$X(z)$ 是按插值函数 $\varPhi_k(z)$ 展开的,$X(k)$ 是其展开的系数。再看频率响应 $X(\mathrm{e}^{\mathrm{j}\omega})$,式(3-117)可以看出,对时域序列 $x(n)$,$X(\mathrm{e}^{\mathrm{j}\omega})$ 被展开成傅里叶级数,$x(n)$ 是其傅里叶级数的谐波系数;对频域序列 $X(k)$,$X(\mathrm{e}^{\mathrm{j}\omega})$ 被展开成插值函数 $\varPhi\left(\omega-\dfrac{2\pi}{N}k\right)$ 的级数,而 $X(k)$ 是其系数。

以上这些说明一个函数可以用不同的正交完备群展开,从而得到不同的含义。

§3.3　DFT 的应用

 ### 3.3.1　利用 DFT 计算线性卷积

我们不是直接计算线性卷积(当然可以用矩阵方法来计算线性卷积),而是基于圆周卷积(又称循环卷积)定理,用 DFT 方法(采用 FFT 算法)来计算线性卷积,如图 3-6 所示,求解过程如下。

设输入序列为 $x(n)$,$0 \leqslant n \leqslant N_1-1$,系统单位抽样响应为 $h(n)$,$0 \leqslant n \leqslant N_2-1$,用计算圆周卷积的办法求系统的输出 $y_1(n) = x(n)*h(n)$ 的过程如下。

①令 $L = 2^m \geqslant N_1 + N_2 - 1$。

②取

$$x(n) = \begin{cases} x(n), & 0 \leqslant n \leqslant N_1-1 \\ 0, & N_1 \leqslant n \leqslant L-1 \end{cases}$$

$$h(n) = \begin{cases} h(n), & 0 \leqslant n \leqslant N_2-1 \\ 0, & N_2 \leqslant n \leqslant L-1 \end{cases}$$

【例 3-38】~【例 3-41】

③$X(k) = \text{DFT}[x(n)]$，L 点；$H(k) = \text{DFT}[h(n)]$，L 点长。

④$Y(k) = X(k) \cdot H(k)$。

⑤$y(n) = \text{IDFT}[Y(k)]$，L 点长。

⑥$y_1(n) = y(n)$，$0 \leqslant n \leqslant N_1 + N_2 - 1$。

线性卷积、周期卷积、圆周卷积这 3 种卷积既有联系又有区别。具体说来，圆周卷积与周期卷积没有本质区别，圆周卷积可以被看成是周期卷积的主值，但是它们又有明显的不同。圆周卷积的计算是在主值区间进行，而线性卷积不受这个限制。

3.3.2　利用 DFT 计算线性相关

与卷积讨论类似，在讨论有限长序列的离散傅里叶变换时，有圆周相关，它不同于线性相关，就好像圆周卷积不同于线性卷积一样。

线性相关的定义如下：

$$r_{xy}(m) = \sum_{n=-\infty}^{\infty} x(n)y(n-m) = \sum_{n=-\infty}^{\infty} x(n)y(-(m-n))$$
$$= x(m) * y(-m) \tag{3-118}$$

既然线性相关函数可以用式（3-118）的线性卷积表示，那么前面讨论的线性卷积和圆周卷积的关系，就可以利用到相关运算上，即线性相关与圆周相关有相似的关系。讨论圆周相关的目的是可以用 DFT 来计算线性相关，DFT 运算所对应的圆周相关就是一种快速相关运算。

由于要作 DFT 运算，序列必须是有限长的，因此设 $x(n)$，$y(n)$（$0 \leqslant n \leqslant N-1$）为有限长实序列。

1. 圆周相关

与圆周卷积类似，圆周相关定义为（以下变换中，注意周期为 N）

$$\bar{r}_{xy}(m) = \sum_{n=0}^{N-1} x(n)y((n-m))_N R_N(m)$$
$$= \sum_{n=0}^{N-1} x(n)y((-(m-n)))_N R_N(m) = x(m) ⓝ y(N-m) \tag{3-119}$$

2. 相关函数的 z 变换、离散时间傅里叶变换（DTFT）及离散傅里叶变换（DFT）

在讨论用 DFT 计算线性相关的圆周相关定理之前，先讨论相关函数的 z 变换及离散时间傅里叶变换（DTFT）及离散傅里叶变换（DFT）。

将式（3-118）取 z 变换可得

$$R_{xy}(z) = \mathscr{Z}[r_{xy}(m)] = X(z) \cdot Y(z^{-1}) \tag{3-120}$$

代入 $z = e^{j\omega}$，得到 $r_{xy}(m)$ 的 DTFT 为

$$R_{xy}(e^{j\omega}) = X(e^{j\omega})Y(e^{-j\omega}) \tag{3-121}$$

由于实序列的频谱 $\omega = 0$ 呈共轭对称性，故对任意 ω，只有当 $X(e^{j\omega}) \neq 0$，且 $Y(e^{-j\omega}) = Y^*(e^{j\omega}) \neq 0$ 时，才有 $R_{xy}(e^{j\omega}) \neq 0$。也就是说，只有当两信号的频谱相重叠时，才有相关性。

将频谱抽样，取 $\omega_k = 2\pi k/N$，在满足频域抽样定理要求下，可得相关函数的 DFT 为

$$R_{xy}(k) = X(k)\dot{Y}(N-k) = X(k) * Y(k) \tag{3-122}$$

3. 圆周相关定理

若

$$R_{xy}(k) = X(k)Y(N-k) = X(k) * Y(k) \tag{3-123}$$

则圆周相关序列 $\bar{r}_{xy}(m)$ 为

$$\bar{r}_{xy}(m) = \text{IDFT}[R_{xy}(k)] = \sum_{n=0}^{N-1} x(n)y((n-m))_N R_N(m) \tag{3-124}$$

证明　先将 $R_{xy}(k)$、$Y(N-k)$ 及 $X(k)$ 以 N 为周期进行周期延拓,得到序列 $\tilde{R}_{xy}(k)$、$Y((N-k))_N$ 及 $X((k))_N$,即

$$\tilde{R}_{xy}(k) = X((k))_N Y((N-k))_N$$

则

$$\tilde{r}_{xy}(m) = \text{IDFT}[\tilde{R}_{xy}(k)] = \frac{1}{N}\sum_{k=0}^{N-1} X((k))_N Y((N-k))_N W_N^{-mk}$$

$$= \frac{1}{N}\sum_{k=0}^{N-1} Y((N-k))_N \sum_{n=0}^{N-1} x(n) W_N^{nk} W_N^{-mk}$$

$$= \sum_{n=0}^{N-1} x(n) \frac{1}{N}\left[\sum_{k=0}^{N-1} Y((N-k))_N W_N^{-(m-n)k}\right]$$

$$= \sum_{n=0}^{N-1} x(n)y((-(m-n)))_N = \sum_{n=0}^{N-1} x(n)y((n-m))_N$$

等式两端取主值序列,即得

$$\bar{r}_{xy}(m) = \sum_{n=0}^{N-1} x(n)y((n-m))_N R_N(m)$$

将线性相关转变成圆周相关进行运算,再利用圆周相关定理从 DFT 求解中求得线性相关,就称为快速相关计算,当然 DFT 的计算要用到快速傅里叶变换(FFT)算法。

计算线性相关有以下 3 种方法。

(1) 直接用线性相关的公式求解,即移位(左、右移位)相乘、相加,这种方法很麻烦。

(2) 采用线性卷积方法来计算线性相关,即 $r_{xy}(m) = x(m) * y(-m)$。

可以用对位相乘相加法来作 $x(m)$ 与 $y(-m)$ 的卷积,用卷积和定位的方法来确定 $r_{xy}(0)$ 的位置;或者直接由线性相关的定位法来确定 $r_{xy}(0)$ 的位置。

(3) 用圆周相关代替线性相关,再利用圆周相关定理(见式(3-123)),利用 DFT(采用 FFT 算法)来求线性相关,其步骤为:

①给定 $x(n)$,N_1 点长,$y(n)$,N_2 点长;

②将 $x(n)$,$y(n)$ 补零补到 $L \geqslant N_1 + N_2 - 1$ 点长,即

$$x(n) = \begin{cases} x(n), & 0 \leqslant n \leqslant N_1 - 1 \\ 0, & N_1 \leqslant n \leqslant L-1 \end{cases}$$

$$y(n) = \begin{cases} y(n), & 0 \leqslant n \leqslant N_2 - 1 \\ 0, & N_2 \leqslant n \leqslant L-1 \end{cases}$$

③求 $X(k) = \text{DFT}[x(n)]$,L 点长,$Y(k) = \text{DFT}[y(n)]$,L 点长;

④求 $X^*(k)$;

⑤求 $R_{xy}(k) = X(k) * Y(k)$;

⑥求 $\bar{r}_{xy}(m) = \mathrm{IDFT}[R_{xy}(k)]$,$L$点;

⑦确定 $r_{xy}(0)$ 的定位,由于圆周相关定理求出的 $\bar{r}_{xy}(m)$ 的 m 全部是正值,而线性相关在 m 为正数及 m 为负数时皆有值,因而有 $m=0$ 的定位问题。用以下例子来讨论 $r_{xy}(0)$ 的定位问题。

【例3-42】

4. 用 DFT 计算自相关序列 $r_{xx}(m)$

设 $x(n)$,$0 \leqslant n \leqslant N-1$,将 $y(n) = x(n)$ 代入式(3-118),可得

$$r_{xx}(m) = x(m) * x(-m) \tag{3-125}$$

根据式(3-120)及式(3-121),考虑到 $x(n)$ 为实序列,将 $x(n)$ 补零值补到长度为 $L \geqslant 2N-1$ 点,再求 $R_{xx}(z)$、$R_{xx}(e^{j\omega})$,可得

$$R_{xx}(z) = X(z)X(z^{-1})$$

$$R_{xx}(e^{j\omega}) = X(e^{j\omega})X(e^{-j\omega}) = X(e^{j\omega})X^*(e^{j\omega}) = |X(e^{j\omega})|^2 \tag{3-126}$$

根据圆周相关定理中的式(3-123)及式(3-124),若

$$R_{xx}(k) = X(k)X^*(k) = |X(k)|^2, L\text{点长} \tag{3-127}$$

则 L 点圆周自相关为

$$\bar{r}_{xx}(m) = \sum_{n=0}^{L-1} x(n)x((n-m))_L R_L(m)$$

$$= x(m) ⓛ x(L-m) \tag{3-128}$$

因而,给定实序列 $x(n)$,$0 \leqslant n \leqslant N-1$,用 DFT 计算自相关序列 $r_{xx}(m)$ 的步骤为

①令 $x(n) = \begin{cases} x(n), & 0 \leqslant n \leqslant N-1 \\ 0, & N \leqslant n \leqslant L-1 \end{cases}$,其中 $L \geqslant 2N-1$。

②求 $X(k) = \mathrm{DFT}[x(n)]$,$L$点长。

③求 $X^*(k)$。

④求 $R_{xx}(k) = |X(k)|^2$。

⑤求 $\bar{r}_{xx}(m) = \mathrm{IDFT}[|X(k)|^2]$,$L$点长。

⑥将 $\bar{r}_{xx}(m)$ 作圆周移位,定位后即得到自相关序列 $r_{xx}(m)$。

3.3.3 利用 DFT 对模拟信号的傅里叶变换(级数)对的逼近

(1) 用 DFT 对连续时间非周期信号的傅里叶变换对的逼近。实际上,就是利用 DFT 来对模拟信号进行频谱分析。因而对时域、频域都必须要离散化,以便在计算机上用 DFT 对模拟信号的傅里叶变换对进行逼近。

连续时间非周期的连续可积信号 $x(t)$ 的傅里叶变换对为

$$X(j\Omega) = \int_{-\infty}^{+\infty} x(t) e^{-j\Omega t} dt \tag{3-129}$$

$$x(t) = \frac{1}{2\pi} \int_{-\infty}^{+\infty} X(j\Omega) e^{j\Omega t} d\Omega \tag{3-130}$$

用 DFT 方法计算这一对变换的方法如下。

①将 $x(t)$ 在 t 轴上等间隔(宽度为 T)分段,每一段用一个矩形脉冲代替,脉冲的幅度为其

起始点的抽样值 $x(t)\big|_{t=nT} = x(nT) = x(n)$,然后把所有矩形脉冲的面积相加。

由于

$$t \rightarrow nT$$

$$\mathrm{d}t \rightarrow T(\mathrm{d}t = (n+1)T - nT)$$

$$\int_{-\infty}^{+\infty} \mathrm{d}t \rightarrow \sum_{n=-\infty}^{\infty} T$$

则频谱密度 $X(\mathrm{j}\Omega) = \int_{-\infty}^{+\infty} x(t)\,\mathrm{e}^{-\mathrm{j}\Omega t}\,\mathrm{d}t$ 的近似值为

$$X(\mathrm{j}\Omega) \approx \sum_{n=-\infty}^{+\infty} x(nT)\,\mathrm{e}^{-\mathrm{j}\Omega nT} \cdot T \tag{3-131}$$

②将序列 $x(n) = x(nT)$ 截断成从 $t=0$ 开始长度为 T_0 的有限长序列,包含 N 个抽样(即 $n=0 \sim (N-1)$,时域取 N 个样点),则式(3-131)变为

$$X(\mathrm{j}\Omega) \approx T\sum_{n=0}^{N-1} x(nT)\,\mathrm{e}^{-\mathrm{j}\Omega nT} \tag{3-132}$$

由于时域抽样的抽样频率为 $f_s = 1/T$,因此频域产生以 f_s 为周期的周期延拓(角频率为 $\Omega_s = 2\pi f_s$),若频域是带限信号,则有可能不产生混叠,成为连续周期频谱序列,基频域周期为 $f_s = 1/T$,即时域的抽样频率。

③为了数值计算,在频域上也要离散化(抽样),即在频域的一个周期(T)内取 N 个样点,这时 $f_s = NF_0$,每个样点间的间隔为 F_0 。那么频域的积分式(即式(3-130))就变成求和式,而时域就得到原已截断的离散时间序列的周期延拓序列,其时域周期为 $T_0 = 1/F_0$,这时 $\Omega = k\Omega_0$,即有

$$\mathrm{d}\Omega = (k+1)\Omega_0 - k\Omega_0 = \Omega_0$$

$$\int_{-\infty}^{+\infty} \mathrm{d}\Omega \rightarrow \sum_{k=0}^{N-1} \Omega_0$$

各参量关系为

$$T_0 = \frac{1}{F_0} = \frac{N}{f_s} = NT$$

又因为

$$\Omega_0 = 2\pi F_0$$

则

$$\Omega_0 T = \Omega_0 \cdot \frac{1}{f_s} = \Omega_0 \cdot \frac{2\pi}{\Omega_s} = 2\pi \cdot \frac{\Omega_0}{\Omega_s} = 2\pi \cdot \frac{F_0}{f_s} = 2\pi \cdot \frac{T}{T_0} = \frac{2\pi}{N} \tag{3-133}$$

这样,经过上面 3 个步骤后,时域、频域都是离散周期的序列,推导如下。

第①②两步:时域抽样、截断后得

$$X(\mathrm{j}\Omega) \approx \sum_{n=0}^{N-1} x(nT)\,\mathrm{e}^{-\mathrm{j}\Omega nT} \cdot T$$

$$x(nT) \approx \frac{1}{2\pi}\int_0^{\Omega_s} X(\mathrm{j}\Omega)\,\mathrm{e}^{\mathrm{j}\Omega nT}\,\mathrm{d}\Omega \text{(在频域的一个周期内积分)}$$

第③步:频域抽样,则得

$$x(\mathrm{j}k\Omega_0) \approx T\sum_{n=0}^{N-1} x(nT)\,\mathrm{e}^{-\mathrm{j}k\Omega_0 nT} = T\sum_{n=0}^{N-1} x(n)\,\mathrm{e}^{-\mathrm{j}\frac{2\pi}{N}nk} = T \cdot \mathrm{DFT}[x(n)]$$

$$x(nT) \approx \frac{\Omega_0}{2\pi} \sum_{n=0}^{N-1} X(jk\Omega_0) e^{jk\Omega_0 nT} = F_0 \sum_{n=0}^{N-1} X(jk\Omega_0) e^{j\frac{2\pi}{N}nk}$$

$$= F_0 \cdot N \cdot \frac{1}{N} \sum_{n=0}^{N-1} X(jk\Omega_0) e^{j\frac{2\pi}{N}nk}$$

$$= f_s \cdot \frac{1}{N} \sum_{n=0}^{N-1} X(jk\Omega_0) e^{j\frac{2\pi}{N}nk}$$

$$= f_s \cdot \text{IDFT}[X(jk\Omega_0)]$$

$$X(jk\Omega_0) = X(j\Omega)\big|_{\Omega=k\Omega_0} \approx T \cdot \text{DFT}[x(n)] \tag{3-134}$$

$$x(n) = x(t)\big|_{t=nT} \approx \frac{1}{T} \cdot \text{IDFT}[X(jk\Omega_0)] \tag{3-135}$$

这就是用离散傅里叶变换法求连续时间非周期信号的傅里叶变换的抽样值的方法。

（2）用 DFS 对连续时间周期信号 $x(t)$ 的傅里叶级数的逼近。这实际上是使用 DFS 方法将周期信号时域都离散化后，对模拟周期信号进行频谱分析，特别要注意以下两点。

① 周期信号抽样后要变成周期序列是有条件的，即周期信号的周期 T_0 必须等于抽样间隔 $T(T=1/f_s)$ 的整数倍，或者 T 与 T_0 为互素的整数。也就是说，N 个抽样间隔 T 应等于 M 个连续周期信号 T_0，即 $NT=MT_0$，这样得到的才是周期为 N 的周期序列（N、M 都需要是正整数）。此外，抽样频率必须满足奈奎斯特抽样定理，即满足 $f_s \geq 2f_{max}$。

② 只能按所形成的离散周期序列的一个周期进行截断，以此作为 DFS 的一个周期，以防止频谱的泄漏。这是因为频域抽样后，时域会周期延拓，若时域的 N 点长序列是周期序列的一个周期（或其整数倍），则经延拓后仍为周期序列，其包络仍为原周期信号，这样频谱分析才不会产生泄漏误差。

连续时间周期信号 $x(t)$ 的傅里叶级数对为

$$X(jk\Omega_0) = \frac{1}{T_0} \int_0^{T_0} x(t) e^{-jk\Omega_0 t} dt \tag{3-136}$$

$$x(t) = \sum_{k=-\infty}^{\infty} X(jk\Omega_0) e^{jk\Omega_0 t} \tag{3-137}$$

式中，T_0 为连续时间周期信号的周期。

由于满足：

$$\text{时域周期} \leftrightarrow \text{频域离散}$$

$$\text{时域连续} \leftrightarrow \text{频域非周期}$$

要将连续周期信号与 DFS 联系起来，就需要先对时域抽样，即 $x(n)=x(nT)=x(t)$，则有

$$t = nT$$

$$dt = (n+1)T - nT = T$$

$$\int_0^{T_0} dt \rightarrow \sum_{n=0}^{N-1} T$$

设 $T_0=NT$，即一个周期 T_0 内的抽样点数为 N，则式（3-136）变成

$$X(jk\Omega_0) \approx \frac{T}{T_0} \sum_{n=0}^{N-1} x(nT) e^{-jk\Omega_0 nT} = \frac{1}{N} \sum_{n=0}^{N-1} x(n) e^{-j\frac{2\pi}{N}nk} \tag{3-138}$$

将频域离散序列加以截断，使它成为有限长序列，若这个截断长度正好等于一个周期（时域抽样造成的频域周期延拓的一个周期），则式（3-137）变成（既有时域抽样，又有频域截断）

$$x(nT) \approx \sum_{n=0}^{N-1} X(jk\Omega_0) e^{jk\Omega_0 nT} = \sum_{n=0}^{N-1} X(jk\Omega_0) e^{j\frac{2\pi}{N}nk}$$

$$= N \cdot \frac{1}{N} \sum_{n=0}^{N-1} X(jk\Omega_0) e^{j\frac{2\pi}{N}nk} \tag{3-139}$$

按照 DFT(DFS) 的定义，由式(3-138)及式(3-139)可得

$$X(jk\Omega_0) \approx \frac{1}{N} \cdot \text{DFS}[x(n)] \tag{3-140}$$

$$x(nT) = x(t)\big|_{t=nT} \approx N \cdot \text{IDFS}[X(jk\Omega_0)] \tag{3-141}$$

这就是用 DFS(DFT) 来逼近连续时间周期信号傅里叶级数对的公式。

（3）用 DFT 对非周期连续时间信号进行频谱分析的整个过程如图 3-12 所示，一共包含 3 个步骤：①时域抽样；②时域截断；③频域抽样。下面将分别进行讨论。

①时域抽样。时域以 f_s 频率抽样，频域就会以抽样频率 f_s 为周期进行周期延拓。若频域是带限信号，最高频率为 f_h，则只要满足 $f_s \geq 2f_h$ 就不会产生周期延拓后的混叠失真。

②时域截断。时域截断是在时域序列上乘以一个窗函数 $d(n)$，得到 $x(n)d(n)$，$d(n)$ 是有限长的，即 $d(n)$，$0 \leq n \leq N-1$。窗函数有多种类型，若为矩形窗，则在 $0 \leq n \leq N-1$ 范围内，$x(n)d(n)$ 与 $x(n)$ 数值相同；否则，若是其他形状窗，则在此范围内数据会产生变化。

③频域抽样。由于频域仍是连续值，因此必须加以离散化，在此范围内数据也会产生变化。在离散时域产生周期延拓序列 $\tilde{x}_N(n)$。要求频域抽样间隔 $F_0 \leq \dfrac{f_s}{N}$，即一个周期内频域抽样点数 M 满足 $M \geq N$。

以上 3 种处理过程中，可能产生的失真及解决办法可见随后的讨论。

3.3.4　用 DFT 对模拟信号进行谱分析

已求用 DFT 对非周期模拟信号进行谱分析的逼近式，从分析过程及结果都可看出，谱分析是有近似性的，因而会产生误差。还要注意到，用 DFT 作谱分析是利用 DFT 离散谱的选频特性来实现的。

对模拟信号作谱分析，主要有两个技术指标：一个是要分析的最高频率 f_h，另一个是所分析信号要求的频率分辨率 F_0，即能分辨的两个频率分量的最小间距。前者决定了所要选择的抽样频率 f_s，后者决定了信号应选取的时间长度 T_0 以及随之而确定的抽样点数 N。

模拟信号用 DFT 作频谱分析的处理过程在 3.3.3 小节中已进行了描述，即有时域抽样、时域截断、频域抽样(DFT) 等 3 个过程，在这 3 个过程中，都会产生失真。

下面从两个方面进行研究，一方面是谱分析的参量的选定，包括抽样频率 f_s、数据时长 T_0、抽样点数 N(DFT 的长度点数)，并讨论 f_s、F_0、T_0、N 之间的关系；另一方面是谱分析过程中可能产生的失真，包括频谱混叠失真、频谱泄漏失真及栅栏效应失真，并研究减小这些失真的方法。

【例 3-43】～【例 3-46】

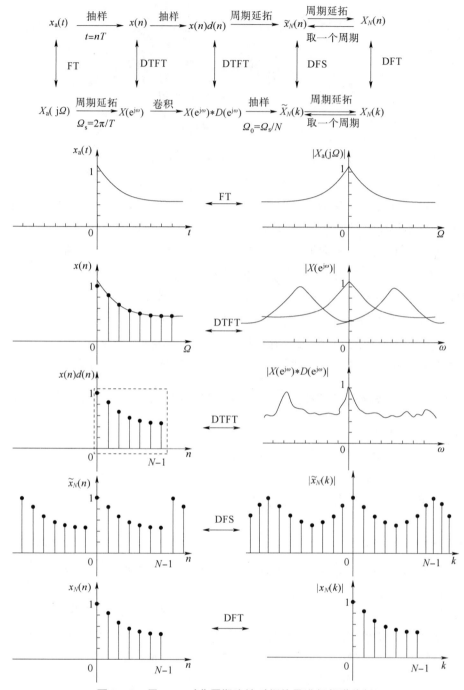

图 3-12　用 DFT 对非周期连续时间信号进行频谱分析

3.3.5　用 DFT 对模拟信号作谱分析中主要参量的选择

1. 抽样频率 f_s 的选择

若信号最高频率分量为 f_h，则抽样频率 f_s 至少应满足以下关系，才不会产生频谱的混叠失真：

$$f_s \geqslant 2f_h \tag{3-142}$$

但考虑到将信号截断成有限长序列会造成频谱泄漏使原来的频谱展宽且产生谱间的串扰，这些都可能造成频谱混叠失真，因而可以适当增加信号的抽样频率，f_s 可选为

$$f_s = (3 \sim 6)f_h \tag{3-143}$$

折叠频率$(f_s/2)$是能够分析模拟信号的最高频率，在数字频率上就是 $\omega = \pi$。

2. 频率分辨率 F_0 的选择

它是指长度为 N 的信号序列所对应的连续谱 $X(e^{j\omega})$ 中能分辨的两个频率分量峰值的最小频率间距 F_0，此最小频率间距 F_0 与数据长度 T_0 成反比，即

$$F_0 = 1/T_0 \tag{3-144}$$

（1）若不作数据补零值的特殊处理，则时域抽样点数 N 与 T_0 的关系为

$$T_0 = N/f_s = NT \tag{3-145}$$

式中，$T=1/f$ 为抽样的时间间距。从上式可得 F_0 的另一个表达式为

$$F_0 = 1/(NT) = f_s/N \tag{3-146}$$

显然 F_0 应根据频谱分析的要求来确定，由 F_0 就能确定所需数据长度 T_0。

（2）提高频率分辨率的办法。F_0 越小，频率分辨率就越高，若想提高频率分辨率，即减小 F_0，只能增加有效数据长度 T_0，此时若 f_s 不变，则抽样点数 N 一定会增加。

（3）用时域序列补零值的办法增加 N 值，是不能提高频率分辨率的，因为补零值不能增加信号的有效长度，所以补零值后信号的频谱 $X(e^{j\omega})$ 是不会变化的，因而不能增加任何信息，也不能提高频率分辨率。

3. 时域抽样点数 N 的选择

一般情况下，若时域不作补零值的特殊处理，则这个 N 值也是 DFT 运算的 N 值。

由于抽样点数 N 和信号观测时间 T_0 有关（当 f_s 选定后），当然上面也说到 T_0 又和所要求的 F_0 有关，故按式（3-145）可确定 N 的数值为

$$N = f_s T_0 = \frac{f_s}{F_0} \tag{3-147}$$

为了用 FFT 来计算，常要求 $N=2^r$，r 为正整数，这时可以采用以下 3 种方法中其中的一种：

①当 T_0 不变时，可以同时增加 f_s 和 N，使其满足 $N=2^r$ 关系；

②若不改变 f_s，则只能增加有效数据长度 T_0 以增加 N 值，使其达到 $N=2^r$ 关系；

③用时域序列补零值的办法来增加 N，以满足 $N=2^r$ 的要求。

①③两种方法，只能使频域抽样更密，频域一个周期计算的点数更多，从而减小了 DFT 计算的频率间距，而且使栅栏效应不显著，但是因为有效数据长度没有变化，所以并不能提高频率分辨率，只有第②种方法才能提高频率分辨率。

§3.4　DFT 应用中的问题与参数选择

在应用 DFT 解决问题时常常会遇到下列问题：①混叠现象；②泄漏效应；③栅栏效应；④DFT 的参数选择（频率分辨率与计算长度）。下面将分别讨论这些问题。

3.4.1 混叠现象

如果采样频率过高,即采样间隔 T 过小,则在一定的时间内采样点数过多,造成计算机存储量增大,计算机运行时间过长。但若采样频率过低,则 DFT 的运算在频域出现混叠现象,形成频谱失真,使之不能反映原来的信号。这将进一步使数字处理失去依据而不能从失真的频谱中恢复出原来的信号。因此,对连续信号的采样频率必须大于奈奎斯特频率,即采样频率 f_s 至少应大于或等于信号所含有的最高频率 f_0 的两倍,即

$$f_s \geq 2f_0$$

在实际应用时, f_s 常取 $3f_0 \sim 4f_0$。

3.4.2 泄漏效应

理论上,频谱中只包含待测信号的频率,但实际频谱包含众多的频率分量。通常将这种现象称为频谱泄漏效应。泄漏效应是指信号的频谱经过系统处理后,在以前没有频谱的区间内出现了频谱,即产生了频谱泄漏。

为了抑制频谱泄漏效应,可以采用诸如汉明(Hanning)、凯撒(Kaiser)等多种时间窗。还有一种特殊的时间窗——矩形窗,其实就是不加时间窗,直接对原始样点作 FFT,上述例子就是采用矩形窗的情况。只有采用矩形窗,而且窗宽度不是信号周期的整数倍时,才会发生明显的频谱泄漏效应。

实际问题中所遇到的离散时间序列 $x_a(nT)$ 有可能是非时限的,而处理这个序列时需要将它截短。所谓截短,就是将序列限定为有限的 N 点,使该序列 N 点以外的值为 0,等价于将该序列乘以一个窗函数 $w(nT)$ 或 $w(t)$。根据卷积定理,时域中 $x_a(nT)$ 与 $w(t)$ 相乘,则频域中 $X(e^{j\Omega T})$ 与 $W(j\omega)$ 进行卷积。这样将使 $x_a(nT)$ 截短后的频谱不同于它加窗以前的频谱。

3.4.3 栅栏效应

若 $x_a(t)$ 是非周期函数,且它的频谱是连续的,则把 $x_a(t)$ 的 N 点采样进行 DFT 运算后得到的频谱 $X(k)$ 只能是连续频谱 $X(e^{j\omega})$ 上的若干采样点。DFT 的结果是 N 个采样滤波器的并联输出,这就好像是在栅栏的一边通过缝隙观察另一边的景象,故称这种现象为栅栏效应。为了把被"栅栏"挡住的频谱分量检测出来,可以采用在原采样序列的末端补零值的方法,即增大频域采样的 N 值。采用补零值可以看到由于采样点位置错位而未显现出的频率,但并不能提高物理频率分辨率,即原先不能分开的频率,补零值后仍然不能分开。

【例 3-47】和【例 3-48】

通常只要采样频率选择适当,被"栅栏"挡住频谱分量的情况很少,所以栅栏效应在许多情况下是可以被克服的。

【例 3-49】

3.4.4　DFT 的参数选择（频率分辨率与计算长度）

为了避免 DFT 运算中出现上述问题，必须合理地调整有关参数。

1. DFT 计算频率分辨率与信号的物理频率分辨率

如果已知信号的最高频率 f_h，为了在 DFT 运算中避免产生混叠现象，要求采样频率 f_s 满足奈奎斯特采样定理，即 $f_s > 2f_h$。然后根据需要，确定频率分辨率 Δf，即离散频谱中两相邻采样点的频率间隔，也就是信号的基波频率。Δf 越小，频率分辨率越好。选择 Δf 后，可根据

$$N = \frac{f_s}{\Delta f}$$

来确定样本点数（为了能应用 FFT 算法，N 应取为 2^m，m 为正整数）。

由于两相邻采样点的时间间隔是采样频率 f_s 的倒数，即

$$T = \frac{1}{f_s}$$

故所需要的数据时间 t_n 等于 NT，即

$$t_n = NT = \frac{N}{f_s}$$

在数据有效时间长度 t_n 已经确定的情况下，不能靠增加采样点数来提高频率分辨率，这是因为

$$\Delta f = \frac{f_s}{N} = \frac{1}{NT} = \frac{1}{t_n}$$

N 越大则采样时间间隔越短，但其乘积仍是 t_n，所以提高频率分辨率需增加原始数据的有效时间长度 t_n。

以采样频率 f_s 对模拟信号 $x(t)$ 进行采样，得到长度为 L 的有限长序列 $x(n)$，其离散傅里叶变换为 $X(\mathrm{e}^{\mathrm{j}\omega})$，在单价圆上对该连续谱均匀采样得到 N 点长的离散谱 $X(k) = X(\mathrm{e}^{\mathrm{j}\omega})\big|_{\omega=(2\pi/N)k}$。

物理频率分辨率是指长度为 L 的信号序列 $x(n)$ 对应的连续 $X(\mathrm{e}^{\mathrm{j}\omega})$ 能够分辨的最小频率，定义为

$$f_p = \frac{f_s}{L} \text{ 或 } \omega_p = \frac{2\pi}{L} \tag{3-148}$$

计算频率分辨率是指连续谱 $X(\mathrm{e}^{\mathrm{j}\omega})$ 在单位圆上通过 N 点均匀采样后得到的离散谱相邻谱线的距离，定义为

$$f_c = \frac{f_s}{L} \text{ 或 } \omega_p = \frac{2\pi}{L} \tag{3-149}$$

下面通过一个具体的例子说明物理频率分辨率和计算频率分辨率的区别

2. 改变计算长度——加零

在许多实际应用中，有时需要对有限长输入信号序列进行加零预处理，即改变序列的计算长度。序列加零可分为前加零、后加零以及中间加零等 3 种情况，这 3 种不同的加零方式对信号的连续谱和离散谱有不同的影响。下面只讨论序列后加零对序列频谱的影响。

【例 3-50】

假定一个长度为 L 的有限长序列 $x_L(n)$，其傅里叶变换为 $X(e^{j\omega})$，在单位圆上对连续谱 $X(e^{j\omega})$ 进行 N 点均匀采样得到 $X_N(k)$，这里假设 $L \leqslant N$。现在对序列 $x_L(n)$ 加零得到一个长度为 N 的序列 $x_N(n) = \{x_L(n), 0, \cdots, 0\}$。加零后序列 $x_N(n)$ 的傅里叶变换为

$$
\begin{aligned}
X_N(e^{j\omega}) &= \sum_{n=0}^{N-1} x_N(n) e^{-j\omega n} \\
&= \sum_{n=0}^{L-1} x_N(n) e^{-j\omega n} + \sum_{n=L}^{N-1} x_N(n) e^{-j\omega n} \\
&= \sum_{n=0}^{L-1} x_L(n) e^{-j\omega n} \\
&= X(e^{j\omega})
\end{aligned} \tag{3-150}
$$

加零后序列的 DFT 为

$$
\begin{aligned}
X_N(k) &= \sum_{n=0}^{N-1} x_N(n) e^{-j\frac{2\pi}{N}nk} \\
&= \sum_{n=0}^{L-1} x_N(n) e^{-j\frac{2\pi}{N}nk} + \sum_{n=L}^{N-1} x_N(n) e^{-j\frac{2\pi}{N}nk} \\
&\neq X_L(k), \quad k = 0, 1, 2, \cdots, N-1
\end{aligned} \tag{3-151}
$$

由式(3-150)和式(3-151)可以看出，序列加零前后的连续谱是相同的，即加零对原序列的离散傅里叶变换 $X(e^{j\omega})$ 没有影响。但加零改变了序列的 DFT，主要原因是加零导致在 z 平面单位圆的采样位置发生了变化，因此离散傅里叶变换得到的离散点谱值有所变化。序列后加零的主要作用是平滑了加零前序列的连续谱。

【例 3-51】~【例 3-58】

第 3 章例题

第 3 章习题

第4章
快速傅里叶变换(FFT)

快速傅里叶变换(FFT)是离散傅里叶变换(DFT)的一种快速算法,为了更好地理解和掌握快速傅里叶变换,必须对第 3 章介绍的离散傅里叶变换有充分的理解与掌握。

知识要点

本章要点是快速傅里叶变换,具体内容包括:
(1)按时间抽取和按频率抽取的 FFT 算法和原理;
(2)利用 FFT 计算 IFFT 的方法;
(3)FFT 在频谱分析中的应用;
(4)利用 FFT 计算线性卷积、分段卷积;
(5)线性调频 z 变换。

§ 4.1 引言

有限长序列在频域也可离散化成有限长序列,即可进行离散傅里叶变换。DFT 在数字信号处理中非常有用。例如,在 FIR 滤波器设计中会遇到由 $h(n)$ 求 $H(k)$ 或由 $H(k)$ 求 $h(n)$ 的问题,这时就要计算 DFT。信号的频谱分析对通信、图像传输、雷达、声呐等具有很重要的意义。在系统的分析、设计和实现中都会用到 DFT 的计算。由于 DFT 的计算量太大,即使采用计算机也很难对问题进行实时处理,因此其并没有得到真正的运用。直到 1965 年 J.W.Cooley 和 J.W.Tukey 在《计算数学》杂志上发表了著名的"机器计算傅里叶级数的一种算法"的文章,提出了 DFT 的一种快速算法,后来又经过 G.Sande 改进,发展和完善了一套高速有效的运算方法,后续 G.Sande 和 J.W.Tukey 的快速算法相继出现。人们对算法持续进行改进,发展和完善了一套高速有效的运算方法,使 DFT 的运算量大大减少,运算时间一般可缩短 1~2 个数量级,从而使 DFT 的运算在实际中真正得到了广泛的应用。

本章主要讨论若干种 FFT 算法以及 FFT 的一些具体实现方法。

§4.2 直接计算 DFT 的问题及改进的途径

设 $x(n)$ 为 N 点有限长序列,其 DFT 为

$$X(k) = \sum_{n=0}^{N-1} x(n) W_N^{nk}, k = 0, 1, \cdots, N-1 \tag{4-1}$$

反变换(IDFT)为

$$x(n) = \frac{1}{N} \sum_{k=0}^{N-1} X(k) W_N^{-nk}, k = 0, 1, \cdots, N-1 \tag{4-2}$$

两者的差别只在于 W_N 的指数符号不同,以及差一个常数乘因子 $1/N$,因而下面我们只讨论 DFT(式(4-1))的运算量,式(4-2)的运算量与其是完全相同的。

一般来说,$x(n)$ 与 W_N^{nk} 都是复数,$X(k)$ 也是复数,因此每计算一个 $X(k)$ 值,需要 N 次复数乘法($x(n)$ 与 W_N^{nk} 相乘)以及 $(N-1)$ 次复数加法。而 $X(k)$ 一共有 N 个点(k 的取值范围为 $0 \sim N-1$),所以完成整个 DFT 运算总共需要 N^2 次复数乘法及 $N(N-1)$ 次复数加法。复数运算实际上是由实数运算完成的,式(4-1)可写成

$$X(k) = \sum_{n=0}^{N-1} x(n) W_N^{nk} = \sum_{n=0}^{N-1} \{ \mathrm{Re}[x(n)] + j\mathrm{Im}[x(n)] \} \{ \mathrm{Re}[W_N^{nk}] + j\mathrm{Im}[W_N^{nk}] \}$$

$$= \sum_{n=0}^{N-1} \mathrm{Re}[x(n)] \mathrm{Re}[W_N^{nk}] - \mathrm{Im}[x(n)] \mathrm{Im}[W_N^{nk}]$$

$$+ \sum_{n=0}^{N-1} j\{ \mathrm{Re}[x(n)] \mathrm{Im}[W_N^{nk}] + \mathrm{Im}[x(n)] \mathrm{Re}[W_N^{nk}] \} \tag{4-3}$$

由式(4-3)可知,一次复数乘法需用 4 次实数乘法和 2 次实数加法;一次复数加法则需 2 次实数加法。因而每运算一个 $X(k)$ 需用 $4N$ 次实数乘法及 $2N+2(N-1) = 2(2N-1)$ 次实数加法。因此,整个 DFT 运算总共需要 $4N^2$ 次实数乘法和 $N \times 2(2N-1) = 2N(2N-1)$ 次实数加法。

上述统计与实际需要的运算次数不同,因为 W_N^{nk} 可能是 1 或 j,这时就不必相乘了,如 $W_N^0 = 1$,$W_N^{n/2} = -1$,$W_N^{n/4} = -j$ 等就不需用乘法。但是为了比较,一般都不考虑这些特殊情况,而是把 W_N^{nk} 都看成复数,当 N 很大时,这种特例所占的比重就比较小。

直接计算 DFT 时,其乘法次数和加法次数都是和 N^2 成正比的。当 N 很大时,运算量是十分可观的。例如,当 $N = 8$ 时,DFT 需用 64 次复数乘法,而当 $N = 1\,024$ 时,DFT 所需的复数乘法为 1 048 576 次,这对实时性很强的信号处理来说,必将对计算速度有十分苛刻的要求。因而需要改进对 DFT 的计算方法,以大大减少运算次数。

下面讨论减少运算工作量的途径。由 DFT 的运算可看出,利用系数 W_N^{nk} 的固有特性,可减少 DFT 的运算量。

(1) W_N^{nk} 的对称性:

$$W_N^{nk} = W_N^{-nk}$$

(2) W_N^{nk} 的周期性:

$$W_N^{nk} = W_N^{(n+rN)k} = W_N^{(k+rN)n}, r \text{ 为整数}$$

（3）W_N^{nk} 的可约性：

$$W_N^{nk} = W_{mN}^{nmk} = W_{N/m}^{nk/m}, m \text{ 为整数}, N/m \text{ 为整数}$$

由此可得出

$$W_N^{n(N-k)} = W_N^{(N-n)k} = W_N^{-nk}, W_N^{N/2} = -1, W_N^{(k+N/2)} = -W_N^k$$

可以看出，DFT 运算中有些项可以合并；利用 W_N^{nk} 的对称性、周期性和可约性，可以将长序列的 DFT 分解为短序列的 DFT。由于 DFT 的运算量是与 N^2 成正比的，因此 N 越小越有利，因而短序列的 DFT 比长序列的 DFT 的运算量要小。

FFT 算法正是基于这样的基本思路而发展起来的。它的算法基本上可以分成两大类，即按时间抽取（decimation-in-time，DIT）法和按频率抽取（decimation-in-frequency，DIF）法。

§4.3　按时间抽取（DIT）的基-2FFT 算法（库利-图基算法）

4.3.1　算法原理

先设序列 $x(n)$ 点数为 $N = 2^L$，L 为整数。若不满足这个条件，则可以人为地加上若干零值点，使之达到这一要求。这种 N 为 2 的整数幂的 FFT 也称基-2FFT。

将 $N = 2^L$ 的序列 $x(n)(n = 0, 1, \cdots, N-1)$ 先按 n 的奇偶性分成以下两组：

$$\begin{cases} x(2r) = x_1(r) \\ x(2r+1) = x_2(r) \end{cases}, \quad r = 0, 1, \cdots, \frac{N}{2} - 1 \tag{4-4}$$

则其 N 点 DFT 为

$$\begin{aligned} X(k) &= \mathrm{DFT}[X(n)] = \sum_{n=0}^{N-1} x(n) W_N^{nk} \\ &= \sum_{\substack{n=0 \\ n\text{为偶数}}}^{N-1} x(n) W_N^{nk} + \sum_{\substack{n=0 \\ n\text{为奇数}}}^{N-1} x(n) W_N^{nk} \\ &= \sum_{r=0}^{\frac{N}{2}-1} x(2r) W_N^{2rk} + \sum_{r=0}^{\frac{N}{2}-1} x(2r+1) W_N^{(2r+1)k} \\ &= \sum_{r=0}^{\frac{N}{2}-1} x_1(r) (W_N^2)^{rk} + W_N^k \sum_{r=0}^{\frac{N}{2}-1} x_2(r) (W_N^2)^{rk} \end{aligned}$$

利用系数 W_N^{nk} 的可约性，即 $W_N^2 = \mathrm{e}^{-\mathrm{j}\frac{2\pi}{N} \cdot 2} = \mathrm{e}^{-\mathrm{j}2\pi/\frac{N}{2}} = W_{N/2}$，上式可表示成

$$X(k) = \sum_{r=0}^{\frac{N}{2}-1} x_1(r) W_{N/2}^{rk} + W_N^k \sum_{r=0}^{\frac{N}{2}-1} x_2(r) W_{N/2}^{rk} = X_1(k) + W_N^k X_2(k) \tag{4-5}$$

式中，$X_1(k)$ 与 $X_2(k)$ 分别是 $x_1(r)$ 及 $x_2(r)$ 的 $N/2$ 点 DFT：

$$X_1(k) = \sum_{r=0}^{\frac{N}{2}-1} x_1(r) W_{N/2}^{rk} = \sum_{r=0}^{\frac{N}{2}-1} x(2r) W_{N/2}^{rk} \tag{4-6}$$

$$X_2(k) = \sum_{r=0}^{\frac{N}{2}-1} x_2(r) W_{N/2}^{rk} = \sum_{r=0}^{\frac{N}{2}-1} x(2r+1) W_{N/2}^{rk} \tag{4-7}$$

由式(4-5)可看出,一个 N 点 DFT 已分解成两个 $N/2$ 点 DFT,它们按式(4-5)又组合成一个 N 点 DFT。但是,$x_1(r)$、$x_2(r)$ 以及 $X_1(k)$、$X_2(k)$ 都是 $N/2$ 点序列,即 r、k 满足 r、$k = 0,1,\cdots,$ $N/2-1$。而 $X(k)$ 有 N 点,用式(4-5)计算得到的只是 $X(k)$ 的前一半项数的结果,要用 $X_1(k)$、$X_2(k)$ 来表达全部的 $X(k)$ 值,还必须应用系数的周期性,即 $W_{N/2}^{rk} = W_{N/2}^{r\left(k+\frac{N}{2}\right)}$,这样可得到

$$X_1\left(\frac{N}{2}+k\right) = \sum_{r=0}^{\frac{N}{2}-1} x_1(r) W_{N/2}^{r\left(k+\frac{N}{2}\right)} = \sum_{r=0}^{\frac{N}{2}-1} x_1(r) W_{N/2}^{rk} = X_1(k) \tag{4-8}$$

同理可得

$$X_2\left(\frac{N}{2}+k\right) = X_2(k) \tag{4-9}$$

式(4-8)和式(4-9)说明了后半部分 k 值($N/2 \leq k \leq N-1$)所对应的 $X_1(k)$、$X_2(k)$,分别等于前半部分 k 值($0 \leq k \leq N/2-1$)所对应的 $X_1(k)$、$X_2(k)$。

再考虑到 W_N^k 的以下性质:

$$W_N^{\left(\frac{N}{2}+k\right)} = W_N^{N/2} W_N^k = -W_N^k \tag{4-10}$$

把式(4-8)、式(4-9)和式(4-10)代入式(4-5),就可将 $X(k)$ 表达为前后两部分。

前半部分 $X(k)$:

$$X(k) = X_1(k) + W_N^k X_2(k), k = 0,1,\cdots,\frac{N}{2}-1 \tag{4-11}$$

后半部分 $X(k)$:

$$X\left(k+\frac{N}{2}\right) = X_1\left(k+\frac{N}{2}\right) + W_N^{\left(k+\frac{N}{2}\right)} X_2\left(k+\frac{N}{2}\right)$$

$$= X_1(k) - W_N^k X_2(k), k = 0,1,\cdots,\frac{N}{2}-1 \tag{4-12}$$

可以看出,只要求出 $0 \sim (N/2-1)$ 区间的所有 $X_1(k)$ 和 $X_2(k)$ 值,即可求出 $0 \sim (N-1)$ 区间内的所有 $X(k)$ 值,这就大大简化了运算。

式(4-11)和式(4-12)的运算可以用图 4-1 所示的蝶形运算流图符号表示。当支路上没有标出系数时,该支路的传输系数为 1。

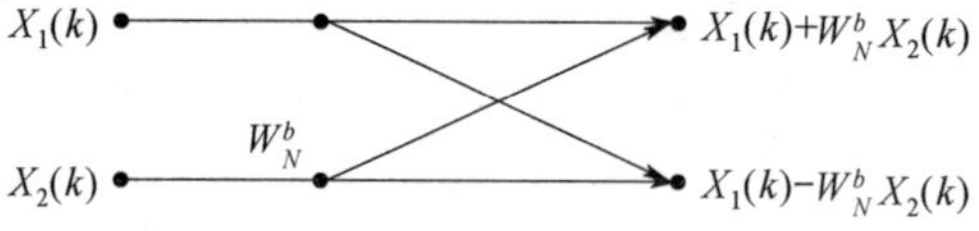

图 4-1　蝶形运算流图符号

采用这种表示法,可将上面讨论的分解过程表示在图 4-2 中。此图表示 $N = 2^3 = 8$ 的情况,其中输出值 $X(0) \sim X(3)$ 是由式(4-11)给出的,而输出值 $X(4) \sim X(7)$ 是由式(4-12)给出的。

可以看出,每个蝶形运算需要一次复数乘法 $X_2(k) W_N^k$ 及两次复数加(减)法。据此,一个 N 点 DFT 分解为两个 $N/2$ 点 DFT 后,若直接计算 $N/2$ 点 DFT,则每一个 $N/2$ 点 DFT 只需要 $\left(\frac{N}{2}\right)^2 = \frac{N^2}{4}$ 次复数乘法及 $\frac{N}{2}\left(\frac{N}{2}-1\right)$ 次复数加法,两个 $N/2$ 点 DFT 共需 $2 \times \left(\frac{N}{2}\right)^2 = \frac{N^2}{2}$ 次复数乘法

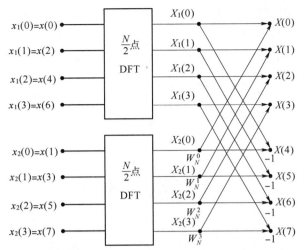

图 4-2　按时间抽取,将一个 N 点 DFT 分解为两个 $N/2$ 点 DFT

和 $N\left(\dfrac{N}{2}-1\right)$ 次复数加法。此外,把两个 $N/2$ 点 DFT 合成为 N 点 DFT 时,有 $N/2$ 个蝶形运算,

还需要 $N/2$ 次复数乘法及 $2\times N/2 = N$ 次复数加法。因而通过第一步分解后,总共需要 $\dfrac{N^2}{2}+\dfrac{N}{2}=$

$\dfrac{N(N+1)}{2}\approx\dfrac{N^2}{2}$ 次复数乘法和 $N\left(\dfrac{N}{2}-1\right)+N=\dfrac{N^2}{2}$ 次复数加法,通过这样分解后运算工作量差不多

减少一半。

既然如此,由于 $N=2^L$,因此 $N/2$ 仍是偶数,可以进一步把每个 $N/2$ 点的子序列再按其奇偶部分分解为两个 $N/4$ 点的子序列:

$$\left.\begin{array}{l} x_1(2l)=x_3(l) \\ x_2(2l+1)=x_4(l) \end{array}\right\},l=0,1,\cdots,\frac{N}{4}-1 \qquad (4-13)$$

$$\begin{aligned} X_1(k) &= \sum_{l=0}^{\frac{N}{4}-1} x_1(2l)\,W_{N/2}^{2lk} + \sum_{l=0}^{\frac{N}{4}-1} x_2(2l+1)\,W_{N/2}^{(2l+1)k} \\ &= \sum_{l=0}^{\frac{N}{4}-1} x_3(l)\,W_{N/4}^{lk} + W_{N/2}^{k}\sum_{l=0}^{\frac{N}{4}-1} x_4(l)\,W_{N/4}^{lk} \\ &= X_3(k) + W_{N/2}^{k}X_4(k),k=0,1,\cdots,\frac{N}{4}-1 \end{aligned}$$

且

$$X_1\left(\frac{N}{4}+k\right) = X_3(k) - W_{N/2}^{k}X_4(k),k=0,1,\cdots,\frac{N}{4}-1$$

式中,

$$X_3(k) = \sum_{l=0}^{\frac{N}{4}-1} x_3(l)\,W_{N/4}^{lk} \qquad (4-14)$$

$$X_4(k) = \sum_{l=0}^{\frac{N}{4}-1} x_4(l)\,W_{N/4}^{lk} \qquad (4-15)$$

图 4-3 给出 $N=8$ 时,将一个 $N/2$ 点 DFT 分解成两个 $N/4$ 点 DFT,由这两个 $N/4$ 点 DFT 组合成一个 $N/2$ 点 DFT 的流图。

$X_2(r)$ 也可在进行同样的分解后得到:

$$\begin{cases} X_2(k) = X_5(k) + W_{N/2}^k X_6(k) \\ X_2\left(\dfrac{N}{4}+k\right) = X_5(k) - W_{N/2}^k X_6(k) \end{cases}, k=0,1,\cdots,\dfrac{N}{4}-1$$

式中,

$$X_5(k) = \sum_{l=0}^{\frac{N}{4}-1} x_2(2l) W_{N/4}^{lk} = \sum_{l=0}^{\frac{N}{4}-1} x_5(l) W_{N/4}^{lk} \tag{4-16}$$

$$X_6(k) = \sum_{l=0}^{\frac{N}{4}-1} x_2(2l+1) W_{N/4}^{lk} = \sum_{l=0}^{\frac{N}{4}-1} x_6(l) W_{N/4}^{lk} \tag{4-17}$$

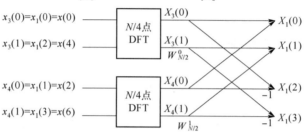

图 4-3　由两个 $N/4$ 点 DFT 组合成一个 $N/2$ 点 DFT

将系数统一为 $W_{N/2}^k = W_N^{2k}$,则一个 $N=8$ 点 DFT 就可分解为 4 个 $\dfrac{N}{4}=2$ 点的 DFT,如图 4-4 所示。

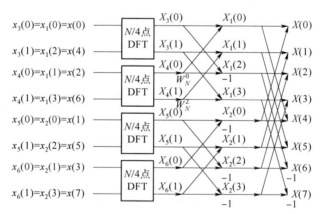

图 4-4　按时间抽取,将一个 N 点 DFT 分解为 4 个 $N/4$ 点 DFT($N=8$)

同样,利用 4 个 $N/4$ 点 DFT 及两级蝶形组合来计算 N 点 DFT,比只用一次分解蝶形组合方式的计算量又减少了大约一半。

现在来讨论这一偶数与奇数的分解过程中序列标号的变化。对于一个 $N=8$ 点 DFT,输入序列 $x(n)$ 按偶数点与奇数点第一次分解为两个 $N/2$ 点序列:

偶序列

$x(2r)=x_1(r)$

奇序列

$x(2r+1)=x_2(r)$

$$r=0,1,\cdots,\frac{N}{2}-1$$

r	0	1	2	3
$n=2r$	0	2	4	6

r	0	1	2	3
$n=2r+1$	1	3	5	7

第二次分解,把每个 $N/2$ 点的子序列按其偶、奇分解为 2 个 $N/4$ 点子序列:

偶序列中的偶数序列

$x_1(2l)=x_3(l)$

偶序列中的奇数序列

$x_1(2l+1)=x_4(l)$

$$l=0,1,\cdots,\frac{N}{4}-1$$

l	0	1
$r=2l$	0	2
$n=2r$	0	4

l	0	1
$r=2l+1$	1	3
$n=2r$	2	6

奇序列中的偶数序列

$x_2(2l)=x_5(l)$

奇序列中的奇数序列

$x_2(2l+1)=x_6(l)$

$$l=0,1,\cdots,\frac{N}{4}-1$$

l	0	1
$r=2l$	0	2
$n=2r+1$	1	5

l	0	1
$r=2l+1$	1	3
$n=2r+1$	3	7

最后剩下的是 2 点 DFT,对于此例 $N=8$,就是 4 个 $N/4=2$ 点 DFT,其输出为 $X_3(k)$、$X_4(k)$、$X_5(k)$、$X_6(k)$,$k=0,1$,这由式(4-14)~式(4-17)可以计算出来。例如,由式(4-15)可得

$$X_4(k)=\sum_{l=0}^{\frac{N}{4}-1}x_4(l)W_{\frac{N}{4}}^{lk}=\sum_{l=0}^{1}x_4(l)W_{N/4}^{lk},k=0,1$$

即

$$X_4(0)=X_4(0)+W_2^0X_4(1)=x(2)+W_2^0x(6)=x(2)+W_N^0x(6)$$
$$X_4(1)=X_4(0)+W_2^1X_4(1)=x(2)+W_2^1x(6)=x(2)-W_N^0x(6)$$

注意:上式中 $W_2^1=e^{-j\frac{2\pi}{2}\times1}=e^{-j\pi}=-1=-W_N^0$,故计算上式不需用乘法。类似地,可求出 $X_3(k)$、$X_4(k)$、$X_5(k)$、$X_6(k)$,这些 2 点 DFT 都可用一个蝶形结表示。由此可得出一个按时间抽取运算的完整的 8 点 DFT 流图。

　　这种方法的每一步分解都是按输入序列在时间上的次序是属于偶数还是奇数来分解为两个更短的子序列,所以称为"按时间抽取法"。

【例 4-1】

4.3.2　运算量

由按时间抽取法的运算流图(见图4-5)可知,当 $N=2^L$ 时,共有 L 级蝶形,每级都由 $N/2$ 个蝶形运算组成,每个蝶形有一次复数乘法(复乘)、两次复数加法(复加),因而每级运算都需 $N/2$ 次复乘和 N 次复加,这样 L 级运算总共需要

$$复乘数 \quad m_F = \frac{N}{2}L = \frac{N}{2}\log_2 N \tag{4-18}$$

$$复加数 \quad a_F = NL = N\log_2 N \tag{4-19}$$

实际运算量与这个数字稍有不同,因为 $W_N^0 = 1$(共有 $1+2+4+\cdots+2^{L-1} = \sum_{i=0}^{L-1} 2^i = 2^L - 1 = N-1$)种, $W_N^{N/4} = -j$,这几个系数都不用乘法运算,但是这些情况在直接计算 DFT 中也是存在的。当 N 较大时,这些特例相对而言就很少,一般不考虑这些特例。

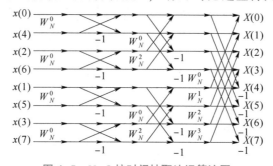

图 4-5　$N=8$ 按时间抽取法运算流图

由于计算机上乘法运算所需时间比加法运算所需时间多得多,因此以乘法为例,列表说明FFT 算法与直接计算 DFT 算法运算量的比较。直接计算 DFT 算法的复数乘法的次数是 N^2 ,FFT 算法的复数乘法的次数是 $\frac{N}{2}\log_2 N$ 。

直接计算 DFT 算法与 FFT 算法的运算量之比为

$$\frac{N^2}{\frac{N}{2}L} = \frac{N^2}{\frac{N}{2}\log_2 N} = \frac{2N}{\log_2 N} \tag{4-20}$$

这一比值已列在表4-1中。

表 4-1　直接计算 DFT 算法与 FFT 算法的运算量的比较

N	N^2	$\frac{N}{2}\log_2 N$	$N^2 / \frac{N}{2}\log_2 N$
2	4	1	4.0
4	16	4	4.0
8	64	12	5.4
16	256	32	8.0

续表

N	N^2	$\frac{N}{2}\log_2 N$	$N^2 / \frac{N}{2}\log_2 N$
32	1 024	80	12.8
64	4 096	192	21.4
128	16 384	448	36.6
256	65 536	1 024	64.0
512	262 144	2 304	113.8
1 024	1 048 576	5 120	204.8
2 048	4 194 304	11 264	372.4

图 4-6 所示是直接计算 DFT 算法与 FFT 算法所需运算量与点数 N 的关系曲线,从中可以更加直观地看出 FFT 算法的优越性,尤其是当点数 N 越大时,FFT 算法的优点更突出。

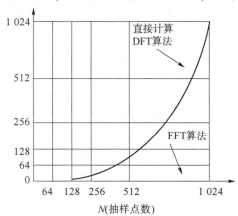

图 4-6　直接计算 DFT 与 FFT 算法所需运算量与点数 N 的关系曲线

4.3.3　特点

【例 4-2】~【例 4-4】

为了得出任何 $N=2^L$ 点的按时间抽取基-2FFT 信号流图,我们来考虑这种按时间抽取法在运算方式上的特点。

1. 原位运算(同址运算)

由图 4-5 可以看出,这种运算是很有规律的,其每级(每列)计算都是由 $N/2$ 个蝶形运算构成,每一个蝶形结构完成下述基本迭代运算:

$$\begin{cases} X_m(k) = X_{m-1}(k) + X_{m-1}(j) W_N^r \\ X_m(j) = X_{m-1}(k) - X_{m-1}(j) W_N^r \end{cases}, m = 1, 2, \cdots, L \qquad (4-21)$$

式中,m 表示第 m 列迭代;k、j 为数据所在行数。式(4-21)的蝶形运算如图 4-7 所示,由一次复乘和两次复加(减)组成。

$$X_m(k)=X_{m-1}(k)+X_{m-1}(j)W_N^r$$

$$X_m(j)=X_{m-1}(k)-X_{m-1}(j)W_N^r$$

图 4-7　按时间抽取的蝶形运算结构

由图 4-7 可以看出,某一列的任何两个节点 k 和 j 的节点变量进行蝶形运算后,得到结果为下一列 k、j 节点的节点变量,而和其他节点变量无关,因而可以采用原位运算,即某一列的 N 个数据送到存储器后,经蝶形运算,其结果为另一列数据,它们以蝶形为单位仍存储在此存储器中,直到之后输出,中间无须其他存储器。也就是说,蝶形的两个输出值仍放回蝶形的两个输入值所在的存储器中。每一列的 $N/2$ 个蝶形运算全部完成后,再开始下一列的蝶形运算。这样存储器只需 N 个存储单元。下一级的运算仍采用这种原位方式,只不过进入蝶形结构的组合关系有所不同。这种原位运算结构可以节省存储单元,降低设备成本。

2. 倒位序规律

由图 4-5 可以看出,按原位运算时,FFT 的输出 $X(k)$ 是按正常顺序排列在存储单元中的,即按 $X(0)$,$X(1)$,$\cdots$,$X(7)$ 的顺序排列,但是这时输入 $x(n)$ 却不是按自然顺序存储的,而是按 $x(0)$,$x(4)$,$\cdots$,$x(7)$ 的顺序存入存储单元,看起来好像是"混乱无序"的,实际上是有规律的,我们称之为倒位序。

造成倒位序的原因是输入 $x(n)$ 按标号 n 的奇偶不断分组。如果 n 用二进制数表示为 $(n_2 n_1 n_0)_2$(当 $N=8=2^3$ 时,二进制为 3 位),第一次分组,由图 4-2 可以看出,n 为偶数在上半部分,n 为奇数在下半部分,这可以观察 n 的二进制数的最低位 n_0。若 $n_0=0$,则序列值对应偶数抽样;若 $n_0=1$,则序列值对应奇数抽样。下一次则根据次低位 n_1 的取值(0、1)来分偶奇(而不管原来的子序列是偶序列还是奇序列)。这种不断分成偶数子序列和奇数子序列的过程可用图 4-8 所示的二进制树状图来描述。这就是 DIT 的 FFT 算法输入序列的序数成为倒位序的原因。

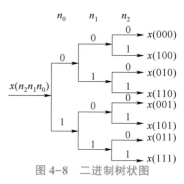

图 4-8　二进制树状图

3. 倒位序的实现

在一般实际运算中,总是先按自然顺序将输入序列存入存储单元,为了得到倒位序的排列,我们通过变址运算来完成。若输入序列的序号 n 用二进制数(如 $n_2 n_1 n_0$)表示,则其倒位序二进制数 $\hat{n}$ 就是 $(n_0 n_1 n_2)$。这样,在原来自然顺序时应该放 $x(n)$ 的单元,现在倒位序后应放 $x(\hat{n})$。例如,当 $N=8$ 时,$x(3)$ 的标号是 $n=3$,它的二进制数是 011,倒位序的二进制数是 110,即 $\hat{n}=6$,所以存放 $x(011)$ 的单元现在应该存放 $x(110)$。表 4-2 列出了 $N=8$ 时的自然顺序二进制数以及相应的倒位序二进制数。

表 4-2　码位的倒位序($N=8$)

自然顺序(n)	二进制数	倒位序二进制数	倒位序顺序($\hat{n}$)
0	000	000	0
1	001	100	4

续表

自然顺序(n)	二进制数	倒位序二进制数	倒位序顺序($\hat{n}$)
2	010	010	2
3	011	110	6
4	100	001	1
5	101	101	5
6	110	011	3
7	111	111	7

把按自然顺序存放在存储单元中的数据,换成 FFT 原位运算所要求的倒位序的变址功能,如图 4-9 所示。当 $n=\hat{n}$ 时,不必调换;当 $n \neq \hat{n}$ 时,必须在原来存放的数据 $x(n)$ 的存储单元内调入数据 $x(\hat{n})$,而在存放 $x(\hat{n})$ 的存储单元内调入 $x(n)$。为了避免把已调换过的数据再次调换,保证只调换一次(否则又回到原状),我们只需看 $\hat{n}$ 是否比 n 小,若 $\hat{n}$ 比 n 小,则意味着此 $x(n)$ 在前面已和 $x(\hat{n})$ 调换过,不必再调换了。只有当 $\hat{n}>n$ 时,才将原来存放 $x(n)$ 及 $x(\hat{n})$ 的存储单元内的内容互换。这样就得到输入所需的倒位序的顺序。可以看出,其结果与图 4-5 的要求是一致的。

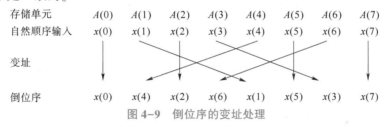

图 4-9　倒位序的变址处理

4. 蝶形运算两节点的"距离"

以图 4-5 所示的 8 点 FFT 为例,其输入是倒位序的,输出是自然顺序的,其第一级(第一列)每个蝶形的两节点"距离"为 1,第二级每个蝶形的两节点"距离"为 2,第三级每个蝶形的两节点"距离"为 4。由此类推得,对 $N=2^L$ 点 FFT,当输入为倒位序,输出为自然顺序时,其第 m 级运算,每个蝶形的两节点"距离"为 2^{m-1}。

5. W_N^r 的确定

由于对第 m 级运算,一个 DIT 蝶形运算的两节点"距离"为 2^{m-1},因而式(4-21)可写成

$$X_m(k) = X_{m-1}(k) + X_{m-1}(k + 2^{m-1}) W_N^r$$
$$X_m(k + 2^{m-1}) = X_{m-1}(k) - X_{m-1}(k + 2^{m-1}) W_N^r \qquad (4-22)$$

问题是 W_N^r 中的 r 如何确定? 我们只给出结论,省略推导过程。

r 的求解方法:①把式(4-22)中,蝶形运算两节点中的第一个节点标号值,即 k 值,表示成 L 位(注意 $N=2^L$)二进制数;②把此二进制数乘以 2^{L-m},即将此 L 位二进制数左移 $L-m$ 位(注意 m 是第 m 级的运算),把右边空出的位置补零值,此数即为所求 r 的二进制数。

从图 4-5 可以看出,W_N^r 因子最后一列有 $N/2$ 种,顺序为 $W_N^0, W_N^1, \dots,$

【例 4-5】~【例 4-8】

$W_N^{\left(\frac{N}{2}-1\right)}$，其余可类推。

6. 存储单元

由于是原位运算，因此只需有输入序列 $x(n)(n=0,1,\cdots,N-1)$ 的 N 个存储单元，加上系数 $W_N^r(r=0,1,\cdots,N/2-1)$ 的 $N/2$ 个存储单元。

4.3.4 按时间抽取的 FFT 算法的其他形式流图

显然，对于任何流图，只要保持各节点所连的支路及其传输系数不变，无论节点位置怎么排列，所得流图总是等效的，最后结果都是 $x(n)$ 的 DFT 的正确结果，只是数据的提取和存放的次序不同而已。这样就得到按时间抽取的 FFT 算法的其他形式流图。

将图 4-5 中和 $x(3)$ 水平相连的所有节点位置对调，再将和 $x(6)$ 水平相连的所有节点与和 $x(3)$ 水平相连的所有节点对调，其余节点保持不变，可得图 4-10 所示的流图。图 4-10 与图 4-5 的蝶形相同，运算量也一样，不同的是：①数据存放的方式不同，图 4-5 是输入倒位序、输出自然顺序，图 4-10 是输入自然顺序、输出倒位序；②取用系数的顺序不同，图 4-5 的最后一列是按 W_N^0、W_N^1、W_N^2、W_N^3 的顺序取用系数，且其前一列所用系数是最后一列所用系数中具有偶数幂的那些系数(如 W_N^0,W_N^1,$\cdots$)，图 4-10 的最后一列是按 W_N^0、W_N^2、W_N^1、W_N^3 的顺序取用系数，且其前一列所用的系数正好是后一列所用系数的前一半，这种流图最初是由库利和图基给出的时间抽取方法。

经过简单变换，可得图 4-11 所示的流图。它的输入与输出都是按自然顺序排列的，不需要倒位序重排数据。但是它却不能进行原位运算，因此 N 个输入数据至少需要 $2N$ 个复数存储单元，可以在专用硬件中使用这种流图。

图 4-5、图 4-10、图 4-11 所示流图进行各列计算时，各存储器的取数和存数的顺序都是不同的，因此必须采用随机存储器。

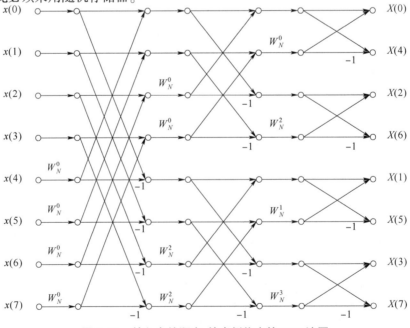

图 4-10　输入自然顺序、输出倒位序的 FFT 流图

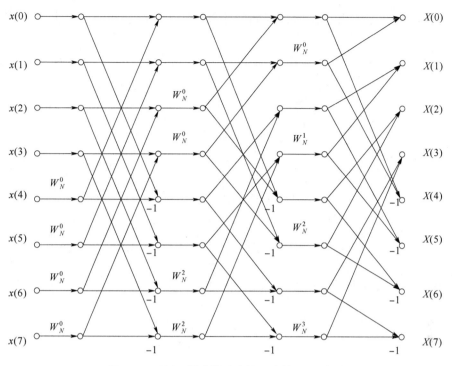

图 4-11 输入、输出皆为自然顺序的 FFT 流图

当没有随机存储器时,采用图 4-12 所示的流图特别有用。此流图输入是倒位序,而输出是自然顺序,各级的几何形状完全一样,只是级与级之间的支路传输比是不同的,这就有可能按顺序存取数据。

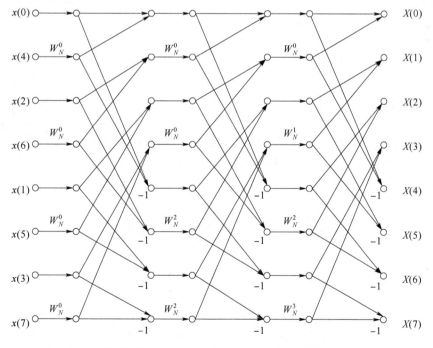

图 4-12 各级具有相同几何形状,输入倒位序、输出自然顺序的 FFT 流图

图 4-13 所示也是各级几何形状相同的流图,不过它的输入是自然顺序,而输出是倒位序。

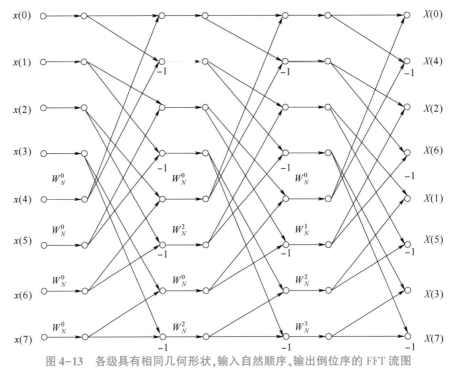

图 4-13　各级具有相同几何形状,输入自然顺序、输出倒位序的 FFT 流图

§4.4　按频率抽取(DIF)的基-2FFT 算法(桑德-图基算法)

这里讨论另一种 FFT 算法,即按频率抽取(DIF)的 FFT 算法,它是把输出序列 $X(k)$(也是 N 点序列)按其顺序的奇偶分解为越来越短的序列。

4.4.1　算法原理

为了方便,仍设序列点数为 $N=2^L$,L 为整数。在把输出 $X(k)$ 按 k 的奇偶分组之前,先把输入按 n 的顺序分成前后两部分(注意,这不是按频率抽取):

【例 4-9】和【例 4-10】

$$X(k) = \sum_{n=0}^{N-1} x(n) W_N^{nk} = \sum_{n=0}^{\frac{N}{2}-1} x(n) W_N^{nk} + \sum_{n=\frac{N}{2}}^{N-1} x(n) W_N^{nk}$$

$$= \sum_{n=0}^{\frac{N}{2}-1} x(n) W_N^{nk} + \sum_{n=0}^{\frac{N}{2}-1} x\left(n+\frac{N}{2}\right) W_N^{\left(n+\frac{N}{2}\right)k}$$

$$= \sum_{n=0}^{\frac{N}{2}-1} \left[x(n) + x\left(n+\frac{N}{2}\right) W_N^{nk/2} \right] \cdot W_N^{nk}, k = 0,1,\cdots,N-1$$

上式用的是 W_N^{nk},而不是 $W_{N/2}^{nk}$,因而这并不是 $N/2$ 点 DFT。

因为 $W_N^{nk} = -1$,故 $W_N^{nk/2} = (-1)^k$,可得

$$X(k) = \sum_{n=0}^{\frac{N}{2}-1} \left[x(n) + (-1)^k x\left(n + \frac{N}{2}\right) \right] \cdot W_N^{nk}, \quad k = 0,1,\cdots,N-1 \tag{4-23}$$

当 k 为偶数时,$(-1)^k = 1$;当 k 为奇数时,$(-1)^k = -1$。因此,按 k 的奇偶可将 $X(k)$ 分为两部分。令

$$\begin{cases} k = 2r \\ k = 2r+1 \end{cases}, r = 0,1,\cdots,\frac{N}{2}-1$$

则

$$X(2r) = \sum_{n=0}^{\frac{N}{2}-1} \left[x(n) + x\left(n + \frac{N}{2}\right) \right] W_N^{2nr} = \sum_{n=0}^{\frac{N}{2}-1} \left[x(n) + x\left(n + \frac{N}{2}\right) \right] W_{N/2}^{nr} \tag{4-24}$$

$$X(2r+1) = \sum_{n=0}^{\frac{N}{2}-1} \left[x(n) - x\left(n + \frac{N}{2}\right) \right] W_N^{n(2r+1)}$$

$$= \left\{ \sum_{n=0}^{\frac{N}{2}-1} \left[x(n) - x\left(n + \frac{N}{2}\right) \right] W_N^n \right\} W_{N/2}^{nr} \tag{4-25}$$

式(4-24)为前半部分输入与后半部分输入之和的 $N/2$ 点 DFT,式(4-25)为前半部分输入与后半部分输入之差再与 W_N^n 相乘的 $N/2$ 点 DFT。令

$$\begin{cases} x_1(n) = x(n) + x\left(n + \frac{N}{2}\right) \\ x_2(n) = \left[x(n) - x\left(n + \frac{N}{2}\right) \right] W_N^n \end{cases}, n = 0,1,\cdots,\frac{N}{2}-1 \tag{4-26}$$

则

$$\begin{cases} X(2r) = \sum_{n=0}^{\frac{N}{2}-1} x_1(n) W_{N/2}^{nr} \\ X(2r+1) = \sum_{n=0}^{\frac{N}{2}-1} x_2(n) W_{N/2}^{nr} \end{cases}, r = 0,1,\cdots,\frac{N}{2}-1 \tag{4-27}$$

式(4-26)所表示的运算关系可以用图 4-14 所示的蝶形运算流图符号来表示。

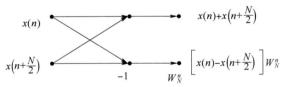

图 4-14　按频率抽取的蝶形运算流图符号

这样,我们就把一个 N 点 DFT 按 k 的奇偶分解为两个 $N/2$ 点 DFT 了(如式(4-27)所示),当 $N = 8$ 时,上述分解过程如图 4-15 所示。

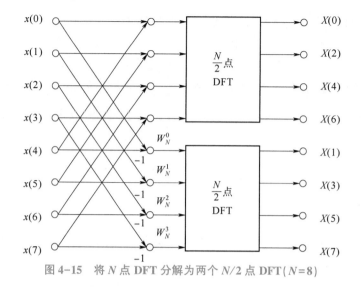

图 4-15 将 N 点 DFT 分解为两个 $N/2$ 点 DFT($N=8$)

与按时间抽取法的推导过程一样,由于 $N=2^L$,$N/2$ 仍为一个偶数,因而可以将每个 $N/2$ 点 DFT 的输出再分解为偶数组和奇数组,这样就将 $N/2$ 点 DFT 进一步分解为两个 $N/4$ 点 DFT。这两个 $N/4$ 点 DFT 的输入也是将 $N/2$ 点 DFT 输入的上下对半分开后通过蝶形运算而形成的,如图 4-16 所示。

这样的分解可以一直进行到第 L 次($N=2^L$),第 L 次实际上是作两点 DFT,它只有加减运算。但是,为了比较并统一运算结构,我们仍然采用系数为 W_N^0 的蝶形运算来表示,这 $N/2$ 个两点 DFT 的 N 个输出就是 $x(n)$ 的 N 点 DFT 的结果 $X(k)$。图 4-17 所示表示一个 $N=8$ 的完整的按频率抽取的基-2FFT 流图。

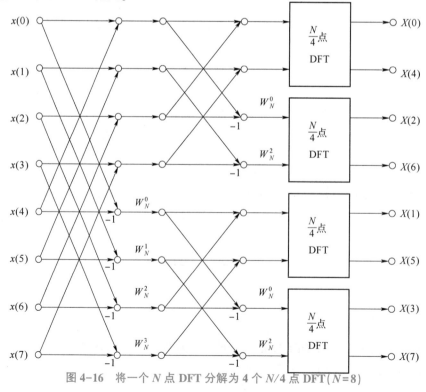

图 4-16 将一个 N 点 DFT 分解为 4 个 $N/4$ 点 DFT($N=8$)

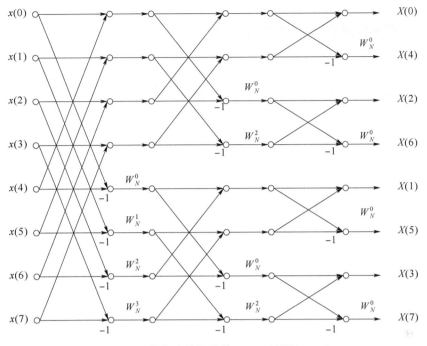

图 4-17　按频率抽取的基-2FFT 流图（$N=8$）

4.4.2　原位运算

从图 4-17 中可以看出，这种运算和按时间抽取法一样，是很有规律的，其每级（每列）计算都由 $N/2$ 个蝶形运算构成，每一个蝶形结构完成下述基本迭代运算：

$$\begin{cases} X_m(k)=X_{m-1}(k)+X_{m-1}(j) \\ X_m(j)=\left[X_{m-1}(k)-X_{m-1}(j)\right]W_N^r \end{cases}, m=1,2,\cdots,L$$

式中，m 表示第 m 列迭代；k、j 为数据所在行数。上式的蝶形运算如图 4-18 所示，也是由一次复数乘法和两次复数加法组成。

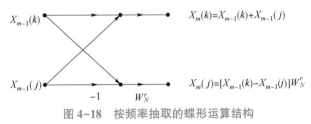

图 4-18　按频率抽取的蝶形运算结构

从图 4-17 中可以看出，按频率抽取的 FFT 算法的流图仍是原位运算的，这里就不再讨论了。

【例 4-11】和【例 4-12】

4.4.3　蝶形运算两节点间的"距离"

从图 4-17 中可以看出,当计算第一级(列)蝶形时($m=1$),一个蝶形的两节点"距离"为 4;第二列时($m=2$),蝶形的两节点"距离"为 2;第三列时($m=3$),蝶形的两节点"距离"为 1。因为 $N=2^L=2^3$,故可推出蝶形的两节点"距离"为 $2^{L-m}=\dfrac{N}{2^m}$(可通过严格的数学推导加以证明,这里不讨论)。

4.4.4　旋转因子的计算

由于对第 m 级计算,一个 DIF 蝶形运算的两节点"距离"为 2^{L-m},因而第 m 级的一个蝶形运算可表示为

$$X_m(k) = X_{m-1}(k) + X_{m-1}\left(k+\frac{N}{2^m}\right)$$

$$X_m\left(k+\frac{N}{2^m}\right) = \left[X_{m-1}(k) - X_{m-1}\left(k+\frac{N}{2^m}\right)\right]W_N^r \tag{4-28}$$

现在的问题是在不同级(m)情况下,如何求解 r? 可以通过严格的数学推导得到 r,这里我们只给出结论,省略推导过程。

r 的求解方法:①把式(4-28)中蝶形运算两节点中的第一个节点标号值,即 k 值,表示成 L 位二进制数;②将此二进制数乘以 2^{m-1},即将其左移($m-1$)位,把右边空出的位置补零值,此数即为所求 r 的二进制数。

从图 4-17 中可以看出,其结果 W_N^{nk} 因子,第一列有 $N/2$ 种,顺序为 $W_N^0, W_N^1, \cdots, W_N^{\left(\frac{N}{2}-1\right)}$,第二列有 $N/4$ 种,顺序为 $W_N^0, W_N^2, \cdots, W_N^{\left(\frac{N}{2}-2\right)}$。其余列可类推。

4.4.5　按频率抽取法与按时间抽取法的异同

由图 4-17 与图 4-5 相比较,可看出 DIF 法与 DIT 法的区别:图 4-17 的 DIF 输入是自然顺序,输出是倒位序,这与图 4-5 的 DIT 法正好相反。但这并不是实质性的区别,因为 DIF 法与 DIT 法一样,都可将输入或输出进行重排,使两者的输入或输出顺序变成自然顺序或倒位序。DIF 法的基本蝶形(见图 4-18)与 DIT 法的基本蝶形(见图 4-7)有所不同,这才是实质的不同,DIF 法的复数乘法只出现在减法之后,DIT 法则是先作复数乘法后作加、减法。

但是,DIF 法与 DIT 法就运算量来说是相同的,即都有 L 级(列)运算,每级运算需 $N/2$ 个蝶形运算来完成,总共需要 $m_F=(N/2)\log_2 N$ 次复数乘法与 $a_F=N\log_2 N$ 次复数加法。DIF 法与 DIT 法都可进行原位运算。原位运算 FFT 的特点($N=2^L$)如表 4-3 所示。

表 4-3　原位运算 FFT 的特点($N=2^L$)

	按时间抽取(DIT)	
	输入自然顺序,输出倒位序	输入倒位序,输出自然顺序
蝶形结对偶节点"距离"	$2^{L-m}=\dfrac{N}{2^m}$	2^{m-1}
第 m 级运算中蝶形结的计算公式	$X_m(k)=X_{m-1}(k)+X_{m-1}\left(k+\dfrac{N}{2^m}\right)W_N^r$ $X_m\left(k+\dfrac{N}{2^m}\right)=X_{m-1}(k)-X_{m-1}\left(k+\dfrac{N}{2^m}\right)W_N^r$	$X_m(k)=X_{m-1}(k)+X_{m-1}(k+2^{m-1})W_N^r$ $X_m(k+2^{m-1})=X_{m-1}(k)-X_{m-1}(k+2^{m-1})W_N^r$
W_N^r 中 r 的求法	将地址 k 除以 2^{L-m},即右移$(L-m)$位,然后位序颠倒。具体步骤如下: (1) 把 k 写成 L 位二进制数 (2) 将此二进制数右移$(L-m)$位,把左边空出来的位置补零值 (3) 把已右移补零值的二进制数位序颠倒,结果即为 r 值	将地址 k 乘以 2^{L-m},即左移$(L-m)$位。具体步骤如下: (1) 把 k 写成 L 位二进制数 (2) 将此二进制数左移$(L-m)$位,把右边空出来的位置补零值,结果即为 r 值
	按频率抽取(DIF)	
	输入自然顺序,输出倒位序	输入倒位序,输出自然顺序
蝶形结对偶节点"距离"	$2^{L-m}=\dfrac{N}{2^m}$	2^{m-1}
第 m 级运算中蝶形结的计算公式	$X_m(k)=X_{m-1}(k)+X_{m-1}\left(k+\dfrac{N}{2^m}\right)$ $X_m\left(k+\dfrac{N}{2^m}\right)=\left[X_{m-1}(k)-X_{m-1}\left(k+\dfrac{N}{2^m}\right)\right]W_N^r$	$X_m(k)=X_{m-1}(k)+X_{m-1}(k+2^{m-1})$ $X_m(k+2^{m-1})=\left[X_{m-1}(k)-X_{m-1}(k+2^{m-1})\right]W_N^r$
W_N^r 中 r 的求法	将地址 k 乘以 2^{m-1},即左移$(m-1)$位。具体步骤如下: (1) 把 k 写成 L 位二进制数 (2) 将此二进制数左移$(m-1)$位,把右边空出来的位置补零值,结果即为 r 值	将地址 k 除以 2^{m-1},即右移$(m-1)$位,然后位序颠倒。具体步骤如下: (1) 把 k 写成 L 位二进制数 (2) 将此二进制数右移$(m-1)$位,把左边空出来的位置补零值 (3) 把已右移补零值的二进制数位序颠倒,结果即为 r 值

　　按时间抽取法与按频率抽取法基本蝶形的关系由图 4-7 与图 4-18 所示的蝶形运算结构可以看出,若将 DIT 的基本蝶形加以转置,则得到 DIF 的基本蝶形;反过来,若将 DIF 的基本蝶形加以转置,则得到 DIT 的基本蝶形,因而 DIT 法与 DIF 法的基本蝶形是互为转置的。按照转置定理,两个流图的输入-输出特性必然相同。转置就是将流图的所有支路方向都反向并且交换输入与输出,但节点变量值不交换,这样可由图 4-7 得到图 4-18,或者由图 4-18 得到图 4-7,因而对每一种按时间抽取的 FFT 流图都存在一个按频率抽取的 FFT 流图。这样把图 4-5、图 4-10~图 4-13 所示的流图分别加以转置,就可得到各种 DIF 的 FFT 流图,读者

【例 4-13】

可作为练习,自己画出这些流图。

综合上面的讨论可以看出,根据输入、输出是按自然顺序还是按倒位序排列的不同,有4种原位运算的FFT流图,其中按时间抽取法两种,按频率抽取法两种,我们把它们的蝶形结对偶节点"距离"、第 m 级运算中蝶形结的计算公式以及 W_N^r 中 r 的求法,列在表4-3中,供读者参考。

§4.5 离散傅里叶反变换(IDFT)的快速计算方法

上面的FFT算法同样可以适用于离散傅里叶反变换(Inverse Discrete Fourier Transform, IDFT)运算,即快速傅里叶反变换(IFFT)。从IDFT公式

$$x(n) = \text{IDFT}[X(k)] = \frac{1}{N}\sum_{k=0}^{N-1}X(k)W_N^{-nk} \qquad (4-29)$$

与DFT公式

$$x(k) = \text{DFT}[X(n)] = \sum_{n=0}^{N-1}X(n)W_N^{nk} \qquad (4-30)$$

的比较中可以看出,只要把DFT运算中的每一个系数 W_N^{nk} 换成 W_N^{-nk},再乘以 $1/N$,则以上所有按时间抽取或按频率抽取的FFT都可以拿来运算IDFT。例如,我们可以直接由按频率抽取的流图(图4-17)出发,把 W_N^{nk} 换成 W_N^{-nk},并且在每列(级)运算中乘以 $1/2$ 因子(因为乘以 $1/N$ 等效于乘以 $1/N = 1/2^L = (1/2)^L$,故相当于每列都乘以 $1/2$ 因子),就可以得到图4-19所示的IFFT流图($N=8$)。

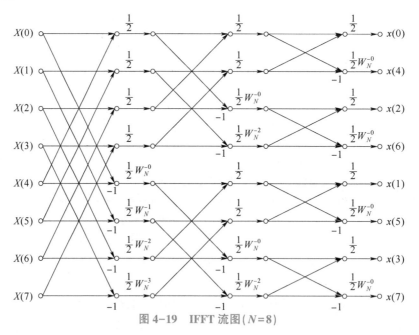

图4-19　IFFT流图($N=8$)

上面这种IFFT算法虽然编程很方便,但是需要稍微改动FFT的程序和参数才能实现。下面讨论一种完全不用改变FFT的程序就可以计算IFFT的方法,我们对式(4-29)取共轭,即

$$x^*(n) = \frac{1}{N} \sum_{k=0}^{N-1} X^*(k) W_N^{nk}$$

则有

$$x(n) = \frac{1}{N} \left[\sum_{k=0}^{N-1} X^*(k) W_N^{nk} \right]^* = \frac{1}{N} \{ \mathrm{DFT}[X^*(k)] \}^* \qquad (4-31)$$

这说明,只要先将 $X(k)$ 取共轭,就可以直接利用 FFT 子程序,再将运算结果取一次共轭,并乘以 $1/N$,即得到 $x(n)$ 值。因此,FFT 运算和 IFFT 运算就可以共用一个子程序块,这样就很方便了。

§4.6 N 为复合数的 FFT 算法——混合基算法

若序列长度不满足 $N=2^L$,则可以有以下几种方法。

(1)将 $x(n)$ 补一些零值,以使 N 增长到最邻近的一个 2^L 数值,如 $N=27$,则在序列中可补进 $x(27)=x(28)=x(29)=x(30)=x(31)=0$ 等 5 个零值,使 N 达到 $N=2^5=32$。由 DFT 的性质知道,有限长序列补零值之后,并不影响其频谱 $X(e^{j\omega})$,只不过其频谱的抽样点数增加了,此处就是由 27 点增加到 32 点,所造成的结果只是增加了计算量而已。但是有时计算量增加太多会造成很大的浪费。例如,若 $x(n)$ 的点数 $N=300$,则必须补到 $N=2^8=512$,要补 212 个零值,因而人们才研究 $N \neq 2^L$ 时的 FFT 算法。

(2)若要求准确的 N 点 DFT,而 N 又是素数,则只能采用直接 DFT 方法,或者用后面将要介绍的 CZT(Chirp-z 变换)方法。

(3)若 N 是一个复合数,即它可以分解成一些因子的乘积,则可以用 FFT 的一般算法,即混合基算法,而基-2 算法只是这种一般算法的特例。

4.6.1 整数的多基多进制表示形式

(1)对于二进制,$N=2^L$,则任一个 $n<2^L$ 的正整数 n 可以用 2 为基数表示成二进制形式,即 $(n)_2=(n_{L-1}n_{L-2}\cdots n_1 n_0)_2$,其中 n_0 为 0 或 1。这个二进制数所表示的数值为

$$(n)_{10} = n_{L-1}2^{L-1} + n_{L-2}2^{L-2} + \cdots + n_1 2 + n_0 \qquad (4-32)$$

将此二进制数倒位序后成为 $[\rho(n)]_2=(n_0 n_1 \cdots n_{L-2}n_{L-1})_2$,其所代表的数值为

$$[\rho(n)]_{10} = n_0 2^{L-1} + n_1 2^{L-2} + \cdots + n_{L-2}2 + n_{L-1} \qquad (4-33)$$

(2)对于 r 进制(多进制),设 $N=r^L$,r 和 L 皆为大于 1 的整数($r=2$ 时,即为二进制),则任一个 $N<r^L$ 的正整数 n,可以用 r 为基数表示成 r 进制形式,即 $(n)_r=(n_{L-1}n_{L-2}\cdots n_1 n_0)_r$,这个 r 进制表示的数值为

$$(n)_{10} = n_{L-1}r^{L-1} + n_{L-2}r^{L-2} + \cdots + n_1 r + n_0 \qquad (4-34)$$

将此 r 进制数倒位序后成为 $[\rho(n)]_r=(n_0 n_1 \cdots n_{L-2}n_{L-1})_r$,其所代表的数值为

$$[\rho(n)]_{10} = n_0 r^{L-1} + n_1 r^{L-2} + \cdots + n_{L-2}r + n_{L-1} \qquad (4-35)$$

（3）对于多基多进制或称混合基，可以包括上面两种单基的情况，此时 N 可表示成复合数 $N=r_1r_2\cdots r_L$，则对于任何一个 $N<r_1r_2\cdots r_L$ 的正整数 n，可以按 L 个基 $r_1,r_2,\cdots,r_L$ 表示成多基多进制形式，即 $(n)_{r_1r_2\cdots r_L}=(n_Ln_{L-1}\cdots n_1)_{r_1r_2\cdots r_L}$，这一多基多进制数所表示的数值为

$$(n)_{10}=(r_1r_2\cdots r_{L-1})n_L+(r_1r_2\cdots r_{L-2})n_{L-1}+\cdots+(r_1r_2)n_3+r_1n_2+n_1 \quad (4-36)$$

其倒位序形式为 $[\rho(n)]_{r_Lr_{L-1}\cdots r_2r_1}=(n_1n_2\cdots n_{L-1}n_L)_{r_Lr_{L-1}\cdots r_2r_1}$，它所代表的数值为

$$[\rho(n)]_{10}=n_1(r_2r_3\cdots r_{L-1})+n_2(r_2r_3\cdots r_{L-1})+\cdots+r_{L-1}n_{L-1}+n_L \quad (4-37)$$

在这一多基多进制的表示中：

$$n_1=1,2,\cdots,r_1-1$$
$$n_2=1,2,\cdots,r_2-1$$
$$\vdots$$
$$n_L=1,2,\cdots,r_L-1$$

可记为

$$n_i=0,1,\cdots,r_i-1,i=0,1,\cdots,L-1 \quad (4-38)$$

多基多进制（混合基）是最普遍的形式，它包含了单基（二进制或多进制）形式。当 $r_1=r_2=\cdots=r_L=2$ 时，$N=2^L$ 为基-2 的二进制形式；当 $r_1=r_1=\cdots=r_L=r$ 时，$N=r^L$ 为基-r 的 r 进制形式。

【例 4-14】~【例 4-16】

4.6.2 N 的快速算法

1. 算法原理

要计算的 N 点 DFT 为

$$X(k)=\sum_{n=0}^{N-1}x(n)W_N^{nk},k=0,1,\cdots,N-1 \quad (4-39)$$

设 N 是一个复合数 $N=r_1r_2$，按上面所讨论的可知，$n(n<N)$ 的表达式为

$$n=r_2n_1+n_0,\begin{cases}n_1=0,1,\cdots,r_1-1\\n_0=0,1,\cdots,r_2-1\end{cases} \quad (4-40)$$

同样，若令 $N=r_2r_1$，则频率变量 $k(k<N)$ 的表达式为

$$k=r_1k_1+k_0,\begin{cases}k_1=0,1,\cdots,r_2-1\\k_0=0,1,\cdots,r_1-1\end{cases} \quad (4-41)$$

上述表达式中，n 为 r_2 进制数，n_0 为末数，n_1 为其进位，k 为 r_1 进制数，k_0 为其末位，k_1 为其进位。实际上是将原来的序号 n、k 用矩阵形式来表示，通过下面例子来加以说明，设 $r_1=4$，$r_2=2$，则 $N=r_1r_2=4\times2=8$，那么

$$n=2n_1+n_0,\begin{cases}n_1=0,1,2,3\\n_0=0,1\end{cases}$$

所以

$$n=\{n_0,2+n_0,4+n_0,6+n_0\}=\{0,1,2,\cdots,7\}$$

则可以把 n_0 看成序列，而 n_1 可看成序号，$r_2=2$ 为列的数目，$r_1=4$ 为行的数目，按式（4-40）组合这两个变量，就得到单一的变量 $n(n=0,1,\cdots,N-1)$，如表 4-4 所示。

表 4-4 $N=4\times2=8$ 时，将 n 排列为矩阵形式

n_1	n_0	
	0	1
0	0	1
1	2	3
2	4	5
3	6	7

同样，若 $N=r_2r_1=2\times4$，则

$$k=4k_1+k_0,\begin{cases}k_1=0,1\\k_0=0,1,2,3\end{cases}$$

所以

$$k=\{k_0,4+k_0\}=\{0,1,2,\cdots,7\}$$

这时，k_1 为变换后的列变量，k_0 为行变量，$r_2=2$ 为列的数目，$r_1=4$ 为行的数目，按式（4-41）组合这两个变量，就得到单一的变量 $k(k=0,1,\cdots,N-1)$。

将式（4-40）与式（4-41）代入式（4-39），可得

$$X(k)=X(r_1k_1+k_0)=X(k_1,k_0)=\sum_{n=0}^{N-1}x(n)W_N^{nk}$$

$$=\sum_{n_0=0}^{r_2-1}\sum_{n_1=0}^{r_1-1}x(r_2n_1+n_0)W_N^{(r_2n_1+n_0)(r_1k_1+k_0)}$$

$$=\sum_{n_0=0}^{r_2-1}\sum_{n_1=0}^{r_1-1}x(n_1,n_0)W_N^{r_2n_1k_0}W_N^{r_1n_0k_1}W_N^{n_0k_0}W_N^{r_1r_2n_1k_1}$$

$$=\sum_{n_0=0}^{r_2-1}\left\{\left[\sum_{n_1=0}^{r_1-1}x(n_1,n_0)W_N^{r_2n_1k_0}\right]W_N^{n_0k_0}\right\}W_N^{r_1n_0k_1} \qquad (4\text{-}42)$$

上面推导中应用了 $W_N^{r_1r_2n_1k_1}=W_{r_1r_2}^{r_1r_2n_1k_1}=1$ 的结果，这里 n 是用 n_1 和 n_0 表示的，所以要对 n_1 和 n_0 的所有位求和，n 的单求和号变成了 n_1 和 n_0 的两个求和号。

式（4-42）可进一步表示为

$$X(k_1,k_0)=\sum_{n_0=0}^{r_2-1}\left\{\left[\sum_{n_1=0}^{r_1-1}x(n_1,n_0)W_N^{r_2n_1k_0}\right]W_N^{n_0k_0}\right\}W_N^{r_1n_0k_1}$$

$$=\sum_{n_0=0}^{r_2-1}\left\{\left[\sum_{n_1=0}^{r_1-1}x(n_1,n_0)W_{r_1}^{n_1k_0}\right]W_N^{n_0k_0}\right\}W_{r_2}^{n_0k_1}$$

$$=\sum_{n_0=0}^{r_2-1}\left[X_1(k_0,n_0)W_N^{n_0k_0}\right]W_{r_2}^{n_0k_1}$$

$$=\sum_{n_0=0}^{r_2-1}X_1'(k_0,n_0)W_{r_2}^{n_0k_1}=X_2(k_0,k_1),k_1=0,1,\cdots,r_2-1 \qquad (4\text{-}43)$$

注意：上式中 $x(n_1,n_0)$ 表示 $x(n)$ 的 n 为 r_2 进制的顺序排列，$X(k_1,k_0)$ 表示 $X(k)$ 的 k 为 r_1 进制的顺序排列，而 $x(n_0,n_1)$ 则应表示 $x(n)$ 的 n 为 r_2 进制的倒位序排列，$X(k_0,k_1)$ 应表示 $X(k)$ 的 k 为 r_1 进制的倒位序排列。

式中

$$X_1(k_0,n_0) = \sum_{n_1=0}^{r_1-1} x(n_1,n_0) W_{r_1}^{n_1 k_0}, k_0 = 0,1,\cdots,r_1-1 \qquad (4\text{-}44)$$

$$X_1'(k_0,n_0) = X_1(k_0,n_0) W_N^{n_0 k_0} \qquad (4\text{-}45)$$

$$X_2(k_0,k_1) = \sum_{n_0=0}^{r_2-1} X_1'(k_0,n_0) W_{r_2}^{n_0 k_1}, k_1 = 0,1,\cdots,r_2-1 \qquad (4\text{-}46)$$

$$X(k_1,k_0) = X_2(k_0,k_1) \qquad (4\text{-}47)$$

式(4-44)表示 n_0 为参量时($n_0=0,1,\cdots,r_2-1$),输入变量 n_1 与输出变量 k_0 之间的 r_1 点 DFT,总共有 r_2 个(n_0 的数目)r_1 点 DFT,而 $X_1(k_0,n_0)$ 的序列值为 $r_2 r_1 = N$。

式(4-45)表示式(4-44)的 $X_1(k_0,n_0)$ 乘以 $W_N^{n_0 k_0}$ 因子所组成的新序列 $X_1'(k_0,n_0)$,$W_N^{n_0 k_0}$ 称为旋转因子(Twiddle Factor)。式(4-46)表示 k_0 为参量时($k_0=0,1,\cdots,r_1-1$),输入变量 n_0 与输出变量 k_1 之间的 r_2 点 DFT,总共有 r_1 个(k_0 的数目)r_2 点 DFT,而 $X_2(k_0,k_1)$ 的序列值为 $r_1 r_2 = N$。同时可以看出,$X_2(k_2,k_1)$ 中的变量是按 r_1 进位制倒位序排列的。式(4-47)则表示,最后要利用 $k=k_1 r_1+k_0$ 进行整序,以恢复出 $X(k_1,k_0)=X(k)$。

因而可将 N 为复合数 $N=r_1 r_2$ 的 DFT 算法的步骤归纳如下。

(1)将 $x(n)$ 改写成 $x(n_1,n_0)$,利用

$$x(n) = x(r_2 n_1+n_0) = x(n_1,n_0) \begin{cases} n_1=0,1,2,\cdots,r_1-1 \\ n_0=0,1,2,\cdots,r_2-1 \end{cases}$$

(2)利用式(4-44),作 r_2 个 r_1 点 DFT,得 $X_1(k_0,n_0)$。

(3)利用式(4-45),把 N 个 $X_1(k_0,n_0)$ 乘以相应的旋转因子 $W_N^{n_0 k_0}$,组成 $X_1'(k_0,n_0)$。

(4)利用式(4-46),作 r_1 个 r_2 点 DFT,得 $X_2(k_0,k_1)$。

(5)利用式(4-47)进行整序,得到 $X(k_1,k_0)=X(k)$,其中 $k=r_1 k_1+k_0$。

对于 $N=r_1 r_2=4\times2=8$(其中 $r_1=4,r_2=2$)的例子,重写 n 和 k 的表达式为

$$n = 2n_1+n_0, \begin{cases} n_1=0,1,2,3 \\ n_0=0,1 \end{cases}$$

$$k = 4k_1+k_0, \begin{cases} k_1=0,1 \\ k_0=0,1,2,3 \end{cases}$$

则式(4-44)变成

$$X_1(k_0,n_0) = \sum_{n_1=0}^{3} x(n_1,n_0) W_4^{n_1 k_0}$$

此式有两组(对应于 $n_0=0,1$)4 点 DFT。式(4-45)与式(4-46)分别变成

$$X_1'(k_0,n_0) = X_1(k_0,n_0) W_8^{n_0 k_0}$$

$$X_2(k_0,k_1) = \sum_{n_0=0}^{1} X_1'(k_0,n_0) W_2^{n_0 k_1}$$

后一式子共有 4 组(对应于 $k_0=0,1,2,3$)2 点 DFT。式(4-47)变成

$$X(k_1,k_0) = X_2(k_0,k_1)$$

这样,我们可以得到 $N=4\times2=8$ 的流图,如图 4-20 所示。图中省略了一个 4 点 DFT 的流图,读者可利用上面分析的方法自行画出。

另外,还可以采用先乘以旋转因子再计算 DFT 的算法,即可表示如下:

$$X(k_1, k_0) = \sum_{n_0=0}^{r_2-1} W_{r_2}^{k_1 n_0} \sum_{n_1=0}^{r_1-1} \left[x(n_1, n_0) W_N^{k_0 n_0} \right] W_{r_1}^{k_0 n_1} \tag{4-48}$$

上式和式(4-43)的不同之处:先把时间序列乘以旋转因子 $W_N^{n_0 k_0}$,然后计算 r_1 点 (k_0, n_1) 的 DFT,再计算 r_2 点 (k_1, n_0) 的 DFT。这里是序列先乘以 $W_N^{n_0 k_0}$,这正反映了按时间抽取,式(4-43)是先作变换再乘以 $W_N^{n_0 k_0}$,反映了按频率抽取。

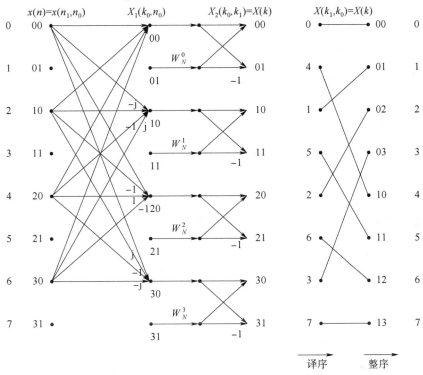

图 4-20　$N=4\times2=8$ 的 FFT 运算流图(只画了一部分)

上面讨论的是 $N=r_1 r_2$,即 N 分解为两个素数的情况。若 N 为高组合素数,可按上述方法连续地分解为小点数的 DFT,如 $N=r_1 M$,$M=r_2 r_3$,则 $N=r_1 r_2 r_3$,用以上方法仍可导出其流图。

前面已讲过,$N=2^L$ 的 FFT 称为基-2FFT。更一般的情况是,N 是一个复合数,可以分解为一些因子的乘积,即

$$N = r_1 r_2 r_3 \cdots r_L$$

但是分解方法不是唯一的,例如

$$30 = 2\times3\times5 = 5\times3\times2 = 5\times6 = 3\times10$$

当 $r_1 = r_2 = \cdots = r_L$ 时,$N=r^L$,则可通过 L 级 r 点的 DFT 来实现 N 点 DFT,称为基-r 算法,$r=2$ 时称为基-2 算法,$r=4$ 时称为基-4 算法。当 $N=r_1 r_2 r_3 \cdots r_L$,而各 r_i 不相同时,称为混合基 FFT 算法,或称基-$r_1 \times r_2 \times r_3 \times \cdots \times r_L$ 算法。

计算机中采用基-2 或基-4 算法更为方便,且运算量较小。

2. N 为复合数时 FFT 运算量的估计

当 $N=r_1 r_2$ 时,若不包括译序、整序的工作量,则由式(4-44)~式(4-46)可看出,其运算量为:

(1) 直接求 r_2 个 r_1 点 DFT $\begin{cases} 复数乘法——r_2 r_1^2 \\ 复数加法——r_2 r_1 (r_1 - 1) \end{cases}$

乘 N 个旋转因子需 N 次复数乘法。

（2）直接求 r_1 个 r_2 点 DFT $\begin{cases}复数乘法——r_1 r_2^2 \\ 复数加法——r_1 r_2 (r_2-1)\end{cases}$

总计：复数乘法——$r_2 r_1^2 + N + r_1 r_2^2 = N(r_1 + r_2 + 1)$

复数加法——$r_2 r_1 (r_1-1) + r_1 r_2 (r_2-1) = N(r_1 + r_2 - 2)$

而直接计算一个 N 点 DFT 的运算量 $\begin{cases}复数乘法——N^2 \\ 复数加法——N(N-1)\end{cases}$

因而混合基算法可节省的运算量倍数为

$$R_\times = \frac{N^2}{N(r_1 + r_2 + 1)} = \frac{N}{r_1 + r_2 + 1}（乘法）$$

$$R_+ = \frac{N(N-1)}{N(r_1 + r_2 - 2)} = \frac{N-1}{r_1 + r_2 - 2}（加法） \tag{4-49}$$

例如，当 $N = r_1 r_2 = 5 \times 7 = 35$ 时，$R_\times = \dfrac{35}{13} = 2.6$。这样直接计算 DFT 算法等于混合基算法的 2.6 倍工作量。

同样，当 $N = r_1 r_2 r_3$ 时，一定有 $r_2 r_3$ 个 r_1 点 DFT，$r_1 r_3$ 个 r_2 点 DFT，$r_1 r_2$ 个 r_3 点 DFT，加上两次乘以旋转因子，因而总乘法次数为 $N(r_1 + r_2 + r_3 + 2)$。

这样可以推算出，当 $N = r_1 r_2 \cdots r_L$ 时，采用混合基算法所需总乘法次数为

$$N\left[\left(\sum_{i=1}^{L} r_i\right) + L - 1\right] \tag{4-50}$$

则直接计算 DFT 与之相比，运算量的比值为

$$R_\times = \frac{N^2}{N\left[\left(\sum_{i=1}^{L} r_i\right) + L - 1\right]} = \frac{N}{L - 1 + \sum_{i=1}^{L} r_i} \tag{4-51}$$

注意：式（4-50）用于每个 r_i 均为素数（但 $r_i \neq 2$）的情况是精确的，此时可将 r_i 点变换看成乘法次数为 r_i^2，但是当 r_i 不是素数或 $r_i = 2$ 时，就不一定正确。例如，当 $r_i = 2$ 时是两点变换不带有乘法运算，对 $r_i = 4$ 也是这样，对 $r_i = 8$ 所需的运算比 $64(8^2)$ 次乘法少得多，所以分解成 r_i 为 2、4、8，将使式（4-50）几乎失效。也就是说，$N = 2^L$ 时，式（4-50）完全不适用。

§4.7 基-4FFT 算法

当混合基 FFT 算法中的 $r_1 = r_2 = \cdots = r_L = 4$，即 $N = 4^L$ 时，就是基-4FFT 算法，n 和 k 以 4 进制数表示为

$$n = \sum_{i=0}^{L-1} n_i 4^i, \quad n_i = 0,1,2,3 \tag{4-52a}$$

$$k = \sum_{i=0}^{L-1} k_i 4^i, \quad k_i = 0,1,2,3 \tag{4-52b}$$

将上面两式代入 DFT 表达式可得

$$X(k) = \sum_{n=0}^{N-1} x(n) W_N^{nk}$$

$$= \sum_{n_0=0}^{3} \sum_{n_1=0}^{3} \cdots \sum_{n_{L-1}=0}^{3} x(n_{L-1}, n_{L-2}, \cdots, n_1, n_0) W_N^{nk}, 0 \leqslant k \leqslant N-1 \quad (4-53)$$

下面我们以按时间抽取法为例进行讨论。此时应先将输入时间变量 n 加以分解，即

$$W_N^{nk} = W_N^{\left(\sum_{i=0}^{L-1} k_i 4^i\right) 4^{L-1} n_{L-1}} \cdot W_N^{\left(\sum_{i=0}^{L-1} k_i 4^i\right) 4^{L-2} n_{L-2}} \cdots W_N^{\left(\sum_{i=0}^{L-1} k_i 4^i\right) 4 n_1} \cdot W_N^{\left(\sum_{i=0}^{L-1} k_i 4^i\right) n_0} \quad (4-54)$$

若 $N = 4^L$，则

$$W_N^{nk} = W_N^{4^{L-1} k_0 n_{L-1}} \cdot W_N^{(4k_1+k_0)4^{L-2} n_{L-2}} \cdots W_N^{\left(\sum_{i=0}^{L-2} k_i 4^i\right) 4 n_1} \cdot W_N^{\left(\sum_{i=0}^{L-1} k_i 4^i\right) n_0} \quad (4-55)$$

将上式代入式(4-53)，有

$$X(k) = \sum_{n_0=0}^{3} \sum_{n_1=0}^{3} \cdots \sum_{n_{L-1}=0}^{3} x(n_{L-1}, n_{L-2}, \cdots, n_1, n_0) W_N^{4^{L-1} k_0 n_{L-1}} W_N^{(4k_1+k_0)4^{L-2} n_{L-2}} \cdots \quad (4-56)$$

于是，可由式(4-56)写出递推关系：

$$X_1(k_0, n_{L-2}, \cdots, n_1, n_0) = \sum_{n_{L-1}=0}^{3} x(n_{L-1}, n_{L-2}, \cdots, n_1, n_0) W_N^{4^{L-1} k_0 n_{L-1}}$$

$$= \sum_{n_{L-1}=0}^{3} x(n_{L-1}, n_{L-2}, \cdots, n_1, n_0) W_4^{k_0 n_{L-1}} \quad (4-57)$$

这正是输入变量为 n_{L-1}，输出变量为 k_0 的 $x(n)$ 的 4 点 DFT。同样可得

$$X_2(k_0, k_1, n_{L-3}, \cdots, n_1, n_0) = \sum_{n_{L-2}=0}^{3} X_1(k_0, n_{L-2}, \cdots, n_1, n_0) W_N^{4^{L-1} k_1 n_{L-2}} \cdot W_N^{4^{L-2} k_0 n_{L-2}}$$

$$= \sum_{n_{L-2}=0}^{3} \left[X_1(k_0, n_{L-2}, \cdots, n_1, n_0) W_N^{4^{L-2} k_0 n_{L-2}} \right] W_N^{n_{L-2} k_1} \quad (4-58)$$

这是 $X_1(k_0, n_{L-2}, \cdots, n_1, n_0)$ 乘上一个旋转因子 $W_N^{4^{L-1} k_0 n_{L-2}}$ 后的 4 点 DFT（输入变量为 n_{L-2}，输出变量为 k_1）。同样可得

$$X_3(k_0, k_1, k_2, n_{L-4}, \cdots, n_1, n_0)$$

$$= \sum_{n_{L-3}=0}^{3} \left[X_2(k_0, k_1, n_{L-3}, \cdots, n_1, n_0) W_N^{4^{L-3}(4k_1+k_0) n_{L-3}} \right] W_4^{n_{L-3} k_2} \quad (4-59)$$

$$\vdots$$

$$X_m(k_0, k_1, k_{m-1}, n_{L-m-1}, \cdots, n_1, n_0)$$

$$= \sum_{n_{L-m}=0}^{3} \left[X_{m-1}(k_0, k_1, \cdots, k_{m-2}, \cdots, n_1, n_0) \cdot W_N^{4^{L-m}\left(\sum_{i=0}^{m-2} 4k_i\right) n_{-m}} \right] W_4^{n_{L-m} k(m-1)} \quad (4-60)$$

$$\vdots$$

$$X_L(k_0, k_1, \cdots, k_{L-2}, k_{L-1})$$

$$= \sum_{n_0=0}^{3} \left[X_{L-1}(k_0, k_1, \cdots, k_{L-2}, n_0) \cdot W_N^{\left(\sum_{i=0}^{L-2} 4k_i\right) n_0} \right] W_4^{n_0 k_{L-1}} \quad (4-61)$$

可以看出，所得到的序列 $X_L(k_0, k_1, \cdots, k_{L-2}, k_{L-1})$ 的变量是 k_0 在最前，k_{L-1} 在最后，是倒位序的，将它按式(4-52b)加以整序即可得到变量 k 为正常顺序的输出，即

$$X(k) = X(k_{L-1}, k_{L-2}, \cdots, k_1, k_0) = X_L(k_0, k_1, \cdots, k_{L-2}, k_{L-1})$$

这就是基-4FFT 的全部算法。为了直观起见，我们以 $N = 16 = 4^2$ 为例，来看基-4FFT 算法

的基本运算公式和运算结构:

$$N = 16 = 4^2, 即 L = 2$$
$$n = 4n_1 + n_0 \tag{4-62}$$
$$k = 4k_1 + k_0$$

则有

$$X(k) = \sum_{n_0=0, n_1=0}^{3} x(n_1, n_0) W_N^{4n_1k_0} \cdot W_N^{n_0k_0} \cdot W_N^{4n_0k_1} \tag{4-63}$$

因而

$$X_1(k_0, n_0) = \sum_{n_1=0}^{3} x(n_1, n_0) W_4^{n_1k_0} \tag{4-64}$$

$$X_2(k_0, k_1) = \sum_{n_0=0}^{3} \left[X_1(k_0, n_0) W_N^{n_0k_0} \right] W_4^{n_0k_1} \tag{4-65}$$

整序后可得

$$X(k) = X(k_1, k_0) = X_2(k_0, k_1) \tag{4-66}$$

因此,它的基本运算有 3 步。第一步是式(4-64)作 $x(n)$ 的 4 点 DFT(变量为 n_1, k_0),得到 $X(k_1, n_0)$;第二步是式(4-65),将 $X(k_1, k_0)$ 乘以旋转因子 $W_N^{n_0k_0}$ 后作乘积的 4 点 DFT(变量为 n_0, k_1)得到 $X_2(k_0, k_1)$;第三步由于 $X_2(k_0, k_1)$ 的变量是 k_0 在前,k_1 在后,表示基-4 倒位序的序列,因此将其变量整序后得到正常顺序输出的序列 $X(k_1, k_0)$,如式(4-66)所示。

下面我们来讨论 $N = 4^2$ 的基-4FFT 的流图。它的基本运算是 4 点 DFT,以第一级为例,根据式(4-64),(n_1, k_0) 的 4 点 DFT 可表示成

$$X_1(0, n_0) = W_4^0 x(0, n_0) + W_4^0 x(1, n_0) + W_4^0 x(2, n_0) + W_4^0 x(3, n_0)$$
$$X_1(1, n_0) = W_4^0 x(0, n_0) + W_4^1 x(1, n_0) + W_4^2 x(2, n_0) + W_4^3 x(3, n_0)$$
$$X_1(2, n_0) = W_4^0 x(0, n_0) + W_4^2 x(1, n_0) + W_4^4 x(2, n_0) + W_4^6 x(3, n_0)$$
$$= W_4^0 x(0, n_0) + W_4^2 x(1, n_0) + W_4^0 x(2, n_0) + W_4^2 x(3, n_0)$$
$$X_1(3, n_0) = W_4^0 x(0, n_0) + W_4^3 x(1, n_0) + W_4^6 x(2, n_0) + W_4^9 x(3, n_0)$$
$$= W_4^0 x(0, n_0) + W_4^3 x(1, n_0) + W_4^2 x(2, n_0) + W_4^1 x(3, n_0)$$

此式可写成矩阵形式,并考虑到 $W_4^0 = 1, W_4^1 = -j, W_4^2 = -1, W_4^3 = j$,则有

$$\begin{bmatrix} X_1(0, n_0) \\ X_1(1, n_0) \\ X_1(2, n_0) \\ X_1(3, n_0) \end{bmatrix} = \begin{bmatrix} W_4^0 & W_4^0 & W_4^0 & W_4^0 \\ W_4^0 & W_4^1 & W_4^2 & W_4^3 \\ W_4^0 & W_4^2 & W_4^0 & W_4^2 \\ W_4^0 & W_4^3 & W_4^2 & W_4^1 \end{bmatrix} \begin{bmatrix} x(0, n_0) \\ x(1, n_0) \\ x(2, n_0) \\ x(3, n_0) \end{bmatrix} = \begin{bmatrix} 1 & 1 & 1 & 1 \\ 1 & -j & -1 & j \\ 1 & -1 & 1 & -1 \\ 1 & j & -1 & -j \end{bmatrix} \begin{bmatrix} x(0, n_0) \\ x(1, n_0) \\ x(2, n_0) \\ x(3, n_0) \end{bmatrix}$$

$$\tag{4-67}$$

我们知道,基-2 的同址运算在其输入与输出中必须有一个是二进制倒位序列排列的,为了使用基-2 同址运算的流图,我们将式(4-67)的输出中已算出的变量 k_0 的四进制数(0,1,2,3)按二进制倒位序列排列成(0,2,1,3),可得

$$
\begin{bmatrix} X_1(0,n_0) \\ X_1(2,n_0) \\ X_1(1,n_0) \\ X_1(3,n_0) \end{bmatrix} = \begin{bmatrix} 1 & 1 & 1 & 1 \\ 1 & -1 & 1 & -1 \\ 1 & -j & -1 & j \\ 1 & j & -1 & -j \end{bmatrix} \begin{bmatrix} x(0,n_0) \\ x(1,n_0) \\ x(2,n_0) \\ x(3,n_0) \end{bmatrix} \tag{4-68}
$$

由式(4-68)可画出图 4-21 所示的流图,这是同址运算的,而且和基-2FFT 相似,基本的运算也是 2 点 DFT 的蝶形结。在这个基本的基-4FFT 流图中是完全不需要复数乘法的,乘 j(或-j)只需将实部、虚部交换,操作是+j 或-j 加上必要的正、负号即可,例如:

$$
j(a+jb) = -b+ja, \quad -j(a+jb) = b-ja
$$

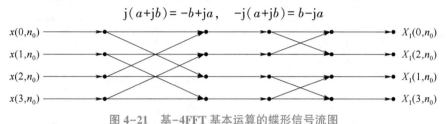

图 4-21　基-4FFT 基本运算的蝶形信号流图

第二级运算见式(4-65),只需将第一级的结果乘以旋转因子,即 $W_N^{n_0 k_0}$,然后作 (n_0,k_1) 的 4 点 DFT 即可,推导如下。由式(4-65)可写成矩阵形式:

$$
\begin{array}{cc} k_1 & \qquad\qquad\qquad n_0 \end{array}
$$

$$
\begin{bmatrix} X_2(k_0,0) \\ X_2(k_0,1) \\ X_2(k_0,2) \\ X_2(k_0,3) \end{bmatrix} = \begin{bmatrix} W_4^0 & W_4^0 & W_4^0 & W_4^0 \\ W_4^0 & W_4^1 & W_4^2 & W_4^3 \\ W_4^0 & W_4^2 & W_4^0 & W_4^2 \\ W_4^0 & W_4^3 & W_4^2 & W_4^1 \end{bmatrix} \begin{bmatrix} X_1(k_0,0)W_{16}^0 \\ X_1(k_0,1)W_{16}^{k_0} \\ X_1(k_0,2)W_{16}^{2k_0} \\ X_1(k_0,3)W_{16}^{3k_0} \end{bmatrix}
$$

$$
= \begin{bmatrix} 1 & 1 & 1 & 1 \\ 1 & -j & -1 & j \\ 1 & -1 & 1 & -1 \\ 1 & j & -1 & -j \end{bmatrix} \begin{bmatrix} X_1(k_0,0)W_{16}^0 \\ X_1(k_0,1)W_{16}^{k_0} \\ X_1(k_0,2)W_{16}^{2k_0} \\ X_1(k_0,3)W_{16}^{3k_0} \end{bmatrix} \tag{4-69}
$$

同样,将刚求出的四进制变量 $k_1(0,1,2,3)$ 按二进制倒位序排列成 $(0,2,1,3)$,以便用基-2FFT 的同址运算蝶形结表示,这样即可得到

$$
\begin{bmatrix} X_2(k_0,0) \\ X_2(k_0,2) \\ X_2(k_0,1) \\ X_2(k_0,3) \end{bmatrix} = \begin{bmatrix} 1 & 1 & 1 & 1 \\ 1 & -1 & 1 & -1 \\ 1 & -j & -1 & j \\ 1 & j & -1 & -j \end{bmatrix} \begin{bmatrix} X_1(k_0,0)W_{16}^0 \\ X_1(k_0,0)W_{16}^{k_0} \\ X_1(k_0,0)W_{16}^{2k_0} \\ X_1(k_0,0)W_{16}^{3k_0} \end{bmatrix} \tag{4-70}
$$

可以看出式(4-70)的基本流图和第一级运算时的基本流图是一样的,只不过输入数据要先乘以 $W_{16}^{n_0 k_0}$。

综上所述,我们可以画出 $N=16=4^2$ 时的按时间抽取、输入自然顺序、输出四进制倒位序的基-4FFT 流图,如图 4-22 所示(输出数据实际上也是按二进制倒位序排列的)。

输入自然顺序排列,输出四进制倒位序排列,也是二进制倒位序排列。虚线框表示的部分为一个基-4FFT 流图。

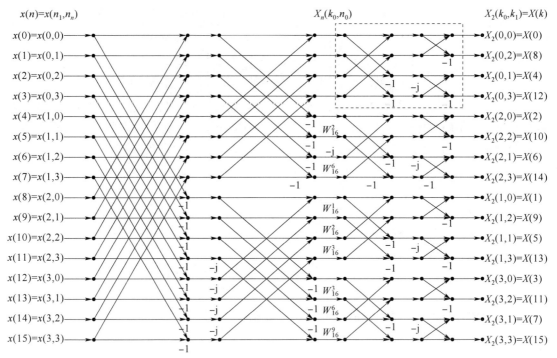

图 4-22　按时间抽取、输入自然顺序、输出四进制倒位序的基-4FFT 流图

下面讨论基-4FFT 运算的次数。前面已提到,每个基本的 4 点 FFT 都不需要乘法,算法中只有乘以旋转因子才有复数乘法,而每一个 4 点 DFT 只有 3 次乘以旋转因子(有一个旋转因子 $W_N^0 = 1$,不需要乘)。而每一级(基-4FFT 的一级)有 $\dfrac{N}{4}$ 个 4 点 DFT,因而每级总共需要 $3 \times N/4$ 次复数乘法,由于 $N = 4^L$,则共有 L 级,但由于这里第一级运算不用乘以旋转因子,因而总的复数乘法次数(考虑到 $N = 4^L = 2^{2L}$)为

$$\frac{3}{4}N(L-1) = \frac{3}{4}N\left(\frac{1}{2}\log_2 N - 1\right) = \frac{3}{8}N\log_2 N, L \gg 1 \tag{4-71}$$

已知基-2FFT 的复数乘法次数为

$$\frac{N}{2}\log_2 N$$

因此,基-4FFT 比基-2FFT 乘法运算量更加节省。实际上,一些特定的旋转因子不必相乘(当然基-2FFT 也有这种情况),如当 $N = 16$ 时,$W_{16}^4 = -j$ 就不必相乘。由图 4-22 可看出,$N = 16$ 时,基-4FFT 实际上只需要 8 次复数乘法。

由于所需蝶形结和基-2FFT 时一样多,因而基-4FFT 所需附加次数和基-2FFT 的完全一样,也是 $N \log_2 N$ 次。

图 4-22 中有基-4FFT 的倒位序关系,以 $N = 16 = 4^2$ 为例,有

$$n = (n_1, n_0)_{4 \times 4}, n_0, n_1 = 0, 1, 2, 3$$

n 所代表的十进制数为 $n = 4n_1 + n_0$,n 的四进制倒位序数为 $\bar{n} = (n_0, n_1)$,它所代表的十进制数为 $\bar{n} = 4n_1 + n_0$,因而 n 和 $\bar{n}$ 的数值如表 4-5 所示。

【例 4-17】

表 4-5　n 和 n 的数值

n	0	1	2	3	4	5	6	7	8	9	10	11	12	13	14	15
(n_1,n_0)	00	01	02	03	10	11	12	13	20	21	22	23	30	31	32	33
$\overline{n}$	0	4	8	12	1	5	9	13	2	6	10	14	3	7	11	15
(n_0,n_1)	00	10	20	30	01	11	21	31	02	12	22	32	03	13	23	33

§4.8　分裂基 FFT 算法

　　从基-2 按时间抽取和按频率抽取的推导过程中(见图 4-2、图 4-4 及图 4-15、图 4-16)可以看出,每级抽取时,每一组的偶序号部分(时间抽取看输入序号,频率抽取看输出序号)都不乘以旋转因子,乘以旋转因子都出现在奇序号上,加之考虑到基-4FFT 算法比基-2FFT 算法更有效(节约运算量),有人在 1984 年提出了"分裂基"算法。该算法的基本想法是对偶序号使用基-2FFT 算法,对奇序号使用基-4FFT 算法。就目前所知,分裂基 FFT 算法在针对 $N=2^L$ 次的算法中具有最少乘法次数,且具有基-2FFT 算法同样好的同址运算结构,因此被认为是最好的 FFT 算法。分裂基 FFT 算法和基-2FFT 算法的情况一样,要求 N 为 2 的整数幂,即 $N=2^L$(L 为正整数),有

$$X(k)=\sum_{n=0}^{N-1}x(n)W_N^{nk},0\leqslant k\leqslant N-1$$

将 $x(n)$ 分成 3 个子序列,即

$$x_1(r)=x(2r),0\leqslant r\leqslant \frac{N}{2}-1$$

$$\begin{cases}x_2(l)=x(4l+1)\\x_3(l)=x(4l+3)\end{cases},0\leqslant 1\leqslant \frac{N}{4}-1$$

则

$$\begin{aligned}X(k)&=\sum_{r=0}^{\frac{N}{2}-1}x(2r)W_N^{2rk}+\sum_{l=0}^{\frac{N}{4}-1}x(4l+1)W_N^{(4l+1)k}+\sum_{l=0}^{\frac{N}{4}-1}x(4l+3)W_N^{(4l+3)k}\\&=\sum_{r=0}^{\frac{N}{2}-1}x_1(r)W_{N/2}^{rk}+W_N^k\sum_{l=0}^{\frac{N}{4}-1}x_2(l)W_{N/4}^{lk}+W_N^{3k}\sum_{l=0}^{\frac{N}{4}-1}x_3(l)W_{N/4}^{lk}\\&=X_1(k)+W_N^kX_2(k)+W_N^{3k}X_3(k)\end{aligned}\tag{4-72}$$

式中,

$$X_1(k)=\sum_{r=0}^{\frac{N}{2}-1}x_1(r)W_{N/2}^{rk}=\sum_{r=0}^{\frac{N}{2}-1}x(2r)W_{N/2}^{rk}\tag{4-73}$$

$$X_2(k)=\sum_{l=0}^{\frac{N}{4}-1}x_2(l)W_{N/4}^{lk}=\sum_{l=0}^{\frac{N}{4}-1}x(4l+1)W_{N/4}^{lk}\tag{4-74}$$

$$X_3(k)=\sum_{l=0}^{\frac{N}{4}-1}x_3(l)W_{N/4}^{lk}=\sum_{l=0}^{\frac{N}{4}-1}x(4l+3)W_{N/4}^{lk}\tag{4-75}$$

这里 $X_1(k)$ 为由偶序号的 $x(n)$ 组成的 $N/2$ 点 DFT，$X_2(k)$、$X_3(k)$ 为由奇序号的 $x(n)$ 组成的 $N/4$ 点 DFT，而 $X(k)$ 为 N 点 DFT。因而要利用周期性的关系，即

$$X_1(k) = X_1\left(k + \frac{N}{2}\right) = X_1\left(k + m\frac{N}{2}\right) \tag{4-76}$$

$$X_2(k) = X_2\left(k + \frac{N}{4}\right) = X_2\left(k + m\frac{N}{4}\right) \tag{4-77}$$

$$X_3(k) = X_3\left(k + \frac{N}{4}\right) = X_3\left(k + m\frac{N}{4}\right) \tag{4-78}$$

式中，m 为整数。

将 $X(k)$ 分成 4 段讨论，有

$$\begin{cases} X(k) = X_1(k) + W_N^k X_2(k) + W_N^{3k} X_3(k) \\ X\left(k + \dfrac{N}{4}\right) = X_1\left(k + \dfrac{N}{4}\right) - \mathrm{j}W_N^k X_2(k) + \mathrm{j}W_N^{3k} X_3(k) \\ X\left(k + \dfrac{N}{2}\right) = X_1(k) - W_N^k X_2(k) - W_N^{3k} X_3(k) \\ X\left(k + \dfrac{3N}{4}\right) = X_1\left(k + \dfrac{N}{4}\right) + \mathrm{j}W_N^k X_2(k) - \mathrm{j}W_N^{3k} X_3(k) \end{cases}, 0 \le k \le \frac{N}{4} - 1 \tag{4-79}$$

式(4-79)的基本关系如图 4-23 所示。也就是说，分裂基 FFT 算法的基本蝶形运算如图 4-24 所示。

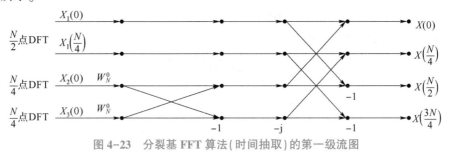

图 4-23　分裂基 FFT 算法（时间抽取）的第一级流图

我们可用同样的办法对 $X_1(k)$、$X_2(k)$、$X_3(k)$ 进行第三级分解，例如对 $X_1(k)$ 的输入 $x_1(r)$（$N/2$ 点序列），把 r 为偶序号的 $x_1(r)$ 作 $N/4$ 点 DFT，把 r 为奇序号的 $x_1(r)$ 作 $N/8$ 点 DFT。对 $X_2(k)$、$X_3(k)$（皆为 $N/4$ 点 DFT）作同样的处理。

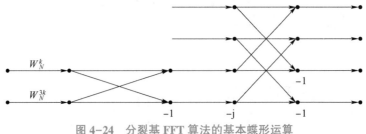

图 4-24　分裂基 FFT 算法的基本蝶形运算

以 $N = 2^4 = 16$ 为例，$X(k)$ 的第一级分解可以得到 4 个分裂基，$X_1(k)$ 的第二级分解可得到 2 个分裂基，一个基-4 的 4 点 DFT 和 2 个基-2 的 2 点 DFT，而 $X_2(k)$ 和 $X_3(k)$ 的第二级分解分

别是基-4 的 4 点 DFT。对 $N = 2^4 = 16$ 点的分裂基 FFT 示意如图 4-25 所示。

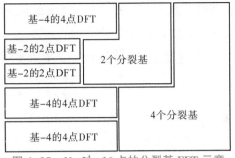

图 4-25　$N = 2^4 = 16$ 点的分裂基 FFT 示意

$N = 2^4 = 16$ 的分裂基 FFT 算法（按时间抽取）的流图如图 4-26 所示。应注意，这里推导分裂基 FFT 算法时，是按 n 的奇偶来划分子序列的，所以这种算法的流图的输入序列的排列次序是基-2 算法的倒位序。

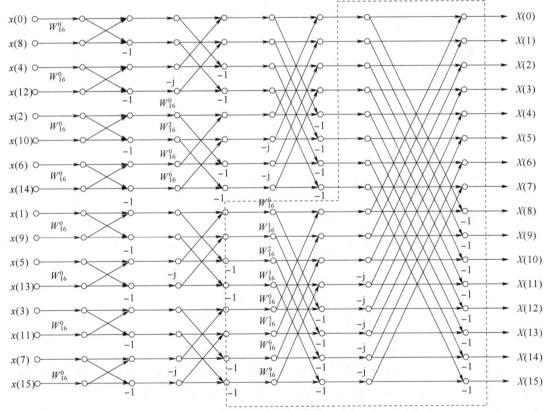

图 4-26　$N = 2^4 = 16$ 的分裂基 FFT 算法（按时间抽取）的流图

（输入二进制倒位序，输出自然顺序）

注：上图只用虚线框表示了一级的倒 L 结构

下面来讨论运算量。我们知道基-2、基-4 的基本蝶形结是没有乘法的，而一个分裂基蝶形结有两次复数乘法，因而复数乘法的次数与分裂基蝶形数有关：

$l = 2, N = 2^2 = 4$ 时，分裂基蝶形数为 $B_2 = 0$；

$l=3, N=2^3=8$ 时,分裂基蝶形数为 $B_3=2$;

$l=4, N=2^4=16$ 时,分裂基蝶形数为 $B_4=B_3+2^{l-2}+2B_2=B_3+4=6$;

$l=5, N=2^5=32$ 时,分裂基蝶形数为 $B_5=B_4+2^{l-2}+2B_3=18$。

也就是说,若 $N=2^l$,用分裂基算法,它所具有的分裂基蝶形数用 B_l 表示,则有以下递推关系:

$$B_l = 2^{l-2} + B_{l-1} + 2B_{l-2} \tag{4-80a}$$

经过迭代推导,可得出蝶形数 $B_l(l \geqslant 4)$ 的更方便的表达式:

$$B_l = a_{l-2}2^{l-2} + a_{l-3}2^{l-4} + \cdots + a_2 2^2 + a_1 B_3 \tag{4-80b}$$

式中,$a_{l-2}=1$,$\begin{cases} a_{l-i}=2a_{l-i+1}-1, i=3,5,7,\cdots \\ a_{l-i}=2a_{l-i+1}+1, i=4,6,8,\cdots \end{cases}$。

若起始条件为 $B_2=0, B_3=2$,则其递推结果如表 4-6 所示。

表 4-6 分裂基 FFT 的复数乘法次数 M_l 及所含分裂基蝶形数 B_l

l	2	3	4	5	6	7	8	9	10
$N_l=2^l$	4	8	16	32	64	128	256	512	1 024
B_l	0	2	6	18	46	114	270	626	1 422
M_l	0	4	12	32	92	228	540	1 252	2 844

每个分裂基蝶形结有两次复数乘法,当 l 为不同数值时,复数乘法次数 M_l 也在表中。当然,真正的复数乘法次数比表中的要少。例如,$W_N^0=1$ 不必作乘法,可以减少乘法次数。

表 4-6 所需乘法次数比 $(N/3)\log_2 N$ 还要少。例如,$N=64$,则 $(N/3)\log_2 N = 64 \times 6/3 = 128$,而 $M_l=92<128$。其他 N 也是这样。而 $N=64$ 的基-2 算法的复数乘法次数为 $(N/2)\log_2 N = 192$,所以分裂基算法比基-2 算法运算量少。同时,基-4 算法的复数乘法次数为 $(3N/8)\log_2 N$,比分裂基算法的复数乘法次数稍多。

上面讨论的是按时间抽取的情况,当然也可按频率抽取来分析分裂基 FFT 算法,请读者自行推导。

§4.9 线性调频 z 变换(Chirp–z 变换)算法

实际上常常只对信号的某一频段感兴趣,也就是只需要计算单位圆上某一段的频谱值。例如,对窄带信号进行分析时,希望在窄带频带内频率的抽样能够非常密集,若提高分辨率,则窄带外不予考虑,若用 DFT 算法,则需增加频率抽样点数,增加了窄带之外不需要的计算量。另外,有时也对非单位圆上的抽样感兴趣,例如,在语音信号处理中,常常需要知道其 z 变换的极点所在处的复频率,如果极点位置离单位圆较远,那么只利用单位圆上的频谱,就很难知道极点所在处的复频率,此时就需要抽样点在接近这些极点的曲线上。再有,若 N 是大素数,则不能加以分解,如何有效计算这种序列的 DFT?从以上三方面看,z 变换采用螺线抽样就适应这些需要,它可用 FFT 来快速计算。这种变换称为线性调频 z 变换(也称 Chirp–z 变换,简称 CZT),它是适用于一般情况下,由 $x(n)$ 求 $X(z_k)$ 的快速变换算法。

4.9.1　算法的基本原理

已知 $x(n)(0 \leqslant n \leqslant N-1)$ 是有限长序列，其 z 变换为

$$X(z) = \sum_{n=0}^{N-1} x(n) z^{-n} \tag{4-81}$$

为适应 z 变换，可以沿 z 平面更一般的路径取值，故沿 z 平面上的一段螺线进行等分角的抽样，z 的抽样点 z_k 为

$$z_k = AW^{-k}, k = 0, 1, \cdots, M-1 \tag{4-82}$$

M 为所要分析的复频谱的点数，不一定等于 N；A 和 W 都是任意复数，可表示为

$$A = A_0 e^{j\theta_0} \tag{4-83}$$

$$W = W_0 e^{-j\phi_0} \tag{4-84}$$

将式（4-83）和式（4-84）代入式（4-82），可得

$$z_k = A_0 e^{j\theta_0} W_0^{-k} e^{jk\phi_0} = A_0 W_0^{-k} e^{j(\theta_0 + k\phi_0)} \tag{4-85}$$

因此

$$z_0 = A_0 e^{j\theta_0}$$
$$z_1 = A_0 W_0^{-1} e^{j(\theta_0 + \phi_0)}, \cdots$$
$$z_k = A_0 W_0^{-k} e^{j(\theta_0 + k\phi_0)}, \cdots$$
$$z_{M-1} = A_0 W_0^{-(M-1)} e^{j[\theta_0 + (M-1)\phi_0]}, \cdots$$

抽样点在 z 平面上所沿的周线如图 4-27（a）所示。由以上讨论和图 4-27（a）可以看出：

（1）A_0 表示起始抽样点的矢量半径长度，通常 $A_0 \leqslant 1$，否则 z_0 将处于单位圆 $z_0 = 1$ 的外部；

（2）z_0 表示起始抽样点的相角，它可以是正值或负值；

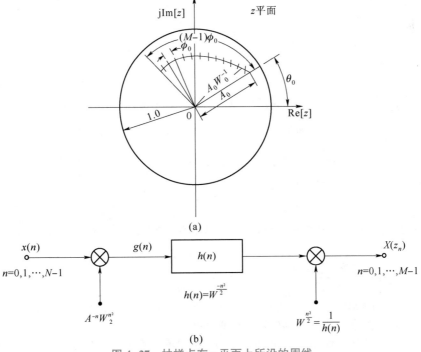

图 4-27　抽样点在 z 平面上所沿的周线

（a）线性调频 z 变换在 z 平面的螺线抽样；（b）线性调频 z 变换运算流程

（3）ϕ_0 表示两相邻抽样点之间的角度差，ϕ_0 为正时，表示 z_k 的路径是逆时针旋转的，ϕ_0 为负时，表示 z_k 的路径是顺时针旋转的；

（4）W_0 的大小表示螺线的伸展率，$W_0 > 1$ 时，随着 k 的增加螺线内缩；$W_0 < 1$ 时，随着 k 的增加螺线外伸；$W_0 = 1$ 时，表示螺线是半径为 A_0 的一段圆弧。若又有 $A_0 = 1$，则这段圆弧是单位圆的一部分。

$$A = A_0 e^{j\theta_0} = 1$$

当 $M = N, A = A_0 e^{j\theta_0} = 1, W = A_0 e^{j\phi_0} = e^{-j\frac{2\pi}{N}}\left(W_0 = -1, \phi_0 = \frac{2\pi}{N}\right)$ 时，各 z_k 就均匀等间隔地分布在单位圆上，这就是求序列的 DFT。

将式（4-82）的 z_k 代入式（4-81），可得

$$X(z_k) = \sum_{n=0}^{N-1} x(n) z_k^{-n} = \sum_{n=0}^{N-1} A^{-n} W^{nk}, 0 \leqslant k \leqslant M - 1 \tag{4-86}$$

直接计算这一公式，与直接计算 DFT 相似，总共计算出 M 个抽样点，需要 NM 次复数乘法与 $(N-1)M$ 次复数加法。当 N、M 很大时，这个量很大，这就限制了运算速度。但是采用布鲁斯坦（Bluestein）提出的等式，可以将以上运算转换为卷积形式，从而可以采用 FFT 算法，就可以大大提高运算速度。布鲁斯坦提出的等式为

$$nk = \frac{1}{2}\left[n^2 + k^2 - (k-n)^2\right] \tag{4-87}$$

将式（4-87）代入式（4-86），可得

$$X(z_k) = \sum_{n=0}^{N-1} x(n) A^{-n} W^{\frac{n^2}{2}} W^{-\frac{(k-n)^2}{2}} W^{\frac{k^2}{2}} = W^{\frac{k^2}{2}} \sum_{n=0}^{N-1} \left[x(n) A^{-n} W^{\frac{n^2}{2}}\right] W^{-\frac{(k-n)^2}{2}}$$

令

$$g(n) = x(n) A^{-n} W^{\frac{n^2}{2}}, n = 0, 1, \cdots, N - 1 \tag{4-88}$$

$$h(n) = W^{-\frac{n^2}{2}} \tag{4-89}$$

则

$$X(z_k) = W^{\frac{k^2}{2}} \sum_{n=0}^{N-1} g(n) h(k-n), k = 0, 1, \cdots, M - 1 \tag{4-90}$$

由式（4-90）可看出，z_k 点的 z 变换可以通过求 $g(n)$ 与 $h(k)$（此处用变量 k 代替 n）的线性卷积，然后乘上 $W^{\frac{k^2}{2}}$ 而得到，即

$$X(z_k) = W^{\frac{k^2}{2}}\left[g(n) * h(k)\right], k = 0, 1, \cdots, M - 1 \tag{4-91}$$

式（4-91）可以用图 4-27（b）表示。

序列 $h(n) = W^{-\frac{n^2}{2}}$ 可以想象为频率随时间（n）呈线性增长的复指数序列。在雷达系统中，这种信号称为线性调频信号（Chirp Signal）。因此，这里的变换称为线性调频 z 变换。

4.9.2　CZT 的实现步骤

由式（4-90）可看出，线性系统 $h(n)$ 是非因果的，当 n 的取值为 0~N-1，k 的取值为 0，1，$\cdots$，M-1 时，k-n 是在-(N-1)~M-1 之间变化的。也就是说，$h(n)$ 是一个有限长序列，点数为 N+M-1，如图 4-28（a）所示。输入信号 $g(n)$ 也是有限长序列，点数为 N。$g(n) * h(n)$ 的点数为 2N+M-2，因而用圆周卷积代替线性卷积且不产生混叠失真的条件是圆周卷积的点数

(周期)应大于或等于 $2N+M-2$。但是,由于我们只需要前 M 个 $X(z_k)(k=0,1,\cdots,M-1)$ 的值,对以后的其他值是否有混叠失真并不感兴趣,故可将圆周卷积的点数缩减到最小的 $N+M-1$。当然,基-2 FFT 运算的圆周卷积的点数应取为 $L\geqslant N+M-1$,同时有满足 $L=2^m$ 的最小 L。这样可将 $h(n)$ 先补零值,补到点数等于 L,也就是从 $n=M$ 开始补 $L-(N+M-1)$ 个零值,补到 $n=L-N$ 处,或者补 $L-(N+M-1)$ 个任意序列值,然后将此序列以 L 为周期进行周期延拓,再取主值序列,从而得到进行圆周卷积的一个序列,如图 4-28(b)所示。进行圆周卷积的另一个序列只需将 $g(n)$ 补上零值,使之成为 L 点序列即可,如图 4-28(f)所示。

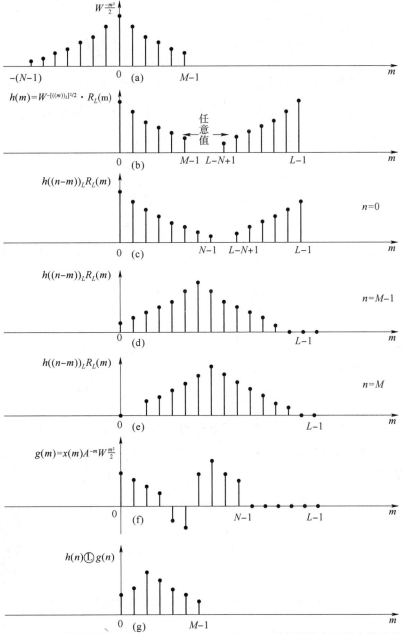

图 4-28　CZT 的圆周卷积($M\leqslant n\leqslant L-1$ 时 $h(n)$ 和 $g(n)$ 的圆周卷积不代表线性卷积)
(a)点数为($N+M-1$)的有限长序列;(b)对(a)中序列以 L 为周期进行周期延拓后的主值序列;
(c)$n=0$ 时的有限长序列 $h(n)$;(d)$n=M-1$ 时的有限长序列;(e)$n=M$ 时的有限长序列 $h(n)$;
(f)输入信号 $g(n)$ 的主值序列;(g)$h(n)$ 和 $g(h)$ 的 L 点圆周卷积

这样，我们可以列出 CZT 运算的实现步骤。

（1）选择一个最小的整数 L，使其满足 $L \geqslant N+M-1$，同时满足 $L=2^m$，以便采用基-2FFT 算法。

（2）将 $g(n)=x(n)A^{-n}W^{\frac{n^2}{2}}$（见图 4-28(f)）补上零值，变为 L 点的序列：

$$g(n)=\begin{cases} A^{-n}W^{\frac{n^2}{2}}x(n), & 0 \leqslant n \leqslant N-1 \\ 0, & N \leqslant n \leqslant L-1 \end{cases} \tag{4-92}$$

并利用 FFT 算法求此序列的 L 点 DFT：

$$G(r)=\sum_{n=0}^{N-1}g(n)\mathrm{e}^{-\mathrm{j}\frac{2\pi}{L}rn},0 \leqslant r \leqslant L-1 \tag{4-93}$$

（3）形成 L 点序列 $h(n)$，如上所述，在 $n=0$ 到 $n=M-1$ 段取 $h(n)=W^{-\frac{n^2}{2}}$，在 $n=M$ 到 $n=L-N$ 段取 $h(n)$ 为任意值（一般为 0），在 $n=L-N+1$ 到 $n=L-1$ 段取 $h(n)$ 为 $W^{-\frac{n^2}{2}}$ 的周期延拓序列 $W^{-\frac{(L-n)^2}{2}}$，即有

$$h(n)=\begin{cases} W^{-\frac{n^2}{2}}, & 0 \leqslant n \leqslant M-1 \\ 0(\text{或任意值}), & M \leqslant n \leqslant L-N \\ W^{-\frac{(L-n)^2}{2}}, & L-N+1 \leqslant n \leqslant L-1 \end{cases} \tag{4-94}$$

此 $h(n)$ 如图 4-28(b)所示。实际上它就是图 4-28(a)的序列 $W^{\frac{m^2}{2}}$ 以 L 为周期的周期延拓序列的主值序列。

对式(4-94)定义的 $h(n)$ 序列，用 FFT 法求其 L 点 DFT，则有

$$H(r)=\sum_{n=0}^{L-1}h(n)\mathrm{e}^{-\mathrm{j}\frac{2\pi}{L}rn},0 \leqslant r \leqslant L-1 \tag{4-95}$$

（4）将 $H(r)$ 和 $G(r)$ 相乘，得 $Q(r)=H(r)G(r)$，$Q(r)$ 为 L 点频域离散序列。

（5）用 FFT 算法求 $Q(r)$ 的 L 点 IDFT，得 $h(n)$ 与 $g(n)$ 的圆周卷积：

$$h(n) \textcircled{L} g(n)=q(n)=\frac{1}{L}\sum_{r=0}^{L-1}H(r)G(r)\mathrm{e}^{-\mathrm{j}\frac{2\pi}{L}rn} \tag{4-96}$$

其中，前 M 个值等于 $h(n)$ 与 $g(n)$ 的线性卷积结果 $[h(n)*g(n)]$，$n \geqslant M$ 的值没有意义，不必去求。$[h(n)*g(n)]$ 即 $h(n) \textcircled{L} g(n)$ 的前 M 个值，如图 4-28(g)所示。

（6）最后求 $X(z_k)$：

$$X(z_k)=W^{\frac{k^2}{2}}q(k),0 \leqslant k \leqslant M-1 \tag{4-97}$$

【例 4-18】

▶▶ 4.9.3　运算量的估算

CZT 的算法求 $X(z_k)$ 比直接求 $X(z_k)$ 的算法有效得多，CZT 所需的乘法如下。

（1）形成 L 点序列 $g(n)=(A^{-n}W^{\frac{n^2}{2}})x(n)$，但只有其中 N 点有序列值，需要 N 次复数乘法，而系数 $A^{-n}W^{\frac{n^2}{2}}$ 可以递推求得。

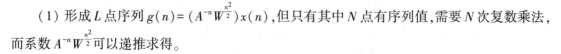

若令

$$C_n = A^{-n} W^{\frac{n^2}{2}} \tag{4-98}$$

$$D_n = W^n W^{\frac{1}{2}} A^{-1} = W^n D_0 = W^n D_{n-1} \tag{4-99}$$

式中，

$$D_0 = W^{\frac{1}{2}} A^{-1} \tag{4-100}$$

则

$$C_{n+1} = A^{-(n+1)} W^{\frac{(n+1)^2}{2}} = (A^{-n} \cdot W^{\frac{n^2}{2}})(W^n W^{\frac{1}{2}} \cdot A^{-1}) = C_n D_n \tag{4-101}$$

初始条件为 $C_0 = 1$，$D_0 = W^{\frac{1}{2}} A^{-1} = \dfrac{\sqrt{W_0}}{A_0} e^{-j\left(\frac{\phi_0}{2} + \theta_0\right)}$，所以只要预先给定 D_0 及 $W = W_0 e^{-j\phi_0}$，便可利用式(4-99)及式(4-101)递推求出 N 个系数 C_n。由此看出，这种递推运算只需 $2N$ 次复数乘法。

（2）形成 L 点序列 $h(n)$，由于它是由 $W^{-\frac{n^2}{2}}$ 在 $-(N-1) \leqslant n \leqslant M-1$ 段内的序列值构成的，而 $W^{-\frac{n^2}{2}}$ 是偶对称序列，若设 $N > M$，则只需求得 $0 \leqslant n \leqslant N-1$ 段内 N 点序列值即可，和上面相似，$W^{-\frac{n^2}{2}}$ 的这些数值可以递推求得，因而只需 $2N$ 次复数乘法。

（3）计算 $G(k)$、$H(k)$、$q(n)$ 共需 3 次 L 点 FFT（或 IFFT），共需 $\dfrac{3}{2} L \log_2 L$ 次复数乘法。

（4）计算 $Q(k) = G(k) H(k)$ 需要 L 次复数乘法。

（5）计算 $X(z_k) = W^{\frac{k^2}{2}} q(k)$（$0 \leqslant k \leqslant M-1$）需要 M 次复数乘法。

综上所述，CZT 总的复数乘法次数为

$$\frac{3}{2} L \log_2 L + N + 2N + 2N + L + M = \frac{3}{2} L \log_2 L + 5N + L + M$$

前面说过，直接计算式(4-86)的 $X(z_k)$ 需要 NM 次复数乘法，可以看出，当 N、M 都较大时（如 N、M 都大于 50 时），CZT 的 FFT 算法比直接算法所需的运算量要小得多。

由以上讨论可以看出，CZT 算法非常灵活，它的输入序列点数 N 和输出序列点数 M 可以不相等，且 N 和 M 均可为任意数，包括素数；各 z_k 点间的角度间隔 ϕ_0 可以是任意的，因而频率分辨率可以调整；计算 z 变换的周线是螺线；起始点 z_0 可任意选定，即可从任意频率或复频率开始对输入数据进行分析，便于作窄带高分辨率分析；在特定情况下（$A = 1$，$M = N$，$W = e^{-j\frac{2\pi}{N}}$），CZT 可以转换成 DFT（N 为素数也可）。

§4.10 线性卷积与线性相关的 FFT 算法

4.10.1 线性卷积的 FFT 算法

我们以 FIR 滤波器为例，因为它的输出等于有限长冲激响应 $h(n)$ 与有限长输入信号 $r(n)$ 的离散线性卷积。

设 $x(n)$ 为 L 点序列，$h(n)$ 为 M 点序列，输出 $y(n)$ 为

$$y(n) = \sum_{m=0}^{M-1} h(m) x(n-m)$$

$y(n)$也是有限长序列,其点数为($L+M-1$)。下面讨论线性卷积的运算量。由于每一个$x(n)$的输入值都必须和全部的$h(n)$值相乘一次,因而总共需要LM次乘法,这就是直接算法的乘法次数,以m_d表示为

$$m_d = LM \tag{4-102}$$

对于线性相位 FIR 滤波器,满足

$$h(n) = \pm h(M-1-n) \tag{4-103}$$

其运算结构如第 8 章的图 8-6 和图 8-7 所示(在那里用 N 代替了这里的 M),图中加权系数大约减少了一半,因而相乘次数大约可以减少一半,即

$$m_d = \frac{LM}{2} \tag{4-104}$$

用 FFT 法也就是用圆周卷积来代替这一线性卷积时,为了不产生混叠,其必要条件是使$x(n)$、$h(n)$都补零值,补到$N \geq M+L-1$,即

$$x(n) = \begin{cases} x(n), & 0 \leq n \leq L-1 \\ 0, & L \leq n \leq N-1 \end{cases}$$

$$h(n) = \begin{cases} h(n), & 0 \leq n \leq M-1 \\ 0, & M \leq n \leq N-1 \end{cases}$$

然后计算圆周卷积:

$$y(n) = x(n) \otimes h(n)$$

这时,$y(n)$就能代表线性卷积的结果。

用 FFT 法计算 $y(n)$ 值的步骤如下:

(1) 求 N 点 DFT,$H(k) = \mathrm{DFT}[h(n)]$;

(2) 求 N 点 DFT,$X(k) = \mathrm{DFT}[x(n)]$;

(3) 计算 $Y(k) = X(k)H(k)$;

(4) 求 N 点 IDFT,$y(n) = \mathrm{IDFT}[Y(k)]$。

【例 4-19】~【例 4-21】

步骤(1)(2)(4)都可用 FFT 算法来完成。此时的运算量如下:3 次 FFT 运算共需$\frac{3}{2}N\log_2 N$次相乘,还有步骤(3)的 N 次相乘,因此总的相乘次数为

$$m_F = \frac{3}{2}N\log_2 N + N = N\left(1 + \frac{3}{2}\log_2 N\right) \tag{4-105}$$

这样,我们可用线性相位 FIR 滤波器来比较直接计算线性卷积和用 FFT 法计算线性卷积这两种方法的乘法次数。设式(4-104)的 m_d 与式(4-105)的 m_F 的比值为 K_m,则

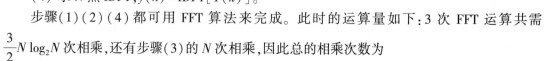

$$K_m = \frac{m_d}{m_F} = \frac{ML}{2N\left(1 + \frac{3}{2}\log_2 N\right)} = \frac{ML}{2(M+L-1)\left[1 + \frac{3}{2}\log_2(M+L-1)\right]} \tag{4-106}$$

上述 K_m 值可以分为以下两种情况讨论。

(1) $x(n)$ 与 $h(n)$ 点数差不多。例如,设 $M=L$,$N=2M-1 \approx 2M$,则

$$K_m = \frac{M}{4\left(\frac{5}{2} + \frac{3}{2}\log_2 M\right)} = \frac{M}{10 + 6\log_2 M}$$

因此不同的 K_m 值如表 4-7 所示。

表 4-7　M、L 取相同值时对应的 K_m 值

$M=L$	8	32	64	128	256	512	1 024	2 048	4 096
K_m	0.286	0.80	1.39	2.46	4.41	8	14.62	26.95	49.95

当 $M=8$、16、32 时，圆周卷积的运算量大于线性卷积；当 $M=64$ 时，两者运算量相当（圆周卷积稍好）；当 $M=512$ 时，圆周卷积运算速度可快 7 倍；当 $M=4\ 096$ 时，圆周卷积运算速度约快 49 倍。因此可以看出，当 $M=L$ 且 $M>64$ 以后，M 越大，圆周卷积的优势越明显。因而将圆周卷积称为快速卷积。

（2）当 $x(n)$ 的点数很多，即

$$L \gg M$$

时，则

$$N=L+M-1 \approx L$$

于是

$$K_m = M/(2 + 3 \log_2 L) \tag{4-107}$$

当 L 太大时，会使 K_m 值减小，圆周卷积的优势就表现不出来了，因此需采用分段卷积（或称分段过滤）的方法。

下面讨论一个短的有限长序列与一个长序列的卷积。例如，当 $x(n)$ 是很长的序列，利用圆周卷积时，$h(n)$ 必须补很多个零值，很不经济。因而必须将 $x(n)$ 分成点数和 $h(n)$ 相仿的段，分别求出每段的卷积结果，然后用一定方式将它们结合在一起，从而得到总的输出。对每一段的卷积均采用 FFT 方法处理。有两种分段卷积的方法，具体讨论如下。

1. 重叠相加法

设 $h(n)$ 的点数为 M，信号 $x(n)$ 为很长的序列。我们将 $x(n)$ 分解为许多段，每段长为 L 点，L 的选择和 M 的数量级相同，用 $x_i(n)$ 表示 $x(n)$ 的第 i 段：

$$x_i(n) = \begin{cases} x(n), & iL \leq n \leq (i+1)L - 1 \\ 0, & 其他\ n \end{cases}, i = 0,1,\cdots \tag{4-108}$$

则输入序列可表示成

$$x(n) = \sum_{i=0}^{\infty} x_i(n - iL) \tag{4-109}$$

这样，$x(n)$ 与 $h(n)$ 的线性卷积等于各 $x_i(n)$ 与 $h(n)$ 的线性卷积之和，即

$$y(n) = x(n) * h(n) = \sum_{i=0}^{\infty} x_i(n - iL) * h(n) \tag{4-110}$$

每一个 $x_i(n) * h(n)$ 都可用上面讨论的快速卷积方法来运算。由于 $x_i(n) * h(n)$ 为 $(L+M-1)$ 点，故先对 $x_i(n)$ 及 $h(n)$ 补零值，补到 N 点。为便于利用基-2FFT 算法，一般取 $N=2^m \geq L+M-1$，然后作 N 点的圆周卷积：

$$y(n) = x(n) \text{Ⓝ} h(n)$$

由于 $x_i(n)$ 为 L 点，而 $y_i(n)$ 为 $(L+M-1)$ 点（设 $N=L+M-1$），故相邻两段输出序列必然有 $(M-1)$ 个点发生重叠，即前一段的后 $(M-1)$ 个点和后一段的前 $(M-1)$ 个点相重叠，如图 4-29 所示。按照式（4-110），将这个重叠部分相加再和不重叠的部分共同组成输出 $y(n)$。

和上面的讨论一样，用 FFT 算法实现重叠相加法的步骤如下：

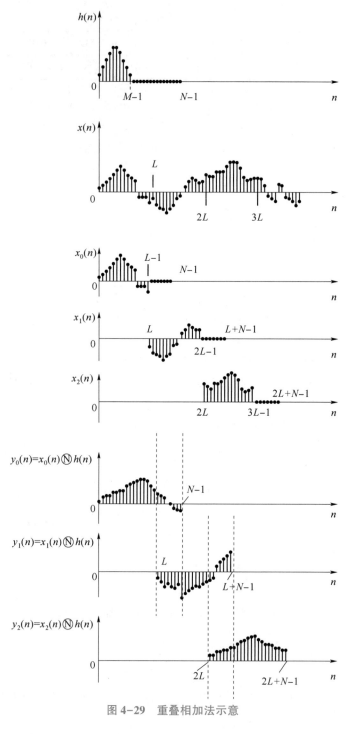

图 4-29 重叠相加法示意

（1）求 N 点 FFT，$H(k)=\mathrm{FFT}[h(n)]$；

（2）求 N 点 FFT，$X_i(k)=\mathrm{FFT}[x_i(n)]$；

（3）计算 $Y_i(k)=X_i(k)H(k)$；

（4）计算 N 点 IFFT，$y_i(n)=\mathrm{IFFT}[Y_i(k)]$；

(5) 将各段 $y_i(n)$(包括重叠部分)相加, $y(n) = \sum\limits_{i=0}^{\infty} y_i(n)$ 。

重叠相加法的名称是由于各输出段的重叠部分相加而得名的。

2. 重叠保留法

此方法与重叠相加法稍有不同。先将 $x(n)$ 分段,每段 $L = N-M+1$ 个点,这是与重叠相加法相同的,不同之处是,序列中补零值点处不补零值,而在每一段的前面补上前一段保留下来的 $(M-1)$ 个输入序列值,组成 $(L+M-1)$ 点序列 $x_i(n)$,如图 4-30(a)所示。若 $L+M-1<2^m$,则可在每段序列末端补零值,补到长度为 2^m,这时若用 DFT 实现 $h(n)$ 与 $x_i(n)$ 的圆周卷积,则其每段圆周卷积结果的前 $(M-1)$ 个点的值不等于线性卷积值,必须舍去。

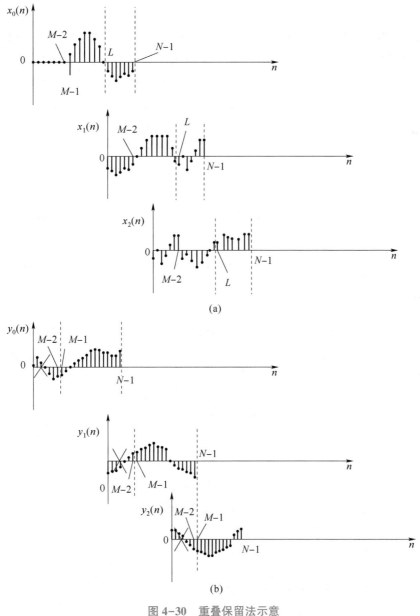

图 4-30　重叠保留法示意

(a)$(L+M-1)$点序列 $x_i(n)$ 的第一、二、三分段;(b)$h(n)$ 和 $x_i(n)$ 各分段的线性卷积

为了证明以上说法的正确性,我们可以以图 4-31 作为参考。任一段 $x_i(n)$(为 N 点)与 $h(n)$(原为 M 点,补零值后也为 N 点)的 N 点圆周卷积为

$$y_i(n) = x_i(n) \, \text{Ⓝ} \, h(n) = \sum_{m=0}^{N-1} x_i(m) h((n-m))_N R_N(n) \tag{4-111}$$

由于 $h(m)$ 为 M 点,补零值后作 N 点圆周移位时,$n = 0, 1, \cdots, M-2$ 的每种情况下,$h((n-m))_N R_N(m)$ 在

$$0 \leqslant m \leqslant N-1$$

范围的末端出现非零值,而此处 $x_i(m)$ 是有数值存在的,图 4-31(c)、(d)所示为 $n = 0, n = M-2$ 的情况,所以在

$$0 \leqslant n \leqslant M-2$$

范围的 $y_i'(n)$ 值中将混入 $x_i(m)$ 尾部与 $h((n-m))_N R_N(m)$ 尾部的乘积值,从而使这些点的 $y_i'(n)$ 值不同于线性卷积结果。但是从 $n = M-1$ 开始直到 $n = N-1, h((n-m))_N R_N(m) = h(n-m)$(见图 4-31(e)、(f)),圆周卷积值完全与线性卷积值一样,$y_i'(n)$ 就是正确的线性卷积值。因此,必须把每一段圆周卷积结果的前 $(M-1)$ 个值去掉,如图 4-31(g)所示。

因此,为了不造成输出信号的遗漏,对输入分段时,就需要相邻两段有 $(M-1)$ 个点重叠(对于第一段,即 $x_0(n)$,由于没有前一段的保留信号,因此需在序列前填充 $(M-1)$ 个零值)。这样,设原输入序列为 $x_i'(n)$,由于 $n \geqslant 0$ 时有值,因此应重新定义输入序列:

$$x(n) = \begin{cases} 0, & 0 \leqslant n \leqslant M-2 \\ x'[n-(M-1)], & M-1 \leqslant n \end{cases}$$

而

$$x_i(n) = \begin{cases} x[n+i(N-M+1)], & 0 \leqslant n \leqslant N-1 \\ 0, & \text{其他 } n \end{cases}, i = 0, 1, \cdots \tag{4-112}$$

在式(4-112)中,已经把每一段的时间原点放在该段的起始点,而不是 $x(n)$ 的原点。这种分段方法如图 4-30 所示,每段 $x_i(n)$ 和 $h(n)$ 的圆周卷积结果以 $y_i'(n)$ 表示,在图 4-30(b)中,已标出每一输出段开始的 $(M-1)$ 个点,$0 \leqslant n \leqslant M-2$ 部分舍掉不用。把相邻输出段留下的序列衔接起来,就构成最后的正确输出,即

$$y(n) = \sum_{i=0}^{\infty} y_i[n - i(N-M+1)] \tag{4-113}$$

式中,

$$y_i(n) = \begin{cases} y_i'(n), & M-1 \leqslant n \leqslant N-1 \\ 0, & \text{其他 } n \end{cases} \tag{4-114}$$

这时,每段输出的时间原点放在 $y_i(n)$ 的起始点,而不是 $y(n)$ 的原点。

重叠保留法的名称是因为每一组相继的输入段均由 $(N-M+1)$ 个新点和前一段保留下来的 $(M-1)$ 个点所组成而得名。

抽样点数 N 必须满足条件:$N \geqslant \dfrac{2f_0}{F}$。

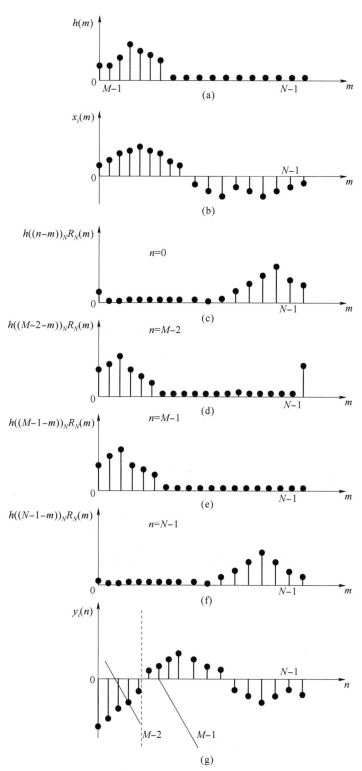

图 4-31 保留信号代替补零值后的局部混叠现象

(a)N 点 $h(m)$ 的波形;(b)N 点 $x_i(m)$ 的波形;(c)$n=0$ 时,M 点 $h(m)$ 补零值后作 N 点圆周移位;

(d)$n=M-2$ 时,M 点 $h(m)$ 补零值后作 N 点圆周移位;(e)$n=M-1$ 时,M 点 $h(m)$ 补零值后作 N 点圆周移位;

(f)$n=N-1$ 时,M 点 $h(m)$ 补零值后作 N 点圆周移位;(g)$x_i(n)$ 与 $h(n)$ 线性卷积值

4.10.2　线性相关的 FFT 算法

利用 FFT 算法计算相关函数就是利用圆周相关来代替线性相关,常称为快速相关。这与利用 FFT 的快速卷积类似(即利用圆周卷积代替线性卷积),也要利用补零值的办法避免混叠失真。

设 $x(n)$ 为 L 点,$y(n)$ 为 M 点,实序列需求线性互相关的定义为

$$r_{xy}(n) = \sum_{m=0}^{M-1} x(n+m) y^*(m) \qquad (4-115)$$

利用 FFT 算法求线性相关是用圆周相关代替线性相关,选择

$$N \geqslant L + M - 1$$

且 $N = 2^r$(γ 为整数),令

$$x(n) = \begin{cases} x(m), & 0 \leqslant m \leqslant L-1 \\ 0, & L \leqslant m \leqslant N-1 \end{cases}$$

$$y(n) = \begin{cases} y(m), & 0 \leqslant m \leqslant M-1 \\ 0, & M \leqslant m \leqslant N-1 \end{cases}$$

其计算步骤如下:

(1) 求 N 点 FFT,$X(k) = \mathrm{FFT}[x(n)]$;

(2) 求 N 点 FFT,$Y(k) = \mathrm{FFT}[y(n)]$;

(3) 计算 $R_{xy}(k) = X(k) Y^*(k)$;

(4) 求 N 点 IFFT,$r_{xy}(n) = \mathrm{IFFT}[R_{xy}(k)]$。

同样,可以只利用已有的 FFT 程序计算 IFFT,有

$$r_{xy}(n) = \frac{1}{N} \sum_{k=0}^{N-1} R_{xy}(k) W_N^{-nk} = \frac{1}{N} \left[\sum_{k=0}^{N-1} R_{xy}^*(k) W_N^{nk} \right]^* \qquad (4-116)$$

即 $r_{xy}(n)$ 可以利用求 $R_{xy}^*(k)$ 的 FFT 后取共轭再乘以 $1/N$ 得到。

利用 FFT 算法计算线性相关的计算量与利用 FFT 计算线性卷积时是一样的。

§4.11　数字信号处理的实现

数字信号处理应包括数字信号处理的理论、分析方法、算法与数字信号处理的实现,即数字信号处理的软件及硬件实现方法。

实现数字信号处理的方法有以下 3 种。

1. 采用计算机或微机

通过程序,用软件的方法来完成数字信号处理任务,这一实现方法的优点是可适用于各种数字信号处理的应用场合,很灵活;缺点是不能实现处理。由于数字信号处理算法中有大量重复的算术运算,它只是利用计算机的一部分运算系统,没有充分发挥计算机的能力,因此会造

成不必要的浪费。

2. 采用专用的信号处理器

针对某种信号处理的特有运算,用专用的硬件或信号处理芯片组成专用的数字信号处理器。它应用于大量需要经常重复运行某一相同信号处理运算的场合,很是方便,且很经济,可做到实时处理。但是,当运用场合和处理方法改变时,这种专用信号处理器就不能运用了。

3. 采用通用的信号处理器

通用的信号处理器也是一种计算机,但它和通用的计算机在体系结构上有质的不同,两者的差别如下:

(1)信号处理器具有适用信号处理算法基本运算的指令;

(2)信号处理器具有适应信号处理数据结构的寻址机构;

(3)信号处理器能充分利用算法的并行性,也就是说,它具有可编程能力,可用于各种数字信号处理应用场合,灵活性大,适用性强,且可进行高速信号处理。

数字信号处理的运算特点有以下两个方面。

(1)最常出现的是以下算术运算:

$$A = \sum_{k=1}^{N} d_k B_k$$

式中,d_k 是系数;B_k 为数据或中间结果。例如,卷积、相关、离散傅里叶变换等都是这类算术运算。

(2)其输入、输出运算数小于算术运算数。专用或通用数字信号处理器也正是专为这些要求而设计的,因而有可能做到快速处理。信号处理器 TMS320 系列就是专为信号处理设计的芯片,其基本特点如下。

①哈佛结构:程序存储器与数据存储器相互分开,具有一条独立的地址总线和一条独立的数据总线。两条总线由程序存储器和数据存储器分时共用。

②专用硬件乘法器:可使乘法时间大大缩减,适用于信号处理运算。

③多级流水线:可把指令周期缩减到最小值,同时增加了数字信息处理的吞吐量。

④特殊的数字信号处理指令:对数字信号处理非常重要的延时操作就有 DMOV 指令(传送数据,实现延时)。

⑤快速指令周期:显然,指令周期越短,实时处理的能力越强,TMS320C30 的指令周期仅为 5~60 ns,而 TMS320C64 的指令周期仅为 0.91~1.66 ns。

4.11.1　FFT 的软件实现

下面,我们以按时间抽取的基-2FFT 算法为例,讨论离散傅里叶变换的 FFT 算法的计算机软件实现。这里采用输入倒位序、输出自然顺序的流程图,如图 4-5 所示($N=8$)。

FFT 程序包括变址(倒位序)和 L 级递推计算($N=2^L$,L 为整数)两大部分,下面分别加以讨论。

1. 变址

FFT 变址(倒位序)流程图如图 4-32 所示,倒位序的规律在 4.3 节中已经讨论过了,其中

表 4-2 以 $N=8$ 为例列出了自然顺序二进制数与其倒位序二进制数的关系,图 4-32 表示了倒位序的变址处理,设 $A(I)$ 表示存放原自然顺序输入数据的内存单元,$A(J)$ 表示存放倒位序二进制数的内存单元,$I,J=0,1,\cdots,N-1$,按倒位序规律,当 $I=J$ 时,不用变址;当 $I\neq J$ 时,需要变址;但是当 $I<J$ 时,进行变址在先,故在 $I>J$ 时,不需要变址,否则变址两次相当于不变址。下面来讨论实现倒位序的一种方法——雷德(Rader)算法。

由表 4-2 可见,按照自然顺序排列的二进制数,其下面的一个数总是比其上面的一个数大 1,即下面一个数是其上面一个数在最低位加 1 并向高位进位得到的。而倒位序二进制数的下面一个数是上面一个数在最高位加 1 并向最低位进位得到的。下面讨论如何实现这一"反向进位加法"。

I、J 都是从 0 开始,若已知某个倒位序列 J,要求下一个倒位序二进制数,则应先判断 J 的最高位是否为 0,可与 $k=N/2$ 相比较,因为 $N/2$ 总是等于 $100\cdots$ 的,若 $k>J$,则 J 的最高位为 0,只要把该位变成 1(J 与 $k=N/2$ 相加即可),就可得到下一个倒位序二进制数,若 $k\leq J$,则 J 的最高位为 1,可将最高位变为 0(J 减去 $N/2$ 即可),然后判断次高位,可与 $k=N/4$ 相比较,若次高位为 0,则将其变为 1(J 与 $N/4$ 相加即可),其他位不变,即可得到下一位倒位序二进制数;若次高位为 1,则需将其变为 0(J 减去 $N/4$ 即可),然后继续判断下一位,可与 $k=N/8$ 相比较……依次进行,总会碰到某位为 0(除非最后一个数 $N-1$ 的各位全是 1,而这个数不需要倒序数),这时把这个 0 改成 1,就得到下一个倒位序二进制数。求得新的倒位序二进制数 J 以后,当 $I<J$ 时,进行变址交换。注意,在倒位序中,$x(0)$ 和 $x(N-1)$ 总是不需要交换的。因为 0 与 $N-1$ 的倒位序二进制数与原自然顺序二进制数是一样的。

2. L 级递推计算

在表 4-3 中已将 4 种原位运算 FFT 的特点进行了归纳。其中蝶形结对偶节点"距离"与蝶形结的计算公式是最重要的。但是,求 W_N^r 时有不同的方法。在下面讨论的 L 级递推计算方法中,求 W_N^r 就没有采用表 4-3 给出的方法。

由图 4-5 可以归纳出输入倒位序、输出自然顺序的按时间抽取的 FFT 流程的一些特点。设 $N=2^L$,则有:①每级有 $N/2$ 个蝶形结,第一级(列)的 $N/2$ 个蝶形结都是同一种蝶形运算,也就是说,其系数都相同,为 W_N^0。第二级为 $N/2$ 个蝶形结,共有两种蝶形运算,一种系数为 W_N^0,另一种系数为 W_N^2,每种各有 $N/4$ 个蝶形结。这样可看出,第 L 级的 $N/2$ 个蝶形结共有 $2^{L-1}=N/2$ 种蝶形运算,即有 $N/2$ 个不同的系数,分别为 $W_N^0,W_N^1,\cdots,W_N^{\frac{N}{2}-1}$。也就是说,第 M 级有 2^{M-1} 种蝶形运算($M=1,2,\cdots,L$)。②由最后一级向前每推进一级,系数取后级系数中偶数序数那一半。例如在图 4-5 中,第三级系数为 W_N^0、W_N^1、W_N^2、W_N^3,而第二级系数为 W_N^0、W_N^2。③蝶形结两个节点"距离"为 2^{M-1},M 为所在的级数,也就是每向右推进一级,间距就变成原间距的 2 倍。

图 4-33 为按时间抽取的基-2FFT 流程图,其中整个 L 级递推过程由 3 个嵌套循环构成。外层的一个循环控制 $L(L=\log_2 N)$ 级的顺序运算,内层的两个循环控制同一级(M 相同)各蝶形结的运算,其中最内一层循环控制同一种(即 W_N^r 中的 r 相同)蝶形结的运算,而中间一层循环则控制不同种(即 W_N^r 中的 r 不相同)蝶形结的运算。I 和 IP 是一个蝶形结的两个节点。

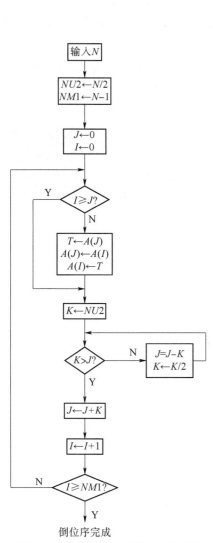

图 4-32　FFT 变址(倒位序)流程图

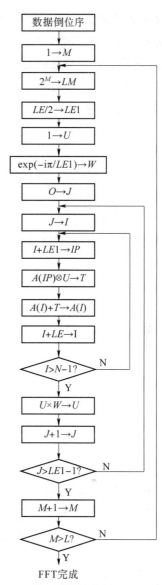

图 4-33　按时间抽取的基-2FFT 流程图

设 $N=2^L$,M 表示第 M 级,$M=1,2,\cdots,L$,共有 $L=\log_2N$ 级,每级有 $N/2$ 个蝶形结,在第 M 级中有 2^{M-1} 个不同的系数,它们是 $W_{2M}^k(k=0,1,\cdots,2^{M-1}-1)$。例如,在图 4-5 中,当 $M=2$(第二级)时,系数有 $2^{M-1}=2$ 个,分别是 $W_4^0=W_8^0=W_N^0$ 与 $W_4^1=W_8^2=W_N^2$。在图 4-33 的 U 中放有 W_{2M}^k,其起始值为

$$U=W_{2M}^0=1$$

在每一级中,同一系数对应的蝶形结有 2^{L-M} 个,例如,第一级 $M=1$ 是 W_N^0,对应的蝶形结有 $2^{3-1}=4$ 个。各蝶形结依次相距 $LE=2^{M-1}$ 点,例如,第二级 $M=2$ 依次相距 $LE=2$ 点。图 4-33 的最内层循环,其循环变量为 I,I 用来控制同一种蝶形结运算。显然,其步进值为蝶形结间距值 $LE=2^M$,同一种蝶形结中参加运算的两节点的间距为 $LE1=2^{M-1}$ 点。图 4-33 的第二层循环,其

循环变量 J 用来控制计算不同种(系数不同)的蝶形结,J 的步进值为 1。实际上也可看出,最内层循环完成每级的蝶形结运算,第二层(中间层)循环则完成系数 W_N^k 的运算。图 4-33 的最外层循环,用循环变量 M 来控制运算的级数,M 为 1~L,步进值为 1。当 M 改变时,$LE1$、LE 和系数 U 都会改变。

图 4-33 中的 U、W、J 为存放复数的单元,其乘法为复数乘法,系数采用以下递推公式计算:

$$W_N^{kl} = W_N^{(k-1)l} \cdot W_N^l$$

图 4-34 为按时间抽取、输入倒位序、输出自然顺序、$N = 2^L$ 的基-2FFT 算法的 C++程序流程图。

【程序 4-1】

下面我们针对表 4-3,给出另一种按时间抽取、输入自然顺序、输出倒位序的基-2FFT 流程图,如图 4-35 所示,读者可结合表 4-3 对此流程图加以分析。

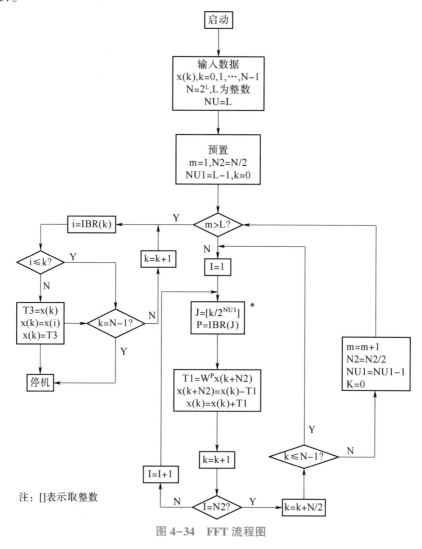

注:[]表示取整数

图 4-34　FFT 流程图

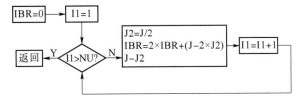

图 4-35 按时间抽取、输入自然顺序、输出倒位序的基-2FFT 流程图

4.11.2 FFT 的专用硬件实现

采用 FFT 专用硬件可满足一些实时运算的要求。例如,雷达及声呐信号的处理与分析就要求实时完成。

1. 顺序处理

按时间抽取基-2FFT 流图的蝶形结运算如式(4-22)所示,可把它简写为

$$C = A + BW_N^r$$
$$D = A - BW_N^r$$

这一运算表示在图 4-36 的左上角(其中 $r = 0$)。

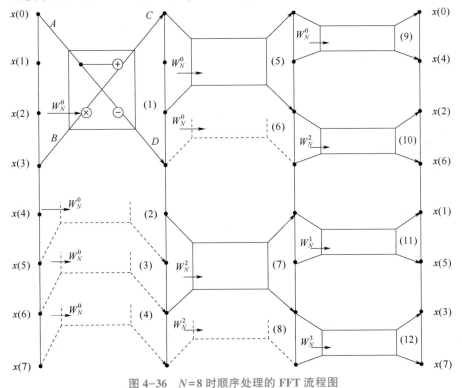

图 4-36 $N = 8$ 时顺序处理的 FFT 流程图

顺序处理是按图 4-36 所标的次序来执行蝶形结运算的,即先计算第一个蝶形结,再计算第二个、第三个蝶形结,直至第 $\dfrac{L}{2}\log_2 N$ 个蝶形结(对于图 4-36,$N = 8$,$\dfrac{N}{2}\log_2 N = 12$),就完成了 N 点 FFT 的全部运算。由于输入数据是按自然顺序排列的,若不作处理,则输出数据是按倒位

序排列的。这种顺序处理 FFT 的特点：

（1）只用一个运算单元；

（2）输入量、中间量、输出量均使用同一存储器（按时间抽取、输入倒位序、输出自然顺序，$N=2^L$）；

（3）顺序执行 $\dfrac{N}{2}\log_2 N$ 次蝶形结运算，若一次蝶形结运算时间为 T_B，则总的运算时间为

$$\dfrac{T_B N}{2}\log_2 N \text{。}$$

2. 级联处理

若 N 点 FFT 的每一级（列）的 $N/2$ 个蝶形结用一个独立运算单元来处理，则构成级联处理。以图 4-36 为例，第一个运算单元处理第一级（1）~（4）4 个蝶形结，第二个运算单元处理第二级（5）~（8）4 个蝶形结，第三个运算单元处理第三级（9）~（12）4 个蝶形结。这样，数据的流量可以增加到原流量的 $L=\log_2 N$（即为所需（列）级数）倍。级联处理 FFT 的特点：

（1）用 $L=\log_2 N$ 个运算单元并行运算；

（2）每个运算单元顺序执行 $N/2$ 次蝶形结运算；

（3）每级数据执行运算时间为 $\dfrac{T_B N}{2}$。

以 $N=8$ 的 FFT 为例，由于 3 个运算单元并行运算，由图 4-36 可知，只用在第一个运算单元计算完了 3 对数据以后，第二个运算单元才能开始运算，而只有在第二个运算单元计算完了两对数据后，第三个运算单元才能开始运算，因而完成 FFT 所需时间，还应包括上述的等待时间，从而每个运算单元要含有延时用的缓冲存储器。

4.11.3　并行迭代处理

并行迭代处理是对一级中的 $N/2$ 个蝶形结用 $N/2$ 个运算单元并行运算。对于 $N=8$，采用 4 个运算单元，先同时计算第一级的 $N/2=4$ 个蝶形结，再依次算第二级和第三级的 4 个蝶形结。也就是说，每列中的运算是并行的，一列到另一列的迭代是顺序的，故名"并行迭代运算"。并行迭代处理 FFT 的特点：

（1）有 $N/2$ 个处理单元；

（2）并行执行 $N/2$ 个蝶形运算；

（3）顺序执行 $L=\log_2 N$ 次迭代；

（4）执行 FFT 的总时间为 $T_B \log_2 N$。

这种方法处理速度快，但设备量大，要求采用大规模集成电路。

4.11.4　阵列处理

阵列处理是并行实现全部蝶形结运算。例如，当 $N=8$ 时，可并行运算 12 个蝶形结，此时，处理机输入端可以有 3 个不同的待处理的数据相继通过此处理机。阵列处理的特点：

（1）有 $\dfrac{N}{2}\log_2 N$ 个处理单元；

(2) 并行执行 $\dfrac{N}{2}\log_2 N$ 个蝶形结运算;

(3) 执行运算时间是 T_B,FFT 各列蝶形结运算的先后次序决定了总运算时间仍为 $T_B \log_2 N$,与并行迭代处理时间相同;

(4) 单位时间内所能处理的数据组数比并行迭代处理时要大 $\log_2 N$ 倍,也就是说,数据输入的流通量增大 $\log_2 N$ 倍。

这种处理方法处理的容量最大,但是设备量也最大,因而成本费用高。

下面讨论两种具体处理机——FFT 顺序处理机和基-2 流水线 FFT 处理机。

1. FFT 顺序处理机

按时间抽取(DIT)和按频率抽取(DIF)的 FFT 的蝶形结分别表示在式(4-22)和式(4-28)中,可将这两个公式分别简化成以下表示式:

$$\text{DIT}\begin{cases} C = A + BW_N^k \\ D = A - BW_N^k \end{cases}$$

$$\text{DIF}\begin{cases} C = A + B \\ D = (A - B)W_N^k \end{cases}$$

式中,A、B 表示输入的复数数据;C、D 表示蝶形结输出结果;W_N^k 表示系数。若将各复数用实部、虚部表示,则

$$A = a_r + ja_i \qquad\qquad B = b_r + jb_i$$
$$C = c_r + jc_i \qquad\qquad D = d_r + jd_i$$
$$W_N^k = e^{-j\frac{2\pi}{N}k} = \cos\left(\frac{2\pi}{N}k\right) - j\sin\left(\frac{2\pi}{N}k\right)$$

式中,

$$\text{DIT}\begin{cases} c_r = a_r + \left[b_r\cos\left(\dfrac{2\pi k}{N}\right) + b_i\sin\left(\dfrac{2\pi k}{N}\right) \right] \\[2mm] d_r = a_r - \left[b_r\cos\left(\dfrac{2\pi k}{N}\right) + b_i\sin\left(\dfrac{2\pi k}{N}\right) \right] \\[2mm] c_i = a_i - \left[b_r\sin\left(\dfrac{2\pi k}{N}\right) - b_i\cos\left(\dfrac{2\pi k}{N}\right) \right] \\[2mm] d_i = a_i + \left[b_r\sin\left(\dfrac{2\pi k}{N}\right) - b_i\cos\left(\dfrac{2\pi k}{N}\right) \right] \end{cases}$$

$$\text{DIF}\begin{cases} c_r = a_r + b_r \\[2mm] c_i = a_i + b_i \\[2mm] d_r = (a_r - b_r)\cos\left(\dfrac{2\pi k}{N}\right) + (a_i - b_i)\sin\left(\dfrac{2\pi k}{N}\right) \\[2mm] d_i = (a_i - b_i)\cos\left(\dfrac{2\pi k}{N}\right) - (a_r - b_r)\sin\left(\dfrac{2\pi k}{N}\right) \end{cases}$$

由上式可以看出,无论是 DIT 算法还是 DIF 算法,都必须执行 4 次实数乘法及 6 次实数加(减)法。对于 DIT 算法,其运算的实现框图如图 4-37 所示,它的运算器包括一个复加(减)器

和一个复乘器。

当然,只有运算单元是不够的,构成 FFT 顺序处理机的基本部分还应包括控制单元和存储单元,包括存储系数 W_N^k 的只读存储器(Read-Only Memory,ROM)和存放数据和计算结果的随机存储器(Random Access Memory,RAM)。图 4-38 为 FFT 顺序处理机原理框图,其他的高级 FFT 顺序处理机只是在部件和程序上进行了某些改变,本质并没有变化。

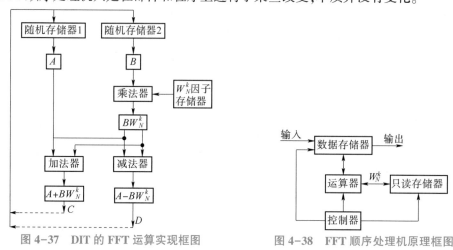

图 4-37　DIT 的 FFT 运算实现框图　　　　图 4-38　FFT 顺序处理机原理框图

由上面指出的 FFT 的一个蝶形结运算需 4 次实乘、6 次实加(减),可估算出执行一次蝶形结运算所需的时间。假定存储字只包含实部(或虚部),运算单元中只有单一的实数乘法器和实数加法器,则读出 a_r、a_i、b_r、b_i、$\cos\dfrac{2\pi k}{N}$ 及 $\sin\dfrac{2\pi k}{N}$ 需要 6 个节拍,写出 c_r、c_i、d_r、d_i 需要 4 个节拍(6 次加法需 6 个节拍),进行一次乘法的时间与乘法器的结构有关,若假定为 3 个节拍,则 4 次乘法共需 12 个节拍,于是进行一次蝶形结运算的时间 $T_B = 2.8\ \mu s$。若 $N = 5\ 120$,则完成 N 点 FFT 所需的总运算时间为 $\dfrac{1}{2}T_B \log_2 N = 2.8\ \mu s \times 5\ 120 = 14.336\ ms$。

顺序处理方法简单,但处理速度低。为了提高速度,除了提高逻辑部件的速度外,还可在处理结构上操作。

(1) 运算单元和存储器在时间安排上处于"匹配"状态,使运算器和存储器都不间断地工作。图 4-39 为一种运算时间和读写时间的最佳匹配关系。

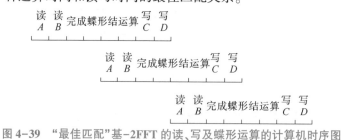

图 4-39　"最佳匹配"基-2FFT 的读、写及蝶形运算的计算机时序图

可以看出,当蝶形结运算进行到一半时,下一个蝶形结运算的输入数据被送入运算单元,这要求运算单元要有缓冲存储器,一旦一次蝶形结运算结束后,立即把结果送回存储器,运算

单元则不停地进行下一个蝶形结运算。由此看出，1 次蝶形结运算的时间应等于4 次读写存储时间，从而无论是运算单元还是存储单元，都在全部时间工作，任何一种单元速度的降低，都会使整个系统速度降低。反过来，如果只提高某种单元的速度，并不能使总的速度提高。

（2）把少量高速缓冲存储器与低速主存存储器结合使用。系统若要处于"匹配"状态，则 RAM 必须严格按照节拍脉冲工作。在很多情况下，这就要求 RAM 必须是高速存储器，而大量使用高速存储器，成本会比较大，特别是当 N 值很大，又有多批数据待处理时，更加如此。若采用低价的低速存储器，则又不能满足系统工作速度的要求。为了既能满足系统高速运算要求，又不需要大量的高速存储器，以节省费用，则可采用附加高速缓冲存储器与低速主存存储器配合使用的结构，如图 4-40 所示。

普通的运算法完成 $N=16$ 的处理，必须至少有 16 个数据的高速缓存单元。然而，如果把 FFT 流图进行一些改变，如图 4-41所示，那么它使 FFT 前两级运算的流程图有相同的形式。该图是在按 $N=16$ 频率抽取、输入为自然顺序、输出为倒位序的情况下，对结构加以改变。从图中可以看出，0、4、8、12 这 4 个数据的流程，在前两级运算中是一样的，且不

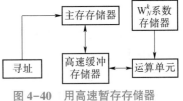

图 4-40　用高速暂存存储器
提高 FFT 的速度

与其他数据点发生关系。同样，1、5、9、13 这 4 个数据的流程也有此特点。于是，可以从主存储器中一次取出这 4 个数据，进行两级运算后，再放回主存储器，而不必像通常那样，每进行一次运算，就必须立即放回主存储器。因此，只需要 8 个数据的高速缓冲存储器（4 个数据单元在进行运算时，另外 4 个正从主存储器中存取数据，然后交替工作）。在数据 0、4、8、12 做完两级蝶形结运算之后，可以用 1、5、9、13 重复这一过程，然后依次类推。这样便节省了一半的高速存储器，且降低了对主存存储器读写速度的要求。

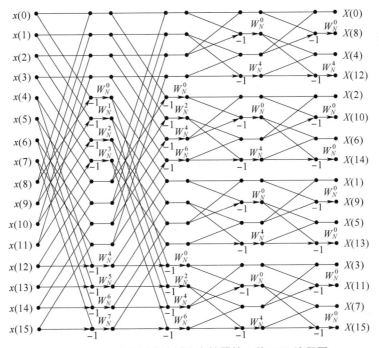

图 4-41　可以应用高速缓冲存储器的一种 FFT 流程图
（$N=16$，DIF，输入自然顺序，输出倒位序，每两级运算结构相同）

2. 基-2 流水线 FFT 处理机

为了提高 FFT 处理速度,特别是为了适用于多批数据处理,需要有比顺序处理还要快的办法。流水线 FFT 处理机就是一种满足上述要求的实用处理方案,这也是前面讨论的计量处理方案,我们采用运算速度较快的方法来实现。

以图 4-10 的 DIT 算法的 FFT 为例,可以看出,后一级(列)的运算不一定要等前一级运算完全执行后才开始进行。前面已提到,这种方案,每级安排一个运算器,当 $N = 8$ 时,共有 $L = \log_2 N = 3$ 个运算器,因而可以提高运算速度。它们的基本运算模件如图 4-42 所示,用此图作为 $N = 8$ 的 FFT 的第一级蝶形结运算模件。因为 FFT 第一级蝶形结的两个节点的间距为 $N/2 = 4$,所以只需 4 级移位寄存器,输入数据经双刀双掷开关 K_1 串行送入,K_1 先提到位置 1,当移位寄存器中送入 $N/2 = 4$ 个数据后,K_1 接到位置 2。当第 5 个数据到来时,就与寄存中的第一个数据在运算单元中进行蝶形结运算,其结果 $X_0(0) + X_0(4) W_N^0$ 作为第一级输出的第一个数据通过触点 2 串行送向后一级输入,而另一结果 $X_0(0) - X_0(4) W_N^0$ 则作为第一级输出的 5 个数据存入移位寄存器,从而"挤掉"寄存器中的第一个数据(此数据不再应用了),当第一级的 6 个数据输入时,正好与已在移位寄存器中的第 2 个数据在运算单元中进行蝶形结运算,其相加结果作为第 2 个输出数据,串行送到后一级,而其相减结果作为第 6 个输出数据再存入移位寄存器,把寄存器中的第 2 个数据"挤掉"。如此,当一批 $N(N = 8)$ 个数据串行输入后,右边的节点 2 串行输出 4 个数据,这时,K_1 又将接到位置 1,随后,移位寄存器向右输出第一级结果的第 5~8 个数据,而其左边则输入并存储下一批数据的前 4 个,以备下一批数据的蝶形结运算。由以上讨论可见,第 i 级运算模件的输出比输入延迟 4 个抽样周期,移位寄存器的移位速率与抽样频率相同,而蝶形结运算时间应小于一个抽样周期,此运算单元用于蝶形结运算的时间只占一半,即只在 K_1 位于位置 2 时才进行运算。

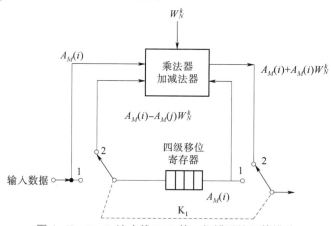

图 4-42　$N = 8$,流水线 FFT 第一级蝶形结运算模件

知道了第一级运算单元的工作原理之后,按 $N = 8$ 的算法流程,整个流水线 FFT 处理机的框图结构如图 4-43 所示,其中运算单元的标号与所运算的 FFT 的级数相对应,即第一个运算单元运算第一级等。

现在来看第二级蝶形结运算模件的工作。由图 4-5 可知,第二级每个蝶形结的两个节点间距离为 2,故只需两级移位寄存器。开始时,双刀双掷开关 K_2 接到位置 1,当第一级输出的前两个数据已进入第二级移位寄存器,而第 3 个数据到来时,K_2 已从位置 1 接到位置 2,第三个数据直接进入运算单元 2 与已经存入寄存器中的第一个数据进行蝶形结运算，和第一级一样，相加结果进入下一级，相减结果仍暂存到本机的第一个移位寄存器中。第四个数据到达此级时，和已存入移位寄存器的第二个数据进行蝶形结"加""减"运算，其结果进行与上述相同的处理，此时对第一级送来的前 4 个数据运算完毕，K_2 又接到位置 1，使移位寄存器向右输出另外两个结果（相减结果），再重复进行以上过程，完成第二级中的后两次蝶形结运算。从以上讨论可知，第二级的输出比输入只延迟两个抽样周期，开关 K_2 位于位置 1（或位于位置 2）的持续时间为两个抽样周期，只有开关位于位置 2 时才进行运算。

对第三级可同样讨论，只不过这一级蝶形结两节点间距离为 1，故只需一级移位寄存器，每送入一个数据，开关就倒位一次，输出比输入延迟一个抽样周期，开关 K_3 位于位置 1（或位置 2）上的持续时间为一个抽样周期，同样，只在开关位于位置 2 时才进行运算。

按上述三级开关 K_1、K_2、K_3 在位置 1、2 处停留的规律，我们可以用一个三位二进制计数器各位的"0"或"1"状态来控制这三级运算单元的开关。在 8 个抽样周期上，计数器的状态如表 4-8 所示。

表 4-8　三位二进制计数器在 8 个抽样周期上的状态

输入数据		1　2　3　4　5　6　7　8
计数器各位状态	第 1 位	0　0　0　0　1　1　1　1
	第 2 位	0　0　1　1　0　0　1　1
	第 3 位	0　1　0　1　0　1　0　1

从表中可以看出，要用计数器第一位控制开关 K_1，第二位控制开关 K_2，第三位控制开关 K_3，无论计数器哪一位为"0"状态，与之相对应的运算单元的开关都接到位置 1；为"1"状态，则相应的运算单元的开关接到位置 2。图 4-43 所示的开关状态是在计数器码为"1,0,1"时的情况。

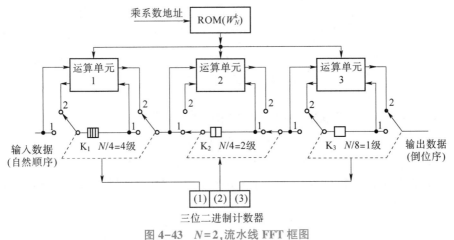

图 4-43　$N=2$，流水线 FFT 框图

同样，可以根据计数器的状态确定各运算单元的乘系数，从而可定出乘系数的地址码。例如，对运算单元 1，要求计数器第一位出现"1"时提供 W_N^0；对运算单元 2，要求计数器第二位第一次连续出现"1"时都提供 W_N^{k0}，第二次连续出现"1"时都提供 W_N^2；对运算单元 3，要求计数器

第三位第一次出现"1"时提供 W_N^0，第二、三、四次出现"1"时，则分别提供 K_1、K_2、K_3。

图 4-43 所示的流水线 FFT 处理机运算单元的利用率只有 50%，可以使运算器用于两路输入数据（双通道）的情况，以充分发挥其作用，这就是双路流水线 FFT 处理机。若运算模块在单通道时能进行 N 点 FFT，那么在双通道时，FFT 点数将下降到 $N/2$，如图 4-44 所示，图中开关 K 以抽样率的速度轮流转换。

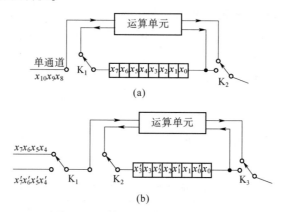

图 4-44　单、双通道工作时的原理

（a）单通道时，输出 $N=16$ 点的 FFT 结果；

（b）双通道时，输出两组 $N=8$ 点的 FFT 结果

单通道应用时，先把图 4-43 改为图 4-45，图 4-45 中虚线方框内就是蝶形结果运算单元。图 4-45 与图 4-43 的不同之处只是相减的结果采用单独的移位寄存器来进行延迟存储。

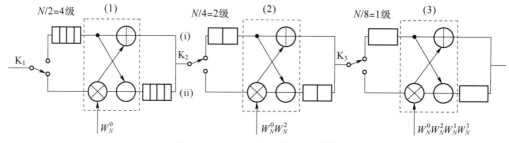

图 4-45　$N=8$，流水线 FFT 框图

图 4-45 的第一个运算单元输出的中间结果的次序为

$$\text{输出(i)}A_1(0)\quad A_1(1)\quad A_1(2)\quad A_1(3)$$

$$\text{输出(ii)}A_1(4)\quad A_1(5)\quad A_1(6)\quad A_1(7)$$

经过下路的移位寄存器延迟 4 位后的输出次序为 $A_1(0)A_1(1)A_1(2)A_1(3)A_1(4)A_1(5)$ $A_1(6)A_1(7)$。实际上这种输出格式，对于下一级的运算并不方便，这是因为在第二级运算中，蝶形结两节点的间距为 2，即第二个运算单元所要求的输入数据对的次序应为

$$\text{上路}A_1(0)\quad A_1(1)\quad A_1(4)\quad A_1(5)$$

$$\text{下路}A_1(2)\quad A_1(3)\quad A_1(6)\quad A_1(7)$$

要实现这样的输入数据对次序，可采用以下方法。

（1）先将(ii)对(i)延迟 2 个抽样周期（而不是图 4-45 所示的 4 个抽样周期延迟），得

$$上路 A_1(0)\quad A_1(1)\quad A_1(2)\quad A_1(3)$$
$$下路 A_1(4)\quad A_1(5)\quad A_1(6)\quad A_1(7)$$

（2）通过双刀双掷电子开关，将 $A_1(2)$、$A_1(3)$ 分别与 $A_1(4)$、$A_1(5)$ 对调，得

$$上路 A_1(0)\quad A_1(1)\quad A_1(4)\quad A_1(5)$$
$$下路 A_1(2)\quad A_1(3)\quad A_1(6)\quad A_1(7)$$

（3）将上路数据延迟 2 个抽样周期，即得上面所列的第二个运算单元所要求的上、下两路输入数据对的次序。

同理，对第二个运算单元的输出结果进行类似的处理，可得到第三个运算单元所需要的上、下两路数据对的以下安排次序：

$$上路 A_2(0)\quad A_2(2)\quad A_2(4)\quad A_2(6)$$
$$下路 A_2(1)\quad A_2(3)\quad A_2(5)\quad A_2(7)$$

为了达到上述目的，应将图 4-45 模件中各级的下路延迟减去一半，再将单刀双掷电子开关换成双刀双掷电子开关，从而得到如图 4-46 所示的双路输入流水线 FFT 处理机的原理框图，此图的结构，可以使两批输入数据依次进入，作 FFT 处理。

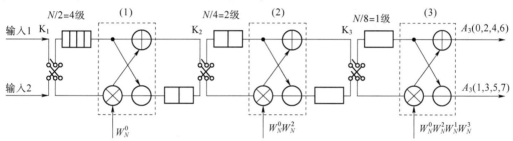

图 4-46　双路输入流水线 FFT 处理机的原理框图

图 4-46 要求输入数据为图 4-47 所示的时序，处理机输出分上、下两个部分，上部分输出的 $N/2$ 个结果为上路 $A_3(0)A_3(2)A_3(4)A_3(6)$（相当于 DFT 的 $X(0)X(2)X(1)X(3)$），下部分输出的 $N/2$ 个结果为 $A_3(1)A_3(3)A_3(5)A_3(7)$（相当于 DFT 的 $X(4)X(6)X(5)X(7)$）。这种处理机增加了几乎 50%（N 越大，越接近此百分数）的移位寄存器作延时用，它同时处理两路输入数据，使运算单元的利用率可达到 100%。要注意，这里的双刀双掷开关 K_1、K_2、K_3 在位置 1 或 2 上停留的时间分别为 $\dfrac{N}{2}=4$、$\dfrac{N}{4}=2$、$\dfrac{N}{8}=1$ 个抽样周期。

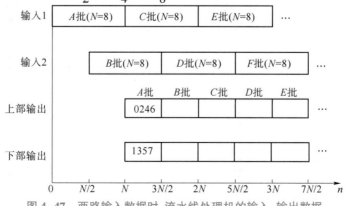

图 4-47　两路输入数据时，流水线处理机的输入、输出数据

　　同一结构可用来实现流水线 FFT 的反变换(IFFT)，只需将乘系数用其共轭值代替，将输出值再乘以比例因子 $1/N$ 即可。双路流水线 FFT 正、反变换的处理方法，在实现 FIR 滤波器和求卷积等方面都很有用处。

第 4 章例题　　　第 4 章习题

第5章
短时傅里叶变换与小波变换

随机信号在理论上可以分为平稳和非平稳两大类,人们将许多非平稳信号都简化为平稳信号来处理,平稳信号分析与处理的理论和技术,已得到充分的发展和广泛的应用。但严格来说,许多实际信号都是非平稳信号。短时傅里叶变换和小波变换可以用于分析非平稳信号,它也是时频分析方法的一种。

知识要点

本章介绍采用短时傅里叶变换和小波变换分析非平稳随机过程,对非平稳随机过程进行处理。主要内容包括:
(1)时频分析的概念;
(2)时间分辨率与频率分辨率的概念;
(3)瞬时频率的概念;
(4)短时傅里叶变换的性质;
(5)连续小波变换与离散小波变换;
(6)小波变换的性质。

§5.1 时频分析的基本概念

时频分析法是用时间和频率的联合函数来表示非平稳信号,并对其进行分析和处理的一种方法。

5.1.1 从傅里叶变换到时频分析

对于能量有限的信号 $x(t)$,其傅里叶变换 $\hat{x}(\omega)$ 可定义为

$$\hat{x}(\omega) = \int_{-\infty}^{\infty} x(t) e^{-j\omega t} dt \tag{5-1}$$

其反变换为

$$x(t) = \frac{1}{2\pi} \int_{-\infty}^{\infty} \hat{x}(\omega) e^{j\omega t} d\omega \tag{5-2}$$

上述变换作为信号表示的一种重要工具，在信号的分析与处理中起到了重要的作用，但上述两式都是一种全局性的变换式，即每一时刻 t 的信号值 $x(t)$，都是全部频率分量共同贡献的结果（由式（5-2）可知）。同样，由式（5-1）可知，每一频率分量的信号 $\hat{x}(\omega)$ 也是全部时间范围内 $x(t)$ 共同贡献的结果。

全局性的变换在实际应用中会遇到一些问题。首先，对于实际信号 $x(t)$，能得到的仅是有限个时间段内的信号（例如在 $[-T, T]$ 内的信号），因此在求信号频谱时，只能进行如下近似：

$$\hat{x}(\omega) = \int_{-\infty}^{\infty} x(t) e^{-j\omega t} dt \approx \int_{-T}^{T} x(t) e^{-j\omega t} dt = \hat{x}'(\omega) \tag{5-3}$$

在实际计算中只能得到 $x(t)$ 加时窗后的近似频谱 $\hat{x}'(\omega)$，而严格准确的频谱是无法知道的。对于非平稳信号，我们经常感兴趣的是它在不同时间段内频谱的变化情况。例如，当需要通过舰船螺旋桨噪声监测船速时，需要计算的正是螺旋桨噪声信号频谱随时间变化的情况。显然，按式（5-1）计算频谱将无法满足这一要求。

为克服传统傅里叶变换的这种全局性变换的局限性，对于非平稳信号的分析与处理，必须使用局部变换的方法，用时间和频率的联合函数来表示信号，这就是时频分析法。

时频分析法按所设计的时频联合函数的不同可以分为以下两种类型。

1. 线性时频表示

这类时频分析方法由傅里叶变换演化而来，它们与傅里叶变换一样，其变换满足线性。若 $x(t) = ax_1(t) + bx_2(t)$，a、b 为常数，而 $P(t, \omega)$、$P_1(t, \omega)$、$P_2(t, \omega)$ 分别为 $x(t)$、$x_1(t)$、$x_2(t)$ 的线性时频表示，则

$$P(t, \omega) = aP_1(t, \omega) + bP_2(t, \omega) \tag{5-4}$$

短时傅里叶变换实际上是加窗的傅里叶变换随着窗函数在时间轴上的滑动而形成的一种时频表示。

2. 双线性时频表示

这类时频表示由能量谱或功率谱演化而来，其变换是二次的，所以也称二次型时频表示。二次型时频表示不满足线性，若 $x(t) = ax_1(t) + bx_2(t)$，$P(t, \omega)$、$P_1(t, \omega)$、$P_2(t, \omega)$ 分别为 $x(t)$、$x_1(t)$、$x_2(t)$ 的二次型时频表示，则有

$$P(t, \omega) = |a|^2 P_1(t, \omega) + |b|^2 P_2(t, \omega) + 2R_e[abP_{12}(t, \omega)] \tag{5-5}$$

式（5-5）中右端最后一项称为干扰项，也称互项；$P_{12}(t, \omega)$ 称为 $x_1(t)$、$x_2(t)$ 的互时频表示。

5.1.2 信号分辨率

1. 时间分辨率

对于信号 $x(t)$，其信号能量按时间的密度（分布）函数可记为 $|x(t)|^2$。在 Δt 内的部分能量可记为 $|x(t)|^2 \Delta t$，而其信号总能量可以表示为

$$E = \int_{-\infty}^{\infty} |x(t)|^2 dt \tag{5-6}$$

为计算简单，以下均将能量归一化，即令 $E = 1$。

由以上表述可以看出，$x(t)$ 表示信号的时间函数，可以确切知道每个时间点（如 $t = t_0$ 点）的能量密度。因此可以说，信号的时间函数表示具有无限的时间分辨率。而由式（5-6）得到的信号频谱 $\hat{x}(\omega)$，由于其仅为频率的函数，从 $\hat{x}(\omega)$ 中不能直接得到任何信号能量随时间分布

的性状。因此,信号的频谱函数表示的时间分辨率为 0。

为了进一步描述信号能量随时间分布的性状,可按 $|x(t)|^2$ 来定义信号能量分布的时间中心 $\langle t \rangle = t_0$,持续时间 $T = \Delta_x = \Delta t$,Δ_x 也称信号的时窗半径,而 t_0 则称为时窗中心,它们分别满足

$$t_0 = \int_{-\infty}^{\infty} t \, |x(t)|^2 \mathrm{d}t \tag{5-7}$$

$$\Delta_x^2 = \int_{-\infty}^{\infty} (t - t_0)^2 \, |x(t)|^2 \mathrm{d}t \tag{5-8}$$

2. 频率分辨率

对于频谱函数为 $\hat{x}(\omega)$ 的信号,其信号能量按频率的密度(分布)函数可记为 $|\hat{x}(\omega)|^2$,即能量谱密度函数。在 $\Delta\omega$ 内的部分能量可记为 $|\hat{x}(\omega)|^2 \Delta\omega$,而信号总能量可以表示为

$$E = \frac{1}{2\pi} \int_{-\infty}^{\infty} |\hat{x}(\omega)|^2 \mathrm{d}\omega \tag{5-9}$$

由 $\hat{x}(\omega)$ 可以确切知道每个频率点(如 $\omega = \omega_0$)的能量密度,因此可以说,信号的频谱函数表示具有无限的频率分辨率。显然,信号的时间函数表示的频率分辨率为 0。

为了进一步描述信号能量随频率分布的性状,可按 $|\hat{x}(\omega)|^2$ 来定义信号能量分布的频率中心 $\langle \omega \rangle = \omega_0$ 和均方根宽带 $B = \Delta_{\hat{x}} = \Delta\omega$,$\Delta_{\hat{x}}$ 也称为信号的频窗半径,而 ω_0 则称为频窗中心,它们分别满足

$$\omega_0 = \frac{1}{2\pi} \int_{-\infty}^{\infty} \omega \, |\hat{x}(\omega)|^2 \mathrm{d}\omega \tag{5-10}$$

$$\Delta_{\hat{x}}^2 = \frac{1}{2\pi} \int_{-\infty}^{\infty} (\omega - \omega_0)^2 \, |\hat{x}(\omega)|^2 \mathrm{d}\omega \tag{5-11}$$

3. 不确定性原理

理想的时频表示方法在时间和频率上都具有无限分辨率,即从信号的时频表示 $P(t, \omega)$ 中能确切知道信号能量在 (t, ω) 点的分布。然而这是不可能的。下面介绍的海森伯 (Heisenberg)不确定性原理不允许有"某个特定时间和频率点上的能量"的概念。

定理 5-1(不确定性原理)

若当 $|t| \to \infty$ 时,$\sqrt{t} x(t) \to 0$,则

$$\Delta_x \Delta_{\hat{x}} \geqslant \frac{1}{2} \tag{5-12}$$

证明　为计算简便,假定 $x(t)$ 为实函数,时窗中心、频窗中心皆为 0。由许瓦兹不等式有

$$\left| \int_{-\infty}^{\infty} t x(t) \frac{\mathrm{d}x(t)}{\mathrm{d}t} \mathrm{d}t \right|^2 \leqslant \int_{-\infty}^{\infty} t^2 x^2(t) \mathrm{d}t \int_{-\infty}^{\infty} \left| \frac{\mathrm{d}[x(t)]}{\mathrm{d}t} \right|^2 \mathrm{d}t \tag{5-13}$$

因为 $\mathrm{d}[x(t)]/\mathrm{d}t$ 的傅里叶变换为 $j\omega\hat{x}(\omega)$,所以

$$\int_{-\infty}^{\infty} \left| \frac{\mathrm{d}[x(t)]}{\mathrm{d}t} \right|^2 \mathrm{d}t = \frac{1}{2\pi} \int_{-\infty}^{\infty} \omega^2 \, |\hat{x}(\omega)|^2 \mathrm{d}\omega \tag{5-14}$$

据 Δ_x 和 $\Delta_{\hat{x}}$ 的定义得

$$\int_{-\infty}^{\infty} t^2 x^2(t) \mathrm{d}t \int_{-\infty}^{\infty} \left| \frac{\mathrm{d}[x(t)]}{\mathrm{d}t} \right|^2 \mathrm{d}t = \Delta_x^2 \Delta_{\hat{x}}^2 \tag{5-15}$$

另外,由定理的条件可得

$$\int_{-\infty}^{\infty} tx(t)\frac{\mathrm{d}[x(t)]}{\mathrm{d}t}\mathrm{d}t = \int_{-\infty}^{\infty}\frac{t}{2}\mathrm{d}[x^2(t)] = \left[\frac{1}{2}tx^2(t)\right]_{-\infty}^{\infty} - \frac{1}{2}\int_{-\infty}^{\infty}x^2(t)\mathrm{d}t$$

$$= -\frac{1}{2}E = -\frac{1}{2} \tag{5-16}$$

定理得证。

可以证明,只有当 $x(t)$ 是高斯函数,即

$$x(t) = Ae^{-\alpha t^2} \tag{5-17}$$

时,式(5-12)才取等号。

若要准确求得任何信号在 (t,ω) 点的能量密度,则必须测量信号在 (t,ω) 点某一无限小的领域内的能量。这就要求所加的二维窗函数 $x(t)$ 的 Δ_x 和 $\Delta_{\hat x}$ 同时无限小,而据上述定理,这是不可能的。因此,准确表示信号在 (t,ω) 点的能量密度的时频是不存在的。所有的时频表示,只能不同程度地近似表示信号在 (t,ω) 点的能量密度,即只能同时具有有限的时间分辨率和频率分辨率。

5.1.3 瞬时频率

1. 瞬时频率的定义

设具有有限能量的复信号 $s(t) = A(t)e^{j\varphi(t)}$($A(t)$ 为实函数),定义 $s(t)$ 的相位函数 $\varphi(t)$ 对时间的导数为 $s(t)$ 的瞬时频率,即

$$\omega_i(t) = \frac{\mathrm{d}[\varphi(t)]}{\mathrm{d}t} \tag{5-18}$$

式(5-18)的物理意义是十分明显的,并且可以证明 $s(t)$ 的频窗中心 ω_0 满足

$$\omega_0 = \int_{-\infty}^{\infty}\omega_i(t)|s(t)|^2\mathrm{d}t \tag{5-19}$$

即瞬时频率按能量时间密度加权的平均值为频窗中心,或称平均频率。

2. 解析信号

实际信号一般为实信号,其相位函数恒等于 0。若按式(5-18)定义其瞬时频率显然不妥。为此,可定义实信号 $x(t)$ 对应的复信号 $s(t)$ 为

$$s(t) = x(t) + j\,\tilde{x}(t) \tag{5-20}$$

并称复信号 $s(t)$ 是 $x(t)$ 对应的解析信号。式(5-20)中,$\tilde{x}(t)$ 为 $x(t)$ 的希尔伯特(Hilbert)变换,即

$$\tilde{x}(t)\ \frac{1}{\pi}\int_{-\infty}^{\infty}\frac{x(\tau)}{t-\tau}\mathrm{d}\tau \tag{5-21}$$

$x(t)$ 与 $s(t)$ 的频域关系为

$$\hat{s}(\omega) = \begin{cases} 2\hat{x}(\omega), & \omega > 0 \\ \hat{x}(\omega), & \omega = 0 \\ 0, & \omega < 0 \end{cases} \tag{5-22}$$

因为 $x(t)$ 的信号能量为

$$E_x = \int_{-\infty}^{\infty}|\hat{x}(\omega)|^2\mathrm{d}\omega = 2\int_0^{\infty}|\hat{x}(\omega)|^2\mathrm{d}\omega$$

$$= \frac{1}{2}\left(\frac{1}{2\pi}\int_{-\infty}^{\infty}|\hat{s}(\omega)|^2\mathrm{d}\omega\right)$$

$$= \frac{1}{2} E_s \qquad\qquad (5-23)$$

所以,解析信号能量为原实信号能量的 2 倍。

使用解析信号后,称解析信号 $s(t)$ 的瞬时频率和平均频率为原实信号的瞬时频率和平均频率。例如,$x(t) = A_m \cos \omega_1 t$,其对应的解析信号为 $s(t) = A_m e^{j\omega_1 t}$,所以 $x(t)$ 的瞬时频率为 $\omega_i(t) = \omega_1$,也是其平均频率。

在进行时频分析时,往往不使用实信号,而使用对应的解析信号。

3. 单分量信号

从物理学的角度看,信号可分为单分量信号和多分量信号两大类。单分量信号就是在任意时刻只有一个频率或一个频域窄带的信号。显然,对于单分量信号,其瞬时频率就是该信号当时的频率。而对于多分量信号,由于存在两个以上的频率分量,因此其瞬时频率可能不等于其中任一分量的频率,而与各分量幅值有关,甚至可能出现负值。

为了方便分析信号,时频分析的一项重要任务是采用二维窗函数的方法,将多分量信号分离为单分量信号。为此,理想窗函数 $g(t)$ 的频窗半径 $\Delta_{\hat{g}}$ 应与待分析信号的频谱相适应,而 $g(t)$ 的时窗半径 Δ_g 应与待分析信号的"局部平稳性"相适应,以使窗函数内的待分析信号是平稳或基本平稳的。由于 $\Delta_{\hat{g}} \Delta_g$ 受不确定性原理的约束,因此,时频分析法对于局部平稳长度较大的非平稳信号的分析效果较好。

5.1.4　非平稳随机信号

时频分析法主要研究频谱时变的确定性信号和非平稳随机信号(两者也可统称为非平稳信号)。非平稳随机信号是统计特征时变的随机信号。

1. 统计特征

非平稳随机信号的概率密度 $p(x,t)$ 是时间的函数,在 $t=t_i$ 点,其概率密度仍满足

$$\int_{-\infty}^{\infty} p(x,t_i) \mathrm{d}x = 1 \qquad\qquad (5-24)$$

以 $p(x,t)$ 为基础,可定义均值 $m_x(t)$、均方值 $D_x(t)$ 和方差 $\sigma_x^2(t)$ 分别为

$$m_x(t) = E[x(t)] = \int_{-\infty}^{\infty} x p(x,t) \mathrm{d}x \qquad\qquad (5-25)$$

$$D_x(t) = E[x^2(t)] = \int_{-\infty}^{\infty} x^2 p(x,t) \mathrm{d}x \qquad\qquad (5-26)$$

$$\sigma_x^2(t) = D_x(t) - m_x^2(t) \qquad\qquad (5-27)$$

值得注意的是,由于非平稳特性,其统计特征只能在集平均上有意义,而无时间平均意义上的统计特征。

对于非平稳随机信号 $x(t)$ 和 $y(t)$,可定义自相关函数 $r_{xx}(t,\tau) = E[x(t)x^*(t+\tau)]$ 与互相关函数 $r_{xy}(t,\tau) = E[x(t)y^*(t+\tau)]$。但这种定义不满足对称性,使自相关函数的傅里叶变换不是实数,从而在物理意义上解释为功率谱发生困难,因此特给出如下的具有偶特性的相关函数定义:

$$r_{xx}(t,\tau) = E\left[x\left(t + \frac{\tau}{2}\right)x^*\left(t - \frac{\tau}{2}\right)\right] \qquad\qquad (5-28)$$

$$r_{xy}(t,\tau) = E\left[x\left(t + \frac{\tau}{2}\right)y^*\left(t - \frac{\tau}{2}\right)\right] \tag{5-29}$$

据此定义,显然有

$$r_{xx}(t,\tau) = r_{xx}^*(t, -\tau) \tag{5-30}$$

成立。

2. 时变谱

由于非平稳随机信号中的频率成分是时变的,因而其谱也是时变的。例如,自相关函数的一维傅里叶变换为

$$S_{xx}(t,\omega) = \int_{-\infty}^{\infty} r_{xx}(t,\tau)e^{-j\omega\tau}d\tau \tag{5-31}$$

式中,$r_{xx}(t,\tau)$采用式(5-28)的定义。

3. 可化为平稳随机信号处理的非平稳随机信号

关于平稳随机信号处理的理论和方法的研究已比较成熟,因此,在许多实际应用中,若待处理的非平稳随机信号能近似化为平稳随机信号处理,则可达到要求,但仍应沿用平稳随机信号处理的理论和方法。以下几类非平稳随机信号经常可化为平稳随机信号处理。

(1)分段平稳随机信号,即在不同时间段可以看作具有不同统计特征的平稳随机信号的非平稳随机信号。将此类非平稳随机信号化为平稳随机信号处理的关键是如何正确分段,以保证在时间段内的信号是平稳的。最简单的分段方法是分成长度相等的数据段,但该方法需要知道一定的先验知识。

(2)方差平稳随机信号,即仅均值是随时间而变化的确定性函数,而其方差是不随时间变化的。此类信号可描述为

$$x(t) = d(t) + s(t) \tag{5-32}$$

式中,$d(t)$为随时间变化的确定性函数,称为趋势项;$s(t)$为零均值的平稳随机信号。因此,只要从$x(t)$中剔除趋势项,即可用平稳随机信号处理的方法来处理。

(3)循环平稳随机信号,即统计特性呈现周期性或多周期(各周期不能通约)性平稳变化的非平稳随机信号。由于呈现周期性的统计特性的不同,循环平稳随机信号又可分为一阶(均值)、二阶(相关函数)和高阶(高阶累量)循环平稳随机信号。最明显的一阶循环平稳随机信号为

$$x(t) = ae^{j(\omega_0 t + \theta)} + n(t) \tag{5-33}$$

式中,a为常量;$n(t)$为零均值随机信号。显然$x(t)$的均值为时间的周期函数,即

$$m_x(t) = E[x(t)] = ae^{j(\omega_0 t + \theta)} \tag{5-34}$$

§5.2 短时傅里叶变换

最简单直观的一种时频表示就是短时傅里叶变换。短时傅里叶变换的基本思想就是用一个随时间平移的窗函数$r(\tau-t)$将原来的非平稳随机信号分为若干平稳或近似平稳段,然后逐段确定其频谱。

5.2.1　连续信号的短时傅里叶变换

定义 5-1　若窗函数 $\gamma(t) \in L^2(\mathbf{R})$，其频谱 $\hat{\gamma}(\omega) \in L^2(\mathbf{R})$ 并满足 $t\gamma(t) \in L^2(\mathbf{R})$，$\omega\hat{\gamma}(\omega) \in L^2(\mathbf{R})$，则可定义函数 $x(t)$ 的短时傅里叶变换 $\mathrm{STFT}_x(t,\omega)$ 为

$$\mathrm{STFT}_x(t,\omega) = \int_{-\infty}^{\infty} \left[x(\tau)\gamma^*(\tau-t)\mathrm{e}^{-\mathrm{j}\omega\tau} \right]\mathrm{d}\tau \tag{5-35}$$

或

$$\mathrm{STFT}_x(t,f) = \int_{-\infty}^{\infty} \left[x(\tau)\gamma^*(\tau-t)\mathrm{e}^{-\mathrm{j}2\pi f\tau} \right]\mathrm{d}\tau \tag{5-36}$$

显然，$\mathrm{STFT}_x(t,\omega)$ 是 $x(t)$ 局部段 $x(\tau)\gamma^*(\tau-t)$ 的局部频谱。

对于给定的窗函数 $\gamma^*(t)$ 和 $\mathrm{STFT}_x(t,f)$，若存在另一窗函数 $g(t)$ 满足条件

$$\int_{-\infty}^{\infty} g(t)\gamma^*(t)\mathrm{d}t = 1 \tag{5-37}$$

则有逆短时傅里叶变换公式

$$x(u) = \int_{-\infty}^{\infty} \int_{-\infty}^{\infty} \mathrm{STFT}_x(t,f)g(u-t)\mathrm{e}^{\mathrm{j}2\pi fu}\mathrm{d}t\mathrm{d}f \tag{5-38}$$

成立。一般称 $\gamma(t)$ 为分析窗函数，而称 $g(t)$ 为综合窗函数。对于给定的 $\gamma(t)$，满足式(5-37)的 $g(t)$ 显然不是唯一的。最简单的是，当 $\gamma(t)$ 满足"归一化能量窗函数"条件

$$\int_{-\infty}^{\infty} |\gamma(t)|^2\mathrm{d}t = 1 \tag{5-39}$$

时，有 $g(t)=\gamma(t)$。这时，式(5-38)变为

$$x(u) = \int_{-\infty}^{\infty} \int_{-\infty}^{\infty} \mathrm{STFT}_x(t,f)\gamma(u-t)\mathrm{e}^{\mathrm{j}2\pi fu}\mathrm{d}t\mathrm{d}f \tag{5-40}$$

另外，当 $\gamma(t)$ 满足

$$\int_{-\infty}^{\infty} \gamma^*(t)\mathrm{d}t = 1 \tag{5-41}$$

时，有 $g(t)=1$。

 ## 5.2.2　短时傅里叶变换的性质

1. 线性
若 $x(t)=ax_1(t)+bx_2(t)$，a、b 为常数，则
$$\mathrm{STFT}_x(t,f) = a\mathrm{STFT}_{x1}(t,f) + b\mathrm{STFT}_{x2}(t,f) \tag{5-42}$$

2. 时移特性
若 $z(t)=x(t-t_0)$，则
$$\mathrm{STFT}_z(t,f) = \mathrm{STFT}_x(t-t_0,f)\mathrm{e}^{-\mathrm{j}2\pi ft_0} \tag{5-43}$$

3. 频移特性
若 $z(t)=x(t)\mathrm{e}^{\mathrm{j}2\pi f_0t}$，则
$$\mathrm{STFT}_z(t,f) = \mathrm{STFT}_x(t,f-f_0) \tag{5-44}$$

4. 滤波器实现

$$\text{STFT}_x(t,f) = \left[x(t) * \gamma^*(-t) \mathrm{e}^{\mathrm{j}2\pi ft} \right] \mathrm{e}^{-\mathrm{j}2\pi ft} \tag{5-45}$$

短时傅里叶变换可以看作 $x(t)$ 通过一个带通滤波器 $\gamma^*(-t) \mathrm{e}^{\mathrm{j}2\pi ft}$ 后的输出再加权的结果，如图 5-1(a)所示。另外，短时傅里叶变换还可表示为

$$\text{STFT}_x(t,f) = x(t) \mathrm{e}^{-\mathrm{j}2\pi ft} * \gamma^*(-t) \tag{5-46}$$

因此，短时傅里叶变换也可以看作 $x(t) \mathrm{e}^{-\mathrm{j}2\pi ft}$ 通过低通滤波器 $\gamma^*(-t)$ 后的输出，如图 5-1(b)所示。

5. 频谱表示

短时傅里叶变换还可用信号频谱及窗函数频谱表示为

$$\text{STFT}_x(t,f) = \mathrm{e}^{-\mathrm{j}2\pi ft} \int_{-\infty}^{\infty} \hat{x}(f') \hat{\gamma}^*(f'-f) \mathrm{e}^{\mathrm{j}2\pi f't} \mathrm{d}f' \tag{5-47}$$

由于 $\hat{\gamma}^*(f)$ 为 $\gamma^*(-t)$ 的傅里叶变换，因此式(5-47)可由式(5-45)按卷积定理直接得到。

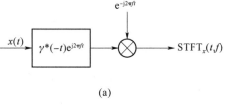

6. 分辨率

由式(5-35)可知，短时傅里叶变换可以认为是 $x(\tau)$ 在 t "附近"一段函数的频谱，"附近"的程度取决于窗函数 $\gamma(t)$ 的时窗半径 Δ_γ。因此，Δ_γ 越小，短时傅里叶变换越能准确描述 $x(t)$ 在 t 时刻的频谱特性，即短时傅里叶变换的时间分辨率越高。在极端情况下，若 $\gamma(t) = \delta(t)$，$\Delta_\gamma = 0$，则 $\text{STFT}_x(t,\omega) = x(t) \mathrm{e}^{-\mathrm{j}\omega t}$ 为 $x(t)$ 的时

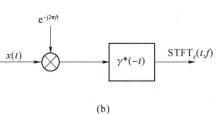

图 5-1　短时傅里叶变换的滤波器实现
(a)短时傅里叶变换模型 1；
(b)短时傅里叶变换模型 2

间函数，具有无限时间分辨率；若 $\gamma(t) = 1$，其 Δ_γ 为无限大，则 $\text{STFT}_x(t,\omega) = \hat{x}(\omega)$ 为 $x(t)$ 的傅里叶变换，其时间分辨率为 0。

与上述结论对应，由式(5-47)可知，短时傅里叶变换可以认为是 $\hat{x}(f')$ 在 f "附近"的一段频谱所对应的时间函数，"附近"的程度取决于窗函数的频窗半径 $\Delta_{\hat{\gamma}}$。因此，$\Delta_{\hat{\gamma}}$ 越小，短时傅里叶变换的频率分辨率越高。

按不确定性原理，Δ_γ 和 $\Delta_{\hat{\gamma}}$ 不可能同时很小。因此，短时傅里叶变换的时间分辨率和频率分辨率不可能同时很高。在实际应用中，只能通过选择适当的窗函数，对短时傅里叶变换的时间、频率分辨率进行折中选取。

5.2.3　离散信号的短时傅里叶变换

离散时间信号 $x(n)$ 的短时傅里叶变换，称为离散短时傅里叶变换，可定义为

$$\text{STFT}_x(n,\omega) = \sum_{m=-\infty}^{\infty} x(m) \gamma(n-m) \mathrm{e}^{-\mathrm{j}\omega m} \tag{5-48}$$

式中，$\gamma(n)$ 为时窗函数。因此，离散短时傅里叶变换可以看作加窗序列 $x(m)\gamma(n-m)$ 的傅里叶变换，由此可得

$$x(m)\gamma(n-m) = \frac{1}{2\pi} \int_{-\pi}^{\pi} \text{STFT}_x(n,\omega) \mathrm{e}^{-\mathrm{j}\omega m} \mathrm{d}\omega \tag{5-49}$$

若 $\gamma(0) \neq 0$，则当 $n=m$ 时有

$$x(n) = \frac{1}{2\pi\gamma(0)} \times \frac{1}{2\pi} \int_{-\pi}^{\pi} \text{STFT}_x(n,\omega) \text{e}^{-\text{j}\omega m} \text{d}\omega \tag{5-50}$$

即已知 $\text{STFT}_x(n,\omega)$ 在一个周期内的值时，只要 $\gamma(0) \neq 0$，就可由 $\text{STFT}_x(n,\omega)$ 精确重构 $x(n)$。

§5.3　离散短时傅里叶变换及其计算

5.3.1　离散短时傅里叶变换的定义

由式(5-48)可知，离散信号的短时傅里叶变换 $\text{STFT}_x(n,\omega)$ 为频域的连续周期函数，为便于计算机计算，必须在频域将其离散化。为此，可以在一个频域周期内进行等频率间隔采样，即令 $\omega_r = 2\pi r/N(r=0,1,\cdots,N-1)$，则由式(5-48)可得

$$\text{STFT}_x(n,\omega_r) = S_x(n,r) = \sum_{m=-\infty}^{\infty} x(m) w(n-m) \text{e}^{-\text{j}\frac{2\pi}{N}rm} \tag{5-51}$$

$S_x(n,r)$ 称为 离散短时傅里叶变换，它是一个二维序列，其中 $r=0,1,\cdots,N-1$。为方便计算，已将分析窗函数记为 $w(n)$。

式(5-51)也可变形为

$$S_x(n,r) = \left[\sum_{m=-\infty}^{\infty} x(m) w(n-m) \text{e}^{\text{j}\frac{2\pi}{N}(n-m)r} \right] \text{e}^{-\text{j}\frac{2\pi}{N}nr} \tag{5-52}$$

$$S_x(n,r) = \sum_{m=-\infty}^{\infty} \left[x(m) \text{e}^{-\text{j}\frac{2\pi}{N}mr} \right] w(n-m) \tag{5-53}$$

因此，根据卷积定理和序列傅里叶变换的性质，离散短时傅里叶变换可以看作 $x(n)$ 作用于图 5-2(a)、(b)所示滤波器组后的输出。假定窗函数 $w(n)$ 的频域带宽为 B，则该滤波器组的频率响应如图 5-2(c)所示。

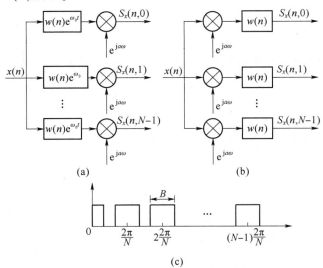

图 5-2　离散短时傅里叶变换的滤波器组实现

(a)输入信号经过离散短时傅里叶变换模型 1；(b)输入信号经过离散短时傅里叶变换模型 2；
(c)离散短时傅里叶变换滤波器组的频率响应

5.3.2　离散短时傅里叶变换的性质

由离散短时傅里叶变换的定义可知,对于固定的时刻 n,$S_x(n,r)$ 就是一个 N 点的离散傅里叶变换。因此,对于固定的 n,它具有离散傅里叶变换的所有性质。除此以外,对于固定的频域采样点 r,时间序列 $S_x(n,r)$ 又具有如下性质:

(1) $S_x(n,r) = x(n) * w(n)$;

(2) 若 $x(n)$ 的长度为 N,$w(n)$ 的长度为 M,则 $S_x(n,r)$ 的时域长度为 $N+M-1$;

(3) $S_x(n,r)$ 的带宽总小于或等于 $w(n)$ 的带宽;

(4) 若 $x(n)$、$w(n)$ 皆为因果序列,则 $S_x(n,r)$ 在时域上也是因果序列。

5.3.3　离散短时傅里叶变换的计算

求取序列 $x(n)$ 的离散短时傅里叶变换显然可以用图 5-2(a) 或图 5-2(b) 所示的滤波器组的方法实现。特别是当分析窗时域长度较长,可以用 IIR 数字滤波器来近似时,由于可用递归技术来实现滤波过程,因此能显著节省计算量。但离散短时傅里叶变换的计算通常是用 FFT 法。

在式(5-51)中,令 $m=l+n$,$l=k+SN$,$k=0,1,\cdots,N-1$,则式(5-51)可变为

$$S_x(n,r) = e^{-j\frac{2\pi}{N}nr} \sum_{l=-\infty}^{\infty} x(l+n)w(-l)e^{-j\frac{2\pi}{N}lr}$$
$$= e^{-j\frac{2\pi}{N}nr} \sum_{k=0}^{N-1} \tilde{x}(k,n)e^{-j\frac{2\pi}{N}kr} \tag{5-54}$$

式中,

$$\tilde{x}(k,n) = \sum_{s=-\infty}^{\infty} x(n+k+sN)w(-k-sN), k=0,1,\cdots,N-1 \tag{5-55}$$

由式(5-54)可知,对于每一固定的 n,$S_x(n,r)$ 都可以由 $x(k,n)$ 的 N 点离散傅里叶变换求得。而 $\tilde{x}(k,n)$ 为 $x(n)$ 在分析窗内部分的分段叠加结果,其计算框图如图 5-3 所示。

图 5-3 只表示了分析窗函数的时域长度 $N_\omega>N$ 的情况。当 $N_\omega \leqslant N$ 时,在式(5-55)中,除 $s=0$ 项之外的各项皆为 0,这时式(5-54)就变为

$$S_x(n,r) = e^{-j\frac{2\pi}{N}nr} \sum_{k=0}^{N-1} x(k+n)w(-k)e^{-j\frac{2\pi}{N}kr} \tag{5-56}$$

即分析窗内的信号补零值为 N 点信号后进行 N 点 FFT。

关于分析窗时域长度的选择,一般应由应用的需求来决定。当要求离散短时傅里叶变换的时域分辨率较低时,应取短时窗的窗函数;当要求离散短时傅里叶变换的频域分辨率较高时,应取长时窗的窗函数。

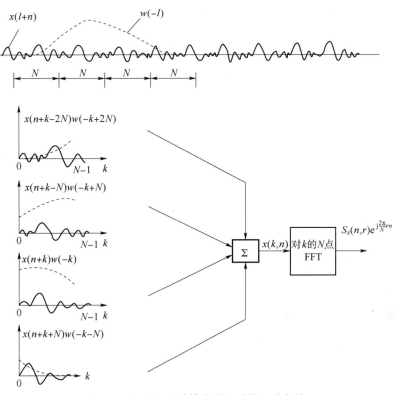

图 5-3　用 FFT 法计算离散短时傅里叶变换

§5.4　基于离散短时傅里叶变换的信号重构

5.4.1　滤波器组求和法

对于离散信号的短时傅里叶变换,由式(5-50)可知,只要窗函数满足 $w(n)\neq0$,它就能精确进行信号重构,即

$$x(n)=\frac{1}{2\pi w(0)}\int_{-\pi}^{\pi}\mathrm{STFT}_x(n,\omega)\,\mathrm{e}^{\mathrm{j}\omega n}\mathrm{d}\omega \tag{5-57}$$

现对式(5-57)中的频率变量离散化,即得到由离散短时傅里叶变换进行信号重构的公式:

$$\hat{x}(n)=\frac{1}{Nw(0)}\sum_{k=0}^{N-1}S_x(n,k)\,\mathrm{e}^{\mathrm{j}\frac{2\pi}{N}kn} \tag{5-58}$$

式(5-58)相当于对图 5-2(b)所示的滤波器组的输出进行加权求和,如图 5-4(a)所示,称之为滤波器组求和法。由于 $\hat{x}(n)$ 仅为 $\mathrm{STFT}_x(n,\omega)\,\mathrm{e}^{\mathrm{j}\omega n}$ 的采样值之和,因此它不一定等于 $x(n)$。

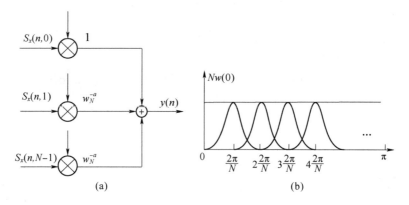

图 5-4　滤波器组求和法

（a）滤波器组求和法示意；（b）滤波器组求和法频谱

5.4.2　精确重构条件

将式(5-51)代入式(5-58)可得

$$\hat{x}(n) = \frac{1}{Nw(0)} \sum_{k=0}^{N-1} \sum_{m=-\infty}^{\infty} x(m) w(n-m) e^{-j\frac{2\pi}{N}mk} e^{j\frac{2\pi}{N}kn}$$

$$= \frac{1}{Nw(0)} \sum_{m=-\infty}^{\infty} x(m) \sum_{k=0}^{N-1} w(n-m) e^{j\frac{2\pi}{N}k(n-m)} \tag{5-59}$$

即

$$\hat{x}(n) = \frac{1}{Nw(0)} x(n) * \sum_{k=0}^{N-1} w(n) e^{j\frac{2\pi}{N}kn} \tag{5-60}$$

由 DFT 的基本变换公式可知,上式可变形为

$$\hat{x}(n) = \frac{1}{w(0)} x(n) * w(n) \sum_{r=-\infty}^{\infty} \delta(n-rN) \tag{5-61}$$

显然,若要求 $\hat{x}(n) = x(n)$,则窗函数必须满足

$$w(n) \sum_{r=-\infty}^{\infty} \delta(n-rN) = w(0)\delta(n) \tag{5-62}$$

对于任何长度 $N(\omega) < N$ 的分析窗函数 $w(n)$,式(5-62)左边只有 $r=0$ 的项不为 0,式(5-62)才成立。对于 $N(\omega) \geq N$ 的分析窗函数,只要对任何整数 r,都有

$$w(rN) = 0 \tag{5-63}$$

就可满足式(5-62)所列的精确重构条件。

将式(5-62)两边进行傅里叶变换,还可得到精确重构条件的频域形式:

$$\frac{1}{N} \sum_{k=0}^{N-1} W\left(e^{j\left(\omega - \frac{2\pi k}{N}\right)}\right) = w(0) \tag{5-64}$$

因此,若要精确重构,则分析滤波器组的频率响应在整个频域应保持常数,即为全通系统,如图5-4(b)所示。对照图5-2(c),可以看到精确重构的必要条件:窗函数的频域带宽与频域采样步长应满足

$$B \geq \frac{2\pi}{N} \tag{5-65}$$

§5.5　循环平稳信号处理

　　循环平稳信号是一类特殊的非平稳信号,其统计量(如均值、相关函数或高阶累量等)随时间呈现周期或多周期变化。循环平稳信号广泛存在于具有季节性或周期性变化的信号中,如各种周期调制信号、周期扫描信号等。PWM 调制的电力电子设备中的许多电流、电压信号就具有循环平稳信号的特征。将循环平稳信号近似为平稳信号处理往往不能获得最佳处理效果。因此,20 世纪 80 年代末以来,循环平稳信号处理的理论和技术获得了蓬勃的发展,其应用领域也日益扩大。

5.5.1　循环平稳的基本概念

1. 一阶循环平稳信号

　　循环平稳信号是指统计特性呈现周期性或多周期(各周期不能通约)性平稳变化的非平稳随机信号。先讨论一阶循环平稳信号。令伴有零均值加性随机噪声的确定性复正弦信号为

$$x(t) = ae^{j(\omega_0 t + \theta)} + n(t) \tag{5-66}$$

对此信号求其均值,有

$$M_x(t) = E[x(t)] = -ae^{j(\omega_0 t + \theta)} \tag{5-67}$$

　　显然该均值具有周期性,因此该信号是循环平稳信号,并称为一阶循环平稳信号。因为此均值为时变函数,故称为时变均值,它不能直接用时间平均的方法进行估计。为此,当周期 $T_0 = 2\pi/\omega_0$ 为已知时,可采用同步平均的方法提取其周期性。对任意时刻 t,取信号中间隔为 T_0 的 $(2N+1)$ 个点进行时间平均,即

$$M_x(t) = \lim_{N \to \infty} \frac{1}{2N+1} \sum_{n=-N}^{N} x(t + nT_0) \tag{5-68}$$

　　显然,式(5-68)是周期为 T_0 的周期函数。将此均值按傅里叶级数展开,则有

$$M_x(t) = \sum_{k=-\infty}^{\infty} M_x^{k\omega_0} e^{jk\omega_0 t} \tag{5-69}$$

式中,傅里叶展开系数为

$$M_x^{k\omega_0} = \frac{1}{T_0} \int_{-T_0/2}^{T_0/2} M_x(t) e^{-jk\omega_0 t} dt = \lim_{T \to \infty} \frac{1}{T} \int_{-T/2}^{T/2} x(t) e^{-jk\omega_0 t} dt \tag{5-70}$$

式中,$T = (2N+1)T_0$;最后的等式是将式(5-68)代入的结果。若令 $\langle \cdot \rangle_t$ 表示时间平均,则式(5-70)可记为

$$M_x^{k\omega_0} = \langle x(t) e^{-jk\omega_0 t} \rangle_t \tag{5-71}$$

上式称为循环均值,而正弦波的频率 ω_0 称为循环频率。循环均值是将信号频谱左移 $2\pi\alpha = k\omega_0$ 后,再取时间平均,只要信号频谱存在频率为 α 的谱线,M_x^α 就不为 0。例如,对于式(5-66)的信号,若 $\alpha = \omega_0/2\pi$,则 $M_x^\alpha = ae^{j\theta} \neq 0$。循环均值表征了对应的循环频率分量的幅值与相位。因此,M_x^α 是否为 0($\forall \alpha \neq 0$)作为信号是否具有一阶循环平稳的判据。当信号频谱具有多条频率互不可约的离散谱线时,时变均值 $M_x(t)$ 与循环均值 M_x^α 的一般形式分别为

$$M_x(t) = \sum_\alpha M_x^\alpha e^{j2\pi\alpha t} \tag{5-72}$$

$$M_x^\alpha = \langle x(t)e^{-j2\pi\alpha t} \rangle_t \tag{5-73}$$

并称此信号为多循环平稳信号,也称为几乎循环平稳信号。

式(5-73)所定义的时间平均运算,显然会使 $x(t)$ 中所有频率不等于 α 的周期分量及所有零均值随机噪声置零,从而单独提取频率为 α 的周期分量的幅值和相位。因此,式(5-73)所示的同步平均法具有压制零均值随机噪声的作用。

2. 正弦波抽取变换

某些信号虽然不具有一阶循环平稳性,但通过某种非线性变换,可使变换后的信号具有一阶循环平稳性,即信号频谱具有一条或多条离散谱线(包含频率间互不相约的谱线),则称该信号仍为循环平稳信号或多循环平稳信号。产生一阶循环平稳性(即产生有限强度的正弦波分量)所需的非线性变换的最小阶数称为信号的循环平稳阶数,其生成的正弦波频率就称为循环频率,所有的循环频率组成循环频率集。考虑如下调制信号:

$$x(t) = a(t)\cos(\omega_0 t) \tag{5-74}$$

式中,实信号 $a(t)$ 是零均值平稳随机信号。显然,$x(t)$ 的均值为 0,不含任何有限强度的正弦波分量,其功率谱中也看不到任何特征谱线,它不具有一阶循环平稳性。现对它进行二次方变换,得

$$y(t) = x^2(t) = \frac{1}{2}a^2(t)[1 + \cos(2\omega_0 t)] \tag{5-75}$$

对 $y(t)$ 求均值,并假定 $a(t)$ 的方差为 σ_a^2,则有

$$M_y(t) = \frac{1}{2}[\sigma_a^2 + \sigma_a^2\cos(2\omega_0 t)] = \frac{1}{2}\sigma_a^2 + \frac{1}{4}\sigma_a^2 e^{j\omega_0 t} + \frac{1}{4}\sigma_a^2 e^{-j\omega_0 t} \tag{5-76}$$

$M_y(t)$ 具有明显的周期性,除直流分量(频率为 0)外,其周期分量的频率为 $\pm\omega_0$,是循环平稳信号,并且是二阶循环平稳信号。

若用符号 $\hat{E}^\alpha[\cdot]$ 表示正弦波抽取变换,则可定义该变换为一种能抽取信号中具有有限强度的全部加性正弦波分量的运算,其中包含零频率分量,即

$$\hat{E}^\alpha[y(t)] = M_y(t) = \sum_\alpha M_y^\alpha e^{j2\pi\alpha t} \tag{5-77}$$

若式(5-77)中仅含一个对应 $\alpha = 0$ 的非零项,而且该正弦波抽取变换所需的最小阶数为 k,则信号 $y(t)$ 为 k 阶平稳信号;若所有非零循环频率 α 都是某个基频的整数倍,则信号 $y(t)$ 为 k 阶循环平稳信号;若循环频率 α 间存在非整数倍关系,则信号 $y(t)$ 为 k 阶多循环平稳信号。

3. 循环自相关函数

对于二阶循环平稳信号,经常采用带有复信号延迟的对称二阶变换形式,即令

$$y(t,\tau) = x(t + \tau/2)x^*(t - \tau/2) \tag{5-78}$$

上式是时间和延迟的二元函数。显然,上述无延迟的二阶变换是它的特殊情况。对它进行统计平均,即得到信号 $x(t)$ 的时变相关函数为

$$R_x(t,\tau) = E[x(t + \tau/2)x^*(t - \tau/2)] \tag{5-79}$$

由于 $x(t)$ 为二阶循环平稳信号,因此 $R_x(t,\tau)$ 必然具有周期性,可以记为如下一般形式:

$$R_x(t,\tau) = \sum_\alpha R_x^\alpha(\tau)e^{j2\pi\alpha t} \tag{5-80}$$

式中,

$$R_x^\alpha(\tau) = \langle x(t + \tau/2)x^*(t - \tau/2)e^{-j2\pi\alpha t} \rangle_t \tag{5-81}$$

$R_x^\alpha(\tau)$ 为时延 τ 和频率 α 的函数,称为 $x(t)$ 的循环自相关函数。显然,二阶循环平稳信号 $\tau=0$ 时的循环自相关函数即为式(5-73)中的 M_x^α。若式(5-81)仅对于 $\alpha=0$ 才有非零项,则该式就退化为与时间无关的平稳信号的自相关函数,即

$$R_x^0(\tau) = \langle x(t + \tau/2)x^*(t - \tau/2) \rangle_t \tag{5-82}$$

因此,循环自相关函数是平稳信号的自相关函数在非平稳域的推广。

5.5.2　谱相关密度函数

1. 谱相关密度函数

与自相关函数的傅里叶变换称为功率谱密度函数类似,循环自相关函数的傅里叶变换称为循环谱密度函数,简称循环谱。

$$S_x^\alpha(f) = \int_{-\infty}^{\infty} R_x^\alpha(\tau)e^{-j2\pi f\tau}d\tau \tag{5-83}$$

为了分析循环谱的物理意义,可将式(5-81)改写为

$$R_x^\alpha(\tau) = \langle [x(t + \tau/2)e^{-j\pi\alpha(t+\tau/2)}] [x(t - \tau/2)e^{j\pi\alpha(t-\tau/2)}]^* \rangle_t \tag{5-84}$$

令

$$u(t) = x(t)e^{-j2\pi(\alpha/2)t} \tag{5-85}$$

$$v(t) = x(t)e^{j2\pi(\alpha/2)t} \tag{5-86}$$

它们在时间间隔 $[t-T/2, t+T/2]$ 内的时变傅里叶变换,即使用时窗宽度为 T 的短时傅里叶变换分别为

$$\hat{u}_T(t,f) = \hat{x}_T(t, f + \alpha/2) \tag{5-87}$$

$$\hat{v}_T(t,f) = \hat{x}_T(t, f - \alpha/2) \tag{5-88}$$

式中,

$$\hat{x}_T(f) = \int_{t-T/2}^{t+T/2} x(t)e^{-j2\pi ft}dt \tag{5-89}$$

引用式(5-85)和式(5-86),式(5-84)可记为

$$R_x^\alpha(\tau) = \langle u(t + \tau/2)v^*(t - \tau/2) \rangle = \lim_{T\to\infty} \frac{1}{T} \int_{-T/2}^{T/2} u(t + \tau/2)v^*(t - \tau/2)dt$$

$$= \lim_{T\to\infty} \frac{1}{T} \int_{-(T+\tau)/2}^{(T+\tau)/2} u(t)v^*[-(\tau - t)]dt \tag{5-90}$$

在式(5-90)中,应用卷积定理可得

$$S_x^\alpha(f) = \lim_{T_1\to\infty} \lim_{T\to\infty} \frac{1}{T_1} \int_{-T_1/2}^{T_1/2} \frac{1}{T}\hat{u}_T(t + s, f)\hat{v}_T^*(t + s, f)ds = S_{uv}^0(f) \tag{5-91}$$

引用式(5-85)和式(5-86),$u(t)$ 和 $v(t)$ 的频谱互相关函数 $S_{uv}^0(f)$ 可以认为是 $x(t)$ 的频谱在频域分别移动 $\pm\alpha/2$ 后的两频谱间的互相关函数,即

$$S_x^\alpha(f) = \lim_{T_1\to\infty} \lim_{T\to\infty} \frac{1}{T_1} \int_{-T_1/2}^{T_1/2} \frac{1}{T}\hat{x}_T(t + s, f + \alpha/2)\hat{x}_T^*(t + s, f - \alpha/2)ds \tag{5-92}$$

因此,循环谱 $S_x^\alpha(f)$ 又称谱相关密度函数。它的归一化形式称为谱相关系数,即

$$\rho_x^\alpha(f) = \frac{S_x^\alpha(f)}{\sqrt{S_x^0(f+\alpha/2)\,S_x^0(f-\alpha/2)}} \tag{5-93}$$

式中，$S_x^0(f\pm\alpha/2)$ 分别表示 $x(t)$ 在频率 $(f\pm\alpha/2)$ 处的频谱自相关函数，即分别是 $u(t)$ 和 $v(t)$ 在频率 f 处的频谱自相关函数。由于它们都是非平稳信号，其频谱都是时变谱，因此其频谱相关函数都应与式（5-91）类似，即进行时间加窗平均计算。

由于谱相关系数仅在 α 等于循环频率时为1，而在其他频率处皆小于1。因此，谱相关密度函数描述了循环平稳信号这种特有的频谱相关性质。利用该性质可以判断信号的循环平稳性，也可从平稳噪声中有效地提取循环平稳信号。

2. 谱支撑域

令 $x(t)$ 为带限二阶循环平稳随机信号，即

$$S_x^0(f) = 0 \qquad |f| \le b \text{ 或 } |f| \ge B \tag{5-94}$$

式中，$0<b<B$，则由谱相关系数幅度不会超过1，即

$$S_x^\alpha(f) \le \sqrt{S_x^0(f+\alpha/2)\,S_x^0(f-\alpha/2)} \tag{5-95}$$

可得

$$S_x^\alpha(f) = 0 \qquad ||f|-|\alpha|/2| \le b \text{ 或 } ||f|-|\alpha|/2| \ge B \tag{5-96}$$

由此可知，谱相关密度函数在 (α,f) 平面可能取非零值的定义域（谱支撑域）如图5-5(a) 所示。带限信号可以看作带通信号。当 $b=0$ 时，得到低通信号的支撑域，如图5-5(b) 所示；当 $B\to\infty$ 时，得到高通信号的支撑域，如图5-5(c) 所示。

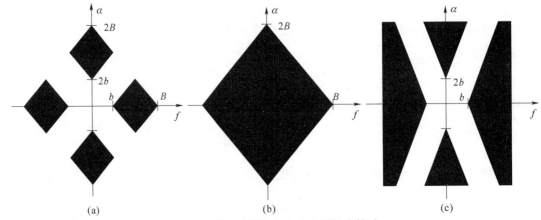

图 5-5　带限信号谱相关密度函数支撑域

(a)非零值的定义域(谱支撑域)；(b)低通信号的支撑域；(c)高通信号的支撑域

3. 乘积的谱相关密度函数

由于两信号在时域相乘后的乘积信号的频谱等于两信号频谱的频域卷积，若

$$z(t) = x(t)y(t) \tag{5-97}$$

则对于循环自相关函数，必有

$$R_z^\alpha(\tau) = \sum_\beta R_x^\beta(\tau)R_y^{\alpha-\beta}(\tau) \tag{5-98}$$

在式（5-98）两边对变量 τ 取傅里叶变换可得

$$S_z^\alpha(f) = \int_{-\infty}^\infty \sum_\beta S_x^\beta(s)S_y^{\alpha-\beta}(f-s)\,\mathrm{d}s \tag{5-99}$$

由于 α、β 只在离散的循环频率点上取值(不一定为整数),否则循环自相关函数为 0,因此式(5-98)为卷积形式。另外,式(5-98)对于变量 τ 而言仍为乘积和的形式,且变量 τ、f 皆为连续变量,因此式(5-99)对变量 s 取卷积形式。

【例 5-1】

5.5.3 循环统计量的估计

1. 循环统计量的离散表示

在式(5-81)中,令 $t=nT_s$,$\tau=kT_s$,则可得离散化的循环自相关函数

$$\tilde{R}_x^\alpha(kT_s) = \left\langle x(nT_s + kT_s/2)x^*(nT_s - kT_s/2)\,\mathrm{e}^{-j2\pi\alpha nT_s}\right\rangle_t \tag{5-100}$$

式中,T_s 为时域采样周期。考虑到不可能有 1/2 采样周期点,所以进行变量代换后可得

$$\tilde{R}_x^\alpha(kT_s) = \left\langle x(nT_s + kT_s)x^*(nT_s)\,\mathrm{e}^{-j2\pi\alpha nT_s}\right\rangle_t \mathrm{e}^{-j2\pi\alpha kT_s}$$

$$= \lim_{N\to\infty}\frac{1}{2N+1}\sum_{n-N}^{N} x(nT_s + kT_s)x^*(nT_s)\,\mathrm{e}^{-j2\pi\alpha(n+k/2)T_s} \tag{5-101}$$

离散化的谱自相关函数仍为式(5-101)的傅里叶变换:

$$\tilde{S}_x^\alpha(f) = \sum_{k=-\infty}^{\infty}\tilde{R}_x^\alpha(kT_s)\,\mathrm{e}^{-j2\pi kT_s f} \tag{5-102}$$

利用乘积公式(5-99)可证明,$x(t)$ 与 $x(kT_s)$ 的谱自相关函数之间一定满足周期延拓关系,即

$$\tilde{S}_x^\alpha(f) = \frac{1}{T_s}\sum_{n,m=-\infty}^{\infty} S_x^{\alpha+m/T_s}\left(f - \frac{m}{2T_s} - \frac{n}{T_s}\right) \tag{5-103}$$

在 $x(t)$ 的功率谱 $S_x^0(f)$ 为带限函数,其最高非零频率 $f_h < 1/(2T_s)$ 的条件下,采样后的谱相关函数不会产生频域混叠。

2. 谱相关函数的估计方法

已知信号 $x(nT_s)$ 的总长度为 $LT_s = MNT_s = \Delta t$,将信号无重叠地分为 M 段,每段长度为 N,分别对第 s 段($s=1,2,\cdots,M$)计算其时变周期图,则有

$$X_T(s,f) = \sum_{k=0}^{N-1} a_T(kT_s)x(sT - kT_s)\,\mathrm{e}^{-j2\pi f(sN-k)T_s} \tag{5-104}$$

式中,$a_T(kT_s)$ 为窗函数;$T=NT_s$;T_s 为时域采样周期。显然,时变周期图的频率分辨率 $\Delta f = 1/T = 1/(NT_s)$。为了提高其频率分辨率,也可实施重叠分段,以增大 N。其循环周期图可定义为时变周期图分别上、下频移后的瞬时互相关,即

$$S_{Tx}^\alpha(s,f) = \frac{1}{T}X_T\left(s,f+\frac{\alpha}{2}\right)X_T^*\left(s,f-\frac{\alpha}{2}\right) \tag{5-105}$$

则按谱相关函数的定义,对于给定的 (α,f),离散形式的谱相关函数可用循环周期图的时间平均进行估计,即

$$\tilde{S}_x^\alpha(f) = \frac{1}{T}\left\langle X_T\left(s,f+\frac{\alpha}{2}\right)X_T^*\left(s,f-\frac{\alpha}{2}\right)\right\rangle_{\Delta t}$$

$$= \frac{1}{M}\sum_{s=1}^{M}\frac{1}{T}X_T\left[s,\left(f+\frac{\alpha}{2}\right)\right]X_T^*\left[s,\left(f-\frac{\alpha}{2}\right)\right] \tag{5-106}$$

其循环频率的分辨率为 $\Delta\alpha = 1/\Delta t = 1/(MNT_s)$，频率分辨率与它的比值满足如下可靠性条件：

$$\frac{\Delta f}{\Delta \alpha} = \Delta f \Delta t = M \gg 1 \qquad (5-107)$$

上述估计算法，称为离散时间平滑估计法，除此之外还有离散频率平滑估计法。为了提高运算速率，它们都有相应的快速算法。

§5.6 小波变化

20 世纪 80 年代，法国地质学家 J.Morlet 提出了"小波"（Wavelet）的概念，建立了 Morlet 小波。小波方法应用在地质数据处理中，取得了极大的成功。随后 Meyer、Mallat、Daubechies 和 K.Chui 等数学家的工作为小波分析学科的诞生和发展奠定了基础。

小波变换继承和发展了短时傅里叶变换的局部化思想，同时克服了傅里叶变换的一些缺陷。小波变换给出了一个可以调节的时频窗口，窗口的宽度随频率变化，频率增高时，窗口的宽度自动变窄，以提高分辨率，正如有的文献中的比喻"采用小波分析，就像使用一台带可变焦距镜头的照相机一样，可以转向任一细节部分"。因此，它是一种很理想的局部分析的数学工具。尽管小波分析的历史很短，但发展十分迅速，很快渗透到数学和工程技术的各个领域，并取得了令人瞩目的成就，特别是在信息处理方面的应用获得了巨大的成功。

5.6.1 连续小波变换

定义 5-2 设函数 $\psi(t) \in L^2$，若积分 $\int_{-\infty}^{+\infty} \frac{|\hat{\psi}(\omega)|^2}{|\omega|} d\omega$ 收敛，则称 $\psi(t)$ 是一个小波母函数。这个条件称为允许性条件。又设 a, b 是常数，且 $a \neq 0$，记 $\psi_{a,b}(t) = \frac{1}{\sqrt{|a|}} \psi\left(\frac{t-b}{a}\right)$，则 $\psi_{a,b}(t)$ 称为由母函数 $\psi(t)$ 生成的连续小波。

允许性条件是一个很容易满足的条件，这为小波母函数的选择提供了很大的余地。在很多情况下，为了局部分析的需要，还常常要求小波母函数 $\psi(t)$ 及其傅里叶变换 $\hat{\psi}(\omega)$ 是窗口函数，即 $t\psi(t) \in L^2$，$\omega \hat{\psi}(\omega) \in L^2$。

定义 5-3 设 $f(t) \in L^2$，$\psi(t)$ 是一个小波母函数，$(f, \psi_{a,b}) = \int_{-\infty}^{+\infty} f(t) \overline{\psi_{a,b}(t)} dt$ 称为 $f(t)$ 关于 $\psi(t)$ 的连续小波变换，记为 $W_f(a,b)$ 或 $(W_\psi f)(a,b)$。

将小波变换与傅里叶变换、加博变换作比较。

傅里叶变换 $\int_{-\infty}^{+\infty} f(t) e^{-j\omega t} dt = (f(t), e^{j\omega t}) = \hat{f}(\omega)$，仅含一个参数 ω，ω 的变化改变频谱结构，变换的母函数 e^{jt} 是固定不变的，由于 $|e^{jt}| = 1$，因此不具有局部性。

小波变换 $W_f(a,b)$ 也包含两个参数，参数 b 的作用与加博变换中的参数 τ 的作用一样，是控制窗口的位置，而 $\psi(t) \in L^2$，当然有 $\lim_{t \to \infty} \psi(t) = 0$，所以也具有局部性，这两点与加博变换一样。而小波变换中的另一个参数 a，不仅可以改变频谱结构，而且可以改变窗口的形状，起到"变焦"的作用。

记 $f_a(t) = f(at)$，根据傅里叶变换的伸缩性质，即 $\hat{f}_a(\omega) = \dfrac{1}{|a|}\hat{f}\left(\dfrac{\omega}{a}\right)$，当时域函数 $f(t)$ 在时间尺度上扩展为原来的 a 倍时，其频域函数 $\hat{f}(\omega)$ 在频率坐标上将压缩为原来的 $1/a$。反之，当在时间尺度上压缩时，频率尺度将扩展相同的倍数。因此，信号持续的时间与信号占有的频带宽度成反比。

设小波母函数 $\psi(t)$ 的窗口半径为 Δ_ψ，则连续小波 $\psi_{a,b}(t)$ 的窗口半径为 $\Delta_{\psi_{a,b}} = |a|\Delta_\varphi$，$\hat{\psi}(\omega)$ 的窗口半径为 $\Delta_{\hat{\psi}}$，而 $\hat{\psi}_{a,b}(\omega) = \sqrt{|a|}\,\mathrm{e}^{-\mathrm{j}b\omega}\hat{\psi}(a\omega)$，$\hat{\psi}_{a,b}(\omega)$ 的窗口半径为 $\dfrac{1}{|a|}\Delta_{\hat{\psi}}$，所以当 $|a|$ 缩小时，$\psi_{a,b}(t)$ 的频谱 $\hat{\psi}_{a,b}(\omega)$ 趋向高频，而这时 $\psi_{a,b}(t)$ 的窗口半径减小，这恰好满足了实际应用中，在检测高频部分时，希望时域窗口的半径减小，以提高分辨率的要求。反之，当 $|a|$ 扩大时，时域窗口变宽，频域窗口变窄，频谱趋于低频。因此，小波 $\psi_{a,b}(t)$ 的时频窗口 $[b - |a|\Delta_\psi, b + |a|\Delta_\psi] \times \left[\dfrac{\omega^*}{a} - \dfrac{1}{|a|}\Delta_{\hat{\psi}}, \dfrac{\omega^*}{a} + \dfrac{1}{|a|}\Delta_{\hat{\psi}}\right]$ 的形状是可以由 a 来进行调节的，这里 ω^* 是 $\hat{\psi}(\omega)$ 的窗口中心，而 $\psi_{a,b}(t)$ 的时频窗口的面积为 $2|a|\Delta_\psi \cdot 2\dfrac{1}{|a|}\Delta_{\hat{\psi}} = 4\Delta_\psi \cdot \Delta_{\hat{\psi}}$，这恰好等于 $\psi(t)$ 的时频窗口的面积，如图 5-6 所示。

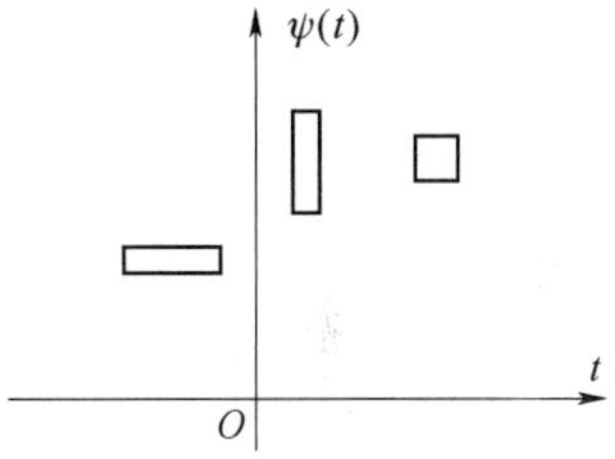

图 5-6 小波母函数时频窗口面积

连续小波 $\psi_{a,b}(t)$ 中的参数 a 称为尺度参数，它决定了时频窗口的形状，参数 b 决定了窗口的位置，称为定位参数。

由于 $\psi_{a,b}(t)$ 的时频窗口的面积为 $4\Delta_\psi \cdot \Delta_{\hat{\psi}}$，与 a、b 无关，仅与 $\psi(t)$ 的选取有关，因此不能通过选择 a 使时域和频域窗口的半径同时缩小，时域和频域上的分辨率相互牵制，要想使两者的分辨率同时提高，就必须选择适当的小波母函数 $\psi(t)$，使 $\Delta_\psi \cdot \Delta_{\hat{\psi}}$ 小一些。因此 $\psi(t)$ 和 $\hat{\psi}(\omega)$ 趋向 0 的速度是衡量小波母函数性质好坏的一个重要指标。

定理 5-2 设 $f(t), g(t) \in L^2$，则 $(f, g) = \dfrac{1}{C_\psi}(W_f, W_g)$，其中

$$C_\psi = \int_{-\infty}^{+\infty} \frac{|\hat{\psi}(\omega)|^2}{|\omega|}\mathrm{d}\omega$$

$$(f, g) = \int_{-\infty}^{+\infty} f(t)\overline{g(t)}\,\mathrm{d}t$$

$$(W_f, W_g) = \int_{-\infty}^{+\infty}\int_{-\infty}^{+\infty} W_f(a, b)\overline{W_g(a, b)}\frac{1}{a^2}\mathrm{d}a\mathrm{d}b$$

这称为小波变换的帕塞瓦尔等式。

证明

$$W_f(a, b) = (f, \psi_{a,b}) = \frac{1}{2\pi}(\hat{f}, \hat{\psi}_{a,b})$$

$$= \frac{1}{2\pi}\sqrt{|a|}\int_{-\infty}^{+\infty}\hat{f}(\omega)\mathrm{e}^{-\mathrm{j}b\omega}\hat{\psi}(a\omega)\mathrm{d}\omega$$

$$W_g(a,b) = \frac{1}{2\pi}\sqrt{|a|}\int_{-\infty}^{+\infty}\hat{g}(\omega)\,\mathrm{e}^{\mathrm{j}b\omega}\overline{\hat{\psi}(a\omega)}\,\mathrm{d}\omega_0$$

所以

$$
\begin{aligned}
(W_f,W_g) &= \int_{-\infty}^{+\infty}\int_{-\infty}^{+\infty}W_f(a,b)\,\overline{W_g(a,b)}\,\frac{1}{a^2}\mathrm{d}a\mathrm{d}b\\
&= \frac{1}{4\pi^2}\int_{-\infty}^{+\infty}\int_{-\infty}^{+\infty}|a|\left[\int_{-\infty}^{+\infty}\hat{f}(\omega)\mathrm{e}^{\mathrm{j}b\omega}\overline{\hat{\psi}\,\overline{(a\omega)}}\mathrm{d}\omega\cdot\int_{-\infty}^{+\infty}\overline{\hat{g}(\omega_1)}\mathrm{e}^{-\mathrm{j}b\omega_1}\hat{\psi}(\alpha\omega_1)\mathrm{d}\omega_1\right]\frac{1}{a^2}\mathrm{d}a\mathrm{d}b\\
&= \frac{1}{4\pi^2}\int_{-\infty}^{+\infty}\left\{\int_{-\infty}^{+\infty}\left[\int_{-\infty}^{+\infty}\mathrm{e}^{\mathrm{j}\omega b}\left(\int_{-\infty}^{+\infty}\mathrm{e}^{-\mathrm{j}\omega_1 b}\hat{\psi}(a\omega_1)\overline{\hat{g}(\omega_1)}\mathrm{d}\omega_1\right)\mathrm{d}b\right]\cdot\overline{\hat{\psi}(a\omega)}\cdot\frac{1}{|a|}\mathrm{d}a\right\}\hat{f}(\omega)\mathrm{d}\omega
\end{aligned}
$$

因为

$$\int_{-\infty}^{+\infty}\mathrm{e}^{-\mathrm{j}\omega_1 b}\hat{\psi}(a\omega_1)\,\overline{\hat{g}(\omega_1)}\mathrm{d}\omega_1$$

$$= F[\hat{\psi}(a\omega_1)\,\overline{\hat{g}(\omega_1)}]$$

$$= (F(\hat{\psi}_a\,\overline{\hat{g}}))(b)$$

所以

$$\int_{-\infty}^{+\infty}\mathrm{e}^{\mathrm{j}\omega b}F[\hat{\psi}(a\omega_1)\,\overline{\hat{g}(\omega_1)}]\mathrm{d}b$$

$$= 2\pi F^{-1}\{F[\hat{\psi}(a\omega_1)\,\overline{\hat{g}(\omega_1)}]\}$$

$$= 2\pi\hat{\psi}(a\omega)\,\overline{\hat{g}(\omega)}$$

代入后可以得到

$$
\begin{aligned}
(W_f,W_g) &= \frac{1}{2\pi}\int_{-\infty}^{+\infty}\int_{-\infty}^{+\infty}\hat{\psi}(a\omega)\,\overline{\hat{\psi}(a\omega)}\hat{f}(\omega)\,\overline{\hat{g}(\omega)}\cdot\frac{1}{|a|}\mathrm{d}a\mathrm{d}\omega\\
&= \frac{1}{2\pi}\int_{-\infty}^{+\infty}\left[\int_{-\infty}^{+\infty}\hat{\psi}(a\omega)\,\overline{\hat{\psi}(a\omega)}\frac{1}{|a|}\mathrm{d}a\right]\hat{f}(\omega)\,\overline{\hat{g}(\omega)}\mathrm{d}\omega\\
&= \frac{1}{2\pi}\int_{-\infty}^{+\infty}\left[\int_{-\infty}^{+\infty}\frac{|\hat{\psi}(a\omega)|^2}{|a\omega|}\mathrm{d}(a\omega)\right]\hat{f}(\omega)\,\overline{\hat{g}(\omega)}\mathrm{d}\omega\\
&= \frac{1}{2\pi}C_\psi\int_{-\infty}^{+\infty}\hat{f}(\omega)\,\overline{\hat{g}(\omega)}\mathrm{d}\omega\\
&= C_\psi\cdot\frac{1}{2\pi}(\hat{f},\hat{g}) = C_\psi(f,g)
\end{aligned}
$$

若在帕塞瓦尔等式中，令 $g(t)=g_a(t-t_0)$，这里 $g_a(t)=\dfrac{1}{2\sqrt{\pi\alpha}}\mathrm{e}^{-\frac{t^2}{4a}}$，显然 $g_a(t-t_0)=g_a(t_0-t)$，则

$$
\begin{aligned}
W_g(a,b) &= (g,\psi_{a,b})\\
&= \int_{-\infty}^{+\infty}g_a(t_0-t)\,\overline{\psi_{a,b}(t)}\mathrm{d}t = g_a*\overline{\psi_{a,b}}
\end{aligned}
$$

而由狄拉克函数 $\delta(t)$ 的性质知 $\displaystyle\lim_{a\to 0^+}(g_a*\overline{\psi_{a,b}})=\overline{\psi_{a,b}}$，代入帕塞瓦尔等式后就可以得到

$$\lim_{a\to 0^+}(f,g) = \lim_{a\to 0^+}\frac{1}{C_\psi}(W_f,W_g) = \frac{1}{C_\psi}(W_f,\overline{\psi_{a,b}})$$

同时又有 $\lim\limits_{a\to 0^+}(f,g)=\lim\limits_{a\to 0^+}\int_{-\infty}^{+\infty}f(t)\,g_a(t_0-t)\,\mathrm{d}t=\lim\limits_{a\to 0^+}f*g_a=f$，即 $f=\dfrac{1}{C_\psi}(W_f,\overline{\psi_{a,b}})$，这样就得到了小波变换的反演公式。

定理 5-3　设 $f\in L^2$，$\psi(t)$ 是一个小波母函数，则在 $f(t)$ 的连续点上有

$$f(t)=\frac{1}{C_\psi}(W_f,\overline{\psi_{a,b}})$$

$$=\frac{1}{C_\psi}\int_{-\infty}^{+\infty}\int_{-\infty}^{+\infty}W_f(a,b)\,\psi_{a,b}(t)\,\frac{1}{a^2}\mathrm{d}a\mathrm{d}b$$

可以看出，小波变换也是一种保持信息不丢失的变换，原信号的信息完全保留在变换的象函数中，因此由象函数 $W_f(a,b)$ 可以重建原信号 $f(t)$。

在工程上，很多问题只考虑正频情况，即 $a>0$，这时只要 $\psi(t)$ 满足 $\int_0^{+\infty}\dfrac{|\hat\psi(\omega)|^2}{\omega}\mathrm{d}\omega=$

$\int_0^{+\infty}\dfrac{|\hat\psi(-\omega)|^2}{\omega}\mathrm{d}\omega<\infty$，就同样有反演公式：

$$f(t)=\frac{2}{C_\psi}\int_0^{+\infty}\left(\int_{-\infty}^{+\infty}W_f(a,b)\,\psi_{a,b}(t)\,\mathrm{d}b\right)\frac{1}{a^2}\mathrm{d}a$$

式中，$C_\psi=2\int_0^{+\infty}\dfrac{|\hat\psi(\omega)|^2}{\omega}\mathrm{d}\omega$。

现在再来分析小波母函数的允许性条件：

由 $\int_{-\infty}^{+\infty}\dfrac{|\hat\psi(\omega)|^2}{|\omega|}\mathrm{d}\omega$ 收敛可知，必有 $\hat\psi(0)=0$，即

$$\hat\psi(0)=\int_{-\infty}^{+\infty}\psi(t)\mathrm{e}^{-\mathrm{j}\omega t}\mathrm{d}t=\int_{-\infty}^{+\infty}\psi(t)\mathrm{d}t=0$$

因此 $\psi(t)$ 的图形在 t 轴上半部分的面积与在 t 轴下半部分的面积相等，即 $\psi(t)$ 的图形一定是振荡型的，可以把 $\psi(t)$ 看作是具有某种频率特性的"波"。

又因为积分 $\int_{-\infty}^{+\infty}\psi(t)\mathrm{d}t$ 收敛，则有 $\lim\psi(t)=0$，也就是说，这种"波"的持续时间较短，这就是"小"的由来。因此"小波"一词指持续时间较短的一种振荡型的函数，工程上也常常称为"子波"，这种"波"不一定像傅里叶变换中的正弦波、余弦波那样有规律，它可能是杂乱无章地趋向于 t 轴，故小波有时又称"凌波"。

注意：由允许性条件可推出 $\int_{-\infty}^{+\infty}\psi(t)\mathrm{d}t=0$，但仅有 $\int_{-\infty}^{+\infty}\psi(t)\mathrm{d}t=0$ 还不能推出允许性条件，如果再加上一个条件：当 $|t|$ 充分大时，$|\psi(t)|\leqslant c\left(\dfrac{1}{1+|t|}\right)^{1+\varepsilon}$，这里 c、ε 是大于 0 的常数。也就是说，要求 $\psi(t)$ 有一定的衰减速度。两个条件合在一起可以成为允许性条件的充分条件。

定理 5-4 设 $\psi(t) \in L^2$, 若 $\int_{-\infty}^{+\infty} \psi(t) \mathrm{d}t = 0$, 且当 $|t|$ 充分大时 $|\psi(t)| \leqslant c\left(\dfrac{1}{1+|t|}\right)^{1+\varepsilon}$, c、$\varepsilon > 0$, 则 $\psi(t)$ 是一个小波母函数。

证明

$$
\begin{aligned}
|\hat{\psi}(\omega)| &= |\hat{\psi}(\omega) - \hat{\psi}(0)| \\
&= \left| \int_{-\infty}^{+\infty} \psi(t)(\mathrm{e}^{-\mathrm{j}\omega t} - 1)\mathrm{d}t \right| \\
&= c \int_{-\infty}^{+\infty} \left(\frac{1}{1+|t|}\right)^{1+\varepsilon} |\mathrm{e}^{-\mathrm{j}\omega t} - 1| \mathrm{d}t \\
&\overset{u = \omega t}{=} c|\omega|^{\varepsilon} \int_{-\infty}^{\infty} \frac{|\mathrm{e}^{-\mathrm{j}u} - 1|}{(|\omega| + |u|)^{1+\varepsilon}} \mathrm{d}u \\
&= c|\omega|^{\varepsilon} \left[\left(\int_{-\infty}^{-1} + \int_{-1}^{0} + \int_{0}^{1} + \int_{1}^{+\infty} \right) \frac{|\mathrm{e}^{-\mathrm{j}u} - 1|}{(|\omega| + |u|)^{1+\varepsilon}} \mathrm{d}u \right] \\
&= I_1 + I_2 + I_3 + I_4
\end{aligned}
$$

因为 $\dfrac{1}{(|\omega|+|u|)^{1+\varepsilon}} < \dfrac{1}{|u|^{1+\varepsilon}}$, 所以当 $0 < |u| < 1$, $|\mathrm{e}^{-\mathrm{j}u} - 1| < u$, $1 < u < \infty$ 时, $|\mathrm{e}^{-\mathrm{j}u} - 1| = 2$。所以

$$
\begin{aligned}
I_3 &= c|\omega|^{\varepsilon} \int_{0}^{1} \frac{|\mathrm{e}^{-\mathrm{i}u} - 1|}{(|\omega| + |u|)^{1+\varepsilon}} \mathrm{d}u \\
&= c|\omega|^{\varepsilon} \int_{0}^{1} \frac{u}{u^{1+\varepsilon}} \mathrm{d}u = o(|\omega|^{\varepsilon}) \\
I_4 &= c|\omega|^{\varepsilon} \int_{1}^{+\infty} \frac{|\mathrm{e}^{-\mathrm{i}u} - 1|}{(|\omega| + |u|)^{1+\varepsilon}} \mathrm{d}u \\
&= c|\omega|^{\varepsilon} \int_{1}^{+\infty} \frac{2}{u^{1+\varepsilon}} \mathrm{d}u = o(|\omega|^{\varepsilon})
\end{aligned}
$$

同理可证 $I_1 = o(|\omega|^{\varepsilon})$, $I_2 = o(|\omega|^{\varepsilon})$。所以 $\hat{\psi}(\omega) = o(|\omega|^{\varepsilon})$, 即 $\int_{-1}^{1} \dfrac{|\hat{\psi}(\omega)|^2}{|\omega|} \mathrm{d}\omega$ 存在, 有

$$
\begin{aligned}
& \int_{-\infty}^{-1} \frac{|\hat{\psi}(\omega)|^2}{|\omega|} \mathrm{d}\omega + \int_{1}^{+\infty} \frac{|\hat{\psi}(\omega)|^2}{|\omega|} \mathrm{d}\omega \\
&= \int_{-\infty}^{-1} |\hat{\psi}(\omega)|^2 \mathrm{d}\omega + \int_{1}^{+\infty} |\hat{\psi}(\omega)|^2 \mathrm{d}\omega \\
&= \int_{-\infty}^{-1} |\hat{\psi}(\omega)|^2 \mathrm{d}\omega + \int_{-1}^{1} |\hat{\psi}(\omega)|^2 \mathrm{d}\omega + \int_{1}^{+\infty} |\hat{\psi}(\omega)|^2 \mathrm{d}\omega \\
&= \int_{-\infty}^{+\infty} |\hat{\psi}(\omega)|^2 \mathrm{d}\omega \\
&= 2\pi \int_{-\infty}^{+\infty} |\psi(t)|^2 \mathrm{d}t
\end{aligned}
$$

由于 $\psi(t) \in L^2$, 因此 $\int_{-\infty}^{+\infty} |\psi(t)|^2 \mathrm{d}t$ 收敛。

综上所述, $\int_{-\infty}^{+\infty} \dfrac{|\hat{\psi}(\omega)|^2}{|\omega|} \mathrm{d}\omega$ 收敛。

由于允许性条件判别有时比较困难,而条件 $|\psi(t)| \leq c\left(\dfrac{1}{1+|t|}\right)^{1+\varepsilon}$ 判别相对容易些,因此本书以后的讨论,除非特别说明,否则都假定小波母函数 $\psi(t)$ 满足下列条件:

(1) $\displaystyle\int_{-\infty}^{+\infty} \psi(t)\,\mathrm{d}t = 0$;

(2) $|\psi(t)| \leq c\left(\dfrac{1}{1+|t|}\right)^{1+\varepsilon}$,$c$、$\varepsilon > 0$;

(3) $\psi(t)$ 和 $\hat{\psi}(\omega)$ 都是窗口函数。

几个小波变换的常用性质如下。

设 $f(t) \to (\omega_\psi f)(a,b)$,有

(1) $f(t-t_0) \to (\omega_\psi f)(a,b-b_0)$;

(2) $f(a_0 t) \to \dfrac{1}{a_0}(\omega_\psi f)(a_0 a, a_0 b)$;

(3) $\left(\omega_\psi \dfrac{\partial^m f(t)}{\partial t^m}\right)(a,b) = (-1)^m \dfrac{1}{\sqrt{|a|}} \displaystyle\int_{-\infty}^{+\infty} f(t) \dfrac{\partial^m}{\partial t^m}\overline{[\psi_{a,b}(t)]}\,\mathrm{d}t$。

以下为 3 种比较常见的小波母函数。

(1) 哈尔(Haar)小波。其定义为

$$\psi(t) = H(t) = \begin{cases} 1, & 0 \leq t < \dfrac{1}{2} \\ -1, & \dfrac{1}{2} \leq t < 1 \\ 0, & \text{其他} \end{cases}$$

$H(t)$ 称为哈尔小波。哈尔小波在时域上有紧支集,但由于它的光滑性极差,因此 $\hat{H}(\omega)$ 的局部性很差。

(2) 香农(Shannon)小波。其定义为

$$\psi(t) = \frac{\sin \pi\left(t - \dfrac{1}{2}\right) - \sin 2\pi\left(t - \dfrac{1}{2}\right)}{\pi\left(t - \dfrac{1}{2}\right)}$$

$\psi(t)$ 在时域上的局部性很差,$\psi(t) = o\left(\dfrac{1}{t}\right)$,但 $\psi(t)$ 是任意次可导,光滑性极佳,所以在频域上的局部性极好,由 $F\left[\dfrac{\sin \pi t}{\pi t}\right] = \begin{cases} 1, & |\omega| \, \pi \\ 0, & \text{其他} \end{cases}$ 可知,$\hat{\psi}(\omega)$ 有紧支集。

(3) 墨西哥草帽状小波。取高斯函数 $g(t) = \dfrac{1}{\sqrt{2\pi}}\mathrm{e}^{-\frac{t^2}{2}}$,令 $\psi(t) = -\dfrac{\mathrm{d}^2 g(t)}{\mathrm{d}t^2} = \dfrac{1}{\sqrt{2\pi}}(1-t^2)\mathrm{e}^{-\frac{t^2}{2}}$,则 $\psi(t)$ 是一个小波母函数,由于其图形像一顶草帽,如图 5-7 所示,因此称"墨西哥草帽状小波",其傅里叶变换为 $\hat{\psi}(\omega) = \omega^2 \mathrm{e}^{-\frac{\omega^2}{2}}$,$\psi(t)$ 和 $\hat{\psi}(\omega)$ 都不具有紧支集,但都有呈指数衰减的下降

速度。

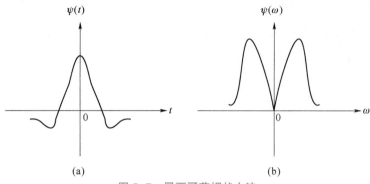

图 5-7　墨西哥草帽状小波

$(a)\psi(t);(b)\psi(\omega)$

5.6.2　连续小波变换的应用举例

问题　在地面上测得的重力异常值 $f(x)$ 是地下多层形状不同的界面包围的不同密度的物质所造成的,设第 i 层物质所造成的重力异常值为 $f_i(x)$, $f(x)=\sum_{z=1}^{N}f_i(x)$,现希望由地面的测量值 $f(x)$ 的数据来提取出 $f_i(x)$。当然,对于这样的问题,若没有其他的条件,则在数学上是无法解决的。

根据地质学的一般情况,在浅层界面的 $f_i(x)$,其频谱在高频区域,而深层界面是在低频区域。我们现在作一假定,各界面的频率区间不重叠,且有一定"间隙"。即假定

$\operatorname{supp}\hat{f}_1(\omega)=(\alpha_1,\beta_1)$, $\operatorname{supp}\hat{f}_2(\omega)=(\alpha_2,\beta_2)$, $\cdots$, $\operatorname{supp}\hat{f}_N(\omega)=(\alpha_N,\beta_N)$,且 $0<\alpha_1<\beta_1<\alpha_2<\beta_2<\cdots<\alpha_N<\beta_N$

由于小波变换在时域的局部性,因此其可以用来进行分频。现在仅需考虑正频的情况,即 $a>0$,这时小波变换的反演公式为 $f(t)=\dfrac{2}{C_\psi}\displaystyle\int_{-\infty}^{+\infty}\int_0^{+\infty}(\omega_\psi f)(a,b)\,\overline{\psi_{a,b}(t)}\,\dfrac{1}{a^2}\mathrm{d}a\mathrm{d}b$, $C_\psi=2\displaystyle\int_0^{+\infty}\dfrac{|\hat{\psi}(\omega)|^2}{|\omega|}\mathrm{d}\omega<\infty$。

为说明简单起见,不妨假定 $N=2$, $f(x)=f_1(x)+f_2(x)$。两边作连续小波变换:

$$(\omega_\psi f)(a,b)=(\omega_\psi f_1)(a,b)+(\omega_\psi f_2)(a,b)$$

假设 $\operatorname{supp}\hat{f}_1(\omega)=(\alpha_1,\beta_1)$, $\operatorname{supp}\hat{f}_2(\omega)=(\alpha_2,\beta_2)$,且 $\operatorname{supp}\hat{f}_1\cap\operatorname{supp}\hat{f}_2=\phi$。若我们能找到两个常数 A_1、B_1, $A_1<B_1$,使当 $a\in[A_1,B_1]$ 时, $(\omega_\psi f_2)(a,b)=0$;当 $a\in[A_1,B_1]$ 时, $(\omega_\psi f_1)(a,b)\neq0$,则由连续小波的反演公式

$$f_1(x)=\frac{2}{C_\psi}\int_{-\infty}^{+\infty}\int_0^{+\infty}(\omega_\psi f_1)(a,b)\,\overline{\psi_{a,b}(x)}\,\frac{1}{a^2}\mathrm{d}a\mathrm{d}b$$

$$=\frac{2}{C_\psi}\int_{-\infty}^{+\infty}\int_{A_1}^{B_1}(\omega_\psi f_1)(a,b)\,\overline{\psi_{a,b}(x)}\,\frac{1}{a^2}\mathrm{d}a\mathrm{d}b$$

$$=\frac{2}{C_\psi}\int_{-\infty}^{+\infty}\int_{A_1}^{B_1}\left[(\omega_\psi f_1)(a,b)+(\omega_\psi f_2)(a,b)\right]\overline{\psi_{a,b}(x)}\,\frac{1}{a^2}\mathrm{d}a\mathrm{d}b$$

$$= \frac{2}{C_\psi} \int_{-\infty}^{+\infty} \int_{A_1}^{B_1} (\omega_\psi f)(a,b) \overline{\psi_{a,b}(x)} \frac{1}{a^2} \mathrm{d}a\mathrm{d}b$$

可知,只要已知$(\omega_\psi f)(a,b)$,就可以反演出$f_1(x)$。

现在的问题是:能否找到这样的A_1、B_1。

选取一个小波母函数$\psi(x)$,使其傅里叶变换有紧支集。例如,取

$$\hat{\psi}(\omega) = \begin{cases} \dfrac{1}{e^{(\omega-1)^2 - \frac{1}{p^2}}}, & |\omega-1| < \frac{1}{p^2} > 0 \\ 0, & \text{其他} \end{cases}$$

则 $\operatorname{supp} \hat{\psi}(\omega) = \left[1-\frac{1}{p}, 1+\frac{1}{p}\right]$,且 $\operatorname{supp} \hat{\psi}_{a,b}(\omega) = \left[\frac{1}{a}\left(1-\frac{1}{p}\right), \frac{1}{a}\left(1+\frac{1}{p}\right)\right]$。

由于要求当$a \in [A_1, B_1]$时,$(\omega_\psi f_1)(a,b) = (f, \psi_{a,b}) = \frac{1}{2\pi}(\hat{f}, \hat{\psi}_{a,b}) \neq 0$,因此$\hat{f}_1(\omega)$的支集$(\alpha_1, \beta_1)$与$\hat{\psi}_{a,b}(\omega)$的支集$\left[\frac{1}{a}\left(1-\frac{1}{p}\right), \frac{1}{a}\left(1+\frac{1}{p}\right)\right]$的交集必须非空,即应有

$$\begin{cases} \dfrac{1}{a}\left(1-\dfrac{1}{p}\right) < \beta_1 \\ \dfrac{1}{a}\left(1+\dfrac{1}{p}\right) > \alpha_1 \end{cases}$$

由此得

$$\begin{cases} a > \left(1-\dfrac{1}{p}\right)\dfrac{1}{\beta_1} \\ a < \left(1+\dfrac{1}{p}\right)\dfrac{1}{\alpha_1} \end{cases}$$

现取 $A_1 = \left(1-\frac{1}{p}\right)\frac{1}{\beta_1}$,$B_1 = \left(1+\frac{1}{p}\right)\frac{1}{\alpha_1}$,则

当$a \in [A_1, B_1]$时,$(\omega_\psi f_1)(a,b) = (f, \psi_{a,b}) \neq 0$;

当$a \in [A_1, B_1]$时,$(\omega_\psi f_2)(a,b) = 0$。

接下来的问题是如何选择参数p,使当$a \in [A_1, B_1]$时,$(\omega_\psi f_2)(a,b) = 0$。

由于$(\omega_\psi f_2)(a,b) = \frac{1}{2\pi}(\hat{f}_2, \hat{\psi}_{a,b})$,则有$\frac{1}{a}\left(1-\frac{1}{p}\right) > \beta_2$ 或 $\frac{1}{a}\left(1+\frac{1}{p}\right) < \alpha_2$。因此,当$a \in [A_1, B_1] = \left[\left(1-\frac{1}{p}\right)\frac{1}{\beta_1}, \left(1+\frac{1}{p}\right)\frac{1}{\alpha_1}\right]$时,还需使$\frac{2}{ap} < \alpha_2 - \beta_1$,这样才能使$(\omega_\psi f_2)(a,b) = 0$,即需满足 $a > \left(1-\frac{1}{p}\right)\frac{1}{\beta_1}$且$\frac{1}{\beta_1} < \frac{a}{2}(\alpha_2 - \beta_1)$,由此得到不等式$\frac{1}{p} < \frac{1}{2\beta_1}\left(1-\frac{1}{p}\right)(\alpha_2 - \beta_1)$。解此不等式,得$p > \frac{\alpha_2 + \beta_1}{\alpha_2 - \beta_1}$,即可满足所有要求。

这样,在已知 $\operatorname{supp} \hat{f}_1 = (\alpha_1, \beta_1)$,$\operatorname{supp} \hat{f}_2 = (\alpha_2, \beta_2)$且$\beta_1 < \alpha_2$的假定下,就可以由$f(x)$来反演出$f_1(x)$。

如果$f(x) = f_1(x) + f_2(x) + \cdots + f_N(x)$,只要取 $A_n = \left(1-\frac{1}{p}\right)\frac{1}{\beta_n}$,$B_n = \left(1+\frac{1}{p}\right)\frac{1}{\alpha_n}$,$p =$

$$\max\left\{\frac{\alpha_n+\beta_{n-1}}{\alpha_n-\beta_{n-1}}\right\},1\leqslant n\leqslant N,就可以逐层地分离出 f_1(x),f_2(x),\cdots,f_N(x)。$$

§5.7 离散小波变换和正交小波基

5.7.1 离散小波变换

一个 $L^2(0,2\pi)$ 上的函数 $f(t)$ 可以展开为一个傅里叶级数 $f(t)=\sum\limits_{k=-\infty}^{+\infty}c_k\mathrm{e}^{\mathrm{j}kt}$,令 $\omega(t)=\mathrm{e}^{\mathrm{j}t}$,$\omega_k(t)=\mathrm{e}^{\mathrm{j}kt}$,定义 $(\omega_k,\omega_l)=\dfrac{1}{2\pi}\int_0^{2\pi}\omega_k(t)\cdot\overline{\omega_l(t)}\mathrm{d}t$,则 $(\omega_k,\omega_l)=\begin{cases}1,k=l\\0,k\neq l\end{cases}$,所以 $\{\omega_k(t),k\in\mathbf{Z}\}$ 是 $L^2(0,2\pi)$ 的标准正交基,这里 $\mathbf{Z}$ 表示整数全体。这个标准正交基有一个很好的特性,它是由一个函数 $\omega(t)=\mathrm{e}^{\mathrm{j}t}$ 经整数倍的"伸缩",而成为标准正交基的。

现在考虑 $L^2(\mathbf{R})$ 中能否存在类似于 $L^2(0,2\pi)$ 中的由一个函数 $\omega(t)$ 经伸缩成为 $L^2(\mathbf{R})$ 的标准正交基,像这样的标准正交基是非常有用的,任何一个函数都可以按标准正交基展开。正像 $L^2(0,2\pi)$ 中的傅里叶级数一样,展开系数 $C_k=(f,\omega_k)$。

但 $L^2(\mathbf{R})$ 与 $L^2(0,2\pi)$ 有一个很大的差别,作为 $L^2(\mathbf{R})$ 中的函数 $\psi(t)$,由于 $\int_{-\infty}^{+\infty}|\psi(t)|^2\mathrm{d}t<\infty$,则 $t\to\infty$ 时,$\psi(t)$ 必须较快地趋于 0,因此单靠这样一个较快地趋于 0 的函数 $\psi(t)$ 的伸缩 $\psi(kt)$ 是不可能覆盖整个实数轴 $\mathbf{R}$ 的,除了伸缩还必须有平移 $\psi(kt-l)$ 才有可能使一个衰减于 0 的函数 $\psi(t)$ 覆盖整个实数轴,且成为 $L^2(\mathbf{R})$ 的基。如果能够找到这样的函数 $\psi(t)$,那么对于 $L^2(\mathbf{R})$ 中的任意函数 $f(t)$,就有可能把 $f(t)$ 展开为一个级数 $\sum\limits_{k\in\mathbf{Z}}\sum\limits_{l\in\mathbf{Z}}C_{k,l}\psi(kt-l)$,且展开系数为 $C_{k,l}=(f(t),\psi(kt-l))$,这就是小波级数的思想。由于 $\psi(t)$ 具有局部性,因此我们还能够通过这样的小波级数来研究信号的局部区域的特性。

定义 5-4 设 $\psi(t)$ 是一个小波母函数,取定 $a_0>1,b_0>0$,记 $\psi_{m,n}(t)=a_0^{\frac{m}{2}}\psi(a_0^m\pm nb_0)$,$m\smallsetminus n\in\mathbf{Z}$,则称 $\{\psi_{m,n}(t),m\smallsetminus n\in\mathbf{Z}\}$ 为离散小波。又设 $f(t)\in L^2$,$c_f(m,n)=(f,\psi_{m,n})=\int_{-\infty}^{+\infty}f(t)\overline{\psi_{m,n}(t)}\mathrm{d}t$,称 $f(t)$ 的离散小波变换。

离散小波变换可以看作:选择一个适当的放大倍数 a_0^m,在由 nb_0 确定的一个特定的位置上来研究一个信号的局部过程。放大倍数可根据 m 加以调节,局部信号的位置则通过 n 来移动。在离散小波中使用最普遍的是 $a_0=2,b_0=1$。以后非特别说明,离散小波都是指 $\psi_{m,n}(t)=2^{\frac{m}{2}}\psi(2_t^m-n)$,$m\smallsetminus n\in\mathbf{Z}$。

傅里叶级数 $\sum\limits_{k\in\mathbf{Z}}C_k\mathrm{e}^{\mathrm{j}kt}=\sum\limits_{k\in\mathbf{Z}}C_k(\cos kt+\mathrm{j}\sin kt)$ 是不同频率的正弦波的叠加,而小波 $\psi_{m,n}(t)$ 也是不同频率的波,小波级数 $\sum\limits_{m,n\in\mathbf{Z}}C_{m,n}\psi_{m,n}(t)$ 是不同频率、不同位置的波的叠加。

$f(t)$ 的连续小波变换是一个二元函数 $\{W_f(a,b)a\neq0,a\smallsetminus b\in\mathbf{R}\}$,它包含了 $f(t)$ 的全部信息,只要已知 $\{W_f(a,b)a\neq0,a\smallsetminus b\in\mathbf{R}\}$,就可以唯一地重建信号 $f(t)$。而 $f(t)$ 的离散小波变换

$\{c_f(m,n),m、n\in\mathbf{Z}\}$ 是一个数列,它所包含的信息要比 $\{W_f(a,b)a\neq0,a、b\in\mathbf{R}\}$ 少得多。形象地说,$\mathrm{W}_f(a,b)$ 作为二元函数,是一个定义在 ab 平面上的曲面,而 $c_f(m,n)$ 仅是一些点,信息量当然少得多了,那么已知 $\{c_f(m,n),m、n\in\mathbf{Z}\}$ 这些点,是否还能唯一地重建信号 $f(t)$ 呢? 这是一个十分重要的问题。

定义 5-5　若一个连续小波 $\psi_{a,b}(t)$ 经离散化以后得到的一族函数 $\{\psi_{m,n}(t),m、n\in\mathbf{Z}\}$ 是一个标准正交基,即 $(\psi_{m,n}(t),\psi_{k,l}(t))=\int_{-\infty}^{+\infty}\psi_{m,n}(t)\cdot\overline{\psi_{k,l}(t)}\mathrm{d}t=\delta_{mk}\cdot\delta_{nl}=\begin{cases}1,m=k,n=l\\0,\text{其他}\end{cases}$,则称 $\psi(t)$ 是一个正交小波母函数。

设 $\psi_{m,n}(t)\in L^2(\mathbf{R})$,如果标准正交基 $\{\psi_{m,n}(t),m、n\in\mathbf{Z}\}$ 能够成为 $L^2(\mathbf{R})$ 的一个标准正交基,那么对任意的 $f(t)\in L^2(\mathbf{R})$,就可以唯一地展开为一个级数 $f(t)=\sum_{m,n\in\mathbf{Z}}C_{m,n}\psi_{m,n}(t)$,为求出系数 $C_{m,n}$,级数两边同时与 $\psi_{k,l}(t)$ 作内积得 $(f,\psi_{k,l})=\sum_{m,n\in\mathbf{Z}}C_{m,n}(\psi_{m,n},\psi_{k,l})=C_{k,l}$,而 $(f,\psi_{k,l})$ 正是 $f(t)$ 的离散小波变换 $c_f(k,l)$,即

$$f(t)=\sum_{m,n\in\mathbf{Z}}(f,\psi_{m,n})\psi_{m,n}(t)=\sum_{m,n\in\mathbf{Z}}c_f(m,n)\psi_{m,n}(t)。$$

由此可见,当离散小波 $\{\psi_{m,n}(t),m、n\in\mathbf{Z}\}$ 构成 L^2 的标准正交基时,由 $f(t)$ 的离散小波变换 $\{c_f(m,n),m、n\in\mathbf{Z}\}$,可以唯一地确定 $f(t)$,而且 $\{c_f(m,n),m、n\in\mathbf{Z}\}$ 正是 $f(t)$ 在这组基下的"坐标"。

定义 5-6　$\psi(t)$ 是一个小波母函数,若 $\{\psi_{m,n}(t),m、n\in\mathbf{Z}\}$ 构成 L^2 的一个标准正交基,则称 $\{\psi_{m,n}(t),m、n\in\mathbf{Z}\}$ 是一个正交小波基。

5.7.2　多分辨分析和取样定理

取样定理是信号分析的重要工具。设 $\{f(t_n),n=0,1,2,\cdots\}$ 是一个信号 $f(t)$ 的一组取样值,如何根据一组取样值来重建 $f(t)$ 是工程技术领域常常会遇到的问题。数学上有各种插值和拟合的方法,可以由 $\{f_n(t)\}$ 来得到 $f(t)$ 的近似函数 $g(t)$,但这些近似方法的误差常常难以控制。那么能否由取样值来完全(不是近似)地重建 $f(t)$ 呢? 香农取样定理在一定的条件下实现了这种重建。

定义 5-7　设 $f(t)\in L^2$,若存在常数 $b>0$,使 $\mathrm{supp}\hat{f}(\omega)\subset[-b,b]$,则称 $f(t)$ 是 b-频谱有限函数。

b-频谱有限函数全体 $\{f(t)\mid f(t)\in L^2,\text{且 }\mathrm{supp}\hat{f}(\omega)\subset[-b,b]\}$ 记为 B_b,B_b 是 L^2 的一个子空间。对任意的 $f(t)\in B_b$,当 $|\omega|\geq b$ 时,有 $\hat{f}(\omega)=0$。

频谱有限函数是工程上应用很广泛的一种函数,当 $|\omega|\geq b$ 时,$\hat{f}(\omega)=0$,意味着 $f(t)$ 有一个截止频率 b。同时由傅里叶变换的性质可知,由于 $\hat{f}(\omega)$ 有紧支集,因此 $f(t)$ 一定是连续函数。

定理 5-5(香农取样定理)　设 $f(t)\in B_b$,当取样间隔 $h\leq\dfrac{\pi}{b}$ 时,有 $f(t)=\sum_{n\in\mathbf{Z}}f(nh)s(t-nh)$,其中

$$s(t) = \begin{cases} \dfrac{\sin \dfrac{\pi}{h}t}{\dfrac{\pi}{h}t}, & t \neq 0 \\ 1, & t = 0 \end{cases}$$

这个公式可以看作是一个以 $s(t)$ 为基函数的等距结点的插值公式。基函数 $s(t)$ 又称香农函数。

证明 取 $g(t) \in L^2$，且当 $|t| > b$ 时，$g(t) = 0$。

把 $g(t)$ 作周期 $T = \dfrac{2\pi}{h}$ 的周期延拓得到 $g_T(t)$，并把 $g_T(t)$ 展开为傅里叶级数，即 $g_T(t) = \sum_{n \in \mathbf{Z}} c_n \mathrm{e}^{\mathrm{j}n\omega t}, c_n = \dfrac{1}{T} \int_{-\frac{T}{2}}^{\frac{T}{2}} g_T(t) \mathrm{e}^{-\mathrm{j}n\omega t} \mathrm{d}t$。

由于 $h \leqslant \dfrac{\pi}{b}$，即 $b \leqslant \dfrac{\pi}{h}$，当 $|t| \geqslant \dfrac{\pi}{h}$ 时，有 $g(t) = 0$，而 $\omega = \dfrac{2\pi}{T} = h$，因此

$$\begin{aligned} c_n &= \frac{1}{T} \int_{-\frac{T}{2}}^{\frac{T}{2}} g_T(t) \mathrm{e}^{-\mathrm{j}n\omega t} \mathrm{d}t \\ &= \frac{h}{2\pi} \int_{-\frac{T}{2}}^{\frac{T}{2}} g_T(t) \mathrm{e}^{-\mathrm{j}n\omega t} \mathrm{d}t \\ &= \frac{h}{2\pi} \int_{-\infty}^{+\infty} g(t) \mathrm{e}^{-\mathrm{j}nht} \mathrm{d}t \\ &= \frac{h}{2\pi} \hat{g}(nh) \end{aligned}$$

代入傅里叶展开式得到

$$g_T(t) = \sum_{n \in \mathbf{Z}} c_n \mathrm{e}^{\mathrm{j}n\omega t}$$

$$g_T(t) = \sum_{n \in \mathbf{Z}} \left[\frac{h}{2\pi} \int_{-\infty}^{+\infty} g(t) \mathrm{e}^{-\mathrm{j}nht} \mathrm{d}t \right] \mathrm{e}^{\mathrm{j}nht} = \frac{h}{2\pi} \sum_{n \in \mathbf{Z}} \hat{g}(nh) \mathrm{e}^{\mathrm{j}nht}$$

根据傅里叶变换的性质，对于 $g(\omega)$，必存在 $f(t) \in L^2$，使 $\hat{f}(\omega) = g(\omega)$，且 $F[\hat{f}(\omega)] = 2\pi f(-t)$。

令 $X_{[-b,b]}(\omega) = \begin{cases} 1, & |\omega| \leqslant b \\ 0, & |\omega| > b \end{cases}$，则

$$g(\omega) = g_T(\omega) X_{[-b,b]}(\omega)$$

$$\begin{aligned} \hat{f}(\omega) = g(\omega) &= g_T(\omega) X_{[-b,b]}(\omega) \\ &= \left(\frac{h}{2\pi} \sum_{n \in \mathbf{Z}} \hat{g}(nh) \mathrm{e}^{\mathrm{j}n\pi h\omega} \right) X_{[-b,b]}(\omega) \\ &= \left(\frac{h}{2\pi} \sum_{n \in \mathbf{Z}} \hat{f}(nh) \mathrm{e}^{\mathrm{j}nh\omega} \right) X_{[-b,b]}(\omega) \\ &= \left(\frac{h}{2\pi} \sum_{n \in \mathbf{Z}} 2\pi f(-nh) \mathrm{e}^{\mathrm{j}nh\omega} \right) X_{[-b,b]}(\omega) \\ &= \left(h \sum_{k \in \mathbf{Z}} f(kh) \mathrm{e}^{-\mathrm{j}kh\omega} \right) X_{[-b,b]}(\omega) \end{aligned}$$

在等式两边取傅里叶反变换,得

$$f(t) = h \sum_{k \in \mathbf{Z}} f(kh) \cdot \frac{1}{2\pi} \int_{-\infty}^{+\infty} e^{-jkh\omega} X_{[-b,b]}(\omega) e^{\omega t} d\omega$$

$$= \frac{h}{2\pi} \sum_{k \in \mathbf{Z}} f(kh) \int_{-b}^{b} e^{j(t-kh)\omega} d\omega$$

$$= \frac{h}{2\pi} \sum_{k \in \mathbf{Z}} f(kh) \frac{1}{j(t-kh)} [e^{j(t-kh)b} - e^{-j(t-kh)b}]$$

$$= \frac{h}{\pi} \sum_{k \in \mathbf{Z}} f(kh) \frac{\sin b(t-kh)}{(t-kh)}$$

取 $b = \dfrac{\pi}{h}$,得

$$f(t) = \sum_{k \in \mathbf{Z}} f(kh) \frac{\sin \dfrac{\pi}{h}(t-kh)}{\dfrac{\pi}{h}(t-kh)}$$

香农取样定理给出了频谱有限函数与其离散值之间的关系。

定义 5-8　$f(t) \setminus g(t) \in L^2$, $\sum_{n \in \mathbf{Z}} f(nh) g(\bar{n}h)$ 称为 $f(t) \setminus g(t)$ 的离散内积,记为 $\langle f,g \rangle^* = \sum_{n \in \mathbf{Z}} f(nh) g(\bar{n}h)$。

下面的定理给出了频谱有限函数的内积与离散内积之间的关系。

定理 5-6　设 $f(t) \setminus g(t) \in B_b$,则当 $h \leqslant \dfrac{\pi}{b}$ 时,$(f,g) = h\langle f,g \rangle^*$, 即 $\int_{-\infty}^{+\infty} f(t)g(\bar{t})dt = h \sum_{n \in \mathbf{Z}} f(nh) g(\bar{n}h)$

香农取样定理还可以进行一些推广。

定义 5-9　设 $f(t) \in L^2$,若对于常数 $b>0$,存在 $\varepsilon>0$,使 $\int_{|\omega| \geqslant b} |\hat{f}(\omega)| d\omega < \varepsilon$,则称 $f(t)$ 是一个本质频谱有限函数。

对于本质频谱有限函数,有如下定理。

定理 5-7　若 $f(t)$ 是本质频谱有限函数,则当取样间隔 $h \leqslant \dfrac{\pi}{b}$ 时,有

$$\left| f(t) - \sum_{n \in \mathbf{Z}} f(nh) \frac{\sin \dfrac{\pi}{h}(t-nh)}{\dfrac{\pi}{h}(t-nh)} \right| \leqslant \frac{1}{\pi} \int_{(-\infty, -\frac{\pi}{h}) \cup (\frac{\pi}{h}, +\infty)} |\hat{f}(\omega)| d\omega \leqslant \frac{\varepsilon}{\pi}$$

取样定理还有其他各种形式。

20 世纪 80 年代,由 Meyer 和 Mallat 提出的多分辨分析,既与正交小波基有密切的关系,又与取样定理有密切的关系

定义 5-10　设 $V_m, m \in \mathbf{Z}$ 是 L^2 中一列封闭的线性子空间,函数 $\varphi(t) \in L^2$,若满足条件:

(1) $V_m \subset V_{m+1}$,对任意的 $m \in \mathbf{Z}$ 成立;

(2) $f(t) \in V_m \Leftrightarrow f(2t) \in \bigcap_{m \in \mathbf{Z}} V_{m+1}$;

（3）$V_m = \{\theta\}$，$\bigcup_{m \in \mathbf{Z}} \overline{V_m} = L^2$；

（4）$\varphi(t) \in V_0$，且$\{\varphi(t-n), n \in \mathbf{Z}\}$是$V_0$的一个 Riesz 基，

则称$\{V_m, m \in \mathbf{Z}\}$和$\varphi(t)$是一个多分辨分析。$\varphi(t)$称为这个多分辨分析的尺度函数或父函数。

如果$\{\varphi(t-n), n \in \mathbf{Z}\}$是$V_0$的一个标准正交基，那么称$\{V_m, m \in \mathbf{Z}\}$和$\varphi(t)$是一个正交多分辨分析。由于 Riesz 基和标准正交基可以相互转换，因此以后我们都假定$\{\varphi(t-n), n \in \mathbf{Z}\}$是标准正交基，正交多分辨分析也就称为多分辨分析。

定理 5-8　记$\varphi_{on}(t) = \varphi(t-n)$，$\{\varphi_{on}(t), n \in \mathbf{Z}\}$是标准正交基的充要条件是$\sum_{n \in \mathbf{Z}} |\hat{\varphi}(\omega + 2k\pi)|^2 \equiv 1$。

证明　记$F(\omega) = \sum_{k \in \mathbf{Z}} |\hat{\varphi}(\omega + 2k\pi)|^2$。显然$F(\omega)$是以$2\pi$为周期

【例 5-2】

的周期函数。

$\hat{\varphi}_{on}(\omega) = e^{-jn\omega} \hat{\varphi}(\omega)$，由帕塞瓦尔等式知

$$(\varphi_{on}, \varphi_{om}) = \frac{1}{2\pi}(\hat{\varphi}_{on}, \hat{\varphi}_{om})$$

$$= \frac{1}{2\pi}(e^{-jn\omega} \hat{\varphi}(\omega), e^{-jm\omega} \hat{\varphi}(\omega))$$

$$= \frac{1}{2\pi}\int_{-\infty}^{+\infty} e^{j(m-n)\omega} |\hat{\varphi}(\omega)|^2 d\omega$$

$$= \frac{1}{2\pi}\sum_{k=-\infty}^{+\infty}\int_{2k\pi}^{2(k+1)\pi} e^{j(m-n)\omega} |\hat{\varphi}(\omega)|^2 d\omega$$

$$= \frac{1}{2\pi}\sum_{k=-\infty}^{+\infty}\int_{0}^{2\pi} e^{j(m-n)\omega} |\hat{\varphi}(\omega + 2k\pi)|^2 d\omega$$

$$= \frac{1}{2\pi}\int_{0}^{2\pi} e^{j(m-n)\omega} F(\omega) d\omega$$

显然$(\varphi_{on}, \varphi_{om}) = \delta_{nm}$的充要条件是

$$\frac{1}{2\pi}\int_{0}^{2\pi} e^{j(m-n)\omega} F(\omega) d\omega = \delta_{mn} \Leftrightarrow F(\omega) \equiv 1 （符号 "\equiv" 表示恒等于）$$

定理 5-9　若$\{\varphi(t-n), n \in \mathbf{Z}\}$是标准正交基，则$\{2^{\frac{m}{2}}\varphi(2^m t - n),$

$n \in \mathbf{Z}\}$也是标准正交基。

【例 5-3】~【例 5-5】

证明　记$\varphi_{m,n}(t) = 2^{\frac{m}{2}}\varphi(2^m t - n)$，则$\hat{\varphi}_{m,n}(\omega) = 2^{-\frac{m}{2}} e^{-j\frac{n}{2^m}\omega} \hat{\varphi}\left(\frac{\omega}{2^m}\right)$。于是

$$(\varphi_{m,n}, \varphi_{m,k}) = \frac{1}{2\pi}(\hat{\varphi}_{m,n}, \hat{\varphi}_{m,k})$$

$$= \frac{1}{2\pi}\left[2^{-\frac{m}{2}} e^{-j\frac{n}{2^m}\omega} \hat{\varphi}\left(\frac{\omega}{2^m}\right), 2^{-\frac{m}{2}} e^{-j\frac{k}{2^m}\omega} \hat{\varphi}\left(\frac{\omega}{2^m}\right)\right]$$

$$= \frac{2^{-m}}{2\pi}\int_{-\infty}^{+\infty} e^{j(k-n)\frac{\omega}{2^m}} \left|\hat{\varphi}\left(\frac{\omega}{2^m}\right)\right|^2 d\omega$$

$$= \frac{1}{2\pi}\int_{-\infty}^{+\infty} e^{j(k-n)\frac{\omega}{2^m}} \left|\hat{\varphi}\left(\frac{\omega}{2^m}\right)\right|^2 d\left(\frac{\omega}{2^m}\right)$$

$$= \frac{1}{2\pi} \int_{-\infty}^{+\infty} \mathrm{e}^{\mathrm{j}(k-n)\omega'} \mid \hat{\varphi}(\omega') \mid^2 \mathrm{d}\omega'$$

因为 $\{\varphi(t-n), n \in \mathbf{Z}\}$ 是标准正交基, 由定理 5-4 可知

$$\frac{1}{2\pi} \int_{-\infty}^{+\infty} \mathrm{e}^{\mathrm{j}(k-n)\omega} \mid \hat{\varphi}(\omega) \mid^2 \mathrm{d}\omega = \delta_{n,k}$$

所以 $(\varphi_{m,n}, \varphi_{m,k}) = \delta_{nk}$。

定理 5-10　若 $\{\varphi(t-n), n \in \mathbf{Z}\}$ 是 V_0 的 Riesz 基, 令 $\hat{\varphi}^*(\omega) = \dfrac{\hat{\varphi}(\omega)}{\left(\sum\limits_{k \in \mathbf{Z}} \mid \hat{\varphi}(\omega + 2k\pi) \mid^2\right)^{1/2}}$, 则 $\hat{\varphi}^*(\omega)$ 的傅里叶反变换 $\varphi^*(t)$ 的整数平移集 $\{\varphi^*(t-n), n \in \mathbf{Z}\}$ 是 V_0 的标准正交基。

【例 5-6】

$$\hat{\varphi}^*(\omega) = \frac{\hat{\varphi}(\omega)}{\left(\sum\limits_{k \in \mathbf{Z}} \mid \hat{\varphi}(\omega + 2k\pi) \mid^2\right)^{1/2}} \text{ 称为正交化公式。}$$

证明

$$\sum_{k \in \mathbf{Z}} \mid \hat{\varphi}^*(\omega + 2k\pi) \mid^2 = \sum_{k \in \mathbf{Z}} \left\{ \frac{\mid \hat{\varphi}(\omega + 2k\pi) \mid^2}{\sum\limits_{l \in \mathbf{Z}} \mid \hat{\varphi}(\omega + 2k\pi + 2l\pi) \mid^2} \right\}$$

$$= \frac{\sum\limits_{k \in \mathbf{Z}} \mid \hat{\varphi}(\omega + 2k\pi) \mid^2}{\sum\limits_{m \in \mathbf{Z}} \mid \hat{\varphi}(\omega + 2m\pi) \mid^2} \equiv 1$$

式中, $m = k + l$。

再来分析香农取样定理。我们考虑 π-频谱有限函数 B_π, 现将取样间隔取为 $h = 1$, 香农取样定理的关键在于构造了一个基函数 $s(t) = \dfrac{\sin \pi t}{\pi t}$, 这个基函数的整数平移集 $\{s(t-n), n \in \mathbf{Z}\}$ 构成了 B_π 的一个标准正交基, 这样对于任意的 $f(t) \in B_\pi$, 有 $f(t) = \sum\limits_{n \in \mathbf{Z}} f(n) s(t-n)$。

【例 5-7】

再把空间扩大到 $2^m \pi$-频谱有限函数 $B_{2^m \pi}$, 可知 $\left\{ 2^{\frac{m}{2}} \dfrac{\sin 2^m \pi \left(t - \dfrac{n}{2^m}\right)}{2^m \pi \left(t - \dfrac{n}{2^m}\right)}, n \in \mathbf{Z} \right\}$ 是 $B_{2^m \pi}$ 的标准正交基, 根据香农取样定理 $h \leqslant \dfrac{\pi}{b} = \dfrac{\pi}{2^m \pi} = \dfrac{1}{2^m}$, 现取 $h = \dfrac{1}{2^m}$, 则对任意的 $f(t) \in B_{2^m \pi}$, 有 $f(t) = \sum\limits_{n \in \mathbf{Z}} f\left(\dfrac{n}{2^m}\right) s_{m,n}(t)$, 其中 $s_{m,n}(t) = 2^{\frac{m}{2}} \dfrac{\sin 2^m \pi \left(t - \dfrac{n}{2^m}\right)}{2^m \pi \left(t - \dfrac{n}{2^m}\right)}$。

取样定理等式的右边是一个级数, 这个级数的收敛速度对于计算极其重要。这个级数的收敛速度越快, 计算量越小, 精度越高。

香农取样定理的收敛速度是一阶。那么除了 $\dfrac{\sin\dfrac{\pi}{h}t}{\dfrac{\pi}{h}t}$ 以外,是否还能找到另外的基函数

$s(t)$,产生新的取样定理 $f(t)=\sum\limits_{n\in\mathbf{Z}}f(nh)s(t-nh)$ 呢?

一个函数要能成为取样定理的基函数,首先要求这个函数具有平移正交性,使这个函数的整数平移集 $\{s(t-n),n\in\mathbf{Z}\}$ 成为其各子空间的标准正交基。而多分辨分析中的尺度函数 $\varphi(t)$ 恰好满足这个要求,那么能否把尺度函数作为取样定理中的基函数呢?

尺度函数的整数平移集 $\{\varphi(t-n),n\in\mathbf{Z}\}$ 能够构成 L^2 的子空间 V_0 的标准正交基,对 V_0 中的任一函数 $f(t)$,可按标准正交基展开成 $f(t)=\sum\limits_{n\in\mathbf{Z}}c_n\varphi(t-n)$,展开系数 $c_n=(f,\varphi_{0n})$,但问题是 c_n 不一定就是 $f(n)$,而对取样定理中的基函数 $s(t)$,除了要求具有平移正交性以外,还要求满足 $(f(t),s(t-n))=f(n)$,这样的展开式 $f(t)=\sum\limits_{n\in\mathbf{Z}}(f(t),s(t-n))s(t-n)=\sum\limits_{n\in\mathbf{Z}}f(n)s(t-n)$,才能成为取样定理。因此,一般情况下,尺度函数不能成为取样定理中的基函数。

为了使 $c_n=(f(t),s(t-n))=f(n)$,$s(t)$ 不仅要满足平移正交性,还要满足离散正交性,即 $s(m-n)=\delta_{mn},m,n\in\mathbf{Z}$,这样对于 $f(t)=\sum\limits_{n\in\mathbf{Z}}c_ns(t-n)$,当 $t=m$ 时,有 $f(m)=\sum\limits_{n\in\mathbf{Z}}c_ns(m-n)=\sum\limits_{n\in\mathbf{Z}}c_n\delta_{mn}=c_m$。函数 $\dfrac{\sin\pi t}{\pi t}$ 既满足平移正交性,又满足离散正交性,则 $\dfrac{\sin\pi(m-n)}{\pi(m-n)}=\delta_{mn}$。

那么多分辨分析的尺度函数能否改造为取样定理中的基函数呢?

设 V_0 是 L^2 的一个子空间,考虑 V_0 中的取样定理,$\varphi(t)$ 是尺度函数,现在希望在 V_0 中找一个基函数 $s(t)$。由于 $s(t)\in V_0$,因此有 $s(t)=\sum\limits_{n\in\mathbf{Z}}a_n\varphi(t-n)$,$\{a_n\}\in L^2$,对数列 $\{a_n\}$ 和 $\{s(k),k\in\mathbf{Z}\}$,分别作离散傅里叶变换,得

$$\hat{a}^*(\omega)=\sum\limits_{n\in\mathbf{Z}}a_n\,\mathrm{e}^{jn\omega},\ \hat{s}^*(\omega)=\sum\limits_{k\in\mathbf{Z}}s(k)\,\mathrm{e}^{jk\omega}$$

由 $s(t)=\sum\limits_{n\in\mathbf{Z}}a_n\varphi(t-n)$,得

$$s(k)=\sum\limits_{n\in\mathbf{Z}}a_n\varphi(k-n)$$

$$\begin{aligned}\hat{s}^*(\omega)&=\sum\limits_{k\in\mathbf{Z}}\Big(\sum\limits_{n\in\mathbf{Z}}a_n\varphi(k-n)\Big)\mathrm{e}^{jk\omega}\\&=\sum\limits_{k\in\mathbf{Z}}\Big(\sum\limits_{n\in\mathbf{Z}}a_n\,\mathrm{e}^{jn\omega}\Big)\varphi(k-n)\,\mathrm{e}^{j(k-n)\omega}\\&=\sum\limits_{k\in\mathbf{Z}}(\hat{a}^*(\omega))\varphi(k-n)\,\mathrm{e}^{j(k-n)\omega}\\&=\hat{a}^*(\omega)\,\hat{\varphi}^*(\omega)\end{aligned}$$

式中,$\hat{\varphi}^*(\omega)$ 是 $\{\varphi(m),m\in\mathbf{Z}\}$ 的离散傅里叶变换。

由于要求 $s(t)$ 具有离散正交性,即 $s(m-n)=\delta_{mn}$,因此对整数 k,$s(k)=\begin{cases}1,k=0\\0,k\neq0\end{cases}$,也就是说,离散正交性的条件等价于 $\hat{s}^*(\omega)=\sum\limits_{k\in\mathbf{Z}}s(k)\,\mathrm{e}^{jk}\omega\equiv1$,即 $\hat{s}^*(\omega)=\hat{a}^*(\omega)\,\hat{\varphi}^*(\omega)\equiv1$,$\hat{a}^*(\omega)=\dfrac{1}{\hat{\varphi}^*(\omega)}\,\hat{\varphi}^*(\omega)\neq0$。

由于 $\varphi(t)$ 是已知的，$\hat{\varphi}^*(\omega)$ 当然也是已知的，这样就求得了 $\hat{a}^*(\omega)$，进而得到 $\{a_n\}$，因此由 $s(t)=\sum\limits_{n\in\mathbf{Z}}a_n\varphi(t-n)$ 也就求得了 $s(t)$。但有时由 $\hat{a}^*(\omega)$ 求 $\{a_n\}$ 很困难，这时可以采用另一种方法。

对 $s(t)=\sum\limits_{n\in\mathbf{Z}}a_n\varphi(t-n)$ 两边作傅里叶变换，得

$$\hat{s}(\omega)=\sum_{n\in\mathbf{Z}}a_n\,\mathrm{e}^{-jn\omega}\,\hat{\varphi}(\omega)$$
$$=\hat{a}^*(-\omega)\,\hat{\varphi}(\omega)$$
$$=\frac{\hat{\varphi}(\omega)}{\hat{\varphi}^*(-\omega)}$$

$\hat{\varphi}(\omega)$ 和 $\hat{\varphi}^*(-\omega)$ 都可由 $\varphi(t)$ 求得，这样就得到了 $\hat{s}(\omega)$。对 $\hat{s}(\omega)$ 再作傅里叶反变换，即可求得 $s(t)$。

上面的叙述可以归结为以下定理。

定理 5-11　设 $\{V_m,m\in\mathbf{Z}\}$，$\varphi(t)$ 是一个多分辨分析，且满足：当 $|t|\to\infty$ 时，$\varphi(t)=o\left(\dfrac{1}{|t|^{1+t}}\right)$；$\varepsilon>0$；$\hat{\varphi}^*(\omega)=\sum\limits_{n\in\mathbf{Z}}\varphi(n)\,\mathrm{e}^{jn\omega}\neq 0$；$-\infty<\omega<+\infty$。则存在 $s(t)\in V_0$，满足：

（1）$\{s(t-n),n\in\mathbf{Z}\}$ 是 V_0 的标准正交基或 Riesz 基；

（2）$s(m-n)=\delta_{mn}$；

（3）对任意的 $f(t)\in V_0$，$f(t)=\sum\limits_{n\in\mathbf{Z}}f(n)s(t-n)$，且等式右边的级数是一致收敛的。

这里，若尺度函数的整数平移集 $\{\varphi(t-n),n\in\mathbf{Z}\}$ 是 V_0 的 Riesz 基，则 $\{s(t-n),n\in\mathbf{Z}\}$ 也是 Riesz 基；若 $\{\varphi(t-n),n\in\mathbf{Z}\}$ 是标准正交基，则 $\{s(t-n),n\in\mathbf{Z}\}$ 也是标准正交基。

用这种方法求 $s(t)$ 在作傅里叶反变换时，一般比较困难，只能通过近似的方法来求。

对于任何一种取样定理 $f(t)=\sum\limits_{n\in\mathbf{Z}}f(nh)s(t-nh)$，右边的级数收敛得越快越好，收敛得快，意味着在同样的精度要求下，取的项数可以减少。要使这个级数收敛得快，关键就是要使基函数 $s(t)$ 衰减得快，即 $s(t)$ 的局部性要好。香农函数 $s(t)=\dfrac{\sin\dfrac{\pi}{h}t}{\dfrac{\pi}{h}t}$ 的分母是 t 的一次幂，因而收敛不快。

【例 5-8】~【例 5-10】

现在构造一个函数 $s_N(t)$，满足：

（1）$s_N(t)=o(|t|^{-N})$，$t\to\infty$ 时；

（2）$\{s_N(t-n),n\in\mathbf{Z}\}$ 是标准正交基；

（3）$s_N(t)$ 满足离散正交性，即 $s_N(m-n)=\delta_{mn}$，m、$n\in\mathbf{Z}$。

现以 $N=2$ 为例，来构造这样的函数 $s_2(t)$。

定理 5-12（改进的取样定理）　设 $f(t)$ 是 b-频谱有限函数，则当取样间隔 $h<\dfrac{\pi}{b}$ 时，有

$$f(t)=\sum_{n\in\mathbf{Z}}f(nh)\frac{\sin\dfrac{\pi}{h}(t-nh)\sin\beta(t-nh)}{\dfrac{\pi}{h}\beta(t-nh)^2}=\sum_{n\in\mathbf{Z}}f(nh)\,s_2(t-nh)$$

式中，$\beta = \dfrac{\pi}{h} - b > 0$。当 $t = nh$ 时，定义 $s_2(t) = 1$。

证明 令 $T = \dfrac{2\pi}{h} = 2(b + \beta)$，以 T 为周期对 $\hat{f}(\omega)$ 作周期延拓得 $\hat{f}_T(\omega)$，并将 $\hat{f}_T(\omega)$ 展开为傅里叶级数，得

$$\hat{f}_T(\omega) = \sum_{n \in \mathbf{Z}} c_n \, \mathrm{e}^{\mathrm{j}n\omega\xi}$$

式中，

$$\xi = \frac{2\pi}{T} = h$$

$$c_n = \frac{1}{T} \int_{-\frac{T}{2}}^{\frac{T}{2}} \hat{f}_T(\omega) \, \mathrm{e}^{-\mathrm{j}n\omega\xi} \mathrm{d}\omega$$

由于 $\dfrac{T}{2} = b + \beta > b$，因此，当 $|\omega| > \dfrac{T}{2}$ 时，$\hat{f}(\omega) = 0$，故

$$c_n' = \frac{1}{T} \int_{-\infty}^{+\infty} \hat{f}(\omega) \, \mathrm{e}^{-\mathrm{j}n\omega h} \mathrm{d}\omega$$

$$= \frac{h}{2\pi} \int_{-\infty}^{+\infty} \hat{f}(\omega) \, \mathrm{e}^{\mathrm{j}\omega(-nh)} \mathrm{d}\omega$$

$$= hf(-nh)$$

代入傅里叶展开式得 $\hat{f}_T(\omega) = \sum_{n \in \mathbf{Z}} (-nh) \, \mathrm{e}^{\mathrm{j}n\omega h}$。

$$\text{令} \quad \hat{g}(\omega) = \begin{cases} \dfrac{1}{2\beta}(\omega + b + 2\beta), & \omega \in (-b - 2\beta, -b) \\ 1, & \omega \in [-b, b] \\ -\dfrac{1}{2\beta}(\omega - b - 2\beta), & \omega \in (b, b + 2\beta) \\ 0, & \text{其他} \end{cases}$$

则

$$\hat{f}(\omega) = \hat{f}_T(\omega) \cdot \hat{g}(\omega)$$

$$= h \sum_{n \in \mathbf{Z}} f(-nh) \, \mathrm{e}^{\mathrm{j}n\omega h} \, \hat{g}(\omega)$$

等式两边作傅里叶反变换，得

$$f(t) = \frac{h}{2\pi} \sum_{n \in \mathbf{Z}} f(-nh) \int_{-\infty}^{+\infty} \hat{g}(\omega) \, \mathrm{e}^{\mathrm{j}n\omega h} \cdot \mathrm{e}^{\mathrm{j}\omega t} \mathrm{d}\omega$$

$$= \frac{h}{2\pi} \sum_{n \in \mathbf{Z}} f(-nh) \int_{-\infty}^{+\infty} \hat{g}(\omega) \, \mathrm{e}^{\mathrm{j}(t+nh)\omega} \mathrm{d}\omega$$

$$= h \sum_{n \in \mathbf{Z}} f(-nh) g(t + nh)$$

$$= h \sum_{k \in \mathbf{Z}} f(kh) g(t - kh)$$

且由于 $g(t) = \dfrac{1}{2\pi} \int_{-\infty}^{+\infty} \hat{g}(\omega) \, \mathrm{e}^{\mathrm{j}\omega t} \mathrm{d}\omega$

$$= \frac{1}{2\pi} \left[\int_{-b-2\beta}^{-b} \frac{1}{2\beta}(\omega + b + 2\beta) \, \mathrm{e}^{\mathrm{j}\omega t} \mathrm{d}\omega + \int_{-b}^{b} \mathrm{e}^{\mathrm{j}\omega t} \mathrm{d}\omega + \right.$$

$$\left. \int_{b}^{b+2\beta} -\frac{1}{2\beta}(\omega - b - 2\beta) \, \mathrm{e}^{\mathrm{j}\omega t} \mathrm{d}\omega \right]$$

$$= \frac{1}{2\pi} \cdot \frac{-1}{\mathrm{j}t} \left[\int_{-b-2\beta}^{-b} \frac{1}{2\beta} \mathrm{e}^{\mathrm{j}\omega t} \mathrm{d}\omega - \int_{b}^{b+2\beta} \frac{1}{2\beta} \mathrm{e}^{\mathrm{j}\omega t} \mathrm{d}\omega \right]$$

$$= \frac{1}{2\pi} \cdot \frac{1}{2\beta t^2} \left[\mathrm{e}^{-\mathrm{j}tb} - \mathrm{e}^{-\mathrm{j}t(b+2\beta)} - \mathrm{e}^{\mathrm{j}t(b+2\beta)} + \mathrm{e}^{\mathrm{j}tb} \right]$$

$$= \frac{1}{2\pi} \cdot \frac{1}{\beta t^2} \left[\cos tb - \cos t(b+2\beta) \right]$$

$$= \frac{1}{2\pi} \cdot \frac{2}{\beta t^2} \sin t\beta \cdot \sin t(b+\beta)$$

$$= \frac{1}{2\pi} \cdot \frac{2}{\beta t^2} \sin t\beta \cdot \sin\left(t \frac{\pi}{h} \right)$$

因此

$$f(t) = h \sum_{k \in \mathbf{Z}} f(kh) g(t-kh)$$

$$= \frac{h}{\pi\beta} \sum_{k \in \mathbf{Z}} f(kh) \frac{\sin\beta(t-kh) \cdot \sin\frac{\pi}{h}(t-kh)}{(t-kh)^2}$$

$$= \sum_{n \in \mathbf{Z}} f(nh) \frac{\sin\beta(t-nh) \sin\frac{\pi}{h}(t-nh)}{\beta \cdot \frac{\pi}{h}(t-nh)^2}$$

　　这个改进的取样定理的收敛速度比香农取样定理高一阶,但在同样的一个子空间 B_b 中,香农取样定理的取样间隔要求 $h \leqslant \frac{\pi}{b}$,而改进的取样定理的取样间隔要求 $h < \frac{\pi}{b}$,需要有一点"空隙",即 $\beta = \frac{\pi}{h} - b$。

　　类似地,可构造 $N=3$ 的取样定理。

　　定理 5-13　设 $f(t) \in B_b$,则当 $h < \frac{\pi}{b}$ 时,有

$$f(t) = \sum_{n \in \mathbf{Z}} f(nh) \frac{\sin^2\left[\frac{\beta}{2}(t-nh)\right] \sin\frac{\pi}{h}(t-nh)}{\left(\frac{\beta}{2}\right)^2 \frac{\pi}{h}(t-nh)^3}$$

式中,$\beta = \frac{\pi}{h} - b > 0$。

5.7.3　正交小波基

　　正交小波基具有很好的性质,它是由一个小波母函数经伸缩和平移,得到 $\{\psi_{m,n}(2^{\frac{m}{2}}\psi(2^m t-$

n))$,m、n \in \mathbf{Z}$},即构成L^2的一个标准正交基。

用多分辨分析来构造正交小波基是一种很有效的方法,主要思想是对L^2作正交分解,$L^2 = \bigoplus_{k \in \mathbf{Z}} W_k, W_k \perp W_l, k \neq l$,在每一个子空间$W_k$上构造标准正交基{$\psi_{k,n}(t), n \in \mathbf{Z}$},则$\bigcup_{k \in \mathbf{Z}}$ {$\psi_{k,n}(t), n \in \mathbf{Z}$} = {$\psi_{k,n}(t), k、n \in \mathbf{Z}$}就构成$L^2$的标准正交基。

先来看上一节提到的例子,$V_m = B_{2^m \pi}, m \in \mathbf{Z}, \bigcup_{m \in \mathbf{Z}} \overline{V_m} = L^2, \varphi(t) = \dfrac{\sin \pi t}{\pi t}$,{$V_m$}和$\varphi(t)$构成一个正交多分辨分析。{$\varphi(t-n), n \in \mathbf{Z}$}是$V_m$的标准正交基,由定理5-5可知,{$\varphi_{m,n}(t), n \in \mathbf{Z}$}是$V_m$的标准正交基,那么{$\varphi_{m,n}(t), m、n \in \mathbf{Z}$}是否构成$L^2$的标准正交基呢?

回答是否定的。因为当$m \neq k$时,V_m和V_k不是相互正交的子空间,{V_m}不是L^2的正交分解,即对固定的m,$(\varphi_{m,n}, \varphi_{m,l}) = \delta_{nl}$,但对不同的$m$和$m'$,$\varphi_{m,n}$和$\varphi_{m'n}$不是相互正交的,所以{$\varphi_{m,n}(t), m、n \in \mathbf{Z}$}不能构成标准正交基。因此,尺度函数的伸缩和平移不是正交小波基,即使尺度函数满足小波的允许性条件。

现在我们从正交多分辨分析出发,经适当的处理来得到正交小波基。

设{$V_m, m \in \mathbf{Z}$},$\varphi(t)$是一个正交多分辨分析。因为$\varphi(t) \in V_0 \subset V_1$,而{$\sqrt{2}\varphi(2t-n), n \in \mathbf{Z}$}是$V_1$的标准正交基,所以$\varphi(t) = \sum_{n \in \mathbf{Z}} \varphi(2t - n)$,这个等式反映了两个尺度$\varphi(t)$和$\varphi(2t)$之间的关系,称为双尺度方程。数列{$P_n$}反映了两个尺度$\varphi(t)$和$\varphi(2t)$的联系,称为双尺度序列。由于$V_1 \subset L^2$,因此{$P_n$} $\in L^2$。

对双尺度方程两边作傅里叶变换,得$\hat{\varphi}(\omega) = \dfrac{1}{2}\sum_{n \in \mathbf{Z}} P_n e^{-j\frac{n}{2}\pi}\hat{\varphi}\left(\dfrac{\omega}{2}\right)$,记$P(z) = \dfrac{1}{2}\sum_{n \in \mathbf{Z}} P_n z^n$,其中$z$是一个复数,所以$P(z)$称为双尺度符号。

再记$H(\omega) = P(e^{-j\omega}) = \dfrac{1}{2}\sum_{n \in \mathbf{Z}} P_n e^{-jn\omega}$,显然$H(\omega)$是以$2\pi$为周期的周期函数,且有$\hat{\varphi}(\omega) = H\left(\dfrac{\omega}{2}\right)\hat{\varphi}\left(\dfrac{\omega}{2}\right)$。

定理5-14 设{$\varphi(t-n), n \in \mathbf{Z}$}是标准正交基,则$|H(\omega)|^2 + |H(\omega+\pi)|^2 \equiv 1$。

证明 因为{$\varphi(t-n), n \in \mathbf{Z}$}是标准正交基,由定理5-8可知$F(\omega) = \sum_{k \in \mathbf{Z}} |\hat{\varphi}(\omega + 2k\pi)|^2 \equiv 1$,当然也有$F(\omega+\pi) \equiv 1, F(2\omega) \equiv 1$。

$$\begin{aligned}
F(2\omega) &= \sum_{k \in \mathbf{Z}} |\hat{\varphi}(2\omega + 2k\pi)|^2 \\
&= \sum_{k \in \mathbf{Z}} |\hat{\varphi}[2(\omega + k\pi)]|^2 \\
&= \sum_{k \in \mathbf{Z}} |H(\omega + k\pi)|^2 |\hat{\varphi}(\omega + k\pi)|^2
\end{aligned}$$

把奇、偶项分开,$k = 2l, k = 2l+1$,则有

$$\begin{aligned}
&\sum_{k \in \mathbf{Z}} |H(\omega + k\pi)|^2 |\hat{\varphi}(\omega + k\pi)|^2 \\
&= \sum_{l \in \mathbf{Z}} |H(\omega + 2l\pi)|^2 |\hat{\varphi}(\omega + 2l\pi)|^2 + \\
&\quad \sum_{l \in \mathbf{Z}} |H(\omega + 2l\pi + \pi)|^2 |\hat{\varphi}(\omega + 2l\pi + \pi)|^2
\end{aligned}$$

$$
\begin{aligned}
&= \sum_{l \in \mathbf{Z}} |H(\omega)|^2 |\hat{\varphi}(\omega + 2l\pi)|^2 + \\
&\quad \sum_{l \in \mathbf{Z}} |H(\omega + \pi)|^2 |\hat{\varphi}(\omega + 2l\pi + \pi)|^2 \\
&= |H(\omega)|^2 F(\omega) + |H(\omega + \pi)|^2 F(\omega + \pi) \\
&= |H(\omega)|^2 + |H(\omega + \pi)|^2 \equiv 1
\end{aligned}
$$

$H(\omega)$ 可以看作一个滤波器,它在小波变换中有很重要的作用。

多分辨分析的尺度函数 $\varphi(t)$ 的平移和伸缩 $\{\varphi_{m,n}(t), m \, , n \in \mathbf{Z}\}$ 之所以不能成为 L^2 的标准正交基,是因为由 $\{\varphi_{m,n}(t), n \in \mathbf{Z}\}$ 生成的 L^2 的子空间 $\{V_m\}$ 不是 L^2 的正交分解。现需要对 L^2 作正交分解。

设 W_m 是 V_m 在 V_{m+1} 中的正交补,即 $W_m \perp V_m, W_m \oplus V_m = V_{m+1}$。这样对任意取定的 N,有

$$
\begin{aligned}
V_N &= W_{N-1} \oplus V_{N-1} \\
&= W_{N-1} \oplus W_{N-2} \oplus V_{N-2} \\
&= \cdots \\
&= W_{N-1} \oplus W_{N-2} \oplus W_{N-3} \oplus \cdots \oplus W_s \oplus V_s
\end{aligned}
$$

由于 $W_{N-1} \perp V_{N-1}$,因此 $W_{N-1} \perp W_{N-2}, W_{N-1} \perp V_{N-2}, \cdots$,同理 $W_j \perp W_i, j \neq i$,即 $\{W_m, s \leqslant m \leqslant N-1\}$ 是 L^2 的一个相互正交的空间。令 $N \rightarrow +\infty, s \rightarrow -\infty$,得 $L^2 = \bigoplus_{m \in \mathbf{Z}} W_m$,这样就实现了对 L^2 的正交分解,W_m 称为小波空间。现在需要构造 W_0 的标准正交基,进而得到 W_m 的标准正交基。

定理 5–15　设 $\{V_m\}, \varphi(t)$ 是一个正交多分辨分析,$\varphi(t) = \sum_{n \in \mathbf{Z}} P_n \varphi(2t - n)$ 是双尺度方程,记 $Q_n = (-1)^n \overline{P_{1-n}}$,则 $\psi(t) = \sum_{n \in \mathbf{Z}} Q_n \varphi(2t - n)$ 是一个正交小波母函数。这里 $\overline{P_{1-n}}$ 是 P_{1-n} 的共轭复数。

这个定理是小波分析的一个很重要的定理,该定理讲述的构造正交小波的方法,是构造正交小波的极其常用的方法。定理也给出了函数与正交小波母函数之间的关系。

证明　首先证明 $\{\psi(t-n), n \in \mathbf{Z}\}$ 是一个标准正交基。

对 $\psi(t) = \sum_{n \in \mathbf{Z}} (-1)^n \overline{P_{1-n}} \varphi(2t - n)$ 两边作傅里叶变换,得

$$
\begin{aligned}
\hat{\psi}(\omega) &= \frac{1}{2} \sum_{n \in \mathbf{Z}} (-1)^n \overline{P_{1-n}} \, \mathrm{e}^{-\mathrm{j}\frac{n}{2}\omega} \hat{\varphi}\left(\frac{\omega}{2}\right) \\
&= -\mathrm{e}^{-\mathrm{j}\frac{\omega}{2}} \left[\frac{1}{2} \sum_{n \in \mathbf{Z}} (-1)^{n-1} \overline{P_{1-n}} \, \mathrm{e}^{-\mathrm{j}\frac{n-1}{2}\omega}\right] \hat{\varphi}\left(\frac{\omega}{2}\right)
\end{aligned}
$$

因为 $H(\omega) = \frac{1}{2} \sum_{n \in \mathbf{Z}} P_n \, \mathrm{e}^{-\mathrm{j}n\omega}$,所以

$$
\begin{aligned}
\overline{H\left(\frac{\omega}{2} + \pi\right)} &= \frac{1}{2} \sum_{n \in \mathbf{Z}} \overline{P_n \, \mathrm{e}^{-\mathrm{j}n\left(\frac{\omega}{2} + \pi\right)}} \\
&= \frac{1}{2} \sum_{n \in \mathbf{Z}} \overline{P_n} (-1)^n \, \mathrm{e}^{-\mathrm{j}\frac{n}{2}\omega}
\end{aligned}
$$

令 $n = 1-k$,则 $(-1)^n = (-1)^{-n} = (-1)^{k-1}$,有

$$
\overline{H\left(\frac{\omega}{2} + \pi\right)} = \frac{1}{2} \sum_{k \in \mathbf{Z}} (-1)^{k-1} \overline{P_{1-k}} \, \mathrm{e}^{-\mathrm{j}(k-1)\frac{\omega}{2}}
$$

代入 $\hat{\psi}(\omega)$ 的表达式,得

$$\hat{\psi}(\omega) = -\mathrm{e}^{-\mathrm{j}\frac{\omega}{2}} \equiv \overline{H\left(\frac{\omega}{2}+\pi\right)} \hat{\varphi}\left(\frac{\omega}{2}\right)$$

于是

$$\sum_{k \in \mathbf{Z}} \left| \hat{\psi}(\omega + 2k\pi) \right|^2$$

$$= \sum_{k \in \mathbf{Z}} \left| -\mathrm{e}^{-\mathrm{j}\frac{\omega+2k\pi}{2}} \right|^2 \left| H\left(\frac{\omega + 2k\pi}{2} + \pi\right) \right|^2 \left| \hat{\varphi}\left(\frac{\omega + 2k\pi}{2}\right) \right|^2$$

$$= \sum_{k \in \mathbf{Z}} \left| H\left(\frac{\omega}{2} + (k + 1)\pi\right) \right|^2 \left| \hat{\varphi}\left(\frac{\omega}{2} + k\pi\right) \right|^2$$

把 k 分为奇数 $k = 2l+1$ 和偶数 $k = 2l$,且注意到 $H(\omega) = H(\omega+2\pi)$,则

$$\sum_{k \in \mathbf{Z}} \left| \hat{\psi}(\omega + 2k\pi) \right|^2$$

$$= \sum_{l \in \mathbf{Z}} \left| H\left(\frac{\omega}{2} + (2l + 1)\pi\right) \right|^2 \left| \hat{\varphi}\left(\frac{\omega}{2} + 2l\pi\right) \right|^2 +$$

$$\sum_{l \in \mathbf{Z}} \left| H\left(\frac{\omega}{2} + 2(l + 1)\pi\right) \right|^2 \left| \hat{\varphi}\left(\frac{\omega}{2} + (2l + 1)\pi\right) \right|^2$$

$$= \sum_{l \in \mathbf{Z}} \left| H\left(\frac{\omega}{2} + \pi\right) \right|^2 \left| \hat{\varphi}\left(\frac{\omega}{2} + 2l\pi\right) \right|^2 +$$

$$\sum_{l \in \mathbf{Z}} \left| H\left(\frac{\omega}{2}\right) \right|^2 \left| \hat{\varphi}\left(\frac{\omega}{2} + 2l\pi + \pi\right) \right|^2$$

$$= \left| H\left(\frac{\omega}{2} + \pi\right) \right|^2 \sum_{l \in \mathbf{Z}} \left| \hat{\varphi}\left(\frac{\omega}{2} + 2l\pi\right) \right|^2 +$$

$$\left| H\left(\frac{\omega}{2}\right) \right|^2 \sum_{l \in \mathbf{Z}} \left| \hat{\varphi}\left(\frac{\omega}{2} + 2l\pi + \pi\right) \right|^2$$

$$= \left| H\left(\frac{\omega}{2} + \pi\right) \right|^2 F\left(\frac{\omega}{2}\right) + \left| H\left(\frac{\omega}{2}\right) \right|^2 F\left(\frac{\omega}{2} + \pi\right)$$

$$= \left| H\left(\frac{\omega}{2} + \pi\right) \right|^2 + \left| H\left(\frac{\omega}{2}\right) \right|^2 \equiv 1$$

由定理 5-14 知,$\{\psi(t-n), n \in \mathbf{Z}\}$ 是标准正交基。记

$$V_0 = \overline{\mathrm{span}\{\varphi(t-n), n \in \mathbf{Z}\}}$$

$$W_0 = \overline{\mathrm{span}\{\psi(t-n), n \in \mathbf{Z}\}}$$

$$V_1 = \mathrm{span}\{\varphi(2t-n), n \in \mathbf{Z}\}$$

现证明:$V_0 \perp W_0$,且 $V_0 \oplus W_0 = V_1$。

由于 $\{\varphi(t-n), n \in \mathbf{Z}\}$ 是 V_0 的标准正交基,$\{\psi(t-n), n \in \mathbf{Z}\}$ 是 W_0 的标准正交基。要证明 $V_0 \perp W_0$,只需证明 $(\varphi(t-k), \psi(t-m)) = 0$,对任意的 k、$m \in \mathbf{Z}$ 成立。

$$(\varphi(t - k), \psi(t - m)) = \int_{-\infty}^{+\infty} \varphi(t - k)\, \overline{\psi(t - m)}\, \mathrm{d}t$$

$$= \int_{-\infty}^{+\infty} \varphi(u + m - k)\, \overline{\psi(u)}\, \mathrm{d}u$$

$$= \int_{-\infty}^{+\infty} \varphi(u+l) \, \overline{\psi(u)} \, \mathrm{d}u$$

$$= \frac{1}{2\pi} \int_{-\infty}^{+\infty} \mathrm{e}^{jl\omega} \, \hat{\varphi}(\omega) \, \overline{\hat{\psi}(\omega)} \, \mathrm{d}\omega$$

$$= \frac{1}{2\pi} \int_{-\infty}^{+\infty} \mathrm{e}^{jl\omega} H\left(\frac{\omega}{2}\right) \hat{\varphi}\left(\frac{\omega}{2}\right) \overline{\left[-\mathrm{e}^{-j\frac{\omega}{2}} \, \overline{H\left(\frac{\omega}{2}+\pi\right)} \, \hat{\varphi}\left(\frac{\omega}{2}\right) \right]} \, \mathrm{d}\omega$$

$$= -\frac{1}{2\pi} \int_{-\infty}^{+\infty} H\left(\frac{\omega}{2}\right) \hat{\varphi}\left(\frac{\omega}{2}\right) \mathrm{e}^{j(2l+1)\frac{\omega}{2}} H\left(\frac{\omega}{2}+\pi\right) \hat{\varphi}\left(\frac{\omega}{2}\right) \mathrm{d}\omega$$

$$= -\frac{1}{2\pi} \sum_{n\in z} \int_{2\pi}^{2(n+1)\pi} \left| \hat{\varphi}\left(\frac{\omega}{2}\right) \right|^2 H\left(\frac{\omega}{2}\right) H\left(\frac{\omega}{2}+\pi\right) \mathrm{e}^{j(2l+1)\frac{\omega}{2}} \mathrm{d}\omega$$

$$= \frac{-1}{2\pi} \int_{0}^{2\pi} \sum_{n\in z} \left| \hat{\varphi}\left[\frac{1}{2}(\omega+2n\pi)\right] \right|^2 H\left[\frac{1}{2}(\omega+2n\pi)\right] \cdot$$
$$H\left[\frac{1}{2}(\omega+2n\pi+\pi)\right] \mathrm{e}^{j(2l+1)\frac{1}{2}(\omega+2n\pi)} \mathrm{d}\omega$$

把 n 按奇、偶数分开，即 $n=2m, n=2m+1$，则

$$上式 = \frac{-1}{2\pi} \int_{0}^{2\pi} \sum_{m\in\mathbf{Z}} \left| \hat{\varphi}\left(\frac{\omega}{2}+2m\pi\right) \right|^2 H\left(\frac{\omega}{2}\right) H\left(\frac{\omega}{2}+\pi\right) \mathrm{e}^{j(2l+1)\cdot\frac{\omega}{2}} \mathrm{d}\omega$$
$$+ \frac{-1}{2\pi} \int_{0}^{2\pi} \sum_{m\in\mathbf{Z}} \left| \hat{\varphi}\left(\frac{\omega}{2}+\frac{1}{2}(4m+2)\pi\right) \right|^2 H\left(\frac{\omega}{2}+\pi\right) \cdot$$
$$H\left(\frac{\omega}{2}\right) \mathrm{e}^{j(2l+1)\frac{\omega}{2}} \mathrm{e}^{j(2l+1)(2m+1)\pi} \mathrm{d}\omega$$

$$= \frac{-1}{2\pi} \int_{0}^{2\pi} \sum_{m\in\mathbf{Z}} \left| \hat{\varphi}\left(\frac{\omega}{2}+2m\pi\right) \right|^2 H\left(\frac{\omega}{2}\right) H\left(\frac{\omega}{2}+\pi\right) \mathrm{e}^{j(2l+1)\frac{\omega}{2}} \mathrm{d}\omega$$
$$+ \frac{1}{2\pi} \int_{0}^{2\pi} \sum_{m\in\mathbf{Z}} \left| \hat{\varphi}\left(\frac{\omega}{2}+\pi+2m\pi\right) \right|^2 H\left(\frac{\omega}{2}+\pi\right) H\left(\frac{\omega}{2}\right) \mathrm{e}^{j(2l+1)\frac{\omega}{2}} \mathrm{d}\omega$$

$$= \frac{-1}{2\pi} \int_{0}^{2\pi} F\left(\frac{\omega}{2}\right) H\left(\frac{\omega}{2}\right) H\left(\frac{\omega}{2}+\pi\right) \mathrm{e}^{j(2l+1)\frac{\omega}{2}} \mathrm{d}\omega + \frac{1}{2\pi} \int_{0}^{2\pi} F\left(\frac{\omega}{2}+\pi\right)$$
$$H\left(\frac{\omega}{2}\right) H\left(\frac{\omega}{2}+\pi\right) \mathrm{e}^{j(2l+1)\frac{\omega}{2}} \mathrm{d}\omega = 0$$

这就证明了 $W_0 \perp V_0$。

再证明 $W_0 \oplus V_0 = V_1$。

令

$$h_0(\omega) = \frac{1}{2}\left[H\left(\frac{\omega}{2}\right) - H\left(\frac{\omega}{2}+\pi\right) \right] \mathrm{e}^{j\frac{\omega}{2}}$$

$$h_1(\omega) = \frac{1}{2}\left[H\left(\frac{\omega}{2}\right) + H\left(\frac{\omega}{2}+\pi\right) \right]$$

$$h_0(\omega+2\pi) = \frac{1}{2}\left[H\left(\frac{\omega}{2}+\pi\right) - H\left(\frac{\omega}{2}+2\pi\right) \right] \mathrm{e}^{j\frac{\omega+2\pi}{2}}$$

$$= \frac{1}{2}\left[H\left(\frac{\omega}{2}+\pi\right) - H\left(\frac{\omega}{2}\right) \right] \mathrm{e}^{j\frac{\omega}{2}} \cdot \mathrm{e}^{j\pi}$$

$$= \frac{1}{2}\left[H\left(\frac{\omega}{2}\right) - H\left(\frac{\omega}{2}+\pi\right) \right] = h_0(\omega)$$

同理可证,$h_1(\omega+2\pi)=h_1(\omega)$。

因为

$$H(\omega)=P(e^{-j\omega})=\frac{1}{2}\sum_{k\in\mathbf{Z}}P_k e^{-jk\omega}$$

所以

$$h_1(\omega)=\frac{1}{4}\left[\sum_{k\in\mathbf{Z}}P_k e^{-jk\frac{\omega}{2}}+\sum_{k\in\mathbf{Z}}P_k e^{-jk\left(\frac{\omega}{2}+\pi\right)}\right]$$

$$=\frac{1}{4}\sum_{k\in\mathbf{Z}}P_k e^{-jk\frac{\omega}{2}}(1+e^{-jk\pi})$$

$$=\frac{1}{2}\sum_{k\in\mathbf{Z}}P_{2k}e^{-jk\omega}$$

同理可得,$h_0(\omega)=\dfrac{1}{2}\displaystyle\sum_{k\in\mathbf{Z}}P_{2k+1}e^{-jk\omega}$。则

$$\overline{h_2(\omega)}\hat{\varphi}(\omega)+h_0(\omega)\hat{\varphi}(\omega)$$

$$=\frac{1}{2}\overline{\left[H\left(\frac{\omega}{2}\right)+H\left(\frac{\omega}{2}+\pi\right)\right]}\hat{\varphi}\left(\frac{\omega}{2}\right)H\left(\frac{\omega}{2}\right)+\frac{1}{2}\left[H\left(\frac{\omega}{2}\right)-\right.$$

$$\left.H\left(\frac{\omega}{2}+\pi\right)\right]e^{j\frac{\omega}{2}}\overline{H\left(\frac{\omega}{2}+\pi\right)}\hat{\varphi}\left(\frac{\omega}{2}\right)(-e^{-j\frac{\omega}{2}})$$

$$=\frac{1}{2}\hat{\varphi}\left(\frac{\omega}{2}\right)\left[\left|H\left(\frac{\omega}{2}\right)\right|^2+H\left(\frac{\omega}{2}+\pi\right)H\left(\frac{\omega}{2}\right)-\right.$$

$$\left.H\left(\frac{\omega}{2}\right)\overline{H\left(\frac{\omega}{2}+\pi\right)}+\left|H\left(\frac{\omega}{2}+\pi\right)\right|^2\right]$$

$$=\frac{1}{2}\hat{\varphi}\left(\frac{\omega}{2}\right)\left[\left|H\left(\frac{\omega}{2}\right)\right|^2+\left|H\left(\frac{\omega}{2}+\pi\right)\right|^2\right]$$

$$=\frac{1}{2}\varphi\left(\frac{\omega}{2}\right)$$

对上式两边作傅里叶反变换,因为$F^{-1}\left[\dfrac{1}{2}\hat{\varphi}\left(\dfrac{\omega}{2}\right)\right]=\varphi(2t)$,所以

$$F^{-1}\left[\overline{h_2(\omega)}\hat{\varphi}(\omega)+h_0(\omega)\hat{\psi}(\omega)\right]$$

$$=F^{-1}\left[\frac{1}{2}\sum_{k\in\mathbf{Z}}\overline{P}_{2k}e^{jk\omega}\hat{\varphi}(\omega)+\frac{1}{2}\sum_{k\in\mathbf{Z}}P_{2k+1}e^{-jk\omega}\hat{\psi}(\omega)\right]$$

$$=\frac{1}{2}\sum_{k\in\mathbf{Z}}\overline{P}_{2k}\varphi(t+k)+\frac{1}{2}\sum_{k\in\mathbf{Z}}P_{2k+1}\psi(t-k)$$

$$=\varphi(2t)$$

由此可知,$\varphi(2t)$可以由$\{\varphi(t-n),n\in\mathbf{Z}\}$和$\{\psi(t-n),n\in\mathbf{Z}\}$表示。

同理可证:

$$h_0(\omega)\hat{\varphi}(\omega)-e^{j\omega}h_1(\omega)\hat{\psi}(\omega)$$

$$=\frac{1}{2}\left[\sum_{k\in\mathbf{Z}}P_{2k+1}e^{jk\omega}\hat{\varphi}(\omega)-\sum_{k\in\mathbf{Z}}P_{2k}e^{-j(k-1)\omega}\hat{\psi}(\omega)\right]$$

$$= \frac{1}{2} \mathrm{e}^{\mathrm{j}\frac{\omega}{2}} \hat{\varphi}\left(\frac{\omega}{2}\right)$$

上式两边作傅里叶反变换,得

$$\varphi(2t+1) = \frac{1}{2}\left[\sum_{k \in \mathbf{Z}} P_{2k+1}\varphi(t+k) - \sum_{k \in \mathbf{Z}} P_{2k}\psi(t-(k-1))\right]$$

由此可知,$\varphi(2t+1)$ 也可以由 $\{\varphi(t-n), n \in \mathbf{Z}\}$ 和 $\{\psi(t-n), n \in \mathbf{Z}\}$ 表示。因此,$\varphi(2t-n)$,$n \in \mathbf{Z}$ 都可以由 $\{\varphi(t-n), n \in \mathbf{Z}\}$ 和 $\{\psi(t-n), n \in \mathbf{Z}\}$ 表示,V_1 中的任何函数都可由 $\{\varphi(t-n),$ $n \in \mathbf{Z}\}$ 和 $\{\psi(t-n), n \in \mathbf{Z}\}$ 表示,所以 $V_1 \subset W_0 \oplus V_0$,而 $V_0 \subset V_1$,且 $\varphi(t) = \sum_{n \in \mathbf{Z}} (-1)^n \bar{P}_{1-n}\varphi(2t-n) \in V_1$,即 $W_0 \subset V_1$,也即 $W_0 \oplus V_0 \subset V_1$。

由此证明了 $V_1 = W_0 \oplus V_0$。

类似地,可以证明 $\{\psi_{m,n}(t), n \in \mathbf{Z}\}$ 是 $W_m = \mathrm{span}\{\psi_{m,n}(t), n \in \mathbf{Z}\}$ 的标准正交基,且 $W_m \perp V_n$,$W_m \oplus V_n = V_{m+1}$;$\{\psi_{m,n}(t), m 、n \in \mathbf{Z}\}$ 是 L^2 的标准正交基。

尺度函数与正交小波母函数的区别在于,尺度函数 $\varphi(t)$ 可以把 L^2 分解为一列子空间 $\{V_m\}$,$V_m = \mathrm{span}\{\varphi_{m,n}(t), n \in \mathbf{Z}\}$,正交小波母函数 $\psi(t)$ 则将 L^2 分解为一列相互正交的子空间 $\{W_m\}$,$W_m = \mathrm{span}\{\psi_{m,n}(t), n \in \mathbf{Z}\}$。定理 5-11 指出了由多分辨分析出发,构造正交小波母函数的方法。其步骤如下。

①构造尺度函数 $\varphi(t)$,使 $\{\varphi(t-n), n \in \mathbf{Z}\}$ 是一个标准正交基。若 $\{\varphi(t-n), n \in \mathbf{Z}\}$ 是 V_0 的 Riesz 基,则可以通过正交化方法,使其成为 V_0 的标准正交基。

②由双尺度方程 $\varphi(t) = \sum_{n \in \mathbf{Z}} P_n \varphi(2t-n)$,求出双尺度序列 $\{P_n\}$。

③由双尺度序列构造 $\{\bar{P}_{1-n}\} = \{Q_n\}$,就可以得到正交小波母函数 $\psi(t)$。

用这种方法构造的小波,其性质在很大程度上取决于尺度函数的性质。这种构造方法的困难之处在于求双尺度序列 $\{P_n\}$。事实上,$\{P_n\}$ 在一般情况下是很难求的,关键是希望能通过 $\varphi(t)$,使 $\{P_n\}$ 只有有限项非零,或者可以通过 $\varphi(t)$ 写出 $\{P_n\}$ 的通项表达式,再有就是使当 $n \to \infty$ 时,$P_n \to 0$ 的速度很快,那么就可以用有限项近似代替 $\{P_n\}$。

构造正交小波母函数的另一种方法是通过双尺度方程的傅里叶变换。

对 $\varphi(t) = \sum_{n \in \mathbf{Z}} P_n \varphi(2t-n)$ 两边作傅里叶变换,得

$$\hat{\varphi}(\omega) = \frac{1}{2}\sum_{n \in \mathbf{R}} P_n \mathrm{e}^{-\mathrm{j}\frac{\pi}{2}\omega} \hat{\varphi}\left(\frac{\omega}{2}\right) = H\left(\frac{\omega}{2}\right)\hat{\varphi}\left(\frac{\omega}{2}\right)$$

$$H\left(\frac{\omega}{2}\right) = \frac{\hat{\varphi}(\omega)}{\hat{\varphi}\left(\frac{\omega}{2}\right)}$$

$$\hat{\psi}(\omega) = -\mathrm{e}^{-\mathrm{j}\frac{\pi}{2}\omega} \overline{H\left(\frac{\omega}{2}+\pi\right)} \hat{\varphi}\left(\frac{\omega}{2}\right)$$

$$= -\mathrm{e}^{-\mathrm{j}\frac{\omega}{2}} \overline{\left(\frac{\hat{\varphi}(\omega+\pi)}{\hat{\varphi}\left(\frac{\omega}{2}+\pi\right)}\right)} \hat{\varphi}\left(\frac{\omega}{2}\right)$$

然后等式两边作傅里叶反变换,可求得 $\psi(t)$。

这种方法的困难之处在于作傅里叶反变换,一般情况下,这个傅里叶反变换很难用解析式来表示,通常只能进行数值积分来得到 $\psi(t)$ 的近似。

【例 5-11】~【例 5-15】　　　　　第 5 章习题

第6章
分数傅里叶变换

作为一种广义傅里叶变换,分数傅里叶变换以其独有的特性,在众多领域备受关注。本章介绍了分数傅里叶变换的定义、分数傅里叶变换的基本性质以及常用信号的分数傅里叶变换,分析了分数傅里叶变换与传统时频分析工具之间的内在联系,最后介绍了分数傅里叶变换离散算法。

知识要点

本章介绍分数傅里叶变换,主要内容包括:
(1) 分数傅里叶变换的定义、性质;
(2) 常用信号的分数傅里叶变换;
(3) 分数傅里叶变换与傅里叶变换的关系;
(4) 分数傅里叶变换与时频变换的关系;
(5) 分数阶卷积与分数阶圆周卷积;
(6) 分数阶相关。

§6.1 分数傅里叶变换的定义

信号 $f(t) \in L^2(\mathbf{R})$ 的傅里叶变换定义为

$$F(\omega) = \xi[f(t)](\omega) = \frac{1}{\sqrt{2\pi}} \int_{-\infty}^{+\infty} f(t) \mathrm{e}^{-\mathrm{j}\omega t} \mathrm{d}t \tag{6-1}$$

相应地,傅里叶变换的反变换表示为

$$f(t) = \xi^{-1}[F(\omega)](t) = \frac{1}{\sqrt{2\pi}} \int_{-\infty}^{+\infty} F(\omega) \mathrm{e}^{\mathrm{j}\omega t} \mathrm{d}\omega \tag{6-2}$$

式中,ξ 与 ξ^{-1} 分别表示傅里叶变换及其反变换算子。若用算子符号表述,则可以将它们简写为 $F = \xi f$。容易验证:

$$\xi^2 f(t) = \xi\xi f(t) = f(-t) \tag{6-3}$$

$$\xi^3 f(t) = \xi\xi^2 f(t) = F(-\omega) \tag{6-4}$$

$$\xi^4 f(t) = \xi\xi^3 f(t) = f(t) \tag{6-5}$$

式中，ξ^n 表示算子 ξ 连续使用了 $n(n \in \mathbf{Z})$ 次。从时频平面上来看，$\xi f(t)$ 是将函数 $f(t)$ 旋转 $\pi/2$ 角度，变换到 ω 轴的表示形式，即一个函数在与时间轴夹角为 $\pi/2$ 的 ω 轴上的表示就是该函数的傅里叶变换；$\xi^2 f(t)$ 相当于 t 轴连续进行两次 $\pi/2$ 角度的旋转，因此得到一个为 $-t$ 的轴；$\xi^3 f(t)$ 可视为 t 轴连续进行 3 次 $\pi/2$ 角度的旋转，得到一个为 $-\omega$ 的轴；而 $\xi^4 f(t)$ 表示对 $f(t)$ 连续进行 4 次 $\pi/2$ 角度的旋转，所得结果与原函数相同。也就是说，ξ^4 本质为恒等变换算子 I，即 $\xi^4 = I$，如图 6-1 所示。

如图 6-1 所示，进行角度 α（不等于 $\pi/2$ 整数倍）的旋转，函数在与时间轴夹角为 α 的 u 轴上的表示形式又将如何呢？若该线性算子存在，并用符号 F^α 表示，则这种算子应该包含 $\xi^n (n=1,2,3,4)$，并具有旋转相加性。具体来说，F^α 应该具备以下数学性质。

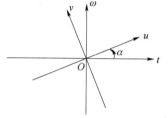

图 6-1　时频平面的旋转示意

(1) 零旋转：$F^0 = I$。

(2) 与傅里叶变换等价：$F^{\pi/2} = \xi$。

(3) 旋转相加性：$F^\alpha F^\beta = F^{\alpha+\beta}$。

(4) 恒等变换：$F^{2\pi} = I$。

不难看出，性质 (4) 是性质 (2) 和性质 (3) 以及连续 4 次傅里叶变换与恒等变换算子等同这一事实的综合结果，即 $F^{2\pi} = F^{4(\pi/2)} = I$。前述已经讨论了 α 角度为 $\pi/2$ 整数倍的情况。当 α 为 $\pi/2$ 非整数倍时，变换算子 F^α 又将如何呢？已经证明这样的变换算子是存在的。下面给出简要的推导过程。

众所周知，傅里叶变换算子对应的特征方程为

$$H_n(t) = \left\langle H_n(t), \frac{1}{\sqrt{2\pi}} e^{j\omega t} \right\rangle = \lambda_n H_n(\omega) = e^{-jn\pi/2} H_n(\omega), n = 0,1,2,\cdots \tag{6-6}$$

式中，$\langle \cdot, \cdot \rangle$ 表示内积运算；λ_n 表示算子的特征值；Hermite 函数 $H_n(t)$ 为算子 ξ 的特征函数，且满足

$$H_n(t) = \frac{1}{\sqrt{2^n n! \sqrt{\pi}}} h_n(t) e^{-\frac{t^2}{2}} \tag{6-7}$$

式中，$h_n(t)$ 为 n 阶多项式，即

$$h_n(t) = (-1)^n e^{t^2} \frac{d^n}{dt^n} e^{-t^2} \tag{6-8}$$

这里已经对 $H_n(t)$ 进行了归一化处理，即 $H_n(t)$ 满足 $\langle H_n(t), H_m(t) \rangle = \delta(m-n)$。式 (6-6) 表明，特征函数 $H_n(t)$ 的傅里叶变换等于其本身与复数 λ_n 的乘积。

一般地，p 次（p 为整数和非整数）连续傅里叶变换算子的特征方程可表示为

$$H_n(t) = \lambda_n^p H_n(u) = e^{-jnp\pi/2} H_n(u) \tag{6-9}$$

从时频旋转的观点来看，式 (6-9) 表示对函数进行角度 α 为 $\pi/2$ 整数倍和非整数倍的傅里叶变换。由于 $\{H_n(t) \mid n = 0,1,2,\cdots\}$ 是一组标准正交基，根据标准正交基的特点可以将任意函数 $f(t) \in L^2(\mathbf{R})$ 展开为级数形式，即

$$f(t) = \sum_{n=0}^{+\infty} c_n H_n(t) \tag{6-10}$$

式中,展开系数 $c_n = \langle f(t), H_n(t) \rangle$。将算子同时作用于式(6-10)两边并利用式(6-9),可得

$$[f(t)](u) = \sum_{n=0}^{+\infty} c_n [H_n(t)] = \sum_{n=0}^{+\infty} \langle f(t), H_n(t) \rangle e^{-jn\alpha} H_n(u)$$

$$= \int_{-\infty}^{+\infty} f(t) \sum_{n=0}^{+\infty} e^{-jn\alpha} H_n^*(t) H_n(u) dt \tag{6-11}$$

将式(6-7)和式(6-8)代入式(6-11),并经过化简可得

$$F^{\alpha}(u) \overset{\text{def}}{=} [f(t)](u) = \int_{-\infty}^{+\infty} f(t) K_{\alpha}(u,t) dt \tag{6-12}$$

式中,

$$K_{\alpha}(u,t) = \sum_{n=0}^{+\infty} e^{-jn\alpha} H_n^*(t) H_n(u) = \begin{cases} A_{\alpha} e^{(j/2)(t^2+u^2)\cot\alpha - ju\cot\alpha}, & \alpha \neq k\pi \\ \delta(t-u), & \alpha = 2k\pi \\ \delta(t+u), & \alpha = (2k-1)\pi \end{cases} \tag{6-13}$$

式中,$A_{\alpha} = \sqrt{(1-j\cot\alpha)/2\pi}$,$k$ 为整数。通常,把式(6-12)定义的线性变换称为分数傅里叶变换(Fractional Fourier Transform,FRFT)。相应地,F_{α} 表示分数傅里叶变换算子,α 为分数傅里叶变换的旋转角度。u 轴所在的分数傅里叶变换域被简称为分数域。进一步地,分数傅里叶变换的反变换的表达式为

$$f(t) = [F_{\alpha}(u)](t) = \int_{-\infty}^{+\infty} F_{\alpha}(u) K_{\alpha}^*(u,t) du \tag{6-14}$$

因为式(6-13)中分数傅里叶变换旋转角度 α 仅出现在三角函数的参数位置上,所以核函数 $K_{\alpha}(u,t)$ 对于角度 α 是以 2π 为周期的,因此计算分数傅里叶变换的时候只需考查区间 $\alpha \in (-\pi, +\pi)$ 即可。此外,核函数 $K_{\alpha}(u,t)$ 是 α 的连续函数。在广义函数的意义上,核函数 $K_{\alpha}(u,t)$ 甚至在 π 的整数倍点也连续,即有

$$\lim_{\alpha \to n\pi} K_{\alpha}(u,t) = K_{n\pi}(u,t), n \in \mathbf{Z} \tag{6-15}$$

根据核函数 $K_{\alpha}(u,t)$ 的结构,容易验证它具有以下性质:

$$K_{\alpha}(u,t) = K_{\alpha}(t,u) \tag{6-16}$$

$$K_{-\alpha}(u,t) = K^*(t,u) \tag{6-17}$$

$$K_{\alpha}(u,-t) = K_{\alpha}(-u,t) \tag{6-18}$$

$$\int_{-\infty}^{+\infty} K_{\alpha}(u',t) K_{\alpha}(u,u') du' = K_{\alpha+\beta}(t,u) \tag{6-19}$$

$$\int_{-\infty}^{+\infty} K_{\alpha}(u,t) K_{\alpha}^*(u',t) dt = \delta(u-u') \tag{6-20}$$

需要指出的是,分数傅里叶变换还有多种其他形式的定义,但彼此相互等价,这里不进行讲述。综上所述,分数傅里叶变换是一种线性变换,它是角度 α 的连续函数,并满足可以解释为在时域平面上的一种旋转所需要的基本条件。

§6.2 分数傅里叶变换的基本性质

作为一种广义傅里叶变换，分数傅里叶变换不仅继承了傅里叶变换的基本性质，而且还具有傅里叶变换所不具备的特性。下面来考查傅里叶变换的一些基本性质。

6.2.1 分数傅里叶变换的算子的性质

（1）线性叠加性。

分数傅里叶变换作为线性变换，满足叠加定理：若 $F_\alpha(u)$ 和 $G_\alpha(u)$ 分别表示函数 $f(t)$ 和 $g(t)$ 的分数傅里叶变换，则有

$$\left[c_1 f(t)+c_2 g(t)\right](u)=c_1 F_\alpha(u)+c_2 G_\alpha(u)，c_1、c_2\in\mathbf{C} \tag{6-21}$$

（2）旋转相加性。

函数 $f(t)$ 的分数傅里叶变换具有旋转相加性，即

$$F^\alpha F^\beta=F^{\alpha+\beta} \tag{6-22}$$

（3）结合性。

对于角度 α、β 和 γ 的 3 个分数傅里叶变换，有

$$(F^\alpha F^\beta)F^\gamma=F^\alpha(F^\beta F^\gamma) \tag{6-23}$$

（4）连续性。

对于角度 α_1 和 α_2 的两个分数傅里叶变换，有

$$F^{c_1\alpha_1+c_2\alpha_2}f(t)=F^{c_1\alpha_1}F^{c_2\alpha_2}f(t)=F^{c_2\alpha_2}F^{c_1\alpha_1}f(t)，c_1、c_2\in\mathbf{R} \tag{6-24}$$

（5）自成像性。

在式（6-24）中，令 $c_2\alpha_2=2\pi$，则

$$F^{c_1\alpha_1+2\pi}f(t)=F^{c_1\alpha_1}F^{2\pi}f(t)=F^{c_1\alpha_1}f(t) \tag{6-25}$$

（6）逆运算性质。

式（6-14）表明，分数傅里叶变换算子具有逆运算特性，即

$$(F^\alpha)^{-1}=F^{-\alpha} \tag{6-26}$$

（7）酉性。

分数傅里叶变换算子具有酉性，即

$$(F^\alpha)^{-1}=(F^\alpha)^H \tag{6-27}$$

式中，$(\cdot)^H$ 表示共轭。

（8）帕塞瓦尔准则。

设 $F_\alpha(u)$ 和 $G_\alpha(u)$ 分别表示函数 $f(t)$ 和 $g(t)$ 的分数傅里叶变换，则

$$\langle f(t),g(t)\rangle=\langle F_\alpha(u),G_\alpha(u)\rangle \tag{6-28}$$

6.2.2　分数傅里叶变换运算的性质

分数傅里叶变换的基本性质是其应用的基础,所谓性质是指信号在时域(或分数域)发生某种改变(或作运算)之后,在分数域(或时域)相应的变化规律,这些规律具有很清楚的物理概念。许多通信、信号处理系统都需要借助这些性质的运用解释其构成原理。

（1）时间倒置特性。

若 $F_\alpha(u) = [f(t)](u)$,则

$$[f(-t)](u) = F_\alpha(-u) \tag{6-29}$$

证明　根据分数傅里叶变换的定义及其核函数的性质,可得

$$[f(-t)](u) = \int_{-\infty}^{+\infty} f(-t) K_\alpha(u,t) \mathrm{d}t$$

$$\overset{-t=t'}{=} \int_{-\infty}^{+\infty} f(t') K_\alpha(u,-t') \mathrm{d}t'$$

$$= \int_{-\infty}^{+\infty} f(t') K_\alpha(-u,t') \mathrm{d}t' = F_\alpha(-u) \tag{6-30}$$

（2）共轭特性。

若 $F_\alpha(u) = [f(t)](u)$,则

$$[f^*(t)](u) = F_{-\alpha}^*(u) \tag{6-31}$$

证明　根据分数傅里叶变换的定义及其核函数的性质,可得

$$[f^*(t)](u) = \int_{-\infty}^{+\infty} f^*(t) K_\alpha(u,t) \mathrm{d}t$$

$$= \left(\int_{-\infty}^{+\infty} f(t) K_\alpha^*(u,t) \mathrm{d}t \right)^*$$

$$= \left(\int_{-\infty}^{+\infty} f(t) K_{-\alpha}(u,t) \mathrm{d}t \right)^* = F_{-\alpha}^*(u) \tag{6-32}$$

（3）尺度变换特性。

若 $F_\alpha(u) = [f(t)](u)$,则

$$[F(ct)](u) = \sqrt{\frac{1-\mathrm{jcot}\,\alpha}{c^2 - \mathrm{jcot}\,\alpha}} \mathrm{e}^{\mathrm{j}\frac{u^2}{2}\left(1 - \frac{\cos^2\beta}{\cos^2\alpha}\right)\cot\alpha} F_\beta\left(u\,\frac{\sin\beta}{c\sin\alpha}\right), c \in \mathbf{R}^+ \tag{6-33}$$

式中, $\beta = \arctan(c^2\tan\alpha) = \sqrt{\dfrac{1-\mathrm{jcot}\,\alpha}{2\pi}} \displaystyle\int_{-\infty}^{+\infty} f(ct) \mathrm{e}^{\mathrm{j}\frac{t^2+u^2}{2}\cot\alpha - \mathrm{j}tu\csc\alpha} \mathrm{d}t$ 。

证明　根据分数傅里叶变换的定义,可得

$$[F(ct)](u) = F_{-\infty}^{+\infty} f(ct) K_\alpha(u,t) \mathrm{d}t$$

$$\overset{ct=x}{=} \frac{1}{c}\sqrt{\frac{1-\mathrm{jcot}\,\alpha}{2\pi}} \int_{-\infty}^{+\infty} f(x) \mathrm{e}^{\mathrm{j}\frac{\left(\frac{x}{c}\right)^2+u^2}{2}\cot\alpha - \mathrm{j}\frac{x}{c}u\csc\alpha} \mathrm{d}x$$

$$= \frac{1}{c}\sqrt{\frac{1-\mathrm{jcot}\,\alpha}{2\pi}} \int_{-\infty}^{+\infty} f(x) \mathrm{e}^{\mathrm{j}\frac{x^2+c^2u^2}{2}\times\frac{\cot\alpha}{c^2} - \mathrm{j}x\frac{u}{c}\csc\alpha} \mathrm{d}x$$

$$\overset{\frac{\cot\alpha}{c^2}=\cot\beta}{=} \frac{1}{c}\sqrt{\frac{1-\mathrm{j}\cot\alpha}{2\pi}}\int_{-\infty}^{+\infty}f(x)\mathrm{e}^{\mathrm{j}\frac{x^2+\left(\frac{u\sin\beta}{c\sin\alpha}\right)^2+c^2u^2-\left(\frac{u\sin\beta}{c\sin\alpha}\right)^2}{2}\cot\beta-\mathrm{j}x\frac{u\sin\beta}{c\sin\alpha}\csc\beta}\mathrm{d}x$$

$$=\frac{1}{c}\sqrt{\frac{1-\mathrm{j}\cot\alpha}{2\pi}}\sqrt{\frac{2\pi}{1-\mathrm{j}\cot\alpha}}\mathrm{e}^{\mathrm{j}\frac{c^2u^2-\left(\frac{u\sin\beta}{c\sin\alpha}\right)^2}{2}\cot\beta}\int_{-\infty}^{+\infty}f(x)K_\beta\left(\frac{u\sin\beta}{c\sin\alpha},x\right)\mathrm{d}x$$

$$=\sqrt{\frac{1-\mathrm{j}\cot\alpha}{c^2-\mathrm{j}\cot\alpha}}\mathrm{e}^{\mathrm{j}\frac{u^2}{2}\left(1-\frac{\cos^2\beta}{\cos^2\alpha}\right)\cot\alpha}F_\beta\left(u\frac{\sin\beta}{c\sin\alpha}\right) \tag{6-34}$$

式中,$\beta=\arctan(c^2\tan\alpha)$。

（4）时移特性。

若 $F_\alpha(u)=[f(t)](u)$,则

$$[f(t-\tau)](u)=\mathrm{e}^{(\mathrm{j}/2)\tau^2\sin\alpha\cos\alpha-\mathrm{j}u\tau\sin\alpha}F_\alpha(u-\tau\cos\alpha) \tag{6-35}$$

证明 根据分数傅里叶变换的定义,可得

$$[f(t-\tau)](u)$$

$$=\int_{-\infty}^{+\infty}f(t-\tau)K_\alpha(u,t)\mathrm{d}t$$

$$=A_\alpha\int_{-\infty}^{+\infty}f(t-\tau)\mathrm{e}^{\mathrm{j}\frac{t^2+u^2}{2}\cot\alpha-\mathrm{j}tu\csc\alpha}\mathrm{d}t$$

$$\overset{t-\tau=x}{=}A_\alpha\int_{-\infty}^{+\infty}f(x)\mathrm{e}^{\mathrm{j}\frac{(x+\tau)^2+u^2}{2}\cot\alpha-\mathrm{j}(x+\tau)u\csc\alpha}\mathrm{d}x$$

$$=\mathrm{e}^{\mathrm{j}\frac{\tau^2+u^2}{2}\cot\alpha-\mathrm{j}\tau u\csc\alpha}A_\alpha\int_{-\infty}^{+\infty}f(x)\mathrm{e}^{\mathrm{j}\frac{x^2+2x\tau+u^2}{2}\cot\alpha-\mathrm{j}(x+\tau)u\csc\alpha}\mathrm{d}x$$

$$=\mathrm{e}^{\mathrm{j}\frac{\tau^2}{2}\cot\alpha-\mathrm{j}\tau u\csc\alpha}A_\alpha\int_{-\infty}^{+\infty}f(x)\mathrm{e}^{\mathrm{j}\frac{x^2+u^2}{2}\cot\alpha-\mathrm{j}x(u-\tau\cos\alpha)\csc\alpha}\mathrm{d}x$$

$$=\mathrm{e}^{\mathrm{j}\frac{\tau^2+u^2}{2}\cot\alpha-\mathrm{j}\tau u\csc\alpha}\mathrm{e}^{\mathrm{j}\frac{u^2-(u-\tau\cos\alpha)^2}{2}\cot\alpha}A_\alpha\int_{-\infty}^{+\infty}f(x)\mathrm{e}^{\mathrm{j}\frac{x^2+(u-\tau\cos\alpha)^2}{2}\cot\alpha-\mathrm{j}x(u-\tau\cos\alpha)\csc\alpha}\mathrm{d}x$$

$$=\mathrm{e}^{\mathrm{j}\frac{\tau^2}{2}\cot\alpha-\mathrm{j}\tau u\csc\alpha}\mathrm{e}^{\mathrm{j}\frac{2u\tau\cos\alpha-\tau^2\cos^2\alpha}{2}\cot\alpha}\int_{-\infty}^{+\infty}f(x)K_\alpha(u-\tau\cos\alpha,x)\mathrm{d}x$$

$$=\mathrm{e}^{(\mathrm{j}/2)\tau^2\sin\alpha\cos\alpha-\mathrm{j}u\tau\sin\alpha}F_\alpha(u-\tau\cos\alpha) \tag{6-36}$$

（5）频移特性。

若 $F_\alpha(u)=[f(t)](u)$,则

$$[f(t)\mathrm{e}^{\mathrm{j}vt}](u)=\mathrm{e}^{-(\mathrm{j}/2)v^2\sin\alpha\cos\alpha+\mathrm{j}uv\cos\alpha}F_\alpha(u-v\sin\alpha) \tag{6-37}$$

证明 根据分数傅里叶变换的定义,可得

$$[f(t)\mathrm{e}^{\mathrm{j}vt}](u)=\int_{-\infty}^{+\infty}f(t)\mathrm{e}^{\mathrm{j}vt}K_\alpha(u,t)\mathrm{d}t$$

$$=A_\alpha\int_{-\infty}^{+\infty}f(t)\mathrm{e}^{\mathrm{j}vt}\mathrm{e}^{\mathrm{j}\frac{t^2+u^2}{2}\cot\alpha-\mathrm{j}tu\csc\alpha}\mathrm{d}t$$

$$=A_\alpha\int_{-\infty}^{+\infty}f(t)\mathrm{e}^{\mathrm{j}\frac{t^2+u^2}{2}\cot\alpha-\mathrm{j}t(u-v\sin\alpha)\csc\alpha}\mathrm{d}t$$

$$=\mathrm{e}^{\mathrm{j}\frac{u^2-(u-v\sin\alpha)^2}{2}\cot\alpha}A_\alpha\int_{-\infty}^{+\infty}f(t)\mathrm{e}^{\mathrm{j}\frac{t^2+(u-v\sin\alpha)^2}{2}\cot\alpha-\mathrm{j}t(u-v\sin\alpha)\csc\alpha}\mathrm{d}t$$

$$=\mathrm{e}^{\mathrm{j}\frac{-v^2\sin^2\alpha+2uv\sin\alpha}{2}\cot\alpha}\int_{-\infty}^{+\infty}f(t)K_\alpha(u-v\sin\alpha,t)\mathrm{d}t$$

$$= \mathrm{e}^{-(\mathrm{j}/2)v^2\sin\alpha\cos\alpha+juv\cos\alpha}F_\alpha(u-v\sin\alpha) \tag{6-38}$$

（6）微分特性。

若 $F_\alpha(u)=[f(t)](u)$，则有

$$\left[\frac{\mathrm{d}f(t)}{\mathrm{d}t}\right](u)=-ju\sin\alpha F_\alpha(u)+\cos\alpha\frac{\mathrm{d}F_\alpha(u)}{\mathrm{d}u} \tag{6-39}$$

同理可以导出

$$\left[\frac{\mathrm{d}F_\alpha(u)}{\mathrm{d}u}\right](t)=-j\sin\alpha tx(t)+\cos\alpha\frac{\mathrm{d}f(t)}{\mathrm{d}t} \tag{6-40}$$

（7）积分特性。

若 $F_\alpha(u)=[f(t)](u)$，则有

$$\left[\int_\xi^t x(\tau)\mathrm{d}\tau\right](u)=\sec\alpha\,\mathrm{e}^{-(\mathrm{j}/2)u^2\tan\alpha}\int_\xi^t X_\alpha(v)\,\mathrm{e}^{(\mathrm{j}/2)v^2\tan\alpha}\mathrm{d}v \tag{6-41}$$

同理可以导出

$$\left[-j\csc\alpha\,\mathrm{e}^{(\mathrm{j}/2)u^2\cot\alpha}\int_{-\infty}^u X_\alpha(v)\,\mathrm{e}^{-(\mathrm{j}/2)v^2\cot\alpha}\mathrm{d}v\right](t)=\frac{x(t)}{t} \tag{6-42}$$

性质（6）和性质（7）是 V.Namias 和 McBride 与 Kerr 最早得到的。

§6.3 常用信号的分数傅里叶变换

（1）冲激信号。

冲激信号的分数傅里叶变换为

$$F^\alpha[\delta(t-\tau)](u)\Rightarrow A_\alpha\mathrm{e}^{(\mathrm{j}/2)(\tau^2+u^2)\cot\alpha-ju\tau\csc\alpha},\alpha\neq n\pi,n\in\mathbf{Z} \tag{6-43}$$

（2）复指数信号。

复指数信号的分数傅里叶变换为

$$F^\alpha[\mathrm{e}^{j\omega_0 t}](u)=\sqrt{1+j\tan\alpha}\,\mathrm{e}^{(\mathrm{j}/2)(\omega_0^2+u^2)\tan\alpha-j\mu\omega_0\sec\alpha},\alpha\neq n\pi+\frac{\pi}{2},n\in\mathbf{Z} \tag{6-44}$$

（3）线性调频信号。

线性调频信号的分数傅里叶变换为

$$F^\alpha[\mathrm{e}^{(\mathrm{j}/2)kt^2}](u)=\begin{cases}\sqrt{\dfrac{1+j\tan\alpha}{1+k\tan\alpha}}\,\mathrm{e}^{j\frac{u^2}{2}\cdot\frac{k-\tan\alpha}{1+k\tan\alpha}},\alpha\neq\arctan k+n\pi+\dfrac{\pi}{2},k、n\in\mathbf{Z}\\[4mm]\sqrt{\dfrac{1}{1-jk\tan\alpha}}\delta(u),\alpha\neq\arctan k+n\pi+\dfrac{\pi}{2},k、n\in\mathbf{Z}\end{cases} \tag{6-45}$$

（4）高斯信号。

高斯信号的分数傅里叶变换为

$$F^\alpha\left[\frac{1}{\sqrt{2\pi\delta^2}\,\mathrm{e}^{-\frac{t^2}{2\delta^2}}}\right](u)=\sqrt{\frac{1-j\cot\alpha}{\delta^{-2}-j\cot\alpha}}\,\mathrm{e}^{-\frac{u^2}{2}\cdot\frac{\delta^2}{\delta^4+(1-\delta^4)\sin^2\alpha}}\mathrm{e}^{-\frac{u^2}{2}\cdot\frac{(1-\delta^2)\sin^2\alpha}{\delta^4+(1-\delta^4)\sin^2\alpha}} \tag{6-46}$$

（5）正弦信号。

正弦信号的分数傅里叶变换为

$$F^\alpha\left[\sin(\omega_0 t)\right](u) = -\sqrt{1+\mathrm{j}\tan\alpha}\,\sin(u\omega_0\sec\alpha)\,\mathrm{e}^{(\mathrm{j}/2)(\omega_0^2+u^2)\tan\alpha},\alpha-\frac{\pi}{2}\neq n\pi,n\in\mathbf{Z}$$

（6-47）

（6）矩形信号。

矩形信号的分数傅里叶变换为

$$F^\alpha\left[\mathrm{rect}\left(\frac{t}{\tau}\right)\right](u)$$

$$=\begin{cases}\sqrt{\dfrac{2(1-\mathrm{j}\cot\alpha)}{\pi}}\,\mathrm{e}^{-(\mathrm{j}/2)u^2\tan\alpha}\left[C(x_1)+\mathrm{j}S(x_1)+C(x_2)+\mathrm{j}S(x_2)\right],\alpha\neq n\pi+\dfrac{\pi}{2}\\[3mm]\dfrac{1}{\sqrt{2\pi}}\cdot\dfrac{\tau\sin(u\tau/2)}{u\tau/2},\alpha=n\pi+\dfrac{\pi}{2},n\in\mathbf{Z}\end{cases}$$

（6-48）

式中，

$$x_1=-\sqrt{\frac{2}{\pi}}\left(\frac{\tau}{2}+u\sec\alpha\right),x_2=\sqrt{\frac{2}{\pi}}\left(\frac{\tau}{2}-u\sec\alpha\right)$$

（6-49）

$$C(x)=\int_0^x\cos(\pi t^2/2)\,\mathrm{d}t,S(x)=\int_0^x\sin(\pi t^2/2)\,\mathrm{d}t$$

（6-50）

§6.4 分数傅里叶变换与傅里叶变换的关系

由式（6-12）可知，分数傅里叶变换与傅里叶变换的关系可以表示为

$$F^\alpha\left[f(t)\right](u)=\sqrt{1-\mathrm{j}\cot\alpha}\,\mathrm{e}^{(\mathrm{j}/2)u^2\cot\alpha}\left[f(t)\,\mathrm{e}^{(\mathrm{j}/2)t^2\cot\alpha}\right](u\csc\alpha)$$

（6-51）

式中，$F^\alpha(u)$ 和 F^α 分别表示分数傅里叶变换和傅里叶变换算子。式（6-51）表明，分数傅里叶变换计算对应于以下步骤。

（1）原函数与一线性调频函数相乘，得到

$$f(t)=f(t)\,\mathrm{e}^{(\mathrm{j}/2)t^2\cot\alpha}$$

（6-52）

（2）对 $f(t)$ 进行傅里叶变换（变换元乘以尺度系数 $\csc\alpha$），即

$$F(u\csc\alpha)=\left[f(t)\right](u\csc\alpha)$$

（6-53）

（3）将 $F(u\csc\alpha)$ 与一线性调频函数相乘，得到

$$F(u)=F(u\csc\alpha)\,\mathrm{e}^{(\mathrm{j}/2)u^2\cot\alpha}$$

（6-54）

（4）将 $F(u)$ 乘以一复数因子，得到原函数的分数傅里叶变换，即

$$F^\alpha(u)=\sqrt{1-\mathrm{j}\cot\alpha}\,F(u)$$

（6-55）

图 6-2 给出了分数傅里叶变换计算的分解结构。

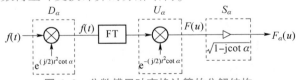

图 6-2　分数傅里叶变换计算的分解结构

由图 6-2 可以看出,与傅里叶变换相比,分数傅里叶变换的计算多了 3 步操作,即操作 D_α、U_α、S_α。

$$D_\alpha : x(t) \rightarrow x(t) \mathrm{e}^{(j/2)t^2 \cot \alpha} \tag{6-56}$$

$$U_\alpha : F(u \csc \alpha) \rightarrow F(u) = F(u \csc \alpha) \mathrm{e}^{-(j/2)t^2 \cot \alpha} \tag{6-57}$$

$$S_\alpha : F(u) \rightarrow F^\alpha(u) = \sqrt{1 - \mathrm{j} \cot \alpha} F(u) \tag{6-58}$$

于是,分数傅里叶变换的计算流程可进一步表述为

$$f(t) \xrightarrow{D_\alpha} f(t) \longrightarrow F(u \csc \alpha) \xrightarrow{U_\alpha} F(u) \xrightarrow{S_\alpha} F^\alpha(u) \tag{6-59}$$

为进一步了解分数傅里叶变换与傅里叶变换的内在联系,有必要深入剖析它们基函数的特性。众所周知,傅里叶变换的基函数是复正弦信号,而分数傅里叶变换的基函数是复线性调频信号。为了得到一般化结果,将线性调频信号 $c(t)$ 和正弦信号 $s(t)$ 的表达式分别建模为

$$c(t) = \begin{cases} A_1 \mathrm{e}^{(j/2)kt^2 + j\omega_0 t}, & |t| \leqslant T/2 \\ 0, & \text{其他} \end{cases} \tag{6-60}$$

$$s(t) = \begin{cases} A_2 \mathrm{e}^{j\omega_0 t}, & |t| \leqslant T/2 \\ 0, & \text{其他} \end{cases} \tag{6-61}$$

式中,A_1、k、ω_0、T 分别为线性调频信号 $c(t)$ 的幅度、调频斜率、起始频率(亦为正弦信号频率)以及持续时间;A_2 是正弦信号 $s(t)$ 的幅度。

首先,考查线性调频信号 $c(t)$ 和正弦信号 $s(t)$ 的频谱特性。根据傅里叶变换的定义可知,式(6-60)中线性调频信号 $c(t)$ 的频谱 $C(\omega)$ 的最大幅度和频带范围分别为

$$|C(\omega)|_{\max} \approx \frac{A_1}{\sqrt{|k|}} \tag{6-62}$$

$$\left[\omega_0 - \frac{T(k)}{2}, \omega_0 + \frac{T(k)}{2} \right] \tag{6-63}$$

进而得到 $c(t)$ 频域带宽为 $B_\omega = T|k|$,则其时宽-带宽积为 $TB_\omega = T^2|k|$。计算表明,当 $TB_\omega > 10$ 时,信号 $c(t)$ 有 96% 的能量在式(6-63)所示的频带范围内,其频谱近似为矩形谱。同理,式(6-61)中正弦信号 $s(t)$ 的频谱 $S(\omega)$ 的最大幅度和频带(以第一过零点为例)范围分别为

$$|S(\omega)|_{\max} \approx \frac{A_2 T}{\sqrt{2\pi}} \tag{6-64}$$

$$\left[\omega_0 - \frac{2\pi}{T}, \omega_0 + \frac{2\pi}{T} \right] \tag{6-65}$$

且 $S(\omega)$ 呈冲激函数特性,包络为 $\sin c$ 函数。那么,可得 $s(t)$ 频域带宽为 $B'_\omega = 4\pi/T$。下面进一步考查上述线性调频信号与正弦信号的分数谱特性。

根据分数傅里叶变换的定义,当旋转角度满足 $\alpha = -\mathrm{arccot}\, k$ 时,式(6-60)所示的线性调频信号 $c(t)$ 在该角度分数域上能量最佳聚集,可得其分数谱为

$$C_\alpha(u) = A_1 T \sqrt{\frac{1 - \mathrm{j} \cot \alpha}{2\pi}} \sin c \left(\frac{u - \omega_0 \sin \alpha}{2\pi \sin \alpha / T} \right) \mathrm{e}^{(j/2)u^2 \cot \alpha} \tag{6-66}$$

于是,有

$$|C_\alpha(u)| = A_1 T \sqrt{\frac{|\csc \alpha|}{2\pi}} \sin c \left(\frac{u - \omega_0 \sin \alpha}{2\pi \sin \alpha / T} \right) \tag{6-67}$$

因此，线性调频信号 $c(t)$ 在 $\alpha = -\text{arccot } k$ 分数域上分数谱幅度的最大峰值为

$$|C_\alpha(u)|_{\max} = A_1 T \sqrt{\frac{|\csc \alpha|}{2\pi}} \tag{6-68}$$

进一步地，$c(t)$ 分数谱(以第一过零点为例)在 $\alpha = -\text{arccot } k$ 分数域占据的范围为

$$\left[\omega_0 \sin \alpha - \frac{2\pi}{T} |\sin \alpha|, \omega_0 \sin \alpha + \frac{2\pi}{T} |\sin \alpha| \right] \tag{6-69}$$

那么，$c(t)$ 在 $\alpha = -\text{arccot } k$ 角度分数域上的带宽为 $B_u = 4\pi |\sin \alpha|/T$。

此外，根据分数傅里叶变换的定义，式(6-61)所示的正弦信号 $s(t)$ 的 $\alpha = -\text{arccot } k$ 角度分数谱为

$$S_\alpha(u) = A_2 \sqrt{\frac{1 - \text{jcot } \alpha}{2\cot \alpha}} e^{(j/2)u^2\cot \alpha - (\text{jcsc } 2\alpha)(u - \omega_0 \sin \alpha)^2} \int_{-x_2}^{x_1} e^{(j/2)\pi x^2} dx \tag{6-70}$$

式中，积分上下限分别为

$$x_1 = \sqrt{\frac{\cot \alpha}{\pi}} \left(\frac{T}{2} - u\sec \alpha + \omega_0 \tan \alpha \right) \tag{6-71}$$

$$x_2 = \sqrt{\frac{\cot \alpha}{\pi}} \left(\frac{T}{2} + u\sec \alpha - \omega_0 \tan \alpha \right) \tag{6-72}$$

利用下述菲涅尔积分定义和性质：

$$C(x) = \int_0^x \cos\left(\frac{\pi y^2}{2} \right) dy \tag{6-73}$$

$$S(x) = \int_0^x \sin\left(\frac{\pi y^2}{2} \right) dy \tag{6-74}$$

$$C(-x) = -C(x), S(-x) = -S(x) \tag{6-75}$$

于是，式(6-70)可进一步改写为

$$S_\alpha(u) = A_2 \sqrt{\frac{1 - \text{jcot } \alpha}{2\cot \alpha}} e^{(j/2)u^2\cot \alpha - (\text{jsec } 2\alpha)(u - \omega_0 \sin \alpha)^2} \left[C(x_1) + C(x_2) + jS(x_1) + jS(x_2) \right] \tag{6-76}$$

则正弦信号 $s(t)$ 分数谱的幅度特性为

$$S_\alpha(u) = \frac{A_2}{2 |\cos \alpha|} \sqrt{\left[C(x_1) + C(x_2) \right]^2 + \left[S(x_1) + S(x_2) \right]^2} \tag{6-77}$$

且 $s(t)$ 分数谱在 $\alpha = -\text{arccot } k$ 角度分数域上占据的范围为

$$\left[\omega_0 \sin \alpha - \frac{T|k|}{2} |\sin \alpha|, \omega_0 \sin \alpha + \frac{T|k|}{2} |\sin \alpha| \right] \tag{6-78}$$

那么，$s(t)$ 在 $\alpha = -\text{arccot } k$ 角度分数域上的带宽为 $B'_u = T|k||\sin \alpha|$。根据前述线性调频信号的频谱特性可知，当 $TB'_u > 10$ 时，正弦信号 $s(t)$ 就有 96% 的信号能量在式(6-65)所示的分数域范围内，且其分数谱近似为矩形谱。通常 $TB'_u \gg 1$，此时 $C(x_1)$、$C(x_2)$、$S(x_1)$、$S(x_2)$ 的函数值在 0.6 附近波动，则由式(6-64)可知，正弦信号 $s(t)$ 分数谱的最大幅度为

$$|S_\alpha(u)|_{\max} \approx \frac{A_2}{\sqrt{|\cos \alpha|}} = A_2 \sqrt{\frac{|\csc \alpha|}{|k|}} \tag{6-79}$$

图 6-3 给出了线性调频信号 $c(t)$ 和正弦信号 $s(t)$ 在频域和分数域的对偶特性。

线性调频信号和正弦信号在频域和分数域的对偶特性体现为:线性调频信号在频域(或分数域)的频谱(或分数谱)与正弦信号在分数域(或频域)的分数谱(或频谱)具有相似的分布特性。此外,线性调频信号的频谱(或分数谱)带宽参数与正弦信号的分数谱(或频谱)带宽参数仅相差一个与旋转角度 α 有关的因子 $\sin\alpha$;而其频谱(或分数谱)幅度参数与正弦信号的分数谱(或频谱)幅度参数相差一个因子 $\sqrt{|\csc\alpha|}$ 。

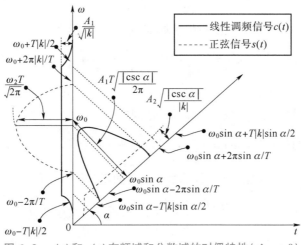

图 6-3　$c(t)$ 和 $s(t)$ 在频域和分数域的对偶特性($\sin\alpha>0$)

§6.5　分数傅里叶变换与时频表示的关系

传统时域表示是一种在时间和频率联合域分析信号的方法,在非平稳信号处理中发挥着重要的作用。它总体上可以归为两类,一类是线性时域变换,包括短时傅里叶变换、加博变换、小波变换等;另一类是二次型时频分布,包括 Wigner-Ville 分布、Cohen 分布、模糊函数等。由前述内容可知,分数傅里叶变换仍是一种一维的线性变换,只具有整体变换的性质,不能表征信号的局部特性。但是,若使用分数域轴(u 轴,与时间轴成 α 角度)及其正交的轴(v 轴),那么就能够得到信号的二维分布(或表示),从而可以使用它对非平稳信号进行分析和处理。因此,本节重点介绍分数傅里叶变换构成的二维分布与传统时域表示的内在联系,这将有利于加深对分数傅里叶变换特性的理解。

短时傅里叶变换是一种重要的时频分析工具,而且谱图对应的是短时傅里叶变换的模平方。由于短时傅里叶变换和谱图都是信号的二维平面表示,因此人们很自然地对分数傅里叶变换与短时傅里叶变换、谱图的关系感兴趣。

对于信号 $f(t)\in L^2(\mathbf{R})$,短时傅里叶变换(STFT)的标准定义为

$$\mathrm{STFT}_f(t,\omega)=\frac{1}{\sqrt{2\pi}}\int_{-\infty}^{+\infty}f(\tau)h^*(t-\tau)\mathrm{e}^{-\mathrm{j}\omega\tau}\mathrm{d}\tau \tag{6-80}$$

式中,$h(t)$ 为分析窗函数。根据帕塞瓦尔准则,短时傅里叶变换也可以写成频域的形式,即

$$\mathrm{STFT}_f(t,\omega)=\frac{1}{\sqrt{2\pi}}\mathrm{e}^{-\mathrm{j}\omega t}\int_{-\infty}^{+\infty}F(v)H^*(\omega-v)\mathrm{e}^{\mathrm{j}vt}\mathrm{d}v \tag{6-81}$$

式中，$F(\omega)$和$H(\omega)$分别表示$f(t)$和$h(t)$的傅里叶变换。式(6-80)和式(6-81)表明，短时傅里叶变换的标准定义在时域和频域的形式类似，但不对称，即频域定义在结构上多了一个指数因子$e^{-j\omega t}$。在处理时频平面的旋转问题时，这种时间和频率之间的不对称性是需要避免的。为此，对式(6-80)所示定义进行修正，得到修正的短时傅里叶变换(MSTFT)的时域形式为

$$\mathrm{MSTFT}_f(t,\omega) = \frac{1}{\sqrt{2\pi}} e^{(j/2)\omega t} \int_{-\infty}^{+\infty} f(\tau) h^*(t-\tau) e^{-j\omega\tau} d\tau \qquad (6\text{-}82)$$

相应地，修正的短时傅里叶变换的频域形式为

$$\mathrm{MSTFT}_f(t,\omega) = \frac{1}{\sqrt{2\pi}} e^{-(j/2)\omega t} \int_{-\infty}^{+\infty} F(v) H^*(\omega-v) e^{jv\tau} dv \qquad (6\text{-}83)$$

于是，可以得到如下结论：

若$F_\alpha(u) = [f(t)](u)$，$H_\alpha(u) = [h(t)](u)$，则

$$\mathrm{MSTFT}_f(t,\omega) = \frac{1}{\sqrt{2\pi}} e^{(j/2)uv} \int_{-\infty}^{+\infty} F_\alpha(z) H_\alpha^*(u-z) e^{jzv} dz \qquad (6\text{-}84)$$

证明　首先，根据式(6-82)和分数傅里叶变换的反变换，可得

$$\mathrm{MSTFT}_f(t,\omega) = \frac{1}{\sqrt{2\pi}} e^{(j/2)\omega t} \int_{-\infty}^{+\infty} \left[\int_{-\infty}^{+\infty} F_\alpha(u') K_\alpha^*(u',\tau) du' \right] h^*(t-\tau) e^{-j\omega\tau} d\tau$$

$$= \frac{1}{\sqrt{2\pi}} e^{(j/2)\omega t} \int_{-\infty}^{+\infty} F_\alpha(u') \left[\int_{-\infty}^{+\infty} K_\alpha(u',\tau) h(t-\tau) e^{j\omega\tau} d\tau \right] du' \qquad (6\text{-}85)$$

此外，利用分数傅里叶变换的时移和频移特性，则式(6-85)第二个等号中方括号的内积分为

$$H_\alpha^*(-u'+t\cos\alpha+\omega\sin\alpha) e^{-(j/2)(\omega^2-t^2)\sin\alpha\cos\alpha - ju(t\sin\alpha - \omega\cos\alpha) + j\omega t\sin^2\alpha} \qquad (6\text{-}86)$$

进一步地，将式(6-86)代入式(6-85)，可得

$$\mathrm{MSTFT}_f(t,\omega) = \frac{1}{\sqrt{2\pi}} e^{(j/2)\omega t} \int_{-\infty}^{+\infty} F_\alpha(u') H_\alpha^*(-u'+t\cos\alpha+\omega\sin\alpha) \cdot$$

$$e^{(j/2)(\omega^2-t^2)\sin\alpha\cos\alpha + ju(t\sin\alpha - \omega\cos\alpha) - j\omega\sin^2\alpha} du' \qquad (6\text{-}87)$$

这是在(t,ω)坐标下的结果。根据前述分析可知，分数傅里叶变换相当于信号在时频平面上围绕时间轴逆时针旋转α角度到u轴上的表示。于是，u轴和与之垂直的v轴构成了一个新的(u,v)坐标系。此外，这个新坐标系也可视为由原(t,ω)坐标系逆时针旋转α角度形成，即

$$\begin{bmatrix} u \\ v \end{bmatrix} = \begin{bmatrix} \cos\alpha & \sin\alpha \\ -\sin\alpha & \cos\alpha \end{bmatrix} \begin{bmatrix} t \\ \omega \end{bmatrix} \qquad (6\text{-}88)$$

图6-4描述了(u,v)坐标系与(t,ω)坐标系的几何关系。

根据式(6-88)对式(6-87)进行坐标系变换，并经过化简得

$$\mathrm{MSTFT}_f(t,\omega) = \frac{1}{\sqrt{2\pi}} e^{(j/2)uv} \int_{-\infty}^{+\infty} F_\alpha(u') H_\alpha^*(u-u') e^{ju'v} du'$$

$$(6\text{-}89)$$

可以看出，式(6-89)右边是在(u,v)坐标系下用分数域窗函数$H_\alpha(u)$计算得到$F_\alpha(u')$的修正短时傅里叶

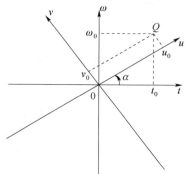

图6-4　(u,v)坐标系与(t,ω)坐标系的几何关系

变换;左边是在(t,ω)坐标下用时域窗函数$h(t)$计算得到的$f(t)$的修正短时傅里叶变换。该结果表明,一个信号的分数傅里叶变换的修正短时傅里叶变换就是原信号修正短时傅里叶变换在时频平面的旋转形式,从而进一步验证了分数傅里叶变换是时频平面上的一个旋转算子。

此外,由于谱图是标准短时傅里叶变换的模平方,因此它也是上述短时傅里叶变换的模平方。因此,分数傅里叶变换对谱图的作用完全等同于它对修正短时傅里叶变换的作用。

§6.6　分数阶卷积及其定理

分数阶卷积的概念由 D.Mendlovic 和 H.M.Ozaktas 在 1993 年研究分数傅里叶变换光学实现时提出,其基本思想可以表述为:若将函数$x(t)$和$h(t)$的分数阶卷积记为$\mathrm{CONV}^\alpha(x,h)$,则$x(t)$和$h(t)$的分数阶卷积的分数傅里叶变换等于它们分数傅里叶变换的乘积,即

$$\mathrm{CONV}^\alpha(x,h)=\left[X_\alpha(u)H_\alpha(u)\right](t) \tag{6-90}$$

式中,$X_\alpha(u)$和$H_\alpha(u)$分别表示函数$x(t)$和$h(t)$的分数傅里叶变换。之后,K.K.Sharma 和 S.D.Joshi 利用广义变换得到了式(6-90)的时域形式,即

$$\mathrm{CONV}^\alpha(x,h)=\frac{|\csc\alpha|}{2\pi}\int_{-\infty}^{+\infty}\int_{-\infty}^{+\infty}\int_{-\infty}^{+\infty}x(t')h(\tau)\cdot\mathrm{e}^{(\mathrm{j}/2)(t^2+u^2+t'^2-t^2)\cot\alpha+\mathrm{j}u(t-\tau-t')\csc\alpha}\mathrm{d}t'\mathrm{d}u\mathrm{d}\tau \tag{6-91}$$

可以看出,式(6-90)定义的分数阶卷积虽然在分数域体现为简单的乘积,但在时域却为复杂的三重积分,因此时域形式不利于实际应用。1994 年,Ozaktas 等又给出了一种不同于式(6-90)的分数阶卷积定义,即

$$\mathrm{CONV}^\alpha(x,h)=\left[X_\alpha(u)*H_\alpha(u)\right](t) \tag{6-92}$$

式中,$*$代表经典卷积算子。其后,O.Akay 和 G.F.Boudreaux-Bartels 利用算子方法给出了式(6-92)的时域形式,即

$$\mathrm{CONV}^\alpha(x,h)=\mathrm{e}^{\mathrm{j}\pi u^2\cos\alpha\sin\alpha}\int_{-\infty}^{+\infty}x(\tau)h(u\cos\alpha-\tau)\mathrm{e}^{-\mathrm{j}2\pi\tau u\sin\alpha}\mathrm{d}\tau \tag{6-93}$$

显然,式(6-92)定义的分数阶卷积的分数域形式与其时域形式一样,时域体现为积分运算,而不是乘积运算,因此时域形式不适合分数域乘性滤波处理。1997 年,L.B.Almeida 研究了经典卷积在分数域内的特性,即

$$\left[(x*h)(t)\right](u)=|\sec\alpha|\mathrm{e}^{-(\mathrm{j}/2)u^2\tan\alpha}\int_{-\infty}^{+\infty}X_\alpha(v)\mathrm{e}^{(\mathrm{j}/2)v^2\tan\alpha}h((u-v)\sec\alpha)\mathrm{d}v \tag{6-94}$$

该结果表明,时域经典卷积在分数域内体现为复杂的积分运算,不再具备频域简单乘积的优良特性。为了使分数阶卷积具备经典卷积的优良特性,即时域简单的一维积分(或卷积)体现为分数域简单的乘积。A.I.Zayed 在 1998 年提出了一种新的分数卷积定义形式,即

$$(x*h)(t)=A_\alpha\mathrm{e}^{-(\mathrm{j}/2)t^2\cot\alpha}\left[(x(t)\mathrm{e}^{(\mathrm{j}/2)t^2\cot\alpha})*(h(t)\mathrm{e}^{(\mathrm{j}/2)t^2\cot\alpha})\right] \tag{6-95}$$

式中,$*$表示时域分数阶卷积算子。对式(6-95)两边作分数傅里叶变换,得

$$\left[(x*h)(t)\right](u)=\mathrm{e}^{-(\mathrm{j}/2)u^2\cot\alpha}X_\alpha(u)H_\alpha(u) \tag{6-96}$$

式中,$X_\alpha(u)$和$H_\alpha(u)$分别为信号$x(t)$与$h(t)$的分数傅里叶变换。类似地,两个分数域函数的

分数阶卷积被定义为

$$(X_\alpha \otimes H_\alpha)(u) = A_{-\alpha} e^{(j/2)u^2 \cot \alpha} \left[(X_\alpha(u) e^{-(j/2)u^2 \cot \alpha}) * (H_\alpha(u) e^{-(j/2)u^2 \cot \alpha}) \right] \quad (6-97)$$

其时域形式为

$$\left[(X_\alpha \otimes H_\alpha)(u) \right](t) = e^{(j/2)t^2 \cot \alpha} x(t) h(t) \quad (6-98)$$

式中,$\otimes$代表分数域分数阶卷积算子。

1998 年,P.Kraniauskas 等通过分数傅里叶变换与傅里叶变换之间的关系也得到了与 Zayed 相同的结果,该结果之后又被 R.Torres 等从平移不变性的角度得到。后来,为了实现分数域多通道采样,Shi 等定义了一种结构更为简单的分数阶卷积,即

$$\left[(x \Theta h)(t) \right](u) = \int_{-\infty}^{+\infty} h(\tau) x(t - \tau) e^{-(j/2)\tau(2t-\tau)\cot \alpha} d\tau \quad (6-99)$$

式中,Θ 表示分数阶卷积算子。对式(6-99)两边作分数傅里叶变换,得

$$\left[(xh)(t) \right](u) = \sqrt{2\pi} X_\alpha(u) H(u \csc \alpha) \quad (6-100)$$

式中,$X_\alpha(u)$ 表示 $x(v)$ 的分数傅里叶变换;$H(u \csc \alpha)$ 为 $h(t)$ 的傅里叶变换。可以发现,式(6-96)和式(6-100)所定义的分数阶卷积并不相同,且彼此不构成包含关系。于是,出现两个问题:是否还存在其他形式的分数阶卷积? 有没有一个统一的分数阶卷积表达形式? 下一小节将对此问题展开讨论。

6.6.1 广义分数阶卷积的定义及其定理

众所周知,经典卷积可以通过传统酉时移算子来定义,即

$$(x * h)(t) = \int_{-\infty}^{+\infty} h(\tau) T_\tau x(t) d\tau = \int_{-\infty}^{+\infty} h(\tau) x(t - \tau) d\tau \quad (6-101)$$

考虑到分数傅里叶变换是广义的傅里叶变换,此外,酉分数阶时移算子 T_τ^α 是传统酉时移算子 T_τ 的广义形式。那么,也可以利用酉分数阶时移算子来定义分数阶卷积,则有

$$(x \Theta h)(t) = \int_{-\infty}^{+\infty} h(\tau) T_\tau^\alpha x(t) d\tau = \int_{-\infty}^{+\infty} h(\tau) x[t - \tau] e^{-j\tau(t-(\tau/2))\cot \alpha} d\tau \quad (6-102)$$

式中,Θ 表示分数阶卷积算子。可以看出,式(6-102)得到了与式(6-99)相同的分数阶卷积。为了得到一般化结果,定义两个时域函数 $x(t)$ 和 $h(t)$ 的广义分数阶卷积为

$$(x \Theta_{\alpha,\beta,\gamma} h)(t) = \int_{-\infty}^{+\infty} h(\tau) \phi_{\alpha,\beta,\gamma}(t,\tau) T_\tau^\beta x(t) d\tau \quad (6-103)$$

式中,$\Theta_{\alpha,\beta,\gamma}$ 表示时域广义分数阶卷积算子;$\phi_{\alpha,\beta,\gamma}(\cdot,\cdot)$ 为变量域独立的加权函数,即

$$\phi_{\alpha,\beta,\gamma}(\cdot,\diamond) \stackrel{\text{def}}{=} e^{(j/2)(\diamond)^2 \cot \gamma + (j/2)(\cdot)^2(\cot \beta - \cos \alpha)} \quad (6-104)$$

于是,可以得到下述广义分数阶卷积定理。

定理 6-1 若给定两个时域函数 $x(t)$ 和 $h(t)$,记 $X_\beta(u)$ 为 $x(t)$ 的 β 角度分数傅里叶变换,$H_\gamma(u)$ 为 $h(t)$ 的 γ 角度分数傅里叶变换,则广义分数阶卷积定理可表述为

$$\left[(x_{\alpha,\beta,\gamma} h)(t) \right](u) = {}_{\alpha,\beta,\gamma}(u) X_\beta \left(\frac{u \csc \alpha}{\csc \beta} \right) H_\gamma \left(\frac{u \csc \alpha}{\csc \gamma} \right) \quad (6-105)$$

式中,${}_{,\alpha,\beta,\gamma}(u)$ 为变量域独立的加权函数,即

$$\Phi_{\alpha,\beta,\gamma}(\,\cdot\,) \stackrel{\text{def}}{=} \frac{A_\alpha}{A_\beta A_\gamma} e^{(j/2)(\,\cdot\,)^2 \left[\cot\alpha-\left(\frac{\csc\alpha}{\csc\beta}\right)^2\cot\beta-\left(\frac{\csc\alpha}{\csc\gamma}\right)^2\cot\gamma\right]} \tag{6-106}$$

证明　根据式(6-78)、式(6-103)和式(6-104)，并利用分数傅里叶变换定义，得

$$\big[(x_{\alpha,\beta,\gamma}h)(t)\big](u) = \int_{-\infty}^{+\infty}\int_{-\infty}^{+\infty} h(\tau)e^{-(j/2)\tau^2\cot\gamma}x(t-\tau)e^{(j/2)(t-\tau)^2\beta}\mathrm{d}\tau \cdot e^{-(j/2)t^2\cot\alpha}K_\alpha(u,t)\mathrm{d}t \tag{6-107}$$

然后，利用经典卷积和傅里叶变换的定义，式(6-107)可进一步化简为

$$\big[(x_{\alpha,\beta,\gamma}h)(t)\big](u) = \sqrt{2\pi}A_\alpha e^{(j/2)u^2\cot\alpha}\Big[\big(x(t)e^{(j/2)t^2\cot\beta}\big)*\big(h(t)e^{(j/2)t^2\cot\gamma}\big)\Big](u\csc\alpha) \tag{6-108}$$

进一步地，根据经典卷积定理，可得

$$\big[(x_{\alpha,\beta,\gamma}h)(t)\big](u) = 2\pi A_a e^{(j/2)\mu^2\cot\alpha}\Big[\big(x(t)e^{(j/2)t^2\cot\beta}\big)\Big](u\csc\alpha) \cdot \Big[\big(h(t)e^{(j/2)t^2\cot\gamma}\big)\Big](u\csc\alpha) \tag{6-109}$$

同时，注意

$$
\begin{aligned}
\big[x(t)e^{(j/2)t^2\cot\beta}\big](u\csc\alpha) &= \frac{1}{\sqrt{2\pi}}\int_{-\infty}^{+\infty} x(t)e^{(j/2)t^2\cot\beta}e^{-jtu\csc\alpha}\mathrm{d}t \\
&= \frac{1}{\sqrt{2\pi}A_\beta}e^{-(j/2)\left(\frac{\csc\alpha}{\csc\beta}\right)^2\cot\beta}\big[x(t)\big]\left(\frac{u\csc\alpha}{\csc\beta}\right) \\
&= \frac{1}{\sqrt{2\pi}A_\beta}e^{-(j/2)\left(\frac{u\csc\alpha}{\csc\beta}\right)^2\cot\beta}X_\beta\left(\frac{u\csc\alpha}{\csc\beta}\right) \tag{6-110}
\end{aligned}
$$

同样

$$\big[h(t)e^{(j/2)t^2\cot\gamma}\big](u\csc\alpha) = \frac{1}{\sqrt{2\pi}A_\gamma}e^{-(j/2)\left(\frac{u\csc\alpha}{\cot\gamma}\right)^2\cot\gamma}H_\gamma\left(\frac{u\csc\alpha}{\csc\gamma}\right) \tag{6-111}$$

于是，将式(6-110)和式(6-111)代入式(6-109)，并利用式(6-108)，即可得到式(6-109)。至此，定理6-1证毕。图6-5给出了时域广义分数阶卷积的分解结构。

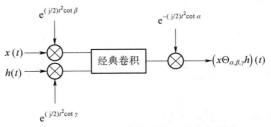

图6-5　时域广义分数阶卷积的分解结构

类似地，利用酉分数阶频移算子 W_v^α 也可以定义分数域函数的广义分数阶卷积，即两个分数域函数 $X_\beta(u)$ 和 $H_\gamma(u)$ 的广义分数阶卷积为

$$(X_\beta H_\gamma)(u) = \int_{-\infty}^{+\infty} H_\gamma(u)\phi^*_{\alpha,\beta,\gamma}(u,v)W_v^\beta X_\beta(u)\mathrm{d}v \tag{6-112}$$

式中，$\phi_{\alpha,\beta,\gamma}$ 表示分数域广义分数阶卷积算子。$\phi_{\alpha,\beta,\gamma}(\,\cdot\,,\,\cdot\,)$ 的定义见式(6-104)，则可得下述分数域广义分数阶卷积定理。

定理 6-2　若给定两个时域函数 $x(t)$ 和 $h(t)$，记 $X_\beta(u)$ 为 $x(t)$ 的 β 角度分数傅里叶变

换，$H_\gamma(u)$ 为 $h(t)$ 的 γ 角度分数傅里叶变换，则有

$$\big[(X_\beta H_\gamma)(u)\big](t) = \overset{*}{\underset{\alpha,\beta,\gamma}{}}(u)\, x\left(\frac{t\csc\alpha}{\csc\beta}\right)h\left(\frac{t\csc\alpha}{\csc\gamma}\right) \tag{6-113}$$

式中，$_{\alpha,\beta,\gamma}(\cdot)$ 的定义见式(6-106)。

证明 定理 6-2 的证明与定理 6-1 类似，在此不再赘述。图 6-6 给出了分数域广义分数阶卷积的分解结构。

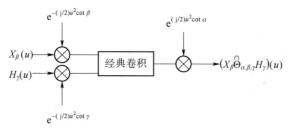

图 6-6 分数域广义分数阶卷积的分解结构

众所周知，经典卷积具有时移不变性，即

$$(T_\tau xh)(t) = T_\tau(xh)(t) = (xT_\tau h)(t) \tag{6-114}$$

同样，广义分数阶卷积也具有类似的平移不变性，表述如下：

$$(T_\tau^\beta x\Theta_{\alpha,\beta,\gamma}h)(t) = T_\tau^\beta(x\Theta_{\alpha,\beta,\gamma}h)(t) \tag{6-115}$$

$$(x\Theta_{\alpha,\beta,\gamma}T_\tau^\gamma h)(t) = T_\tau^\gamma(x\Theta_{\alpha,\beta,\gamma}h)(t) \tag{6-116}$$

此外

$$(W_v^\beta X_\beta\Theta_{\alpha,\beta,\gamma}H_\gamma)(u) = W_v^\beta(X_\beta\Theta_{\alpha,\beta,\gamma}H_\gamma)(u) \tag{6-117}$$

$$(X_\beta\Theta_{\alpha,\beta,\gamma}W_v^\gamma H_\gamma)(u) = W_v^\gamma(X_\beta\Theta_{\alpha,\beta,\gamma}H_\gamma)(u) \tag{6-118}$$

特别地，当 $\alpha=\beta=\gamma$ 时，有

$$(T_\tau^\alpha x\Theta_{\alpha,\alpha,\alpha}h)(t) = T_\tau^\alpha(x\Theta_{\alpha,\alpha,\alpha}h)(t) = (x\Theta_{\alpha,\alpha,\alpha}T_\tau^\alpha h)(t) \tag{6-119}$$

$$(W_v^\alpha X_\alpha\Theta_{\alpha,\alpha,\alpha}H_\alpha)(u) = W_v^\alpha(X_\alpha\Theta_{\alpha,\alpha,\alpha}H_\alpha)(u) = (X_\alpha\Theta_{\alpha,\alpha,\alpha}W_v^\alpha H_\alpha)(u) \tag{6-120}$$

6.6.2 广义分数阶卷积的特例分析

推论 6-1 当 $\alpha=\beta=\gamma=\pi/2$ 时，时域广义分数阶卷积及其定理便退化为时域经典卷积及其定理。相应地，分数域广义分数阶卷积及其定理则退化为频域经典卷积及其定理。

推论 6-2 当 $\alpha=\beta,\gamma=\pi/2$ 时，时域广义分数阶卷积及其定理退化为时域分数阶卷积及其定理，即

$$(x\Theta_{\alpha,\alpha,\pi/2}h)(t) = e^{-(j/2)t^2\cot\alpha}\big[(x(t)e^{(j/2)t^2\cot\alpha})*h(t)\big] \tag{6-121}$$

$$\big[(x\Theta_{\alpha,\alpha,\pi/2}h)(t)\big](u) = \sqrt{2\pi}\,X_\alpha(u)H(u\csc\alpha) \tag{6-122}$$

式中，$X_\alpha(u)$ 表示 $x(v)$ 的分数傅里叶变换；$H(u\csc \alpha)$ 为 $h(t)$ 的傅里叶变换。相应地，分数域广义分数阶卷积及其定理退化为式(6-121)和式(6-122)的对偶形式，即

$$(X_\alpha\Theta_{\alpha,\alpha,\pi/2}H)(u) = \mathrm{e}^{(\mathrm{j}/2)u^2\cot \alpha}\big[X_\alpha(u)\mathrm{e}^{-(\mathrm{j}/2)u^2\cot \alpha} * H(u)\big] \tag{6-123}$$

$$\big[(X_\alpha\Theta_{\alpha,\alpha,\pi/2}H)(u)\big](t) = \sqrt{2\pi}x(t)h(t\csc \alpha) \tag{6-124}$$

推论 6-3 当 $\alpha=\beta=\gamma$ 时，时域广义分数阶卷积及其定理退化为时域分数阶卷积及其定理，即

$$(x\Theta_{\alpha,\alpha,\alpha}h)(t) = \mathrm{e}^{-(\mathrm{j}/2)t^2\cot \alpha}\big[(x(t)\mathrm{e}^{(\mathrm{j}/2)t^2\cot \alpha}) * (h(t)\mathrm{e}^{(\mathrm{j}/2)t^2\cot \alpha})\big] \tag{6-125}$$

$$\big[(x\Theta_{\alpha,\alpha,\alpha}h)(t)\big](u) = A_\alpha^{-1}\mathrm{e}^{-(\mathrm{j}/2)u^2\cot \alpha}X_\alpha(u)H_\alpha(u) \tag{6-126}$$

式中，$X_\alpha(u)$ 和 $H_\alpha(u)$ 分别表示 $x(t)$ 和 $h(t)$ 的分数傅里叶变换。相应地，分数域广义分数阶卷积及其定理则退化为分数域分数阶卷积及其定理，即

$$(X_\alpha\Theta_{\alpha,\alpha,\alpha}H_\alpha)(u) = \mathrm{e}^{(\mathrm{j}/2)u^2\cot \alpha}\big[(X_\alpha(u)\mathrm{e}^{-(\mathrm{j}/2)u^2\cot \alpha}) * (H_\alpha(u)\mathrm{e}^{-(\mathrm{j}/2)u^2\cot \alpha})\big] \tag{6-127}$$

$$\big[(X_\alpha\Theta_{\alpha,\alpha,\alpha}H_\alpha)(u)\big](t) = A_{-\alpha}^{-1}\mathrm{e}^{(\mathrm{j}/2)t^2\cot \alpha}x(t)h(t) \tag{6-128}$$

前述分析表明，广义分数阶卷积不但揭示了分数傅里叶变换下函数间卷积运算的一般规律，而且统一了现有各种不同形式的分数阶卷积，具有普适性。此外，广义分数阶卷积运算为一个单积分运算，可以利用经典卷积来实现，易于在实际中实现。更为重要的是，广义分数阶卷积给出了一个基本结论，即一个域(时域或分数域)的广义分数阶卷积对应于另一个域(分数域或时域)的乘积，从而为分数域的滤波处理奠定了理论基础。

6.6.3 分数阶圆周卷积

考虑 p 阶分数阶 Fourier 域的两个有限长序列 $X_{1,p}(m)$ 和 $X_{2,p}(m)$ 及一个 Chirp 信号序列 $\mathrm{e}^{-\mathrm{j}/2\cot \alpha m^2 \Delta u^2}$ 的乘积，即

$$X_{3,p}(m) = X_{1,p}(m)X_{2,p}(m)\mathrm{e}^{-\mathrm{j}/2\cot(\alpha)m^2 \Delta u^2} \tag{6-129}$$

由离散分数阶傅里叶变换的定义，得

$$
\begin{aligned}
x_3(n) &= F_{-p}\big[X_{3,p}(m)\big] \\
&= \sqrt{\frac{-\sin(-\alpha) + \mathrm{j}\cos(-\alpha)}{N}}\,\mathrm{e}^{-\mathrm{j}/2\cot(\alpha)^2\Delta t^2} \cdot \sum_{m=0}^{N-1} X_{3,p}(m)\mathrm{e}^{\mathrm{j}\frac{2\pi}{N}mn}\mathrm{e}^{-\mathrm{j}\frac{1}{2}\cot(\alpha)m^2\Delta u^2} \\
&= \sqrt{\frac{\sin \alpha + \mathrm{j}\cos \alpha}{N}}\,\mathrm{e}^{-\mathrm{j}/2\cot \alpha n^2 \Delta t^2} \cdot \sum_{m=0}^{N-1} X_{1,p}(m)\,X_{2,p}(m)\mathrm{e}^{\mathrm{j}\frac{2\pi}{N}mn}\mathrm{e}^{-\mathrm{j}\cot \alpha m^2\Delta u^2}
\end{aligned} \tag{6-130}
$$

并且

$$X_{1,p}(m) = \sqrt{\frac{\sin \alpha - \mathrm{j}\cos \alpha}{N}}\,\mathrm{e}^{\mathrm{j}/2\cot \alpha m^2\Delta u^2} \cdot \sum_{n=0}^{N-1} x_1(n)\mathrm{e}^{-\mathrm{j}\frac{2\pi}{N}mn}\mathrm{e}^{\frac{1}{2}\cot \alpha n^2 \Delta t^2} \tag{6-131}$$

将式(6-131)代入式(6-130)得

$$x_3(n) = \sqrt{\frac{\sin \alpha + \mathrm{j}\cos \alpha}{N}}\,\mathrm{e}^{-\mathrm{j}\frac{1}{2}\cot \alpha n^2\Delta t^2}$$

$$\sum_{m=0}^{N-1}\left[\left(\sqrt{\frac{\sin\alpha-\mathrm{j}\cos\alpha}{N}}\,\mathrm{e}^{\mathrm{j}\frac{1}{2}\cot\alpha m^2\Delta u2}\sum_{i=0}^{N-1}x_1(i)\mathrm{e}^{-\mathrm{j}\frac{2\pi}{N}mi}\mathrm{e}^{\mathrm{j}\frac{1}{2}\cot\alpha i^2\Delta t2}\right)X_{2,p}(m)\mathrm{e}^{\mathrm{j}\frac{2\pi}{N}mn}\mathrm{e}^{-\mathrm{j}\cot\alpha m^2\Delta u2}\right]$$

$$=\frac{1}{N}\mathrm{e}^{-\mathrm{j}\frac{1}{2}\cot\alpha n^2\Delta t2}\sum_{i=0}^{N-1}x_1(i)\mathrm{e}^{\mathrm{j}\frac{1}{2}\cot\alpha i^2\Delta t2}\cdot\sum_{m=0}^{N-1}X_{2,p}(m)\mathrm{e}^{\mathrm{j}\frac{2\pi}{N}m(n-i)}\mathrm{e}^{-\mathrm{j}\frac{1}{2}\cot\alpha m^2\Delta u2} \tag{6-132}$$

又由 DFRFT 隐含周期性可知

$$x_2((n-i))_{p,N}R_N(n)=\sqrt{\frac{\sin\alpha+\mathrm{j}\cos\alpha}{N}}\,\mathrm{e}^{-\mathrm{j}\frac{1}{2}\cot\alpha(n-i)^2\Delta t2}\cdot\sum_{m=0}^{N-1}X_{2,p}(m)\mathrm{e}^{\mathrm{j}\frac{2\pi}{N}m(n-i)}\mathrm{e}^{-\mathrm{j}\frac{1}{2}\cot\alpha m^2\Delta u2} \tag{6-133}$$

再将式(6-132)代入式(6-131)得

$$x_3(n)=\sqrt{\frac{\sin\alpha-\mathrm{j}\cos\alpha}{N}}\,\mathrm{e}^{-\mathrm{j}\frac{1}{2}\cot\alpha n^2\Delta t2}\cdot\sum_{i=0}^{N-1}x_1(i)\mathrm{e}^{\mathrm{j}\frac{1}{2}\cot\alpha i^2\Delta t2}x_2((n-i))_{p,N}\cdot\mathrm{e}^{\mathrm{j}\frac{1}{2}\cot\alpha(n-i)^2\Delta t2}R_N(n)$$

$$=\left[x_1(n)\underset{p}{\otimes}x_2(n)\right]R_N(n) \tag{6-134}$$

由此,我们定义周期为 N 的 p 阶分数阶圆周卷积操作为

$$\sqrt{\frac{\sin\alpha-\mathrm{j}\cos\alpha}{N}}\,\mathrm{e}^{-\mathrm{j}\frac{1}{2}\cot\alpha n^2\Delta t2}\cdot x_{1R}(n)\underset{p}{\overset{n}{\otimes}}x_2(n)=\left[x_1(n)\underset{p}{\otimes}x_2(n)\right]R_N(n)=$$

$$\sum_{i=0}^{N-1}x_1(i)\mathrm{e}^{\mathrm{j}\frac{1}{2}\cot\alpha i^2\Delta t2}x_2((n-i))_{p,N}\cdot R_N(n)\mathrm{e}^{\mathrm{j}\frac{1}{2}\cot\alpha(n-i)^2\Delta t2} \tag{6-135}$$

需要特别注意的是,分数阶圆周卷积操作中的 $x_2((n-i))_{p,N}R_N(n)$ 表示在卷积过程中序列 $x_2(n)$ 将先按 Chirp 周期性进行延拓,然后进行圆周移位。

定理 6-3 分数傅里叶圆周卷积定理。

时域上两个序列的周期为 N 的 p 阶分数阶圆周卷积对应于它们 p 阶离散分数阶傅里叶变换的乘积再乘以一个线性调频信号,即

$$F_p\left[x_1(n)\underset{p}{\overset{N}{\otimes}}x_2(n)\right]=X_{1,p}(m)X_{2,p}(m)\mathrm{e}^{-\mathrm{j}\frac{1}{2}\cot\alpha\cdot m^2\cdot\Delta2} \tag{6-136}$$

进一步,对于时域上两个有限长序列 $x_1(n)$、$x_2(n)$,若 $x_3(n)=x_1(n)x_2(n)\mathrm{e}^{\mathrm{j}\frac{1}{2}\cot\alpha n^2\Delta t2}$,则由离散分数阶傅里叶变换的定义,仿照上面的推导得

$$X_{3,p}(m)=F_p[x_3(n)]=\sqrt{\frac{\sin\alpha-\mathrm{j}\cos\alpha}{N}}\,\mathrm{e}^{\mathrm{j}\frac{1}{2}\cot\alpha m^2\Delta u2}\cdot\sum_{n=0}^{N-1}x_1(n)x_2(n)\mathrm{e}^{-\mathrm{j}\frac{2\pi}{N}mn}\mathrm{e}^{\mathrm{j}\frac{1}{2}\cot\alpha n^2\Delta t2}$$

$$=\frac{1}{N}\mathrm{e}^{\mathrm{j}\frac{1}{2}\cot\alpha m^2\Delta u2}\sum_{n=0}^{N-1}\sum_{i=0}^{N-1}X_{1,p}(i)\mathrm{e}^{-\mathrm{j}\frac{1}{2}\cot\alpha\cdot i^2\Delta t2}\cdot x_2(n)\mathrm{e}^{-\mathrm{j}\frac{2\pi}{N}(m-i)n}\mathrm{e}^{\mathrm{j}\cot\alpha\cdot n^2\Delta t2}$$

$$=\sqrt{\frac{\sin\alpha+\mathrm{j}\cos\alpha}{N}}\,\mathrm{e}^{\mathrm{j}\frac{1}{2}\cot\alpha m^2\Delta u2}\cdot\sum_{i=0}^{N-1}X_{1,p}(i)\mathrm{e}^{-\mathrm{j}\frac{1}{2}\cot\alpha\cdot i^2\Delta t2}X_{2,p}((m-i))_{-p,N}\cdot R_N(m)\mathrm{e}^{-\mathrm{j}\frac{1}{2}\cot\alpha\cdot(m-i)^2\Delta t2}$$

$$=X_1(m)\underset{-p}{\overset{n}{\otimes}}X_2(m) \tag{6-137}$$

因此,可以得到下述定理。

定理 6-4　p 阶分数阶圆周卷积定理。

时域上两个序列乘积再乘以一个线性调频信号,对应于它们 p 阶离散分数阶傅里叶变换的周期为 N 的 $-p$ 阶分数阶圆周卷积操作,即

$$F_p\left[x_1(t)x_2(t)e^{j\frac{1}{2}\cot\alpha n^2\Delta t^2}\right]=X_{1,p}(m)\underset{-p}{\overset{N}{\bigotimes}}X_{2,p}(m) \tag{6-138}$$

§6.7　分数阶相关及其定理

分数阶相关概念的提出始于 1993 年 D.Mendlovic 和 H.M.Ozaktas 的研究工作,在式(6-90)分数阶卷积定义的基础上,他们把两个时域函数的分数阶相关定义为

$$\text{CORR}^\alpha(x(t),h(t))=\text{CONV}^\alpha(x(t),h^*(-t)) \tag{6-139}$$

进一步地,可得

$$\text{CORR}^\alpha(x(t),h(t))=\left[X_\alpha(u)H^*_{-\alpha}(-u)\right](\tau) \tag{6-140}$$

式中,$X_\alpha(u)$ 和 $H_\alpha(u)$ 分别表示 $x(t)$ 与 $h(t)$ 的分数傅里叶变换。很容易验证,式(6-139)定义的分数阶相关在时域体现为复杂的三重积分,不利于实际实现。1996 年,Mendlovic 等根据经典相关 $C(\tau)$ 的两种等价定义形式,即

$$C(\tau)=\left[X(\omega)H^*(\omega)\right](\tau)=\left[[x(t)](\omega)([h(t)](\omega))^*\right](\tau) \tag{6-141}$$

或

$$C(\tau)=\left[X(\omega)H^*(\omega)\right](\tau)=\left[[x(t)](\omega)[h^*(-t)](\omega)\right](\tau) \tag{6-142}$$

同时,利用分数傅里叶变换运算的共轭性质给出了分数阶相关的两种定义形式,即

$$C_{\alpha_1,\alpha_2}(\tau)=\left[X_{\alpha_1}(u)H^*_{\alpha_1}(u)\right](\tau)=\left[[x(t)](u)([h(t)](u))^*\right](\tau) \tag{6-143}$$

或

$$C_{\alpha_1,\alpha_2}(\tau)=\left[X_{\alpha_1}(u)H^*_{\alpha_1}(u)\right](\tau)=\left[[x(t)](u)[h^*(-t)](u)\right](\tau) \tag{6-144}$$

之后,Z.Zalevsky 等将分数阶相关的定义改写为下述更一般的形式:

$$C_{\alpha_1,\alpha_2,\alpha_3}(\tau)=\left[[x(t)](u)[h(t)](u)\right](\tau) \tag{6-145}$$

但是,式(6-143)~式(6-145)定义的分数阶相关无法给出简洁的时域闭合表达式,Mendlovic 等也在文中指出该分数阶相关时域形式极其复杂,以致无法得到类似于时域经典相关那样简洁的易于实现的表达形式。2001 年,O.Akay 和 G.F.Boudreaux-Bartels 利用算子方法定义了与前述不同的分数阶相关,即

$$(x\Theta h)(\rho)=e^{j2\pi(\rho^2/2)\cos\phi\sin\phi}\int_{-\infty}^{+\infty}x(\beta)h^*(\beta-\rho\cos\phi)e^{-j2\pi\beta\rho\sin\phi}d\beta \tag{6-146}$$

式中,Θ 表示分数阶相关算子;ϕ 为分数傅里叶变换旋转角度。将式(6-146)改写为内积的形式,即

$$(xh)(\rho)=\left\langle x(\beta),h(\beta-\rho\cos\phi)e^{-j2\pi(\rho^2h)\cos\phi\sin\phi+j2\pi\beta\rho\sin\phi}\right\rangle \tag{6-147}$$

根据分数傅里叶变换内积定理,可得

$$(xh)(\rho)=\langle X_\alpha(u),H_\alpha(u-\rho)\rangle=\int_{-\infty}^{+\infty}X_\alpha(u)H^*_\alpha(u-\rho)du \tag{6-148}$$

式中,$X_\alpha(u)$ 和 $H_\alpha(u)$ 分别是 $x(t)$ 和 $h(t)$ 的分数傅里叶变换。式(6-148)表明,式(6-146)定

义的分数阶相关实际上是两个时域函数的分数傅里叶变换的经典相关运算,并不是所期望的分数阶相关,即时域为简单的一维积分,而分数域则为一个时域函数傅里叶变换与另一个时域函数分数傅里叶变换共轭的乘积。也就是说,分数阶相关和分数阶功率谱/能谱应该互为分数傅里叶变换对。为此,下一小节将给出一种广义分数阶相关,其与分数阶能谱/功率谱互为分数傅里叶变换对,且与经典相关具有类似的实现结构,在时域表现为简单的一维积分,易于实际实现。

 ### 6.7.1 广义分数阶相关的定义及其定理

我们知道,经典相关可以由传统酉时移算子得到,即

$$(xy)(\tau) = \int_{-\infty}^{+\infty} y(t)\,(T_\tau x(t))^*\,\mathrm{d}t = \int_{-\infty}^{+\infty} y(t) x^*(t-\tau)\,\mathrm{d}t \tag{6-149}$$

由于酉分数阶时移算子 T_τ^α 是传统酉时移算子 T_τ 的广义形式,因此可以利用酉分数阶时移算子来定义分数阶相关。为了得到一般化结果,定义两个时域函数 $x(t)$ 和 $y(t)$ 的广义分数阶相关为

$$(x\Theta_{\alpha,\beta,\gamma}y)(\tau) = \int_{-\infty}^{+\infty} y(t)\varphi_{\alpha,\beta,\gamma}(t,\tau)\,(T_\tau^\beta x(t))^*\,\mathrm{d}t \tag{6-150}$$

式中,$\Theta_{\alpha,\beta,\gamma}$ 为时域广义分数阶相关算子;$\varphi_{\alpha,\beta,\gamma}(\cdot,\cdot)$ 为变量域独立的加权函数,即

$$\varphi_{\alpha,\beta,\gamma}(\cdot,\diamond) \overset{\text{def}}{=} \mathrm{e}^{-(j/2)(\diamond)^2\cot\alpha+(j/2)(\cdot)^2(\cot\gamma-\cot\beta)} \tag{6-151}$$

于是,可以得到下述广义分数阶相关定理。

定理 6-5 若给定两个时域函数 $x(t)$ 和 $y(t)$,记 $X_\beta(u)$ 为 $x(t)$ 的 β 角度分数傅里叶变换,$Y_\gamma(u)$ 为 $y(t)$ 的 γ 角度分数傅里叶变换,则广义分数阶相关定理可表述为

$$[(x\Theta_{\alpha,\beta,\gamma}y)(\tau)](u) = \varepsilon_{\alpha,\beta,\gamma}(u) X_\beta\left(\frac{u\csc\alpha}{\csc\beta}\right) Y_\gamma^*\left(\frac{u\csc\alpha}{\csc\gamma}\right) \tag{6-152}$$

式中,$\varepsilon_{\alpha,\beta,\gamma}(\cdot)$ 为变量域独立的加权函数,即

$$\varepsilon_{\alpha,\beta,\gamma}(\cdot) \overset{\text{def}}{=} \frac{A_\alpha}{A_\beta A_{-\gamma}} \mathrm{e}^{(j/2)(\cdot)^2\left[\cot\alpha-\left(\frac{\csc\alpha}{\csc\beta}\right)^2\cot\beta+\left(\frac{\csc\alpha}{\csc\gamma}\right)^2\cot\gamma\right]} \tag{6-153}$$

证明 根据式(6-78)、式(6-150)和式(6-151)并利用分数傅里叶变换定义,得

$$[(x\Theta_{\alpha,\beta,\gamma}y)(\tau)](u) = \int_{-\infty}^{+\infty}\int_{-\infty}^{+\infty} y(t)\,\mathrm{e}^{(j/2)t^2\cot\gamma}\left[x(t-\tau)\,\mathrm{e}^{(j/2)(t-\tau)^2\cot\beta}\right]^*\mathrm{d}t\,\cdot$$
$$\mathrm{e}^{-(j/2)\tau^2\cot\alpha}K_\alpha(u,\tau)\mathrm{d}\tau \tag{6-154}$$

然后,利用经典卷积和傅里叶变换的定义,式(6-154)可进一步化简为

$$[(x\Theta_{\alpha,\beta,\gamma}y)(\tau)](u) = \sqrt{2\pi}A_\alpha\,\mathrm{e}^{(j/2)u^2\cot\alpha}\left[\left(x(t)\,\mathrm{e}^{(j/2)t^2\cot\beta}\right)\left(y(t)\,\mathrm{e}^{(j/2)t^2\cot\gamma}\right)\right](u\csc\alpha) \tag{6-155}$$

进一步地,根据经典卷积定理,可得

$$[(x\Theta_{\alpha,\beta,\gamma}y)(\tau)](u) = 2\pi A_\alpha\,\mathrm{e}^{(j/2)u^2\cot\alpha}\left[x(t)\,\mathrm{e}^{(j/2)t^2\cot\beta}\right](u\csc\alpha)\cdot\left\{\left[y(t)\,\mathrm{e}^{(j/2)t^2\cot\gamma}\right](u\csc\alpha)\right\}^* \tag{6-156}$$

此外,考虑到

$$\left[x(t) \mathrm{e}^{(j/2)t^2\cot\beta} \right] (u\csc\alpha) = \frac{1}{\sqrt{2\pi}} \int_{-\infty}^{+\infty} x(t) \mathrm{e}^{(j/2)t^2\cot\beta} \mathrm{e}^{-jtu\csc\alpha} \mathrm{d}t$$

$$= \frac{1}{\sqrt{2\pi}A_\beta} \mathrm{e}^{-(j/2)\left(\frac{u\csc\alpha}{\csc\beta}\right)^2\cot\beta} \left[x(t) \right] \left(\frac{u\csc\alpha}{\csc\beta} \right)$$

$$= \frac{1}{\sqrt{2\pi}A_\beta} \mathrm{e}^{-(j/2)\left(\frac{u\csc\alpha}{\csc\beta}\right)^2\cot\beta} X_\beta \left(\frac{u\csc\alpha}{\csc\beta} \right) \qquad (6-157)$$

同样,

$$\left[y(t) \mathrm{e}^{(j/2)t^2\cot\gamma} \right] (u\csc\alpha) = \frac{1}{\sqrt{2\pi}A_\gamma} \mathrm{e}^{-(j/2)\left(\frac{u\csc\alpha}{\csc\beta}\right)^2\cot\gamma} Y_\gamma \left(\frac{u\csc\alpha}{\csc\beta} \right) \qquad (6-158)$$

于是,将式(6-158)和式(6-157)代入式(6-156),并利用式(6-153),即可得到式(6-152)。至此,定理6-5证毕。图6-7给出了时域广义分数阶相关的分解结构。

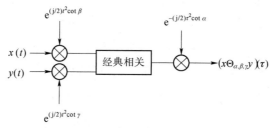

图 6-7　时域广义分数阶相关的分解结构

类似地,利用酉分数阶频移算子 W_v^α 也可以定义分数域函数的广义分数阶相关,即两个分数域函数 $X_\beta(u)$ 和 $Y_\gamma(u)$ 的广义分数阶相关为

$$\left(X_\beta \,\text{\ding{72}}_{\alpha,\beta,\gamma} Y_\gamma \right)(v) = \int_{-\infty}^{+\infty} Y_\gamma(u) \phi_{\alpha,\beta,\gamma}^*(u,v) \left(W_v^\beta X_\beta(u) \right)^* \mathrm{d}u \qquad (6-159)$$

式中,$\text{\ding{72}}_{\alpha,\beta,\gamma}$ 表示分数域广义分数阶卷积算子;$\phi_{\alpha,\beta,\gamma}(\cdot,\cdot)$ 的定义见式(6-104)。则可得下述分数域广义分数阶相关定理。

定理 6-6　若给定两个时域函数 $x(t)$ 和 $y(t)$,记 $X_\beta(u)$ 为 $x(t)$ 的 β 角度分数傅里叶变换,$Y_\gamma(u)$ 为 $y(t)$ 的 γ 角度分数傅里叶变换,则

$$\left[(X_\beta Y_\gamma)(v) \right](t) = \varepsilon_{\alpha,\beta,\gamma}^*(u) x\left(\frac{t\csc\alpha}{\csc\beta} \right) y^*\left(\frac{t\csc\alpha}{\csc\gamma} \right) \qquad (6-160)$$

式中,$\varepsilon_{\alpha,\beta,\gamma}(\cdot)$ 的定义见式(6-153)。

证明　定理6-6的证明与定理6-5类似,在此不再赘述。图6-8给出了分数域广义分数阶相关的分解结构。

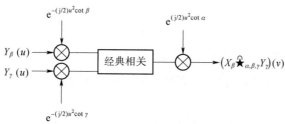

图 6-8　分数域广义分数阶相关的分解结构

6.7.2 广义分数阶相关的特例分析

推论 6-4 当 $\alpha=\beta=\gamma=\pi/2$ 时,时域广义分数阶相关及其定理便退化为时域经典相关及其定理。相应地,分数域广义分数阶相关及其定理则退化为频域经典相关及其定理。

推论 6-5 当 $\alpha=\beta,\gamma=\pi/2$ 时,时域广义分数阶相关退化为下述形式:

$$(x\Theta_{\alpha,\alpha,\pi/2}y)(\tau)=\mathrm{e}^{-(\mathrm{j}/2)\tau^2\cot\alpha}\big[\,(x(t)\mathrm{e}^{(\mathrm{j}/2)t^2\cot\alpha})y(t)\,\big] \tag{6-161}$$

相应地,该时域分数相关定理可以表述为

$$\big[(x\Theta_{\alpha,\alpha,\pi/2}y)(\tau)\big](u)=\sqrt{2\pi}X_\alpha(u)Y^*(u\csc\alpha) \tag{6-162}$$

式中,$X_\alpha(u)$ 为 $x(t)$ 的分数傅里叶变换;$Y(u\csc\alpha)$ 为 $y(t)$ 的傅里叶变换。同时,分数域广义分数阶相关及其定理退化为以下形式:

$$\big[(Y_{\alpha,\alpha,\pi/2}Y)(\tau)\big](v)=\mathrm{e}^{(\mathrm{j}/2)v^2\cot\alpha}\big[\,(Y_\alpha(u)\mathrm{e}^{-(\mathrm{j}/2)u^2\cot\alpha})Y(u)\,\big] \tag{6-163}$$

$$\big[(X_{\alpha,\alpha,\pi/2}Y)(v)\big](t)=\sqrt{2\pi}x(t)y^*(t\csc\alpha) \tag{6-164}$$

推论 6-6 当 $\alpha=\beta=\gamma$ 时,时域广义分数阶相关及其定理退化为下述形式:

$$(x\bigstar_{\alpha,\alpha,\alpha}y)(\tau)=\mathrm{e}^{-(\mathrm{j}/2)\tau^2\cot\alpha}\big[\,(x(t)\mathrm{e}^{(\mathrm{j}/2)t^2\cot\alpha})(y(t)\mathrm{e}^{(\mathrm{j}/2)t^2\cot\alpha})\,\big] \tag{6-165}$$

$$F^\alpha\big[(x\bigstar_{\alpha,\alpha,\alpha}y)(\tau)\big](u)=A_\alpha^{-1}\mathrm{e}^{-(\mathrm{j}/2)u^2\cot\alpha}X_\alpha(u)Y_\alpha^*(u) \tag{6-166}$$

式中,$X_\alpha(u)$ 和 $Y_\alpha(u)$ 分别为 $x(t)$ 和 $y(t)$ 的分数傅里叶变换。相应地,分数域广义分数阶相关及其定理则退化为

$$\left(X_\alpha\,\widehat{\bigstar}_{\alpha,\alpha,\alpha}Y_\alpha\right)(v)=\mathrm{e}^{(\mathrm{j}/2)v^2\cot\alpha}\big[\,(X_\alpha(u)\mathrm{e}^{-(\mathrm{j}/2)u^2\cot\alpha})\bigstar(Y_\alpha(u)\mathrm{e}^{-(\mathrm{j}/2)u^2\cot\alpha})\,\big] \tag{6-167}$$

$$F^{-\alpha}\left[\left(X_\alpha\,\widehat{\bigstar}_{\alpha,\alpha,\alpha}Y_\alpha\right)(v)\right](t)=A_\alpha^{-1}\mathrm{e}^{(\mathrm{j}/2)t^2\cot\alpha}x(t)y^*(t) \tag{6-168}$$

可以看出,与现有分数阶相关相比,广义分数阶相关更具有普适性。同时,广义分数阶相关继承了经典相关的优良特性,即一个域(时域或分数域)的广义分数阶相关运算对应于另一个域(分数域或时域)的乘积运算。

6.7.3 广义分数阶相关与广义分数阶卷积的关系

经典互相关与经典卷积存在密切关系,即

$$\begin{aligned}
(x\bigstar y)(t)&=\int_{-\infty}^{+\infty}x(\tau)y^*(\tau-t)\mathrm{d}\tau\\
&=\int_{-\infty}^{+\infty}x(\tau)y^*-(t-\tau)\mathrm{d}\tau\\
&=x(\tau)*y^*(-t)
\end{aligned} \tag{6-169}$$

同样,广义分数阶相关与广义分数阶卷积也存在类似的关系。根据时域广义分数阶相关的定义,可得

$$(x\bigstar_{\alpha,\beta,\gamma}y)(t)=\mathrm{e}^{-(\mathrm{j}/2)t^2\cot\alpha}\int_{-\infty}^{+\infty}x(\tau)\mathrm{e}^{(\mathrm{j}/2)t^2\cot\beta}\big(y(\tau-t)\mathrm{e}^{(\mathrm{j}/2)(\tau-t)^2\cot\gamma}\big)^*\mathrm{d}\tau$$

$$= e^{-(j/2)t^2\cot\alpha}\left[(x(\tau)e^{(j/2)t^2\cot\beta})*(y^*(-t)e^{-(j/2)t^2\cot\gamma})\right]$$

$$= e^{-(j/2)^2\cot\alpha}\left[(x(\tau)e^{(j/2)t^2\cot\beta})*((y^*(-t)e^{-jt^2\cot\gamma})e^{(j/2)t^2\cot\gamma})\right]$$

$$= x(t)\odot_{\alpha,\beta,\gamma}(y^*(-t)e^{-j^2\cot\gamma}) \tag{6-170}$$

于是，得

$$(x\bigstar_{\alpha,\beta,\gamma}y)(t)=x(t)\odot_{\alpha,\beta,\gamma}(y^*(-t)e^{-jt^2\cot\gamma}) \tag{6-171}$$

特别地，当 $\alpha=\beta=\gamma=\pi/2$ 时，式(6-171)退化为时域经典相关与时域经典卷积之间的关系。

同理，可以得到分数域广义分数阶相关与分数域广义分数阶卷积之间的关系，即

$$\left(X_\alpha\,\hat{\bigstar}_{\alpha,\beta,\gamma}Y_\gamma\right)(u)=X_\beta(u)\hat{\odot}_{\alpha,\beta,\gamma}(Y_\gamma^*(-u)e^{ju^2\cot\gamma}) \tag{6-172}$$

§6.8 分数功率谱

6.8.1 分数阶能谱/功率谱

信号 $x(t)$ 的归一化能量定义为

$$E_{xx}=\int_{-\infty}^{+\infty}|x(t)|^2\mathrm{d}t \tag{6-173}$$

通常把能量有限的信号称为能量有限信号或简称为能量信号。然而在实际应用中，像周期信号、阶跃函数、符号函数这类信号，式(6-173)的积分是无穷大的。在这种情况下，一般不再研究信号的能量而研究信号的平均功率。设 $x(t)$ 在时间区间 $[T_1,T_2]$ 上的功率定义为

$$P_{xx}=\frac{1}{T_1-T_2}\int_{T_1}^{T_2}|x(t)|^2\mathrm{d}t \tag{6-174}$$

进一步地，整个时间轴 $(-\infty,+\infty)$ 上的平均功率为

$$P_{xx}=\lim_{T\to\infty}\left[\frac{1}{T}\int_{-T/2}^{T/2}|x(t)|^2\mathrm{d}t\right] \tag{6-175}$$

通常，所谓 $x(t)$ 的平均功率即是指式(6-175)。

根据分数傅里叶变换的帕塞瓦尔定理，对于能量信号，有

$$E_{xx}=\int_{-\infty}^{+\infty}|x(t)|^2\mathrm{d}t=\int_{-\infty}^{+\infty}|x_a(u)|^2\mathrm{d}u=\int_{-\infty}^{+\infty}E_{xx}^a(u)\mathrm{d}u \tag{6-176}$$

因此，$|x_a(u)|^2$ 反映了信号能量在分数域的分布情况，把 $|x_a(u)|^2$ 称为分数阶能量谱性度（简称分数阶能谱），记为 $E_{xx}^a(u)$。

对于功率信号 $x(t)$，若功率是有限的，则从 $x(t)$ 中截取 $|t|\leqslant T/2$ 的一段，得到截断函数 $x_T(t)$，即

$$x_T(t)=\begin{cases}x(t), & |t|\leqslant T/2\\0, & |t|>T/2\end{cases} \tag{6-177}$$

若 T 是有限值，则 $x_T(t)$ 的能量也是有限的。设其分数傅里叶变换为 $X_{Ta}(u)$，则 $x_T(t)$ 的能量 E_{Txx} 可表示为

$$E_{Txx} = \int_{-\infty}^{+\infty} |x_T(t)|^2 dt = \int_{-\infty}^{+\infty} |x_{Ta}(u)|^2 du \qquad (6-178)$$

因为

$$\int_{-\infty}^{+\infty} |x_T(t)|^2 dt = \int_{-T/2}^{T/2} |x(t)|^2 dt \qquad (6-179)$$

因此，$x(t)$ 的平均功率为

$$P_{xx} = \lim_{T \to \infty} \left[\frac{1}{T} \int_{-T/2}^{T/2} |x(t)|^2 dt \right]$$

$$= \lim_{T \to \infty} \left[\frac{1}{T} \int_{-\infty}^{+\infty} |x_{Ta}(u)|^2 du \right]$$

$$= \int_{-\infty}^{+\infty} \lim_{T \to \infty} \frac{|x_{Ta}(u)|^2}{T} du = \int_{-\infty}^{+\infty} P_{xx}^a(u) du \qquad (6-180)$$

当 T 增加时，$x_T(t)$ 的能量增加，$|x_{Ta}(u)|^2$ 也增加；当 $T \to \infty$ 时，$x_T(t) \to x(t)$，此时 $|x_{Ta}(u)|^2/T$ 可能趋近于一极限。若此极限存在，则定义其是 $x(t)$ 的分数阶功率密度函数（简称分数阶功率谱），记作 $P_{xx}^a(u)$。

式(6-173)给出了单一信号的能量表示，而两个信号 $x(t)$ 和 $y(t)$ 的能量可表示为

$$E_\Sigma = \int_{-\infty}^{+\infty} |x(t) + y(t)|^2 dt$$

$$= \int_{-\infty}^{+\infty} |x(t)|^2 dt + \int_{-\infty}^{+\infty} x(t) y^*(t) dt + \int_{-\infty}^{+\infty} x^*(t) y(t) dt + \int_{-\infty}^{+\infty} |y(t)|^2 dt$$

$$= E_{xx} + E_{xy} + E_{yx} + E_{yy} \qquad (6-181)$$

可见，两个信号之和的能量，除了包括两个信号各自的能量外，还有两项

$$E_{xy} = \int_{-\infty}^{+\infty} x(t) y^*(t) dt, \quad E_{yx} = \int_{-\infty}^{+\infty} y(t) x^*(t) dt \qquad (6-182)$$

E_{xy}、E_{yx} 称为信号的互能量。以 E_{xy} 为例，根据分数傅里叶变换的定义，可得

$$E_{xy} = \int_{-\infty}^{+\infty} y^*(t) \left[\int_{-\infty}^{+\infty} X_a(u) K_{-a}(u,t) du \right] dt$$

$$= \int_{-\infty}^{+\infty} X_a(u) \left[\int_{-\infty}^{+\infty} y(t) K_a(u,t) dt \right] du$$

$$= \int_{-\infty}^{+\infty} X_a(u) Y_a^*(u) du = \int_{-\infty}^{+\infty} E_{xy}^a(u) du \qquad (6-183)$$

式中，$X_a(u) Y_a^*(u)$ 表明了信号 $x(t)$ 和 $y(t)$ 的互能量在分数域的分布情况，称其为分数阶互能量谱密度（简称分数阶互能谱），记为 $E_{xy}^a(u)$。特别地，当 $x(t) = y(t)$ 时，可以得到单个信号 $x(t)$ 的分数与其对应的信号能量。类似地，对于两个功率信号，可以得到分数阶互功率谱，记为

$$P_{xy}^a(u) = \lim_{T \to \infty} \frac{X_{Ta}(u) Y_{Ta}^*(u)}{T} \qquad (6-184)$$

6.8.2 分数阶相关与分数阶能谱/功率谱

根据广义分数阶相关定理，可以定义两时域能量信号 $x(t)$ 和 $y(t)$ 的分数阶互相关函数，记为 $R_{xy}^a(\tau)$，则

$$R_{xy}^a(\tau) \overset{\text{def}}{=} (x \bigstar_{\alpha,\alpha,\alpha} y)(\tau) = e^{-(j/2)\tau^2 \cot \alpha}\left[\left(x(t)e^{(j/2)t^2\cot\alpha}\right) \bigstar \left(y(t)e^{(j/2)t^2\cot\alpha}\right)\right]$$

$$(6-185)$$

且满足

$$F^{\alpha}\left[R_{xy}^{\alpha}(\tau)\right](u) = \frac{1}{A_{-\alpha}}e^{(j/2)\mu^2\cot\alpha}X_{\alpha}(u)Y_{\alpha}^*(u) \qquad (6-186)$$

式中，τ 为两信号的时差。当 $\tau = 0$ 时，可得

$$R_{xy}^{\alpha}(0) = \int_{-\infty}^{+\infty} x(t)y^*(t)\,dt = E_{xy} \qquad (6-187)$$

可见，$R_{xy}^a(0)$ 等于信号 $x(t)$ 和 $y(t)$ 的互能量。进一步地，由式(6-183)和式(6-186)可得

$$F^{\alpha}\left[R_{xy}^{\alpha}(\tau)\right](u) = \frac{1}{A_{-\alpha}}e^{(j/2)u^2\cot\alpha}E_{xy}^{\alpha}(u) \qquad (6-188)$$

则

$$E_{xy}^{\alpha}(u) = A_{-\alpha}e^{-(j/2)u^2\cot\alpha}F^{\alpha}\left[R_{xy}^{\alpha}(\tau)\right](u) \qquad (6-189)$$

式(6-189)揭示了分数阶互相关函数与分数阶能量谱之间的关系。当 $\alpha = \pi/2$ 时，式(6-188)即为经典相关和互能频谱之间的关系。特别地，当 $x(t) = y(t)$ 时，可得分数阶互相关函数与分数阶能量谱的关系为

$$E_{xx}^{\alpha}(u) = A_{-\alpha}e^{-(j/2)u^2\cot\alpha}F^{\alpha}\left[R_{xx}^{\alpha}(\tau)\right](u) \qquad (6-190)$$

同理，可以得到两个时域功率信号 $x(t)$ 和 $y(t)$ 的分数阶互相关函数，即

$$R_{xy}^{\alpha}(\tau) \overset{\text{def}}{=} e^{-(j/2)u^2\cot\alpha}\lim_{T\to\infty}\left[\frac{1}{T}\int_{-T/2}^{T/2}x(t)e^{(j/2)u^2\cot\alpha}\left(y(t-\tau)e^{(j/2)(t-\tau)^2\cot\alpha}\right)^*dt\right] \qquad (6-191)$$

那么，分数阶互功率谱与分数阶互相关函数的关系为

$$P_{xy}^{\alpha}(u) = A_{-\alpha}e^{-(j/2)u^2\cot\alpha}F^{\alpha}\left[R_{xy}^{\alpha}(\tau)\right](u) \qquad (6-192)$$

特别地，当 $x(t) = y(t)$ 时，可得

$$P_{xx}^{\alpha}(u) = A_{-\alpha}e^{-(j/2)u^2\cot\alpha}F^{\alpha}\left[R_{xx}^{\alpha}(\tau)\right](u) \qquad (6-193)$$

6.8.3 线性系统输入、输出的分数阶能谱/功率谱分析

在传统傅里叶分析中，通常使用经典卷积来表征系统特性，即响应 $y(t)$ 可表征为 $x(t)$ 和系统函数 $h(t)$ 的经典卷积，即

$$y(t) = x(t) * h(t) \qquad (6-194)$$

而在分数傅里叶分析中，往往使用分数阶卷积表征系统特性。根据广义分数阶卷积，可得

$$y(t) = (x\Theta_{\alpha,\alpha,\beta}h)(t) = e^{-(j/2)t^2\cot\alpha}\left[\left(x(t)e^{(j/2)t^2\cot\alpha}\right) * \left(h(t)e^{(j/2)t^2\cot\beta}\right)\right] \qquad (6-195)$$

特别地，当 $\alpha = \beta = \pi/2$ 时，式(6-185)便退化为式(6-191)。

利用时域广义分数阶卷积定理和分数傅里叶变换，得到

$$Y_{\alpha}(u) = \frac{1}{A_{\beta}}e^{-(j/2)\left(\frac{u\csc\alpha}{\csc\beta}\right)^2\cot\beta}X_{\alpha}(u)H_{\beta}(u\csc\alpha\sin\beta) \qquad (6-196)$$

进一步地,由式(6-194),得

$$|Y_\alpha(u)|^2 = \sqrt{2\pi}\,|\sin\beta|\,|X_\alpha(u)|^2 H_\beta(u\csc\alpha\sin\beta)|^2 \tag{6-197}$$

$$Y_\alpha(u)X_\alpha^*(u) = \frac{1}{A_\beta}e^{-(j/2)\left(\frac{u\csc\alpha}{\csc\beta}\right)^2\cot\beta}H_\beta(u\csc\alpha\sin\beta)|X_\alpha(u)|^2 \tag{6-198}$$

$$X_\alpha(u)Y_\alpha^*(u) = \frac{1}{A_{-\beta}}e^{(j/2)\left(\frac{u\csc\alpha}{\csc\beta}\right)^2\cot\beta}H_\beta^*(u\csc\alpha\sin\beta)|X_\alpha(u)|^2 \tag{6-199}$$

由分数阶(互)能谱的定义,得

$$E_{yy}^a(u) = \sqrt{2\pi}\,|\sin\beta|\,|H_\beta(u\csc\alpha\sin\beta)|^2 E_{xx}^a(u) \tag{6-200}$$

$$E_{yx}^a(u) = \frac{1}{A_\beta}e^{-(j/2)\left(\frac{u\csc\alpha}{\csc\beta}\right)^2\cot\beta}H_\beta(u\csc\alpha\sin\beta)E_{xx}^a(u) \tag{6-201}$$

$$E_{xy}^a(u) = \frac{1}{A_{-\beta}}e^{(j/2)\left(\frac{u\csc\alpha}{\csc\beta}\right)^2\cot\beta}H_\beta^*(u\csc\alpha\sin\beta)E_{xx}^a(u) \tag{6-202}$$

至此,给出了线性系统中激励和响应的分数阶(互)能谱与系统函数的关系,该关系同样适合功率信号,下面直接给出线性系统中激励和响应的分数阶(互)功率谱与系统函数的关系,此处不再赘述。

$$P_{yy}^a(u) = \sqrt{2\pi}\,|\sin\beta|\,|H_\beta(u\csc\alpha\sin\beta)|^2 P_{xx}^a(u) \tag{6-203}$$

$$P_{yx}^a(u) = \frac{1}{A_\beta}e^{-(j/2)\left(\frac{u\csc\alpha}{\csc\beta}\right)^2\cot\beta}H_\beta(u\csc\alpha\sin\beta)P_{xx}^a(u) \tag{6-204}$$

$$P_{xy}^a(u) = \frac{1}{A_{-\beta}}e^{(j/2)\left(\frac{u\csc\alpha}{\csc\beta}\right)^2\cot\beta}H_\beta^*(u\csc\alpha\sin\beta)P_{xx}^a(u) \tag{6-205}$$

特别地,当 $\alpha=\beta=\pi/2$ 时,式(6-190)~式(6-196)便退化为以经典卷积表征线性系统中响应和激励的经典(互)能谱或经典(互)功率谱与系统函数之间的关系。

§ 6.9　带通信号

1. FRFT 域上的带通信号的定义

若存在 $0\leqslant\Omega_l<\Omega_h$,使信号 $x(t)$ 的 FRFT 满足:

$$X_a(u)=0,\quad 当\ |u|>\Omega_h\ 或\ |u|<\Omega_l$$

则称 $x(t)$ 为 FRFT 域上的带通信号,其 FRFT 域上的带宽可定义为

$$\Omega_\alpha=\Omega_h-\Omega_l$$

特别地,当 $\Omega_l=0$ 时,带通信号将变成低通信号。我们平时所说的带通和低通信号实际上是指 $\alpha=\pi/2$ 的 FRFT 域(即傅里叶变换域)上的带通和低通信号。

2. 带通信号采样定理

在 FRFT 域上,$X_a(u)e^{-j\frac{u^2}{2}\cot\alpha}$ 将以周期 $\dfrac{2\pi|\sin\alpha|}{T_s}$ 复制;另一方面,由带通信号的定义,可知

当 $|u|>\Omega_h$ 或 $|u|<\Omega_l$ 时,$X_a(u)e^{-j\frac{u^2}{2}\cot\alpha}=0$。显然,我们可以在 $1\leqslant N\leqslant\left\lfloor\dfrac{\Omega_h}{\Omega_\alpha}\right\rfloor$ 范围内选择合适的 N,其中 $\lfloor\cdot\rfloor$ 表示向下取整,使

$$N\frac{2\pi\,|\sin\alpha|}{T_s}\geqslant 2\Omega_h \tag{6-206a}$$

$$(N-1)\frac{2\pi\,|\sin\alpha|}{T_s}\leqslant 2\Omega_l \tag{6-206b}$$

同时成立,这样信号在 FRFT 域上的谱就没有混叠,在时域上也能够完美重构 $x(t)$,具体数量关系如图 6-9 所示,令采样频率为

$$\Omega_s=\frac{2\pi}{T_s}$$

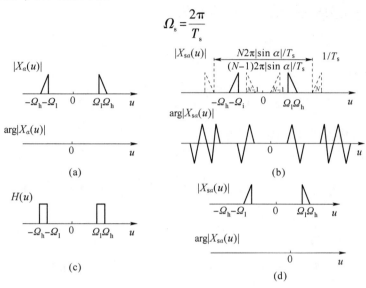

图 6-9　带通信号采样频率关系

(a)带通信号 $x_a(u)$;(b)$x_a(u)$ 的分数傅里叶变换;

(c)$x_a(u)$ 均匀采样得到的信号;(d)$x_a(u)$ 均匀采样得到信号的分数阶傅里叶变换

当 $N>1$ 时,由式(6-206)可得

$$\frac{2\Omega_h\,|\csc\alpha|}{N}\leqslant\frac{2\Omega_l\,|\csc\alpha|}{N-1}$$

当 $N=1$ 时,式(6-206b)恒成立,由式(6-206a)可得

$$\Omega_s\geqslant 2\Omega_h\,|\csc\alpha|$$

上式给出了 FRFT 域带通信号的采样定理。若令 $\Omega_l=0$,则 $\Omega_h=\Omega_\alpha$,上式将变成 FRFT 域低通信号的采样定理,即

$$\Omega\geqslant 2\Omega_\alpha\,|\csc\alpha|$$

进一步地,如果令 $\alpha=\pi/2$,即 $\csc\alpha=1$,上式将分别变成经典的带通和低通采样定理。

3. 均匀冲激串采样信号的分数傅里叶变换

对于均匀冲激串采样信号的 FRFT,假设模拟信号 $x(t)$ 被一冲激串以采样周期 T_s 均匀采样,可得采样信号为

$$x_s(t)=x(t)\sum_{n=-\infty}^{+\infty}\delta(t-nT_s) \tag{6-207}$$

$x_s(t)$ 的 FRFT 为

$$F_\alpha[x_s(t)]=\int_{-\infty}^{+\infty}K_\alpha(u,t)\,x_s(t)\,\mathrm{d}t$$

$$= \int_{-\infty}^{+\infty} K_\alpha(u,t)x(t) \sum_{n=-\infty}^{+\infty} \delta(t-nT_s)\mathrm{d}t \qquad (6\text{-}208)$$

交换积分和求和顺序，可得

$$F_\alpha[x_s(t)] = \sum_{n=-\infty}^{+\infty} \int_{-\infty}^{+\infty} K_\alpha(u,t)x(t)\delta(t-nT_s)\mathrm{d}t \qquad (6\text{-}209)$$

由于 $\delta(t-t_0)$ 的傅里叶变换为 $\mathrm{e}^{\mathrm{j}\omega t_0}$，因此用 nT_s 替换 t_0，可以得到 $\delta(t-nT_s)$ 的傅里叶变换为 $\mathrm{e}^{\mathrm{j}\omega(t-nT_s)}$。根据傅里叶变换的定义，容易得

$$\delta(t-nT_s) = \frac{1}{2\pi}\int_{-\infty}^{+\infty} \mathrm{e}^{\mathrm{j}\omega(t-nT_s)}\mathrm{d}\omega$$

再用 $v\csc\alpha$ 替换 ω，可得

$$\delta(t-nT_s) = \frac{1}{2\pi}\int_{-\infty}^{+\infty} \mathrm{e}^{\mathrm{j}v(t-nT_s)\csc\alpha}\csc\alpha\mathrm{d}v \qquad (6\text{-}210)$$

将式(6-210)代入式(6-208)，可得

$$F_\alpha[x_s(t)]$$

$$= \sum_{n=-\infty}^{+\infty} \int_{-\infty}^{+\infty} K_\alpha(u,t)x(t)\left(\frac{1}{2\pi}\int_{-\infty}^{+\infty} \mathrm{e}^{\mathrm{j}v(t-nT_s)\csc\alpha}\csc\alpha\mathrm{d}v\right)\mathrm{d}t$$

$$= \frac{1}{2\pi}\sum_{n=-\infty}^{+\infty} \int_{-\infty}^{+\infty}\int_{-\infty}^{+\infty} A_\alpha \mathrm{e}^{\frac{t^2}{2}\cot\alpha - \mathrm{j}ut\csc\alpha + \mathrm{j}\frac{u^2}{2}\cot\alpha}\mathrm{e}^{\mathrm{j}vt\csc\alpha}\mathrm{e}^{-\mathrm{j}vnT_s\csc\alpha}x(t)\mathrm{d}t\csc\alpha\mathrm{d}v$$

$$= \frac{1}{2\pi}\sum_{n=-\infty}^{+\infty} \int_{-\infty}^{+\infty}\left(\int_{-\infty}^{+\infty} A_\alpha \mathrm{e}^{\mathrm{j}\frac{t^2}{2}\cot\alpha - \mathrm{j}(u-v)t\csc\alpha + \mathrm{j}\frac{(u-v)^2}{2}\cot\alpha}x(t)\mathrm{d}t\right)\mathrm{e}^{\mathrm{j}\frac{2\omega-v^2}{2}\cot\alpha}$$

$$= \mathrm{e}^{-\mathrm{j}vnT_s\csc\alpha}\csc\alpha\mathrm{d}v$$

$$= \frac{1}{2\pi}\sum_{n=-\infty}^{+\infty} \int_{-\infty}^{+\infty} X_\alpha(u-v)\mathrm{e}^{\frac{2\omega v-v^2}{2}\cot\alpha -\mathrm{j}vnT_s\csc\alpha}\csc\alpha\mathrm{d}v \qquad (6\text{-}211)$$

再次交换积分和求和顺序，得

$$F_\alpha[x_s(t)] = \int_{-\infty}^{+\infty} X_\alpha(u-v)\sum_{n=-\infty}^{+\infty} \mathrm{e}^{-\mathrm{j}nT_s\csc u}\mathrm{e}^{\mathrm{j}\omega-v^2}\cot\alpha\csc\alpha\mathrm{d}v \qquad (6\text{-}212)$$

由于冲激串 $\sum\limits_{n=-\infty}^{+\infty} \delta(t-nT)$ 的傅里叶级数为 $ak = \dfrac{1}{T}$，根据傅里叶级数的定义，可得

$$\sum_{n=-\infty}^{+\infty} \delta(t-nT) = \sum_{n=-\infty}^{+\infty} \frac{1}{T}\mathrm{e}^{\mathrm{j}n(2\pi/T)t} \qquad (6\text{-}213)$$

用 $\dfrac{2\pi\sin\alpha}{T_s}$ 替换 T，v 替换 t，可得

$$\sum_{n=-\infty}^{+\infty} \delta\left(v-n\frac{2\pi\sin\alpha}{T_s}\right) = \sum_{n=-\infty}^{+\infty} \frac{T_s}{2\pi\sin\alpha}\mathrm{e}^{\mathrm{j}n(T_s/\sin\alpha)v} \qquad (6\text{-}214)$$

于是

$$\frac{2\pi}{T_s}\sum_{n=-\infty}^{+\infty} \delta\left(v-n\frac{2\pi\sin\alpha}{T_s}\right) = \sum_{n=-\infty}^{+\infty} \mathrm{e}^{\mathrm{j}vnT_s\csc\alpha}\csc\alpha = \sum_{n=-\infty}^{+\infty} \mathrm{e}^{-\mathrm{j}vnT_s\csc\alpha}\csc\alpha \qquad (6\text{-}215)$$

则

$$\sum_{n=-\infty}^{+\infty} \mathrm{e}^{-\mathrm{j}nT_s\csc\alpha}\csc\alpha = \frac{2\pi}{T_s}\sum_{n=-\infty}^{+\infty} \delta\left(v-n\frac{2\pi\sin\alpha}{T_s}\right) \qquad (6\text{-}216)$$

将式(6-215)代入式(6-211),可得

$$F_\alpha\left[x_s(t)\right] = \frac{1}{T_s}\int_{-\infty}^{+\infty} X_\alpha(u-v)\sum_{n=-\infty}^{+\infty}\delta\left(v-n\frac{2\pi\sin\alpha}{T_s}\right)e^{j\frac{2uv-v^2}{2}\cot\alpha}dv$$

$$= \frac{1}{T_s}e^{j\frac{u^2}{2}\cot\alpha}\int_{-\infty}^{+\infty} X_\alpha(u-v)e^{-j\frac{(u-v)^2}{2}\cot\alpha}\sum_{n=-\infty}^{+\infty}\delta\left(v-n\frac{2\pi\sin\alpha}{T_s}\right)dv$$

$$(6\text{-}217)$$

最后可得

$$F_\alpha\left[x_s(t)\right] = \frac{1}{T_s}e^{j\frac{u^2}{2}\cot\alpha}\left[X_a(u)e^{-j\frac{u^2}{2}\cot\alpha}*\sum_{n=-\infty}^{+\infty}\delta\left(u-n\frac{2\pi\sin\alpha}{T_s}\right)\right] \quad (6\text{-}218)$$

式中, * 代表卷积。

式(6-217)给出了原始信号与采样信号 FRFT 之间的关系,根据式(6-217),图 6-10 以 FRFT 域上的低通信号为例给出了信号时域采样过程对 FRFT 域的影响。从图中可以看到,信号在时域采样,相当于在 FRFT 域上周期化(伴随有相位变化)。为了便于理解,我们可以在概念上将这种周期化分成 3 步完成:①原始信号的 FRFT 被一线性调频信号 $e^{-j\frac{u^2}{2}\cot\alpha}$ 调制;②调制后的信号以 $\frac{2\pi|\sin\alpha|}{T_s}$ 为周期进行复制;③复制后整个信号再被另一相反的线性调频信号 $\frac{1}{T}e^{-j\frac{u^2}{2}\cot\alpha}$ 解调。

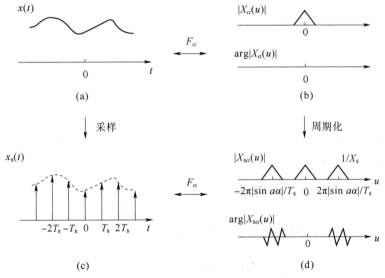

图 6-10 时域采样对 FRFT 域的影响

(a)连续时间信号 $x(t)$;(b)$x(t)$的分数傅里叶变换 $X_\alpha(u)$

(c)$x(t)$均匀采样得到的信号 $x_s(t)$;(d)$x_s(t)$的分数傅里叶变换 $X_{s\alpha}(u)$

4. DFRFT 的核矩阵

采用下式作为 DFRFT 的核矩阵:

$$\boldsymbol{F}^{2\alpha/\pi} = \boldsymbol{U}\boldsymbol{D}^{2\alpha/\pi}\boldsymbol{U}^{\mathrm{T}}$$

$$
= \begin{cases}
\sum_{k=0}^{N-1} \exp(-jk\alpha) \boldsymbol{u}_k \boldsymbol{u}_k^{\mathrm{T}}, & N \text{ 为奇数} \\
\left[\sum_{k=0}^{N-2} \exp(-jk\alpha) \boldsymbol{u}_k \boldsymbol{u}_k^{\mathrm{T}} \right] + \exp(-jN\alpha) \boldsymbol{u}_N \boldsymbol{u}_N^{\mathrm{T}}, & N \text{ 为偶数}
\end{cases}
$$

式中,当 N 为奇数时,矩阵 $\boldsymbol{U} = [\boldsymbol{u}_0 | \boldsymbol{u}_1 | \cdots | \boldsymbol{u}_{N-1}]$;$N$ 为偶数时,矩阵 $\boldsymbol{U} = [\boldsymbol{u}_0 | \boldsymbol{u}_1 | \cdots | \boldsymbol{u}_{N-2} | \boldsymbol{u}_N]$。其中 $\boldsymbol{u}_k (k = 0, 1, 2, \cdots, N)$ 是相应的 k 阶 DFT Hermite 函数的归一化特征向量,将这种计算 FRFT 的方法称为 S 方法。矩阵 $\boldsymbol{D}^{2\alpha/\pi}$ 是一个对角矩阵,其中对角元 $D_{k,k}^{2\alpha/\pi} = \exp(-jk\alpha)$,$k = 0, 1, 2 \cdots, N-2$。当 N 为偶数时,$D_{N-1,N-1}^{2\alpha/\pi} = \exp(-jN\alpha)$;$N$ 为奇数时,$D_{N-1,N-1}^{2\alpha/\pi} = \exp(-j(N-1)\alpha)$。这种方法的关键在于使特征值和特征向量匹配。为此须作烦琐的矩阵正交归一化运算。

避开烦琐的特征值和特征向量匹配问题和矩阵的正交归一化运算,直接对 FRFT 进行离散化来计算 FRFT。为方便起见,重写 FRFT 的变换核为

$$
B_\alpha(t, u) = \begin{cases}
\sqrt{\dfrac{1 - j\cot\alpha}{2\pi}} \exp\left(j\dfrac{t^2 + u^2}{2}\cot\alpha - jtu\csc\alpha \right), & \alpha \neq n\pi \\
\delta(t - u), & \alpha = 2n\pi \\
\delta(t + u), & \alpha = (2n \pm 1)\pi
\end{cases}
$$

$$
= \sum_{n=0}^{+\infty} e^{jn\alpha} H_n(t) H_n(u)
$$

式中,$H_n(t)$ 是 n 阶方差为 1 的归一化 Hermite 函数。方差为 δ 的 n 阶归一化 Hermite 函数定义:$H_n(t) = \dfrac{1}{\sqrt{(2^n n! \sqrt{\pi}\sigma)}} h_n\left(\dfrac{t}{\sigma}\right) \exp\left(-\dfrac{t^2}{2\sigma^2}\right)$,其中 $h_n(t)$ 为 n 阶 Hermite 多项式,$h_n(t) = (-1)^n \exp(t^2) \dfrac{\mathrm{d}^n}{\mathrm{d}t^n}(\exp(-t^2))$。重写 FRFT 的表达式:$X_\alpha(u) = \displaystyle\int_{-\infty}^{\infty} x(t) B_\alpha(t, u) \mathrm{d}t = \sum_{n=0}^{+\infty} H_n(u)\left(e^{jn\alpha} \int_{-\infty}^{+\infty} x(t) H_n(t) \mathrm{d}t \right)$。

对信号 $x(t)$ 进行 N 点取样(为方便起见,假设 N 为奇数),取样间隔为 $T_s = \sqrt{2\pi/N}$,$U_s = \sqrt{2\pi/N}$,取样区间为 $[-\sqrt{N\pi/2}, \sqrt{N\pi/2}]$。从而

$$
\begin{aligned}
X_\alpha(u) &= \sum_{n=0}^{+\infty} \boldsymbol{H}_n(u) e^{jn\alpha} \int_{-\sqrt{N\pi/2}}^{\sqrt{N\pi/2}} x(t) \boldsymbol{H}_n(t) \mathrm{d}t \bigg|_{T_s = \sqrt{2\pi/N}} \\
&= \sum_{n=0}^{+\infty} \boldsymbol{H}_n(u) e^{jn\alpha} \sum_{k=-(N-1)/2}^{(N-1)/2} x(kT_s) \boldsymbol{H}_n(kT_s) T_s \\
&= \sum_{n=0}^{+\infty} e^{jn\alpha} \boldsymbol{H}_n(u) T_s \boldsymbol{H}_n^{\mathrm{T}} \boldsymbol{X}_N \bigg|_{\substack{U_s = \sqrt{2\pi/N} \\ u = [-\sqrt{N\pi/2}, \sqrt{N\pi/2}]}} \\
&= \sum_{n=0}^{+\infty} e^{jn\alpha} \boldsymbol{H}_n(u) T_s \boldsymbol{H}_n^{\mathrm{T}} \boldsymbol{X}_N \\
&= \sum_{n=0}^{N-1} \boldsymbol{H}_n e^{jn\alpha} T_s \boldsymbol{H}_n^{\mathrm{T}} \boldsymbol{X}_N + \sum_{n=N}^{+\infty} \boldsymbol{H}_n e^{jn\alpha} T_s \boldsymbol{H}_n^{\mathrm{T}} \boldsymbol{X}_N \\
&\quad (\text{当 } N \text{ 充分大时}, \sum_{n=N}^{+\infty} \boldsymbol{H}_n e^{jn\alpha} T_s \boldsymbol{H}_n^{\mathrm{T}} \boldsymbol{X}_N \to 0) \\
&= T_s \left(\sum_{n=0}^{N-1} e^{jn\alpha} \boldsymbol{H}_n \boldsymbol{H}_n^{\mathrm{T}} \right) \boldsymbol{X}_N = T_s \boldsymbol{H}_N D^{2\alpha/\pi} \boldsymbol{H}_N^{\mathrm{T}} \boldsymbol{X}_N
\end{aligned}
$$

因此，$\boldsymbol{F}^{2\alpha/\pi} = \boldsymbol{T}_s \boldsymbol{H}_N \boldsymbol{D}^{2\alpha/\pi} \boldsymbol{H}_N^{\mathrm{T}}$，其中 $\boldsymbol{H}_n = \left[h_n, -\left(\dfrac{N-1}{2}\right), h_n, -\left(\dfrac{N-1}{2}\right)+1, \cdots, h_n, \dfrac{N-1}{2} \right]$，$n = 0$，

$1, 2, \cdots, N-1$ 是 n 阶 Hermite 函数的 N 点取样列向量。$\boldsymbol{H}_N$ 是取样长度为 N 时的 Hermite 函数

的离散化矩阵，$\boldsymbol{X}_N = \left[x-\left(\dfrac{N-1}{2}\right), x-\left(\dfrac{N-1}{2}\right)+1, \cdots, x\left(\dfrac{N-1}{2}\right) \right]$ 是 N 点信号列向量，$\boldsymbol{D}^{2\alpha/\pi} = \mathrm{diag}$

$\{ \mathrm{e}^{-\mathrm{j}0}, \mathrm{e}^{-\mathrm{j}\alpha}, \mathrm{e}^{-\mathrm{j}2\alpha}, \cdots, \mathrm{e}^{-\mathrm{j}(N-1)\alpha} \}$。我们发现上面的结果与上式较为相似，但不同的是，这里的 $\boldsymbol{H}_N$

只是 Hermite 函数的连续取样向量，而不是其归一化的特征向量，因此避开了特征值和特征向

量的不匹配问题。在上面的推导过程中，引入了一个舍入误差项，即当 N 充分大时，

$\displaystyle\sum_{n=N}^{+\infty} \boldsymbol{H}_n^{\circ} \mathrm{e}^{\mathrm{j}n\alpha^{\circ}} \boldsymbol{T}_s \boldsymbol{H}_n^{\mathrm{T}} \boldsymbol{X}_N$ 趋于 0。由于 Hermite 函数 $H_n(t)$ 的衰减与 $t^n \mathrm{e}^{-t^2} / \sqrt{(2^n n! \sqrt{\pi}\sigma)}$ 成比例，衰

减速度很快。因此，当 N 充分大时，这种舍入误差不会影响计算精度。

5. 分数傅里叶变换算法对比

（1）利用 $F^{2\alpha/\pi} = \displaystyle\sum_{i=0}^{3} a_i(\alpha) F^i$ 来计算离散 FRFT 的核矩阵（也称线性加权型 DFRFT）。

该方法是从离散傅里叶变换核出发，计算离散 FRFT，得到计算公式为

$$X_\alpha(K) = \sum_{n=0}^{N-1} K_\alpha(n,k) x(n)$$

其变换核为

$$K_\alpha(n,k) = a_0(\alpha)\delta(n-k) + \frac{a_1(\alpha)\exp\left(-\mathrm{j}\dfrac{2\pi nk}{N}\right)}{\sqrt{N}} + a_2(\alpha)\delta[((n+k))_N] + a_3(\alpha)\frac{\exp\left(\mathrm{j}\dfrac{2\pi nk}{N}\right)}{\sqrt{N}}$$

式中，系数分别为

$$a_0(\alpha) = \frac{1}{2}(1+\mathrm{e}^{\mathrm{j}\alpha})\cos\alpha;\ a_1(\alpha) = \frac{1}{2}(1-\mathrm{j}\mathrm{e}^{\mathrm{j}\alpha})\sin\alpha$$

$$a_2(\alpha) = \frac{1}{2}(\mathrm{e}^{\mathrm{j}\alpha}-1)\cos\alpha;\ a_3(\alpha) = \frac{1}{2}(-1-\mathrm{j}\mathrm{e}^{\mathrm{j}\alpha})\sin\alpha$$

这种方法将离散傅里叶变换核矩阵旋转 α 角度，导致了特征值和特征向量不匹配，所以不

能用相同的方法计算 FRFT，与连续的 FRFT 没有相似的结果。

（2）解啁啾（Chirp）法（也称分解法、采样型 DFRFT）。

分数傅里叶变换定义如下：

$$F^\alpha f(u) = \int_{-\infty}^{+\infty} \exp[\mathrm{j}\pi u^2 \cot(\alpha\pi/2) - 2\mathrm{j}\pi ux\csc(\alpha\pi/2) + \mathrm{j}\pi x^2 \cot(\alpha\pi/2)]f(x)\mathrm{d}x$$

从上式可以看出，分数傅里叶变换可分为：①信号与一线性调频函数相乘；②进行傅里叶变

换（变元乘以尺度系数 $\csc\alpha$）；③再与一线性调频函数相乘；④乘以一复数因子。

（3）特征分解型 DFRFT。

Soo-Chang Pei 采用下式作为该种分数傅里叶变换的定义：

$$F^\alpha = \sum_{i=0}^{N-1} \mathrm{e}^{-\mathrm{j}\frac{m_i \pi}{2}\alpha} \boldsymbol{u}_{m_i} \boldsymbol{u}_{m_i}^{\mathrm{T}}$$

$$= \begin{cases} \sum_{k=0}^{N-1} \mathrm{e}^{-\mathrm{j}\frac{k\pi}{2}\alpha} \boldsymbol{u}_k \boldsymbol{u}_k^{\mathrm{T}}, & N \text{ 为奇数} \\ \sum_{k=0}^{N-2} \mathrm{e}^{-\mathrm{j}\frac{k\pi}{2}\alpha} \boldsymbol{u}_k \boldsymbol{u}_k^{\mathrm{T}} + \mathrm{e}^{-\mathrm{j}\frac{k\pi}{2}\alpha} \boldsymbol{u}_N \boldsymbol{u}_N^{\mathrm{T}}, & N \text{ 为偶数} \end{cases}$$

式中,$\boldsymbol{u}_k(k=0,1,2,\cdots,N)$ 是相应 k-阶 Hermite 函数的归一化特征向量。

(4) 特征分解型 DFRFT 的快速算法。

重写 FRFT 的变换核:

$$K_p(u,t) = \begin{cases} A_\alpha \exp[-\mathrm{j}\pi(u^2 \cot\alpha - 2ut\csc\alpha + t^2\cot\alpha)], & \alpha \neq n\pi \\ \delta(u-t), & \alpha = 2n\pi \\ \delta(u+t) & \alpha = (2n\pm1)\pi \end{cases}$$

$$= \sum_{n=0}^{+\infty} \mathrm{e}^{\mathrm{j}n\alpha} H_n(t) H_n(u)$$

式中,$H_n(t)$ 是 n 阶方差为 1 的归一化 Hermite 函数,方差为 δ 的 n 阶归一化 Hermite 函数定义:
$H_n(t) = \dfrac{1}{\sqrt{2^n n! \sqrt{\pi}\sigma}} h_n\left(\dfrac{t}{\sigma}\right) \mathrm{e}^{\frac{t^2}{2\sigma^2}}$,其中 $h_n(t)$ 是 n 阶 Hermite 多项式,即 $h_n(t) = (-1)^n \mathrm{e}^{t^2} \dfrac{\mathrm{d}^n}{\mathrm{d}t^n}(\mathrm{e}^{-t^2})$。重写 FRFT 的表达式:

$$X_\alpha(u) = \int_{-\infty}^{+\infty} x(t) K_\alpha(t,u) \mathrm{d}t$$

$$= \sum_{n=0}^{+\infty} H_n(w) \mathrm{e}^{\mathrm{j}n\alpha} \int_{-\infty}^{+\infty} x(t) H_n(t) \mathrm{d}t$$

对信号 $x(t)$ 进行 N 点采样(设 N 为奇数),取样间隔 $T_s = \sqrt{2\pi/N}$,$U_s = \sqrt{2\pi/N}$,采样区间为 $[-\sqrt{N\pi/2},\sqrt{N\pi/2}] \times [-\sqrt{N\pi/2},\sqrt{N\pi/2}]$,从而

$$X_\alpha(\omega) = \sum_{n=0}^{+\infty} H_n(\omega) \mathrm{e}^{\mathrm{j}n\alpha} \int_{-\sqrt{N\pi/2}}^{\sqrt{N\pi/2}} x(t) H_n(t) \mathrm{d}t \bigg|_{T_s = \sqrt{2\pi/N}}$$

可推导出上式近似等于 $T_s \cdot \boldsymbol{H}_N \cdot \boldsymbol{D}^{2\alpha/\pi} \boldsymbol{X}_N$。其中 $\boldsymbol{H}_N$ 是取样长度为 N 的 Hermite 函数的离散化矩阵,$\boldsymbol{X}_N = \begin{bmatrix} x_{-(N-1)/2}, & x_{-(N-1)/2+1}, & x_{-(N-1)/2+2}, & \cdots, & x_{-(N-1)/2} \end{bmatrix}$ 是 N 点信号列向量,$\boldsymbol{D}^{2\alpha/\pi} = \mathrm{diag}\{\mathrm{e}^{-\mathrm{j}0}, \mathrm{e}^{-\mathrm{j}\alpha}, \cdots, \mathrm{e}^{-\mathrm{j}(N-1)\alpha}\}$,这种方法避开了特征值和特征向量不匹配的问题。当 N 趋近于无穷大时,其值与连续 FRFT 接近。

(5) 总结。

第一种方法——线性加权型 DFRFT,计算复杂度为 $O(N\log N)$(若采用二分法,则以 2 为底数;若采用三分法,则以 3 为底数,以此类推),其 DFRFT 满足酉性、旋转相加性,可以写成闭合形式,但实际计算所产生的误差较大,不能很好地逼近连续分数傅里叶变换,所以不能称为严格意义上的 DFRFT。

第二种方法——解啁啾法,计算复杂度为 $O(N\log N)$,其 DFRFT 满足酉性,可以写成闭合形式,可很好地逼近连续分数傅里叶变换,但它不满足旋转相加性,原因在于 Chirp 函数 $\exp(\mathrm{j}\pi x^2 \cot(p\pi/2))$ 在阶次 $p=2n(n=1,2,\cdots)$ 时,产生快速振荡,导致该法失效。

第三种方法——特征分解型 DFRFT,计算复杂度为 $O(N^2)$,其 DFRFT 满足酉性、旋转相加性,而且与连续分数傅里叶变换非常接近,称为严格意义上的 DFRFT。这种方法是用 $\boldsymbol{S}$ 矩阵的特征向量去构造 DFRFT 变换核,因为 $\boldsymbol{S}$ 矩阵的特征向量是离散 Mathieu 函数,这个函数

会随着 N 的增加逼近 Hermite 函数。

第四种方法——特征分解型 DFRFT 的快速算法，计算复杂度为 $O(N^2)$，其 DFRFT 满足酉性、旋转相加性，可以给出任何复数阶次的模拟结果，该算法是对 Hermite 函数进行采样，直接对分数傅里叶变换核作离散化处理，避开了特征值和特征向量不匹配的问题。

6. 分数傅里叶域数字频率

分数傅里叶变换（FRFT）是近年来出现的一种新的时频工具，它是傅里叶变换的一种广义形式。信号的分数傅里叶变换是信号在时频平面内坐标轴绕原点逆时针旋转任意角度后的表示方法，而当这个旋转角度为 $\pi/2$ 时，这个表示则为传统的傅里叶变换。信号 $x(t)$ 的分数傅里叶变换定义为

$$X_p(u)\{F_p[x(t)]\}(u) = \int_{-\infty}^{+\infty} x(t)\, K_p(t,u)\,\mathrm{d}t$$

式中，$p = 2\alpha/\pi$ 为分数傅里叶变换的阶次；α 为分数傅里叶域与时域的夹角；$F_p[\ ]$ 为分数傅里叶变换；$K_p(t,u)$ 为分数傅里叶变换的变换核，其定义为

$$K_p(t,u) = \begin{cases} \sqrt{\dfrac{1-\mathrm{j}\cot\alpha}{2\pi}}\exp(\mathrm{j}\,t^2+u^2 2\cot\alpha - \mathrm{j}ut\csc\alpha)\,, & \alpha \neq n\pi \\ \delta(t-u)\,, & \alpha = 2n\pi \\ \delta(t+u)\,, & \alpha = (2n\pm1)\pi \end{cases}$$

定义分数傅里叶域数字频率 ω，其可由分数傅里叶域变量 u 及离散序列的时域采样间隔 Δt 定义为

$$\omega = u \cdot \Delta t$$

与傅里叶域数字频率类似，分数傅里叶域数字频率的周期定义为 $2\pi\sin\alpha$，根据 Chirp 周期的定义，分数傅里叶域数字频率周期 $\Delta\omega_p$ 有如下性质：

$$\widehat{H}_p(\omega)\,\mathrm{e}^{-\frac{1}{2}\mathrm{j}\cot\alpha\cdot\frac{\omega^2}{\Delta t^2}} = \tilde{H}_p(\omega - \Delta\omega_p)\,\mathrm{e}^{-\frac{1}{2}\mathrm{j}\cot\alpha\cdot\frac{(\omega-\Delta\omega)^2}{\Delta t^2}}$$

信号 $f(t)$ 的 p 阶 FRFT 可以表示为一个线性积分运算

$$X_p(u) = F_p(u)\int_{-\infty}^{+\infty} K_p(t,u)f(t)\,\mathrm{d}t \tag{6-219}$$

式中，变换核 $K_p(t,u)$ 定义为

$$K_p(t,u) = \begin{cases} \sqrt{\dfrac{1-\mathrm{j}\cot\alpha}{2\pi}}\,\mathrm{e}^{\mathrm{j}\frac{t^2+u^2}{2}2\cot\alpha - \mathrm{j}ut\csc\alpha}\,, & \alpha \neq n\pi \\ \delta(t-u)\,, & \alpha = 2n\pi \\ \delta(t+u)\,, & \alpha = 2n\pi\pm\pi \end{cases} \tag{6-220}$$

且有

$$\alpha = p\pi/2 \tag{6-221}$$

式中，α 称为旋转角度；p 称为变换阶数。由此可推出其反变换为

$$f(t) = \int_{-\infty}^{+\infty} K_{-p}(t,u)\, F_p(u)\,\mathrm{d}t \tag{6-222}$$

在数字信号处理领域的工程应用中，需要计算的是离散形式 FRFT（即 DFRFT）。目前已有几种不同的 DFRFT 的快速算法，现采用直接分解法，信号 $f(t)$ 的 FRFT 可改写为

$$F_p(u) = \sqrt{\frac{1-\mathrm{j}\cot\alpha}{2\pi}}\int_{-\infty}^{+\infty} f(t)\,\mathrm{e}^{\mathrm{j}\frac{t^2+u^2}{2}\cot\alpha - \mathrm{j}ut\csc\alpha}\,\mathrm{d}t$$

$$= \sqrt{\frac{1-\text{jcot } \alpha}{2\pi}} \int_{-\infty}^{+\infty} f(t) e^{j\frac{t^2+u^2}{2}\left(-\tan\frac{\alpha}{2}\right)+j\frac{(u-t)^2}{2}\csc\alpha} dt$$

$$= \sqrt{\frac{1-\text{jcot } \alpha}{2\pi}} e^{-j\frac{u^2}{2}\tan\frac{\alpha}{2}} \int_{-\infty}^{+\infty} \left(f(t) e^{-j\frac{t^2}{2}\tan\frac{\alpha}{2}}\right) \cdot e^{j\frac{(u-t)^2}{2}\csc\alpha} dt$$

$$(6-223)$$

设 p 属于 $[-1,1]$，则量化归一后的信号的 $f(t)$ 的 FRFT 可分解为以下 3 步：

（1）用 Chirp 信号 $e^{-j\frac{u^2}{2}\tan\frac{\alpha}{2}}$ 乘以 $f(t)$，得

$$g(t) = e^{-j\frac{u^2}{2}\tan\frac{\alpha}{2}} f(t) \tag{6-224}$$

（2）$g(t)$ 与另一个 Chirp 信号 $e^{j\frac{(u-t)^2}{2}\csc\alpha}$ 进行卷积，得

$$G(u) = \sqrt{\frac{1-\text{jcot } \alpha}{2\pi}} \int_{-\infty}^{+\infty} g(t) e^{\frac{(u-t)^2}{2}\csc\alpha} dt \tag{6-225}$$

（3）用 Chirp 信号 $e^{-j\frac{u^2}{2}\tan\frac{\alpha}{2}}$ 乘以卷积后的信号为

$$F_p(u) = G(u) e^{-j\frac{u^2}{2}\tan\frac{\alpha}{2}} \tag{6-226}$$

含有噪声的单分量的 Chirp 信号可表示为

$$x(t) = s(t) + w(t) = a e^{j(\varphi+2\pi ft+\pi kt^2)} + w(t) \tag{6-227}$$
$$-T/2 \leqslant t \leqslant T/2$$

式中，a、φ、f、k 分别为信号的幅度、初相、初始频率、调制频率；$w(t)$ 为高斯白噪声。

7. 单线相位法

单线相位法可描述如下，假设对正弦波 $x(t)$ 取两个不同长度的序列：

$$\{m_i\} \quad i = 0,1,2,\cdots,M-1$$
$$\{n_j\} \quad j = 0,1,2,\cdots,N-1; M < N$$

它们的样本间隔都为 ΔI，对 $\{m_i\}$、$\{n_j\}$ 分别作 FFT，系数分别用 $_mG_k$、$_nG_k$ 表示，k_m、k_n 分别为 $\{m_i\}$、$\{n_j\}$ 的最大谱线的位置，则正弦波频谱的估计值可表示为

$$\hat{f} = \frac{1}{(N-M)\Delta I}\left[\frac{N-1}{N}k_n - \frac{M-1}{M}k_m - \frac{\beta}{\pi}\right] \tag{6-228}$$

式中，

$$\beta = \arctan^{-1}\left[-\frac{\text{Im}[_nG_{k_n}]}{\text{Re}[_nG_{k_n}]}\right] - \tan\left[-\frac{\text{Im}[_mG_{k_m}]}{\text{Re}[_mG_{k_n}]}\right] \tag{6-229}$$

对于线性调频（Linear Frequency Modulction，LMF）信号而言，在其存在时，频率是线性变化的，调频斜率预判法正是基于此提出的。任取 LFM 信号的一段时间间隔，在该时间间隔内，信号频率被调制到一个带限范围内，其频谱的宽度（即最大和最小频率成分的差值）与所取时间宽度的比值即为调频斜率。因此，对所取时间段内的调频信号作傅里叶变换即可求出信号的调频斜率，进而基于该估计值只需遍历很小范围内该信号的 FRFT 即可估计出信号的参数。对于单分量的 LFM 信号，设所取时间段为 (t_1,t_2)，其频率上不为 0 的范围为 $(f_{\min},f_{\max})$，则其调频斜率可表示为

$$k = \frac{f_{\max}-f_{\min}}{t_2-t_1} \tag{6-230}$$

通过对信号的 FFT 作 5 点平滑后再取模值的平方,可以使信号的频谱在$f_{\min}$和$f_{\max}$处出现两个明显的峰值。设对信号$f(t)$采样后作N点 FFT 得$F(k)$,$0 \leqslant k \leqslant N-1$,$X(k)$为$F(k)$作 5 点平滑后的序列,则

$$X(k) = \frac{F(k)+F(k+1)+F(k+2)+F(k+3)+F(k+4)}{5} \tag{6-231}$$

利用平滑技术产生的峰值对噪声有更好的抗干扰效果,实用性更强。

8. 分数傅里叶 2 相算法

2 相算法在计算过程中,是将信号分段成偶数样本和奇数样本部分,分别对这两个部分进行计算,避免进行没有必要的计算,从而缩短了算法运算时间。假设信号$x(t)$有N个等间隔的样本点数$x_k = k/\Delta$,$k = -\frac{N-1}{2}, \cdots, \frac{N-1}{2}$,$k$的取值可以是整数或者半整数。在计算时,$N$是偶数或者奇数将导致离散样本$x\left(\dfrac{k}{\Delta}\right)$中$k = -\frac{N-1}{2}, \cdots, \frac{N-1}{2}$的索引值取得整数值或者半整数值。不妨设定将$x\left(\dfrac{k}{\Delta}\right)$值存放在偶数索引项部分,称之为偶数样本。在这些偶数样本之间定义奇数样本,而这些值是需要通过辛格函数$\mathrm{sinc}(x)$插值得到的,共有$(N-1)$个样本。

偶数样本:

$$x_0\left(\frac{k}{\Delta}\right) = x\left(\frac{k}{\Delta}\right) = x\left(\frac{2k}{2\Delta}\right), k = -\frac{N-1}{2}, \cdots, \frac{N-1}{2} \tag{6-232}$$

奇数样本:

$$x_1\left(\frac{k}{\Delta}\right) = x\left(\frac{2k+1}{2\Delta}\right) = \sum_{k-\frac{N-1}{2}}^{\frac{N-1}{2}} x\left(\frac{j}{\Delta}\right) \mathrm{sinc}(2k+1-2j)$$

$$= \sum_{k=-\frac{N-1}{2}}^{\frac{N-1}{2}} x_0(j) \mathrm{sinc}\left[2(k-j)+1\right], k = -\frac{N-1}{2}, \cdots, \frac{N-3}{2} \tag{6-233}$$

上式含有卷积运算,可以等价于两个 FFT 运算乘积的逆 FFT 运算(IFFT)。

依照此思路,按照 FRFT 的 1 相实现的 3 个步骤,可以得到 FRFT 的 2 相实现,其原理如图 6-11 所示。

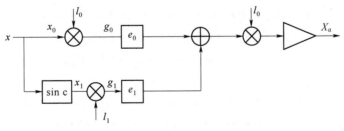

图 6-11 FRFT 的 2 相实现原理

第 7 章
全相位快速傅里叶变换(all-phase FFT)

为改善在数字滤波、谱分析、自适应信号处理、图像处理等场合普遍存在的因数据截断而带来的数字信号处理性能下降的问题,本章引入全相位数据预处理方法。通过全相位数据预处理,使数字滤波、谱分析等系统性能得以优化。

知识要点

本章介绍全相位数据预处理方法,主要内容包括:
(1) 常用数据预处理方法;
(2) 全相位数据预处理的统一表示;
(3) 全相位 FFT 谱分析方法。

§7.1　3 种全相位数据预处理

全相位输入数据处理需借助卷积窗 w_c 来完成从长度为 $2N-1$ 的数据向量 $x = [x(n+N-1), \cdots, x(n), \cdots, x(n-N+1)]^T$ 到长度为 N 的数据向量 $x_1 = [x_1(0), x_1(1), \cdots, x_1(N-1)]^T$ 的映射。对于线性时不变(Linear Time Invariant, LTI)系统,它满足齐次性、可加性和时不变性。由于全相位数据预处理要考虑到包含某输入样点 $x(n)$ 所有长度为 N 的分段情况,假设存在某个 T 映射分别对各分段进行处理,其所有分段的输入、输出关系可列举如下:

$$x_0:[x(n), x(n-1), \cdots, x(n-N+1)] \rightarrow y_0(n)$$
$$x_1:[x(n+1), x(n), \cdots, x(n-N+1)] \rightarrow y_1(n)$$
$$\vdots$$
$$x_{N-1}:[x(n+N-1), x(n+N-1), \cdots, x(n)] \rightarrow y_{N-1}(n)$$

以上处理需耗费 N 次基于 T 映射的信号处理操作。为使信号处理过程得以简化,并使信号处理性能得以改善,全相位数据预处理的任务就是:使预处理后的长度为 N 的数据向量 $x_1 = [x_1(0), x_1(1), \cdots, x_1(N-1)]^T$ 经过同样的 T 映射后,系统的输出 $y(n)$ 即为 $y_0(n) + y_1(n) + \cdots + y_{N-1}(n)$。对于一些常用的信号处理操作(如数字滤波、谱分析),正是在对各路输出 $y_i(n)$ 隐含的叠加过程中使输出性能得以改善的。根据卷积窗的不同,全相位数据预处理可分为无窗、单窗和双窗 3 种类别。

7.1.1　无窗全相位数据预处理

根据 LTI 系统的叠加性,所有输入段 x_i 产生的响应值的叠加等于将所有输入段 x_i 叠加后去激励系统产生的响应值,但如何去叠加全部共 N 个激励向量 $x_0 \sim x_{N-1}$ 呢? 由于 x_i 是由各个时刻的数据组合而成(包含数据 $x(n)$),若直接把各时刻的输入数据进行简单求和,则会在时序上把数据打乱。另外,最终馈入系统的数据向量长度必须为 N,因而叠加后的数据向量长度不会发生变化。为解决以上两个矛盾,我们采用了先周期延拓,再作求和截断的方法来实现。以 $N=3$ 为例,无窗全相位数据预处理过程如图 7−1 所示。

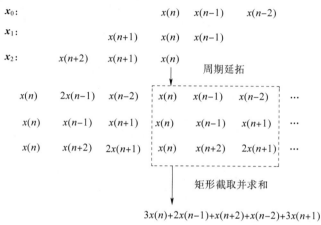

图 7−1　无窗全相位数据预处理过程($N=3$)

图 7−1 中的数据预处理过程分为以下步骤:
(1) 对输入的各数据向量 x_i 在原位置分别进行周期延拓;
(2) 对在原位置周期延拓后的序列,进行竖直方向的求和,形成新的周期序列;
(3) 用矩形窗 R_N 对新的周期序列进行截断,产生无窗全相位输入序列。
图 7−1 可用图 7−2 所示的无窗全相位数据预处理的电路框图来等价。

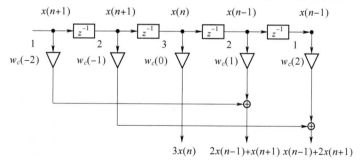

图 7−2　无窗全相位数据预处理的电路框图($N=3$)

从图 7−2 中可看出,无窗全相位数据预处理相当于用一长为 $2N-1$ 的三角窗对向量进行加权后,再将前 $N-1$ 个数据移位 N 个延时单元和后 N 个数据相加而成,则

$$x = [x(n+N-1) , \cdots , x(n) , \cdots , x(n-N+1)]^{\mathrm{T}}$$

7.1.2 单窗全相位数据预处理

x_i 加权后反馈进入系统,再将各对应 x_i 的输出 $y_i(n)$ 进行求和。单窗全相位数据预处理过程如图 7-3 所示(以 $N=3$ 为例,假设所加的三角窗为 $[1 \quad 2 \quad 1]^T$)。

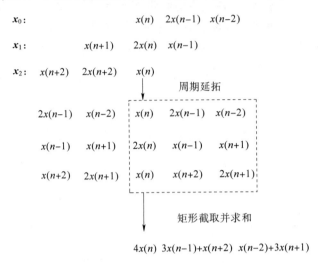

图 7-3 单窗全相位数据预处理过程($N=3$)

图 7-3 中的数据预处理过程分为如下步骤:

(1) 用前窗序列 f 对 x_i 进行加权;

(2) 将加窗后的序列在原位置进行周期延拓;

(3) 对周期延拓后的序列进行竖直方向的求和,形成新的周期序列;

(4) 用矩形窗 R_N 对新的周期序列进行截断,产生单窗全相位输入序列。

显然,图 7-3 所示的过程可用图 7-4 来等价。

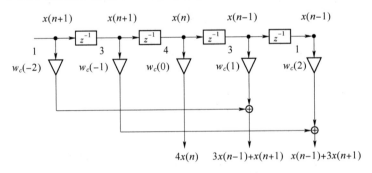

图 7-4 单窗全相位数据预处理的电路框图($N=3$)

图 7-4 中的 w_c 为前窗序列 f 与翻转后的矩形窗 R_N 的卷积,即 $w_c = [1 \quad 1 \quad 1] * [1 \quad 2 \quad 1] = [1 \quad 3 \quad 4 \quad 3 \quad 1]$。

7.1.3　双窗全相位数据预处理

为进一步改善单窗全相位数据预处理的性能,可将简单求和环节改为用某一窗序列进行垂直方向加权求和,这就形成双窗全相位数据预处理方法。只需将图 7-3 的单窗全相位数据预处理的步骤(3)(4)作如图 7-5 所示的改进(假设此后窗序列为三角窗$\begin{bmatrix} 1 & 2 & 1 \end{bmatrix}^{\mathrm{T}}$)。

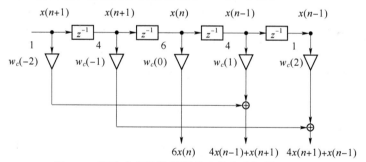

图 7-5　双窗全相位数据预处理过程

图 7-5 中的数据预处理过程分为如下步骤:
(1) 用前窗序列 f 对 x_i 进行加权;
(2) 将加窗后的序列在原位置进行周期延拓;
(3) 用前窗序列 f 对在原位置周期延拓后的序列竖直方向加权;
(4) 对双加权周期延拓后的序列,进行竖直方向的求和,形成新的周期序列;
(5) 用矩形窗 R_N 对新的周期序列进行截断,产生双窗全相位输入序列。

图 7-5 所示的双窗全相位数据预处理可用图 7-6 来等价。

图 7-6　双窗全相位数据预处理的电路框图($N=3$)

图 7-6 中的 w_c 为前窗序列 f 与翻转后的矩形窗 R_N 的卷积,本例中 $w_c = \begin{bmatrix} 1 & 2 & 1 \end{bmatrix} * \begin{bmatrix} 1 & 2 & 1 \end{bmatrix} = \begin{bmatrix} 1 & 4 & 6 & 4 & 1 \end{bmatrix}$。

7.1.4　全相位预处理的统一表示及其卷积窗性质

3 种全相位数据预处理过程是完全一致的,即先用卷积窗 w_c 对长度为 $2N-1$ 的输入向量 $x = [x(n+N-1), \cdots, x(n), \cdots, x(n-N+1)]^{\mathrm{T}}$ 进行数据加权,再将间距为 N 个延时单元的数据重叠累加从而形成输出长度为 N 的输出向量 $y = [y_0(n), \cdots, y_{N-1}(n)]^{\mathrm{T}}$ 的过程。于是,3 种全相位数据预处理的统一电路框图如图 7-7 所示。

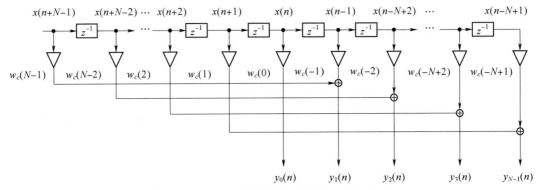

图 7-7   3 种全相位数据预处理的统一电路框图

不妨定义 $(2M-1)\times N$ 的矩阵 $\boldsymbol{P}$ 为

$$
\boldsymbol{P} = \begin{bmatrix}
0 & \cdots & 0 & w_c(0) & 0 & \cdots & 0 \\
w_c(-N+1) & \cdots & 0 & 0 & w_c(1) & \cdots & 0 \\
\vdots & & \vdots & \vdots & \vdots & & \vdots \\
0 & \cdots & x_c(-1) & 0 & 0 & \cdots & w_c(N-1)
\end{bmatrix} \tag{7-1}
$$

从而全相位数据预处理可以统一用矩阵形式表示为

$$
\boldsymbol{y} = \boldsymbol{Px} \tag{7-2}
$$

3 种全相位数据预处理结构完全一致,而区别仅在于卷积窗,因而有必要研究卷积窗的性质,由于卷积窗 w_c 是由前窗序列 f 和翻转的后窗序列 b 卷积而成(即为两个窗序列的互相关),因而其数学式可表示为

$$
w_c(n) = f(n) * b(-n) = \begin{cases}
\displaystyle\sum_{k=0}^{N-1-k} b_k f_{k+n}, & n \in [0, N-1] \\
\displaystyle\sum_{k=-n}^{N-1} b_k f_{k+n}, & n \in [-N+1, -1] \\
0, & \text{其他}
\end{cases} \tag{7-3}
$$

要使输入序列和输出序列的幅值不出现偏离,在实际数据处理中需对卷积窗进行归一化,可选用卷积窗中心元素 $w_c(0)$ 作为归一化因子 C,即

$$
C = w_c(0) = \sum_{m=0}^{N-1} b_m f_m \tag{7-4}
$$

由式(7-4)易推知,当前窗序列 f 和后窗序列 b 都为对称窗时,卷积窗 w_c 也为对称窗,即

$$
w_c(n) = w_c(-n) \tag{7-5}
$$

现在来研究卷积窗的平移相加归一性,此性质在后面的证明中会用到。当 $n \in [0, N-1]$ 时,根据卷积窗的中心对称性,有

$$
w_c(n-N) = w_c(N-n) = \sum_{k=0}^{N-1-(N-n)} f(k)b(k+n-n)
$$

$$
= \sum_{k=0}^{n-1} f(k)b(k+N-n) \tag{7-6}
$$

将式(7-3)、式(7-6)进行叠加,有

$$w_c(n) + w_c(n - N) = \sum_{k=0}^{N-1} f(k) b(k + N - n), 0 \leqslant n \leqslant N - 1 \tag{7-7}$$

若式(7-7)的求和结果可以归一,则称卷积窗具有平移相加归一性。下面分无窗、单窗、双窗 3 种情况进行讨论。

(1) 无窗情况。

无窗时,由式(7-3)和式(7-6)可得到归一化后的卷积窗元素 $w_c(n)$ 为

$$w_c(n) = \frac{1}{N} R_N(n) * R_N(-n) = \frac{N - |n|}{N}, n \in [-N + 1, N - 1] \tag{7-8}$$

则

$$w_c(n) + w_c(n - N) = \frac{N - n}{N} + \frac{N - (N - n)}{N} = 1 \tag{7-9}$$

式(7-9)表明,无窗情况的卷积窗具有平移相加归一性。

(2) 单窗情况。

令 **f** 为某一对称窗,**b** 为矩形窗,则式(7-7)可进一步推导为

$$w_c(n) + w_c(n - N) = \sum_{k=0}^{N-1-n} f(k) + \sum_{k=0}^{n-1} f(k) \tag{7-10}$$

由于 **f** 为对称窗,因此将式(7-10)进一步推导如下:

$$\sum_{k=0}^{N-1-n} f(k) + \sum_{k=0}^{n-1} f(k) = \sum_{k=0}^{N-1-n} f(N - 1 - k) + \sum_{k=0}^{n-1} f(k)$$

$$= \sum_{k=n}^{N-1} f(k) + \sum_{k=0}^{n-1} f(k) = \sum_{k=0}^{N-1} f(k) = C \tag{7-11}$$

将式(7-11)除以归一化因子 C,则

$$w_c(n) + w_c(n - N) = 1 \tag{7-12}$$

式(7-12)表明,单窗情况的卷积窗具有平移相加归一性。

(3) 双窗情况。

利用 **f**、**b** 相等并具有对称性,对式(7-7)进行代换,有

$$w_c(n) + w_c(n - N) = \sum_{k=n}^{N-1} f(k) f(k - n) + \sum_{k=0}^{n-1} f(k) f(n - 1 - k) \tag{7-13}$$

而由式(7-4)可推出其双窗归一化因子 C 为

$$C = \sum_{k=0}^{N-1} f(k) b(k) = \sum_{k=0}^{N-1} f^2(k) \tag{7-14}$$

式(7-13)中的两求和式无法合并,其结果不等于式(7-14)中的归一化因子 C,因此双窗情况的卷积窗不具有平移相加归一性。为比较 3 种加窗情况下的卷积窗的平移相加归一性,表 7-1 列出了 $N=4$ 时,无窗、汉明单窗和汉明双窗 3 种情况下归一化后的卷积窗数据。

表 7-1　无窗、汉明单窗、汉明双窗 3 种情况下归一化后的卷积窗数据($N=4$)

类别	$w_c(-3)$	$w_c(-2)$	$w_c(-1)$	$w_c(0)$	$w_c(1)$	$w_c(2)$	$w_c(3)$
无窗	0.250 0	0.500 0	0.750 0	1.000 0	0.750 0	0.500 0	0.250 0
汉明单窗	0.047 1	0.500 0	0.952 9	1.000 0	0.952 9	0.500 0	0.047 1
汉明双窗	0.005 3	0.102 8	0.597 4	1.000 0	0.597 4	0.102 8	0.005 3

由表 7-1 可知,无窗、单窗情况均满足式(7-9)所示的平移相加归一性,而双窗情况不满足。从表 7-1 中双窗情况下的卷积窗数据可看出(也容易证明),它满足

$$w_c(n) + w_c(n - N) \leq 1, n = 0, \cdots, N - 1 \tag{7-15}$$

式(7-15)中的等号当且仅当 $n = 0$ 时成立。

§7.2 全相位数据预处理的相关特性

7.2.1 确定信号自相关特性

我们知道序列 $\{x(n)\}$ 的自相关函数可表示为

$$r_{xx}(m) = E[x(n)x^*(n+m)] = \lim_{N \to \infty} \frac{1}{2N+1} \sum_{n=N}^{N} x(n)x^*(n+m) \tag{7-16}$$

若给定一确定性复指数信号 $x(n)$,令 $W = e^{-j2\pi/N}$,有

$$x(n) = A e^{j\varphi} W^{\beta n}, n = -N+1, \cdots, 0, \cdots, N-1 \tag{7-17}$$

假定进行无窗全相位预处理,重新给出式(7-3)的卷积窗元素 $w_c(m)$ 为

$$w_c(m) = \frac{1}{N} R_N(m) * R_N(-m) = \frac{N - |m|}{N}, m \in [-N+1, N-1] \tag{7-18}$$

设图 7-7 所示的经过无窗全相位预处理之后的数据为 $y_m(n)$,则

$$y_m(n) = w_c(-m)x(n-m) + w_c(N-m)x(n+N-m), m = 0, 1, \cdots, N-1 \tag{7-19}$$

将式(7-17)、式(7-18)代入式(7-19),可得

$$y_m(n) = \frac{N-m}{N}x(n-m) + \frac{m}{N}x(n+N-m)$$

$$= \frac{A e^{j\phi}}{N}[(N-m)W^{\beta(n-m)} + mW^{\beta(n+N-m)}]$$

$$= \frac{A e^{j\phi} W^{\beta(n-m)}}{N}[(N-m) + mW^{\beta N}] \tag{7-20}$$

由此可以推导出 $y_m(n)$ 的自相关函数最大值 $r_{yy}(0)$ 为

$$r_{yy}(0) = E(|y_m(n)|^2) = \frac{1}{N} \sum_{m=0}^{N-1} [y_m(n) \cdot y_m^*(n)]$$

$$= \frac{1}{N} \sum_{m=0}^{N-1} \left[\frac{A e^{j\phi} W^{\beta(n-m)}}{N}((N-m) + mW^{\beta N}) \cdot \right.$$

$$\left. \left[\frac{A e^{j\phi} W^{\beta(n-m)}}{N}((N-m) + mW^{\beta N}) \right]^* \right.$$

$$= \frac{A^2}{N^3} \sum_{m=0}^{N-1} [(N-m) + mW^{\beta N}] \cdot [(N-m) + mW^{\beta N}]$$

$$= \frac{A^2}{N^3} \sum_{m=0}^{N-1} [(N-m)^2 + m^2 + 2(N-m)m \cdot \cos(\beta \cdot 2\pi)] \tag{7-21}$$

令 $\beta = k + \Delta k$,k 为整数,$-0.5 \leq \Delta k \leq 0.5$,则式(7-21)可进一步表示为

$$r_{yy}(0) = \frac{A^2}{N^3} \sum_{m=0}^{N-1}(N^2 - 2mN + 2m^2)$$

$$+ \frac{2A^2 \cos(2\pi \cdot \Delta k)}{N^3} \sum_{m=0}^{N-1}(Nm - m^2) \tag{7-22}$$

由于

$$\sum_{m=0}^{N-1} m^2 = \frac{N(N-1)(2N-1)}{6}, \quad \sum_{n=0}^{N-1} m = \frac{N(N-1)}{2} \tag{7-23}$$

因此将式(7-23)代入式(7-22),得

$$r_{yy}(0) = \frac{2N^2 + 1}{3N^2} A^2 + \frac{(N^2 - 1)}{6N^2} A^2 \cos(2\pi \cdot \Delta k) \tag{7-24}$$

式(7-24)揭示了自相关函数峰值与信号频偏 Δk 之间的关系。

7.2.2　随机信号的统计特性

性质7-1　平稳随机信号经归一化后的无窗或单窗全相位预处理后,其均值不变,而经归一化后的双窗全相位预处理后,其均值减小。

证明　假设在图7-7中,输入信号为高斯平稳随机信号,其均值表示为

$$E[x(n)] = \bar{x} \tag{7-25}$$

显然图7-7中,结合 $w_c(n) = w_c(-n)$,输出端各观察数据 $y_m(n)$ 可表示为

$$y_m(n) = w_c(m)x(n-m) + w_c(m-N)x(n+N-m), m \in [0, N-1] \tag{7-26}$$

对式(7-26)两端取数学期望,有

$$E[y_m(n)] = w_c(m)E[x(n-m)] + w_c(m-N)E[x(n+N-m)]$$

$$= [w_c(m) + w_c(m-N)]E[x(n)], m \in [0, N-1] \tag{7-27}$$

对于无窗、单窗情况的卷积窗,由于 w_c 具有平移相加归一性,联立式(7-12),有

$$E[y_m(n)] = E[x(n)] = \bar{x} \tag{7-28}$$

而双窗情况的 w_c 不具有平移相加归一性,根据式(7-15),有

$$E[y_m(n)] < E[x(n)] = \bar{x} \tag{7-29}$$

若把输出端观察的数据 $y_m(n)$ 看成是平稳随机过程在时刻 n 的一次实现,则根据统计信号处理理论,平稳随机信号全部样本序列在一个时刻上的集合平均和一个样本序列在整个时间轴上的平均结果是一致的,因此式(7-28)、式(7-29)决定了平稳随机序列经无窗、单窗全相位预处理后,其数学期望值(均值)不变,而经双窗全相位预处理后,其数学期望值(即均值)减小。

性质7-2　平稳随机信号经归一化后的无窗、单窗或双窗全相位预处理后,其方差值减小。

证明　令图7-7中输入的平稳随机信号的方差为 $\mathrm{Var}[x(n)] = \sigma_x^2$,则对式(7-26)两端取方差,根据输入信号各时刻的统计独立性,有

$$\mathrm{Var}[y_m(n)] = w_c^2(m)\mathrm{Var}[x(n-m)] + w_c^2(m-N)\mathrm{Var}[x(n+N-m)]$$

$$= [w_c^2(m) + w_c^2(m-N)]\sigma_x^2, m \in [0, N-1] \tag{7-30}$$

对于无窗、单窗情况,其满足的式(7-12)中平移相加归一性,根据平均数不等式,有

$$w_c^2(m) + w_c^2(m-N) \leqslant [w_c(m) + w_c(m-N)]^2 = 1 \tag{7-31}$$

联立式(7-30)、式(7-31),有

$$\text{Var}[y_m(n)] \leq \sigma_x^2, m \in [0, N-1] \tag{7-32}$$

式(7-32)中的等号当且仅当 $m=0$ 时成立。而输出端要求在同一时刻对 N 个观察点上的数据进行组合,这些数据仅有第一个方差不变,其他方差都减小,因此总的输出数据的方差都会减小。而对于双窗情况,由于式(7-15)成立,根据不等式的放缩性,同样有式(7-32)成立。

因此,平稳信号无论经过哪种全相位预处理,其方差值都减小。

性质 7-3 平稳随机信号经归一化后的无窗全相位预处理后,其平均方差值约等于原方差值的 $2/3$。

证明 时刻 n 的平均方差值即为 N 个输出测试点的各个方差值估计的平均值,根据式(7-30),该方差可表示为

$$\sigma_y^2(n) = \frac{1}{N} \sum_{m=0}^{N-1} \text{Var}[y_m(n)] = \frac{\sigma_x^2}{N} \sum_{m=0}^{N-1} [w_c^2(m) + w_c^2(m-N)] \tag{7-33}$$

把式(7-18)无窗情况的卷积窗元素 $w_c(m)$ 代入式(7-33),再联立式(7-23),得

$$\overline{\sigma}_y^2(n) = \frac{\sigma_x^2}{N^3} \sum_{m=0}^{N-1} (N^2 + 2m^2 - 2mN) = \frac{2N^2 + 1}{3N^2} \sigma_x^2 \tag{7-34}$$

当 N 比较大时,$1/N$ 趋于 0,则

$$\lim_{N \to +\infty} \overline{\sigma}_y^2(n) = \frac{2\sigma_x^2}{3} \tag{7-35}$$

由此可见,全相位预处理之后,数据的平均方差值减小 $1/3$。

由于无窗全相位预处理后,其均值不变,而平均方差值减小为原来的 $2/3$,可推知,经过预处理后,随机变化的数据仍在原有平均水平上,但分布范围减小了,分布的密集程度提高了。

本节分析了随机信号经全相位预处理后的统计特征和平稳性能的改善情况。由于全相位数据预处理具有提高数据收敛性和平稳性的优良性能,因此在自适应信号处理和统计分析领域具有较高的应用价值。

§7.3 全相位 FFT 谱分析

7.3.1 从传统 FFT 谱分析到全相位 FFT 谱分析

如何尽可能地消除 FFT 的截断效应,对于输入序列 $\cdots, x(-N), x(-N+1), \cdots, x(-1), x(0), x(1), \cdots, x(N-1), \cdots$,若研究某样点 $x(0)$,则图 7-8 中的传统 FFT 仅考虑了其中一种长度为 N 的截断情况,如果把所有包含样点 $x(0)$ 的长度为 N 的截断情况全部考虑进去,那么存在也只存在 N 个包含该点的 N 维向量,即

$$\boldsymbol{x}_0' = [x(0), x(1), \cdots, x(N-1)]^T$$
$$\boldsymbol{x}_1' = [x(-1), x(0), \cdots, x(N-2)]^T$$
$$\vdots$$
$$\boldsymbol{x}_{N-1}' = [x(-N+1), x(-N+2), \cdots, x(0)]^T \tag{7-36}$$

在式(7-36)中,样点 $x(0)$ 遍历了输入向量中所有可能的位置,即遍历了所有可能的起始相位,故名"全相位"。

而在图 7-8 中,样点 $x(0)$ 是第一个进入 FFT 分析器的,故若对式(7-36)中的每个向量进行循环移位,把样本点 $x(0)$ 移到首位,则可得到另外的 N 个 N 维向量

$$\boldsymbol{x}_0' = [x(0),x(1),\cdots,x(N-1)]^{\mathrm{T}}$$
$$\boldsymbol{x}_1' = [x(0),x(+1),\cdots,x(-1)]^{\mathrm{T}}$$
$$\vdots$$
$$\boldsymbol{x}_{N-1}' = [x(0),x(-N+1),\cdots,x(-1)]^{\mathrm{T}} \qquad (7-37)$$

对式(7-37)的每个数据向量作传统 FFT,可得频域数据 $X_i(k),i=0,1,\cdots,N-1$,对所有这些子频域数据进行求和平均,得全相位 FFT 谱分析结果,即

$$Y(k) = \frac{1}{N}\sum_{i=0}^{N-1} X_i(k),k = 0,1,\cdots,N-1 \qquad (7-38)$$

图 7-8 对以上衍生过程进行了总结(以 $N=6$ 为例)。

以一简单例子来说明图 7-8 的衍生过程。

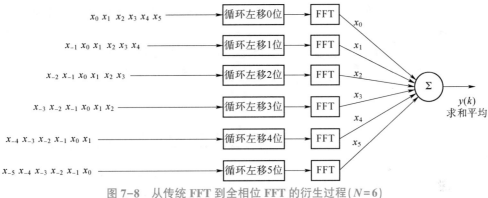

图 7-8　从传统 FFT 到全相位 FFT 的衍生过程($N=6$)

令 $N=6$, $\{x(n) = 2\cos(2.2\times 2n\pi/6+0°),-5\leqslant n\leqslant 5\}$ 的 11 个输入数 $x(-5)\sim x(5)$ 为 $\{1.000\ 0,-1.956\ 3,1.618\ 0,-0.209\ 1,-1.338\ 3,200\ 00,-1.338\ 3,-0.209\ 1,1.618\ 0,-1.956\ 3,1.000\ 0\}$。

若考虑所有包括中心样点 $x(0)=1.000\ 0$ 的长度为 N 的截断情况,对各截断序列进行循环移位后与 $\boldsymbol{x}_0$ 对齐,则可形成如下 6 个子分段 $\boldsymbol{x}_0\sim\boldsymbol{x}_5$ 的数据:

	$n=0$	$n=1$	$n=2$	$n=3$	$n=4$	$n=5$
$\boldsymbol{x}_0$:	2.000 0,	-1.338 3,	-0.209 1,	1.618 0,	-1.956 3,	1.000 0
$\boldsymbol{x}_1$:	2.000 0,	-1.338 3,	-0.209 1,	1.618 0,	-1.956 3,	-1.338 3
$\boldsymbol{x}_2$:	2.000 0,	-1.338 3,	-0.209 1,	1.618 0,	-0.209 1,	-1.338 3
$\boldsymbol{x}_3$:	2.000 0,	-1.338 3,	-0.209 1,	1.618 0,	-1.956 3,	-1.338 3
$\boldsymbol{x}_4$:	2.000 0,	-1.338 3,	-1.956 3,	1.618 0,	-0.209 1,	-1.338 3
$\boldsymbol{x}_5$:	2.000 0,	1.000 0,	-1.956 3,	1.618 0,	-0.209 1,	-1.338 3

分别对 $\boldsymbol{x}_0\sim\boldsymbol{x}_5$ 进行 FFT 后则可得各子分段离散谱 $X_i(k)(i,k=0,\cdots,5)$,再对各子谱

$X_i(k)$进行求和平均就得到了全相位 FFT 谱 $Y(k)$。

7.3.2　全相位 FFT 谱分析过程

图 7-9 所示的全相位 FFT 需耗费 N 次 FFT 谱分析,随着阶数 N 增大,其计算量也会增加很多,难以满足工程应用需求,因而需要对全相位 FFT 谱分析进行简化。

注意:图 7-9 中的每一个衍生步骤都是线性过程。随着样本 $x(n)$ 的更新,全相位 FFT 的计算结果也在稳健地更新。图 7-9 所示的全相位 FFT 系统完全是一个 LTI 系统。LTI 系统满足齐次性和可加性,即多个激励的响应的求和等同于系统对多个激励求和的响应结果。

因此,若把式(7-37)的各个数据向量对准 $x(0)$ 相加并取其均值,则可得到长度为 N 的全相位数据向量,即

$$y = \frac{1}{N}[Nx(0),(N-1)x(1)+x(-N+1),\cdots,x(N-1)+(N-1)x(-1)]^{\mathrm{T}} \quad (7\text{-}39)$$

对式(7-39)的数据向量 y 作传统 FFT 谱分析,同样可得全相位 FFT 谱分析的结果,这样就节省了 $N-1$ 次 FFT 计算。因而就可得到如图 7-9 所示的简化的全相位 FFT 谱分析过程。

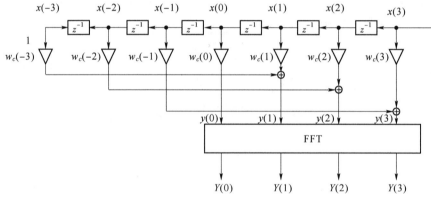

图 7-9　简化的全相位 FFT 谱分析过程

图 7-9 所示简化的全相位 FFT 谱分析仅包含以下两个简单步骤:

(1)全相位数据处理,即用长为 $2N-1$ 的卷积窗 w_c 对输入数据 $x(n)$ 加权,然后将间隔为 N 的数据两两叠加(中间元素除外),从而形成 N 个数据 $y(0),y(1),\cdots,y(N-1)$;

(2)对 $y(0),y(1),\cdots,y(N-1)$ 作 FFT 得离散谱 $Y(k)$。

图 7-9 中的卷积窗 w_c 为两个矩形窗的卷积结果,其卷积窗元素为

$$w_c(n) = (N-|n|)/N,\ -N+1 \leqslant n \leqslant N-1 \quad (7\text{-}40)$$

为改善谱分析性能,可以对图 7-8 的各个子 FFT 用某一常用窗 f 进行加窗,或者将图 7-8 的对各子谱 $X_i(k)$ 的简单求和平均改为用某一常用窗 b 对各个子谱 $X_i(k)$ 作加权平均,这样卷积窗元素为

$$w_c(n) = f(n) * b(-n) \quad (7\text{-}41)$$

若 f、b 同为矩形窗 R_N,则称全相位 FFT 为"无窗"全相位 FFT;若 f、b 中只有一个为矩形窗 R_N,则称全相位 FFT 为"单窗"全相位 FFT;若 $f=b\neq R_N$,且 f、b 中只有一个为矩形窗 R_N,则称全相位 FFT 为"双窗"全相位 FFT。显然图 7-9 只需更换卷积窗 w_c,即可更换全相位 FFT 谱

分析的类型,很灵活。

若从计算复杂度角度考虑,由图 7-9 可看出,N 阶全相位 FFT 由于加窗需耗费 $2N-1$ 次实数乘累加运算,另外还有 FFT 所需的 $N/2 \cdot \log_2 N$ 次复数乘法(即 $2N \cdot \log_2 N$ 次实数乘法运算),因而共需($2N-1+2N\log_2 N$)次实数乘法运算;与传统加窗 FFT 耗费的实数乘法运算量($N+2N\log_2 N$)相比,其计算效率为

$$\eta(n) = \frac{N + 2N\log_2 N}{2N - 1 + 2N \cdot \log_2 N} \times 100\%, N = 2^n \tag{7-42}$$

得出的全相位 FFT 随阶数变化的计算效率曲线如图 7-10 所示。

由图 7-10 可以看出,全相位 FFT 计算效率随阶数增大而升高。当阶数 $N=2^7=128$ 时,计算效率达到 94% 左右。也就是说,仅牺牲了约 6% 的计算量,即可换来谱分析性能的极大改善,因而所付出的代价是值得的。

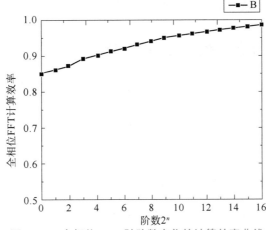

图 7-10　全相位 FFT 随阶数变化的计算效率曲线

因而,简化后的全相位 FFT 节省了 $N-1$ 次 FFT 计算,延续了 FFT 经典谱分析的计算复杂度低的优势,相比于参数模型谱分析法、子空间分解谱分析法、稀疏样本谱分析法,算法复杂度低得多,符合工程应用对谱分析"快"的需求。因此,全相位 FFT 是对传统 FFT 谱分析的一个有益的补充,丰富了经典 FFT 谱分析理论。

§7.4　传统 FFT 谱分析和全相位 FFT 谱分析的数学公式

7.4.1　单频复指数信号的传统 FFT 分析

不妨设单频复指数信号为

$$x(n) = e^{(\omega_0 n + \theta_0)}, \beta = (k^* + \delta), k^* \in \mathbf{Z}_+, -0.5 < \delta \leqslant 0.5 \tag{7-43}$$

式中,信号的数字频率 ω_0 表示为 β 倍频率间隔 $\Delta\omega = 2\pi/N$ 的形式(注:β 可以是小数)。则 $\{x(n)\}$ 的不加窗的传统 FFT 谱(除以 N 进行归一化)为

$$X(k) = \frac{1}{N}\sum_{n=0}^{N-1} e^{j\theta_0} e^{j2\pi n\beta/N} e^{-j2\pi kn/N} = \frac{1}{N} e^{j\theta_0} \sum_{n=0}^{N-1} e^{j2\pi(\beta-k)/N}$$

$$= \frac{1}{N} e^{j\theta_0} \frac{1 - e^{j2\pi(\beta-k)}}{1 - e^{j2\pi(\beta-k)/n}}$$

$$= \frac{1}{N} e^{j\theta_0} \frac{e^{-j\pi(\beta-k)} - e^{j\pi(\beta-k)}}{e^{-j\pi(\beta-k)/N} - e^{j\pi(\beta-k)/N}} \cdot \frac{e^{j\pi(\beta-k)}}{e^{j\pi(\beta-k)/N}}$$

$$= \frac{1}{N} \frac{\sin[\pi(\beta-k)]}{\sin[\pi(\beta-k)/N]} e^{j\left[\theta_0 + \frac{N-1}{N}(\beta-k)\pi\right]}, k = 0, 1, \cdots, N-1 \quad (7\text{-}44)$$

由式(7-44)可知,传统 FFT 的相位谱为

$$\varphi_X(k) = \theta_0 + \frac{N-1}{N}(\beta - k)\pi = \theta_0 + \frac{N-1}{N}(k^* - k + \delta)\pi \quad (7\text{-}45)$$

由式(7-45)可知,$\varphi_X(k)$ 与频偏值 δ 密切相关。只有当 δ 为 0 时(即不存在谱泄漏的情况),峰值谱 $k = k^*$ 处的相位谱 $\varphi_X(k^*)$ 才等于真实值 θ_0;否则,从相位谱图 $\varphi_X(k)$ 上很难直接挖掘相位信息,这就是 FFT 相位谱分布紊乱的原因。

》》 7.4.2 单频复指数信号的全相位 FFT 分析

由于式(7-37)的 $x_i(n)$ 由式(7-36)的 $x'_i(n)$ 循环左移 i 位而来,根据 DFT 的移位性质,式(7-37)的 $x_i(n)$ 的离散傅里叶变换 $X_i(k)$ 和式(7-36)的 $x'_i(n)$ 的离散傅里叶变换 $X'_i(k)$ 之间有很明确的关系,即

$$X_i(k) = X'_i(k) e^{j\frac{2\pi}{N}ki}, i, k = 0, 1, \cdots, N-1 \quad (7\text{-}46)$$

故根据式(7-38)中全相位 FFT 的定义,有

$$Y(k) = \frac{1}{N} \sum_{i=0}^{N-1} X_i(k) = \frac{1}{N} \sum_{i=0}^{N-1} X'_i(k) e^{j\frac{2\pi}{N}ki} \quad (7\text{-}47)$$

联立式(7-43),则式(7-36)的 $x'_i(n)$ 可以表示为

$$x'_i(n) = x(n-i) = e^{j\theta_0} e^{j2\pi(n-i)\beta/N} \quad (7\text{-}48)$$

故 $x'_i(n)$ 的归一化后的 FFT 谱为

$$X'_i(k) = \frac{1}{N} \sum_{n=0}^{N-1} x'_i(n) e^{-j\frac{2\pi}{N}k} = \frac{1}{N} \sum_{n=0}^{N-1} e^{j\theta_0} e^{j2\pi(n-i)\beta/N} e^{-j\frac{2\pi}{N}kn}$$

$$= \frac{e^{j\theta_0}}{N} e^{-j2\pi i\beta/N} \sum_{n=0}^{N-1} e^{j2\pi n(\beta-k)/N}, i = 0, 1, \cdots, N-1 \quad (7\text{-}49)$$

联立式(7-47)和式(7-49),有

$$Y(k) = \frac{e^{j\theta_0}}{N^2} \sum_{i=0}^{N-1} e^{-j\frac{2\pi(\beta-k)i}{N}} \cdot \sum_{n=0}^{N-1} e^{j\frac{2\pi(\beta-k)n}{N}} \quad (7\text{-}50)$$

进一步对式(7-50)进行等比级数求和,有

$$Y(k) = \frac{e^{j\theta_0}}{N^2} \cdot \frac{1 - e^{-j2\pi(\beta-k)}}{1 - e^{-j\frac{2\pi(\beta-k)}{N}}} \cdot \frac{1 - e^{j2\pi(\beta-k)}}{1 - e^{j\frac{2\pi(\beta-k)}{N}}}$$

$$= \frac{e^{j\theta_0}}{N^2} \cdot \frac{(e^{j\pi(\beta-k)} - e^{-j\pi(\beta-k)})}{(e^{j\pi(\beta-k)/N} - e^{-j\pi(\beta-k)/N})} \cdot \frac{(e^{-j\pi(\beta-k)} - e^{j\pi(\beta-k)})}{e^{-j\pi(\beta-k)/N} - e^{j\pi(\beta-k)/N}}$$

$$= \frac{e^{j\theta_0}}{N^2} \cdot \frac{\sin^2[\pi(\beta-k)]}{\sin^2[\pi(\beta-k)/N]}, k = 0, 1, \cdots, N-1 \quad (7\text{-}51)$$

联立式（7-44）和式（7-51），有

$$|Y(k)| = |X(k)|^2, k = 0, 1, \cdots, N-1 \qquad (7-52)$$

因而，序列 $\{x(n) = e^{j(n\beta 2\pi/N + \theta_0)}, -N+1 \leq n \leq N-1\}$ 的全相位 FFT 谱幅值为传统 FFT 谱幅值的平方，注意这里的平方关系是对所有 N 根谱线而言的，这意味着旁谱线相对于主谱线的比值也按照这种平方关系而衰减下去，从而主谱线显得更为突出，因而全相位 FFT 具有很好的抑制谱泄漏的性能。

取出式（7-45）的相位部分，有

$$\varphi_Y(k) = \theta_0, k = 0, 1, \cdots, N-1 \qquad (7-53)$$

对比式（7-45）和式（7-53）可发现：传统 FFT 各条谱线的相位值与其对应的频率偏离值 $\beta-k$ 密切相关，而全相位 FFT 谱的相位值为 θ_0，即为中心样点 $x(0)$ 的理论相位值，该值既与频率偏离值 δ 无关，又与谱序号 k 无关。也就是说，全相位 FFT 具有"相位不变性"。这意味着，图 7-9 的全相位 FFT 基本框图本身就可构成一个高精度的数字相位分析仪：对输入的 $2N-1$ 个数据进行全相位 FFT 后，从全相位 FFT 的谱分析结果找出峰值谱序号 k^*，再测出此峰值谱 $Y(k^*)$ 的相位值，此测量值即是输入序列的中心样点的理论相位值，而且频率 β 值无论偏离 k 值多少，在峰值谱线处所测的相位都是正确的。

7.4.3　单频复指数信号的 FFT 谱与全相位 FFT 谱对照

以一实例来将单频复指数信号的 FFT 谱与全相位 FFT 谱进行对比。

从【例 7-1】的图 1~图 3 可总结出如下规律。

【例 7-1】

（1）由图 1 可知，当数字角频率 ω_0 为整频点时，全相位 FFT 与传统 FFT 的振幅谱没有明显差别。从时域角度上看，其周期延拓之后的信号为一完全逼近原信号的连续信号，它们的泄漏情况都不存在。从它们的相位谱图上看，传统 FFT 和全相位 FFT 的相位谱在对应频率点（$k=12$ 处）时的相位能准确反映信号的初始相位 $100°$（注意这时其他频点（$k \neq 12$ 处）的相位是无意义的，因为这时两种谱分析都不存在泄漏，故其他频点的能量为 0，不存在相位，在 MATLAB 仿真环境下给出的是任意相位）。

（2）由图 2 和图 3 可知，当数字角频率 ω_0 为非整频点时（$\omega_0 = 12.2\Delta\omega$、$\omega_0 = 12.4\Delta\omega$），传统 FFT 会引入明显的谱泄漏，偏离整频点程度越大，谱泄漏越严重，表现在峰值谱 $k=12$ 处两旁冒出很多旁谱线；而全相位 FFT 只会引入轻微的谱泄漏，即使对于 $\omega_0 = 12.4\Delta\omega$ 的大频偏情况，也仅在 $k=11$ 和 $k=13$ 两个位置出现幅值较大的旁谱线，而 FFT 大幅值旁谱线则有十几根。

（3）由图 2 和图 3 可知，当数字角频率 ω_0 为非整频点（$\omega_0 = 12.2\Delta\omega$，$\omega_0 = 12.4\Delta\omega$）时，传统 FFT 的相位谱 $\varphi_X(k)$ 很紊乱，峰值振幅谱位置读不出理想相位值 $100°$；而全相位 FFT 的相位谱 $\varphi_Y(k)$ 非常规则，无论是 $\omega_0 = 12.2\Delta\omega$ 的小频偏情况，还是 $\omega_0 = 12.4\Delta\omega$ 的大频偏情况，在整个频率轴上的所有谱线的相位值都为 $100°$，展现出全相位 FFT 独有的"相位不变性"。

因而，全相位 FFT 除了提供具有泄漏程度小的振幅谱，还能提供相位特性非常直观的相位谱，相比于经典周期图法、参数模型现代谱估计法、MUSIC 伪谱扫描法、稀疏样本谱估计法这四代谱估计方法只能提供功率谱，不能提供相位谱的缺陷，是一个明显的改进之处。也就是说,全相位 FFT 谱分析符合工程应用对谱分析的"全"的需求。

7.4.4 数据实例

这里我们举一个简单的例子来说明全相位 FFT 为何泄漏小和在任何频率点的相位都反映出了原信号的初相位。

根据 DFT 的线性可叠加性,将上述每个数据段的 DFT 结果对应频率点相加并取平均等于每个数据段先叠加再取平均,其振幅谱即全相位 FFT 的振幅谱,如【例 7-2】中的表 2 第 5 行所示。

观察【例 7-2】中表 1 和表 2 的结果,传统 FFT 分析的是表 1 的第一组数据,其谱分析结果则对应表 2 的第一组数据。而表 2 的第 5 行是全相位 FFT 振幅谱,其主谱线之外($k \neq 1$ 的情况)的振幅值要远小于传统 FFT 对应的振幅值,如传统的 FFT 即表 1 的第一组数据 $k=0$ 的振幅值为 $|0.226\ 5-0.018\ 6i|=0.237\ 21$,而全相位 FFT 时 $k=0$ 的振幅值为 $0.056\ 2$。其主谱线的幅值与旁频点的幅值之间的衰减分贝数也要比传统 FFT 高。

在这里还有一个值得我们特别关注的是将 4 组数据相加之后的相位变化。可以看到表 2 前 4 组数据的相位都不是初始相位,第 5 组全相位 FFT 的各条谱线上的相位都为 0,即为真实初始相位 0°。而全相位 FFT 正是通过将各子 FFT 的相位正负相互抵消而实现真正的保留初始相位不变的特性。

若取 $N=4, \beta=1.3, \theta_0=10°$,相应地可以得到每组数据对应频率点的相位值,如表 7-2 所示。

对比上面的数据可知:全相位 FFT 实质上是将初始相位叠加在每个频率点。因此,其每个对应频率点最终总平均之后的结果还是初始相位值。

表 7-2 每个数据段的 DFT 相位谱

	$k=0$	$k=1$	$k=2$	$k=3$
$\varphi_0(k)$	$-2.500\ 0°+10°$	$20.500\ 0°+10°$	$-92.500\ 0°+10°$	$-29.500\ 0°+10°$
$\varphi_1(k)$	$-121.500\ 0°+10°$	$12.500\ 0°+10°$	$-21.500\ 0°+10°$	$102.500\ 0°+10°$
$\varphi_2(k)$	$121.500\ 0°+10°$	$-12.500\ 0°+10°$	$21.500\ 0°+10°$	$-102.500\ 0°+10°$
$\varphi_3(k)$	$2.500\ 0°+10°$	$-20.500\ 0°+10°$	$92.500\ 0°+10°$	$29.500\ 0°+10°$
$\varphi_y(k)$	$10°$	$10°$	$10°$	$10°$

§7.5 全相位 FFT 谱分析的基本性质

7.5.1 性质 1

性质 7-4 全相位 FFT 谱分析系统是一个线性系统,仍保留了传统 FFT 谱分析的"线性"性质及其相移性质。

剖析图7-9的全相位FFT的基本结构可看出，整个谱分析过程包含全相位数据预处理和FFT两部分，其中"全相位数据预处理"仅进行了一些乘累加操作，显然这一过程具有线性时不变性质，而FFT系统是一个典型的线性时不变系统，这就保证了整个全相位谱分析系统的LTI特性。因而若用$Y(k)$表示全相位DFT谱，用符号"⇔"表示时域与频域的对应关系，则以下诸式成立。

线性（齐次性和可加性）：

$$x(n)\delta\Leftrightarrow Y(k)\rightarrow Ax(n)\Leftrightarrow AY(k)，A\text{ 为常数} \tag{7-54}$$

$$\left.\begin{array}{l}x_0(n)\Leftrightarrow Y_0(k)\\x_1(n)\Leftrightarrow Y_1(k)\end{array}\right\}\rightarrow x_0(n)+x_1(n)\Leftrightarrow Y_0(k)+Y_1(k) \tag{7-55}$$

$$\left.\begin{array}{l}x_0(n)\Leftrightarrow Y_0(k)\\x_1(n)\Leftrightarrow Y_1(k)\end{array}\right\}\rightarrow A_0x_0(n)+A_1x_1(n)\Leftrightarrow A_0Y_0(k)+A_1Y_1(k) \tag{7-56}$$

相移性：

$$x(n)\Leftrightarrow Y(k)\rightarrow x(n)W_N^{-nl}\Leftrightarrow Y((k-l))_NR_N(k) \tag{7-57}$$

式中，$W_N=\exp(-\mathrm{j}2\pi/N)$；$Y((k-l))_NR_N(k)$表示将长度为$N$的序列$\{Y(k)\}$向右循环移位$i$个频率间隔。

证明　由于卷积窗具有对称性，因此对于图7-9的全相位预处理后的数据，可表示为$y(n)=w_c(n)x(n)+w_c(n-N)x(n-N)$，故全相位FFT谱分析结果为

$$Y(k)=\sum_{n=0}^{N-1}[w_c(n)x(n)+w_c(n-N)x(n-N)]W_N^{nk}，k=0,\cdots,N-1 \tag{7-58}$$

令$x_1(n)=Ax(n)$，代入式（7-58），提出A值到求和式的外面，可得相应的全相位FFT谱$Y_1(k)=AY(k)$，这样就证明了式（7-54）所表示的齐次性。

令$x(n)=x_0(n)+x_1(n)$，代入式（7-58），则可将求和项拆成$x_0(n)$和$x_1(n)$的全相位FFT谱$Y_0(k)$、$Y_1(k)$两项，这就证明了式（7-55）所表示的可加性。

由式（7-54）、式（7-55）可以很容易地得到式（7-56）。再考虑序列$x'(n)=x(n)W_N^{-nl}$的全相位FFT谱$Y'(k)$，代入式（7-58），有

$$\begin{aligned}Y'(k)&=\sum_{n=0}^{N-1}[w_c(n)x(n)W_N^{-nl}+w_c(n-N)x(n-N)W_N^{-(n-N)l}]W_N^{nl}\\&=\sum_{n=0}^{N-1}[w_c(n)x(n)W_N^{-nl}+w_c(n-N)x(n-N)W_N^{-nl}W_N^{Nl}]W_N^{nl}\\&=\sum_{n=0}^{N-1}[w_c(n)x(n)W_N^{-nl}+w_c(n-N)x(n-N)W_N^{-nl}]W_N^{nl}\\&=\sum_{n=0}^{N-1}y(n)W_N^{n(k-l)}=Y((k-l))_NR_N(k)\end{aligned} \tag{7-59}$$

从而证明了式（7-57）所示的相移性质。

 ## 7.5.2　性质2

性质7-5　序列$\{x(n)=\mathrm{e}^{\mathrm{j}(\omega_0n+\theta_0)}\}$归一化后的全相位FFT振幅谱与传统FFT振幅谱存在

平方关系,即无窗全相位 FFT 振幅谱值即为传统不加窗 FFT 功率谱值,双窗全相位 FFT 振幅谱值即为传统加窗 FFT 功率谱值。

推论 给定同样的数据样本个数,全相位 FFT 可以获得比传统 FFT 更优良的抑制谱泄漏性能。

有读者可能会认为:前面举的例子全相位 FFT 耗费了 $2N-1$ 个样点,而传统 FFT 耗费了 N 个样点,那么全相位 FFT 当然可得到更优良的抑制谱泄漏性能。前面给的例子仅为了推导出数学解析式,下面来研究对于相同信号,耗费了 $2N-1$ 个样点的 N 阶全相位 FFT 和耗费了 $2N$ 个样点的传统 FFT 的抑制谱泄漏性能。

从【例 7-1】的图 3 可总结出如下规律。

(1) FFT 谱泄漏不会随着耗费的样点数的增加而得到明显改善,耗费的样点数增加虽然可以增加谱线数量,使频率分辨率提高 1 倍。可以看出,在峰值谱线周围,增多的谱线并不是泄漏减轻的旁谱线,而是泄漏仍很严重的谱线。

(2) 从【例 7-1】的图 3(a)、(b) 可以看出:N 阶全相位 FFT 振幅谱比 $2N$ 点 FFT 振幅谱的谱泄漏低得多。需要强调的是,前者比后者还少耗费了一个样点。

为什么全相位 FFT 耗费的样本少,却可以得到泄漏性能更高的谱?下面从多个角度来论证这个问题。

(1) 从数据分段的角度进行分析。

全相位谱分析将包含中心样点 x_0 的所有长为 N 的序列分别进行了传统 FFT 谱分析,并且对这 N 路的分析结果进行了加窗综合处理。这 N 路谱分析的旁瓣泄漏经加权平均后会抵消很大一部分,从而提高了谱分析性能。

从表 2 可见,各分段 DFT 的谱值在叠加过程中,主谱线幅值($k=1$)相互抵消得不多,而旁谱线幅值($k=0,2,3$)却相互抵消了很大部分。因此,平均后的结果更加"凸现"了主谱线的强度,体现了全相位 FFT 频谱分析良好的抑制旁谱泄漏性能。

(2) 从时域波形的角度进行分析。

全相位预处理消除了序列的波形首尾幅度不连续的现象,并且波形失真的程度比传统加窗情况要小,这无疑会削弱 FFT 谱分析的"截断效应",从而提高谱分析性能。

(3) 从数量关系的角度进行分析。

式(7-52) 已证明:序列 $\{x(n)=e^{j(\omega_0 n+\theta_0)}\}$ 归一化后的全相位 FFT 振幅谱与传统 FFT 振幅谱存在平方关系,即无窗全相位 FFT 振幅谱值为传统不加窗 FFT 功率谱值,双窗全相位 FFT 振幅谱值为传统加窗 FFT 功率谱值(双窗情况下节会证明)。

7.4.1 小节和 7.4.2 小节已从两种不同的角度对此性质进行了证明。

性质 7-5 是全相位 FFT 谱分析的一个非常重要的性质,它所揭示的平方关系是对所有的 N 条谱线而言,显然这种平方关系使旁谱线相对于主谱线幅度的比例也按平方关系减小,从而使主谱更为突出。需指出,该结论在这里是针对单频复指数信号而言的;对于包含多种频率成分的信号,虽然每种频率成分会对所有谱线都产生影响,但由于全相位频谱泄漏范围较小,这种影响相比于传统 FFT 谱分析要小得多。因此,当 N 足够大时,一般情况下各谱线仍近似存在这种平方关系。

7.5.3 性质 3

性质 7-6 长度为 $(2N-1)$ 的复指数序列经过 N 阶无窗、单窗和双窗全相位 FFT 谱分析后,其主谱线上的相位谱值等于输入序列的中心样点相位的理论值,即全相位 FFT 谱分析具有"相位不变性质"。

【例 7-3】

当然,工程应用中接触的信号往往是多频成分的复合正弦信号,这些实际序列的全相位 FFT 相位谱又是如何的呢? 这可以很容易地从全相位 FFT 谱的 LTI 性质和频谱泄漏小的性质推理出:

(1) 根据 LTI 性质,复合后的各谱线上的谱值等于所有频率成分各自的全相位 FFT 谱值的简单叠加;

(2) 由于全相位谱线的泄漏很小,泄漏范围很窄(通常只在主谱线左、右两根旁谱线中存在明显泄漏),这样各频率成分间的相位影响程度很小,尤其对于主谱线而言,其能量较强,受其他频率成分的干扰更小,因而主谱线附近的相位谱值可近似认为就是信号的初相值。

从表 7-2 各分段 DFT 的相位谱值可见,在 $k=1$ 处、第一组和第四组是 20.500 0°+10° 和 −20.500 0°+10°,第二组和第三组分别是 12.500 0°+10° 和 −12.500 0°+10°,它们的相位正负相互抵消,从而实现真正的保留初始相位(10°)不变的特性。

因而全相位 DFT 既可精确地估计初相,又可很好地抑制旁谱泄漏。当 DFT 长度 N 增大时,其相位估计精度将更精确,下面给出例子。

【例 7-4】

表 7-3 给出了在主谱线 $k=20$ 附近的全相位 FFT 谱的相位值。

表 7-3 全相位 FFT 谱的相位值(真实初相为 20°)

	$k=18$	$k=19$	$k=20$	$k=21$	$k=22$
$\varphi_y(k)/(°)$	20.000 072 63	20.000 000 14	20.000 000 02	20.000 000 13	20.000 219 18

从表 7-3 可看出,主谱线附近的全相位的相位谱值与信号处相位值非常相近(若是单频复指数信号,则两者完全相等),其精度达到 $(10^{-5})°$,主谱线 $k=20$ 处的精度甚至达到 $(10^{-7})°$。

表 7-3 展现的相位精度意味着全相位 FFT 谱分析具有如下的实际意义:无须通过任何校正措施,从全相位 FFT 主谱线上即可得到高精度初相估计。

需指出,性质 7-6 中全相位 FFT 谱的这种"相位不变性"是决定全相位 FFT 谱具有很高应用价值的一个重要原因。性质 7-5 又指出,全相位 FFT 振幅谱幅值近似等于传统 FFT 谱的功率谱幅值,这时肯定有读者问,既然两者在幅值上相等,那么为了得到泄漏小的谱线,简单用传统 FFT 功率谱线仅是衡量信号能量特征的一种表示法,是通过简单取振幅模的平方值而得到的,因而各条功率谱线值是非负的,不含任何信号的相位信息。而全相位 FFT 谱则不然,根据性质 7-6,全相位 FFT 的各频率成分对应的主谱线上的相位值还近似等于信号的初始相位,因而全相位 FFT 谱分析不但具有抑制频谱泄漏的性质,而且还精确地保留了真实相位信息。全相位 FFT 谱分析与传统功率谱分析的另一个区别在于,全相位 FFT 谱分析还可以检测出微弱信号,关于此应用,将在后面章节给出具体实验说明。

7.5.4 性质 4

性质 7-7 全相位 FFT 对噪声方差有抑制作用,高斯随机噪声经 FFT 和无窗全相位 FFT 后,其频谱均方和之比为 $2/3$。

证明 假定高斯噪声 $x(n)$ 的方差为 σ_x^2,令 $W_N = \mathrm{e}^{-\mathrm{j}2\pi/N}$,则对于传统 FFT,高斯随机噪声经过 FFT 后,其归一化后的谱输出 $X(k)$ 为

$$X(k) = \frac{1}{N}\sum_{n=0}^{N-1} x(n) W_N^{nk} \tag{7-60}$$

对式(7-60)两端取方差,利用 $\left| W_N^{nk} \right| = 1$ 及其噪声样本间的统计分布独立性,有

$$\mathrm{Var}[X(k)] = \frac{1}{N}\sum_{n=0}^{N-1} \left| W_N^{nk} \right|^2 \mathrm{Var}[x(n)] = \frac{1}{N}\sum_{n=0}^{N-1} \sigma_x^2 = \sigma_x^2 \tag{7-61}$$

可见传统 FFT 对高斯噪声处理后,其谱方差等于输入噪声的方差。

而对于无窗全相位 FFT 情况,全相位预处理输出方差为

$$\mathrm{Var}[y_m(n)] = [w_c^2(m) + w_c^2(m-N)]\sigma_x^2, m = 0,1,\cdots,N-1 \tag{7-62}$$

而全相位 FFT 输出为

$$Y(k) = \frac{1}{N}\sum_{m=0}^{N-1} y_m(n) W_M^{mk} \tag{7-63}$$

对式(7-63)两端取方差,利用 $\left| W_N^{nk} \right| = 1$ 及其噪声样本间的统计分布独立性,有

$$\begin{aligned}
\mathrm{Var}[Y(k)] &= \frac{1}{N}\sum_{m=0}^{N-1} \left| W_N^{nk} \right|^2 \mathrm{Var}[y_m(n)] \\
&= \frac{1}{N}\sum_{m=0}^{N-1} [w_c^2(m) + w_c^2(m-N)]\sigma_x^2
\end{aligned} \tag{7-64}$$

将无窗的卷积窗 $w_c(m) = (N-|m|)/N$ 代入式(7-64),易证得

$$\mathrm{Var}[Y(k)] = \frac{2N^2+1}{3N^2}\sigma_x^2 \tag{7-65}$$

将式(7-65)除以式(7-61),并取极限,有

$$\lim_{N\to+\infty} \frac{\mathrm{Var}[Y(k)]}{\mathrm{Var}[X(k)]} = \lim_{N\to+\infty} \frac{2N^2+1}{3N^2} = 2/3 \tag{7-66}$$

式(7-66)即证明了论题。

由表 7-4 可见,在相同窗时,全相位 FFT 的噪声方差均比 FFT 小近 $1/3$,其中无窗时噪声方差最小,表 7-4 中凯撒窗中的 1 值为凯撒窗系数。

表 7-4 传统 FFT 振幅谱、功率谱和全相位 FFT 振幅谱的幅值对照($N=128$)

项目	矩形窗	汉明窗	三角窗	凯撒(1)窗
FFT	0.003 906 3	0.005 573 9	0.005 188	0.003 929 4
全相位 FFT	0.002 609 3	0.003 989 4	0.003 731	0.002 704 9
全相位 FFT/FFT	0.667 97	0.715 74	0.719 25	0.688 36

全相位 FFT 噪声方差比 FFT 小的性能在用全相位 FFT 和 FFT 解调数字键控信号应用中得到验证,同样信噪比下,全相位 FFT 解调的误码要比 FFT 小,其星座图更集中。

但在有频偏时,全相位 FFT 谱幅值要比 FFT 小,在频偏为 0.5 左右更明显,加窗全相位 FFT 比无窗略好些。因此,在分析有噪信号时,可分别对其作全相位 FFT 谱分析和 FFT 谱分析,以便分辨各种频偏的小信号。

7.5.5 基本性质导出的噪声环境下全相位 FFT 与 FFT 的关系

基于以上 4 条性质,我们来深入剖析一下 N 阶 FFT 与全相位 FFT 两种谱分析方式的内在定量关系。假定所分析的信号 $s(n)$ 为幅值为 a_0 的单指数信号:

$$s(n) = a_0 e^{j(\beta 2\pi n/N + \theta_0)} + v(n), \beta = (k^* + \delta), k^* \in \mathbf{Z}_+, |\delta| \leqslant 0.5 \tag{7-67}$$

先来对其中确定信号 $s(n)$ 的谱分析作比较,前面已经证明,单位幅度的单指数信号 $e^{j(\beta 2\pi n/N + \theta_0)}$ 的 FFT 谱和全相位 FFT 分别如式(7-44)与式(7-51)所示,由于 FFT 和全相位 FFT 都是线性系统,即满足齐次性,故幅值为 a_0 的单指数信号 $s(n) = a_0 e^{j(\beta 2\pi n/N + \theta_0)}$ 归一化后的 FFT 谱 $S(k)$ 和归一化后的全相位 FFT 谱 $S_{ap}(k)$ 分别表示为

$$\begin{cases} S(k) = \dfrac{a_0}{N} \cdot \dfrac{\sin[\pi(\beta - k)]}{\sin[\pi(\beta - k)/N]} e^{j\left[\theta_0 + \frac{N-1}{N}(\beta - k)x\right]} \\ S_{ap}(k) = \dfrac{a_0}{N^2} \cdot \dfrac{\sin^2[\pi(\beta - k)]}{\sin^2[\pi(\beta - k)/N]} e^{j\theta_0} \end{cases}, k = 0, 1, \cdots, N-1 \tag{7-68}$$

式(7-68)粗看上去,似乎随着谱分析阶数 N 的增大,归一化后的全相位 FFT 谱 $S_{ap}(k)$ 的幅值相比于传统 FFT 谱 $S(k)$ 会以更大速率衰减下去。其实不然,因为当 N 足够大时,有如下等价无穷小关系成立,即

$$\sin[\pi(\beta - k)/N] \sim \pi(\beta - k)/N \tag{7-69}$$

联立式(7-68)与式(7-69),结合 $\mathrm{sinc}(x) = \sin(\pi x)/(\pi x)$,则有如下两式成立:

$$S(k) \approx \frac{a_0}{a_0} \cdot \frac{\sin[\pi(\beta - k)]}{[\pi(\beta - k)/N]} e^{j\left[\theta_0 + \frac{N-1}{N}(\beta - k)\pi\right]}$$

$$= A\mathrm{sinc}(\beta - k) e^{j\left[\theta_0 + \frac{N-1}{N}(\beta - k)\pi\right]}, k = 0, 1, \cdots, N-1 \tag{7-70}$$

$$S_{ap}(k) \approx \frac{a_0}{N^2} \cdot \frac{\sin^2[\pi(\beta - k)]}{[\pi(\beta - k)/N]^2} e^{j\theta_0}$$

$$= a_0 \mathrm{sinc}^2(\beta - k) e^{j\theta_0}, k = 0, 1, \cdots, N-1 \tag{7-71}$$

再对其中随机干扰信号 $v(n)$ 的谱分析作比较,由于 $v(n)$ 是随机的,故其 FFT 谱和全相位 FFT 谱都是随机过程。根据统计分析容易推知,$v(n)$ 的归一化 FFT 谱 $V(k)$ 的方差为 σ^2/N,而 $v(n)$ 的归一化全相位 FFT 谱 $V_{ap}(k)$ 由于在预处理过程中方差减小 1/3,故其谱方差为 $(2/3)\sigma^2/N$,即

$$\mathrm{Var}[V_{ap}(k)] = \frac{2}{3}\mathrm{Var}[V(k)] = \frac{2}{3N}\sigma^2 \tag{7-72}$$

则联立式(7-67)~式(7-72),可推出最终的 FFT 谱与全相位 FFT 谱为

$$\begin{cases} X(k) = a_0 \mathrm{sinc}(\beta - k) e^{j\left[\theta_0 + \frac{N-1}{N}(\beta - k)\pi\right]} + V(k), \\ X_{ap}(k) = a_0 \mathrm{sinc}^2(\beta - k) e^{j\theta_0} + V_{ap}(k) \end{cases}, k = 0, 1, \cdots, N-1 \tag{7-73}$$

而峰值谱处的 FFT 谱与全相位 FFT 谱分别为

$$
\begin{cases}
X(k^*) = a_0 \mathrm{sinc}(\delta) \mathrm{e}^{\mathrm{j}[\theta_0 + \frac{N-1}{N}(\beta-k)\pi]} + V(k^*) \\
X_{ap}(k^*) = a_0 \mathrm{sinc}^2(\delta) \mathrm{e}^{\mathrm{j}\theta_0} + V_{ap}(k^*)
\end{cases}
\tag{7-74}
$$

式(7-73)和式(7-74)可清楚地反映 FFT 谱与全相位 FFT 谱的如下定量关系:

(1) 全相位 FFT 谱泄漏与 FFT 谱泄漏的平方成正比关系;

(2) 在峰值谱 $k=k^*$ 处,全相位 FFT 的相位与频偏 δ 无关,而 FFT 的相位与频偏 δ 有关;

(3) 全相位 FFT 谱分析的噪声方差比 FFT 情况低 $1/3$;

(4) $\mathrm{sinc}(\cdot)$ 函数中不含有阶数 N,故全相位 FFT 在峰值谱 $k=k^*$ 周围的泄漏与阶数 N 无关。

在实际应用中,频率值 β 有可能是未知的,但可以通过振幅谱峰搜索获知峰值谱位置 k^* 的值,由于全相位 FFT 对噪声方差有削弱作用,故在测相时,不考虑噪声影响(令 $\sigma=0$),可以直接取峰值谱处的相位值作为初相的估计,即

$$
\hat{\theta}_0 = \arg[X_{ap}(k^*)]
\tag{7-75}
$$

根据式(7-75)可导出频偏的估计式,进而导出频率估计式,即

$$
\hat{\delta} = \frac{\arg[X(k^*)] - \arg[X_{ap}(k^*)]}{(1 - 1/N)\pi} \Rightarrow \omega_0 = (k^* + \hat{\delta})\Delta\omega
\tag{7-76}
$$

将式(7-74)中的两个峰值谱幅度作比值,可得幅值估计,即

$$
\hat{a}_0 = \frac{|X(k^*)|^2}{|X_{ap}(k^*)|^2}
\tag{7-77}
$$

从能量角度看,若把 FFT 谱近似看成是信号能量集中在以峰值谱为中心的 5 根谱线上,则有如下近似:

$$
\sum_{k=k^*-2}^{k^*+2} |X(k)|^2 \approx a_0^2 \Rightarrow \hat{a}_0 = \sqrt{\sum_{k=k^*-2}^{k^*+2} |X(k)|^2}
\tag{7-78}
$$

式(7-78)即为能量重心法的幅值估计原理,由于全相位 FFT 振幅谱为 FFT 振幅谱的平方,故相应有

$$
\hat{a}_0 = \sqrt{\sum_{k=k^*-2}^{k^*+2} |X_{ap}(k)|}
\tag{7-79}
$$

式(7-78)与式(7-79)这两个幅值估计式,在纯单频复指数信号情况下看似等价,但是在存在多频信号成分的实际工程应用中,两者有区别。因为存在多频成分时,还要考虑成分之间的谱间干扰,由于全相位 FFT 谱泄漏比 FFT 谱泄漏小,故全相位 FFT 谱间干扰误差小。在频率邻近时,基于全相位 FFT 的式(7-79)的幅值估计比基于 FFT 的式(7-78)的幅值估计更准确些。

式(7-75)~式(7-79)是详述的全相位频谱校正的理论基础。

§7.6 全相位 FFT 谱分析两时延谱自适应调节机理

前面各节从子谱补偿、数学推导、矩阵分析、向量分析、数据分析共 5 个角度论证了全相位 FFT 的抑制谱泄漏和相位不变性的原因,本节从两时延谱自适应调节机理来论证这个问题。

7.6.1　传统数据和全相位预处理后的数据的傅里叶变换表示

（1）传统处理的傅里叶变换表示传统截断处理信号 $x_N(n)$ 是矩形窗 $\boldsymbol{R}_N$ 与原信号 $x(n)$ 乘积的结果,即

$$x_N(n) = x(n)R_N(n) \tag{7-80}$$

传统加窗截断后的信号 $x_N(n)$ 是用所加的窗 $\boldsymbol{f}$ 与原信号 $x(n)$ 乘积的结果,即

$$x_N(n) = x(n)f(n) \tag{7-81}$$

现比较两者傅里叶变换的频谱关系。

假设原信号 $x(n)$ 频谱为 $X(\mathrm{j}\omega)$;矩形窗的频谱为 $R_N(\mathrm{j}\omega)$,所加的窗 $\boldsymbol{f}$ 的频谱为 $F(\mathrm{j}\omega)$,则根据时域乘积与频域卷积的对应关系,有如下两式成立:

$$x_N(n) = x(n)R_N(n) \longleftrightarrow X_N(\mathrm{j}\omega) = \frac{1}{2\pi}X(\mathrm{j}\omega) * R_N(\mathrm{j}\omega) \tag{7-82}$$

$$x_N(n) = x(n)f(n) \longleftrightarrow X_N(\mathrm{j}\omega) = \frac{1}{2\pi}X(\mathrm{j}\omega) * F(\mathrm{j}\omega) \tag{7-83}$$

即传统处理后的信号频谱为原信号频谱与所加窗的频谱（ $R_N(\mathrm{j}\omega)$ 或 $F(\mathrm{j}\omega)$ ）的卷积结果,"$\longleftrightarrow$"表示互为傅里叶变换对。

（2）全相位数据预处理的傅里叶变换表示。

图 7-9 中,全相位预处理后的数据 $y(n)$ 表示为

$$\begin{aligned}
y(0) &= w_c(0)x(0) \\
y(1) &= w_c(1)x(1) + w_c(-3)x(-3) \\
y(2) &= w_c(2)x(2) + w_c(-2)x(-2) \\
y(3) &= w_c(3)x(3) + w_c(-1)x(-1)
\end{aligned} \tag{7-84}$$

> **注意**:长度为 $(2N-1)$ 的卷积窗 $\boldsymbol{w}_c$ 的非零元素是定义在 $n \in [-N+1, N-1]$ 区间的,也就是说,该区间以外的元素值为0,因而有 $w_c(-N) = 0$ 。

式（7-84）的 $y(0)$ 也可表示为

$$y(0) = w_c(0)x(0) + w_c(-N)x(-N) \tag{7-85}$$

联立式（7-84）与式（7-85）,而且注意到全相位预处理后只剩下 N 个数据,观测区间是 $n \in [0, N-1]$,相当于用矩形窗 $\boldsymbol{R}_N$ 对观测区间作截断,故下式成立:

$$y(n) = [w_c(n)x(n) + w_c(n-N)x(n-N)]R_N(n) \tag{7-86}$$

可将式（7-86）分成 $y_1(n)$ 和 $y_2(n)$ 两部分,如下式所示:

$$\begin{aligned}
y(n) &= w_c(n)x(n)R_N(n) + w_c(n-N)x(n-N)R_N(n) \\
&= y_1(n)R_N(n) + y_2(n)R_N(n)
\end{aligned} \tag{7-87}$$

式（7-87）中,显然有 $y(n) = w_c(n-N)x(n-N) = y_1(n-N)$,即由两时延成分作矩形截断而成,下面研究这两个时延子谱的自适应调节原理。根据傅里叶变换的时域乘积与频域卷积的对应关系,有如下两式成立:

$$w_c(n)x(n) \longleftrightarrow \frac{1}{2\pi}W_c(\mathrm{j}\omega) * X(\mathrm{j}\omega) \tag{7-88}$$

$$w_c(n-N)x(n-N) \longleftrightarrow \mathrm{e}^{-\mathrm{j}N\omega}\frac{1}{2\pi}W_c(\mathrm{j}\omega) * X(\mathrm{j}\omega) \tag{7-89}$$

联立式(7-87)~式(7-89),令 $y_1(n) \longleftrightarrow Y_1(j\omega), y_2(n) \longleftrightarrow Y_2(j\omega)$,则有

$$Y_1(e^{j\omega}) = \frac{1}{2\pi} W_c(j\omega) * X(j\omega), Y_2(e^{j\omega}) = \frac{e^{-jN\omega}}{2\pi} W_c(j\omega) * X(j\omega) \qquad (7-90)$$

联立式(7-87)和式(7-90),则全相位预处理后信号的傅里叶谱表示为

$$Y(e^{j\omega}) = [Y_1(j\omega) + Y_2(j\omega)] * R_N(j\omega)$$

$$= \frac{1}{2\pi} [W_c(j\omega)^* X(j\omega) + e^{-jN\omega} W_c(j\omega) * X(j\omega)] * R_N(j\omega) \qquad (7-91)$$

由式(7-88)~式(7-91)可看出,全相位预处理后的傅里叶谱 $Y(j\omega)$ 由 $Y_1(j\omega)$ 和 $Y_2(j\omega)$ 两部分子谱的和与矩形窗傅里叶谱 $R_N(j\omega)$ 卷积而成。而 $Y_2(j\omega)$ 可由 $Y_1(j\omega)$ 作 $e^{-jN\omega}$ 的相移形成(时延在频域中等价于作相移)。

7.6.2 复指数信号的传统傅里叶谱及全相位傅里叶谱的内在机理

单频复指数信号是最基本的数字信号。正如任何模拟周期信号都可分解为多个基波角频率的复指数信号的和一样,对于数字信号而言,任意长度为 N 的离散数字序列都可分解为多个单频复指数序列(基频为 $\Delta\omega = 2\pi/N \text{ rad} \cdot \text{s}^{-1}$)的和,如余弦序列即为两个单频复指数序列的平均。因此,研究单频复指数信号的传统傅里叶谱和全相位傅里叶谱具有非常重要的意义。

1. 单频复指数信号的传统谱分析

单频复指数信号可表示为

$$x(n) = e^{j\omega_0 n}, \ -\infty \le n \le +\infty, n \in \mathbf{Z} \qquad (7-92)$$

则它的理想傅里叶谱为 ω_0 处的单位冲激,可表示为

$$x(n) \longleftrightarrow 2\pi\delta(\omega - \omega_0) \qquad (7-93)$$

若对该信号进行传统矩形窗截断,则联立式(7-82)、式(7-93),有

$$x_N(n) = x(n) R_N(n) \longleftrightarrow \frac{1}{2\pi} 2\pi\delta(\omega - \omega_0) * R_N(j\omega) = R_N(j(\omega - \omega_0)) \qquad (7-94)$$

式(7-94)表明:只需对矩形窗傅里叶谱在 ω 轴上作大小为 ω_0 的平移,即得传统截断后信号的傅里叶谱。

若对该信号进行加窗截断,则联立式(7-83)、式(7-93),有

$$x_N(n) = x(n) f(n) \longleftrightarrow \frac{1}{2\pi} 2\pi\delta(\omega - \omega_0) * F(j\omega) = F(j(\omega - \omega_0)) \qquad (7-95)$$

式(7-95)表明:只需对所加窗的傅里叶谱在 ω 轴上作大小为 ω_0 的平移,即得传统加窗截断后信号的傅里叶谱。

在均匀的频率采样点 $\omega_k = 2k\pi/N(k = 0, \cdots, N-1)$ 上对式(7-94)和式(7-95)的 DTFT 谱进行离散采样后得传统 DFT 谱,即下面两式成立:

$$X_N(k) = R_N(j(\omega - \omega_0)) |_{\omega = \omega_k} = R_N(j(\omega_k - \omega_0)) \qquad (7-96)$$

$$X_N(k) = F(j(\omega - \omega_0)) |_{\omega = \omega_k} = F(j(\omega_k - \omega_0)) \qquad (7-97)$$

以 $N = 10$ 为例,则 $\Delta\omega = 2\pi/10 \text{ rad} \cdot \text{s}^{-1}$,令 $\omega_0 = 3.3\Delta\omega$,这时频移 $\delta = 0.3$,对单频复指数信号 $x(n) = e^{j\omega_0 n}$ 进行研究。

分别用矩形窗截断法和汉明窗截断法进行 DFT 谱分析的过程如图 7-11 所示。第一行表示矩形窗和汉明窗的连续傅里叶谱;对它们平移 $3.3\Delta\omega$ 后即得第二行所示的窗序列谱;在 $\omega_k =$

$2k\pi/10$ 上对平移后的窗序列谱进行离散采样即得最后的传统 DFT 谱。由于这些谱值都是复数,因此图 7-11 只给出了实部谱图形。

由图 7-11 可知,加窗后谱线泄漏减小的根本原因在于:汉明窗谱的旁瓣泄漏范围比矩形窗要小。以上是 $\delta\neq0$ 的情况,下面分析 $\delta=0$ 的情况,令 $\omega_0=3\Delta\omega$,平移后的窗谱以及对其采样得到的传统 DFT 谱线如图 7-12 所示。

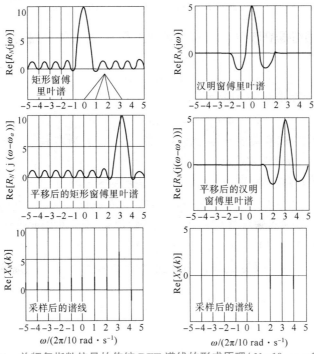

图 7-11　单频复指数信号的传统 DFT 谱线的形成原理($N=10,\omega_0=3.3\Delta\omega$)

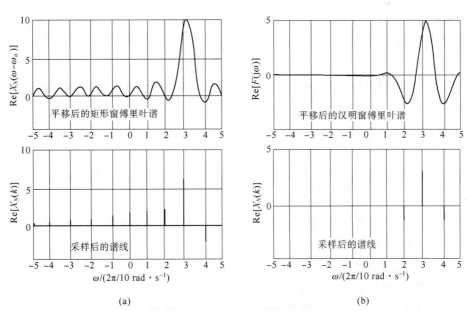

(a)　　　　　　　　　　　(b)

图 7-12　单频复指数信号的传统 DFT 谱线的形成原理($N=10,\omega_0=3\Delta\omega$)

(a)矩形窗截断情况;(b)汉明窗截断情况

图 7-12 表明,当信号频率没有偏离时($\delta \neq 0$),信号频谱并没有泄漏,矩形窗截断得到的离散谱线仅有一根,加窗后反而引入了泄漏。

2. 单频复指数信号的全相位谱分析

若用卷积窗 w_c 对 $x(n)$ 截断,则有

$$x(n)w_c(n) \longleftrightarrow \frac{1}{2\pi}2\pi\delta(\omega - \omega_0) * W_c(j\omega) = W_c(j(\omega - \omega_0)) = Y_1(j\omega) \tag{7-98}$$

即子谱 $Y_1(j\omega)$ 为卷积窗谱 $W_c(j\omega)$ 在 ω 轴上右移 ω_0 的结果,由于卷积窗为前窗和翻转的后窗的卷积,即

$$w_c(n) = f(n) * b(-n) \tag{7-99}$$

对式(7-99)两边作傅里叶变换,有

$$W_c(j\omega) = F(j\omega) \cdot B^*(j\omega) \tag{7-100}$$

式(7-100)中的共轭相乘的结果,使卷积窗傅里叶谱为零相位,即 $W_c(j\omega)$ 为实数,则式(7-98)中的子谱 $Y_1(j\omega)$ 为实数谱。

根据傅里叶谱的时移性质,联立式(7-89)和式(7-98),有

$$x(n - N)w_c(n - N) \longleftrightarrow e^{-jN\omega}W_c(j(\omega - \omega_0)) = e^{-jN\omega}Y_1(j\omega) \tag{7-101}$$

联立式(7-91)、式(7-98)和式(7-101),可得最终信号的傅里叶谱为

$$Y(j\omega) = \left[W_c(j(\omega - \omega_0)) + e^{-jN\omega}W_c(j(\omega - \omega_0)) \right] * R_N(j\omega) \tag{7-102}$$

显然,式(7-102)中 $e^{jN\omega}$ 值为 1,且在 ω_k 处的矩形窗频谱满足

$$R_N(k) = R_N(j\omega_k) = \begin{cases} N, & k = 0 \\ 0, & k = \pm 1, \ \pm 2, \cdots \end{cases} \tag{7-103}$$

即

$$R_N(j\omega) \big|_{\omega = \omega_k} = N\delta(k) \tag{7-104}$$

把式(7-104)代入式(7-102),从而最终的全相位 FFT 谱线 $Y(k)$ 可表示为

$$Y(k) = 2W_c(j(\omega_k - \omega_0)) * N\delta(k) = 2NW_c(j(\omega_k - \omega_0)) \tag{7-105}$$

对式(7-105)中的 $Y(k)$ 除以 $2N$ 进行归一化,有

$$Y(k) = W_c(j(\omega_k - \omega_0)) \tag{7-106}$$

即全相位 FFT 谱为平移后的卷积窗傅里叶谱在 $\omega_k = k2\pi/N$ 上等间隔采样的结果。卷积窗傅里叶谱比常用窗傅里叶谱具有更大的旁瓣衰减,故全相位 FFT 谱性能得以改善。下面讨论无窗全相位 FFT 的情况(即 $f = b = R_N$)。

由式(7-100)可推出

$$W_c(j\omega) = |R_N(j\omega)|^2 \tag{7-107}$$

故联立(7-96)、式(7-106)和式(7-107)可推导如下平方关系:

$$|Y(k)| = |X_N(k)|^2 = \left| R_N(j(\omega_k - \omega_0)) \right|^2 \tag{7-108}$$

从而证明了性质 7-5,即序列 $\{x(n) = e^{j(\omega_0 n + \theta_0)}\}$ 归一化后的全相位 FFT 振幅谱与传统 FFT 振幅谱存在平方关系:无窗全相位 FFT 振幅谱值即为传统加窗 FFT 功率谱值。正因为存在振幅谱的平方关系,全相位 FFT 才具备很优良的抑制谱泄漏性能。

全相位 FFT 在通信、雷达以及信号处理领域有着广泛的应用。基于全相位 FFT 的 OFDM(正交频分复用)系统框图如图 7-13 所示,在进行原来的 OFDM 系统的 IFFT 之后进行全相位预编码,得到符合全相位算法的符号序列。而在接收端,进行全相位算法之后再进行 FFT,就

能最终得到所有子载波的相位、振幅。

首先,按照传统 OFDM 系统进行编码、交织和星座影射,为了完成全相位预编码,必须对 IFFT 后的子载波进行复制。把星座图数值间隔插零,然后进行 2N 倍的 IFFT,就得到了 N 个子载波的两倍复制信号,完成了全相位预编码。

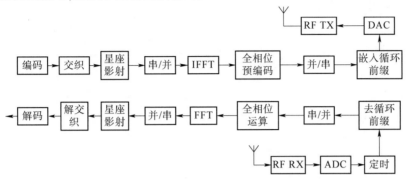

图 7-13　基于全相位 FFT 的 OFDM(正交频分复用) 系统框图

在接收端对接收到的信号进行 2N 倍采样,去掉循环前缀后,这样就得到了 2N 个样值,如图 7-14 所示,N=4,采样后得到 a、b、c、d、a、b、c、d,丢弃第一个样点,对剩下的 7 个样点作全相位变换处理,得到无误差的相位值。最后,再进行振幅和频率校正就可以得到所有子载波的特征值:频率、振幅和相位。据此结果,利用星座影射,最终可以得到数字码元。

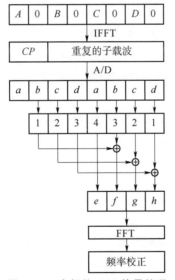

图 7-14　全相位 FFT 信号处理

第 7 章例题

第 7 章习题

第8章

时域离散系统的网络结构

知识要点

本章要点是数字滤波器结构,滤波器有框图和流图两种表示法,其本质是一种运算,由一种序列通过一定运算以后变为另一种序列,其基本运算单元是加法器、单位延时、乘法器。无限脉冲响应(Infinite Impulse Response,IIR)和有限脉冲响应(Finite Impulse Response,FIR)两种数字滤波器分别有不同的结构形式,要重点区分它们直接的异同。本章主要介绍滤波器的基本结构,具体内容包括:

(1) 数字滤波器的基本概念、框图和流图;
(2) 框图、流图和系统函数、差分方程间的转换;
(3) IIR 系统的基本结构及对应的传递函数形式;
(4) 转置定理;
(5) FIR 系统的基本结构及对应的传递函数形式;
(6) FIR 系统的线性相位结构。

§ 8.1 引言

一般时域离散系统或网络可以用差分方程、单位脉冲响应以及系统函数进行描述。若系统输入、输出服从 N 阶差分方程:

$$y(n) = \sum_{i=0}^{M} b_i x(n-i) - \sum_{i=0}^{N} a_i y(n-i) \tag{8-1}$$

则其系统函数 $H(z)$ 为

$$H(z) = \frac{Y(z)}{X(z)} = \frac{\displaystyle\sum_{i=0}^{M} b_i z^{-i}}{1 + \displaystyle\sum_{i=1}^{N} a_i z^{-i}} \tag{8-2}$$

用计算机或专用硬件完成对输入信号的处理(运算),把式(8-1)或式(8-2)变换成一种算法,按照这种算法对输入信号进行运算。其实式(8-1)就是对输入信号的一种直接算法,若

已知输入信号 $x(n)$ 以及 a_i、b_i 和 n 时刻以前的 $y(n-i)$，则可以递推出 $y(n)$ 值。设计滤波器就是根据预定的指标确定 a_i、b_i 等参数。对同一个差分方程，有多种不同的算法。例如：

$$H_1(z) = \frac{1}{1-0.8z^{-1}+0.15z^{-2}}$$

$$H_2(z) = \frac{-1.5}{1-0.3z^{-1}} + \frac{2.5}{1-0.5z^{-1}}$$

$$H_3(z) = \frac{1}{1-0.3z^{-1}} \cdot \frac{1}{1-0.5z^{-1}}$$

可以证明，以上 $H_1(z) = H_2(z) = H_3(z)$，但其具有不同的算法。不同的算法直接影响系统运算误差、运算速度以及系统的复杂程度和成本等，因此研究实现信号处理的算法是一个很重要的问题。一般用网络结构表示具体的算法，因此网络结构实际表示的是一种运算结构。

§8.2　用信号流图表示网络结构

观察图 8-1 可知，数字信号处理中有 3 种基本运算，即单位延迟、乘法和加法。3 种基本运算的流图如图 8-1 所示。

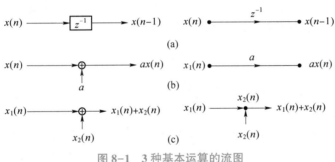

图 8-1　3 种基本运算的流图
(a) 单位延迟；(b) 乘法；(c) 加法

z^{-1} 与系数 a 作为支路增益写在支路箭头旁边，箭头表示信号流动方向。若箭头旁边没有标明增益，则认为支路增益是 1。两个变量相加，用一个圆点表示（称为网络节点），这样整个运算结构完全可用这样一些基本运算支路组成，图 8-2 所示的就是这样的流图，该图中圆点称为节点。输入 $x(n)$ 的节点称为源节点或输入节点，输出 $y(n)$ 的节点称为吸收节点或输出节点。每个节点处的信号称为节点变量，这样信号流图实际上是由连接节点的一些有方向的支路构成的。和每个节点连接的有输入支路和输出支路，节点变量等于所有输入支路的输出之和。图 8-2 中的信号流图表示为

$$\begin{cases} w_1(n) = w_2(n-1) \\ w_2(n) = w_2'(n-1) \\ w_2'(n) = x(n) - a_1 w_2(n) - a_2 w_1(n) \\ y(n) = b_2 w_1(n) + b_1 w_2(n) + b_0 w_2'(n) \end{cases} \tag{8-3}$$

本章我们均用信号流图表示网络结构。

不同的信号流图代表不同的运算方法，而对于同一个系统函数，可以有多种信号流图与之相对应。也就是说，同一个系统函数可以有若干种运算方法。从基本运算角度考虑，基本信号流图满足以下条件：

（1）信号流图中所有支路都是基本支路，即支路增益是常数或者是 z^{-1}；

（2）流图环路中必须存在延迟支路；

（3）节点和支路的数目是有限的。

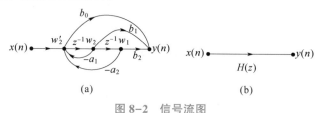

图 8-2　信号流图

（a）基本信号流图；（b）非基本信号流图

图 8-2（a）是基本信号流图，图中有两个环路，环路增益分别为 $-a_1 z^{-1}$ 和 $-a_2 z^{-2}$，且环路中都有延时支路；而图 8-2（b）不是基本信号流图，它不能决定一种具体的算法，不满足基本信号流图的条件。

根据信号流图可以求出网络的系统函数，方法是列出各个节点的变量方程，形成联立方程组，并进行求解，求出输出与输入之间的 z 域关系。

§8.3　IIR 系统的基本网络结构

IIR 系统的基本网络结构有 3 种，即直接型、级联型和格型（也称并联型）。

8.3.1　直接型

【例 8-1】~【例 8-3】　　　【程序 8-1】

将 N 阶差分方程重写如下：

$$y(n) = \sum_{i=0}^{M} b_i x(n-i) + \sum_{i=0}^{N} a_i y(n-i)$$

对应的系统函数：

$$H(z) = \frac{\sum_{i=0}^{M} b_i z^{-i}}{1 - \sum_{i=1}^{N} a_i z^{-i}}$$

设 $M=N=2$，按照差分方程可以直接画出网络结构，如图 8-3（a）所示。图中第一部分系统函数用 $H_1(z)$ 表示，第二部分用 $H_2(z)$ 表示，那么 $H(z) = H_1(z) \cdot H_2(z)$，当然也可以写成 $H(z) = H_2(z) \cdot H_1(z)$。按照该式，相当于将图 8-3（a）中两部分流图交换位置，如图 8-3（b）所示。该图中节点变量 $w_1 = w_2$，因此前后两部分的延时支路可以合并，形成如图 8-3（c）所示的网络结构流图，我们将图 8-3（c）所示的这类流图称为 IIR 直接型网络结构。

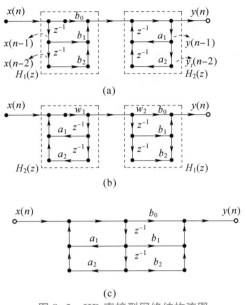

图 8-3　IIR 直接型网络结构流图

(a)网络结构;(b)交换位置后的网络结构;(c)IIR 直接型网络结构

$M = N = 2$ 时的系统函数为

$$H(z) = \frac{b_0 + b_1 z^{-1} + b_2 z^{-2}}{1 - a_1 z^{-1} - a_2 z^{-2}} \tag{8-4}$$

对照图 8-3(c)中各支路的增益系数与 $H(z)$ 分母、分子多项式的系数可见,可以直接按照 $H(z)$ 画出直接型网络结构流图。

 8.3.2　级联型

在式(8-2)表示的系统函数 $H(z)$ 中,分子、分母均为多项式,且多项式的系数一般为实数。现将分子、分母多项式分别进行因式分解,得

【例 8-4】~【例 8-6】　　【程序 8-2】

$$H(z) = A \frac{\prod\limits_{r=1}^{M} \left(1 - c_r z^{-1}\right)}{\prod\limits_{r=1}^{N} \left(1 - d_r z^{-1}\right)} \tag{8-5}$$

式中,A 是常数;c_r 和 d_r 分别表示 $H(z)$ 的零点和极点。由于多项式的系数是实数,c_r 和 d_r 是实数或者是共轭成对的复数,因此将共轭成对的零点(极点)放在一起,形成一个二阶多项式,其系数仍为实数;再将分子、分母均为实系数的二阶多项式放在一起,形成一个二阶网络 $H_j(z)$。$H_j(z)$ 如下式:

$$H(z) = \frac{\beta_{0j} + \beta_{1j} z^{-1} + \beta_{2j} z^{-2}}{1 - \alpha_{1j} z^{-1} - \alpha_{2j} z^{-2}} \tag{8-6}$$

式中,β_{0j}、β_{1j}、β_{2j}、α_{1j} 和 α_{2j} 均为实数。这样 $H(z)$ 就分解成一些一阶或二阶的子系统函数的相乘

形式：

$$H(z) = H_1(z)H_2(z)\cdots H_k(z) \tag{8-7}$$

式中，$H_i(z)$ 表示一个一阶或二阶的数字网络的子系统函数，每个 $H_i(z)$ 的网络结构均采用前面介绍的直接型网络结构，如图 8-4 所示，$H(z)$ 则由 k 个子系统级联构成。

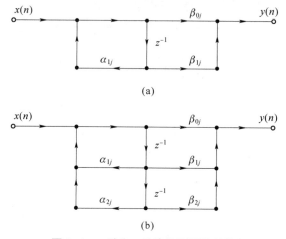

(a)

(b)

图 8-4　一阶和二阶直接型网络结构

（a）直接型一阶网络结构；（b）直接型二阶网络结构

8.3.3　格型

【例 8-7】和
【例 8-8】

【程序 8-3】和
【程序 8-4】

若将级联形式的 $H(z)$ 写成分式形式，则

$$H(z) = H_1(z) + H_2(z) + \cdots + H_k(z) \tag{8-8}$$

对应的网络结构为这 k 个子系统。上式中，$H_k(z)$ 通常为一阶网络或二阶网络，网络系数均为实数。二阶网络的系统函数一般为

$$H(z) = \frac{\beta_{0j} + \beta_{1j}z^{-1}}{1 - \alpha_{1j}z^{-1} - \alpha_{2j}z^{-2}}$$

式中，β_{0j}、β_{1j}、α_{1j} 和 α_{2j} 都是实数。若 $\beta_{1j} = \alpha_{2j} = 0$，则构成一阶网络。由式（8-8）可知，其输出 $Y(z)$ 表示为

$$Y(z) = H_1(z)X(z) + H_2(z)X(z) + \cdots + H_k(z)X(z)$$

上式表明将 $x(n)$ 送入每个二阶（包括一阶）网络后，将所有输出加起来得到输出 $y(n)$。

在格型结构中，每一个一阶网络决定一个实数极点，每一个二阶网络决定一对共轭极点，因此调整极点位置方便，但调整零点位置不如级联型方便。另外，各个基本网络是并联的，产生的运算误差不会积累，不像直接型和级联型那样有误差积累。因此，格型的运算误差最小。由于基本网络并联，可同时对输入信号进行运算，因此格型与直接型和级联型比较，其运算速度最高。

【例 8-9】

MATLAB 信号处理工具箱提供了 14 种线性系统网络结构变换函数，实现各种结构之间的

变换。3 种常用结构(直接型、级联型、格型)之间的变换函数有如下 4 种。

（1）tf2sos：直接型到级联型结构变换。

（2）sos2tf：级联型到直接型网络结构变换。

（3）tf2latc：直接型到格型结构变换。

（4）latc2tf：格型到直接型结构变换。

下面先简要介绍变换函数 tf2sos 和 sos2tf 及其调用格式。

（1）$[S,G]=\text{tf2sos}(B,A)$：实现直接型到级联型网络结构的变换。B 和 A 分别为直接型系统函数的分子和分母多项式系数，当 $A=1$ 时，表示 FIR 系统函数。返回 L 级二阶级联型结构的系数矩阵 S 和增益常数 G。

$$S=\begin{bmatrix} b_{01} & b_{11} & b_{21} & 1 & a_{11} & a_{21} \\ b_{02} & b_{12} & b_{22} & 1 & a_{12} & a_{22} \\ \vdots & \vdots & \vdots & \vdots & \vdots & \vdots \\ b_{0L} & b_{1L} & b_{2L} & 1 & a_{1L} & a_{2L} \end{bmatrix}$$

S 为 $L\times6$ 矩阵，每一行表示一个二阶子系统函数的系数向量，第 k 行对应的二阶系统函数为

$$H_k(z)=\frac{b_{0k}+b_{1k}z^{-1}+b_{2k}z^{-2}}{1+a_{1k}z^{-1}+a_{2k}z^{-2}},k=1,2,\cdots,L$$

级联结构的系统函数为

$$H(z)=H_1(z)H_2(z)\cdots H_L(z)$$

（2）$[B,A]=\text{sos2tf}[S,G]$：实现级联型到直接型网络结构的变换。B、A、S 和 G 的含义与 $[S,G]=\text{tf2sos}(B,A)$ 中的相同。

【程序 8-5】

§8.4　FIR 系统的基本网络结构

FIR 网络结构特点是没有反馈支路，也没有环路，其单位脉冲响应是有限长的。设单位脉冲响应 $h(n)$ 长度为 N。其系统函数 $H(z)$ 和差分方程分别为

$$H(z)=\sum_{n=0}^{N-1}h(n)z^{-n}$$

$$y(n)=\sum_{m=0}^{N-1}h(m)x(n-m)$$

8.4.1　直接型

按照 $H(z)$ 或者卷积公式直接画出结构图，如图 8-5 所示，这种结构称为直接型网络结构或卷积型网络结构。

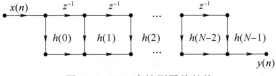

图 8-5　FIR 直接型网络结构

8.4.2 级联型

将 $H(z)$ 进行因式分解,并将共轭成对的零点放在一起,形成一个系数为实数的二阶形式,这样级联型网络结构就是由一阶或二阶因子构成的级联结构。

【例 8-10】~
【例 8-12】

【程序 8-6】~
【程序 8-8】

§8.5 FIR 系统的线性相位结构

线性相位结构是 FIR 系统的直接型结构的简化网络结构,特点是网络具有线性相位特性,比直接型结构节约了近一半的乘法器。如果系统具有线性相位,那么它的单位脉冲响应满足

$$h(n) = \pm h(N-n-1) \tag{8-9}$$

式中,"+"代表第一类线性相位滤波器;"−"代表第二类线性相位滤波器。系统函数满足下面两式:

当 N 为偶数时,

$$H(z) = \sum_{n=0}^{N/2-1} h(n)\left[z^{-n} \pm z^{-(N-n-1)}\right] \tag{8-10}$$

当 N 为奇数时,

$$H(z) = \sum_{n=0}^{\left(\frac{N-1}{2}\right)-1} h(n)\left[z^{-n} \pm z^{-(N-n-1)}\right] + h\left(\frac{N-1}{2}\right)z^{-\frac{N-1}{2}} \tag{8-11}$$

观察式(8-10)和式(8-11),运算时先进行方括号中的加法(减法)运算,再进行乘法运算。第一类线性相位网络结构流图如图 8-6 所示,第二类线性相位网络结构流图如图 8-7 所示。和直接型结构比较,若 N 取偶数,则直接型需要 N 个乘法器,而线性相位结构减少到 $N/2$ 个乘法器,节约了一半的乘法器。若 N 取奇数,则乘法器减少到 $(N+1)/2$ 个,也节约了近一半的乘法器。

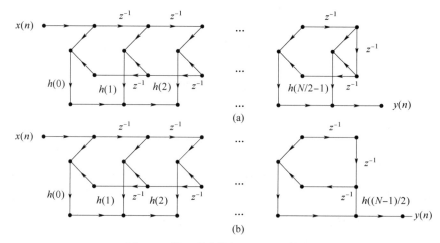

图 8-6　第一类线性相位网络结构流图
(a) N 为偶数;(b) N 为奇数

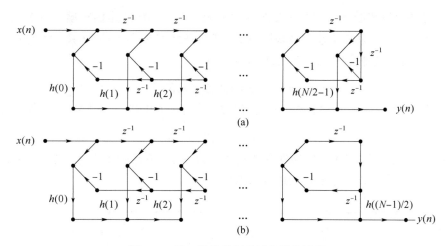

图 8-7　第二类线性相位网络结构流图

(a)N 为偶数;(b)N 为奇数

IIR 滤波器的特点:①单位脉冲响应 $h(n)$ 是无限长的;②系统函数 $H(z)$ 在有限 z 平面 $(0<|z|<\infty)$ 上有极点存在;③结构上是递归型的,即存在着输出到输入的反馈;④因果稳定的 IIR 滤波器的全部极点一定在单位圆内。

FIR 滤波器的特点:① $h(n)$ 在有限个 n 值处不为 0;② $h(z)$ 在 $|z|>0$ 处收敛,极点全部在 $z=0$ 处;③非递归结构。

【例 8-13】和
【例 8-14】

§8.6　FIR 系统的频率采样结构

我们已经知道,频域等间隔采样,相应的时域信号会以采样点数为周期进行周期延拓。若在频域采样点数 N 大于或等于原序列的长度 M,则不会引起信号失真,此时原序列的 z 变换 $H(z)$ 与频域采样值 $H(k)$ 满足下面关系式:

$$H(z) = (1 - z^{-N}) \frac{1}{N} \sum_{k=0}^{N-1} \frac{H(k)}{1 - W_N^{-k} z^{-1}} \qquad (8-12)$$

设 FIR 滤波器单位脉冲响应 $h(n)$ 长度为 M,系统函数 $H(z) = \mathrm{ZT}[h(n)]$,则式(8-12)中 $H(k)$ 用下式计算:

$$H(k) = H(z)\,|_{z=\mathrm{e}^{\mathrm{j}\frac{2\pi}{N}k}}, k = 0, 1, 2, \cdots, N-1$$

要求频域采样点数 $N \geq M$。式(8-12)提供了一种称为频率采样的网络结构。由于这种结构是通过频域采样得来的,存在时域混叠的问题,因此不适合 IIR 系统,只适合 FIR 系统。但这种网络结构中又存在反馈网络,不同于前面介绍的 FIR。将式(8-12)写成下式:

$$H(z) = \frac{1}{N} H_c(z) \sum_{k=0}^{N-1} H_k(z)$$

$$H_c(z) = 1 - z^{-N}$$

$$H_k(z) = \frac{H(k)}{1 - W_N^{-k} z^{-1}} \qquad (8-13)$$

式中,$H_c(z)$是梳状滤波器;$H_k(z)$是 IIR 的一阶网络。这样,$H(z)$是由梳状滤波器 $H_c(z)$ 和 N 个一阶网络 $H_k(z)$ 的并联结构进行级联而成的,其网络结构如图 8-8 所示。我们看到该网络结构中有反馈支路,它是由 $H_k(z)$ 产生的,其极点为

$$z_k = \mathrm{e}^{\mathrm{j}\frac{2\pi}{N}k}, k = 0, 1, 2, \cdots, N-1$$

即它们是单位圆上等间隔分布的 N 个极点,若 $H_c(z)$ 是一个梳状滤波网络,则其零点为

$$z_k = \mathrm{e}^{\mathrm{j}\frac{2\pi}{N}k}, k = 0, 1, 2, \cdots, N-1$$

刚好和极点相同,也是等间隔地分布在单位圆上。理论上,极点和零点相互抵消,保证了网络的稳定性,使频域采样结构仍属于 FIR 网络结构。

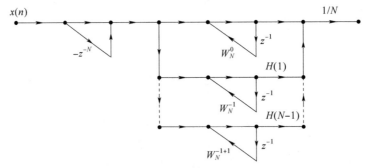

图 8-8   FIR 滤波器频率采样结构

频率采样结构有以下两个突出优点。

(1) 在频率采样点 ω_k 处,$H(\mathrm{e}^{\mathrm{j}\omega_k}) = H(k)$,只要调整 $H(k)$(即一阶网络 $H_k(k)$ 中乘法器的系数 $H(k)$),就可以有效地调整频响特性,使实践中调整方便,可以实现任意形状的频响曲线。

(2) 只要 $h(n)$ 长度 N 相同,对于任何频响形状,其梳状滤波器部分和 N 个一阶网络部分结构完全相同,只是各支路增益 $H(k)$ 不同。这样,相同部分便可以标准化、模块化。各支路增益可做成可编程单元,生产可编程 FIR 滤波器。

频率采样结构亦有以下两个缺点。

(1) 系统稳定是靠位于单位圆上的 N 个零、极点相互对消保证的。实际上,因为寄存器字长都是有限的,对网络中支路增益 W_N^{-k} 量化时产生量化误差,所以可能使零、极点不能完全对消,从而影响系统稳定性。

(2) 结构中,$H(k)$ 和 W_N^{-k} 一般为复数,要求乘法器完成复数乘法运算,这对硬件实现是不方便的。

为了克服上述缺点,对频率采样结构作以下修正。

首先将单位圆上的零、极点向单位圆内收缩,收缩到半径为 r 的圆上,取 $r < 1$ 且 $r \approx 1$。此时 $H(z)$ 为

$$H(z) = (1 - r^N z^{-N}) \frac{1}{N} \sum_{k=0}^{N-1} \frac{H_r(k)}{1 - r W_N^{-K} z^{-1}} \tag{8-14}$$

式中,$H_r(k)$ 是在 r 圆上对 $H(z)$ 的 N 点等间隔采样值。由于 $r \approx 1$,因此可近似取 $H_r(k) \approx H(k)$。这样,零、极点均为 $r \mathrm{e}^{\mathrm{j}\frac{2\pi}{N}k}, k = 0, 1, 2, \cdots, N-1$。如果由于实际量化误差,零、极点不能对消,则极点位置仍处在单位圆内,保持系统稳定。

由 DFT 的共轭对称性可知,若 $h(n)$ 是实数序列,则其离散傅里叶变换 $H(k)$ 关于 $N/2$ 点共轭对称,即 $H(k) = H^*(N-k)$。而 $W_N^{-k} = W_N^{N-k}$,我们将 $H_k(z)$ 和 $H_{N-k}(z)$ 合并为一个二阶网络,并记为 $H_k(z)$,则

$$
\begin{aligned}
H_k(z) &= \frac{H(k)}{1 - rW_N^{-k}z^{-1}} + \frac{H^*(N-k)}{1 - rW_N^{-(N-k)}z^{-1}} \\
&= \frac{H(k)}{1 - rW_N^{-k}z^{-1}} + \frac{H^*(k)}{1 - r(W_N^{(-k)})^*z^{-1}} \\
&= \frac{a_{0k} + a_{1k}z^{-1}}{1 - 2r\cos\left(\dfrac{2\pi}{N}k\right)z^{-1} + r^2z^{-2}}
\end{aligned}
$$

式中,$\left.\begin{aligned} a_{0k} &= 2\mathrm{Re}[H(k)] \\ a_{1k} &= -2\mathrm{Re}[rH(k)W_N^k] \end{aligned}\right\}, k = 1, 2, 3, \cdots, \dfrac{N}{2} - 1$。

显然,二阶网络 $H_k(z)$ 的系数都为实数,其结构如图 8-9(a) 所示。当 N 为偶数时,$H(z)$ 可表示为

$$
H(z) = (1 - r^Nz^{-N})\frac{1}{N}\left[\frac{H(0)}{1 - rz^{-1}} + \frac{H\left(\dfrac{N}{2}\right)}{1 + rz^{-1}} + \sum_{k=1}^{\frac{N}{2}-1}\frac{a_{0k} + a_{1k}z^{-1}}{1 - 2r\cos\left(\dfrac{2\pi}{N}k\right)z^{-1} + r^2z^{-2}}\right] \tag{8-15}
$$

式中,$H(0)$ 和 $H(N/2)$ 为实数。

式 (8-15) 对应的频率采样修正结构由 $(N/2-1)$ 个二阶网络和两个一阶网络并联构成,如图 8-9(b) 所示。当 N 为奇数时,只有一个采样值 $H(0)$ 为实数,$H(z)$ 可表示为

$$
H(z) = (1 - r^Nz^{-N})\frac{1}{N}\left[\frac{H(0)}{1 - rz^{-1}} + \sum_{k=1}^{(N-1)/2}\frac{a_{0k} + a_{1k}z^{-1}}{1 - 2r\cos\left(\dfrac{2\pi}{N}k\right)z^{-1} + r^2z^{-2}}\right] \tag{8-16}
$$

N 为奇数的修正结构由一个一阶网络结构和 $(N-1)/2$ 个二阶网络结构构成。

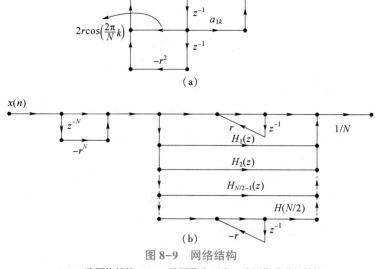

图 8-9 网络结构

(a) 二阶网络结构;(b) 二阶网络和两个一阶网络并联的结构

由图 8-9 可知,当采样点数 N 很大时,其结构显然很复杂,需要的乘法器和延时单元很多。但对于窄带滤波器,大部分频率采样值 $H(k)$ 为 0,从而使二阶网络个数大大减少。因此,频率采样结构适用于窄带滤波器。

§ 8.7　格型网络结构

格型网络结构适用于一般时域离散系统,结构的优点是对有限字长效应比较不敏感,且适合递推算法。它在一般数字滤波器、自适应滤波器、线性预测以及谱估计中都有广泛的应用。

8.7.1　全零点格型网络结构

1. 全零点格型网络的系统函数

全零点格型网络结构流图如图 8-10 所示。该流图只有直通通路,没有反馈回路,因此可称为 FIR 格型网络结构。观察该图,它可以看成是由图 8-11 所示的基本单元级联而成。

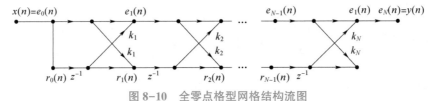

图 8-10　全零点格型网格结构流图

按照图 8-10 写出差分方程如下:

$$e_l(n) = e_{l-1}(n) + r_{l-1}(n-1)k_l \tag{8-17}$$

$$r_l(n) = e_{l-1}(n)k_l + r_{l-1}(n-1) \tag{8-18}$$

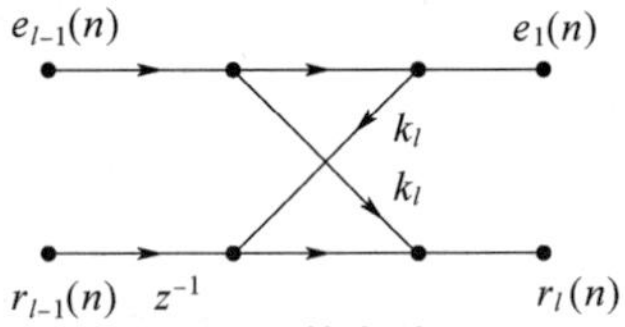

将上式进行 z 变换,得到

$$E_l(z) = E_{l-1}(z) + z^{-1}R_{l-1}(z)k_l \tag{8-19}$$

$$R_l(z) = E_{l-1}(z)k_l + z^{-1}R_{l-1}(z) \tag{8-20}$$

图 8-11　基本单元

再将上式写成矩阵形式:

$$\begin{bmatrix} E_l(z) \\ R_l(z) \end{bmatrix} = \begin{bmatrix} 1 & z^{-1}k_l \\ k_l & z^{-1} \end{bmatrix} \begin{bmatrix} E_{l-1}(z) \\ R_{l-1}(z) \end{bmatrix} \tag{8-21}$$

将 N 个基本单元级联后,得到

$$\begin{bmatrix} E_N(z) \\ R_N(z) \end{bmatrix} = \begin{bmatrix} 1 & z^{-1}k_N \\ k_N & z^{-1} \end{bmatrix} \begin{bmatrix} 1 & z^{-1}k_{N-1} \\ k_{N-1} & z^{-1} \end{bmatrix} \cdots \begin{bmatrix} 1 & z^{-1}k_1 \\ k_1 & z^{-1} \end{bmatrix} \begin{bmatrix} E_0(z) \\ R_0(z) \end{bmatrix} \tag{8-22}$$

令 $Y(z) = E_N(z)$, $X(z) = E_0(z) = R_0(z)$,其输出为

$$Y(z) = \begin{bmatrix} 1 & 0 \end{bmatrix} \begin{bmatrix} E_N(z) \\ R_N(z) \end{bmatrix} = \begin{bmatrix} 1 & 0 \end{bmatrix} \left(\prod_{l=N}^{1} \begin{bmatrix} 1 & z^{-1}k_l \\ k_l & z^{-1} \end{bmatrix} \right) \begin{bmatrix} 1 \\ 1 \end{bmatrix} X(z) \tag{8-23}$$

由上式得到全零点格型网络的系统函数为

$$H(z) = \frac{Y(z)}{X(z)} = \begin{bmatrix} 1 & 0 \end{bmatrix} \left(\prod_{l=N}^{1} \begin{bmatrix} 1 & z^{-1}k_l \\ k_l & z^{-1} \end{bmatrix} \right) \begin{bmatrix} 1 \\ 1 \end{bmatrix} \tag{8-24}$$

只要知道格型网络的系数 k、$l = 1, 2, 3, \cdots, N$，由上式可以直接求出 FIR 格型网络的系统函数。

2. 由 FIR 直接型网络结构转换成全零点格型网络结构

假设 N 阶 FIR 网络的系统函数为

$$H(z) = \sum_{n=0}^{N} h(n) z^{-n} \tag{8-25}$$

式中，$h(0) = 1$；$h(n)$ 是 FIR 网络的单位脉冲响应。令 $a_k = h(k)$，得

$$H(z) = \sum_{k=0}^{N} a_k z^{-k} \tag{8-26}$$

式中，$a_0 = h(0) = 1$；k_l 为全零点格型网络的系数，$l = 1, 2, \cdots, N$。

下面仅给出其转换公式：

$$a_k = a_k^{(N)} \tag{8-27}$$

$$a_l^{(l)} = a_l \tag{8-28}$$

$$a_k^{(l-1)} = \frac{a_k^{(l)} - k_l a_{l-k}^{(l)}}{1 - k_l^2}, \quad k = 1, 2, 3, \cdots, l-1 \tag{8-29}$$

式中，$l = N, N-1, \cdots, 1$。

> **说明：** 公式中的下标 k（或 l）表示第 k（或 l）个系数，这里 FIR 网络和格型网络均各有 N 个系数；式(8-29)是一个递推公式，上标（带圆括弧）表示递推序号，从 (N) 开始，然后是 $N-1, N-2, \cdots, 2$；注意式(8-28)的 $a_l^{(l)} = k_l$，当递推到上标圆括弧中的数字与下标相同时，格型网络的系数 k_l 刚好与 FIR 的系数 $a_l^{(l)}$ 相等。

8.7.2 全极点格型网络结构

全极点 IIR 系统的系统函数表示为

$$H(z) = \frac{1}{1 + \sum_{k=1}^{N} a_k z^{-k}} = \frac{1}{A(z)} \tag{8-30}$$

【例 8-15】 【程序 8-9】

$$A(z) = 1 + \sum_{k=1}^{N} a_k z^{-k} \tag{8-31}$$

式中，$A(z)$ 是 FIR 系统，因此全极点 IIR 系统 $H(z)$ 是 FIR 系统 $A(z)$ 的逆系统。下面先介绍如何将 $H(z)$ 变成 $A(z)$。

假设系统的输入和输出分别用 $x(n)$、$y(n)$ 表示，由式(8-30)得到全极点 IIR 滤波器的差分方程为

$$y(n) = -\sum_{k=1}^{N} a_k y(n-k) + x(n) \tag{8-32}$$

若将 $x(n)$、$y(n)$ 的作用相互交换，则差分方程变成下式：

$$x(n) = -\sum_{k=1}^{N} a_k x(n-k) + y(n)$$

则

$$y(n) = x(n) + \sum_{k=1}^{N} a_k x(n-k) \tag{8-33}$$

观察上式,它描述的是具有系统函数 $H(z) = A(z)$ 的 IIR 系统,而式(8-30)描述的是 $H(z) = 1/A(z)$ 的 IIR 系统。按照式(8-33)描述的全极点 IIR 系统的直接型网络结构如图 8-12 所示。

我们将 FIR 格型网络结构通过交换公式中的输入、输出作用,形成它的逆系统,即全极点格型 IIR 系统。重新定义输入、输出:

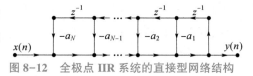

图 8-12　全极点 IIR 系统的直接型网络结构

$$x(n) \stackrel{\text{def}}{=} e_N(n), y(n) \stackrel{\text{def}}{=} e_0(n)$$

再将 FIR 格型网络结构的基本公式,即式(8-17)和式(8-18)重写如下:

$$e_l(n) = e_{l-1}(n) + r_{l-1}(n-1)k_l \tag{8-34}$$
$$r_l(n) = e_{l-1}(n)k_l + r_{l-1}(n-1) \tag{8-35}$$

由于重新定义了输入、输出,因此将 $e_l(n)$ 按降序运算,$r_l(n)$ 不变,即

$$x(n) = e_N(n) \tag{8-36}$$
$$e_{l-1}(n) = e_l(n) - r_{l-1}(n-1)k_l, l = N, N-1, \cdots, 1 \tag{8-37}$$
$$r_l(n) = e_{l-1}(n)k_l + r_{l-1}(n-1), l = N, N-1, \cdots, 1 \tag{8-38}$$
$$y(n) = e_0(n) = r_0(n) \tag{8-39}$$

按照上面 4 个方程画出它的结构如图 8-13 所示。为了说明这是一个全极点 IIR 系统,令 $N=1$,得到方程为

$$x(n) = e_1(n) \tag{8-40}$$
$$e_0(n) = e_1(n) - k_1 r_0(n-1) \tag{8-41}$$
$$r_1(n) = k_1 e_0(n) + r_0(n-1) \tag{8-42}$$
$$y(n) = e_0(n) = x(n) - k_1 y(n-1) \tag{8-43}$$

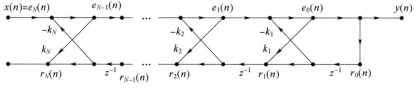

图 8-13　全极点 IIR 格型网络结构

当 $x(n)$ 和 $y(n)$ 分别作为输入和输出时,式(8-43)就是一个全极点的差分方程,由式(8-40)~式(8-43)描述的结构就是一阶的单极点格型网络结构,如图 8-14(a)所示。如果 $N=2$,那么可得到下面方程组:

$$x(n) = e_2(n) \tag{8-44}$$
$$e_1(n) = e_2(n) - k_2 r_1(n-1) \tag{8-45}$$
$$r_2(n) = k_2 e_1(n) + r_1(n-1) \tag{8-46}$$
$$e_0(n) = e_1(n) - k_1 r_0(n-1) \tag{8-47}$$
$$r_1(n) = k_1 e_0(n) + r_0(n-1) \tag{8-48}$$
$$y(n) = e_0(n) = r_0(n) \tag{8-49}$$

经化简,得

$$y(n) = -k_1(1 + k_2)y(n - 1) - k_2y(n - 2) + x(n) \qquad (8\text{-}50)$$

$$r_2(n) = k_2y(n) + k_1(1 + k_2)y(n - 1) + y(n - 2) \qquad (8\text{-}51)$$

显然,式(8-50)表示的就是双极点 IIR 系统。按照上面两式构成的双极点 IIR 格型网络结构如图 8-14(b)所示。

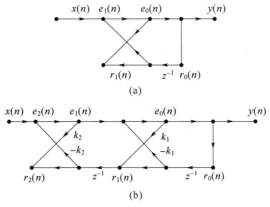

图 8-14　单极点和双极点 IIR 格型网络结构
(a)单极点;(b)双极点

由上面分析知道,全极点格型网络可以由全零点格型网络形成,这是一个求逆的问题。对比全零点格型结构和全极点格型结构,可以归纳出下面的一般求逆准则:

(1) 将输入和输出的无延时通路全部反向,并将该通路的常数支路增益变成原常数的倒数(此处为 1);

(2) 将指向这条新通路的各节点的其他节点的支路增益乘以-1;

(3) 将输入、输出交换位置。

调用 MATLAB 转换函数可以实现全极点系统的直接型和格型结构之间的转换。

K=tf2latc(1,A):求 IIR 全极点系统格型结构的系数 K,A 为式(8-31)给出的 IIR 全极点系统的系统函数的分母多项式 $A(z)$ 的系数。

$[K,V]$=tf2late(B,A):求具有零点和极点的 IIR 格型网络系数 K 及其梯型网络系数 V。应当注意,当 IIR 系统函数在单位圆上有极点时,可能发生转换错误。

$[B,A]$=latc2tf(K,'allploe'):将 IIR 全极点系统格型结构转换为直接型结构。K 为 IIR 全极点系统格型结构的系数,A 为 IIR 全极点系统的系统函数的分母多项式 $A(z)$ 的系数。显然,该函数可以用于求格型结构的系统函数,这时分子为常数 1,所以 $B=1$。

$[B,A]$=latc2tf(K,V):将具有零点和极点的 IIR 格型网络结构转换为直接型网络结构。

例如:

$$A(z) = 1 + \frac{13}{24}z^{-1} + \frac{5}{8}z^{-2} + \frac{1}{3}z^{-3}$$

则求 IIR 全极点系统格型网络系数 K 的程序为

A=[1,13/24,5/8,1/3];

K=tf2latc(1,A)

运行结果:

$$K = \begin{bmatrix} 0.2500 & 0.5000 & 0.3333 \end{bmatrix}$$

对上面所求格型网络的系数 K，调用 latc2tf( ) 函数求其对应的格型网络的系统函数的程序如下：

$$K = \begin{bmatrix} 0.2500 & 0.5000 & 0.3333 \end{bmatrix}$$

$$\begin{bmatrix} B, A \end{bmatrix} = \text{latc2tf}(K, \text{`allpole'})$$

运行结果：

$$B = \begin{bmatrix} 1 & 0 & 0 & 0 \end{bmatrix}$$

$$A = \begin{bmatrix} 1.0000 & 0.5417 & 0.6250 & 0.3333 \end{bmatrix}$$

对应的系统函数为

$$H(z) = \frac{B(z)}{A(z)} = \frac{1}{1 + 0.541\,7z^{-1} + 0.625z^{-2} + 0.333\,3z^{-3}}$$

下面再推导全极点网络结构的传输函数，将式(8-34)、式(8-35)进行 z 变换，得

$$E_{l-1}(z) = E_l(z) - z^{-1}R_{l-1}(z)k_l \tag{8-52}$$

$$R_l(z) = E_{l-1}(z)k_l + z^{-1}R_{l-1}(z) \tag{8-53}$$

写成矩阵形式：

$$\begin{bmatrix} E_l(z) \\ R_l(z) \end{bmatrix} = \begin{bmatrix} 1 & z^{-1}k_l \\ k_l & z^{-1} \end{bmatrix} \begin{bmatrix} E_{l-1}(z) \\ R_{l-1}(z) \end{bmatrix} \tag{8-54}$$

将 N 个基本单元级联后，得

$$X(z) = E_N(z),\ Y(z) = E_0(z) = R_0(z)$$

$$X(z) = \begin{bmatrix} 1 & 0 \end{bmatrix} \begin{bmatrix} E_N(z) \\ R_N(z) \end{bmatrix} = \begin{bmatrix} 1 & 0 \end{bmatrix} \left(\prod_{l=N}^{1} \begin{bmatrix} 1 & z^{-1}k_l \\ k_l & z^{-1} \end{bmatrix} \right) \begin{bmatrix} 1 \\ 1 \end{bmatrix} Y(z) \tag{8-55}$$

$$H(z) = \frac{Y(z)}{X(z)} = \frac{1}{\begin{bmatrix} 1 & 0 \end{bmatrix} \left(\prod_{l=N}^{1} \begin{bmatrix} 1 & z^{-1}k_l \\ k_l & z^{-1} \end{bmatrix} \right) \begin{bmatrix} 1 \\ 1 \end{bmatrix}} \tag{8-56}$$

与全零点格型网络的系统函数式(8-24)比较，全极点格型网络的系统函数正好是式(8-24)的倒数。全极点格型网络同样存在稳定问题，可以证明稳定的充要条件是：$|k_l| \leqslant 1, l = 1, 2, \cdots, N$。

具有零点和极点的 IIR 格型网络结构称为格梯形网络结构。

第 8 章例题　　　第 8 章习题

第 9 章

IIR 数字滤波器的设计

数字滤波器是对数字信号实现滤波的离散时间系统,它将时间序列通过特定的"运算和处理"转换为所需的序列。数字滤波器的离线系统,其系统函数一般可表示为 z^{-1} 的有理多项式形式,即

$$H(z) = \frac{\sum_{i=0}^{M} b_i z^{-i}}{1 + \sum_{j=1}^{N} a_j z^{-j}} \tag{9-1}$$

当 $\{a_j; j = 1, 2, \cdots, N\}$ 都为 0 时,由式(9-1)确定的系统被称为有限长脉冲响应(Finite Impulse Response,FIR)数字滤波器。当系数 $\{a_j; j = 1, 2, \cdots, N\}$ 中至少有一个非零时,式(9-1)确定的系统被称为无限长脉冲响应(Infinite Impulse Response,IIR)数字滤波器。对于 IIR 数字滤波器,一般满足 $M \le N$,这时系统被称为 N 阶 IIR 数字滤波器。对于 FIR 数字滤波器,系统函数中 z^{-1} 的有理多项式的最高次幂 M 就是其阶数。

本章讨论 IIR 数字滤波器的设计。由于 IIR 数字滤波器的设计主要借助于模拟滤波器的设计方法,因此本章首先讨论模拟滤波器的逼近方法及仿真方法。

知识要点

本章要点是数字滤波器的设计。数字滤波器设计的目标是求解满足设计指标的系统函数 $H(z)$。本章主要介绍数字滤波器的设计,具体内容包括:

(1) 数字滤波器设计的基本概念;
(2) 用脉冲响应不变法和双线性变换法设计 IIR 数字滤波器;
(3) 利用模拟滤波器设计 IIR 数字滤波器的步骤。

§9.1 离散信号的滤波

9.1.1 信号的滤波过程

本书中,离散时间系统和数字滤波器是等效的概念。滤波器的种类有很多,但总的来说,

可分为两大类,即经典滤波器和现代滤波器,本书所介绍的滤波器属于经典滤波器。经典滤波即选频滤波,假定输入信号 $x(n)$ 中的有用成分和希望去除的成分占有不同的频带,那么通过选择滤波器的适当参数(选频特性),就可去除无用成分而保留有用成分。

设实系数 LTI 系统的幅频响应为

$$|H(e^{j\omega})| = \begin{cases} 1, & |\omega| \leqslant \omega_c \\ 0, & \omega_c < \omega \leqslant \pi \end{cases}$$

设输入信号为 $x(n) = A\cos(\omega_1 n) + B\cos(\omega_2 n)$,其中 $0 < \omega_1 < \omega_c < \omega_2 < \pi$。根据系统的线性特性可得系统的输出响应为

$$y(n) = A|H(e^{j\omega_1})|\cos[n\omega_1 + \varphi(\omega_1)] + B|H(e^{j\omega_2})|\cos[n\omega_2 + \varphi(\omega_2)]$$

利用上式,可得 $y(n)$ 为

$$y(n) = A|H(e^{j\omega_1})|\cos[n\omega_1 + \varphi(\omega_1)]$$

可见,该离散系统的 LTI 系统去除了系统中的高频分量而保留了系统中的低频分量,因而被称为数字低通滤波器。

如图 9-1 所示,数字滤波器可分为低通(LP)、高通(HP)、带通(BP)、带阻(BS)4 种类型。图中,滤波器的幅度特性都是理想值,在实际中是不可能实现的。实际设计出的滤波器是在某种准则下对理想滤波器的逼近,必须保证滤波器是物理可实现和稳定的。

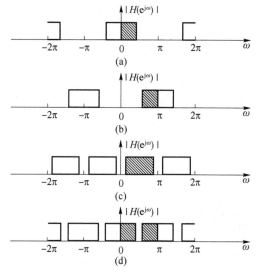

图 9-1　数字滤波器的理想幅度特性
(a)低通;(b)高通;(c)带通;(d)带阻

9.1.2　滤波器的设计指标

如图 9-1 所示的理想滤波器在物理上不可实现的根本原因是,从一个频带到另一个频带的过程是突变过程。而实际滤波器在通带内的幅频响应不一定是完全平坦的,在阻带内的幅频响应也不完全衰减为 0,通带和阻带内都有一定的误差,而且通带和阻带之间存在过渡带。

一般来说,滤波器的性能要求以幅频响应的允许误差来表征。图 9-2 中,ω_p 是数字滤波器的通带截频;ω_{st} 是阻带截频;δ_p 是通带纹峰值;δ_s 是阻带波纹峰值。在工程中,数字滤波器的幅度响应还常以衰减响应和增益响应的形式给出,数字滤波器的衰减响应定义为

$$A(\omega) = -10\lg|H(e^{j\omega})|^2 = -20\lg|H(e^{j\omega})| \tag{9-2}$$

式中,$A(\omega)$ 的单位为 dB。

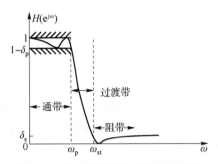

图 9-2　数字低通滤波器的技术指标

数字滤波器的增益响应定义为

$$G(\omega) = -A(\omega) = 20\lg|H(e^{j\omega})| \tag{9-3}$$

式中,$G(\omega)$ 的单位为 dB。

根据衰减响应的定义,如图 9-2 所示的数字低通滤波器的通带衰减 A_p(单位为 dB)为

$$A_p = -20\lg(1-\delta_p) \tag{9-4}$$

阻带衰减 A_s(单位为 dB)为

$$A_s = -20\lg\delta_s \tag{9-5}$$

因此,数字滤波器的技术指标常用通带截频 ω_p、通带衰减 A_p、阻带截频 ω_{st}、阻带衰减 A_s 表示。

IIR 滤波器的设计就是根据给定的数字滤波器的技术指标,确定式(9-1)中滤波器的阶数 N 和系数 $\{a_j,b_i\}$。在满足技术指标的条件下,滤波器的阶数应尽可能低。因为滤波器阶数越低,实现滤波器的成本就越低。

9.1.3　数字滤波器的设计步骤

设计数字滤波器的主要任务是找出其系统函数 $H(z)$。由于模拟滤波器设计技术已非常成熟,且可得到闭合形式的解,因此在设计 IIR 数字滤波器时,一般是先设计模拟滤波器,然后将模拟滤波器转换为数字滤波器。设计步骤如下。

(1) 将给出的数字滤波器的技术指标转化为模拟低通滤波器的技术指标。

(2) 根据转换后的技术指标设计模拟低通滤波器的 $H_L(s)$。

(3) 按要求将 $H_L(s)$ 转换为 $H(z)$。

若所设计的数字滤波器是低通的,则按上述步骤完成的工作已结束。如果所设计的滤波器是高通、带通或带阻滤波器,那么需要对步骤(1)进行改动:将高通、带通或带阻滤波器的技术指标先转化为低通滤波器的技术指标,然后按步骤(2)设计出低通滤波器的 $H_L(s)$,再按步骤(3)将 $H_L(s)$ 转换为 $H(z)$。

§9.2 模拟低通滤波器的设计

常用的模拟低通滤波器有巴特沃思(Butterworth)模拟低通滤波器、切比雪夫(Chebyshev)模拟低通滤波器、椭圆滤波器等。本节重点讨论巴特沃思和切比雪夫模拟低通滤波器的设计方法。巴特沃思滤波器有非常平坦的通带,但过渡带较宽;切比雪夫滤波器具有陡峭的过渡带,但通带内是波动的。

这些低通滤波器都有严格的设计公式、现成的设计图表可供参考,而高通、带通或带阻滤波器则可通过设计低通滤波器而完成自身的设计。因此,模拟低通滤波器的设计是模拟滤波器设计的基础。模拟滤波器的设计指标与数字滤波器类似,有通带截频 Ω_p、通带衰减 A_p、阻带截频 Ω_{st}、阻带衰减 A_s。

9.2.1 巴特沃思模拟低通滤波器

1. 巴特沃思模拟低通滤波器的幅度响应特性

巴特沃思模拟低通滤波器简称 BW 型低通滤波器,其幅度平方函数定义为

$$|H(j\Omega)|^2 = \frac{1}{1 + (\Omega/\Omega_c)^{2N}} \tag{9-6}$$

式中,N 为滤波器阶数;Ω_c 是滤波器的截止频率。图 9-3 为当 $N=1$、3、10 时的巴特沃思模拟低通滤波器的幅度响应。

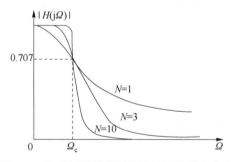

图 9-3 巴特沃思模拟低通滤波器的幅度响应

由式(9-6)和图 9-3 可知,巴特沃思模拟低通滤波器的幅度平方函数具有以下特性。

(1) $|H(j0)|^2 = 1$,$|H(j\infty)|^2 = 0$。

(2) $|H(j\Omega_c)| \approx 0.707$,$|H(j\Omega_c)|^2 \approx 0.5$,$20|H(j\Omega_c)| \leqslant 3$,所以 Ω_c 又称滤波器的 3 dB 截止频率。对于任意的 N,幅度平方函数都通过 $\frac{1}{2} \times (-3\ \text{dB})$ 点,即 3 dB 不变性。

(3) 由于 $\dfrac{\mathrm{d}|H(j\Omega)|^2}{\mathrm{d}\Omega} = -\dfrac{2N(\Omega/\Omega_c)^{2N-1}}{[1+(\Omega/\Omega_c)^{2N}]^2} < 0$,因此幅度平方函数随 Ω 的增大而单调下降。

(4) 对 $|H(j\Omega)|^2$ 在 $\Omega=0$ 处进行泰勒级数展开得

$$|H(\mathrm{j}\Omega)|^2 = 1 - \left(\frac{\Omega}{\Omega_c}\right)^{2N} + \left(\frac{\Omega}{4\Omega}\right)^{4N} - \cdots \tag{9-7}$$

由式(9-7)可知,$|H(\mathrm{j}\Omega)|^2$ 在 $\Omega=0$ 处的 $1 \sim (2N-1)$ 阶导数为 0,即在 $\Omega=0$ 处具有最大平坦性。因此巴特沃思模拟低通滤波器也被称为在 $\Omega=0$ 处具有最大平坦性的滤波器。

2. 巴特沃思模拟低通滤波器的极点及系统函数

归一化的巴特沃思滤波器是指 3 dB 截止频率 $\Omega_c = 1$ 的巴特沃思滤波器,其幅度平方函数为

【例 9-1】

$$|H_{L0}(\mathrm{j}\Omega)|^2 = \frac{1}{1 + (\Omega)^{2N}} \tag{9-8}$$

任意巴特沃思滤波器均可归一化,式(9-9)给出了参数变换的公式:

$$H(s) = H_{L0}(s/\Omega_c) \tag{9-9}$$

由傅里叶变换的性质可知,当系统的单位脉冲响应 $h(t)$ 是实系数时,系统的频率响应 $H(\mathrm{j}\Omega)$ 满足

$$H(\mathrm{j}\Omega) = H^*(-\mathrm{j}\Omega) \tag{9-10}$$

因而对实系数模拟系统,有

$$H(s)H(-s)\big|_{s=\mathrm{j}\Omega} = H(\mathrm{j}\Omega)H(-\mathrm{j}\Omega) = H(\mathrm{j}\Omega)^*H(\mathrm{j}\Omega) = |H(\mathrm{j}\Omega)|^2 \tag{9-11}$$

由式(9-8)可得

$$H_{L0}(s)H_{L0}(-s) = \frac{1}{1 + (-\mathrm{j}s)^{2N}} \tag{9-12}$$

由式(9-12)可得归一化巴特沃思模拟滤波器的传输函数 $H_{L0}(s)$ 的极点为

$$s_k = (-1)^{\frac{1}{2N}}\mathrm{j} = \left[\mathrm{e}^{-\mathrm{j}\pi+\mathrm{j}2\pi k}\right]^{\frac{1}{2N}}\mathrm{e}^{\mathrm{j}\frac{2}{\pi}} = \mathrm{e}^{\mathrm{j}\pi\left(\frac{1}{2}+\frac{2k-1}{2N}\right)},\ k=1,2,\cdots,2N \tag{9-13}$$

式(9-13)中的极点有 $2N$ 个,为保证模拟滤波器的稳定,必须选左半平面的 N 个极点构成 $H(s)$,即

$$\frac{\pi}{2} < \pi\left(\frac{1}{2}+\frac{2k-1}{2N}\right) < \frac{3\pi}{2} \tag{9-14}$$

对式(9-14)化简得

$$\frac{1}{2} < k < N + \frac{1}{2} \tag{9-15}$$

由式(9-15)知,归一化巴特沃思模拟滤波器的 N 个极点为

$$s_k = \mathrm{e}^{\mathrm{j}\pi\left(\frac{1}{2}+\frac{2k-1}{2N}\right)},\ k=1,2,\cdots,N \tag{9-16}$$

由式(9-16)得

$$s_{N+1-k} = \mathrm{e}^{\mathrm{j}\pi\left(\frac{1}{2}+\frac{2(N+1-k)-1}{2N}\right)} = \mathrm{e}^{-\mathrm{j}\pi\left(\frac{1}{2}+\frac{2k-1}{2N}\right)} = s_k^*,\ k=1,2,\cdots,N \tag{9-17}$$

式(9-17)说明,$H(s)$ 的 N 个极点 $s_k(k=1,2,\cdots,N)$ 的首尾呈共轭关系,即 s_1 与 s_N 共轭,s_2 与 s_{N-1} 共轭……这样,就可将 $H(s)_{L0}$ 的表达式简化,下面是简化的方法。由于

$$(s-s_k)(s-s_k^*) = s^2 - 2\mathrm{Re}[s_k]s + |s_k|^2$$

$$= s^2 + 2\sin\left[\frac{(2k-1)}{2N}\right]s + 1,\ k=1,2,\cdots,N/2 \tag{9-18}$$

当 N 为偶数时, 归一化巴特沃思模拟低通滤波器的表达式为

$$H_{L0}(s) = \prod_{k=1}^{N/2} \frac{1}{s^2 + 2\sin(\theta_k)s + 1} \tag{9-19}$$

式中,

$$\theta_k = \frac{(2k-1)\pi}{2N}, k = 1, 2, \cdots, N/2 \tag{9-20}$$

当 $N = 2$ 时, 由式(9-20)得

$$\theta_1 = \pi/4 \tag{9-21}$$

由式(9-19)可得, 归一化二阶巴特沃思模拟低通滤波器的表达式为

$$H_{L0}(s) = \frac{1}{s^2 + \sqrt{2} + 1} \tag{9-22}$$

当 $N = 4$ 时, 由式(9-20)得

$$\theta_1 = \pi/8, \theta_2 = 3\pi/8 \tag{9-23}$$

由式(9-19)可得, 归一化四阶巴特沃思模拟低通滤波器的表达式为

$$H_{L0} = \frac{1}{[s^2 + 2\sin(\pi/8)s + 1][s^2 + 2\sin(3\pi/8)s + 1]} \tag{9-24}$$

由于

$$s_{(N+1)} = e^{j\pi\left[\frac{1}{2} + \frac{2(N+1)/2-1}{2N}\right]} = e^{j\pi} = -1 \tag{9-25}$$

因此当 N 为奇数时, 归一化巴特沃思模拟滤波器的表达式为

$$H_{L0}(s) = \frac{1}{s+1} \prod_{k-1}^{(N-1)/2} \frac{1}{s^2 + 2\sin(\theta_k)s + 1} \tag{9-26}$$

式中,

$$\theta_k = \theta \frac{(2k-1)\pi}{2N}, k = 1, 2 \cdots, (N-1)/2 \tag{9-27}$$

当 $N = 1$ 时, 系统只在 $s = -1$ 处有一个实极点, 所以归一化一阶巴特沃思模拟滤波器的表达式为

$$H_{L0}(s) = \frac{1}{s+1} \tag{9-28}$$

当 $N = 3$ 时, 由式(9-27)得

$$\theta_1 = \pi/6 \tag{9-29}$$

由式(9-19)可得, 归一化巴特沃思模拟低通滤波器的表达式为

$$H_{L0}(s) = \frac{1}{(s+1)(s^2 + s + 1)} \tag{9-30}$$

根据上面的分析, 对常用阶数的归一化巴特沃思滤波器的系统函数进行归纳:

一阶归一化巴特沃思模拟低通滤波器的系统函数为

$$H_{L0}(s) = \frac{1}{s+1} \tag{9-31}$$

二阶归一化巴特沃思模拟低通滤波器的系统函数为

$$H_{L0}(s) = \frac{1}{s^2 + \sqrt{2}s + 1} \tag{9-32}$$

三阶归一化巴特沃思模拟低通滤波器的系统函数为

$$H_{L0}(s) = \frac{1}{(s + 1)(s^2 + s + 1)} \tag{9-33}$$

四阶归一化巴特沃思模拟低通滤波器的系统函数为

$$H_{L0}(s) = \frac{1}{(s^2 + 0.765\,4s + 1)(s^2 + 1.847\,8s + 1)} \tag{9-34}$$

根据上面确定的常用阶数的归一化巴特沃思低通滤波器的系统函数,由

$$H(s) = H_{L0}(s/\Omega_c) \tag{9-35}$$

可得出 Ω_c 为任意值时的巴特沃思模拟低通滤波器的系统函数。

3. 巴特沃思模拟低通滤波器的技术指标

巴特沃思模拟滤波器设计的基本思路是根据给定的技术指标,确实式(9-6)中的 N 和 Ω_c,获得待设计滤波器的幅度平方函数 $|H(j\Omega)|^2$,从而求出滤波器的系统函数 $H(s)$。

若已知模拟低通滤波器的通带截频 Ω_p、通带衰减 A_p、阻带截频 Ω_{st}、阻带衰减 A_s,根据这些条件,由式(9-6)可得

$$1 + (\Omega/\Omega_c)^{2N} = \frac{1}{\left|H\left(j\Omega_p\right)\right|^2}$$

由式(9-2)可得

$$\left|H(e^{j\Omega_p})\right|^2 = 10^{-0.1A(\Omega_p)} = 10^{-0.1A_p}$$

由上述两式可得

$$1 + \left(\frac{\Omega_p}{\Omega_c}\right)^{2N} = 10^{0.1A_p} \tag{9-36}$$

用同样的方法可得

$$1 + \left(\frac{\Omega_{st}}{\Omega_c}\right)^{2N} = 10^{0.1A_s} \tag{9-37}$$

求解式(9-36)及式(9-37),可得

$$N = \frac{\lg\left(\dfrac{10^{0.1A_s} - 1}{10^{0.1A_p} - 1}\right)}{2\lg(\Omega_{st}/\Omega_p)} \tag{9-38}$$

由式(9-38)计算的 N 一般不是整数,应取大于 N 的整数作为滤波器的阶数。

一般确定了滤波器的阶数 N,可利用 Ω_p 及 A_p,由式(9-36)求出 Ω_c,其表达式为

$$\Omega_c = \frac{\Omega_p}{\left(10^{0.1A_p} - 1\right)^{\frac{1}{2N}}} \tag{9-39}$$

也可利用 Ω_{st} 和 A_s 由式(9-37)求出 Ω_c,其表达式为

$$\Omega_c = \frac{\Omega_{st}}{\left(10^{0.1A_s} - 1\right)^{\frac{1}{2N}}} \tag{9-40}$$

由式(9-39)确定的滤波器在通带正好满足技术指标,在阻带误差有可能超出指标;而由式(9-40)确定的滤波器在阻带恰好满足技术指标,在通带误差有可能超出指标。一般地,若 Ω_c 为

$$\frac{\Omega_p}{\left(10^{0.1A_p} - 1\right)^{\frac{1}{2N}}} \leqslant \Omega_c \leqslant \frac{\Omega_{st}}{\left(10^{0.1A_s} - 1\right)^{\frac{1}{2N}}} \tag{9-41}$$

可证明所设计的巴特沃思模拟低通滤波器在通带和阻带内均满足技术指标。

4. 巴特沃思模拟低通滤波器的设计步骤

综上所述,模拟巴特沃思低通滤波器的设计步骤如下:

(1) 由滤波器的设计指标 Ω_p、Ω_{st}、A_p、A_s 和式(9-38)确定滤波器的阶数 N;

(2) 由式(9-39)或式(9-40)确定 Ω_c;

(3) 由阶数 N 确定滤波器的归一化系统函数 $H_{L0}(s)$;

(4) 由式(9-35)确定滤波器的系统函数 $H(s)$。

9.2.2 切比雪夫模拟低通滤波器

巴特沃思低通滤波器的频率响应,在通带和阻带都随频率的增大而单调下降。若所设计的滤波器在通带边界刚好满足设计指标,则在阻带内的误差会有裕量,即超出设计指标,这种设计不经济。比较经济的方法是在通带和阻带内均匀分布设计指标的精度要求,这样就可以设计出阶数较低的滤波器。可通过选择具有等波纹特性的逼近函数来完成上述滤波器的设计。

切比雪夫模拟低通滤波器的幅度响应在一个频带中具有等波纹特性。切比雪夫 I 型模拟低通滤波器的幅度响应在通带是等波纹的,在阻带是单调下降的。切比雪夫 II 型模拟低通滤波器的幅度响应在通带是单调下降的,在阻带是等波纹的。

【例9-2】和
【例9-3】

【程序9-1】和
【程序9-2】

9.2.2.1 切比雪夫多项式

N 阶切比雪夫多项式定义为

$$C_N(x) = \begin{cases} \cos\left[N \arccos h(x)\right], & |x| \leqslant 1 \\ \cos h\left[N \arccos h(x)\right], & |x| > 1 \end{cases} \tag{9-42}$$

切比雪夫多项式 $C_N(x)$ 是变量 x 的 N 阶实系数多项式。$C_N(x)$ 的表达式可由递推公式

$$C_{N+1} = 2x C_N(x) - C_{N-1}(x), C_0(x) = 1, C_1(x) = x$$

得出。由上述递推公式可得

$$C_2(x) = 2x^2 - 1$$

$$C_3(x) = 4x^3 - 3x$$

$$C_4(x) = 8x^4 - 8x^2 + 1$$

$$\cdots$$

容易证明,切比雪夫多项式具有以下主要性质。

（1）$|x| \leqslant 1$ 时，$|C_N(x)| \leqslant 1$，$C_N(x)$ 在 -1 和 $+1$ 之间振荡，振荡的次数与 N 成正比。

（2）$|x| > 1$ 时，$|C_N(x)| > 1$，$C_N(x)$ 随 $|x|$ 的增加而单调上升。

（3）奇数阶的切比雪夫多项式是奇函数，偶数阶的切比雪夫多项式是偶函数。

（4）N 为偶数时，$|C_N(0)| = 1$；N 为奇数时，$|C_N(0)| = 0$。

（5）$|C_N(\pm 1)| = 1$。

9.2.2.2　切比雪夫 I 型模拟低通滤波器的设计

1. 切比雪夫 I 型模拟低通滤波器的幅度响应特性

N 阶切比雪夫 I 型模拟低通滤波器，其幅度平方函数为

$$|H(\mathrm{j}\Omega)|^2 = \frac{1}{1 + \varepsilon^2 C_N^2(\Omega/\Omega_c)} \tag{9-43}$$

式中，N 是滤波器的阶数；ε 和 Ω_c 是滤波器的参数。切比雪夫 I 型低通滤波器具有以下主要性质。

（1）由切比雪夫多项式性质（4）可得，$|H(\mathrm{j}0)|^2$ 在 $\Omega = 0$ 处的值为

$$|H(\mathrm{j}0)|^2 = \begin{cases} 1/(1 + \varepsilon^2), & N \text{ 为偶数} \\ 1, & N \text{ 为奇数} \end{cases} \tag{9-44}$$

（2）$0 \leqslant \Omega \leqslant \Omega_c$ 时，由切比雪夫多项式性质（1）可得

$$1/(1 + \varepsilon^2) \leqslant |H(\mathrm{j}\Omega)|^2 \leqslant 1 \tag{9-45}$$

参数 ε 控制了滤波器幅度响应在通带波动的大小。

（3）$\Omega \geqslant \Omega_c$ 时，$|H(\mathrm{j}\Omega)|^2$ 单调下降，N 越大，下降速度越快。切比雪夫 I 型模拟低通滤波器阻带衰减主要由 N 决定。图 9-4 为不同 N 值时切比雪夫 I 型低通滤波器的幅度响应。

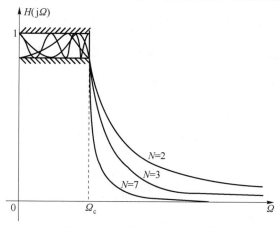

图 9-4　切比雪夫 I 型模拟低通滤波器的幅度响应

2. 切比雪夫 I 型低通滤波器的极点及系统函数

$\Omega_c = 1$ 时的切比雪夫 I 型低通滤波器称为归一化切比雪夫 I 型低通滤波器。可以证明归一化切比雪夫 I 型低通滤波器的极点为

$$s_k = \sigma_k + \mathrm{j}\Omega_k, k = 1, 2, \cdots, N \tag{9-46}$$

式中，

$$\sigma_k = -\sin h(\beta) \sin \frac{(2k-1)\pi}{2N} \tag{9-47}$$

$$\Omega_k = -\cos h(\beta)\cos\frac{(2k-1)\pi}{2N} \tag{9-48}$$

在式(9-47)及式(9-48)中,

$$\beta = \arcsin[h(1/\varepsilon)]/N \tag{9-49}$$

当 N 为偶数时,归一化切比雪夫 I 型低通滤波器的系统函数为

$$H_{L0}(s) = \frac{1}{\sqrt{1+\varepsilon^2}}\prod_{k=1}^{N/2}\frac{(\sigma_k^2+\Omega_k^2)}{s^2-2\sigma_k s+(\sigma_k^2+\Omega_k^2)} \tag{9-50}$$

当 N 为奇数时,归一化切比雪夫 I 型低通滤波器的系统函数为

$$H_{L0}(s) = \frac{\sin h(\beta)}{s+\sin h(\beta)}\prod_{k=1}^{(N-1)/2}\frac{(\sigma_k^2+\Omega_k^2)}{s^2-2\sigma_k s+(\sigma_k^2+\Omega_k^2)} \tag{9-51}$$

去归一化,可得出 Ω_c 为任意值时的切比雪夫 I 型低通滤波器的系统函数:

$$H(s) = H_{L0}(|s/\Omega_c|) \tag{9-52}$$

3. 切比雪夫 I 型模拟低通滤波器的设计步骤

(1) 由通带截频 Ω_p 确定 Ω_c:

$$\Omega_p = \Omega_c \tag{9-53}$$

由通带衰减 A_p 确定 ε。

由式(9-43)得

$$|H(j\Omega_p)|^2 = \frac{1}{1+\varepsilon^2 C_N^2(\Omega_p/\Omega_c)}$$

将式(9-53)代入该式得

$$|H(j\Omega_p)|^2 = \frac{1}{1+\varepsilon^2 C_N^2(\Omega_p/\Omega_p)} = \frac{1}{1+\varepsilon^2 C_N^2(1)}$$

根据切比雪夫多项式性质(5),得 $C_N^2(1)=1$,将该式代入上式得

$$|H(j\Omega_p)|^2 = \frac{1}{1+\varepsilon^2}$$

由式(9-2)得

$$A_p = A(\Omega_p) = -10\lg|H(j\Omega)|^2$$

比较上面两式得

$$A_p = -10\lg\frac{1}{1+\varepsilon^2}$$

解得

$$\varepsilon = \sqrt{10^{0.1A_p}-1} \tag{9-54}$$

(2) 由阻带指标确定 N。

由式(9-43)得

$$|H(j\Omega_{st})|^2 = \frac{1}{1+\varepsilon^2 C_N^2(\Omega_{st}/\Omega_c)}$$

将式(9-53)代入上式得

$$|H(j\Omega_{st})|^2 = \frac{1}{1+\varepsilon^2 C_N^2(\Omega_{st}/\Omega_p)}$$

由式(9-2)得

$$A_s = A(\Omega_{st}) = -10\lg |H(j\Omega_{st})|^2$$

比较上面两式得

$$A_s = -10\lg \frac{1}{1+\varepsilon^2 C_N^2(\Omega_{st}/\Omega_p)}$$

由于

$$\Omega_{st}/\Omega_p > 1$$

因此,根据式(9-42)可得

$$C_N^2(\Omega_{st}/\Omega_p) = \cos h^2[N\mathrm{arccos}\, h(\Omega_{st}/\Omega_p)]$$

从而可得

$$A_s = -10\lg \frac{1}{1+\varepsilon_2\cos h^2[N\mathrm{arccos}\, h(\Omega_{st}/\Omega_p)]}$$

解得

$$N = \frac{\mathrm{arccos}\, h\left(\dfrac{1}{\varepsilon}\sqrt{10^{0.1A_s}-1}\right)}{\mathrm{arccos}\, h(\Omega_{st}/\Omega_p)} \tag{9-55}$$

由式(9-55)计算的 N 一般不是整数,应取大于 N 的整数作为滤波器的阶数。

(3)由式(9-55)或式(9-51)确定滤波器的归一化系统函数 $H_{L0}(s)$。

(4)由式(9-52)确定去归一化后的滤波器系统函数 $H(s)$。

9.2.2.3 切比雪夫 II 型低通滤波器的设计

1. 切比雪夫 II 型模拟低通滤波器的幅度响应特性

N 阶切比雪夫 II 型模拟低通滤波器的幅度平方函数为

【例9-4】 【程序9-3】

$$|H(j\Omega)|^2 = 1 - \frac{1}{1+\varepsilon^2 C_N^2(\Omega_c/\Omega)} = \frac{\varepsilon^2 C_N^2(\Omega_c/\Omega)}{1+\varepsilon^2 C_N^2(\Omega_c/\Omega)} \tag{9-56}$$

式中,N 为滤波器的阶数;ε 和 Ω_c 是滤波器的参数。

切比雪夫 II 型低通滤波器具有以下主要性质。

(1)由切比雪夫多项式的性质(1)可知,当 $|\Omega|>\Omega_c$ 时,

$$0 \leqslant |H(j\Omega)|^2 \leqslant \frac{\varepsilon_2}{1+\varepsilon_2} \tag{9-57}$$

参数 ε 控制了滤波器幅度响应在阻带波动的大小。

(2)对任意 N、Ω_c 和 $\varepsilon>0$,有 $|H(j0)|=1$。

(3)在通带 $0 \leqslant \Omega \leqslant \Omega_c$ 内,$|H(j\Omega)|^2$ 单调下降。

2. 切比雪夫 II 型模拟低通滤波器的零、极点及系统函数

图9-5给出了切比雪夫 II 型低通滤波器的幅度响应。$\Omega_c = 1$ 时的切比雪夫 II 型低通滤波器称为归一化切比雪夫 II 型低通滤波器。

归一化切比雪夫 II 型低通滤波器的极点是归一化切比雪夫 I 型低通滤波器极点的倒数,用 p_k 表示归一化切比雪夫 II 型低通滤波器的极点,比较式(9-43)及式(9-56)有

$$p_k = \frac{1}{s_k}, k = 1, 2, \cdots, N \qquad (9-58)$$

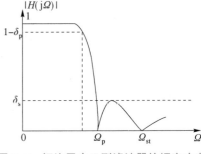

图 9-5　切比雪夫 II 型滤波器的幅度响应

式(9-58)中的 s_k 是式(9-46)中的归一化切比雪夫 I 型低通滤波器的极点。切比雪夫 I 型低通滤波器的系统函数只有极点,没有零点;而切比雪夫 II 型低通滤波器的系统函数既有极点,又有零点。可以推出,归一化切比雪夫 II 型低通滤波器的零点为

$$z_k = j/\cos\left[\frac{(2k-1)}{2N}\pi\right], k = 1, 2, \cdots, N \qquad (9-59)$$

式(9-59)表明,切比雪夫 II 型低通滤波器的零点均在 s 平面的虚轴上。当 N 为偶数时,有 N 个零点;当 N 为奇数时,有 $N-1$ 个零点,因为 $z_{(n+1)/2} = \infty$。

当 N 为偶数时,归一化切比雪夫 II 型低通滤波器的系统函数为

$$H_{L0}(s) = \prod_{k=1}^{N/2} \frac{(|p_k|^2/|z_k|^2)(s^2 + |z_k|^2)}{[s^2 - 2\mathrm{Re}[p_k]s + |p_k|^2]} \qquad (9-60)$$

当 N 为奇数时,归一化切比雪夫 II 型低通滤波器的系统函数为

$$H_{L0}(s) = \frac{1/\sin h(\beta)}{s + 1/\sin h(\beta)} \prod_{k=1}^{N/2} \frac{(|p_k|^2/|z_k|^2)(s^2 + |z_k|^2)}{[s^2 - 2\mathrm{Re}[p_k]s + |p_k|^2]} \qquad (9-61)$$

去归一化,可得出 Ω_c 为任意值时的切比雪夫 II 型模拟低通滤波器的系统函数

$$H(s) = H_{L0}(s/\Omega_c) \qquad (9-62)$$

3. 切比雪夫 II 型模拟低通滤波器的设计步骤

(1) 由阻带截频 Ω_{st} 确定 Ω_c:

$$\Omega_{st} = \Omega_c \qquad (9-63)$$

(2) 由阻带衰减 A_s 确定 ε。

由式(9-56)得

$$|H(j\Omega_{st})|^2 = \frac{\varepsilon^2 C_N^2(\Omega_c/\Omega_{st})}{1 + \varepsilon^2 C_N^2(\Omega_c/\Omega_{st})}$$

将式(9-63)代入上式得

$$|H(j\Omega_{st})|^2 = \frac{\varepsilon^2 C_N^2(\Omega_{st}/\Omega_{st})}{1 + \varepsilon^2 C_N^2(\Omega_{st}/\Omega_{st})} = \frac{\varepsilon^2 C_N^2(1)}{1 + \varepsilon^2 C_N^2(1)}$$

根据切比雪夫多项式的性质(5),得 $C_N^2(1) = 1$,将该式代入上式得

$$|H(j\Omega_{st})|^2 = \frac{\varepsilon^2}{1 + \varepsilon^2}$$

由式(9-2)得

$$A_s = A(\Omega_{st}) = -10\lg|H(j\Omega_{st})|^2$$

解得

$$\varepsilon = 1/\sqrt{10^{0.1A_s} - 1} \qquad (9-64)$$

(3) 由通带、阻带指标确定 N。

由式(9-56)得

$$|H(\mathrm{j}\Omega_{\mathrm{p}})|^2 = \frac{\varepsilon^2 C_N^2(\Omega_{\mathrm{c}}/\Omega_{\mathrm{p}})}{1+\varepsilon^2 C_N^2(\Omega_{\mathrm{c}}/\Omega_{\mathrm{p}})}$$

将式(9-63)代入上式得

$$|H(\mathrm{j}\Omega_{\mathrm{p}})|^2 = \frac{\varepsilon^2 C_N^2(\Omega_{\mathrm{st}}/\Omega_{\mathrm{p}})}{1+\varepsilon^2 C_N^2(\Omega_{\mathrm{st}}/\Omega_{\mathrm{p}})}$$

由式(9-2)得

$$A_{\mathrm{p}} = A(\Omega_{\mathrm{p}}) = -10\lg|H(\mathrm{j}\Omega_{\mathrm{p}})|^2$$

比较以上两式得

$$A_{\mathrm{p}} = -10\lg\frac{\varepsilon^2 C_N^2(\Omega_{\mathrm{st}}/\Omega_{\mathrm{p}})}{1+\varepsilon^2 C_N^2(\Omega_{\mathrm{st}}/\Omega_{\mathrm{p}})}$$

由于

$$\Omega_{\mathrm{st}}/\Omega_{\mathrm{p}} > 1$$

因此根据式(9-42)可得

$$C_N^2(\Omega_{\mathrm{st}}/\Omega_{\mathrm{p}}) = \cos h^2[N \mathrm{arccos}\, h(\Omega_{\mathrm{st}}/\Omega_{\mathrm{p}})]$$

故

$$A_{\mathrm{p}} = -10\lg\frac{\varepsilon^2\cos h^2[N \mathrm{arccos}\, h(\Omega_{\mathrm{st}}/\Omega_{\mathrm{p}})]}{1+\varepsilon^2\cos h^2[N \mathrm{arccos}\, h(\Omega_{\mathrm{st}}/\Omega_{\mathrm{p}})]}$$

解得

$$N = \frac{\mathrm{arccos}\, h\left(\dfrac{1}{\varepsilon\sqrt{10^{0.1A_{\mathrm{p}}}-1}}\right)}{\mathrm{arccos}\, h(\Omega_{\mathrm{st}}/\Omega_{\mathrm{p}})} \tag{9-65}$$

由式(9-65)计算的 N 一般不是整数,应取大于 N 的整数作为滤波器的阶数。

(4) 由式(9-60)或式(9-61)确定归一化系统函数 $H_{L0}(s)$。

(5) 由式(9-62)确定归一化后的系统函数 $H(s)$。

9.2.3　椭圆滤波器

椭圆滤波器又称考尔滤波器,其幅度响应在通带和阻带内都呈等波纹形状。与巴特沃思滤波器和切比雪夫滤波器相比,设计相同指标的模拟滤波器时,该种滤波器所需的阶数最低。N 阶椭圆滤波器的幅度平方函数为

【例 9-5】和　　【程序 9-4】
【例 9-6】

$$|H(\mathrm{j}\Omega)|^2 = \frac{1}{1+\varepsilon^2 R_N^2(\Omega/\Omega_{\mathrm{c}})} \tag{9-66}$$

式中,$R_N(x)$ 是 N 阶切比雪夫有理多项式。

$R_N(x)$ 中含有参数 k 和 k_1,两者均为小于 1 的正数。与椭圆滤波器有关的 5 个重要参数是 N、ε、Ω_{c}、k、k_1。椭圆滤波器是既有极点又有零点的滤波器。滤波器的阶数 N 越高,通带和阻带中幅度响应的起伏次数就越多,阶数 N 等于幅度响应在通带内(或阻带内)的极大值个数和极小值个数之和。由于椭圆滤波器的幅度平方函数的零点分布十分复杂,因此本书不予讨论,只说明该种滤波器的设计方法。

1. 椭圆滤波器的主要性质

（1）当 $|\Omega|>\Omega_c$ 时,有

$$\frac{1}{1 + \varepsilon^2} \leqslant |H(\mathrm{j}\Omega)|^2 \leqslant 1 \tag{9-67}$$

（2）当 $\Omega_c/k<|\Omega|<\infty$ 时,有

$$0 \leqslant |H(\mathrm{j}\Omega)|^2 \leqslant \frac{1}{1 + (\varepsilon k_1)^2} \tag{9-68}$$

（3）$\Omega=0$ 处的幅度平方函数为

$$|H(\mathrm{j}0)|^2 = \begin{cases} 1/(1 + \varepsilon^2), & N \text{ 为偶数} \\ 1, & N \text{ 为奇数} \end{cases} \tag{9-69}$$

2. 设计椭圆滤波器时需要的特殊函数

为设计椭圆滤波器的系统函数 $H(s)$,需利用椭圆积分函数和雅克比(Jacobi)椭圆函数作为分析工具。第一类椭圆积分函数定义为

$$u(\varphi,k) = \int_0^\varphi (1 - k^2\sin^2 x)^{-0.5}\mathrm{d}x \tag{9-70}$$

式中,$0<k<1$。当 $\varphi=\pi/2$ 时,由式(9-70)可得第一类完全椭圆积分函数,即

$$K(k) = u(0.5\pi,k) = \int_0^{0.5\pi} (1 - k^2\sin^2 x)^{-0.5}\mathrm{d}x \tag{9-71}$$

可利用 MATLAB 函数 ellipke( )来计算第一类完全椭圆积分函数,将式(9-70)中的 φ 看成 u 的函数,定义如下的雅克比椭圆函数:

$$\mathrm{sn}(u,k) = \sin[\varphi(u,k)]$$
$$\mathrm{cn}(u,k) = \cos[\varphi(u,k)]$$
$$\mathrm{dn}(u,k) = \sqrt{1-k^2\sin^2[\varphi(u,k)]}$$
$$\mathrm{sc}(u,k) = \tan[\varphi(u,k)]$$

雅克比椭圆函数 $\mathrm{sn}(u,k)$、$\mathrm{cn}(u,k)$、$\mathrm{dn}(u,k)$ 可利用 MATLAB 函数 ellip( )来计算。

3. 椭圆滤波器归一化的设计方法

$\Omega_c=1$ 时,椭圆滤波器称为归一化椭圆滤波器。

N 为偶数时,归一化椭圆滤波器的系统函数为

$$H_{L0}(s) = \frac{1}{\sqrt{1 + \varepsilon^2}}\prod_{l=1}^{N/2}\frac{(|p_l|^2/|z_l|^2)(s^2 + |z_l|^2)}{[s^2 - 2\mathrm{Re}[p_l]s + |p_l|^2]} \tag{9-72}$$

式中,

$$z_l = \frac{1}{k\mathrm{sn}[(2l-1)K(k)/N,k]},\quad l=1,2,\cdots,N$$

$$p_l = -\frac{\mathrm{cndnsn}'\mathrm{cn}'+\mathrm{jsndn}'}{1-\mathrm{dn}^2\mathrm{sn}'^2},\quad l=1,2,\cdots,N$$

$$\mathrm{sn} = \mathrm{sn}[(2l-1)K(k)/N,k]$$

$$\mathrm{cn} = \mathrm{cn}[(2l-1)K(k)/N,k]$$

$$\mathrm{dn} = \mathrm{dn}[(2l-1)K(k)/N,k]$$

$$\mathrm{sn}' = \mathrm{sn}(v_0,\sqrt{1-k^2})$$

$$\text{cn}' = \text{cn}\left(v_0, \sqrt{1-k^2}\right)$$

$$\text{dn}' = \text{dn}\left(v_0, \sqrt{1-k^2}\right)$$

$$v_0 = \frac{K(k)}{NK(k_1)}\text{arccsc}\left(1/\varepsilon, \sqrt{1-k_1^2}\right)$$

N 为奇数时，归一化椭圆滤波器的系统函数为

$$H_{L0}(s) = \frac{-p_0}{s-p_0}\prod_{l=1}^{(N-1)/2}\frac{(\,|p_l|^2/|z_l|^2\,)(s^2+|z_l|^2)}{[\,s^2-2\text{Re}[p_l]s+|p_l|^2\,]} \tag{9-73}$$

式中，

$$z_l = \frac{\text{j}}{k\text{sn}(2lk(k)/N,k)}$$

$$p_l = -\frac{\text{cndnsn}'\text{cn}'+\text{jsndn}'}{1-\text{dn}^2\text{sn}'^2}, l=1,2,\cdots,(N-1)/2$$

$$\text{sn} = \text{sn}[\,2lK(k)/N,k\,]$$

$$\text{cn} = \text{cn}[\,2lK(k)/N,k\,]$$

$$\text{dn} = \text{dn}[\,2lK(k)/N,k\,]$$

$$\text{sn}' = \text{sn}\left[v_0, \sqrt{1-k^2}\right]$$

$$\text{cn}' = \text{cn}\left[v_0, \sqrt{1-k^2}\right]$$

$$\text{dn}' = \text{dn}\left[v_0, \sqrt{1-k^2}\right]$$

$$v_0 = \frac{K(k)}{NK(k_1)}\text{arccsc}\left(1/\varepsilon, \sqrt{1-k_1^2}\right)$$

去归一化，可得出 Ω_c 为任意值时的椭圆滤波器的系统函数：

$$H(s) = H_{L0}(s/\Omega_c) \tag{9-74}$$

4. 椭圆滤波器归一化的设计步骤

（1）由通带截频 Ω_p 确定 Ω_c：

$$\Omega_p = \Omega_c \tag{9-75}$$

（2）由通带衰减 A_p 确定 ε。由

$$-20\text{g}\,|\,H(\text{j}\Omega_p)\,| = -10\lg\frac{1}{1+\varepsilon^2} = A_p$$

得

$$\varepsilon = 1/\sqrt{10^{0.1A_s}-1} \tag{9-76}$$

（3）由阻带截频 Ω_{st} 确定 k：

$$k = \Omega_p/\Omega_{st} \tag{9-77}$$

（4）由阻带衰减 A_s 确定 k_1。由

$$-10\lg\frac{1}{1+\varepsilon^2/k_1^2} = A_s$$

得

$$k_1 = \varepsilon / \sqrt{10^{0.1A_s} - 1} \tag{9-78}$$

（5）确定滤波器的阶数 N，即

$$N = \frac{K(k)K\left(\sqrt{1-k_1^2}\right)}{K\left(\sqrt{1-k^2}K(k_1)\right)} \tag{9-79}$$

（6）为保证 $R_N(x)$ 为切比雪夫有理多项式，在 N 取整后还需调整椭圆滤波器的参数 k 和 k_1，使式（9-79）成立。不同的调整参数 k 和 k_1 的方法，会产生不同的设计方案。

5. N 取整后 k 和 k_1 的调整方法

下面对不同的调整参数的方法进行简述，具体运用哪一种方法，可根据情况选择。

（1）固定 A_p、Ω_p、Ω_{st}，使 A_s 达到最大。N 取整后，由式（9-79）重新计算系数 k_1，用新计算出的 k_1 代替以前的 k_1，确定系统的零点 z_l 和极点 p_l，从而确定系统函数 $H(s)$。通过这样处理，可使所设计的椭圆滤波器的阻带衰减 A_s 超过设计指标，而 A_p、Ω_p、Ω_{st} 等参数满足设计指标要求。

（2）固定 A_p、Ω_p、Ω_{st}，使 A_p 达到最小。由方法（1）中求得新计算出的 k_1，为保证所设计滤波器的阻带衰减 A_s 不变，需由新计算出的 k_1 重新计算 ε。

（3）固定 A_p、A_s、Ω_p，使 Ω_{st} 达到最小。由式（9-79）重新计算系数 k_1，用新计算出的 k_1 代替以前的 k_1，确定系统的零点 z_l 和极点 p_l，从而确定系统函数 $H(s)$。通过这样处理，可使所设计的椭圆滤波器的阻带截频 Ω_{st} 超过设计指标，而 A_p、A_s、Ω_p 等参数满足设计指标要求。

§9.3 模拟域频率变换

【例9-7】

【程序9-5】

9.2节讨论了模拟低通滤波器的设计，在实际应用中，还经常需要高通、带通、带阻等其他滤波器。这些滤波器的设计可以通过频率变换的方法转换为低通滤波器的设计，在低通滤波器设计完成后，再通过频率变换将其转换为所需类型的滤波器。为了便于分析，用 $H_L(\bar{s})$ 表示变换前的低通滤波器，称其为原型滤波器。$H_L\left(j\bar{\Omega}\right)$ 表示原型滤波器的频率响应。$H_L(\bar{s})$ 的通带截频和阻带截频表示为 $\bar{\Omega}_p$ 和 $\bar{\Omega}_{st}$。转换后的低通、高通、带通、带阻滤波器的表达式分别用 $H_{LP}(s)$、$H_{HP}(s)$、$H_{BP}(s)$、$H_{BS}(s)$ 表示。

从 $\bar{s}$ 域到 s 域的映射定义为

$$\bar{s} = f(s) \tag{9-80}$$

式中，$f(s)$ 是 s 的有理函数。由变换获得的滤波器为

$$H(s) = H_L(\bar{s}) \big|_{\bar{s}=f(s)} \tag{9-81}$$

由于限定了 $f(s)$ 是有理函数，因此当 $H_L(\bar{s})$ 是有理函数时，变换后获得的 $H(s)$ 也是有理函数。另外映射还必须保持滤波器的稳定性。$\bar{s}$ 的左半平面必须映射到 s 的左半平面，$\bar{s}$ 的右半平面必须映射到 s 的右半平面，虚轴 $j\bar{\Omega}$ 必须映射到虚轴 $j\Omega$。

9.3.1　原型低通到低通的变换

原型低通到低通的变换定义为

$$H_{\mathrm{LP}}(s) = H_{\mathrm{L}}(\bar{s})\,\big|_{\bar{s}=s/\Omega_0} \tag{9-82}$$

式中，Ω_0 是一正的参数。在 9.2 节的低通滤波器设计中，介绍了由归一化低通到低通的频率变换，即通过频率变换将归一化的低通滤波器变换为非归一化的低通滤波器。下面将分析一般的情况，即 $H_{\mathrm{L}}(\bar{s})$ 不是归一化的低通滤波器时，变换后的低通滤波器的通带截频和阻带截频将如何变化？将 $\bar{s}=\mathrm{j}\bar{\Omega}$，$s=\mathrm{j}\Omega$ 代入 $\bar{s}=s/\Omega_0$，可得 $\bar{\Omega}$ 和 Ω 的关系为

$$\bar{\Omega} = \Omega/\Omega_0 \tag{9-83}$$

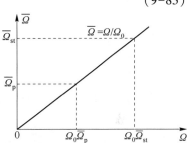

式 (9-83) 表示的由低通滤波器到低通滤波器变换的频率对应关系如图 9-6 所示。在图 9-6 中，当 Ω 从 0 到 $\Omega_0\bar{\Omega}_{\mathrm{p}}$ 变化时，对应的 $\bar{\Omega}$ 从 0 到 $\bar{\Omega}_{\mathrm{p}}$ 变换。由于 $H_{\mathrm{L}}(\bar{s})$ 的通带是从 $\bar{\Omega}=0$ 到 $\bar{\Omega}=\bar{\Omega}_{\mathrm{p}}$，因此 $H_{\mathrm{LP}}(s)$ 的通带是从 $\Omega=0$ 到 $\Omega=\Omega_0\bar{\Omega}_{\mathrm{p}}$。当 Ω 从 $\Omega_0\bar{\Omega}_{\mathrm{st}}\sim\infty$ 变化时，对应的 $\bar{\Omega}$ 在 $\bar{\Omega}_{\mathrm{st}}$ 和 ∞ 之间变化，因此 $H_{\mathrm{LP}}(s)$ 的阻带从 $\Omega_0\bar{\Omega}_{\mathrm{st}}\sim\infty$，即通过低通到低通的频率变换之后，低通滤波器 $H_{\mathrm{LP}}(s)$ 的通带截频与阻带截频分别为 $\Omega_0\bar{\Omega}_{\mathrm{p}}$ 和 $\Omega_0\bar{\Omega}_{\mathrm{st}}$。

图 9-6　低通滤波器到低通滤波器变换的频率对应关系

9.3.2　原型低通到高通的变换

原型低通到高通的变换定义为

$$H_{\mathrm{HP}}(s) = H_{\mathrm{L}}(\bar{s})\,\big|_{\bar{s}=\Omega_0/s} \tag{9-84}$$

式中，Ω_0 是一正的参数。

由于低通到高通的变换为一阶的有理函数，所以变换后所得的高通滤波器 $H_{\mathrm{HP}}(s)$ 和原型滤波器 $H_{\mathrm{L}}(\bar{s})$ 具有相同的阶数。为了证明变换后仍能保持稳定性，记

$$\bar{s} = \bar{\sigma} + \mathrm{j}\bar{\Omega}\qquad s = \sigma + \mathrm{j}\Omega$$

则 $\bar{s}$ 和 s 的对应关系可写为

$$\bar{s} = \bar{\sigma} + \mathrm{j}\bar{\Omega} = \frac{\Omega_0}{s} = \frac{\Omega_0(\sigma - \mathrm{j}\Omega)}{\sigma^2 + \Omega^2} \tag{9-85}$$

式 (9-85) 表明 $\bar{\sigma}$ 和 σ 有相同的正负号，因而变换能保持系统的稳定性。

将 $\bar{s}=\mathrm{j}\bar{\Omega}$，$s=\mathrm{j}\Omega$ 代入 $\bar{s}=\Omega_0/s$，可得低通到高通变换的频率对应关系为

$$\Omega\bar{\Omega} = \Omega_0 \tag{9-86}$$

低通滤波器到高通滤波器变换的频率对应关系如图 9-7 所示。当 Ω 在 $\left[\Omega_0\big/\bar{\Omega}_{\mathrm{p}}, \infty\right)$ 范围内变化时，对应的 $\bar{\Omega}$ 在 $\left[0, \bar{\Omega}_{\mathrm{p}}\right]$ 范围内变化。由于 $H_{\mathrm{L}}(\bar{s})$ 是实系数的低通滤波器，其频率范围

$\left[0,\overline{\Omega}_{\mathrm{p}}\right]$ 是 $H_{\mathrm{L}}(\overline{s})$ 的通带,因此 $H_{\mathrm{LP}}(s)$ 的通带频率范围是 $\left[\Omega_0\Big/\overline{\Omega}_{\mathrm{p}},\infty\right]$。

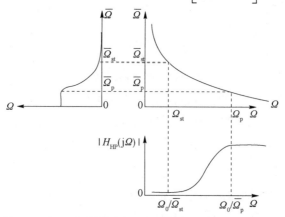

图 9-7　低通滤波器到高通滤波器变换的频率对应关系

当 Ω 在 $0\sim\Omega_0/\overline{\Omega}_{\mathrm{st}}$ 范围内变化时,对应的 $\overline{\Omega}$ 在 $\left[\overline{\Omega}_{\mathrm{st}},\infty\right)$ 范围内变化。其频率范围是 $H_{\mathrm{L}}(\overline{s})$ 的阻带,所以 $H_{\mathrm{HP}}(s)$ 的阻带范围是 $\left[0,\Omega_0\Big/\overline{\Omega}_{\mathrm{st}}\right]$。由式(9-86)获得的高通滤波器的通带截频为 $\Omega_0\Big/\overline{\Omega}_{\mathrm{p}}$,阻带截频为 $\Omega_0/\overline{\Omega}_{\mathrm{st}}$。

若要求设计一个通带截频为 Ω_{p},阻带截频为 Ω_{st} 的高通滤波器,则由以上分析可知,相应的低通滤波器的频率指标为通带截频为 $\Omega_0/\Omega_{\mathrm{p}}$,阻带截频为 $\Omega_0/\Omega_{\mathrm{st}}$。设高通滤波器的技术指标为 A_{p}、A_{s}、Ω_{p}、Ω_{st},则设计高通滤波器的步骤如下。

（1）由

$$\overline{\Omega}_{\mathrm{p}} = \Omega_0/\Omega_{\mathrm{p}} \tag{9-87}$$

及

$$\overline{\Omega}_{\mathrm{st}} = \Omega_0/\Omega_{\mathrm{st}} \tag{9-88}$$

确定低通滤波器的指标。Ω_0 是一可选择的参数,为便于计算,常选 $\Omega_0=1$。

（2）设计满足指标 A_{p}、A_{s}、$\overline{\Omega}_{\mathrm{p}}$、$\overline{\Omega}_{\mathrm{st}}$ 的低通滤波器 $H_{\mathrm{L}}(\overline{s})$。

（3）由式(9-84)得到所要求的高通滤波器。

9.3.3　原型低通到带通的变换

Ω_{p2} 和 Ω_{p1} 分别为带通滤波器通带的上、下截频,Ω_{st2} 和 Ω_{st1} 分别为带通滤波器阻带的上、下截频。A_{p} 和 A_3 分别为带通滤波器的通带衰减和阻带衰减,原型低通滤波器到带通滤波器的变换式为

【例 9-8】　【程序 9-6】

$$H_{\mathrm{BP}}(s) = H_{\mathrm{L}}(\overline{s})\Big|_{\overline{s}=\frac{s^2+\Omega_0^2}{Bs}} \tag{9-89}$$

式中,B 和 Ω_0 为大于 0 的参数。低通滤波器到带通滤波器的幅度响应如图 9-8 所示。

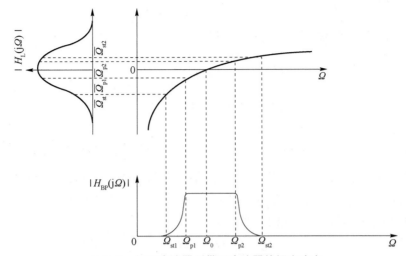

图 9-8　低通滤波器到带通滤波器的幅度响应

由于低通到带通的变换为二阶有理函数,因此变换后所得的带通滤波器 $H_{BP}(s)$ 的阶数是原型滤波器 $H_L(\bar{s})$ 阶数的两倍。

令

$$\bar{s} = \bar{\sigma} + j\bar{\Omega}, \quad s = \sigma + j\Omega$$

由式

$$\bar{s} = \frac{s^2 + \Omega_0^2}{Bs}$$

可得 $\bar{s}$ 和 s 的对应关系为

$$\bar{s} = \bar{\sigma} + j\bar{\Omega} = \frac{\sigma}{B}\left(1 + \frac{\Omega_0^2}{\sigma^2 + \Omega^2}\right) + j\frac{\Omega}{B}\left(1 - \frac{\Omega_0^2}{\sigma^2 + \Omega^2}\right) \qquad (9\text{-}90)$$

式(9-90)表明 $\bar{\sigma}$ 和 σ 有相同的正负号,所以变换能保持系统的稳定性。

将 $\bar{s} = j\bar{\Omega}, s = j\Omega$ 代入 $\bar{s} = \dfrac{s^2 + \Omega_0^2}{Bs}$,低通和带通滤波器的频率关系为

$$\bar{\Omega} = \frac{\Omega^2 - \Omega_0^2}{B\Omega} \qquad (9\text{-}91)$$

由式(9-91)可得

$$\Omega^2 - B\Omega\bar{\Omega} - \Omega_0^2 = 0$$

解方程得

$$\Omega_1 = 0.5\left(\bar{\Omega}B + \sqrt{(\bar{\Omega}B)^2 + 4\Omega_0^2}\right) \qquad (9\text{-}92)$$

$$\Omega_2 = 0.5\left(\bar{\Omega}B - \sqrt{(\bar{\Omega}B)^2 + 4\Omega_0^2}\right) \qquad (9\text{-}93)$$

可以看出,无论 $\bar{\Omega}$ 如何变化,Ω_1 始终为正值,而 Ω_2 始终为负值。现只讨论 $\Omega = \Omega_1$ 时,滤波器幅度响应的情况。

设

$$B = \Omega_{p2} - \Omega_{p1} \qquad (9\text{-}94)$$

$$\Omega_0^2 = \Omega_{p1}\Omega_{p2} \qquad (9\text{-}95)$$

将式(9-94)及式(9-95)代入式(9-91)得

$$\overline{\Omega}_{p1} = \frac{\Omega_{p1}^2 - \Omega_{p1}\Omega_{p2}}{(\Omega_{p2} - \Omega_{p1})\Omega_{p1}} = -1 \qquad (9\text{-}96)$$

$$\overline{\Omega}_{p2} = \frac{\Omega_{p2}^2 - \Omega_{p1}\Omega_{p2}}{(\Omega_{p2} - \Omega_{p1})} = 1 \qquad (9\text{-}97)$$

若低通滤波器 $H_L(\bar{s})$ 的通带截频 $|\overline{\Omega}_p| = 1$，则变换后滤波器的通带范围为 $[\Omega_{p1}, \Omega_{p2}]$。可以看出，变换后低通滤波器 $H_L(\bar{s})$ 成为带通滤波器。由式(9-91)可知，$\overline{\Omega} = 0$ 被映射到 $\Omega = \Omega_0$，带通滤波器通带截频的几何平均值 $\Omega_0 = \sqrt{\Omega_{p1}\Omega_{p2}}$ 称为带通滤波器的中心频率。由式(9-91)知，带通滤波器的两个阻带截频分别被映射到

$$\overline{\Omega}_{st1} = \frac{\Omega_{st1}^2 - \Omega_{p1}\Omega_{p2}}{(\Omega_{p2} - \Omega_{p2})\Omega_{st1}} \qquad (9\text{-}98)$$

$$\overline{\Omega}_{st2} = \frac{\Omega_{st2}^2 - \Omega_{p1}\Omega_{p2}}{(\Omega_{p2} - \Omega_{p1})\Omega_{st2}} \qquad (9\text{-}99)$$

若低通滤波器 $H_L(\bar{s})$ 的阻带截频为

$$\overline{\Omega}_{st} = \min\left\{ \left|\overline{\Omega}_{st1}\right|, \left|\overline{\Omega}_{st2}\right| \right\} \qquad (9\text{-}100)$$

则变换后的带通滤波器在阻带的衰减能满足设计指标。

带通滤波器的设计步骤如下。

（1）根据带通滤波器的上、下截频，由式(9-94)及式(9-95)确定参数 B 和 Ω_0。

（2）由式(9-100)确定原型低通滤波器的阻带截频 $\overline{\Omega}_{st}$。

（3）设计通带截频为 $1(\text{rad/s})$、阻带截频为 $\overline{\Omega}_{st}$、通带衰减为 $A_p(\text{dB})$、阻带衰减为 $A_s(\text{dB})$ 的原型低通滤波器 $H_L(\bar{s})$。

（4）由式(9-89)得到带通滤波器的数学表达式。

▶▶ 9.3.4　原型低通到带阻的变换

低通滤波器到带阻滤波器的变化式为

$$H_{BS}(s) = H_L(\bar{s})\Big|_{\bar{s} = \frac{Bs}{s^2 + \Omega_0^2}} \qquad (9\text{-}101)$$

【例9-9】　【程序9-7】

式中，B 表示低通滤波器的带宽；Ω_0 表示带阻滤波器的中心频率，两者均为大于0的正数。

将 $\bar{s} = j\overline{\Omega}, s = j\Omega$ 代入 $\bar{s} = \dfrac{Bs}{s^2 + \Omega_0^2}$ 得

$$\overline{\Omega} = \frac{B\Omega}{-\Omega^2 + \Omega_0^2} \qquad (9\text{-}102)$$

式(9-102)为原型滤波器到带阻滤波器的对应关系，图9-9给出了频率对应曲线，由图9-9可知，$\overline{\Omega} = \infty$ 被映射到 $\Omega = \Omega_0$。由该式可得

$$\overline{\Omega}_1 = -\frac{B}{2\overline{\Omega}} + \sqrt{\Omega_0^2 + \left(\frac{B}{2\overline{\Omega}}\right)^2} \tag{9-103}$$

$$\overline{\Omega}_2 = -\frac{B}{2\overline{\Omega}} - \sqrt{\Omega_0^2 + \left(\frac{B}{2\overline{\Omega}}\right)^2} \tag{9-104}$$

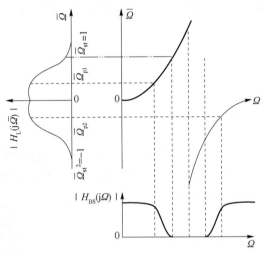

图 9-9　低通滤波器到带阻滤波器的频率对应关系

现只讨论 $\Omega = \overline{\Omega}_1$ 时,滤波器幅度响应的情况。

设

$$B = \Omega_{st2} - \Omega_{st1} \tag{9-105}$$

$$\Omega_0^2 = \Omega_{st1}\Omega_{st2} \tag{9-106}$$

由式(9-102)得

$$\overline{\Omega}_{st1} = \frac{(\Omega_{st2} - \Omega_{st1})\Omega_{st1}}{-\Omega_{st1}^2 + \Omega_{st1}\Omega_{st2}} = 1 \tag{9-107}$$

$$\overline{\Omega}_{st2} = \frac{(\Omega_{st2} - \Omega_{st1})\Omega_{st2}}{-\Omega_{st2}^2 + \Omega_{st1}\Omega_{st2}} = -1 \tag{9-108}$$

由式(9-107)及式(9-108)可知,若低通滤波器 $H_L(\bar{s})$ 的阻带截频为 $\left|\overline{\Omega}_{st}\right| = 1$,则变换后滤波器的阻带频率范围为 $[\Omega_{st1}, \Omega_{st2}]$,通过变换,低通滤波器变成了带阻滤波器。

由式(9-102)可知,带阻滤波器的通带截频被映射到

$$\overline{\Omega}_{p1} = \frac{(\Omega_{st2} - \Omega_{st1})\Omega_{p1}}{-\Omega_{p1}^2 + \Omega_{st1}\Omega_{st2}} \tag{9-109}$$

$$\overline{\Omega}_{p2} = \frac{(\Omega_{st2} - \Omega_{st1})\Omega_{p2}}{-\Omega_{p2}^2 + \Omega_{st1}\Omega_{st2}} \tag{9-110}$$

若低通滤波器 $H_L(\bar{s})$ 的通带截频为

$$\overline{\Omega}_p = \max\left\{ \left|\overline{\Omega}_{p1}\right|, \left|\overline{\Omega}_{p2}\right| \right\} \tag{9-111}$$

则变换后的带阻滤波器在通带衰减能满足设计指标。

带阻滤波器的设计步骤如下。

（1）根据带阻滤波器的阻带上、下截频，由式（9-105）及式（9-106）确定带宽及中心频率。

（2）根据式（9-111）确定原型低通滤波器的通带截频。

（3）设计通带截频为 $\overline{\Omega}_p$、阻带截频为 $1(\mathrm{rad/s})$、通带衰减为 $A_p(\mathrm{dB})$、阻带衰减为 $A_s(\mathrm{dB})$ 的低通滤波器 $H_L(\overline{s})$。

（4）由式（9-101）获得带阻滤波器的数学表达式。

§9.4 脉冲响应不变法

IIR 滤波器设计的基本方法是首先将数字滤波器的设计指标转换为模拟滤波器的设计指标，然后设计模拟滤波器。在模拟滤波器设计完成后，再将模拟滤波器转换为数字滤波器。在这一节将讨论一种将模拟滤波器转换为数字滤波器的方法。

9.4.1 脉冲响应不变法的原理

1. 变换原理

【例 9-10】　【程序 9-8】

通过对模拟滤波器单位脉冲响应 $h(t)$ 等间隔抽样来获取数字滤波器的单位脉冲响应 $h(n)$，即

$$h(n) = h(t)\big|_{t=nT} \tag{9-112}$$

式中，T 是抽样间隔。

若已知模拟滤波器的系统函数 $H(s)$，则可以按下述步骤确定数字滤波器的系统函数 $H(z)$。

（1）对 $H(s)$ 进行拉普拉斯反变换得到 $h(t)$。

（2）对 $h(t)$ 进行等间隔抽样得到 $h(n)$。

（3）计算 $h(n)$ 的 z 变换得到 $H(z)$。

假设一因果的模拟滤波器的系统函数 $H(s)$ 只有一阶极点，则 $H(s)$ 可表达为

$$H(s) = \sum_{i=1}^{M} \frac{A_i}{s - p_l} \tag{9-113}$$

由拉普拉斯反变换可得单位脉冲响应为

$$h(t) = L^{-1}[H(s)] = \sum_{i=1}^{M} A_i \mathrm{e}^{p_i t} u(t) \tag{9-114}$$

对 $h(t)$ 取样得

$$h(n) = h(nT) = \sum_{i=1}^{M} A_i \mathrm{e}^{p_i nT} u(n) \tag{9-115}$$

对 $h(n)$ 进行 z 变换得

$$H(z) = \sum_{n=-\infty}^{+\infty} h(n)z^{-n} = \sum_{n=-\infty}^{+\infty} \sum_{i=1}^{M} A_i e^{p_l nT} u(n) z^{-n}$$

$$= \sum_{i=1}^{M} A_i \sum_{n=0}^{+\infty} (e^{p_l T} z^{-1})^n = \sum_{i=1}^{M} \frac{A_i}{1 - e^{p_l T} z^{-1}} \qquad (9\text{-}116)$$

【例 9-11】和
【例 9-12】　　【程序 9-9】

下面分析 s 平面和 z 平面之间的映射关系。

设 $h(t)$ 的理想采样信号为 $\hat{h}(t)$，则

$$\hat{h}(t) = h(t)\delta_T(t) = \sum_{-\infty}^{+\infty} h(t)\delta(t - nT)$$

对 $\hat{h}(t)$ 进行拉普拉斯变换得

$$\hat{H}(s) = \int_{-\infty}^{+\infty} \sum_{n=-\infty}^{+\infty} h(t)\delta(t - nT) e^{-st} dt$$

$$= \sum_{n=-\infty}^{+\infty} \int h(t)\delta(t - nT) e^{-st} dt = \sum_{n=-\infty}^{+\infty} h(nT) e^{-snT}$$

对 $h(n)$ 进行 z 变换得

$$H(z) = \sum_{n=-\infty}^{+\infty} h(nT) z^{-n}$$

比较以上两式可看出，s 平面和 z 平面之间的映射关系为

$$z = e^{sT} \qquad (9\text{-}117)$$

设 $s = \sigma + j\Omega$，则

$$z = e^{\sigma T} e^{j\Omega T} \qquad (9\text{-}118)$$

由式(9-118)可得

$$|z| = e^{\sigma T} \begin{cases} < 1, & \sigma < 0 \\ = 1, & \sigma = 0 \\ > 1, & \sigma > 0 \end{cases} \qquad (9\text{-}119)$$

从式(9-119)可以看出，模拟滤波器左半平面被映射到数字滤波器单位圆内的极点，模拟滤波器右半平面的极点被映射到数字滤波器单位圆外的极点。因此，脉冲响应不变法能够将一个因果稳定的模拟滤波器转换成一个因果稳定的数字滤波器。

图 9-10 给出了 s 平面和 z 平面之间的映射关系。从图中可以看出，s 平面上的每一条宽度为 $2\pi/T$ 的横条都将重复地映射到 z 平面上，每一横条的左半平面映射到 z 平面单位圆以内，右半平面映射到 z 平面单位圆以外，s 平面的虚轴映射到 z 平面的单位圆上。虚轴上每一段长为 $2\pi/T$ 的线段都映射到 z 平面单位圆的一个圆周上。这反映了 $H(z)$ 与 $H(s)$ 的周期延拓关系，说明了从 z 平面到 s 平面的映射不是单值映射。

2. 混叠失真

由脉冲响应不变法获得的数字滤波器的频率响应 $H(e^{j\omega})$ 与模拟滤波器的频率响应 $H(j\Omega)$ 的关系为

$$H(e^{j\omega}) = \frac{1}{T} \sum_{-\infty}^{+\infty} H\left[j\left(\Omega - \frac{2\pi n}{T} \right) \right] \qquad (9\text{-}120)$$

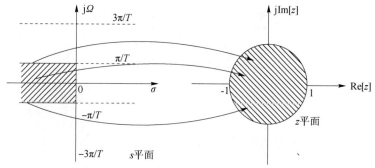

图 9-10 脉冲响应不变法的 s 平面与 z 平面之间的映射关系

若模拟滤波器的频率响应带限于折叠频率 $\Omega_s/2$ 以内,即

$$H(j\Omega) = 0 , \ |\Omega| > \frac{\pi}{T} = \frac{\Omega_s}{2} \tag{9-121}$$

则数字滤波器的频率响应能不失真地重现模拟滤波器的频率响应,有

$$H(e^{j\omega}) = \frac{1}{T}H(j\Omega) , \ |\Omega| \leqslant \pi \tag{9-122}$$

但是,任何实际的模拟滤波器,其频率响应都不可能是严格带限的,因此不可避免地存在频谱的混叠现象,图 9-11 给出了频谱混叠的示意说明。从图中可以看出,用脉冲响应不变法设计出的数字滤波器的频率响应在 $\omega = \pi$ 附近不同程度地偏离了模拟滤波器的频率响应,严重时所设计的数字滤波器不能满足设计指标。对于此现象,可通过减小抽样间隔或增大模拟滤波器在阻带的衰减,使混叠引起的误差在可接受的范围内。对于模拟高通和带阻滤波器,由于存在严重的混叠,因而不能用脉冲响应不变法将模拟高通和带阻滤波器转换为数字滤波器。因此,用脉冲响应不变法设计数字滤波器的缺点是存在频谱混叠现象。

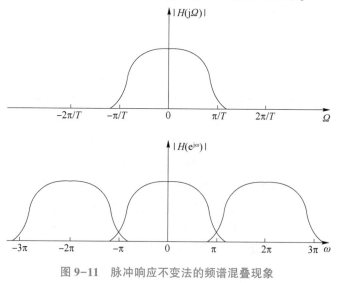

图 9-11 脉冲响应不变法的频谱混叠现象

用脉冲响应不变法设计数字滤波器的优点是频率变换是线性的,即

$$\omega = T\Omega \tag{9-123}$$

式(9-123)表示了用脉冲响应不变法将模拟滤波器转换为数字滤波器时模拟频率与数字

频率的对应关系。

9.4.2　脉冲响应不变法设计数字滤波器的方法

用脉冲响应不变法设计数字滤波器的方法步骤如下。

（1）利用模拟频率和数字频率的关系：

$$\Omega = \omega / T \tag{9-124}$$

将数字滤波器的频率指标 ω_s 转换为模拟滤波器的频率指标 Ω_s。

（2）根据模拟滤波器的技术指标设计模拟滤波器 $H(s)$。

（3）用脉冲响应不变法，将模拟滤波器 $H(s)$ 转换为数字滤波器 $H(z)$。

为消除式（9-120）中的因子 $1/T$ 对数字滤波器幅度响应的影响，可将 $H(s)$ 乘以常数因子 T，然后对 $TH(s)$ 作部分分式展开，对展开的每一项作式（9-116）的变换即可获得数字滤波器 $H(z)$。

§9.5　双线性变换法

双线性变换法是一种能克服脉冲响应不变法频谱混叠的滤波器设计方法，是常用的 IIR 滤波器设计方法。

9.5.1　基本原理

利用脉冲响应不变法将模拟滤波器转换为数字滤波器时，模拟频率 Ω 和数字频率 ω 之间为多值对应的关系，这是由于 $H(j\Omega)$ 的周期化造成的，从而使数字滤波器的频率响应 $H(e^{j\omega})$ 产生混叠现象。利用双线性变换法将模拟滤波器转换为数字滤波器时，可使模拟频率 Ω 和数字频率 ω 之间为一一对应关系，从根本上克服了脉冲响应不变法存在的混叠现象。

【例 9-13】～　　【程序 9-10】和
【例 9-15】　　　【程序 9-11】

双线性变换法是一种应用非常广泛的将模拟滤波器转换为数字滤波器的方法，双线性变换法的基本思想是利用数值积分的方法将模拟滤波器系统转换为数字滤波器系统。

假设一阶模拟滤波器的系统函数为

$$H(s) = \frac{1}{s+a} \tag{9-125}$$

该系统可用微分方程描述为

$$\frac{\mathrm{d}y(t)}{\mathrm{d}t} = x(t) - ay(t) \tag{9-126}$$

在区间 $[(n-1)T, nT]$ 内进行积分，得

$$\int_{(n-1)T}^{nT} \frac{\mathrm{d}y(t)}{\mathrm{d}t}\mathrm{d}t = \int_{(n-1)T}^{nT} [x(t) - ay(t)]\mathrm{d}t \tag{9-127}$$

上式左端展开得

$$y(nT) - y(n-1)T = \int_{(n-1)T}^{nT} [x(t) - ay(t)]\mathrm{d}t \tag{9-128}$$

图 9-12 给出了近似计算曲线面积的示意说明。

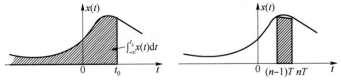

图 9-12　曲线面积的近似计算

图 9-12 中,曲线面积近似等于梯形面积,故

$$\int_{(n-1)T}^{nT} x(t)\,dt \approx \frac{T}{2}\{x(nT) + x[(n-1)T]\} \tag{9-129}$$

同理有

$$\int_{(n-1)T}^{nT} y(t)\,dt \approx \frac{T}{2}\{y(nT) + y[(n-1)T]\} \tag{9-130}$$

将式(9-129)、式(9-130)代入式(9-128)并整理得

$$y(nT) - y[(n-1)T] \approx \frac{T}{2}\{x(nT) - ay(nT) + x[(n-1)T] - ay[(n-1)T]\} \tag{9-131}$$

设 $y(n)=y(nT)$,$x(n)=x(nT)$,则有

$$(1 + aT/2)y(n) - (1 - aT/2)y(n-1) \approx \frac{T}{2}[x(n) + x(n-1)] \tag{9-132}$$

对式(9-132)两端进行 z 变换并整理得

$$H(z) \approx \frac{(T/2)(1 + z^{-1})}{(1 + aT/2) - (1 - aT/2)z^{-1}} = \frac{1}{\dfrac{2}{T}\dfrac{1 - z^{-1}}{1 + z^{-1}} + a} \tag{9-133}$$

比较式(9-125)和式(9-133)得 $H(s)$ 和 $H(z)$ 的关系为

$$H(z) \approx H(s)\Big|_{s=\frac{2}{T}\frac{1-z^{-1}}{1+z^{-1}}} \tag{9-134}$$

从 s 平面到 z 平面的映射为

$$s = \frac{2}{T}\frac{1 - z^{-1}}{1 + z^{-1}} \tag{9-135}$$

式(9-135)为双性线变换公式。由式(9-135)得

$$z = \frac{2/T + s}{2/T - s} \tag{9-136}$$

令 $s=\sigma+j\Omega$,则式(9-136)可写为

$$z = \frac{2/T + \sigma + j\Omega}{2/T - \sigma - j\Omega} \tag{9-137}$$

对式(9-137)两端取模得

$$|z| = \sqrt{\frac{(2/T + \sigma)^2 + \Omega^2}{(2/T - \sigma)^2 + \Omega^2}} \tag{9-138}$$

从式(9-138)可以看出,当 $\sigma<0$ 时,$|z|<1$,即 s 平面的左半平面映射到 z 平面的单位圆内。当一个模拟系统是因果稳定的系统时,其极点都落在 s 平面的左半平面。经过双线性变换后,这些极点被映射到 z 平面的单位圆内。因此,一个稳定的模拟系统经双线性变换后是一个因果稳定的数字系统。当 $\sigma=0$ 时,$|z|=1$,即 s 平面的虚轴映射到 z 平面的单位圆上。当 $\sigma>0$ 时,$|z|>1$,即 s 平面的右半平面映射到 z 平面的单位圆外。

下面研究模拟频率 Ω 和数字频率 ω 的关系。

令 $s = j\Omega, z = e^{j\omega}$，由式(9-135)得

$$j\Omega = \frac{2}{T} \frac{1-e^{j\omega}}{1+e^{j\omega}} = \frac{2}{T} \frac{e^{j\omega/2}-e^{-j\omega/2}}{e^{j\omega/2}+e^{-j\omega/2}} = j\frac{2}{T}\tan\left(\frac{\omega}{2}\right)$$

整理得

$$\Omega = \frac{2}{T}\tan\left(\frac{\omega}{2}\right) \tag{9-139}$$

从式(9-139)可以看出，模拟频率 Ω 和数字频率 ω 之间是一一对应关系，如图9-13所示，因此 $H(e^{j\omega})$ 的频谱不会产生混叠现象。

从图9-13可以看出，若模拟滤波器 $H(s)$ 是一个通带截频为 $\Omega_p = \frac{2}{T}\tan\left(\frac{\omega_p}{2}\right)$、阻带截频为 $\Omega_{st} = \frac{2}{T}\tan\left(\frac{\omega_{st}}{2}\right)$ 的模拟低通滤波器，则经过双线性变换后获得的数字滤波器也是一个低通滤波器，数字滤波器的通带截频和阻带截频分别为 ω_p 和 ω_{st}。

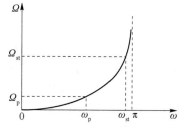

图9-13　模拟频率 Ω 和数字频率 ω 之间的对应关系

图9-14为一个模拟滤波器的幅频响应及该滤波器经过双线性变换后的数字滤波器的幅度响应曲线。从图中可以看出，只有当模拟滤波器的幅频响应为分段常数时，双线性变换后的数字滤波器才能保持模拟滤波器的幅度响应。在其他情况下，数字滤波器的幅度响应会发生畸变。模拟滤波器在过渡带的幅度响应是线性的，而经过双线性变换后的数字滤波器的幅度响应则是非线性的。因此，双线性变换法只适合设计幅度响应为分段常数的数字滤波器。

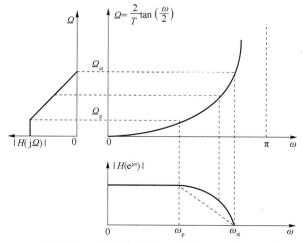

图9-14　双线性变换的频率非线性对数字滤波器幅度响应的影响

9.5.2　设计方法

用双线性变换法设计数字滤波器的步骤如下。

（1）由模拟频率和数字频率的关系

$$\Omega = \frac{2}{T}\tan\left(\frac{\omega}{2}\right)$$

将数字滤波器的频率指标 ω_k 转换为模拟滤波器的频率指标 Ω_k。

（2）由模拟滤波器的设计指标确定 $H(s)$。

（3）用双线性变换法将 $H(s)$ 转换为 $H(z)$：

$$H(z) = H(s)\big|_{s=\frac{2}{T}\frac{1-z^{-1}}{1+z^{-1}}}$$

参数 T 的取值和最终的设计结果无关，为简单起见，一般取 $T=2$。

§9.6 常用4种原型滤波器比较

设计 IIR 数字滤波器时常用 4 种模拟低通滤波器作为原型滤波器。它们是巴特沃思滤波器、切比雪夫 I 型滤波器、切比雪夫 II 型滤波器和椭圆滤波器。巴特沃思滤波器的幅度响应在通带和阻带内都是单调减少的；切比雪夫 I 型滤波器的幅度响应在通带内是等波纹的，在阻带内是单调减少的；切比雪夫 II 型滤波器的幅度响应在通带内是单调减少的，在阻带内是等波纹的；椭圆滤波器的幅度响应在通带和阻带内都是等波纹的。

【例 9-16】～
【例 9-25】

【程序 9-12】～
【程序 9-21】

9.6.1 巴特沃思滤波器

1. 巴特沃思滤波器的幅度平方函数及其性质

巴特沃思滤波器的幅度平方函数定义为

$$|H_a(\mathrm{j}\Omega)|^2 = \frac{1}{1+(\Omega/\Omega_c)^{2N}} = \frac{1}{1+\varepsilon^2(\Omega/\Omega_p)^{2N}} \qquad (9-140)$$

式中，N 是滤波器的阶数。由于 $|H_a(\mathrm{j}\Omega_c)|^2 = 0.5$，因此

$$20\lg|H_a(\mathrm{j}\Omega_c)| = 10\lg 0.5 \approx -3 \text{ dB}$$

因此，Ω_c 称为 3 dB 截止频率或半功率点截止频率。ε 是控制通带波纹幅度的参数，当 $\Omega = \Omega_p$ 时，$|H_a(\mathrm{j}\Omega)|^2 = 1/(1+\varepsilon^2)$。

图 9-15 为不同阶数的巴特沃思滤波器的幅度平方响应。在用巴特沃思幅度平方函数对模拟低通滤波器进行逼近时，常选择 $\Omega_c = 1$ rad/s 使频率归一化，这样得到的滤波器称为巴特沃思原型滤波器。

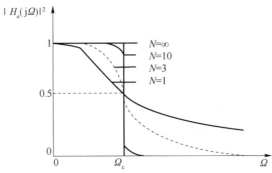

图 9-15　不同阶数的巴特沃思滤波器的幅度平方响应

由图 9-15 可知,巴特沃思滤波器的幅度响应在通带和阻带内是单调减少的。此外,它还具有以下性质。

(1) 定义滤波器的增益函数(the gain function 或 loss function)为

$$G(\Omega) = 10\lg |H_a(j\Omega)|^2 = 20\lg |H_a(j\Omega)| \quad \text{(dB)} \tag{9-141}$$

巴特沃思滤波器的幅度平方函数 $|H_a(j\Omega)|^2$ 在 $\Omega = 0$ 处等于 1 dB,在 $\Omega = \Omega_c$ 处等于 0.5 dB,在 $\Omega \to \infty$ 时等于 0 dB。衰减函数 $G(\Omega)$ 在 $\Omega = 0$ 处等于 0 dB,在 $\Omega = \Omega_c$ 处等于 -3 dB,在 $\Omega \to \infty$ 时趋于 $-\infty$。

(2) 随着阶数的增加,幅度平方响应在通带内越来越平,在阻带内衰减越来越快,过渡带变得越来越窄。在极限情况即当 $N \to \infty$ 时,在整个通带内等于 1,在整个阻带内等于 0,过渡带的宽度等于 0,即达到理想低通滤波器的幅度响应。

(3) 可以证明,$|H_a(j\Omega)|^2$ 在 $\Omega = 0$ 处的 $(2N-1)$ 阶以下的各阶导数都存在,而且都等于 0。在所有的 N 阶滤波器中,巴特沃思滤波器的幅度响应在 $\Omega = 0$ 处是最平的。因此,巴特沃思滤波器被称为最平幅度响应滤波器或最平滤波器。

(4) 可以证明,在 $\Omega \gg \Omega_c$ 的高频范围内,随着 Ω 的增加,N 阶巴特沃思滤波器的幅度响应每倍频衰减大约 $6N$ dB。这意味着,滤波器的阶数每增加一阶,在阻带内的衰减每倍频增加 6 dB 或每 10 倍频增加 20 dB。

2. 巴特沃思滤波器幅度平方响应的参数

定义的巴特沃思滤波器幅度平方响应,可以仅由 N 和 Ω_c 确定。这两个参数可根据 Ω_p、Ω_{st}、Ω_p 和 δ_s(或 A_p、ε 和 A_s、A)计算得到。

在通带和阻带截止频率上,受下列关系式约束:

$$\begin{cases} \dfrac{1}{1 + (\Omega_p/\Omega_c)^{2N}} = (1 - \delta_p)^2 \\ \dfrac{1}{1 + (\Omega_{st}/\Omega_c)^{2N}} = \delta_s^2 \end{cases} \tag{9-142}$$

由式(9-142)解出阶数 N 为

$$N = \lg\left[\frac{(1-\delta_p)^{-2} - 1}{\delta_s^{-2} - 1}\right]^{1/2} \Big/ \lg\frac{\Omega_p}{\Omega_s} \tag{9-143}$$

将 N 向上取整,便得出滤波器的阶。因为 N 是向上取整,所以通带和阻带波纹指标是过设计的。为了准确满足通带波纹指标的要求,将整数 N 代入式(9-142)的第一个方程,得

$$\Omega_{cp} = \frac{\Omega_p}{[(1-\delta_p)^{-2} - 1]^{1/(2N)}} \tag{9-144}$$

若以此作为 Ω_c,则阻带衰减指标将是过设计的。反之,为了准确满足阻带波纹指标的要求,将整数 N 代入式(9-142)的第二个方程,得

$$\Omega_{cs} = \frac{\Omega_{st}}{(\delta_p^{-2} - 1)^{1/(2N)}} \tag{9-145}$$

若把 Ω_{cs} 换成 Ω_c,则通带波纹将是过设计的。若把 Ω_{cp} 与 Ω_{cs} 的算术平均值选作 Ω_c,即

$$\Omega_c = \frac{\Omega_{cp} + \Omega_{cs}}{2} \tag{9-146}$$

则通带波纹和阻带衰减都将满足或超过设计指标的要求。

可以将(9-143)写成以下 3 种不同形式：

$$N = \frac{\lg d}{\lg r} = \frac{\lg\left(\frac{10^{0.1A_p} - 1}{10^{0.1A_s} - 1}\right)^{1/2}}{\lg(\Omega_p/\Omega_{st})} = \frac{\lg\left(\frac{\varepsilon}{A^2 - 1}\right)}{\lg(\Omega_p/\Omega_{st})} \qquad (9-147)$$

式中，$r = \dfrac{\Omega_p}{\Omega_{st}}$；$d = \left[\dfrac{(1-\sigma_p)^{-2} - 1}{\sigma_s^{-2} - 1}\right]^{1/2}$；$A_p$ 和 A_s 都是以 dB 为单位。

▶▶ 9.6.2 切比雪夫Ⅰ型滤波器

【例 9-26】~ 　【程序 9-22】~
【例 9-32】 　 　【程序 9-24】

巴特沃思滤波器的幅度响应是单调变化的，而且在同阶滤波器中，在通带内是最平的。但其缺点是过渡带不可能做得很窄。减小过渡带宽度的一种有效办法是允许通带或阻带内存在波纹。切比雪夫Ⅰ型滤波器就是在通带内有波纹从而使过渡带宽度得以减小的一种滤波器。它的幅度平方函数定义为

$$|H_a(j\Omega)|^2 = \frac{k}{1 + \varepsilon^2 V_N^2(\Omega/\Omega_p)} \qquad (9-148)$$

式中，$V_N(x)$ 是 x 的 N 次多项式，称为第一类切比雪夫多项式，见 9.2.2 小节；N 是滤波器的阶数；ε 是通带波纹参数；Ω_p 是通带截止（角）频率；k 是调整直流增益的系数，通常取为 1。

我们记得，在 9.2.2 小节中曾经介绍过，切比雪夫多项式可由递推公式

$$V_{N+1}(x) = 2xV_N(x) - V_{N-1}(x)$$

得出，初始条件为 $V_0(x) = 1$ 和 $V_1(x) = x$。因此，可以得出任何阶切比雪夫多项式，表 9-1 列出了前 9 阶切比雪夫多项式。

表 9-1　第一类切比雪夫多项式

N	$V_N(x)$	N	$V_N(x)$
0	1	5	$16x^5 - 20x^3 + 5x$
1	x	6	$32x^6 - 48x^4 + 18x^2 - 1$
2	$2x^2 - 1$	7	$64x^7 - 112x^5 + 56x^3 - 7x$
3	$4x^3 - 3x$	8	$128x^8 - 256x^6 + 160x^4 - 32x^2 + 1$
4	$8x^4 - 8x^2 + 1$	—	—

图 9-16 是第一类切比雪夫多项式的函数曲线。当 $|x| < 1$ 时，函数在 $[-1,1]$ 之间呈等幅振荡，阶数越大振荡频率越高，偶数阶对应于偶函数；当 $|x| > 1$ 时，随着 $|x|$ 的增加，函数值按双曲函数单调上升，阶数越大曲线上升越快，奇数阶对应于奇函数；当 $x < -1$ 时，随着 $|x|$ 的增加，函数值按双曲余弦函数单调下降；当 $x > 1$ 时，随着 x 的增加，函数值按双曲余弦函数单调上升。切比雪夫多项式的这些性质决定了切比雪夫Ⅰ型滤波器的幅度平方响应具有某些独有的特点，对于设计模拟低通滤波器非常有用。

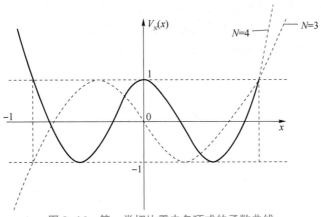

图 9-16　第一类切比雪夫多项式的函数曲线

图 9-17 是切比雪夫 I 型滤波器的幅度平方响应的两个例子,分别对应奇数阶($N=3$)和偶数阶($N=4$)。

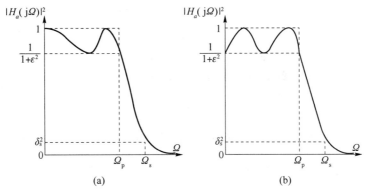

图 9-17　切比雪夫 I 型滤波器的幅度平方响应

(a)$N=3$;(b)$N=4$

由图 9-17 可知,切比雪夫 I 型滤波器的幅度平方响应在通带内呈现等幅振荡,变化范围介于 $1\sim 1/1+\varepsilon^2$ 之间;在阻带内则单调减小。当 N 为奇数时,直流增益 $|H_a(0)|^2$ 是最大值,若希望直流增益等于 1,则应当取 $k=1$;当 N 为偶数时,$|H_a(0)|^2$ 是最小值,若仍希望直流增等于 1,则必须取 $k=1+\varepsilon^2$,在这种情况下最大增益将大于 1;在某些情况下,希望把最大增益调整为 1,相当于式(9-148)中的 $k=1$。在这种情况下,直流增益将小于 1。通带内的振荡次数随着 N 的增加而增多。详细地说,在通带 $[-\Omega_p,\Omega_p]$ 内的振荡次数,或在 $[0,\Omega_p]$ 内的最大值和最小值的次数恰等于 N。过渡带的宽度随着 N 的增加而减小。在通带截止频率上有 $|H_a(j\Omega_p)|^2=1/(1+\varepsilon^2)$,即 ε 决定通带波纹幅度的大小;ε 与 δ_p 和 A_p 之间的关系分别由式(9-144)和式(9-147)给出。由于切比雪夫 I 型滤波器的幅度响应在通带内呈等幅振荡,因此又称其为等波纹滤波器。从这个意义上说,切比雪夫 I 型滤波器是最优滤波器。

前面说过,巴特沃思滤波器的幅度响应在 Ω_c 上等于 $1/\sqrt{2}$,对应于 3 dB 的衰减,所以称 Ω_c 为 3 dB 截止频率。而对于切比雪夫 I 型滤波器,当 $\varepsilon=1$ 时,$\Omega=\Omega_p$ 处的幅度响应恰有 3 dB 的衰减,所以 切比雪夫 I 型滤波器的 3 dB 截止频率是 Ω_p。

切比雪夫Ⅰ型滤波器与巴特沃思滤波器一样,它们都是全极点滤波器。但是,与巴特沃思滤波器不同的是,切比雪夫Ⅰ型滤波器的幅度平方响应的 $2N$ 个极点不是均匀地分布在一个圆上,而是分布在一个椭圆上,椭圆的长轴 a 和短轴 b 分别为

$$a = \frac{\Omega_0}{2}(\alpha^{1/N} + \alpha^{-1/N}) \tag{9-149}$$

$$b = \frac{\Omega_0}{2}(\alpha^{1/N} - \alpha^{-1/N}) \tag{9-150}$$

式中,

$$\Omega_0 = \Omega_p$$
$$\alpha = \varepsilon^{-1} + \sqrt{1 + \varepsilon^{-2}} \tag{9-151}$$

极点在椭圆上的位置按照以下方法确定。

(1) 分别以椭圆的长轴 a 和短轴 b 为半径画出大小两个辅助圆,如图9-18所示(图中"X"指巴特沃思滤波器的极点)。

(2) 按照 π/N 的辐角间隔找到两个辅助圆上的等间隔点,这些点关于虚轴对称,但没有一个落在虚轴上,N 为奇数时有两个落在实轴上,N 为偶数时则没有。显然,这些点就是等价的 N 阶巴特沃思滤波器在半径为 a 或半径为 b 的圆上的极点。

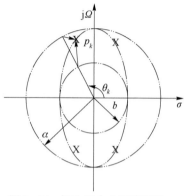

图9-18 切比雪夫Ⅰ型滤波器
极点位置的确定方法

(3) 根据等价的巴特沃思滤波器在大圆上的极点和在小圆上的极点,确定切比雪夫Ⅰ型滤波器各极点的纵坐标和横坐标。具体来说,设等价的巴特沃思滤波器的极点的辐角为

$$\theta_k = \frac{\pi}{2} + \frac{(2k+1)\pi}{2N}, k = 0, 1, \cdots, N-1 \tag{9-152}$$

则切比雪夫Ⅰ型滤波器各极点的纵坐标和横坐标用下式计算:

$$\begin{cases} \sigma_k = a\cos\theta_k \\ \Omega_k = b\sin\theta_k \end{cases}, k = 0, 1, \cdots, N-1 \tag{9-153}$$

或

$$p_k = \sigma_k + j\Omega_k = a\cos\theta_k + jb\sin\theta_k, k = 0, 1, \cdots, N-1 \tag{9-154}$$

注意:式(9-152)实际上是 N 阶巴特沃思滤波器的极点,参见式(9-149)。图9-18所示的是 $N=3$ 的情况。

式(9-148)定义的切比雪夫Ⅰ型滤波器用参数 N 和 ε 描述,其中 ε 由通带波纹指标 δ_p 或 A_p 决定;N 则根据阻带衰减指标 A_s 确定。具体来说,由于切比雪夫Ⅰ型滤波器的幅度平方响应在阻带内是单调减少的,而且 N 越大,减少速度越快,因此 N 的数值可以根据阻带衰减来选择。这就是说,式(9-148)在阻带截止频率 Ω_{st} 上应满足指标 δ_s 的要求,即

$$\frac{1}{1+\varepsilon^2 V_N^2(\Omega_{st}/\Omega_p)} = \delta_s^2$$

上式两端取对数,得

$$-10\lg\left[\frac{1}{1+\varepsilon^2 V_N^2(\Omega_{st}/\Omega_p)}\right] = -10\lg(\delta_s^2)$$

前文中式(9-2)为 A 的定义式,考虑到 A 的定义式,上式可以写成

$$10\lg\left[\,1+\varepsilon^2 V_N^2(\Omega_{st}/\Omega_p)\,\right]=A_s$$

由此得

$$V_N\left(\frac{\Omega_s}{\Omega_p}\right)=\frac{(10^{0.1A_s}-1)^{1/2}}{\varepsilon} \tag{9-155}$$

$$V_N\left(\frac{\Omega_{st}}{\Omega_p}\right)=\mathrm{ch}(N)\,\mathrm{ch}^{-1}\left(\frac{\Omega_{st}}{\Omega_p}\right)$$

由此得

$$N=\frac{\mathrm{ch}^{-1}V_N(\Omega_{st}/\Omega_p)}{\mathrm{ch}^{-1}(\Omega_{st}/\Omega_p)}$$

将式(9-155)代入上式,得

$$N=\frac{\mathrm{ch}^{-1}(10^{0.1A_s}-1)^{1/2}\varepsilon^{-1}}{\mathrm{ch}^{-1}(\Omega_{st}/\Omega_p)} \tag{9-156}$$

式(9-156)是由(9-155)代入 N 这个式子中得来的,用类似的方法可以推导出估计切比雪夫 I 型滤波器的阶数的一个实用公式,即

$$N=\frac{\lg(d^{-1}+\sqrt{d^{-2}-1})}{\lg(r^{-1}+\sqrt{r^{-2}-1})} \tag{9-157}$$

前面说过,切比雪夫 I 型滤波器的幅度平方响应在 $\Omega=0$ 处等于 1 或者 $1/(1+\varepsilon^2)$,取决于 N 是奇数还是偶数,即

$$|H_a(0)|^2=\begin{cases}1, & N\text{ 为奇数}\\[2mm]\dfrac{1}{1+\varepsilon^2}, & N\text{ 为偶数}\end{cases} \tag{9-158}$$

因此,根据幅度平方响应左平面极点可构造出滤波器的传输函数

$$H_a(s)=\frac{\beta|H_a(0)|}{\displaystyle\prod_{k=0}^{N-1}(s-p_k)} \tag{9-159}$$

式中,

$$\beta=(-1)^N\prod_{k=0}^{N-1}p_k \tag{9-160}$$

 ### 9.6.3　切比雪夫 II 型滤波器

切比雪夫 II 型滤波器的幅度平方函数定义为

$$|H_a(\mathrm{j}\Omega)|^2=\frac{\varepsilon^2 V_N^2(\Omega_{st}/\Omega)}{1+\varepsilon^2 V_N^2(\Omega_{st}/\Omega)} \tag{9-161}$$

【例 9-33】和　【程序 9-25】
【例 9-34】

II 型与 I 型的区别如下。

(1) I 型的幅度平方响应的自变量 Ω/Ω_p 已经被 Ω_{st}/Ω 所取代,这意味着 II 型的极点恰好处于 I 型的极点的倒数位置,即若 I 型的极点 $p_k=\sigma_k+\mathrm{j}\Omega_k$ 用式(9-154)定义,则 II 型的极点为

$$q_k = \frac{\Omega_{st}^2}{p_k}, k = 0, 1, 2, \cdots, N - 1 \tag{9-162}$$

注意：在计算椭圆长轴 a 和短轴 b 的式(9-149)和式(9-150)中，必须令 $\Omega_0 = \Omega_{st}$。

（2）Ⅰ型的幅度平方响应的分子是常数，所以Ⅰ型是全极点滤波器。但是，Ⅱ型的幅度平方响应的分子不是常数而是一个 $2N$ 阶多项式，所以Ⅱ型滤波器还有 N 或 $N-1$ 个零点，即它是一个零点–极点滤波器。Ⅱ型的 N 个零点分布在虚轴上，具体位置为

$$r_k = j\frac{\Omega_{st}}{\sin \theta_k}, k = 0, 1, 2, \cdots, N - 1 \tag{9-163}$$

式中，θ_k 由式(9-152)确定，即

$$\theta_k = \frac{\pi}{2} + \frac{(2k+1)\pi}{2N} = (2k+1+N)\frac{\pi}{2N}$$

当 N 为偶数时，N 个零点都是有限零点；但是，当 N 为奇数时，由于

$$\theta_k = \frac{\pi}{2} + \frac{(2k+1)\pi}{2N} = (2k+1+N)\frac{\pi}{2N}$$

因此，$k = (N-1)/2$ 对应的零点为无限零点，所以只有 $N-1$ 个零点是有限零点。

（3）切比雪夫Ⅰ型滤波器的直流增益在 N 为奇数时等于 1，在 N 为偶数时等于 $1/(1 + \varepsilon^2)^{1/2}$，而 切比雪夫Ⅱ型滤波器的直流增益永远等于 1。令

$$\beta = \begin{cases} \displaystyle\prod_{k=0}^{N-1} q_k \Big/ \prod_{\substack{k=0 \\ k\neq(N-1)/2}}^{N-1} r_k, & N \text{ 为奇数} \\[3em] \displaystyle\prod_{k=0}^{N-1} q_k \Big/ \prod_{\substack{k=0 \\ k\neq(N-1)/2}}^{N-1} r_k, & N \text{ 为偶数} \end{cases} \tag{9-164}$$

切比雪夫Ⅱ型滤波器的传输函数应当由左半平面的极点和虚轴上的一半零点构成，即

$$H_a(s) = \frac{\beta\displaystyle\prod_{k=0}^{N-1} s - r_k}{\displaystyle\prod_{k=0}^{N-1}(s - q_k)} \tag{9-165}$$

注意：在 N 为奇数时，应当去掉分子中的因子 $s - r_k$。

图 9-19 所示是切比雪夫Ⅱ型滤波器的两个幅度平方响应，分别对应于奇数阶（$N=3$）和偶数阶（$N=4$）。可以看出，与切比雪夫Ⅰ型滤波器不同，切比雪夫Ⅱ型滤波器在通带内单调减少而在阻带内有等幅振荡。在此意义上，切比雪夫Ⅰ型滤波器也是最优滤波器。

与切比雪夫Ⅰ型滤波器一样，切比雪夫Ⅱ型滤波器的幅度平方响应也用参数描述。其中，N 的数值与切比雪夫Ⅰ型一样，由式(9-156)或式(9-157)计算。因此，切比雪夫Ⅱ型滤波器与切比雪夫Ⅰ型一样，它所需要的阶比巴特沃思滤波器要低。

根据式(9-161)，在阻带截止频率即 $\Omega = \Omega_{st}$ 上，有

$$|H_a(j\Omega)|^2 = \frac{\varepsilon^2}{1 + \varepsilon^2} \tag{9-166}$$

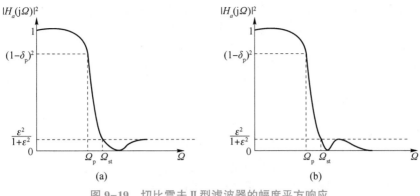

图 9-19　切比雪夫 II 型滤波器的幅度平方响应

(a)$N=3$；(b)$N=4$

注意：式(9-166)的得出是因为 $V_N(1)=1$。因此，波纹因子 ε 可以根据阻带衰减指标的要求确定。令 $\varepsilon^2/(1+\varepsilon^2)=\delta_s^2$，即可求解出满足阻带衰减指标 δ_s 要求的波纹因子 ε 的数值

$$\varepsilon = \delta_s(1-\delta_s^2)^{-1/2} \tag{9-167}$$

按照式(9-167)确定 ε，设计的滤波器能准确地满足阻带衰减指标 δ_s 的要求，而通带波纹指标却是过设计的(当用式(9-156)计算的阶不是整数时)。

9.6.4　椭圆滤波器

椭圆滤波器又称 Cauer 滤波器，它在通带和阻带内都是等波纹的。因此，它的幅度响应类似于 10.4 节讨论的用 Parks-McClellan 算法设计的最优等波纹线性相位 FIR 滤波器的幅度响应。N 阶椭圆滤波器的幅度平方函数定义为

$$|H_a(j\Omega)|^2 = \frac{1}{1+\varepsilon^2 U_N(\Omega/\Omega_p)} \tag{9-168}$$

式中，U_N 是 N 阶雅克比椭圆函数，也称切比雪夫有理函数。

由于椭圆滤波器的幅度响应在通带和阻带内都是等波纹的，因此能够获得最窄的过渡带。图 9-20 所示的四阶椭圆滤波器的幅度平方响应。

椭圆滤波器的设计参数与切比雪夫滤波器类似，也是波纹参数 ε 和阶数 N，根据雅克比椭圆函数的性质，对所有 N 有 $U_N(1)=1$，所以由式(9-168)得

$$|H_a(j\Omega_p)|^2 = \frac{1}{1+\varepsilon^2} \tag{9-169}$$

即与切比雪夫 I 型滤波器的 $H_a(j\Omega_p)$ 相同。因此，若按照式(9-158)确定 ε，则设计的椭圆滤波器将准确地满足通带波纹指标 δ_p 的要求。

为了求出椭圆滤波器的极点和零点，需要求

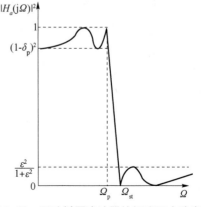

图 9-20　四阶椭圆滤波器的幅度平方响应

解由积分组成的非线性代数方程,其分析和设计比巴特沃思滤波器和切比雪夫滤波器更加复杂。这里,直接给出椭圆滤波器的阶数的估计公式

$$N = \frac{g(r^2)g(\sqrt{1-d^2})}{g(\sqrt{1-r^2})g(d^2)} \tag{9-170}$$

式中,$g(x)$是第一类完全椭圆积分,定义为

$$g(x) = \int_0^{\pi/2} \frac{\mathrm{d}\theta}{\sqrt{1-x^2\sin^2\theta}}$$

若椭圆滤波器的阶数是按照式(9-170)计算出来的,其数值是通过向上取整确定的,则通带波纹能准确地满足设计指标要求,而阻带衰减是过设计的。

【例 9-35】~【例 9-37】

【程序 9-26】和【程序 9-27】

第 9 章习题

第 10 章

FIR 数字滤波器的设计

IIR 数字滤波器在设计中只考虑了幅度特性,未考虑相位特性,所设计的 IIR 数字滤波器的相位一般是非线性的。为使 IIR 数字滤波器的相位呈线性特性,需对 IIR 数字滤波器另加相位校正网络,这样就增加了滤波器设计的复杂性及成本。IIR 数字滤波器的反馈结构会造成系统不稳定,因而常采用容易设计成线性相位并保证幅度特性的 FIR 数字滤波器作为系统的滤波器。

知识要点

本章要点是数字滤波器设计。数字滤波器设计的目标是求解满足设计指标的系统函数 $H(z)$。常用的 FIR 数字滤波器的设计方法有窗函数法、频率取样法。

本章主要介绍 FIR 数字滤波器的设计,具体内容如下:

(1) 用数字滤波器设计的基本概念;

(2) 用频率取样法设计 FIR 数字滤波器;

(3) 用窗函数法设计 FIR 滤波器的原理和设计步骤。

§ 10.1　线性相位 FIR 数字滤波器的特性

假设 FIR 数字滤波器单位脉冲响应 $h(n)$ 的长度为 N,则其系统函数为

$$H(z) = \sum_{n=0}^{N-1} h(n) z^{-n}$$

令

$$M = N-1$$

则

$$H(z) = \sum_{n=0}^{M} h(n) z^{-n} \tag{10-1}$$

式中,M 为 FIR 数字滤波器的阶数。

可以看出,FIR 数字滤波器的单位脉冲响应 $h(n)$ 仅在有限范围内有非零值。由于 FIR 数字滤波器的单位脉冲响应是有限长序列,因而系统总是稳定的。任何非因果的 FIR 系统只需经过一定的延时,都可变成因果 FIR 系统,因而 FIR 系统总能用因果系统实现。因此,稳定和

因果是 FIR 数字滤波器最显著的特点。

在设计 FIR 数字滤波器时,通常采用窗函数法、频率取样法或优化设计法使所设计的滤波器的频率响应 $H(e^{j\omega})$ 逼近理想滤波器的频率响应 $H_d(e^{j\omega})$。由式(10-1)可知,单位脉冲响应 $h(n)$ 就是 FIR 数字滤波器的系统函数 $H(z)$ 的系数。因此,在设计 FIR 数字滤波器时,主要是确定所设计滤波器的单位脉冲响应 $h(n)$。

线性相位 FIR 滤波器是指其频率响应 $H(e^{j\omega})$ 的相位响应 $\theta(\omega)$ 满足

$$\theta(\omega) = -\alpha\omega \tag{10-2}$$

或

$$\theta(\omega) = -\alpha\omega + \beta \tag{10-3}$$

满足式(10-2)的相位称为第一类线性相位,满足式(10-3)的相位称为第二类线性相位。

N 点(M 阶)第一类线性相位 FIR 滤波器的频率响应 $H(e^{j\omega})$ 可表示为

$$H(e^{j\omega}) = A(\omega)e^{j\theta(\omega)} \tag{10-4}$$

N 点(M 阶)第二类线性相位 FIR 滤波器的频率响应 $H(e^{j\omega})$ 可表示为

$$H(e^{j\omega}) = A(\omega)e^{j(-\alpha\omega+\beta)} \tag{10-5}$$

式(10-4)及式(10-5)中,

$$A(\omega) = \pm |H(e^{j\omega})| \tag{10-6}$$

式中,α 和 β 是与 ω 无关的常数;$A(\omega)$ 是一个可正可负的实函数,$A(\omega)$ 称为系统的幅度函数。

10.1.1 线性相位条件

如果 N 点(M 阶)FIR 滤波器的单位脉冲响应 $h(n)$ 是实数,则对于第一类线性相位系统,其频率响应的相位是线性相位的充分条件为

$$\begin{cases} \alpha = (N-1)/2 \\ h(n) = h(N-1-n) \end{cases} \tag{10-7}$$

满足 $h(n)=h(N-1-n)$ 的序列称为偶对称序列。

对于第二类线性相位系统,其频率响应的相位是线性相位的充分条件为

$$\begin{cases} \alpha = (N-1)/2 \\ h(t) = -h(N-1-n) \end{cases} \tag{10-8}$$

满足 $h(n)=-h(N-1-n)$ 的序列称为奇对称序列。

注意:式(10-7)及式(10-8)只是 FIR 滤波器频率响应的相位是线性相位的充分条件,而非必要条件。

下面对第一类线性相位系统的充分条件进行证明。

1. 证明充分性

证明 若

$$\begin{cases} \alpha = (N-1)/2 \\ h(t) = h(N-1-n) \end{cases}$$

(1) 当 N 为奇数时,有

$$\sum_{n=0}^{N-1} h(n)\sin[(\alpha-n)\omega]$$

$$=h(0)\sin[(\alpha-0)\omega]+h(1)\sin[(\alpha-1)\omega]+\cdots+h\left(\frac{N-1}{2}\right)\sin\left[\left(\alpha-\frac{N-1}{2}\right)\omega\right]+\cdots+$$

$$h(N-2)\sin\{[\alpha-(N-2)]\omega\}+h(N-1)\sin\{[\alpha-(N-1)]\omega\}$$

$$=h(0)\sin\left(\frac{N-1}{2}\omega\right)+h(1)\sin\left[\left(\frac{N-1}{2}-1\right)\omega\right]+\cdots+$$

$$h\left(\frac{N-1}{2}\right)\sin\left[\left(\frac{N-1}{2}-\frac{N-1}{2}\right)\omega\right]+\cdots-$$

$$h(N-2)\sin\left[\left(\frac{N-1}{2}-1\right)\omega\right]-h(N-1)\sin\left(\frac{N-1}{2}\omega\right)$$

$$=\left[h(0)\sin\left(\frac{N-1}{2}\omega\right)-h(N-1)\sin\left(\frac{N-1}{2}\omega\right)\right]+$$

$$\left\{h(1)\sin\left[\left(\frac{N-1}{2}\right)\omega\right]-h(N-2)\sin\left[\left(\frac{N-1}{2}-1\right)\omega\right]\right\}+\cdots+$$

$$\left\{h(k)\sin\left[\left(\frac{N-1}{2}-k\right)\omega\right]-h(N-1-k)\sin\left[\left(\frac{N-1}{2}-k\right)\omega\right]\right\}$$

$$=[h(0)-h(N-1)]\sin\left(\frac{N-1}{2}\right)\omega+[h(1)-h(N-2)]\sin\left[\left(\frac{N-1}{2}-1\right)\omega\right]+\cdots+$$

$$[h(k)-h(N-1-k)]\sin\left[\left(\frac{N-1}{2}-k\right)\omega\right]$$

式中，$0\leqslant k\leqslant N-1$。

　　根据充分性条件

$$h(n)=h(N-1-n)$$

得

$$\sum_{n=0}^{N-1}h(n)\sin[(\alpha-n)\omega]=0$$

（2）当 N 为偶数时，有

$$\sum_{n=0}^{N-1}h(n)\sin[(\alpha-n)\omega]=h(0)\sin[(\alpha-0)\omega]+h(1)\sin[(\alpha-1)\omega]+\cdots+$$

$$h(k)\sin[(\alpha-k)\omega]+\cdots+$$

$$h(N-1-k)\sin\{[\alpha-(N-1-k)]\omega\}+\cdots+$$

$$h(N-2)\sin\{[\alpha-(N-2)]\omega\}+$$

$$h(N-1)\sin[\alpha-(N-1)\omega]$$

$$=h(0)\sin\left(\frac{N-1}{2}\omega\right)+h(1)\sin\left[\left(\frac{N-1}{2}-1\right)\omega\right]+\cdots+$$

$$h(k)\left[\sin\left(\frac{N-1}{2}-k\right)\omega\right]+\cdots-$$

$$h(N-1-k)\sin\left[\left(\frac{N-1}{2}-k\right)\omega\right]-\cdots-$$

$$h(N-2)\left[\sin\left(\frac{N-1}{2}-1\right)\omega\right]-h(N-1)\sin\left(\frac{N-1}{2}\omega\right)$$

$$=\left[h(0)\sin\left(\frac{N-1}{2}\omega\right)-h(N-1)\sin\left(\frac{N-1}{2}\omega\right)\right]+$$

$$\left\{h(1)\sin\left[\left(\frac{N-1}{2}-1\right)\omega\right]-h(N-2)\sin\left[\left(\frac{N-1}{2}-1\right)\omega\right]\right\}+\cdots+$$

$$\left\{h(k)\sin\left[\left(\frac{N-1}{2}-k\right)\omega\right]-h(N-1-k)\sin\left[\left(\frac{N-1}{2}-k\right)\omega\right]\right\}$$

$$=\left[h(0)-h(N-1)\right]\sin\left[\left(\frac{N-1}{2}\omega\right)\right]+$$

$$\left[h(1)-h(N-2)\right]\sin\left[\left(\frac{N-1}{2}-1\right)\omega\right]+\cdots+$$

$$\left[h(k)-h(N-1-k)\right]\sin\left[\left(\frac{N-1}{2}-k\right)\omega\right]$$

式中,$0 \le k \le N-1$。

根据充分性条件

$$h(n)=h(N-1-n)$$

得

$$\sum_{n=0}^{N-1}h(n)\sin\left[(\alpha-n)\omega\right]=0$$

因此,无论 N 为奇数或偶数,该式都成立。将该式变换形式可得

$$\sum_{n=0}^{N-1}h(n)\sin\left[0.5(N-1)\omega\right]\cos(\omega n)-\sum_{n=0}^{N-1}h(n)\cos\left[0.5(N-1)\omega\right]\sin(\omega n)=0$$

即

$$\sum_{n=0}^{N-1}h(n)\sin\left[0.5(N-1)\omega\right]\cos(\omega n)=\sum_{n=0}^{N-1}h(n)\cos\left[0.5(N-1)\omega\right]\sin(\omega n)$$

变换为

$$\frac{\sin\left[0.5(N-1)\omega\right]}{\cos\left[0.5(N-1)\omega\right]}=\frac{\displaystyle\sum_{n=0}^{N-1}h(n)\sin(\omega n)}{\displaystyle\sum_{n=0}^{N-1}h(n)\cos(\omega n)}$$

得

$$\frac{A(\omega)\sin\left[0.5(N-1)\omega\right]}{A(\omega)\cos\left[0.5(N-1)\omega\right]}=\frac{\displaystyle\sum_{n=0}^{N-1}h(n)\sin(\omega n)}{\displaystyle\sum_{n=0}^{N-1}h(n)\cos(\omega n)}$$

一定有

$$A(\omega)\sin\left[0.5(N-1)\omega\right]=\lambda\sum_{n=0}^{N-1}h(n)\sin(\omega n)$$

$$A(\omega)\cos\left[0.5(N-1)\omega\right] = \lambda \sum_{n=0}^{N-1} h(n)\cos(\omega n)$$

取 $\lambda = 1$，得

$$A(\omega)\sin\left[0.5(N-1)\omega\right] = \sum_{n=0}^{N-1} h(n)\sin(\omega n)$$

$$A(\omega)\cos\left[0.5(N-1)\omega\right] = \sum_{n=0}^{N-1} h(n)\cos(\omega n)$$

以上两式可变换为

$$A(\omega)\cos\left[0.5(N-1)\omega\right] - jA(\omega)\sin\left[0.5(N-1)\omega\right]$$
$$= \sum_{n=0}^{N-1} h(n)\cos(\omega n) - j\sum_{n=0}^{N-1} h(n)\sin(\omega n)$$

即

$$A(\omega)\left\{\cos\left[0.5(N-1)\omega\right] - j\sin\left[0.5(N-1)\omega\right]\right\} = \sum_{n=0}^{N-1} h(n)\left[\cos(\omega n) - j\sin(\omega n)\right]$$

利用欧拉公式得

$$A(\omega)\mathrm{e}^{-j\,0.5(N-1)\omega} = \sum_{n=0}^{N-1} h(n)\mathrm{e}^{-j\omega n}$$

即

$$H(\mathrm{e}^{j\omega}) = A(\omega)\mathrm{e}^{-j\,0.5(N-1)\omega}$$

$H(\mathrm{e}^{j\omega})$ 的相位：

$$\theta(\omega) = -0.5(N-1)\omega$$

可以看出，$H(\mathrm{e}^{j\omega})$ 的相位为第一类线性相位。

2. 讨论必要性

为了说明式(10-7)只是 FIR 滤波器频率响应的相位是线性相位的充分条件，现对必要性进行讨论。

假设讨论必要性成立，即 FIR 滤波器系统为第一类线性相位系统。则

$$\theta(\omega) = -\alpha\omega$$

滤波器的频率响应可写成

$$H(\mathrm{e}^{j\omega}) = A(\omega)\mathrm{e}^{j\theta(\omega)} = A(\omega)\mathrm{e}^{-j\alpha\omega}$$

即

$$A(\omega)\mathrm{e}^{j\alpha\omega} = \sum_{n=0}^{N-1} h(n)\mathrm{e}^{j\omega n}$$

利用欧拉公式展开得

$$A(\omega)\left[\cos(\alpha\omega) - j\sin(\alpha\omega)\right] = \sum_{n=0}^{N-1} h(n)\left[\cos(\omega n) - j\sin(\omega n)\right]$$

由上式可得

$$A(\omega)\sin(\alpha\omega) = \sum_{n=0}^{N-1} h(n)\sin(\omega n)$$

$$A(\omega)\cos(\alpha\omega) = \sum_{n=0}^{N-1} h(n)\cos(\omega n)$$

两式相除得

$$\frac{\sin(\alpha\omega)}{\cos(\alpha\omega)} = \frac{\sum\limits_{n=0}^{N-1} h(n)\sin(\omega n)}{\sum\limits_{n=0}^{N-1} h(n)\cos(\omega n)}$$

整理得

$$\sum_{n=0}^{N-1} h(n)\sin(\alpha\omega)\cos(\omega n) - \sum_{n=0}^{N-1} h(n)\cos(\alpha\omega)\sin(\omega n) = 0$$

即

$$\sum_{n=0}^{N-1} h(n)\sin[(\alpha-n)\omega] = 0$$

（1）当 N 为奇数时，有

$$\sum_{n=0}^{N} h(n)\sin[(\alpha-n)\omega] = h(0)\sin[(\alpha-0)\omega] + h(1)\sin[(\alpha-1)\omega] + \cdots +$$

$$h\left(\frac{N-1}{2}\right)\sin\left[\left(\alpha-\frac{N-1}{2}\right)\omega\right] + \cdots +$$

$$h(N-2)\sin\{[\alpha-(N-2)]\omega\} +$$

$$h(N-1)\sin\{[\alpha-(N-1)]\omega\}$$

$$= \{h(0)\sin[(\alpha-0)\omega] + h(N-1)\sin\{[\alpha-(N-1))]\omega\} +$$

$$\{h(1)\sin[(\alpha-1)\omega] + h(N-2)\sin\{[\alpha-(N-2)]\omega\}\} + \cdots +$$

$$\{h(k)\sin[(\alpha-k)\omega] +$$

$$h(N-1-k)\sin\{[\alpha-(N-1-k)]\omega\}\} +$$

$$h\left(\frac{N-1}{2}\right)\sin\left[\left(\alpha-\frac{N-1}{2}\right)\omega\right]$$

显然，使等式

$$\sum_{n=0}^{N-1} h(n)\sin[(\alpha-n)\omega] = 0$$

成立的条件有很多，不只是

$$\begin{cases} \alpha = (N-1)/2 \\ h(n) = h(N-1-n) \end{cases}$$

因此，式（10-7）只是 FIR 滤波器频率响应的相位是线性相位的充分条件，而非必要条件。

（2）当 N 为偶数时，有

$$\sum_{n=0}^{N-1} h(n)\sin[(\alpha-n)\omega] = h(0)\sin[(\alpha-0)\omega] + h(1)\sin[(\alpha-1)\omega] + \cdots +$$

$$h(k)\sin[(\alpha-k)\omega] + \cdots +$$

$$h(N-1-k)\sin\{[\alpha-(N-1-k)]\omega\} + \cdots +$$

$$h(N-2)\sin\{[\alpha-(N-2)]\omega\} +$$

$$h(N-1)\sin[(\alpha-N+1)\omega]$$

$$= \{h(0)\sin[(\alpha-0)\omega] + h(N-1)\sin[(\alpha-N+1)\omega]\} +$$

$$\{h(1)\sin[(\alpha-1)\omega] + h(N-2)\sin\{[\alpha-(N-2)]\omega\}\} + \cdots +$$

$$\{h(k)\sin[(\alpha-k)\omega] + h(N-1-k)\sin\{[\alpha-(N-1-k)]\omega\}\}$$

同样，使等式

$$\sum_{n=0}^{N-1} h(n)\sin\left[(\alpha-n)\omega\right] = 0$$

成立的条件有很多,不只是

$$\begin{cases} \alpha = (N-1)/2 \\ h(n) = h(N-1-n) \end{cases}$$

两种情况都说明了,式(10-7)只是 FIR 滤波器频率响应的相位是线性相位的充分条件,而非必要条件。

10.1.2　线性相位系统的频域特性

4 种不同类型的线性相位 FIR 系统,由于 $h(n)$ 的对称性及滤波器点数 N 的奇偶不同,其频域各有特点。

1. Ⅰ 型线性相位滤波器($h(n)$ 偶对称,N 为奇数)

$N-1$ 阶 Ⅰ 型线性相位滤波器的频率响应为

$$H(\mathrm{e}^{\mathrm{j}\omega}) = A(\omega)\mathrm{e}^{\mathrm{j}\theta(\omega)} \tag{10-9}$$

式中,频率响应 $H(\mathrm{e}^{\mathrm{j}\omega})$ 的相位响应为

$$\theta(\omega) = -\frac{N-1}{2}\omega \tag{10-10}$$

频率响应 $H(\mathrm{e}^{\mathrm{j}\omega})$ 的幅度响应为

$$A(\omega) = h(L) + \sum_{n=1}^{L} 2h(L-n)\cos(\omega n),\ L = \frac{N-1}{2} \tag{10-11}$$

下面对幅度响应进行证明。

证明

$$H(\mathrm{e}^{\mathrm{j}\omega}) = \mathrm{DTFT}[h(n)] = \sum_{n=0}^{N-1} h(n)\mathrm{e}^{-\mathrm{j}\omega n}$$

$$= \sum_{n=0}^{0.5(N-1)-1} h(n)\mathrm{e}^{-\mathrm{j}\omega n} + h[0.5(N-1)]\mathrm{e}^{-\mathrm{j}\,0.5(N-1)\omega} + \sum_{n=0.5(N-1)+1}^{N-1} h(n)\mathrm{e}^{-\mathrm{j}\omega n}$$

令

$$l = N-1-n$$

则

$$\sum_{n=0.5(N-1)+1}^{N-1} h(n)\mathrm{e}^{-\mathrm{j}\omega n} = \sum_{l=0}^{0.5(N-1)-1} h(N-1-l)\mathrm{e}^{-\mathrm{j}(N-1-l)\omega}$$

$$= \sum_{n=0}^{0.5(N-1)-1} h(N-1-n)\mathrm{e}^{-\mathrm{j}(N-1-n)\omega} = \sum_{n=0}^{0.5(N-1)-1} h(n)\mathrm{e}^{-\mathrm{j}(N-1-n)\omega}$$

所以

$$H(\mathrm{e}^{\mathrm{j}\omega}) = \sum_{n=0}^{0.5(N-1)-1} h(n)\left[\mathrm{e}^{-\mathrm{j}\omega n} + \mathrm{e}^{-\mathrm{j}\omega(N-1-n)}\right] + h[0.5(N-1)]\mathrm{e}^{-\mathrm{j}\,0.5(N-1)\omega}$$

$$= \mathrm{e}^{-\mathrm{j}\,0.5(N-1)\omega}\left\{ \sum_{n=0}^{0.5(N-1)-1} h(n)\left[\mathrm{e}^{\mathrm{j}\,0.5(N-1)\omega}\mathrm{e}^{-\mathrm{j}\omega n} + \mathrm{e}^{\mathrm{j}\,0.5(N-1)\omega}\mathrm{e}^{-\mathrm{j}\omega(N-1-n)}\right] + h[0.5(N-1)] \right\}$$

$$= \mathrm{e}^{-\mathrm{j}\,0.5(N-1)\omega}\left\{ \sum_{n=0}^{0.5(N-1)-1} h(n)\left[\mathrm{e}^{\mathrm{j}[0.5(n-1)\omega-\omega n]} + \mathrm{e}^{-\mathrm{j}[0.5(N-1)\omega-\omega n]}\right] + h[0.5(N-1)] \right\}$$

$$= e^{-j\,0.5(N-1)\omega} \left\{ \sum_{n=0}^{0.5(N-1)-1} 2h\cos\omega[0.5(N-1)-n] + h[0.5(N-1)] \right\}$$

令

$$s = 0.5(N-1) - n$$

则

$$H(e^{j\omega}) = e^{-j\,0.5(N-1)\omega} \left\{ \sum_{s=1}^{0.5(N-1)} 2h[0.5(N-1)-s]\cos(\omega s) + h[0.5(N-1)] \right\}$$

$$= e^{-j\,0.5(N-1)\omega} \left\{ \sum_{n=1}^{0.5(N-1)} 2h[0.5(N-1)-n]\cos(\omega n) + h[0.5(N-1)] \right\}$$

令

$$A(\omega) = h(L) + \sum_{n=1}^{L} 2h(L-n)\cos(\omega n),\, L = \frac{N-1}{2}$$

则

$$H(e^{j\omega}) = e^{-j\,0.5(N-1)\omega} A(\omega)$$

利用式(10-11),容易证明下述综合式子:

$$\begin{cases} A(-\omega) = A(\omega) \\ A(\pi - \omega) = A(\pi + \omega) \\ A(\omega + 2\pi) = A(\omega) \end{cases} \tag{10-12}$$

式(10-12)说明幅度函数 $A(\omega)$ 关于 $\omega=0$ 及 $\omega=\pi$ 偶对称,且周期为 2π。Ⅰ型线性相位滤波器可以用于设计低通、高通和带阻滤波器。

2. Ⅱ型线性相位滤波器($h(n)$ 偶对称,N 为偶数)

$N-1$ 阶Ⅱ型线性相位滤波器的频率响应为

$$H(e^{j\omega}) = A(\omega) e^{j\theta(\omega)} \tag{10-13}$$

式中,频率响应 $H(e^{j\omega})$ 的相位响应为

$$\theta(\omega) = -\frac{N-1}{2}\omega \tag{10-14}$$

频率响应 $H(e^{j\omega})$ 的幅度响应为

$$A(\omega) = \sum_{n=0}^{L} 2h(L-n)\cos[(n+0.5)\omega],\, L = (N-2)/2 \tag{10-15}$$

利用式(10-15),容易证明下述综合式子:

$$\begin{cases} A(-\omega) = A(\omega) \\ A(\pi - \omega) = -A(\pi + \omega) \\ A(\omega + 4\pi) = A(\omega) \end{cases} \tag{10-16}$$

式(10-16)说明幅度响应 $A(\omega)$ 关于 $\omega=0$ 偶对称,关于 $\omega=\pi$ 奇对称,且周期为 4π。由于 $A(\pi)=0$,则Ⅱ型线性相位滤波器不能用于高通和带阻滤波器的设计。

3. Ⅲ型线性相位滤波器($h(n)$ 奇对称,N 为奇数)

$N-1$ 阶Ⅲ型线性相位滤波器的频率响应为

$$H(e^{j\omega}) = A(\omega) e^{j\theta(\omega)} \tag{10-17}$$

式中,频率响应 $H(e^{j\omega})$ 的相位响应为

$$\theta(\omega) = -\frac{N-1}{2}\omega + \frac{\pi}{2} \tag{10-18}$$

频率响应 $H(e^{j\omega})$ 的幅度响应为

$$A(\omega) = \sum_{n=1}^{L} 2h(L-n)\sin(n\omega), L = (N-1)/2 \tag{10-19}$$

利用式(10-19),容易证明下述综合式子:

$$\begin{cases} -A(-\omega) = A(\omega) \\ A(\pi-\omega) = -A(\pi+\omega) \\ A(\omega+2\pi) = A(\omega) \end{cases} \tag{10-20}$$

式(10-20)说明幅度响应 $A(\omega)$ 关于 $\omega=0$ 及 $\omega=\pi$ 奇对称,且周期为 2π。由于 $A(0) = A(\pi) = 0$,则Ⅲ型线性相位滤波器不能用于高通和低通滤波器的设计。

4. Ⅳ型线性相位滤波器($h(n)$ 奇对称,N 为奇数)

$N-1$ 阶Ⅳ型线性相位滤波器的频率响应为

$$H(e^{j\omega}) = A(\omega)e^{j\theta(\omega)} \tag{10-21}$$

其中,频率响应 $H(e^{j\omega})$ 的相位响应为

$$\theta(\omega) = -\frac{N-1}{2} + \frac{\pi}{2} \tag{10-22}$$

频率响应 $H(e^{j\omega})$ 的幅度响应为

$$A(\omega) = \sum_{n=0}^{L} 2h(L-n)\sin\left[(n+1/2)\omega\right], L = (N-2)/2 \tag{10-23}$$

利用式(10-23),容易证明下述综合式子:

$$\begin{cases} -A(-\omega) = A(\omega) \\ A(\pi-\omega) = A(\pi+\omega) \\ A(\omega+4\pi) = A(\omega) \end{cases} \tag{10-24}$$

式(10-24)说明幅度响应 $A(\omega)$ 关于 $\omega=0$ 奇对称,关于 $\omega=0$ 偶对称,且周期为 4π。由于 $A(0) = 0$,则Ⅳ型线性相位滤波器不能用于低通滤波器的设计。

综上所述,线性相位 FIR 滤波器频率响应的一般形式可写为

$$H(e^{j\omega}) = e^{j[-0.5(N-1)\omega+\beta]}A(\omega) \tag{10-25}$$

对于Ⅰ型和Ⅱ型线性相位 FIR 滤波器,$\beta=0$;对于Ⅱ型和Ⅳ型线性相位 FIR 滤波器,$\beta=\pi/2$。

10.1.3　线性相位系统的零点分布

在一般情况下,N 点 FIR 滤波器在有限 z 平面上有 $N-1$ 个零点,FIR 滤波器零点分布将决定滤波器的特性。由于线性相位 FIR 滤波器的单位脉冲响应 $h(n)$ 具有对称性,因而其零点分布也呈现一定的规律。若 $h(n)$ 是偶对称序列,则有

$$H(z) = \sum_{n=0}^{N-1} h(n)z^{-n} = \sum_{n=0}^{N-1} h(N-1-n)z^{-n}$$

将 $k=N-1-n$ 代入上式得

$$H(z) = z^{-(N-1)}\sum_{k=0}^{N-1} h(k)z^{k} = z^{-(N-1)}H(z^{-1}) \tag{10-26}$$

类似地,若$h(n)$是奇对称序列,则有

$$H(z) = -z^{-(N-1)}H(z^{-1}) \tag{10-27}$$

满足式(10-26)的实系数多项式为偶对称多项式,满足式(10-27)的实系数多项式为奇对称多项式。无论是哪一种对称情况,由式(10-26)及式(10-27)可知,若z_k是$H(z)$的零点,则其倒数$1/z_k$也是$H(z)$的零点。由于FIR滤波器的$h(n)$是实系数,系统零点将会以复共轭的形式出现。因此,具有线性相位实系数FIR滤波器的零点z_k在z平面的位置有以下4种情况。

(1)零点z_k既不在实轴上,也不在单位圆上,即$z_k=r_k\mathrm{e}^{\mathrm{j}\varphi_k}$,$r_k \neq 1$,$\varphi_k \neq 0$,$\varphi_k \neq \pi$,则系统零点中存在互为倒数的两组共轭对$r_k\mathrm{e}^{\pm\mathrm{j}\varphi_k}$及$\dfrac{1}{r_k}\mathrm{e}^{\pm\mathrm{j}\varphi_k}$,如图10-1(a)所示。这4个零点所产生的$H(z)$为

$$\begin{aligned} H(z) &= (1-r_k\mathrm{e}^{\mathrm{j}\varphi_k}z^{-1})(1-r_k\mathrm{e}^{-\mathrm{j}\varphi_k}z^{-1})(1-r_k^{-1}\mathrm{e}^{\mathrm{j}\varphi_k}z^{-1})(1-r_k^{-1}\mathrm{e}^{-\mathrm{j}\varphi_k}z^{-1}) \\ &= 1-2(r_k+1/r_k)(\cos\varphi_k)z^{-1}+(r_k^2+1/r_k^2+4\cos^2\varphi_k)z^{-2}-2(r_k+1/r_k)(\cos\varphi_k)z^{-3}+z^{-4} \end{aligned}$$

这是一个四阶偶对称多项式。

(2)零点z_k在单位圆上,但不在实轴上,即$z_k=\mathrm{e}^{\mathrm{j}\varphi_k}$,$\varphi_k \neq 0$,$\varphi_k \neq \pi$,则系统零点中存在一对共轭零点$z_k=\mathrm{e}^{\pm\mathrm{j}\varphi_k}$,如图10-1(b)所示。这两个零点所产生的$H(z)$为

$$H(z) = (1-\mathrm{e}^{\mathrm{j}\varphi_k}z^{-1})(1-\mathrm{e}^{-\mathrm{j}\varphi_k}z^{-1}) = 1-2(\cos\varphi_k)z^{-1}+z^{-2}$$

这是一个二阶偶对称多项式。

(3)零点z_k在实轴上,但不在单位圆上,即$z_k=r_k\mathrm{e}^{\mathrm{j}\varphi_k}$,$r_k \neq 1$,$\varphi_k = 0$或$\varphi_k = \pi$。此时系统零点是实数且为$z_k=r_k$或$z_k=-r_k$。系统中存在一对互为倒数的实数零点$z_k$或$1/z_k$,如图10-1(c)所示。由零点$r_k$和$1/r_k$所产生的$H(z)$为

$$H(z) = (1-r_kz^{-1})(1-r_k^{-1}z^{-1}) = 1-2(r_k+1/r_k)z^{-1}+z^{-2}$$

这是一个二阶偶对称多项式。

(4)零点z_k既在实轴上,也在单位圆上,即$r_k=1$,$\varphi_k=0$或$\varphi_k=\pi$,此时$z_k=\pm 1$,如图10-1(d)、(e)所示。

①当$z_k=1$时,该零点所产生的$H(z)$为

$$H(z) = 1-z^{-1}$$

②当$z_k=-1$时,该零点所产生的$H(z)$为

$$H(z) = 1+z^{-1}$$

这是一个一阶偶对称多项式。

由上述情况可以看出,任意$N-1$阶线性相位系统都可由上述5种因子和一个常数因子的积构成,而且只有$z_k=1$的零点产生一个奇对称因子,其他情况下的零点均产生偶对称因子。可以推断出,奇对称线性相位系统在$z_k=1$的零点必是奇数阶的。对于II型线性相位系统,由于系统的阶数M是奇数,所以系统在$z_k=-1$的零点必是奇数阶的。可以看出,系统在$z_k=1$和$z_k=-1$的领地的那个数决定了系统的类型。对4种不同类型的线性相位系统在$z_k=\pm 1$的零点总结如下。

I型FIR滤波器在$z_k=1$和$z_k=-1$无零点或者有偶数个零点。

II型FIR滤波器在$z_k=1$无零点或有偶数个零点,在$z_k=-1$有奇数个零点。

III型FIR滤波器在$z_k=1$和$z_k=-1$有奇数个零点。

IV型FIR滤波器在$z_k=1$有奇数个零点,在$z_k=-1$无零点或者有偶数个零点。

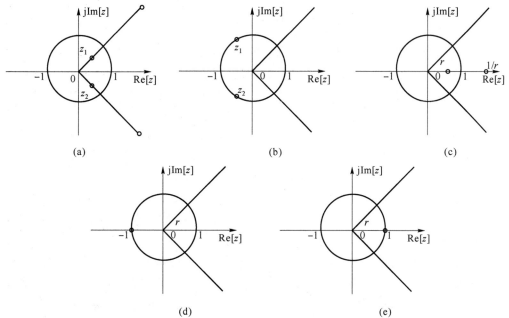

图 10-1 线性相位 FIR 滤波器的零点位置

(a)z_k 既不在实轴上,也不在单位圆上;(b)z_k 在单位圆上,但不在实轴上;
(c)z_k 在实轴上,但不在单位圆上;(d)z_k 在实轴和单位圆上($z_k=-1$);(e)z_k 在实轴和单位圆上($z_k=1$)

§10.2 利用窗函数法设计线性相位 FIR 滤波器

10.2.1 利用最小积分平方误差理论设计 FIR 滤波器的思想

假设 $H_d(e^{j\omega})$ 为所希望得到的滤波器的频率响应,$h_d(n)$ 为与其对应的单位脉冲响应,则有

$$H_d(e^{j\omega}) = \sum_{n=-\infty}^{+\infty} h_d(n)e^{-jn\omega} \tag{10-28}$$

$$h_d(n) = \frac{1}{2\pi}\int_{-\pi}^{\pi} H_d(e^{j\omega})\,d\omega \tag{10-29}$$

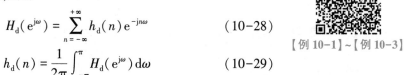

【例 10-1】~【例 10-3】

如果能够由已知的 $H_d(e^{j\omega})$ 求出 $h_d(n)$,对 $h_d(n)$ 进行 z 变换便可得到滤波器的系统函数 $H(z)$。但一般情况下,$H_d(e^{j\omega})$ 为分段函数,在边界频率处有不连续点,因而 $h_d(n)$ 为无限长非因果序列。例如,理想低通滤波器的频率响应 $H_d(e^{j\omega})$ 为

$$H_d(e^{j\omega}) = \begin{cases} e^{-j\omega}, & |\omega| \leqslant \omega_c \\ 0, & \omega_c \leqslant \omega \leqslant \pi \end{cases} \tag{10-30}$$

可以推导出,滤波器的单位脉冲响应 $h_d(n)$ 为

$$h_d(n) = \frac{1}{2\pi} \int_{-\omega_c}^{\omega_c} e^{-j\omega\alpha} e^{j\omega n} d\omega = \frac{\sin[\omega_c(n-\alpha)]}{\pi(n-\alpha)} \qquad (10\text{-}31)$$

由式(10-31)可知,单位脉冲响应 $h_d(n)$ 是无限长非因果序列。为了构造长度为 N 的线性相位 FIR 滤波器,只有将 $h_d(n)$ 截取一段,并保证所截取的一段序列对 $(N-1)/2$,即 M/2 对称(偶对称或奇对称)。假设对 $h_d(n)$ 截取的一段为 $h(n)$,当 α 取值为 $(N-1)/2$,即 M/2 时,$h(n)$ 关于 $(N-1)/2$ 对称,从而保证所设计的滤波器具有线性相位。

一般情况下,$h_d(n)$ 绝对值较大的点集中在 $n=0$ 附近,因此合理截短 $h_d(n)$ 的方案是关于 $n=0$ 点对称地截短 $h_d(n)$,即

$$h(n) = h_d(n)\omega(n), \quad -n_0 \leq n \leq n_0 \qquad (10\text{-}32)$$

由式(10-32)得到的 $h(n)$ 为非因果序列,将其右移 n_0 个单位可得因果序列 $n(n-n_0)$,此时的滤波器为因果 FIR 滤波器。无论 $h(n)$ 是偶对称或奇对称序列,其长度均为 $2n_0+1$,滤波器的阶数为 $2n_0$。因而设计的滤波器只能是 I 型或 III 型的。

另一种设计 FIR 滤波器的方案是将理想滤波器的幅度响应作为待设计滤波器的幅度因子,将线性因子 $e^{j[0.5(N-1)+\beta]}$ 作为待设计滤波器的相位因子,两者构成理想滤波器的频率响应 $H_d(e^{j\omega})$,然后由 IDTFT 求出理想滤波器的单位脉冲响应 $h_d(n)$,再截取 $0 \leq n \leq N-1$ 范围内的 $h_d(n)$ 作为实际设计滤波器的单位脉冲响应 $h(n)$。利用该种方法可以设计 4 种类型的线性相位 FIR 滤波器。以下讨论如何用此种方法设计线性相位 FIR 滤波器。

希望得到的滤波器的频率响应 $H_d(e^{j\omega})$ 和实际设计出的滤波器的频率响应 $H(e^{j\omega})$ 的积分平方误差定义为

$$\varepsilon^2 = \frac{1}{2\pi} \int_{-\pi}^{\pi} |H_d(e^{j\omega}) - H(e^{j\omega})|^2 d\omega \qquad (10\text{-}33)$$

根据帕塞瓦尔等式可得

$$\varepsilon^2 = \sum_{n=-\infty}^{+\infty} |h_d(n) - h(n)|^2 = \sum_{n=-\infty}^{-1} |h_d(n)|^2 + \sum_{n=0}^{N-1} |h_d(n) - h(n)|^2 + \sum_{n=N}^{+\infty} |h_d(n)|^2$$

该式的第一项和第三项与待设计滤波器的参数无关,为使误差 ε 达到最小,只要式中第二项达到最小即可。可选择

$$h(n) = h_d(n)\omega(n), 0 \leq n \leq N-1 \qquad (10\text{-}34)$$

用上述方法所设计的滤波器具有积分平方误差最小的特性。

10.2.2 理想线性相位 FIR 数字滤波器的频率响应及单位脉冲响应

1. 理想线性相位 FIR 低通滤波器

(1)确定理想线性相位 FIR 低通滤波器的类型:根据表 10-3 可选用 I 型或 II 型,不妨选 I 型。

(2)确定理想线性相位 FIR 低通滤波器的幅度 $A_d(\omega)$ 和相位 $\theta_d(\omega)$。

【例 10-4】

$$A_d(\omega) = \begin{cases} 1, & 0 \leq |\omega| \leq \omega_c \\ 0, & \omega_c \leq |\omega| \leq \pi \end{cases} \qquad (10\text{-}35)$$

假设滤波器的阶数为 $N-1$,对于 I 型线性相位 FIR 低通滤波器,有

$$\theta_d(\omega) = -0.5(N-1)\omega \qquad (10\text{-}36)$$

所以

$$H_\mathrm{d}(\mathrm{e}^{\mathrm{j}\omega}) = A_\mathrm{d}(\omega)\,\mathrm{e}^{\theta_\mathrm{d}(\omega)} = \begin{cases} \mathrm{e}^{-\mathrm{j}\,0.5(N-1)\omega}, & 0 \leqslant |\omega| \leqslant \omega_\mathrm{c} \\ 0, & \omega_\mathrm{c} \leqslant |\omega| \leqslant \pi \end{cases} \tag{10-37}$$

（3）由 IDTFT 得理想线性相位 FIR 低通滤波器的单位脉冲响应为

$$h_\mathrm{d}(n) = \frac{1}{2\pi}\int_{-\pi}^{\pi} H_\mathrm{d}(\mathrm{e}^{\mathrm{j}\omega})\,\mathrm{e}^{\mathrm{j}n\omega}\,\mathrm{d}\omega = \frac{1}{2\pi}\int_{-\omega_\mathrm{c}}^{\omega_\mathrm{c}} \mathrm{e}^{-\mathrm{j}\,0.5(N-1)\omega}\mathrm{e}^{\mathrm{j}n\omega}\,\mathrm{d}\omega = \frac{1}{2\pi}\int_{-\omega_\mathrm{c}}^{\omega_\mathrm{c}} \mathrm{e}^{\mathrm{j}\omega[\,n - 0.5(N-1)\,]}\,\mathrm{d}\omega$$

$$= \begin{cases} \dfrac{\sin\{\omega_\mathrm{c}[\,n - 0.5(N-1)\,]\}}{\pi[\,n - 0.5(N-1)\,]}, & n \neq 0.5(N-1) \\[4mm] \dfrac{\omega_\mathrm{c}}{\pi}, & n = 0.5(N-1) \end{cases}$$

$$= \frac{\omega_\mathrm{c}}{\pi}\mathrm{Sa}\{\omega_\mathrm{c}[\,n - 0.5(N-1)\,]\} \tag{10-38}$$

式中, $\mathrm{Sa}(x) = \dfrac{\sin x}{x}$ 。

2. 理想线性相位 FIR 高通滤波器

（1）确定理想线性相位 FIR 高通滤波器的类型：根据表 10-3 可选用 Ⅰ 型和 Ⅳ 型，不妨选 Ⅰ 型。

（2）确定理想线性相位 FIR 高通滤波器的幅度 $A_\mathrm{d}(\omega)$ 和相位 $\theta_\mathrm{d}(\omega)$ 。

$$A_\mathrm{d}(\omega) = \begin{cases} 1, & \omega_\mathrm{c} \leqslant |\omega| \leqslant \pi \\ 0, & 0 \leqslant |\omega| < \omega_\mathrm{c} \end{cases} \tag{10-39}$$

假设滤波器的阶数为 $N-1$ ，对于 Ⅰ 型线性相位 FIR 高通滤波器，有

$$\theta_\mathrm{d}(\omega) = -0.5(N-1)\omega \tag{10-40}$$

所以

$$H_\mathrm{d}(\mathrm{e}^{\mathrm{j}\omega}) = A_\mathrm{d}(\omega)\,\mathrm{e}^{\theta_\mathrm{d}(\omega)} = \begin{cases} \mathrm{e}^{-\mathrm{j}\,0.5(N-1)\omega}, & \omega_\mathrm{c} \leqslant |\omega| \leqslant \pi \\ 0, & 0 \leqslant |\omega| < \omega_\mathrm{c} \end{cases} \tag{10-41}$$

（3）由 IDTFT 得理想线性相位 FIR 高通滤波器的单位脉冲响应为

$$h_\mathrm{d}(n) = \frac{1}{2\pi}\int_{-\pi}^{\pi} H_\mathrm{d}(\mathrm{e}^{\mathrm{j}\omega})\,\mathrm{e}^{\mathrm{j}n\omega}\,\mathrm{d}\omega = \frac{1}{2\pi}\int_{-\pi}^{-\omega_\mathrm{c}} \mathrm{e}^{-\mathrm{j}\,0.5(N-1)\omega}\mathrm{e}^{\mathrm{j}n\omega}\,\mathrm{d}\omega + \frac{1}{2\pi}\int_{\omega_\mathrm{c}}^{\pi} \mathrm{e}^{-\mathrm{j}\,0.5(N-1)\omega}\mathrm{e}^{\mathrm{j}n\omega}\,\mathrm{d}\omega$$

$$= \mathrm{Sa}\{[\,n - 0.5(N-1)\,]\} - \frac{\omega_\mathrm{c}}{\pi}\mathrm{Sa}\{\omega_\mathrm{c}[\,n - 0.5(N-1)\,]\}$$

$$= \delta[\,n - 0.5(N-1)\,] - \frac{\omega_\mathrm{c}}{\pi}\mathrm{Sa}\{\omega_\mathrm{c}[\,n - 0.5(N-1)\,]\}$$

$$= \begin{cases} -\dfrac{\sin\{\omega_\mathrm{c}[\,n - 0.5(N-1)\,]\}}{\pi[\,n - 0.5(N-1)\,]}, & n \neq 0.5(N-1) \\[4mm] 1 - \dfrac{\omega_\mathrm{c}}{\pi}, & n = 0.5(N-1) \end{cases} \tag{10-42}$$

3. 理想线性相位 FIR 带通滤波器

（1）确定理想线性相位 FIR 带通滤波器的类型：根据表 10-3 可选用 Ⅰ 型或 Ⅱ 型，不妨选 Ⅰ 型。

（2）确定理想线性相位 FIR 带通滤波器的幅度 $A_{\mathrm{d}}(\omega)$ 和相位 $\theta_{\mathrm{d}}(\omega)$。

$$A_{\mathrm{d}}(\omega) = \begin{cases} 1, & \omega_{\mathrm{c}1} \leqslant |\omega| \leqslant \omega_{\mathrm{c}2} \\ 0, & 0 \leqslant |\omega| < \omega_{\mathrm{c}1}, \omega_{\mathrm{c}2} |\omega| \leqslant \pi \end{cases} \qquad (10\text{-}43)$$

假设滤波器的阶数为 $N-1$，对于 I 型线性相位 FIR 带通滤波器，有

$$\theta_{\mathrm{d}}(\omega) = -0.5(N-1)\omega \qquad (10\text{-}44)$$

所以

$$H_{\mathrm{d}}(\omega) = A_{\mathrm{d}}(\omega)\mathrm{e}^{\mathrm{j}\varphi_{\mathrm{d}}(\omega)} = \begin{cases} \mathrm{e}^{-\mathrm{j}\,0.5(N-1)\omega}, & \omega_{\mathrm{c}1} \leqslant |\omega| \leqslant \omega_{\mathrm{c}2} \\ 0, & 0 \leqslant |\omega| < \omega_{\mathrm{c}1}, \omega_{\mathrm{c}2} < |\omega| \leqslant \pi \end{cases} \qquad (10\text{-}45)$$

（3）由 IDTFT 得理想线性相位 FIR 带通滤波器的单位脉冲响应为

$$h_{\mathrm{d}}(n) = \frac{1}{2\pi}\int_{-\pi}^{\pi} H_{\mathrm{d}}(\mathrm{e}^{\mathrm{j}\omega})\mathrm{e}^{\mathrm{j}n\omega}\mathrm{d}\omega = \frac{1}{2\pi}\int_{-\omega_{\mathrm{c}2}}^{-\omega_{\mathrm{c}1}}\mathrm{e}^{-\mathrm{j}\,0.5(N-1)\omega}\mathrm{e}^{\mathrm{j}n\omega}\mathrm{d}\omega + \frac{1}{2\pi}\int_{\omega_{\mathrm{c}1}}^{\omega_{\mathrm{c}2}}\mathrm{e}^{-\mathrm{j}\,0.5(N-1)}\mathrm{e}^{\mathrm{j}n\omega}\mathrm{d}\omega$$

$$= \frac{\omega_{\mathrm{c}2}}{\pi}\mathrm{Sa}\{\omega_{\mathrm{c}2}[n-0.5(N-1)]\} - \frac{\omega_{\mathrm{c}1}}{\pi}\mathrm{Sa}\{\omega_{\mathrm{c}1}[n-0.5(N-1)]\}$$

$$= \begin{cases} \dfrac{\sin\{\omega_{\mathrm{c}2}[n-0.5(N-1)]\} - \sin\{\omega_{\mathrm{c}1}[n-0.5(N-1)]\}}{\pi[n-0.5(N-1)]}, & n \neq 0.5(N-1) \\ (\omega_{\mathrm{c}2}-\omega_{\mathrm{c}1})/\pi, & n = 0.5(N-1) \end{cases}$$

$$(10\text{-}46)$$

4. 理想线性相位 FIR 带阻滤波器

（1）确定理想线性相位 FIR 带阻滤波器的类型，根据表 10-3 可选用 I 型或 II 型，不妨选 I 型。

（2）确定理想线性相位 FIR 带阻滤波器的幅度 $A_{\mathrm{d}}(\omega)$ 和相位 $\varphi_{\mathrm{d}}(\omega)$。

$$A_{\mathrm{d}}(\omega) = \begin{cases} 1, & 0 \leqslant |\omega| < \omega_{\mathrm{c}1}, \omega_{\mathrm{c}2} < |\omega| \leqslant \pi \\ 0, & \omega_{\mathrm{c}1} \leqslant |\omega| \leqslant \omega_{\mathrm{c}2} \end{cases} \qquad (10\text{-}47)$$

假设滤波器的阶数为 $N-1$，对于 I 型线性相位 FIR 带阻滤波器，有

$$\theta_{\mathrm{d}}(\omega) = -0.5(N-1)\omega \qquad (10\text{-}48)$$

所以

$$H_{\mathrm{d}}(\mathrm{e}^{\mathrm{j}\omega}) = A_{\mathrm{d}}(\omega)\mathrm{e}^{\theta_{\mathrm{d}}(\omega)} = \begin{cases} \mathrm{e}^{-\mathrm{j}\,0.5(N-1)}, & 0 \leqslant |\omega| < \omega_{\mathrm{c}1}, \omega_{\mathrm{c}2} < |\omega| \leqslant \pi \\ 0, & \omega_{\mathrm{c}1} \leqslant |\omega| \leqslant \omega_{\mathrm{c}2} \end{cases} \qquad (10\text{-}49)$$

（3）由 IDTFT 得理想线性相位 FIR 带阻滤波器的单位脉冲响应为

$$h_{\mathrm{d}}(n) = \frac{1}{2\pi}\int_{-\pi}^{\pi} H_{\mathrm{d}}(\mathrm{e}^{\mathrm{j}\omega})\mathrm{e}^{\mathrm{j}n\omega}\mathrm{d}\omega$$

$$= \frac{1}{2\pi}\left[\int_{-\pi}^{-\omega_{\mathrm{c}2}}\mathrm{e}^{-\mathrm{j}\,0.5(N-1)\omega}\mathrm{e}^{\mathrm{j}n\omega}\mathrm{d}\omega + \int_{-\omega_{\mathrm{c}1}}^{\omega_{\mathrm{c}1}}\mathrm{e}^{-\mathrm{j}\,0.5(N-1)\omega}\mathrm{e}^{\mathrm{j}n\omega}\mathrm{d}\omega + \int_{\omega_{\mathrm{c}2}}^{\pi}\mathrm{e}^{-\mathrm{j}\,0.5(N-1)}\mathrm{e}^{\mathrm{j}n\omega}\mathrm{d}\omega\right]$$

$$= \mathrm{Sa}\{\pi[n-0.5(N-1)]\} - \frac{\omega_{\mathrm{c}2}}{\pi}\mathrm{Sa}\{\omega_{\mathrm{c}2}[n-0.5(N-1)]\} + \frac{\omega_{\mathrm{c}1}}{\pi}\mathrm{Sa}\{\omega_{\mathrm{c}1}[n-0.5(N-1)]\}$$

$$= \delta[n-0.5(N-1)] - \frac{\omega_{\mathrm{c}2}}{\pi}\mathrm{Sa}\{\omega_{\mathrm{c}2}[n-0.5(N-1)]\} + \frac{\omega_{\mathrm{c}1}}{\pi}\mathrm{Sa}\{\omega_{\mathrm{c}1}[n-0.5(N-1)]\}$$

$$= \begin{cases} \dfrac{\sin\{\pi[n-0.5(N-1)]\} - \sin\{\omega_{\mathrm{c}2}[n-0.5(n-1)]\} + \sin\{\omega_{\mathrm{c}1}[n-0.5(N-1)]\}}{\pi[n-0.5(N-1)]}, & n \neq 0.5(N-1) \\ 1-(\omega_{\mathrm{c}1}-\omega_{\mathrm{c}2})/\pi, & n = 0.5(N-1) \end{cases}$$

$$(10\text{-}50)$$

讨论：

（1）对于高通滤波器，来考查式（10-42），式中 $\delta[n-0.5(N-1)]$ 的 z 变换为 $z^{-0.5(N-1)}$，其频率响应的模长为 1，因而 $\delta[n-0.5(N-1)]$ 项所表示的滤波器为全通滤波器。由式（10-38）可知，式（10-42）中 $(\omega_c/\pi)\mathrm{Sa}\{\omega_c[n-0.5(N-1)]\}$ 项所表示的滤波器为低通滤波器，因此可以得出结论：一个高通滤波器可以由一个全通滤波器减去一个低通滤波器来实现。此低通滤波器与高通滤波器的截止频率相等。

（2）对于带通滤波器，来考查式（10-46），由式（10-38）可知，式（10-46）中的 $(\omega_{c2}/\pi)\mathrm{Sa}\{\omega_{c2}[n-0.5(N-1)]\}$ 项和 $(\omega_{c1}/\pi)\mathrm{Sa}\{\omega_{c1}[n-0.5(N-1)]\}$ 项分别表示截止频率为 ω_{c2} 和 ω_{c1} 的两个低通滤波器，因此可以得出结论：一个带通滤波器可以由一个截止频率为 ω_{c2} 的低通滤波器减去一个截止频率为 ω_{c1} 的低通滤波器来实现（$\omega_{c2}>\omega_{c1}$）。

（3）对于带阻滤波器，来考察式（10-50），式中 $\mathrm{Sa}\{\pi[n-0.5(N-1)]\}-(\omega_{c2}/\pi)\mathrm{Sa}\{\omega_{c2}[n-0.5(N-1)]\}$ 项及 $(\omega_{c1}/\pi)\mathrm{Sa}\{\omega_{c1}[n-0.5(N-1)]\}$ 项。由式（10-42）可知，前一项代表截止频率为 ω_{c2} 的高通滤波器，由式（10-38）可知，后一项代表截止频率为 ω_{c1} 的低通滤波器，因此可以得出结论：一个带阻滤波器可以由一个截止频率为 ω_{c2} 的高通滤波器加上一个截止频率为 ω_{c1} 的低通滤波器来实现（$\omega_{c2}>\omega_{c1}$）。也可以看成由一个全通滤波器减去一个截止频率为 ω_{c2} 的低通滤波器再加上一个截止频率为 ω_{c1} 的低通滤波器来实现（$\omega_{c2}>\omega_{c1}$）。

10.2.3　窗函数法设计 FIR 滤波器的性能分析

设计的理想目标是滤波器的脉冲响应 $h_d(n)$，而实际只能得到 $h_d(n)$ 的截短值 $h(n)$，利用 $h(n)$ 求系统函数 $H(z)$，假设 $h(n)$ 的点数为 N，则

$$H(z) = \sum_{n=0}^{N-1} h(n)z^{-n}$$

用有限长的序列 $h(n)$ 去代替 $h_d(n)$ 必然会产生误差效应，使计算出的滤波器的频率响应在通带和阻带均产生波动，从而满足不了技术要求，这种现象称为吉布斯效应。吉布斯效应是由于对单位脉冲响应 $h_d(n)$ 的截断而引起的，因此也称为截断效应。另外，$H_d(\mathrm{e}^{\mathrm{j}\omega})$ 是以 2π 为周期的函数，可以展开成傅里叶级数：

$$H_d(\mathrm{e}^{\mathrm{j}\omega}) = \sum_{n=-\infty}^{+\infty} h_d(n)\mathrm{e}^{-\mathrm{j}n\omega}$$

傅里叶级数的系数 $h_d(n)$ 即为 $H_d(\mathrm{e}^{\mathrm{j}\omega})$ 对应的单位脉冲响应。实际在设计 FIR 滤波器时，根据要求找到有限项傅里叶级数，以有限项傅里叶级数去近似无限项傅里叶级数，这样在一些频率不连续点附近会产生较大误差，从而引起截断效应。用窗函数法设计滤波器可以消除这一效应。因此，窗函数法又称傅氏级数法。显然，选取傅氏级数的项数越多，产生的误差就越小，但项数增多会使 $h(n)$ 的长度增加，从而增加成本。因此，在满足技术要求的前提下，要尽量减小 $h(n)$ 的长度。下面讨论吉布斯效应产生的原因及如何用窗函数消减这种效应，从而设计出能满足技术要求的线性相位 FIR 滤波器。理想滤波器的截断效应为

$$h(n) = h_d(n)\omega(n), \quad 0 \le n \le N-1$$

假设式中 $\omega(n)$ 为矩形窗，根据频域卷积定理可得 FIR 滤波器的频率响应为

$$H(\mathrm{e}^{\mathrm{j}\omega}) = \frac{1}{2\pi}\int_{-\pi}^{\pi} H_d(\mathrm{e}^{\mathrm{j}\theta})W_N[\mathrm{e}^{\mathrm{j}(\omega-\theta)}]\mathrm{d}\theta \tag{10-51}$$

式中，$H_d(e^{j\omega})$ 是理想滤波器的频率响应；$W_N(e^{j\omega})$ 是窗函数 $\omega(n)$ 的频谱。由式(10-51)可知，$H(e^{j\omega})$ 逼近 $H_d(e^{j\omega})$ 的质量取决于窗函数的频谱 $W_N(e^{j\omega})$。

长度为 N 的矩形窗的频谱为

$$W_N(e^{j\omega}) = \sum_{n=0}^{N-1} e^{-j\omega n} = \frac{1-e^{-j\omega N}}{1-e^{-j\omega}} = e^{-j\omega(N-1)/2}\frac{\sin(N\omega/2)}{\sin(\omega/2)} \tag{10-52}$$

矩形窗函数 $W_N(e^{j\omega})$ 的幅度函数为

$$W(\omega) = \frac{\sin(N\omega/2)}{\sin(\omega/2)} \tag{10-53}$$

则式(10-52)可表示为

$$W_N(e^{j\omega}) = e^{-j\omega(N-1)/2}W(\omega) \tag{10-54}$$

矩形窗的幅度函数如图 10-2 所示。幅度函数 $W(\omega)$ 在 $\omega=0$ 处有一个主瓣，主瓣的宽度为 $4\pi/N$。其他的波峰为旁瓣。随着 N 的增加，主瓣的高度增加而宽度减小，主瓣的面积基本保持不变。

假设理想 FIR 滤波器是 I 型的，则其频率响应可用幅度和相位表示为

$$H_d(e^{j\omega}) = A_d(\omega)e^{-j\omega(N-1)/2} \tag{10-55}$$

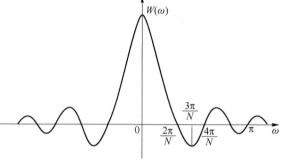

图 10-2 矩形窗的幅度函数

由式(10-54)得

$$W_N[e^{j(\omega-\theta)}] = W(\omega-\theta)e^{-j(\omega-\theta)(N-1)/2} \tag{10-56}$$

则

$$H(e^{j\omega}) = \frac{1}{2\pi}\int_{-\pi}^{\pi} H_d(e^{j\theta})W_N[e^{j(\omega-\theta)}]d\theta = \frac{1}{2\pi}\int_{-\pi}^{\pi} A_d(\theta)e^{-j\theta(N-1)/2}W_N[e^{j(\omega-\theta)}]d\theta$$

$$= \frac{1}{2\pi}\int_{-\pi}^{\pi} A_d(\theta)e^{-j\theta(N-1)/2}W(\omega-\theta)e^{-j(\omega-\theta)(N-1)/2}d\theta$$

$$= e^{-j\omega(N-1)/2}\frac{1}{2\pi}\int_{-\pi}^{\pi} A_d(\theta)W(\omega-\theta)d\theta \tag{10-57}$$

从式(10-57)可以看出，FIR 滤波器的幅度函数为

$$A(\omega) = \frac{1}{2\pi}\int_{-\pi}^{\pi} A_d(\theta)W(\omega-\theta)d\theta \tag{10-58}$$

下面通过式(10-58)讨论加窗对所设计滤波器频率特性的响应。

(1) 当 $\omega=0$ 时，整个主瓣在 $-\omega_c \leqslant \theta \leqslant \omega_c$ 的范围内，幅度函数 $A(\omega)$ 的幅值主要由主瓣的面积决定，旁瓣将引起 $A(\omega)$ 幅度的波动，如图 10-3(a)所示。当 N 增加时，主瓣和旁瓣的宽度将减小，但面积基本不变，因此增加 N 并不能减小波动的幅度。

(2) 当 $\omega=\omega_c-2\pi/N$ 时，主瓣全部落在 $-\omega_c \leqslant \theta \leqslant \omega_c$ 的范围内，而主瓣右侧的旁瓣全部位于 $-\omega_c \leqslant \theta \leqslant \omega_c$ 的范围以外，因此此时幅度函数 $A(\omega)$ 有最大值，出现正肩峰，如图 10-3(b)所示。

(3) 当 $\omega=\omega_c$ 时，主瓣的一半在 $-\omega_c \leqslant \theta \leqslant \omega_c$ 的范围内，此时 $A(\omega_c)$ 的值为 $A(0)$ 的一半，如图 10-3(c)所示。

(4) 当 $\omega=\omega_c+2\pi/N$ 时，主瓣全部落在 $-\omega_c \leqslant \theta \leqslant \omega_c$ 的范围以外，且主瓣左侧的过零点的坐标刚好为 $\theta=\omega_c$，此时 $A(\omega_c)$ 的值主要由左侧的第一旁瓣决定，$A(\omega_c)$ 有最大负值，出现负肩

峰,如见图 10-3(d)所示。

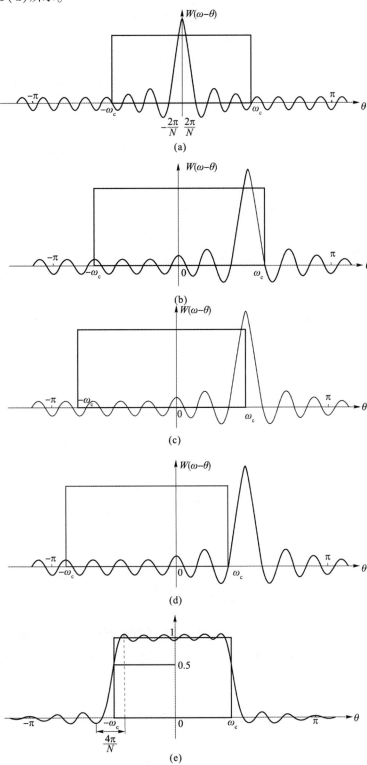

图 10-3　FIR 滤波器幅度函数卷积过程

$(a)\omega=0;(b)\omega=\omega_c-2\pi/N;$

$(c)\omega=\omega_c;(d)\omega=\omega_c+2\pi/N;(e)\omega>\omega_c+2\pi/N$

（5）当 $\omega > \omega_c + 2\pi/N$ 时，主瓣已移出了理想滤波器幅度为 1 的范围，这时 $A(\omega)$ 的值完全由旁瓣的面积决定，如图 10-3（e）所示。旁瓣的面积与 N 无关，旁瓣的大小决定了 FIR 滤波器在阻带的衰减。从图 10-3（e）中可以看出，当 $\omega_c - 2\pi/N \leqslant \omega \leqslant \omega_c + 2\pi/N$ 时，$A(\omega)$ 的值由正肩峰逐渐减小到负肩峰，形成了 FIR 滤波器的过渡带。可以看出，过渡带的宽度与窗函数主瓣的宽度有关。若要求所设计的 FIR 滤波器的过渡带较窄，则可通过增加窗函数的长度 N，即减小窗函数的主瓣宽度来实现。

在实际工程中，过渡带的宽度并不是指 $A(\omega)$ 正、负肩峰所对应的频率差（即窗函数主瓣的宽度），而是阻带衰减 A_s 时的截止频率 ω_c 与通带衰减为 A_p 时的截频 ω_p 之差，此数据一般小于窗函数的主瓣宽度。

由图 10-3（e）可知，FIR 滤波器的通带和阻带波动一致，均由窗函数旁瓣的面积决定。由于在矩形窗阶段所引起的最大波动大约是滤波器幅度的 9%，因此设计出的滤波器阻带衰减量为 $-20\lg(9\%) \approx 21$ dB，这个衰减量在工程应用中常常不够。因而在工程应用中常选用一些旁瓣幅度较小的窗函数来提高 FIR 滤波器的最大衰减。

表 10-1 对上述窗函数的主要参数进行了比较。由该表可知，矩形窗的过渡带最窄，但利用它设计出的 FIR 滤波器的阻带衰减最小。利用布莱克曼窗设计出的 FIR 滤波器阻带衰减最大，但其过渡带也最宽。减小了窗函数旁瓣的相对幅度却增加了其主瓣宽度，提高 FIR 滤波器的阻带衰减是以增加过渡带宽为代价的。

表 10-1　常用窗函数主要参数对照表

窗的类型	旁瓣峰值/dB	主瓣宽度	过渡带宽度	A_p/dB	A_s/dB
矩形窗	-3	$4\pi/N$	$1.8\pi/N$	0.815	21
三角形窗	-25	$8\pi/N$	$6.1\pi/N$	0.503	25
汉明窗	-31	$8\pi/N$	$6.2\pi/N$	0.055	44
布莱克曼窗	-57	$12\pi/N$	$11\pi/N$	0.001 73	74
凯撒窗（$\beta = 7.865$）	-57	—	$10\pi/N$	0.000 868	80

》》 10.2.4　线性相位 FIR 滤波器的设计步骤

图 10-4 给出了加窗后 FIR 低通滤波器的幅度函数。图中，$\Delta\omega$ 表示幅度函数 $A(\omega)$ 的过渡带宽；$\Delta\omega_w$ 表示幅度函数 $A(\omega)$ 主瓣的峰值点与右侧第一个旁瓣峰值点之间的频宽。以下是线性相位 FIR 滤波器的设计步骤。

（1）按所设计滤波器的性能要求，给出通带截频 ω_p、阻带截频 ω_{st}（或 ω_{p1}、ω_{p2}、ω_{st1}、ω_{st2}）、通带衰减 A_p 及阻带衰减 A_s。A_p、A_s 与波纹 δ 的关系为

$$A_p = -20\lg\left[(1-\delta)/(1+\delta)\right] \tag{10-59}$$

$$A_s = -20\lg\left[\delta/(1+\delta)\right] \tag{10-60}$$

由式（10-60）得

$$\delta = 10^{-A_s/20}/(1 - 10^{-A_s/20}) \tag{10-61}$$

可以看出,给出 A_s 后,A_p 便可确定。

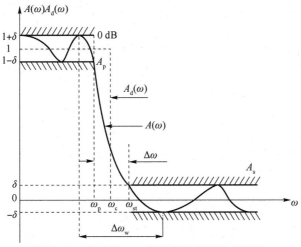

图 10-4　加窗后 FIR 低通滤波器的幅度函数

(2) 确定 4 种滤波器的截止频率 ω_c。

对于低通滤波器及高通滤波器,有

$$\omega_c = (\omega_p + \omega_{st})/2 \tag{10-62}$$

对于带通滤波器及带阻滤波器,有

$$\omega_{c1} = (\omega_{p1} + \omega_{st1})/2 \tag{10-63}$$

及

$$\omega_{c2} = (\omega_{p2} + \omega_{st2})/2 \tag{10-64}$$

过渡带宽为

$$\Delta\omega = |\omega_{st} - \omega_p| \tag{10-65}$$

(3) 计算理想滤波器的单位脉冲响应,即

$$h_d(n) = \text{IDTFT}[H_d(e^{j\omega})] = \frac{1}{2\pi}\int_{-\pi}^{\pi} H_d(e^{j\omega})e^{jn\omega}d\omega \tag{10-66}$$

(4) 选择窗函数的类型和长度 N。

①由给定的通带衰减 A_p 或阻带衰减 A_s,依据表 10-1 来确定窗函数的类型。

②窗函数的类型确定后,依据过渡带宽 $\Delta\omega$ 来确定长度 N。窗函数的类型和长度 N 确定后,$w(n)$ 即确定。

(5) 计算所设计滤波器的 $h(n)$,即

$$h(n) = h_d(n)w(n), 0 \le n \le N-1 \tag{10-67}$$

(6) 验证 $H(e^{j\omega}) = \text{DTFT}[h(n)]$ 是否满足设计指标。

【例 10-5】~【例 10-12】　　　　【程序 10-1】~【程序 10-5】

10.2.5 用窗函数法设计线性相位 FIR 滤波器存在的问题

用窗函数法设计滤波器时,大多都有封闭公式可循,因而设计方法简单、方便、实用,但也存在一些问题,归纳如下。

(1) 若 $H_d(e^{j\omega})$ 不能用简单的函数表示,则很难求出 $h_d(n)$。

(2) 通带和阻带的截止频率不易控制。

(3) 通带和阻带波纹不能分别控制。在通带中越靠近通带边沿,波纹幅度越大;在阻带中,越靠近阻带边沿,波纹越大。也就是说,无论在通带或阻带,若在过渡带的两边频率处衰减满足要求,则在其他频率处的衰减就存在裕量。

§10.3 利用频率取样法设计线性相位 FIR 滤波器

 10.3.1 用频率取样法设计线性相位 FIR 滤波器的方法

窗函数法从时域出发,将理想滤波器的单位脉冲响应 $h_d(n)$ 用合适的窗函数截为有限长序列 $h(n)$,用 $h(n)$ 来近似 $h_d(n)$,从而使频率响应 $H(e^{j\omega})$ 逼近理想滤波器的频率响应 $H_d(e^{j\omega})$。

一个有限长序列可以通过其频谱的等间隔采样值得以准确复原。基于此,频率取样法从频域出发,对理想滤波器的系统函数 $H_d(z)$ 在 z 平面单位圆上进行等间隔采样,将这些采样值作为所设计滤波器的 $H(k)$。或者对理想滤波器的频率响应 $H_d(e^{j\omega})$ 进行等间隔采样,将这些采样值作为所设计滤波器的 $H(k)$,然后通过 IDFT 由 $H(k)$ 来求出 $h(n)$,由 $h(n)$ 可以求出所设计滤波器的频率响应 $H(e^{j\omega})$,$H(e^{j\omega})$ 也可由 $H(k)$ 通过插值公式得到。

对 $H_d(e^{j\omega})$ 在 $\omega = 0 \sim 2\pi$ 的区间上进行 N 点等间隔采样,第一个取样点在 $\omega = 0$ 处,可得

$$H(k) = H_d(k) = H_d(e^{j\omega_k})\big|_{\omega_k = \frac{2\pi}{N}k}, k = 0, 1, \cdots, N - 1 \tag{10-68}$$

N 个频率取样点为

$$\omega_k = \frac{2\pi k}{N}, k = 0, 1, \cdots, N - 1 \tag{10-69}$$

由 IDFT 可得

$$h(n) = \text{IDFT}[H(k)] = \frac{1}{N}\sum_{k=0}^{N-1} H_d(k) e^{j\frac{2\pi}{N}kn} = \frac{1}{N}\sum_{k=0}^{N-1} H_d(k) W_N^{-kn} \tag{10-70}$$

式中,$h(n)$ 即为所设计滤波器的单位脉冲响应。

由于要求设计的滤波器是实系数的线性相位 FIR 滤波器,即 $h_d(n)$ 为实序列,因此 $H_d(e^{j\omega})$ 的取样值还需要满足线性相位滤波器的约束条件。由式(10-25)知,线性相位 FIR 滤波器频率响应的一般形式为

$$H(e^{j\omega}) = e^{j[-0.5(N-1)\omega + \beta]} A(\omega) \tag{10-71}$$

对于 I 型和 II 型线性相位滤波器,$\beta = 0$;对于 III 型和 IV 型线性相位滤波器,$\beta = \pi/2$。

理想滤波器的频率响应符合式(10-71)的规定,所以有

$$H_d(e^{j\omega}) = e^{j[-0.5(N-1)\omega+\beta]}A_d(\omega) \qquad (10-72)$$

对式(10-72)中的频率 ω 在 $0\sim2\pi$ 的区间上进行 N 点等间隔采样,第一个取样点在 $\omega=0$ 处,得

$$H_d(k) = H_d(e^{j\omega})\big|_{\omega=\frac{2\pi k}{N}} = e^{j\beta}e^{-j\frac{(N-1)\pi}{N}k}A_d\left(\frac{2\pi k}{N}\right) \qquad (10-73)$$

式中,$H_d(k)$ 的幅度响应为

$$A_d(k) = A_d\left(\frac{2\pi k}{N}\right) \qquad (10-74)$$

$H_d(k)$ 的相位响应为

$$\theta(k) = -\frac{(N-1)k\pi}{N} + \beta, 0 \leq k \leq N-1 \qquad (10-75)$$

对于Ⅰ型和Ⅱ型线性相位 FIR 滤波器,$\beta=0$;对于Ⅲ型和Ⅳ型线性相位 FIR 滤波器,$\beta=\pi/2$。

1. Ⅰ型线性相位 FIR 滤波器($h(n)$ 偶对称,N 为奇数)

(1) 对于Ⅰ型线性相位 FIR 滤波器,存在

$$H_d(k) = A_a(k)e^{j\theta_d(k)} = \begin{cases} A_d(k)e^{-j\frac{N-1}{N}k\pi}, & 0 \leq k \leq (N-1)/2 \\ A_d(k)e^{j\frac{N-1}{N}(N-k)\pi}, & (N-1)/2+1 \leq k \leq N-1 \end{cases} \qquad (10-76)$$

证明　根据式(10-72)及 $\beta=0$,可得Ⅰ型线性相位 FIR 滤波器频率响应的一般表达式为

$$H_d(e^{j\omega}) = e^{-j0.5(N-1)\omega}A_d(\omega)$$

①当 $0\leq k\leq(N-1)/2$ 时,将 $\omega_k=2\pi k/N$ 代入上式得

$$H_d(k) = A_d(k)e^{-j\frac{N-1}{N}k\pi}$$

此时

$$\theta_d(k) = -\frac{N-1}{N}k\pi$$

②当 $(N-1)/2+1\leq k\leq N-1$ 时,$1\leq N-k\leq(N-1)/2$。

由于 $h_d(n)$ 为实序列,$H_d(k)=H_d^*(N-k)$,可得

$$|H_d(k)| = |H_d(N-k)| \Rightarrow A_d(k) = A_d(N-k)$$

及

$$\theta_d(k) = -\theta_d(N-k)$$

也就是说,$H_d(k)$ 的模 $A_d(k)$ 关于 $k=N/2$ 点偶对称,$H_d(k)$ 的相角 $\theta_d(k)$ 关于 $k=N/2$ 点奇对称,即

$$\theta_d(k) = -\theta_d(N-k) = -\left[-\frac{N-1}{N}(N-k)\pi\right] = \frac{N-1}{N}(N-k)\pi$$

因此

$$H_d(k) = A_d(k)e^{j\theta_d(k)} = \begin{cases} A_d(k)e^{-j\frac{N-1}{N}k\pi}, & 0\leq k\leq(N-1)/2 \\ A_d(k)e^{-j\frac{N-1}{N}(N-k)\pi}, & (N-1)/2+1\leq k\leq N-1 \end{cases}$$

（2）对于 I 型线性相位 FIR 滤波器，存在

$$h(n) = \frac{A_d(0)}{N} + \frac{2}{N} \sum_{K=1}^{(N-1)/2} A_d(k) \cos\left[\frac{k\pi}{N}(2n - N + 1)\right] \qquad (10\text{-}77)$$

证明 由式(10-70)知

$$Nh(n) = \text{IDFT}[H_d(k)] = \sum_{k=0}^{N-1} H_d(k) W_N^{-kn}$$

将上式展开得

$$Nh(n) = H_d(0) + \sum_{k=1}^{(N-1)/2} H_d(k) W_N^{-kn} + \sum_{k=[(N-1)/2]+1}^{N-1} H_d(k) W_N^{-kn}$$

令

$$k = N - l$$

则

$$\sum_{k=[(N-1)/2]+1}^{N-1} H_d(k) W_N^{-kn} = \sum_{l=1}^{(N-1)/2} H_d(N-l) W_N^{-(N-l)n}$$

$$= \sum_{k=1}^{(N-1)/2} H_d(N-k) W_N^{-(N-k)n}$$

$$= \sum_{k=1}^{(N-1)/2} H_d^*(k) W_N^{-(N-1)/n}$$

从而

$$Nh(n) = H_d(0) + \sum_{k=1}^{(N-1)/2} H_d(k) W_N^{-kn} + \sum_{k=1}^{(N-1)/2} H_d^*(k) W_N^{-(N-k)n}$$

$$= H_d(0) + 2\text{Re}\left[\sum_{k=1}^{(N-1)/2} H_d(k) W_N^{-kn}\right]$$

$$= H_d(0) + 2\text{Re}\left[\sum_{k=1}^{(N-1)/2} e^{-j\frac{N-1}{N}k\pi} A_d(k) W_N^{-kn}\right]$$

$$= H_d(0) + 2\text{Re}\left[\sum_{k=1}^{(N-1)/2} A_d(k) e^{j\frac{k\pi}{N}(2n-N+1)}\right]$$

$$= A_d(0) + 2\sum_{k=1}^{(N-1)/2} A_d(k) \cos\left[\frac{k\pi}{N}(2n - N + 1)\right]$$

所以有

$$h(n) = \frac{A_d(0)}{N} + \frac{2}{N} \sum_{k=1}^{(N-1)/2} A_d(k) \cos\left[\frac{k\pi}{N}(2n - N + 1)\right]$$

由该式可得

$$h(N - 1 - n) = \frac{H_d(0)}{N} + \frac{2}{N} \sum_{k=1}^{(N-1)/2} A_d(k) \cos\left\{\frac{k\pi}{N}[2(N - 1 - n) - N + 1]\right\}$$

$$= \frac{A_d(0)}{N} + \frac{2}{N} \sum_{k=1}^{(N-1)/2} A_d(k) \cos\left[\frac{k\pi}{N}(N - 1 - 2n)\right]$$

$$= \frac{A_\mathrm{d}(0)}{N} + \frac{2}{N} \sum_{k=1}^{(N-1)/2} A_\mathrm{d}(k) \cos\left[\frac{k\pi}{N}(2n - N + 1)\right] = h(n)$$

说明滤波器 $h(n)$ 的相位是线性相位。

2. Ⅱ型线性相位 FIR 滤波器($h(n)$ 偶对称，N 为偶数)

(1) 对于Ⅱ型线性相位 FIR 滤波器，存在

$$H_\mathrm{d}(k) = A_\mathrm{d}(k)\mathrm{e}^{\mathrm{j}\theta(k)} = \begin{cases} A_\mathrm{d}(k)\mathrm{e}^{-\mathrm{j}\frac{N-1}{N}k\pi}, & 0 \leqslant k \leqslant (N-2)/2 \\ 0, & k = N/2 \\ A_\mathrm{d}(k)\mathrm{e}^{\mathrm{j}\frac{N-1}{N}(N-k)\pi}, & (N+2)/2 \leqslant k \leqslant N-1 \end{cases} \tag{10-78}$$

(2) 对于Ⅱ型线性相位 FIR 滤波器，存在

$$h(n) = \frac{A_\mathrm{d}(0)}{N} + \frac{2}{N} \sum_{k=1}^{(N-2)/2} A_\mathrm{d}(k) \cos\left[\frac{k\pi}{N}(2n - N + 1)\right] \tag{10-79}$$

3. Ⅲ型线性相位 FIR 滤波器($h(n)$ 奇对称，N 为奇数)

(1) 对于Ⅲ型线性相位 FIR 滤波器，存在

$$H_\mathrm{d}(k) = A_\mathrm{d}(k)\mathrm{e}^{\mathrm{j}\theta(k)} = \begin{cases} 0, & k = 0 \\ A_\mathrm{d}(k)\mathrm{e}^{\mathrm{j}\theta(k)} = A_\mathrm{d}(k)\mathrm{e}^{-\mathrm{j}\left(\frac{N-1}{N}k\pi - \frac{\pi}{2}\right)}, & 1 \leqslant k \leqslant (N-1)/2 \\ A_\mathrm{d}(k)\mathrm{e}^{-\mathrm{j}\left[\frac{\pi}{2} - \frac{N-1}{N}(N-k)\pi\right]}, & [(N-1)/2] + 1 \leqslant k \leqslant N-1 \end{cases} \tag{10-80}$$

(2) 对于Ⅲ型线性相位 FIR 滤波器，存在

$$h(n) = \frac{-2}{N} \sum_{k=1}^{(N-1)/2} A_\mathrm{d}(k) \sin\left[\frac{\pi k}{N}(2n - N + 1)\right] \tag{10-81}$$

4. Ⅳ型线性相位 FIR 滤波器($h(n)$ 奇对称，N 为偶数)

(1) 对于Ⅳ型线性相位 FIR 滤波器，存在

$$H_\mathrm{d}(k) = A_\mathrm{d}(k)\mathrm{e}^{\mathrm{j}\theta(k)} = \begin{cases} 0, & k = 0 \\ A_\mathrm{d}(k)\mathrm{e}^{\mathrm{j}\theta(k)} = A_\mathrm{d}(k)\mathrm{e}^{-\mathrm{j}\left(\frac{N-1}{N}k\pi - \frac{\pi}{2}\right)}, & 1 \leqslant k \leqslant N/2 \\ A_\mathrm{d}(k)\mathrm{e}^{-\mathrm{j}\left[\frac{\pi}{2} - \frac{N-1}{N}(N-k)\pi\right]}, & (N+2)/2 \leqslant k \leqslant N-1 \end{cases} \tag{10-82}$$

(2) 对于Ⅳ型线性相位 FIR 滤波器，存在

$$h(n) = \frac{A_\mathrm{d}\left(\dfrac{N}{2}\right)(-1)^{n+0.5(N-2)}}{N} - \frac{2}{N} \sum_{k=1}^{(N-2)/2} A_\mathrm{d}(k) \sin\left[\frac{\pi k}{N}(2n - N + 1)\right] \tag{10-83}$$

10.3.2　频率取样法的逼近误差及改进方法

1. 频率取样法的逼近误差

由式(10-68)可知，若取 $H(k) = H_\mathrm{d}(k)$，则所设计的滤波器的频率响应与

【例 10-13】

给定的采样值在各频率取样点上是相等的,即 $H(\mathrm{e}^{\mathrm{j}\frac{2\pi}{N}k})H(k)=H_\mathrm{d}(k)=H_\mathrm{d}\left(\mathrm{e}^{\mathrm{j}\frac{2\pi}{N}k}\right)$,没有逼近误差,但是在非取样点上,两者有一定的误差,该误差通常称为逼近误差。逼近误差与所给的理想滤波器的幅度响应 $|H_\mathrm{d}(\mathrm{e}^{\mathrm{j}\omega})|$ 的波形有关,$|H_\mathrm{d}(\mathrm{e}^{\mathrm{j}\omega})|$ 越平缓,逼近误差越小,$|H_\mathrm{d}(\mathrm{e}^{\mathrm{j}\omega})|$ 越陡峭,逼近误差越大。

可以看出,在通带和阻带中,滤波器的幅度有波动现象,在理想滤波器的频率响应的不连续点(即跳变点)两侧最靠近跳变点处,会产生肩峰值。通带中的肩峰值对应通带衰减 A_p,阻带中的肩峰值对应阻带衰减 A_s。在通带和阻带中间形成过渡带,过渡带宽小于 $2\pi/N$(指不加过渡带取样点的情况)。增加频域取样点数 N,则通带和阻带的波动就加快,在频率响应的平坦区逼近误差就变小,过渡带变窄,但通带和阻带的肩峰值不会有显著变化,即吉布斯效应。

2. 减少逼近误差的方法

(1) 设置过渡带,增加过渡带取样点。

在通带边沿取样点幅度的陡降会引起通带和阻带中幅度的剧烈振荡,为减轻这种现象,在理想滤波器频率响应的不连续点边沿增加过渡取样点,使所设计的滤波器的频率响应从通带到阻带平缓变化,消除由跳变引起的突变,从而削弱肩峰值,以达到减小逼近误差的效果。但这样处理会使过渡带加宽。

(2) 过渡带采样值大小的选择。

可采用优化设计或累试法来计算过渡带的最佳采样值,以使阻带衰减 A_s 为最小。

(3) 过渡带取样点数的选择。

不增加过渡带采样值时,若阻带衰减 A_s 为 20 dB 左右,则所设计的滤波器的指标一般不能满足要求。

若用 m 表示过渡带的取样点数,不加过渡带的取样点时 $m=0$,则 m 与 A_s 的关系如表 10-2 所示。

表 10-2　过渡带取样点数 m 与 A_s 的关系

m	0	1	2	3
A_s/dB	16~20	40~54	60~75	80~95

通常 $m=3$ 时即可满足要求。

(4) 滤波器长度 N 的选择。

给定带宽 $\Delta\omega$ 时,由于增加了过渡带的取样点数,使过渡带宽得以增加。假设过渡带的取样点数为 m,则所设计的滤波器的过渡带宽不再是 $(2\pi/N)\times 1$,而是 $(2\pi/N)\times(m+1)$,该数值应满足

$$\Delta\omega \geqslant \frac{2\pi}{N}(m+1)$$

可以得到,滤波器的长度 N 应满足

$$N \geqslant (m+1)\frac{2\pi}{\Delta\omega} \tag{10-84}$$

10.3.3　频率取样法的设计步骤

频率取样法的设计步骤如下。

（1）根据阻带衰减 A_s，由表 10-2 确定过渡带取样点数 m。

（2）由过渡带宽 $\Delta\omega$，按式（10-84）确定滤波器的长度。

（3）确定滤波器的单位脉冲响应 $h(n)$。

（4）验证 $H(\mathrm{e}^{\mathrm{j}\omega})=\mathrm{DTFT}[h(n)]$ 是否满足设计指标。若阻带衰减 A_s 不满足要求，则要增加过渡带取样点数 m。若边沿频率不满足要求，则要增加整个取样长度 N。

【例 10-14】和 【程序 10-6】和
【例 10-15】 【程序 10-7】

10.3.4　频率取样法存在的问题

频率取样法简单方便，特别适用于分段常数的线性相位 FIR 滤波器的设计，尤其是窄带滤波器的设计。但其也存在一些缺点，归纳如下。

（1）滤波器边界频率不易控制。

（2）可以控制阻带衰减，但对通带衰减不易控制，且不能分别控制通带及阻带衰减。

（3）和窗函数法一样，在通带及阻带靠近过渡带初的肩峰波纹较大。在通带及阻带的其他频率处，离跳变边界越远，波纹越小。若跳变边界处衰减满足要求，则其他频率处的衰减会有裕量。增设过渡带采样值，只会使肩峰减少一些，仍不能使误差在通带、阻带中有均匀的波动。

§ 10.4　等波纹线性相位 FIR 滤波器的设计

设计滤波器的过程，就是一个用实际的频率响应 $H(\mathrm{e}^{\mathrm{j}\omega})$ 去逼近所希望的频率响应 $H_\mathrm{d}(\mathrm{e}^{\mathrm{j}\omega})$ 的过程。从数值逼近的角度来看，对某个函数逼近的方法有 3 种：均方误差最小准则、插值逼近准则和最大误差最小化准则。窗函数法依据的是均方误差最小准则；频率取样法依据的是插值逼近准则，它保证在各取样点 ω_k 上 $H(\mathrm{e}^{\mathrm{j}\omega})$ 与理想频率响应 $H_\mathrm{d}(\mathrm{e}^{\mathrm{j}\omega})$ 完全一致，在各取样点之间 $H(\mathrm{e}^{\mathrm{j}\omega})$ 是插值函数的线性组合。上述两种逼近准则有一个共同的缺点：在整个要求逼近的区间 $(0,\pi)$ 内，误差分布是不均匀的，特别是在幅度特性具有跳变点的过渡区附近，误差最大。

等波纹最佳设计法是基于最大误差最小化准则，即切比雪夫逼近理论，使在要求逼近的整个范围内，逼近误差分布是均匀的，所以也称为最佳一致意义下的逼近，与窗函数法和频率取样法相比，当要求滤波特性相同的情况下，其阶数比较低。

10.4.1　4 种线性相位 FIR 滤波器幅度函数的统一表示

根据式（10-25），长度为 N 的因果线性相位 FIR 滤波器的频率响应可表示为

$$H(\mathrm{e}^{\mathrm{j}\omega}) = \mathrm{e}^{\mathrm{j}[-0.5(N-1)\omega+\beta]}A(\omega)$$

式中,$A(\omega)$ 为所设计滤波器的频率响应 $H(\mathrm{e}^{\mathrm{j}\omega})$ 的幅度函数。对于 Ⅰ 型和 Ⅱ 型线性相位 FIR 滤波器,$\beta=0$;对于Ⅲ型和Ⅳ型线性相位 FIR 滤波器,$\beta=\pi/2$。

为使 4 种类型的线性相位 FIR 滤波器具有统一的优化算法,下面对 4 种类型的线性相位 FIR 滤波器的幅度函数进行统一表示。

1. Ⅰ 型线性相位 FIR 滤波器($h(n)$ 偶对称,N 为奇数)

Ⅰ 型线性相位 FIR 滤波器的幅度函数为

$$A(\omega) = h(L) + \sum_{n=1}^{L} 2h(L-n)\cos(n\omega), L = (N-1)/2 \tag{10-85}$$

令

$$g(n) = \begin{cases} h(L), & n = 0 \\ 2h(L-n), & 1 \le n \le L \end{cases} \tag{10-86}$$

则 Ⅰ 型线性相位 FIR 滤波器的幅度函数可表示为

$$A(\omega) = \sum_{n=0}^{L} g(n)\cos(n\omega), L = (N-1)/2 \tag{10-87}$$

根据式(10-86),可将 $h(n)$ 表示为

$$\begin{cases} h(n) = 0.5g(L-n), & n = 1, 2, \cdots, L-1 \\ h(L) = g(0), \end{cases} \tag{10-88}$$

$h(n)$ 的其他值可由其对称性得出。式(10-88)表明,当 $g(n)$ 用优化算法确定后,可利用$g(n)$求出线性相位 FIR 滤波器的单位脉冲响应 $h(n)$。

2. Ⅱ 型线性相位 FIR 滤波器($h(n)$ 偶对称,N 为偶数)

Ⅱ 型线性相位 FIR 滤波器的幅度函数为

$$A(\omega) = \sum_{N=0}^{L} 2h(L-n)\cos[(n+0.5)\omega], L = (N-2)/2 \tag{10-89}$$

假设 Ⅱ 型线性相位 FIR 滤波器的幅度函数可表示为

$$A(\omega) = \cos(0.5\omega)\sum_{n=0}^{L} g(n)\cos(n\omega), L = (N-2)/2 \tag{10-90}$$

则利用三角函数公式:

$$2\cos x\cos y = \cos(x+y) + \cos(x-y)$$

式(10-90)可表示为

$$\begin{aligned}
2A(\omega) &= \sum_{n=0}^{L} g(n)\cos[(n+0.5)\omega] + \sum_{n=0}^{l} g(n)\cos[(n-0.5)\omega] \\
&= \sum_{n=0}^{L-1} g(n)\cos[(n+0.5)\omega] + g(L)\cos[(L+0.5)\omega] \\
&\quad + g(0)\cos(0.5\omega) + \sum_{n=0}^{L-1} g(n+1)\cos[(n+0.5)\omega] \\
&= g(0)\cos(0.5\omega) + g(L)\cos[(L+0.5)\omega] \\
&\quad + \sum_{n=0}^{L-1}[g(n) + g(n+1)]\cos[(n+0.5)\omega] \tag{10-91}
\end{aligned}$$

比较式(10-89)及式(10-91)得

$$\begin{cases} h(0) = g(L)/4 \\ h(n) = [\,g(L-n) + g(L-n+1)\,]/4, n = 1,2,\cdots,L-1 \\ h(L) = [\,2g(0) + g(1)\,]/4 \end{cases} \quad (10\text{-}92)$$

式(10-92)适合于 $L>1$ 的情形,当 $L=1$ 时,由式(10-92)可得

$$\begin{cases} h(0) = g(L)/4 \\ h(1) = [\,2g(0) + g(1)\,]/4 \end{cases} \quad (10\text{-}93)$$

3. Ⅲ型线性相位 FIR 滤波器($h(n)$ 奇对称,N 为奇数)

Ⅲ型线性相位 FIR 滤波器的幅度函数可表示为

$$A(\omega) = \sin\omega \sum_{n=0}^{L-1} g(n)\cos(n\omega), L = (N-1)/2 \quad (10\text{-}94)$$

式中,

$$\begin{cases} h(0) = g(L-1)/4 \\ h(1) = g(L-2)/4 \\ h(n) = [\,g(L-1-n) - g(L+1-n)\,]/4, n = 2,3,\cdots,L-2 \\ h(L-1) = [\,2g(0) - g(2)\,]/4 \end{cases} \quad (10\text{-}95)$$

式(10-95)的证明过程与式(10-92)类似。

4. Ⅳ型线性相位 FIR 滤波器($h(n)$ 奇对称,N 为偶数)

Ⅳ型线性相位 FIR 滤波器的幅度函数可表示为

$$A(\omega) = \sin(0.5\omega) \sum_{n=0}^{L} g(n)\cos(n\omega), L = (N-2)/2 \quad (10\text{-}96)$$

式中,

$$\begin{cases} h(0) = g(L)/4 \\ h(n) = [\,g(L-n) - g(L+1-n)\,]/4, n = 1,2,\cdots,L-1 \\ h(L) = [\,2g(0) - g(1)\,]/4 \end{cases} \quad (10\text{-}97)$$

式(10-97)的证明过程与式(10-92)类似。

一般地,可将 4 种类型的线性相位 FIR 滤波器的幅度函数统一表示为

$$A(\omega) = Q(\omega) \sum_{n=0}^{J} g(n)\cos(n\omega) \quad (10\text{-}98)$$

$$Q(\omega) = \begin{cases} 1, & \text{Ⅰ 型} \\ \cos(\omega/2), & \text{Ⅱ 型} \\ \sin(\omega), & \text{Ⅲ 型} \\ \sin(\omega/2), & \text{Ⅳ 型} \end{cases} \quad (10\text{-}99)$$

$$J = \begin{cases} (N-1)/2, & \text{Ⅰ 型} \\ (N-2)/2, & \text{Ⅱ 型} \\ (N-1)/2, & \text{Ⅲ 型} \\ (N-2)/2, & \text{Ⅳ 型} \end{cases} \quad (10\text{-}100)$$

令

$$P(\omega) = \sum_{n=0}^{J} g(n)\cos(n\omega) \quad (10\text{-}101)$$

则式(10-98)可表示为

$$A(\omega) = Q(\omega) \cdot P(\omega) \tag{10-102}$$

下面引入加权切比雪夫等波纹逼近问题。由于在滤波器设计中对通带和阻带误差性能的要求不一样,为了统一使用最大误差最小化准则,采用误差函数加权的办法,使不同频段(如通带和阻带)的加权误差最大值相等。

设理想滤波器频率响应的幅度函数为 $A_d(\omega)$,用待设计滤波器的幅度函数 $A(\omega)$ 对 $A_d(\omega)$ 进行逼近,设逼近误差为 $\varepsilon(\omega)$,逼近误差的加权函数为 $W(\omega)$,则加权逼近误差函数可定义为

$$\varepsilon(\omega) = W(\omega)[A(\omega) - A_d(\omega)] \tag{10-103}$$

式中,加权函数 $W(\omega)$ 满足 $W(\omega) \geq 0$。

由于在不同频带中误差函数 $A(\omega) - A_d(\omega)$ 的最大值是不一样的,故在不同频带中 $A(\omega)$ 可以不同,在误差要求严的频带上可以采用较大的加权值,在误差要求低的频带上可以采用较小的加权值,使在各频带上加权误差的最大值一样。

若在频带 $\omega_a \leq \omega \leq \omega_b$ 中,$|\varepsilon(\omega)|$ 的峰值的最小值为 ε,则绝对误差满足

$$[A(\omega) - A_d(\omega)] \leq \frac{\varepsilon_0}{|W(\omega)|}, \omega_a \leq \omega \leq \omega_b \tag{10-104}$$

在典型滤波器的设计中,期望的幅度响应为

$$A_d(\omega) = \begin{cases} 1, & \text{在通带中} \\ 0, & \text{在阻带中} \end{cases} \tag{10-105}$$

要求滤波器的频率响应 $H(e^{j\omega})$ 在通带的波纹为 $\pm\delta_1$,在阻带的波纹为 δ_2。

从式(10-101)可以看出,加权函数 $W(\omega)$ 可选择为

$$W(\omega) = \begin{cases} 1, & \text{在通带中} \\ \delta_2/\delta_1, & \text{在阻带中} \end{cases} \tag{10-106}$$

$$W(\omega) = \begin{cases} \delta_2/\delta_1, & \text{在通带中} \\ 1, & \text{在阻带中} \end{cases} \tag{10-107}$$

将式(10-102)代入式(10-103)可得

$$\varepsilon(\omega) = W(\omega)[Q(\omega)P(\omega) - A_d(\omega)] = W(\omega)Q(\omega)\left[P(\omega) - \frac{A_d(\omega)}{Q(\omega)}\right] \tag{10-108}$$

令

$$\tilde{W}(\omega) = W(\omega)Q(\omega) \tag{10-109}$$

$$\tilde{A}_d(\omega) = A_d(\omega)/Q(\omega) \tag{10-110}$$

则式(10-108)可重写为

$$\varepsilon(\omega) = \tilde{W}(\omega)[P(\omega) - \tilde{A}_d(\omega)] \tag{10-111}$$

式(10-111)即为加权逼近误差的最终表达式,利用该式,线性相位 FIR 滤波器的加权切比雪夫等波纹逼近问题可看成求一组系数 $g(n)$,使其在完成逼近的各频带上(这里只指通带或阻带,不包括过渡带)$|\varepsilon(\omega)|$ 的最大值达到最小。$g(n)$ 确定后,根据待设计滤波器的类型可确定其单位脉冲响应 $h(n)$,从而完成滤波器的设计。

对于线性相位 FIR 滤波器的切比雪夫等波纹逼近问题,帕克斯(Parks)和麦克莱伦(McClellan)利用交替定理进行了较好的解决。

10.4.2　交替定理

对于式(10-98)表示的幅度函数 $A(\omega)$，假设 S 是 $[0,\pi]$ 内不包括过渡带的一个闭区间，$A_d(\omega)$ 是 S 上的连续函数，则 $A(\omega)$ 是 $A_d(\omega)$ 的唯一和最佳一致逼近的充要条件是：加权逼近误差函数 $\varepsilon(\omega)$ 在 S 中至少存在 $J+2$ 个交替频率点 $\omega_0,\omega_1,\cdots,\omega_{J+1}$，使

$$\varepsilon(\omega_{i+1}) = -\varepsilon(\omega_i), i = 0,1,\cdots,J+1 \tag{10-112}$$

及

$$\varepsilon(\omega_i) = \pm\max_{\omega\in S}[\varepsilon(\omega)] \tag{10-113}$$

式中，所有的 ω_i 组成交替点组。在 $\omega=\omega_i$ 处，$\varepsilon(\omega_i)$ 取得极大值或极小值。该描述即为交替定理的内容。交替定理可用图 10-5 来说明。

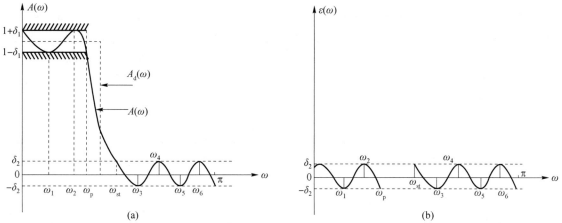

图 10-5　低通滤波器的最佳逼近波形
(a)幅度响应函数；(b)逼近误差函数

图中既表示了通带、阻带中的绝对逼近误差 $A(\omega)-A_d(\omega)$ 的最大值是不同的，又说明了通带、阻带中的加权逼近误差 $\varepsilon(\omega)$ 的最大值是不同的。根据式(10-111)，最佳加权逼近误差 $\varepsilon(\omega)$ 在 $\omega_0,\omega_1,\cdots,\omega_{J+1}$ 这 $J+2$ 个频率点上是交替出现的，具有相同的极值，而且必须是两个最大的正负极值相邻。若最大正负极值点间有一个小的极值，则这个极值不能算在交替定理所要求的极值中。以 I 型线性相位 FIR 滤波器为例来说明这一问题。假设 $N=15$，根据式(10-108)，$J=(N-1)/2=7$。此时，根据式(10-111)，交替点在 $\omega_0=0$、ω_1、ω_2、ω_p、ω_{st}、ω_3、ω_4、ω_5、ω_6、$\omega_7=\pi$ 处，共 10 个频率点，如图 10-5 所示。

交替点最多可能有 $J+3$ 个。根据切比雪夫多项式表示法，$\cos(n\omega)$ 可表示为

$$\cos(n\omega) = \sum_{m=0}^{J} a_{mn}\cos^m\omega, 0\leqslant\omega\leqslant\pi \tag{10-114}$$

将式(10-114)代入式(10-101)可得

$$P(\omega) = \sum_{n=0}^{J} g(n)\cos(n\omega) = \sum_{n=0}^{J} g(n)\sum_{m=0}^{J} a_{mn}\cos^m\omega = \sum_{n=0}^{J} g_0(n)\cos^n\omega \tag{10-115}$$

式中，$g_0(n)$ 是通过合并 $\cos^m(\omega)$ 的同幂次项系数而得到的。

为了求 $\varepsilon(\omega)$ 的极值点，需对式(10-111)的 $\varepsilon(\omega)$ 求导。由于在通带和阻带中，$\tilde{W}(\omega)$ 和

$\tilde{A}_\mathrm{d}(\omega)$ 均为分段函数,故对式(10-115)求导可得

$$\mathrm{d}\frac{\varepsilon(\omega)}{\mathrm{d}\omega} = \mathrm{d}\frac{P(\omega)}{\mathrm{d}\omega} = \mathrm{d}\frac{A(\omega)}{\mathrm{d}\omega} = \sum_{n=0}^{J} ng_0(n)\cos^{n-1}\omega(-\sin\omega) = \sin\omega\sum_{n=0}^{J} g(n)\cos^{n-1}\omega$$

$$(10\text{-}116)$$

式中,$g(n) = -ng_0(n)$。为了计算极值点的最大数目,令 $x = \cos\omega$,将 x 代入式(10-116)得

$$F(x) = \mathrm{d}\frac{A(\omega)}{\mathrm{d}\omega}\bigg|_{\omega=\arccos x} = \sqrt{1-x^2} \cdot \sum_{n=0}^{J} g(n)x^{n-1} = F_1(x)F_2(x) \qquad (10\text{-}117)$$

式中,

$$F_1(x) = \sqrt{1-x^2}$$

$$F_2(x) = \sum_{n=0}^{J} g(n)x^{n-1}$$

可以看出,在 $x = 1$(相当于 $\omega = \arccos x = 0$)和 $x = -1$(相当于 $\omega = \arccos x = \pi$)两处,$F_1(x) = 0$;由于 $F_2(x) = 0$ 是 $J-1$ 阶多项式,所以在 $-1 \leqslant x \leqslant 1$(即 $0 \leqslant \omega \leqslant \pi$)的范围内,$F_2(x) = 0$ 最多有 $J-1$ 个零值点。加上 $\omega = 0$ 和 $\omega = \pi$ 的两个零点,在 $-1 \leqslant x \leqslant 1$(即 $0 \leqslant \omega \leqslant \pi$)的范围内,$F(x)$ 最多有 $J+1$ 个零值点。现将 4 种类型的线性相位 FIR 滤波器 $P(\omega)$ 的余弦数目和 $A(\omega)$ 的极值点数目归纳于表 10-3 中。

表 10-3　4 种类型的线性相位 FIR 滤波器 $P(\omega)$ 的余弦数目和 $A(\omega)$ 的极值点数目

类型	$P(\omega)$ 的余弦数目	$A(\omega)$ 的极值点数目
Ⅰ型,N 为奇数,$h(n)$ 偶对称	$J+1 = (N+1)/2$	$\leqslant (N+1)/2$
Ⅱ型,N 为偶数,$h(n)$ 偶对称	$J+1 = N/2$	$\leqslant N/2$
Ⅲ型,N 为奇数,$h(n)$ 奇对称	$J+1 = (N+1)/2$	$\leqslant (N+1)/2$
Ⅳ型,N 为偶数,$h(n)$ 奇对称	$J+1 = N/2$	$\leqslant N/2$

来观察 $\varepsilon(\omega)$ 单独的极点(不属于 $A(\omega)$ 的)。从表 10-3 中可以看出,如果要在几个频带上使 $A(\omega)$ 逼近 $A_\mathrm{d}(\omega)$,很显然,在每个频带的端点上,$\varepsilon(\omega)$ 会得到极值,但这些点不是 $A(\omega)$ 的极值点。$\omega = 0$ 和 $\omega = \pi$ 两点要除外,因为依据表 10-1,在这两个频率点上,$A(\omega)$ 可能有极值。例如,对于 Ⅰ 型线性相位 FIR 低通滤波器,在频带边界 $\omega = \omega_\mathrm{p}$ 和 $\omega = \omega_\mathrm{st}$ 两个频率点处,$\varepsilon(\omega)$ 有极值,所以加权逼近误差函数 $\varepsilon(\omega)$ 最多可能有 $(N+1)/2+2 = (N+5)/2$ 个极值。而对于 Ⅰ 型线性相位 FIR 带通滤波器,在频带边界 $\omega = \omega_\mathrm{p1}$、$\omega = \omega_\mathrm{p2}$ 和 $\omega = \omega_\mathrm{st1}$、$\omega = \omega_\mathrm{st2}$ 4 个频率点处,$\varepsilon(\omega)$ 有极值,所以加权逼近误差函数 $\varepsilon(\omega)$ 最多可能有 $(N+1)/2+4 = (N+9)/2$ 个极值。

对于 Ⅰ 型线性相位 FIR 低通滤波器,其最多可能有 $(N+5)/2$ 个极值。根据交替定理,最优逼近时,误差函数 $\varepsilon(\omega)$ 至少有 $J+2$ 个极值。这样,对于上述的低通滤波器的幅度响应的唯一最佳逼近来说,误差函数 $\varepsilon(\omega)$ 有 $J+2 = (N+3)/2$ 个极值或 $J+3 = (N+5)/2$ 个极值。用 $(N+5)/2$ 个极值来实现的 FIR 低通滤波器比交替定理所要求的 $J+2 = (N+3)/2$ 个极值要多出一个,这类滤波器通常称为过波纹滤波器。

设计滤波器极值点的最大数目很重要,因为有些设计方法只能设计具有最大极值点数目的最优等波纹滤波器。本书所讨论的 Parks-McClellan 算法可设计任何线性相位 FIR 滤波器,

是一种最为实用的优化算法。

 ### 10.4.3 Parks-McClellan 算法

1. 交替点组频率初始估计值的确定

为计算出 $\varepsilon(\omega)$，需要有 $J+2$ 个极值点所对应的频率值 $\omega_0,\omega_1,\cdots,\omega_{J+1}$。这 $J+2$ 个频率值为 $\omega_k(k=0,1,\cdots,J+1)$ 的初始估计值，$\omega_k(k=0,1,\cdots,J+1)$ 位于通带区间 $0\leq\omega\leq\omega_\mathrm{p}$ 和阻带区间 $\omega_\mathrm{st}\leq\omega\leq\pi$ 内。由于通带截止频率 ω_p 及阻带截止频率 ω_st 是固定的，每次迭代都要将 ω_p 及 ω_st 作为 $\omega_k(k=0,1,\cdots,J+1)$ 中的两个点，即

$$\omega_\mathrm{p}=\omega_l,\omega_\mathrm{st}=\omega_{l+1},0<l<J+1$$

假定这些频率点上的加权误差函数 $W(\omega)$ 的值均为 δ，其符号正负交替。根据交替定理的条件 $\varepsilon(\omega_i)=-\varepsilon(\omega_{i+1})$ 及式(10-111)可得出

$$\tilde{W}(\omega_k)\left[P(\omega_k)-\tilde{A}_\mathrm{d}(\omega_k)\right]=(-1)^k\delta,0\leq k\leq J+1 \tag{10-118}$$

因为式(10-101)、式(10-118)中的 $P(\omega_k)$ 满足

$$P(\omega_k)=\sum_{n=0}^{J}g(n)\cos(\omega_k n) \tag{10-119}$$

所以式(10-118)可写为

$$\tilde{A}_\mathrm{d}(\omega_k)=\frac{(-1)^k\delta}{\tilde{W}(\omega_k)}+P(\omega_k),0\leq k\leq J+1 \tag{10-120}$$

式(10-119)和式(10-120)可写成下面的矩阵形式：

$$\begin{bmatrix} 1 & \cos\omega_0 & \cdots & \cos(J\omega_0) & 1/\tilde{W}(\omega_0) \\ 1 & \cos\omega_1 & \cdots & \cos(J\omega_1) & -1/\tilde{W}(\omega_0) \\ \vdots & \vdots & & \vdots & \vdots \\ 1 & \cos\omega_J & \cdots & \cos(J\omega_J) & (-1)^{J-1}/\tilde{W}(\omega_J) \\ 1 & \cos\omega_{J+1} & \cdots & \cos(J\omega_{J+1}) & (-1)^{J}/\tilde{W}(\omega_{J+1}) \end{bmatrix}\begin{bmatrix} g(0) \\ g(1) \\ \vdots \\ g(J) \\ \delta \end{bmatrix}=\begin{bmatrix} \tilde{A}_\mathrm{d}(\omega_1) \\ \tilde{A}_\mathrm{d}(\omega_1) \\ \vdots \\ \tilde{A}_\mathrm{d}(\omega_J) \\ \tilde{A}_\mathrm{d}(\omega_{J+1}) \end{bmatrix}$$

$$\tag{10-121}$$

若事先已知 $J+2$ 个极值频率点 $\omega_k(k=0,1,\cdots,J+1)$ 的值，则原理上是可以解出式(10-121)中的系数 $g(n)$ 的，但这样运算量较大，更有效的计算方法是先计算出 δ，即

$$\delta=\frac{\displaystyle\sum_{i=0}^{J+1}b_i\tilde{A}_\mathrm{d}(\omega_i)}{\displaystyle\sum_{i=0}^{J+1}(-1)^i b_i\tilde{W}(\omega_i)} \tag{10-122}$$

式中，

$$b_i=\prod_{\substack{k=0\\k\neq i}}^{J+1}\frac{1}{\cos\omega_i-\cos\omega_k} \tag{10-123}$$

2. 计算 $P(\omega)$

由式(10-120)计算出 $P(\omega_k)$，表达式为

$$P(\omega_k) = \frac{(-1)^k \delta}{\tilde{W}(\omega_k)} - \tilde{A}_d(\omega_k), 0 \le k \le J+1 \tag{10-124}$$

求出 δ 以后,利用重心形式的拉格朗日内插公式可得

$$P(\omega) = \frac{\sum\limits_{i=0}^{J+1} \left(\dfrac{\beta_i}{\cos \omega - \cos \omega_i} \right) P(\omega_i)}{\sum\limits_{i=0}^{J+1} \left(\dfrac{\beta_i}{\cos \omega - \cos \omega_i} \right)} \tag{10-125}$$

式中,

$$\beta_i = \prod_{\substack{k=0 \\ k \ne i}}^{J+1} \frac{1}{\cos \omega_i - \cos \omega_k} = b_i(\cos \omega_i - \cos \omega_k) \tag{10-126}$$

3. 对 $\varepsilon(\omega)$ 进行迭代计算

在求出 $P(\omega)$ 的内插值之后,根据式(10-111)来计算出 $\varepsilon(\omega)$。若在 $\omega_0, \omega_1, \cdots, \omega_{J+1}$ 这些频率点上都满足 $|\varepsilon(\omega)| \le \delta$,则此时的 $\varepsilon(\omega)$ 就是最佳逼近值,δ 是波纹的极值,$\omega_0, \omega_1, \cdots, \omega_{J+1}$ 这 $J+2$ 个初始估计值就是想要的交替点频率值,计算过程结束。但实际上第一次计算过程所得的 $\varepsilon(\omega)$ 不会恰好满足 $|\varepsilon(\omega)| \le \delta$,在某些频率处会出现 $|\varepsilon(\omega)| > \delta$。这时处理的方法为:找出误差曲线上 $J+2$ 个极值点所对应的频率点 $\omega_0, \omega_1, \cdots, \omega_{J+1}$,让这些点作为新的极值频率点从而代替原来的初始估计极值频率点,又得到一组新的交替点频率值,然后用式(10-122)重新计算 δ 值,并重新计算 $P(\omega)$ 及 $\varepsilon(\omega)$,新一轮迭代开始。

由于每次迭代得到的新交替点的频率都是 $\varepsilon(\omega)$ 的局部极值点频率,因此迭代的 δ 是递增的,δ 最后收敛到自己的上限值,此时 $A(\omega)$ 最佳一致逼近于 $A_d(\omega)$,迭代终止。

为了找出峰值点,可以在通带和阻带上把频率点取得较为密集,这样在这些密集点上就能更容易地寻找出 $\varepsilon(\omega)$ 的峰值点。若某次迭代 $\varepsilon(\omega)$ 的极值点多于 $J+2$ 个,则保留 $J+2$ 个最大的 $|\varepsilon(\omega)|$ 值所对应的频率点作为下次迭代的初始估计极值频率点。

最终的迭代结果是:误差曲线上每个频率点的误差 $\varepsilon(\omega)$ 都满足 $|\varepsilon(\omega)| \le \delta$,在 $J+2$ 个极值点处,$|\varepsilon(\omega)|$ 达到最大,其值为 δ,$\varepsilon(\omega)$ 具有正负交替的符号,说明加权切比雪夫等波纹逼近已经完成。

可以用经验公式估算待设计滤波器的长度 N,这里介绍两个经验公式,分别为

$$N = \frac{-20\lg\sqrt{\delta_1 \delta_2} - 13}{2.32|\omega_p - \omega_{st}|} + 1 \tag{10-127}$$

$$N = 2 + \lg\left(\frac{1}{10\delta_1 \delta_2}\right)\frac{2\pi}{|\omega_p - \omega_{st}|} \tag{10-128}$$

用式(10-127)估算的 N 值一般小于理想值,而用式(10-128)估算的 N 值又偏大,因此取它们中间的值较为恰当。

由图 10-4 可知,滤波器的通带衰减和阻带衰减分别为

$$A_p - 20\lg\left[\frac{|H(e^{j\omega_p})|}{|H(e^{j\omega})|_{\max}}\right] = -20\lg\frac{1-\delta_1}{1+\delta_1} = 20\lg\frac{1+\delta_1}{1-\delta_1} \tag{10-129}$$

$$A_s = -20\lg\left[\frac{|H(e^{j\omega_p})|}{|H(e^{j\omega})_{\max}|}\right] = -20\lg\left(\frac{\delta_2}{1+\delta_1}\right) = 20\lg\left(\frac{1+\delta_1}{\delta_2}\right) \tag{10-130}$$

由以上两式可得,波纹参数分别为

$$\delta_1 = \frac{10^{A_p/20} - 1}{10^{A_p/20} + 1} \tag{10-131}$$

$$\delta_2 = \frac{1 + \delta_1}{10^{A_p/20}} \tag{10-132}$$

可根据式(10-106)或式(10-107)确定加权误差函数 $W(\omega)$。当按式(10-107)确定加权误差函数 $W(\omega)$ 时,$A(\omega) - A_d(\omega)$ 的值在通带中的最大误差为 δ_1,在阻带中的最大误差为 δ_2,则按 Parks-McClellan 算法算出的 $|\varepsilon(\omega)| = \delta$ 正是要求的 δ_2 的最小值。

4. 计算滤波器的单位脉冲响应

$P(\omega)$ 已在上述过程中求出,其表达式为

$$P(\omega) = \sum_{n=0}^{J} g(n)\cos(n\omega)$$

由于 $g(n)$ 为实数,因此

$$P(\omega) = \mathrm{Re}\left[\sum_{n=0}^{J} g(n)\mathrm{e}^{-\mathrm{j}\omega n}\right] \tag{10-133}$$

对 $P(\omega)$ 进行取样,为了能用 FFT 计算 $P(k)$,设 z 平面单位圆上取样点数为 $L = 2^M$,为防止 $P(k)$ 对应的时域序列产生混叠效应,应满足 $L \geqslant J+1$。

由式(10-133)可得

$$P(k) = P(\omega)\Big|_{\omega = \frac{2\pi}{L}k} = \mathrm{Re}\left[\sum_{n=0}^{J} g(n)\mathrm{e}^{-\mathrm{j}\frac{2\pi}{L}kn}\right] = \mathrm{Re}[G(k)] \tag{10-134}$$

由 DFT 的性质可知,$\mathrm{IDFT}[P(k)]$ 等于 $g(n)$ 的循环共轭对称分量,在 $0 \leqslant n \leqslant J$ 的范围内,有

$$g(n) = \mathrm{IDFT}[P(k)], n = 0, 1, \cdots, J \tag{10-135}$$

得到 $g(n)$ 后,根据滤波器的类型由式(10-88)、式(10-92)、式(10-16)及式(10-18)可计算出 $h(n)$,从而完成滤波器的设计。

【例 10-16】　　　　　【程序 10-8】　　　　　第 10 章习题

附录:常见曲线傅里叶变换表　　　综合测试题(11 套)

参 考 文 献

[1] 胡广书.数字信号处理—理论、算法与实现[M].3 版.北京：清华大学出版社,2012.

[2] 郑君里,应启衍,杨为里.信号与系统(上册)[M].北京：高等教育出版社,2001.

[3] 张贤达.现代信号处理[M].2 版.北京：清华大学出版社,2002.

[4] 程佩青.数字信号处理[M].北京：清华大学出版社,2001.

[5] 丁玉美,高西全.数字信号处理[M].2 版.西安：西安电子科技大学出版社,2002.

[6] 高西全,丁玉美,阔永红.数字信号处理[M].北京：电子工业出版社,2006.

[7] 姚天仁,江太辉.数字信号处理[M].2 版.武汉：华中科技大学出版社,2004.

[8] 王凤文,舒冬梅,赵宏才.数字信号处理[M].北京：北京邮电大学出版社,2004.

[9] 王世一.数字信号处理[M].北京：北京理工大学出版社,2006.

[10] 华容,隋晓红.信号与系统[M].北京：北京大学出版社,2006.

[11] 刘顺兰,吴杰.数字信号处理[M].2 版.西安：西安电子科技大学出版社,2009.

[12] 陶然,张惠云,王越.多抽样率数字信号处理理论及其应用[M].北京：清华大学出版社,2007.

[13] 郑君里.信号与系统引论[M].北京：高等教育出版社,2009.

[14] 吴镇扬.数字信号处理的原理与实现[M].2 版.南京：东南大学出版社,2002.

[15] 程乾生.数字信号处理[M].北京：北京大学出版社,2003.

[16] 张小虹.数字信号处理[M].北京：机械工业出版社,2005.

[17] 陈后金,薛健,胡健.数字信号处理[M].北京：高等教育出版社,2004.

[18] 吴镇扬.数字信号处理[M].北京：高等教育出版社,2005.

[19] 应启珩,冯一云,窦维蓓.离散时间信号分析和处理[M].北京：清华大学出版社,2001.

[20] 王艳芬,王刚,张晓光,等.数字信号处理的原理及实现[M].北京：清华大学出版社,2008.

[21] 张旭东,崔晓伟,王希勤.数字信号分析和处理[M].北京：清华大学出版社,2014.